NEIL deGRASSE TYSON
MICHAEL A. STRAUSS
J. RICHARD GOTT

HERZLICH WILLKOMMEN IM UNIVERSUM

NEIL DEGRASSE TYSON
MICHAEL A. STRAUSS
J. RICHARD GOTT

HERZLICH WILLKOMMEN IM UNIVERSUM

EINE FANTASTISCHE REISE DURCH DIE ASTROPHYSIK

FBV
science

Bibliografische Information der Deutschen Nationalbibliothek
Die Deutsche Nationalbibliothek verzeichnet diese Publikation in der Deutschen Nationalbibliografie. Detaillierte bibliografische Daten sind im Internet über https://dnb.de abrufbar.

Für Fragen und Anregungen
info@m-vg.de

Wichtiger Hinweis
Ausschließlich zum Zweck der besseren Lesbarkeit wurde auf eine genderspezifische Schreibweise sowie eine Mehrfachbezeichnung verzichtet. Alle personenbezogenen Bezeichnungen sind somit geschlechtsneutral zu verstehen.

2. Auflage 2024

Türkenstraße 89
80799 München
Tel.: 089 651285-0

 Die englische Originalausgabe erschien 2016 unter dem Titel *Welcome to the Universe*. An Astrophysical Tour bei Princeton University Press, 41 William Street, Princeton, New Jersey 08540. In the United Kingdom: Princeton University Press, 6 Oxford Street, Woodstock, Oxfordshire OX20 1 TR.

Übersetzung: Hainer Kober
Fachliche Beratung und Übersetzung Anhang 1: Markus Pössel
Redaktion: Redaktionsbüro Diana Napolitano, Augsburg
Korrektorat: Manuela Kahle, Anne Horsten
Umschlaggestaltung: Sabrina Pronold, unter Verwendung des Designs von Chris Ferrante
Satz: Carsten Klein
Druck: GGP Media GmbH, Pößneck
Printed in Germany

ISBN Print 978-3-95972-780-8
ISBN E-Book (PDF) 978-3-98609-521-5
ISBN E-Book (EPUB, Mobi) 978-3-98609-522-2

INHALT

TEIL II – GALAXIEN 201

TEIL III – EINSTEIN UND DAS UNIVERSUM 295

In Erinnerung an Lyman Spitzer, Jr., Martin Schwarzschild, Bohdan Paczyński und John Bahcall, deren Einfluss auf unsere Ausbildung und Forschung in der Astrophysik noch heute unvermindert nachwirkt.

VORWORT

Als meine Enkeltochter Allison geboren wurde, lautete einer der ersten Sätze, die ich zu ihr sagte: »Willkommen im Universum!« Mein Mitautor Neil Tyson hat ihn in Rundfunk und Fernsehen viele Male gesagt. Es ist einer seiner Erkennungssätze. Wenn Sie geboren werden, werden Sie ein Bürger des Universums. Da gehört es sich für Sie, sich umzuschauen und Ihrer Umgebung mit Neugier zu begegnen.

Den Lockruf des Universums vernahm Neil schon mit neun Jahren, bei seinem ersten Besuch im Hayden Planetarium in New York City. Als Stadtkind erblickte er die strahlende Pracht des Nachthimmels zum ersten Mal, als sie sich an der Kuppel des Planetariums entfaltete. In diesem Augenblick beschloss er, Astronom zu werden. Heute ist er der Direktor dieser Institution.

Wir sind alle vom Universum geprägt. Der Wasserstoff in Ihrem Körper wurde bei der Geburt des Universums erzeugt, während die anderen Elemente, aus denen Sie bestehen, in fernen, längst erloschenen Sternen entstanden. Wenn Sie einen Freund auf Ihrem Handy anrufen, sollten Sie den Astronomen danken. Die Technologie des Mobiltelefons beruht auf den Maxwellschen Gleichungen, deren Bestätigung dem Umstand zu verdanken war, dass die Astronomen bereits die Lichtgeschwindigkeit gemessen hatten. Das GPS, das Ihrem Handy mitteilt, wo Sie sich befinden und Ihnen bei der Orientierung hilft, nutzt Erkenntnisse aus Einsteins Allgemeiner Relativitätstheorie, die verifiziert wurde, als Astronomen die Ablenkung von Sternenlicht in der Nähe der Sonne maßen. Wussten Sie, dass die Informationsmenge, die sich auf einer Festplatte von 15 Zentimeter Durchmesser speichern lässt, eine absolute Obergrenze hat und dass diese Beschränkung auf der Physik der Schwarzen Löcher beruht? Oder nehmen wir ein alltäglicheres Beispiel: Die Jahreszeiten, die Sie im regelmäßigen

Rhythmus erleben, ergeben sich unmittelbar aus der Neigung der Erdachse relativ zur Ebene der Bahn, auf der sich unser Planet um die Sonne bewegt.

Das vorliegende Buch möchte Ihre Bekanntschaft mit dem Universum, in dem Sie leben, vertiefen. Die Idee zu diesem Buch entstand, als wir drei an der Princeton University einen neuen Undergraduate-Kurs anboten, der für Studenten bestimmt war, die kein naturwissenschaftliches Hauptfach belegt hatten – also für Studenten, die möglicherweise noch nie zuvor an einem naturwissenschaftlichen Kurs teilgenommen hatten. Zu diesem Zweck wählte Neta Bahcall, unsere Kollegin und Direktorin des Undergraduate-Studiums, Neil deGrasse Tyson, Michael A. Strauss und mich aus. Neils außergewöhnliche Begabung, Nicht-Naturwissenschaftlern naturwissenschaftliche Erkenntnisse zu erklären, war allgemein bekannt. Michael hatte unlängst den fernsten Quasar entdeckt, der bis dahin im Universum beobachtet wurde, und ich hatte gerade den Preis des Universitätspräsidenten für besondere Verdienste um die Lehre erhalten. Der Kurs wurde so großartig angekündigt und lockte so viele Studenten an, dass wir ihn nicht in unserem eigenen Gebäude durchführen konnten, sondern in den größten Vorlesungssaal des physikalischen Fachbereichs umziehen mussten. Neil sprach über »Sterne und Planeten«, Michael über »Galaxien und Quasare« und ich über »Einstein, Relativitätstheorie und Kosmologie«. Der Kurs wurde im *Time Magazine* erwähnt, als Neil dort 2007 als einer der 100 weltweit einflussreichsten Menschen geehrt wurde. Unter anderem werden Sie in diesem Buch Neil als Professor kennenlernen, der Ihnen die Dinge erläutert, die er auch seinen Studenten erklärt.

Abbildung 1: Die drei Autoren, von links nach rechts: Strauss, Gott und Tyson. *Credit:* Princeton, Denise Applewhite

Nachdem wir den Kurs einige Jahre lang gegeben hatten, beschlossen wir, diese Ideen für Leser, die es nach einem tieferen Verständnis des Universums verlangte, in Form eines Buches niederzulegen.

Wir bieten Ihnen eine Rundreise durch das Universum aus astrophysikalischer Sicht, das heißt, eine Rundreise, die das Ziel hat, Ihnen verständlich zu machen, was im Universum vor sich geht. Wir schildern Ihnen, wie Newton und Einstein zu ihren größten Einsichten gelangten. Sie wissen natürlich, dass Stephen Hawking berühmt ist. Aber wir erklären Ihnen, was ihn so berühmt gemacht hat. In dem wunderbaren Film über seine Lebensgeschichte, *Die Entdeckung der Unendlichkeit*, gewann Eddie Redmayne für seine faszinierende Darstellung des gehandicapten Astrophysikers einen Oscar als bester Schauspieler. Der Film zeigt Hawking, wie er seine größten Einfälle hatte, indem er so lange in den Kamin starrte, bis ihm plötzlich die Erleuchtung kam. Wir erzählen Ihnen, was der Film weggelassen hat: Dass Hawking nämlich zunächst die Arbeit des israelischen Physikers Jacob Bekenstein ablehnte, sie schließlich aber bestätigte und aus ihr eine vollkommen neue Einsicht gewann.

Das ist derselbe Jacob Bekenstein, der die absolute Grenze für die Informationsmenge entdeckte, die sich auf Ihrer Festplatte von 15 Zentimetern speichern lässt. Alles hängt mit allem zusammen. In diesem Buch konzentrieren wir uns vor allem auf die Aspekte des Universums, die uns besonders am Herzen liegen, und hoffen, dass unsere Begeisterung ansteckend sein wird.

Seit wir begonnen haben, hat sich das astronomische Wissen erheblich erweitert, und das spiegelt sich in diesem Buch wider. Neils Ansichten über den Status von Pluto sind 2006 in einer historischen Abstimmung der Internationalen Astronomischen Union bestätigt worden. Man hat Tausende von neuen Planeten entdeckt, die andere Sterne umkreisen. Damit werden wir uns noch beschäftigen. Dank der Ergebnisse des Hubble-Weltraumteleskops, des Sloan Digital Sky Survey, der Wilkinson-Microwave-Anisotropy-Probe (WMAP) und des Planck-Satelliten besitzen wir jetzt außerordentlich genaue Kenntnisse über das kosmologische Standardmodell samt seinen kosmischen Inhaltsstoffen: normale Materie (deren Masse in ihren Atomkernen steckt) und zusätzlich Dunkle Materie und Dunkle Energie. In Europa haben Physiker am Large Hadron Collider das Higgs-Boson entdeckt und uns damit der erhofften *Theorie von Allem* einen Schritt nähergebracht. Das Laser-Interferometer-Gravitationswellen-Observatorium (LIGO) hat den Nachweis der Gravitationswellen zweier Schwarzer Löcher erbracht, die sich spiralförmig aufeinander zubewegten und dann verschmolzen.

Wir erklären, wie Astronomen die Menge an Dunkler Materie bestimmt haben und woher wir wissen, dass sie nicht aus gewöhnlicher Materie besteht – also nicht aus Materie mit Atomkernen, die Protonen und Neutronen enthalten. Weiterhin erläutern wir, wie wir die Dichte der Dunklen Energie in Erfahrung gebracht haben und woher wir wissen, dass sie einen negativen Druck aufweist. Schließlich gehen wir auf aktuelle Spekulationen über den Ursprung des Universums und über seine künftige Entwicklung ein. Diese Fragen führen uns an die äußerste Grenze des gegenwärtigen physikalischen Wissens. Wir haben spektakuläre Bilder des Hubble-Weltraumteleskops, des WMAP-Satelliten und der Raumsonde New Horizons in das Buch aufgenommen, die Pluto und seinen Mond Charon zeigen.

Das Universum ist ehrfurchtgebietend überwältigend, wie uns Neil im allerersten Kapitel zeigt. Das finden viele Menschen faszinierend, fühlen sich aber gleichzeitig winzig und unbedeutend. Doch wir haben das Ziel, Ihnen die Möglichkeit zu geben, das Universum zu verstehen. Daraus sollten Sie Kraft schöpfen. Wir haben herausgefunden, worauf Gravitation beruht, wie sich Sterne entwickeln und wie alt das Universum ist. Das sind Triumphe der menschlichen Intelligenz und Beobachtungsgabe – Dinge, die Sie stolz machen sollten, der Menschheit anzugehören.

Das Universum ruft. Fangen wir an.

J. Richard Gott
Princeton, New Jersey

TEIL I

STERNE, PLANETEN UND LEBEN

1

GRÖSSENVERHÄLTNISSE IM UNIVERSUM

NEIL DEGRASSE TYSON

Wir beginnen mit den Sternen, fliegen hoch und davon – in die Galaxis, das Universum und noch viel weiter. Wie sagt Buzz Lightyear in *Toy Story*? »Bis in die Unendlichkeit und noch viel weiter!«

Es ist ein riesiges Universum. Ich möchte Sie mit der Größe und dem Ausmaß des Kosmos vertraut machen, der größer ist, als Sie denken. Er ist heißer, als Sie denken. Er ist dichter, als Sie denken. Er ist leerer, als Sie denken. Alles, was Sie über das Universum denken, ist weniger exotisch als die Wirklichkeit. Vergegenwärtigen wir uns ein paar grundlegende Dinge, bevor wir beginnen. Ich möchte Sie in die Welt der großen und kleinen Zahlen einführen, das wird Ihren Wortschatz auffrischen und Ihnen die Größenverhältnisse im Universum näherbringen. Lassen Sie mich mit der Zahl 1 beginnen. Sie haben sie schon oft gesehen. Sie hat keine angehängten Nullen. In Exponentialschreibweise wird sie zu zehn hoch null, 10^0. Die Zahl 1 hat keine Nullen rechts von dieser 1, was durch den Exponenten null angegeben wird. Natürlich lässt sich 10 auch als zehn hoch eins schreiben, 10^1. Schauen wir uns tausend an – 10^3. Wie ist das metrische Präfix für tausend? *Kilo-* Kilogramm – tausend Gramm; Kilometer – tausend Meter. Nehmen wir noch drei Nullen dazu, 1 Million, 10^6, das Präfix ist *mega-*. Vielleicht konnte man noch nicht weiter zählen, als man das Megaphon erfand; hätte man damals von der Milliarde gewusst – drei Nullen mehr –, hätte man es vielleicht »Gigaphon« genannt. Wenn Sie sich für die Dateigrößen auf Ihrem Computer interessieren, sind Ihnen zwei Wörter geläufig – »Megabyte« und »Gigabyte«. Ein Gigabyte hat 1 Milliarde Byte.[1] Ich bin nicht davon überzeugt, dass Sie wissen, wie groß 1 Milliarde tatsächlich ist. Schauen wir uns in unserer Welt um und prüfen wir, welche Dinge in Milliarden vorkommen.

Zunächst einmal gibt es 7 Milliarden Menschen auf der Erde. Bill Gates? Wie viel hat er? Als ich das letzte Mal nachgesehen habe, waren es an die 80 Milliarden Dollar. Er ist der Schutzheilige der Geeks; zum ersten Mal wird die Welt von Geeks kontrolliert. Während des größten Teils der Menschheitsgeschichte war das nicht der Fall. Die Zeiten haben sich geändert. Wo haben Sie schon einmal 100 Milliarden gesehen? Nun, nicht ganz 100 Milliarden. McDonald's. »Mehr als 99 Milliarden serviert.« Das ist die größte Zahl, die Sie jemals auf der Straße gesehen haben. Ich weiß noch, als das Zählen anfing. Der McDonald's meiner Kindheit verkündete stolz und in großen Lettern: »Mehr als 8 Milliarden serviert.« Nie erschien auf dem McDonald's-Schild die Zahl 100 Milliarden. Man hatte dort nur Platz für zwei Ziffern gelassen, daher endete die Burger-Zählung bei 99 Milliarden. Doch jetzt macht man bei McDonald's auf Carl Sagan und sagt: »Milliarden und Abermilliarden serviert.«

Nehmen Sie 100 Milliarden Hamburger, und legen Sie sie dicht aneinander. Beginnen Sie in New York City, und halten Sie sich westwärts. Erreichen Sie Chicago? Natürlich. Kommen Sie nach Kalifornien? Klar doch. Bringen Sie die Dinge irgendwie zum Schwimmen. Diese Berechnung gilt für den Durchmesser der Brötchen (10 Zentimeter), denn der Burger an sich ist etwas kleiner als das Brötchen. Also, in dieser Rechnung geht es nur um das Brötchen. Jetzt legen Sie die Semmeln auf einer großen kreisförmigen Route als dichte, schwimmende Reihe quer über die Weltmeere – über den Pazifik, vorbei an Australien und Afrika, und kehren Sie zurück über den Atlantik, bis Sie schließlich mit Ihren 100 Milliarden Hamburgern wieder in New York City landen. Das sind eine Menge Hamburger. Trotzdem haben Sie noch ein paar übrig, nachdem Sie die Erde einmal umkreist haben. Und was fangen Sie mit dem Rest an? Sie wiederholen die Reise, genauer: Sie führen 215 weitere Erdumrundungen durch! Immer noch haben Sie ein paar übrig. Diese Kreise um die Erde werden Ihnen langweilig. Was tun Sie? Sie stapeln sie. Nachdem Sie die Erde 216-mal umrundet haben, beginnen Sie also, Ihre Hamburger zu stapeln. Wie hoch kommen Sie nach

Ihren 216 Erdumkreisungen? Bis zum Mond und zurück, und das mit gestapelten Hamburgern (jeder 5 Zentimeter hoch). Erst dann werden sie Ihre 100 Milliarden Hamburger aufgebraucht haben. Deshalb haben Kühe Angst vor McDonald's. Zum Vergleich: Die Milchstraße hat rund 300 Milliarden Sterne. Wir sehen also: McDonald's rüstet sich für den Kosmos.

Wenn Sie 31 Jahre, 7 Monate, 9 Stunden, 4 Minuten 20 Sekunden alt sind, haben Sie Ihre milliardste Sekunde erlebt. Als ich das Alter erreicht hatte, habe ich die Sekunde mit einer Flasche Champagner gefeiert. Es war eine winzige Flasche. So oft kommt man nicht zur Milliarde.

Weiter geht's. Was kommt als Nächstes? 1 Billion: 10^{12}. Auch dafür haben wir ein metrisches Präfix: *tera-*. Sie können nicht bis 1 Billion zählen. Natürlich könnten Sie es versuchen. Aber wenn Sie pro Sekunde eine Zahl schafften, brauchten Sie tausendmal 31 Jahre – 31.000 Jahre, weshalb ich also raten würde, das nicht auszuprobieren, auch nicht zu Hause. Vor 1 Billion Sekunden haben Höhlenbewohner – Troglodyten – Bilder auf die Wände ihres Wohnzimmers gemalt.

Am Rose Center of Earth and Space in New York zeigen wir eine spiralförmige Zeitlinie des Universums, die mit dem Urknall beginnt und sich über einen Zeitraum von 13,8 Milliarden Jahren entfaltet. Auseinandergewickelt hat sie die Länge eines Footballfeldes. Jeder Schritt, den Sie machen, umfasst 50 Millionen Jahre. Wenn Sie an das Ende der Rampe gelangen, fragen Sie sich, wo sind wir? Wo ist die Geschichte der menschlichen Spezies? Der gesamte Zeitraum von 1 Billion Sekunden bis heute, von den graffitibesessenen Höhlenmenschen bis heute, entspricht nur der Dicke jenes einen menschlichen Haares, das wir am Ende dieser Zeitlinie angebracht haben. Sie denken vielleicht, wir leben lange Leben, Sie denken, Zivilisationen überdauern lange Zeiträume – nicht aus Sicht des Kosmos selbst.

Was kommt als Nächstes? 10^{15}. Das ist 1 Billiarde, mit dem metrischen Präfix *peta-*. Sie ist eine meiner Lieblingszahlen. Laut dem Ameisenexperten E. O. Wilson leben zwischen 1 und 10 Billiarden Ameisen auf (und in) der Erde.

Und dann? 10^{18}, 1 Trillion – metrisches Präfix *exa-*. Das entspricht der geschätzten Zahl von Sandkörnern auf zehn großen Stränden. Der berühmteste Strand der Welt ist die Copacabana in Rio de Janeiro. Sie ist 4,2 Kilometer lang und war 55 Meter breit, bevor man sie auf 140 Meter verbreiterte, indem man sie mit 3,5 Millionen Kubikmetern Sand zuschüttete. Die mittlere Größe von Sandkörnern an der Copacabana beträgt auf der Höhe des Meeresspiegels einen Drittelmillimeter. Das ergibt 27 Sandkörner pro Kubikmillimeter. Folglich enthalten 3,5 Millionen Kubikmeter dieses Sandes rund 10^{17} Sandkörner. Das ist der größte Teil des Sandes, der sich heute dort befindet. Damit hätten zehn Copacabana-Strände rund 10^{18} Sandkörner.

Noch ein Schritt mit dem Faktor 1000, und wir gelangen zu 10^{21}, einer Trilliarde. Wir haben uns hochgearbeitet von Kilometern zum Megaphon, zu McDonald's-Hamburgern, zu Cro-Magnon-Malern, zu Ameisen, zu Sandkörnern auf Stränden, um schließlich hier zu landen: zehn Trilliarden – *die Zahl der Sterne im beobachtbaren Universum.*

Es gibt Menschen, die jeden Tag herumlaufen und behaupten, wir seien in diesem Kosmos allein. Sie haben einfach keinen Begriff von großen Zahlen, keinen Begriff von den Ausmaßen des Kosmos. Später werden wir noch erfahren, was mit dem *beobachtbaren Universum* gemeint ist, dem Teil des Universums, den wir sehen können.

Wenn wir schon einmal dabei sind, gehen wir doch noch ein Stück weiter. Nehmen Sie eine Zahl, die viel größer als 1 Trilliarde ist – wie wäre es mit 10^{81}? Soweit ich weiß, hat diese Zahl keinen Namen. Es ist die Zahl der Atome im beobachtbaren Universum. Wozu brauchen Sie eine Zahl, die noch größer ist? Was in aller Welt könnten Sie denn zählen? Wie wäre es mit 10^{100}, eine hübsche runde Zahl. Sie heißt ein *Googol.* Nicht zu verwechseln mit Google, dem Internetunternehmen, das »Googol« absichtlich falsch buchstabierte.

Es gibt im beobachtbaren Universum keine zählbaren Objekte, auf die sich ein Googol anwenden ließe. Das Googol ist eine Zahl, die zum Spaß erfunden wurde. Wir können Sie als 10^{100} schreiben, oder, wenn Sie Hochzahlen nicht grafisch darstellen können, auch als 10^100. Allerdings lassen sich in bestimmten Situationen solche riesigen Zahlen durchaus anwenden: Zählen Sie nicht die *Dinge* selbst, sondern die verschiedenen Möglichkeiten, die die Dinge haben, um zu geschehen.

Zum Beispiel: Wie viele unterschiedliche Schachpartien sind möglich? Eine Partie kann mit Remis beendet werden, wenn einer der beiden Spieler nach dreifacher Wiederholung einer Stellung das Unentschieden verlangt, wenn jeder 50 Züge gemacht hat, ohne dass ein Bauer bewegt oder eine Figur geschlagen wurde oder wenn nicht mehr genügend Figuren übrig sind, um ein Schachmatt zu erzwingen. Wenn wir sagen, dass jeder der beiden Spieler in jedem Spiel von der Regel Gebrauch machen muss, sobald sich eine entsprechende Situation ergibt, können wir die Zahl möglicher Schachspiele errechnen. Genau das hat Rich Gott getan und herausgefunden, dass das Ergebnis eine Zahl ist, die kleiner als

$$10^{10^{4,4}}$$

ist. Diese Zahl ist erheblich größer als ein Googol, das, wie wir gesehen haben

$$10^{10^2}$$

beträgt. Sie zählen keine Dinge, sondern die Möglichkeiten, etwas zu tun. Auf diese Weise können Zahlen sehr groß werden.

Ich habe eine noch größere Zahl. Wenn ein Googol eine 1 mit 100 Nullen ist, wie steht es dann mit 10 hoch Googol? Auch die hat einen Namen: ein *Googolplex*. Es ist eine 1 mit einem Googol von Nullen dahinter. Könnten Sie diese Zahl niederschreiben? Wohl kaum. Sie hat ein Googol von Nullen, und ein Googol ist größer als die Zahl der Atome im Universum. Daher müssen Sie sich mit einer der folgenden Schreibweisen begnügen: 10^{Googol} oder $10^{10\wedge 100}$ oder

$$10^{10^{100}}.$$

Wären Sie so motiviert, könnten Sie vermutlich versuchen, 10^{19} Nullen auf jedes Atom im Universum zu schreiben. Aber Sie haben sicherlich Besseres zu tun.

Ich habe nicht die Absicht, Ihre Zeit zu verschwenden, aber ich habe eine Zahl, die größer als Googolplex ist. Jacob Bekenstein entwickelte eine Formel, die uns ermöglicht, die Höchstzahl der verschiedenen Quantenzustände zu schätzen, deren Masse und Größe ungefähr dieselben Werte hätten wie in unserem beobachtbaren Universum. Aufgrund der Quanteneigenschaften des Kosmos wäre das die größtmögliche Zahl verschiedenartiger beobachtbarer Universen wie des unseren. Sie lautet

$$10^{10^{124}}$$

eine Zahl, die 10^{24} mal so viele Nullen besitzt wie Googolplex. Die Beschaffenheit dieser 10^(10^124) Universen reicht von entsetzlichen Welten voller Schwarzer Löcher bis zu Universen, in denen Ihrem Nasenloch ein Wasserstoffmolekül fehlt und das Nasenloch irgendeines Außerirdischen im fernen All eines zu viel hat.

Letztlich haben wir also für einige sehr große Zahlen durchaus Verwendung. Ich wüsste nicht, wofür wir Zahlen brauchten, die größer sind als diese, aber Mathematiker sehen das sicherlich anders. Ein Theorem enthielt einmal die krasse Zahl

$$10^{10^{10^{34}}}.$$

Sie wird als *Skewes*-Zahl bezeichnet. Mathematiker haben Freude daran, weit über alle physikalischen Realitäten hinauszudenken.

Schauen wir uns andere Extreme im Universum an.

Was ist mit der Dichte? Intuitiv wissen Sie, was Dichte ist, aber wir wollen uns mit der Dichte im Kosmos beschäftigen. Betrachten wir zunächst die Luft in Ihrer Umgebung. Sie atmen $2{,}5 \times 10^{19}$ Moleküle pro Kubikzentimeter ein – 78 Prozent Stickstoff und 21 Prozent Sauerstoff.

Eine Dichte von $2{,}5 \times 10^{19}$ Molekülen pro Kubikzentimeter ist wahrscheinlich höher, als Sie gedacht haben. Doch sehen wir uns unsere besten Laborvakua an. Wir verstehen uns heute ziemlich gut darauf und können die Dichte auf 100 Moleküle pro Kubikzentimeter reduzieren. Wie sieht es mit dem interplanetaren Raum aus? Zwischen Erde und Sonne weist der Sonnenwind ungefähr zehn Protonen pro Kubikzentimeter auf. Wenn ich hier von Dichte rede, beziehe ich mich auf die Zahl der Moleküle, Atome oder freien Teilchen, aus denen sich das Gas zusammensetzt. Wie sieht es im interstellaren Raum aus, also in dem weitgehend leeren Raum zwischen den Sternen? Seine Dichte schwankt, je nachdem wo Sie sich befinden, aber Regionen, in denen die Dichte auf ein Atom pro Kubikzentimeter absinkt, sind nicht selten. Im intergalaktischen Raum wird diese Zahl noch viel kleiner: eines pro Kubikmeter.

Selbst in unseren besten Laboratorien können wir keine so leeren Vakua erzeugen. Es gibt eine alte Redensart: »Die Natur verabscheut das Vakuum.« Die Menschen, die das sagten, haben die Erdoberfläche nie verlassen. Tatsächlich *liebt* die Natur das Vakuum, denn daraus besteht der größte Teil des Universums. Als sie »Natur« sagten, meinten sie lediglich den Ort, an dem wir uns jetzt befinden, am Grunde der Luftschicht, die wir unsere Atmosphäre nennen und die in der Tat äußerst bestrebt ist, leere Räume auszufüllen, wenn sie es vermag.

Nehmen wir an, ich werfe ein Stück Kreide zu heftig gegen eine Wandtafel, sodass es in kleine Stücke von, sagen wir, 1 Millimeter Durchmesser zerplatzt. Ich hebe ein Bruchstück auf. Stellen wir uns vor, das wäre ein Proton. Wissen Sie, was das einfachste Atom ist? Wasserstoff, wie Sie vielleicht vermutet haben. Sein Kern besteht aus einem einzigen Proton, und bei normalem Wasserstoff ist das Orbital, das den Kern umgibt, von einem einzigen Elektron besetzt. Wenn das Proton 1 Millimeter groß wäre, wie groß wäre im gleichen Maßstab dann das Wasserstoffatom? Hätte das Atom die Größe eines Wasserballs, wenn das Kreidestück das Proton wäre? Nein, es wäre viel größer. Sein Durchmesser betrüge 100 Meter – vergleichbar einem 30-stöckigen Gebäude. Wie kommt das? Atome sind ziemlich leer. Es gibt keine Teilchen zwischen dem Kern und dem einsamen Elektron in seinem ersten Orbital, das, wie wir aus der Quantenmechanik wissen, den Kern sphärisch umgibt. Gehen wir tiefer und tiefer in die Welt der ganz kleinen Dinge hinein, bis wir an eine andere Grenze des Kosmos gelangen, die Grenze des Messbaren – Dinge, die so winzig sind, dass sie nicht einmal mehr gemessen werden können. Bislang wissen wir nicht, welchen Durchmesser das Elektron hat. Es ist kleiner, als wir messen können. Doch nach der Superstringtheorie ist es möglicherweise ein winziger, schwingender String – eine Saite also –, dessen Länge mit $1{,}6 \times 10^{-35}$ Meter angegeben wird. Die Größe von Atomen beträgt rund 10^{-10} (ein Zehnmilliardstel) Meter. Was ist mit 10^{-12} oder 10^{-13} Meter? Zu den bekannten Objekten in diesem Bereich gehören Uran mit nur einem Elektron und eine exotische Form des Wasserstoffs mit einem Proton, in dessen Orbit sich ein *Myon* befindet, ein schwererer Verwandter des Elektrons. Bei einer Größe von einem Zweihundertstel eines gewöhnlichen Wasserstoffatoms besitzt das myonische Wasserstoffatom eine Halbwertszeit von lediglich 2,2 Mikrosekunden infolge des spontanen Zerfalls seines Myons. Erst in einem Größenbereich von 10^{-14} oder 10^{-15} Metern können Sie die Ausmaße des Atomkerns messen.

Gehen wir jetzt in die entgegengesetzte Richtung, und steigen wir auf zu immer höheren und höheren Dichten. Was ist mit der Sonne? Ist sie sehr dicht oder nicht allzu dicht? Die Sonne ist in ihrem Zentrum ziemlich dicht (und irrsinnig heiß), in den äußeren Regionen aber deutlich weniger dicht. Die durchschnittliche Dichte der Sonne ist nur rund 1,4-mal so hoch wie die des Wassers. Und die Dichte des Wassers kennen wir – 1 Gramm pro Kubikzentimeter. Im Zentrum der Sonne liegt die Dichte bei 160 Gramm pro Kubikzentimeter. Doch die Sonne ist in dieser Hinsicht ziemlich gewöhnlich. Sterne können sich in erstaunlicher Weise (fehl-)verhalten. Einige expandieren und werden auf diese Weise groß und bauchig, andere stürzen in sich zusammen, bis sie klein und dicht sind. Denken Sie an meinen Protonensplitter und an den einsamen, leeren Raum drumherum. Es gibt Prozesse im Universum, die Materie zusammenpressen, bis sie die Dichte eines Atomkerns hat. In solchen Sternen ist jeder Atomkern Wange an Wange mit dem Nachbarkern. Wie sich zeigt, sind die Objekte draußen im All, die diese außergewöhnlichen Eigenschaften aufweisen, überwiegend Neutronensterne – superdichte Regionen im Universum.

In unserer Zunft neigen wir dazu, die Dinge genauso zu bezeichnen, wie wir sie sehen. Große rote Sterne heißen bei uns *Rote Riesen*, kleine weiße Sterne *Weiße Zwerge*. Sterne, von denen wir regelmäßige Strahlungsimpulse empfangen, nennen wir *Pulsare*. In der Biologie haben sie vollmundige lateinische Wörter für die Objekte ihres Interesses. Ärzte schreiben ihre Rezepte in einer Geheimsprache, die die Patienten nicht entziffern können, sondern nur die Apotheker verstehen. Offenbar schlucken wir lange, ausgefallene chemische Sachen. In der Biochemie hat das bekannteste Molekül zehn Silben – die Desoxyribonukleinsäure! Den anfänglichen Beginn von Raum, Zeit, Materie und Energie können wir dagegen mit nur zwei Silben beschreiben: *Big Bang – Urknall*. Wir fassen uns kurz, weil das Universum auch so schon schwierig genug ist. Es hat keinen Sinn, große Worte zu machen, um Sie noch mehr zu verwirren.

Sie haben noch nicht genug? Im Universum gibt es Orte, an denen die Gravitation so stark ist, dass das Licht ihnen nicht entkommen kann. Wenn Sie dort hineinfallen, kommen auch Sie niemals wieder aus solch einer Region heraus: *Schwarze Löcher*. Wir brauchen nicht mehr als diese vier Silben. Tut mir leid, aber das musste ich mal loswerden.

Wie dicht ist ein Neutronenstern? Nehmen wir einen Fingerhut voll von dem Material eines Neutronensterns. Vor langer Zeit haben die Menschen alles mit der Hand genäht. Ein Fingerhut schützt Ihre Fingerspitze vor Verletzungen durch die Nähnadel. Treiben Sie, um eine Vorstellung von der

Dichte eines Neutronensterns zu bekommen, eine Herde von 100 Millionen Elefanten zusammen und pressen Sie sie in diesen Fingerhut. Mit anderen Worten, wenn Sie 100 Millionen Elefanten auf die eine Seite einer Wippe stellen und einen Fingerhut voll Material eines Neutronensterns auf die andere, wird sich der Balken im Gleichgewicht befinden. Wahrhaftig, ein dichter Stoff! Ist auch die Gravitation eines Neutronenstern so hoch? Begeben wir uns auf seine Oberfläche, um es herauszufinden.

Eine Möglichkeit, um in Erfahrung zu bringen, mit wie viel Gravitation Sie es zu tun haben, besteht darin, dass Sie sich fragen, wie viel Energie erforderlich ist, um etwas anzuheben? Wenn die Gravitation stark ist, brauchen Sie zum Anheben entsprechend mehr Energie. Ich wende eine gewisse Energiemenge auf, um eine Treppe hochzusteigen, was deutlich innerhalb der Grenzen meiner Energiereserven liegt. Aber stellen Sie sich auf einem hypothetischen Riesenplaneten mit erdähnlicher Gravitation eine 20.000 Kilometer hohe Felswand vor. Messen Sie die Energiemenge, die Sie aufwenden müssen, um vom Boden bis zur Spitze zu gelangen, wobei Sie während der gesamten Kletterpartie gegen die Gravitationsbeschleunigung kämpfen, wie wir sie hier auf der Erdoberfläche erfahren. Das ist eine Menge Energie. Mehr Energie, als Sie am Boden der Felswand gespeichert hatten. Auf dem Weg nach oben werden Sie Energieriegel oder andere kalorienreiche, leichtverdauliche Kost essen müssen. Selbst wenn Sie ein flottes Tempo von 100 Metern in der Stunde vorlegten und 24 Stunden am Tag kletterten, würden Sie mehr als 22 Jahre brauchen, um den Gipfel zu erreichen. Das entspricht exakt der Energie, die Sie brauchten, um auf ein einziges Blatt Papier zu treten, das auf der Oberfläche eines Neutronensterns läge. Auf Neutronensternen gibt es wahrscheinlich kein Leben.

Wir haben mit einem Proton pro Kubikmeter begonnen und sind zu 100 Millionen Elefanten pro Fingerhut gelangt. Was habe ich vergessen? Was ist mit der Temperatur? Sprechen wir über Wärme. Beginnen wir mit der Oberfläche der Sonne. Rund 6000 Kelvin – 6000 K. Das reicht, um alles zu verdampfen, was mit ihr in Berührung kommt. Deshalb besteht die Sonne aus Gas (eigentlich sogar: aus Plasma). Bei derartigen Temperaturen verdampft alles. (Zum Vergleich, die Durchschnittstemperatur der Erdoberfläche beträgt gerade einmal 287 K.)

Wie sieht es mit der Temperatur im Zentrum der Sonne aus? Wie Sie vielleicht bereits vermuten, ist das Zentrum der Sonne noch deutlich heißer als ihre Oberfläche – dafür gibt es zwingende Gründe, wie wir an späterer Stelle in diesem Buch sehen werden. Im Zentrum der Sonne beträgt die Temperatur 15 Millionen K. Bei dieser Temperatur passieren faszinierende Dinge. Die Protonen bewegen sich schnell, sehr schnell sogar.

Normalerweise stoßen sich zwei Protonen ab, weil sie die gleiche (positive) elektrische Ladung haben. Aber wenn man schnell genug ist, kann man diese Abstoßung überwinden. Wird der Abstand klein genug, kommt eine vollkommen neue Kraft ins Spiel – nicht die abstoßende elektrostatische Kraft, sondern eine Anziehungskraft, die bei sehr kleinen Abständen wirksam wird. Wenn man zwei Protonen einander stark genug annähert, werden sie bei einem hinreichend kurzen Abstand aneinanderhaften. Diese Kraft hat einen Namen. Wie nennen Sie die *starke Kraft*. Ja, das ist ihre offizielle Bezeichnung. Diese starke Kernkraft kann Protonen aneinanderbinden und neue Elemente aus ihnen machen, etwa das nächste Element nach dem Wasserstoff im Periodensystem – Helium. Sterne können Elemente herstellen, die schwerer sind als diejenigen, mit denen sie geboren wurden. Dieser Prozess vollzieht sich tief in den Kernregionen eines Sterns. Mehr davon in Kapitel 7.

Sprechen wir über Temperaturen. Welche Temperatur hat das Universum als Ganzes? Es hat tatsächlich eine Temperatur – ein Überbleibsel des Urknalls. Damals, vor 13,8 Milliarden Jahren, war alles, was Sie bis zu einer Entfernung von 13,8 Lichtjahren an Raum, Zeit, Materie und Energie sehen können, extrem dicht zusammengequetscht. Das frühe Universum war ein heißer brodelnder Kessel aus Materie und Energie. Seither hat die kosmische Expansion das Universum allerdings auf nur rund 2,7 K abgekühlt.

Auch heute noch setzt sich diese Expansion und Abkühlung fort. So beunruhigend das auch erscheinen mag, alle Daten zeigen, dass wir uns auf einer Reise ohne Rückfahrkarte befinden. Wir wurden im Urknall geboren und expandieren auf ewig. Die Temperatur wird weiterhin fallen, wird auf 2 K absinken, auf 1 K, 0,5 K und asymptotisch gegen null gehen. Letztlich wird sich die Temperatur bei rund 7×10^{-31} K einpendeln, infolge eines von Stephen Hawking entdeckten Effektes, den Rich in Kapitel 24 erörtern wird. Doch das ist kein Trost. Die Sterne werden all ihren Brennstoff aufbrauchen, einer nach dem anderen verlöschen und vom Himmel verschwinden. Interstellare Gaswolken werden neue Sterne bilden, aber am Ende natürlich ihren Gasvorrat erschöpfen. Es beginnt mit Gas, Sterne entstehen, die Sterne durchlaufen ihren Lebenszyklus und lassen schließlich einen Kadaver zurück – die toten Endzustände der Sternentwicklung: Schwarze Löcher, Neutronensterne und Weiße Zwerge. Das geht so weiter, bis die Lichter der Galaxis ausgehen, eines nach dem anderen. Das Universum wird dunkel. Übrig bleiben Schwarze Löcher, die ein schwaches Licht verbreiten – was ebenfalls von Stephen Hawking vorhergesagt wurde.

Und der Kosmos endet. Nicht mit einem Knall, sondern mit einem erbärmlichen Wimmern.

Lange bevor das geschieht, wird die Sonne, um jetzt wieder einmal von der Größe zu sprechen, enorm anwachsen. Ich kann Ihnen versichern, dass Sie dann nicht zugegen sein möchten. Wenn die Sonne stirbt, kommt es in ihrem Inneren zu komplizierten thermodynamischen Vorgängen, die die Außenfläche der Sonne zur Expansion veranlassen. Sie wird immer größer und größer und größer werden und dabei Ihr Gesichtsfeld am Himmel zunehmend ausfüllen. Schließlich verschlingt die Sonne die Bahn des Merkurs und dann die der Venus. In 5 Milliarden Jahren wird die Erde ein verkohltes Stück Asche sein, das seine Kreise unmittelbar über der Oberfläche der Sonne zieht. Die Ozeane werden in siedendem Aufruhr sein und in die Atmosphäre verdampfen. Die Atmosphäre selbst wird so stark erhitzt, dass alle ihre Moleküle ins All entweichen. Leben, wie wir es kennen, wird es nicht mehr geben, noch lange bevor andere Kräfte in rund 7,6 Milliarden Jahren dazu führen, dass die verkohlte Erde auf spiralförmiger Bahn in die Sonne stürzt und dort verdampft.

Einen schönen Tag wünsche ich Ihnen!

Mit diesen kurzen Ausführungen habe ich versucht, Ihnen einen Eindruck von der Größe und der Großartigkeit unseres Gegenstands zu vermitteln. Alles, was ich dort kurz erwähnt habe, wird in den kommenden Kapiteln eingehender und ausführlicher behandelt werden. Willkommen im Universum.

2

VOM TAG- UND NACHTHIMMEL ZU DEN PLANETENBAHNEN

NEIL DEGRASSE TYSON

In diesem Kapitel werden wir 3000 Jahre Astronomie behandeln. Alles, was seit der Antike, der Zeit der Babylonier, bis zum 17. Jahrhundert geschah. Allerdings soll das kein Geschichtsunterricht werden, weil ich nicht die Absicht habe, mich in allen Einzelheiten mit der Frage zu befassen, wer was zuerst gedacht oder entdeckt hat. Ich möchte Ihnen nur eine Vorstellung vom Umfang dessen vermitteln, was in dieser Zeit gelernt wurde. Beginnen wir mit dem Versuch der Menschen, den Nachthimmel zu verstehen.

Hier ist die Sonne (vgl. Abb. 2.1). Daneben wollen wir die Erde einzeichnen, nicht maßstabsgerecht, weder der Größe noch der Entfernung nach. Die Abbildung soll einfach bestimmte Merkmale des Erde-Sonne-Systems verdeutlichen. Weit draußen am Himmel sind natürlich die Sterne. Ich werde so tun, als bestünde der Himmel nur aus Lichtpunkten an der Innenseite einer großen Kugel, was mir erleichtert, einige andere Dinge zu beschreiben.

Wie Sie wahrscheinlich wissen, dreht sich die Erde um eine Achse, die relativ zu unserer Umlaufbahn um die Sonne geneigt ist. Dieser Neigungswinkel beträgt 23,5 Grad. Wie lange brauchen wir für eine Umdrehung? Einen Tag. Wie lange brauchen wir für einen Umlauf um die Sonne? Ein Jahr. Die zweite Frage beantworteten 30 Prozent der amerikanischen Laienöffentlichkeit falsch.

Tatsächlich ist ein rotierendes Objekt im Raum ziemlich stabil. Daher zeigt seine Drehachse immer in dieselbe Richtung, wenn sich das Objekt in einer Umlaufbahn befindet. Bewegen wir die Erde vom 21. Juni bis zum 21. Dezember um die Sonne, sodass sie auf die andere Seite der Sonne gelangt (rechts in Abbildung 2.1), behält die Erde ihre Rotationsausrichtung unverändert bei – ihre Achse zeigt während der gesamten Reise um die Sonne in die gleiche Richtung.

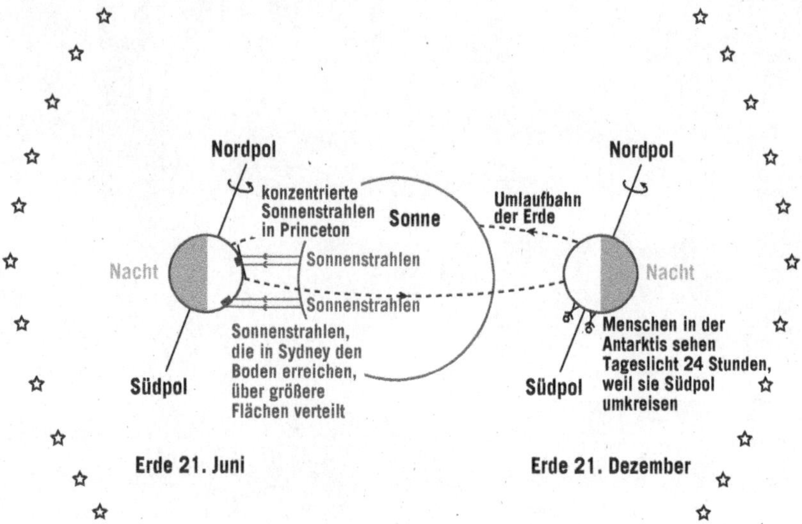

Abbildung 2.1: Die Erde umkreist die Sonne und liefert im Wechsel der Jahreszeiten verschiedene Ausblicke auf den Sternenhimmel. Infolge der Neigung der Erdachse relativ zu ihrer Umlaufbahn empfängt die nördliche Erdhalbkugel die Sonnenstrahlen am 21. Juni direkter, während sie in Australien und der gesamten südlichen Erdhalbkugel in einem flachen Winkel einfallen. Am 21. Dezember sehen die Menschen südlich des Südlichen Polarkreises 24 Stunden lang Tageslicht, da sie mit der Rotation der Erde um den Südpol kreisen. *Credit:* J. Richard Gott.

Daraus ergeben sich einige interessante Eigenschaften. Beispielsweise teilt in dieser Abbildung am 21. Juni eine Linie, die senkrecht auf der Bahnebene der Erde steht, die Erde in Tag- und Nachtzone. Was können Sie über den Teil der Erde links von dieser Linie sagen? Dort ist Nacht. Aber am 21. Dezember, wenn die Erde sich auf der entgegengesetzten Seite ihrer Bahn befindet, ist die Nacht jetzt auf der entgegengesetzten Seite – in der Abbildung rechts. Alle Menschen auf der Erde, die nachts zum Himmel aufblicken, können nur jeweils denjenigen Teil des Himmels sehen, der der Sonne gegenüberliegt. Der Nachthimmel am 21. Juni ist anders – die Sterne ganz links –, also der Nachthimmel, den sie am 21. Dezember sehen – die Sterne ganz rechts. In den Sommernächten erblicken wir die »Sommersternbilder«, etwa Kreuz des Nordens (Schwan) und Leier, in den Winternächten dagegen die »Wintersternbilder«, wie etwa Orion und Stier.

Betrachten wir eine weitere Besonderheit. Am 21. Dezember liegt die Nachtzeit rechts von der senkrechten Linie, und die Erde dreht sich um ihre Achse: Was ist mit den Leuten, die kopfüber in der Antarktis südlich des Südlichen Polarkreises stehen? Sie kreisen um den Südpol. Sieht dort irgendjemand das Nachtdunkel? Nein. Am 21. Dezember erlebt ein Mensch dort 24 Stunden ohne Dunkelheit – 24 Stunden Sonnenlicht –, während die Erde sich einmal um sich selbst dreht. An diesem Tag gibt es für niemanden, der sich auf der südlichen Polarkappe befindet, eine Nachtzeit. Das gilt für jede Person zwischen Südlichem Polarkreis und Südpol. Daraus folgt, dass ich, wenn ich zum Nordpol komme und Leute beobachte, die nördlich des Nördlichen Polarkreises um den Nordpol kreisen – den Weihnachtsmann und seine Gesellen –, davon ausgehen kann, dass sie bei ihrer Drehung niemals in die Tageshälfte der Erde geraten. Für sie herrscht am 21. Dezember 24 Stunden Dunkelheit. Wie Sie vielleicht schon ahnen, verhält es sich am 21. Juni umgekehrt: Jetzt sind es die Menschen südlich des Südlichen Polarkreises, die zu dieser Jahreszeit keinen Tag erleben, während die Leute in der Arktis ohne Nacht auskommen müssen.

Beobachten wir das Geschehen jetzt von Princeton, New Jersey aus – es liegt in der Nähe von New York City, besitzt aber keine Wolkenkratzer, die den Blick auf den Nachthimmel stören könnten. Die Stadt befindet sich ungefähr auf 40 Grad nördlicher Breite. Bei Tagesanbruch am 21. Juni dreht die nördliche Erdhalbkugel New Jersey in den Tag, sodass die Stadt direktes Sonnenlicht erhält, während die Sonnenstrahlen, die die südliche Halbkugel erreichen, ziemlich schräg auftreffen.

12 Uhr mittags ist, wenn die Sonne ihren höchsten Punkt am Himmel erreicht. Wussten Sie, dass die Sonne an keiner Stelle der kontinentalen USA und an keinem Tag des Jahres im Zenith, also direkt senkrecht über uns als Betrachtern steht? Merkwürdig, denn wenn Sie Menschen auf der Straße ansprechen und fragen: »Wo steht die Sonne um 12 Uhr mittags«,

antworten die meisten: »Direkt über uns.« In diesem und in vielen anderen Fällen wiederholen die Menschen einfach Dinge, die sie für wahr halten, und offenbaren damit, dass sie nie wirklich hingeschaut, nie wirklich etwas wahrgenommen, nie wirkliche Experimente durchgeführt haben. Die Welt ist voller solcher Dinge. Was sagen wir zum Beispiel über die Länge des Tageslichts im Winter? »Die Tage werden im Winter kürzer und im Sommer länger.« Schauen wir uns das genauer an. Welcher ist der kürzeste Tag des Jahres? Der 21. Dezember, die Sonnenwende und zugleich der erste Wintertag auf der nördlich Erdhalbkugel. Wenn nun der erste Wintertag der kürzeste Tag des Jahres ist, was muss dann für alle anderen Wintertage gelten? Sie müssen länger werden. Im Winter werden die Tage also länger und nicht kürzer. Sie brauchen keinen Doktortitel und kein prestigeträchtiges Stipendium, um das herauszufinden. Die Tageslichtstunden werden im Winter mehr und im Sommer weniger.

Welcher Stern ist der hellste am Nachthimmel? Gewöhnlich lautet die Antwort: der Nordstern (im Deutschen gewöhnlich als Polarstern bezeichnet). Haben Sie je wirklich hingeschaut? Die meisten nicht. Der Nordstern gehört nicht zu den Top 10. Auch nicht zu den Top 20. Oder den Top 30. Er ist noch nicht einmal unter den Top 40. Australien ist so weit im Süden, dass dort niemand den Nordstern sehen kann. Die Australier haben noch nicht einmal einen Südpolarstern, den sie betrachten könnten. Und wenn wir schon von Himmelshalbkugeln reden, dann lassen Sie sich gesagt sein, dass Sie keinen Grund haben, auf die Sternbilder des Südhimmels eifersüchtig zu sein. Nehmen Sie das Kreuz des Südens; vielleicht haben Sie schon davon gehört. Man hat es schon in Liedern besungen. Aber wussten Sie, dass das Kreuz des Südens das kleinste aller 88 Sternbilder ist? Eine Faust in Armeslänge gehalten deckt das Sternbild vollkommen zu. Im Übrigen bilden die vier hellsten Sterne im Kreuz des Südens einen schiefen Kasten. Es gibt keinen Stern, der den Mittelpunkt des Kreuzes anzeigt. Ein zutreffenderes Bild wäre die *Raute des Südens.* Im Gegensatz dazu bedeckt das Kreuz des Nordens (der Schwan) eine zehnmal so große Himmelsfläche und besitzt sechs auffällige Sterne, außerdem sieht er, mit einem Stern in der Mitte, tatsächlich wie ein Kreuz aus. Am Nordhimmel haben wir einige großartige Sternbilder.

Tatsächlich steht der Nordstern auf Rang 45 der hellsten Sterne am Nachthimmel. Also seien Sie so nett, sprechen Sie Leute auf der Straße an, stellen Sie ihnen diese Frage, und klären Sie sie dann auf. Der hellste Stern am Nachthimmel ist übrigens Sirius, der Hundsstern.

Vergleichen wir jetzt, was mit dem Sonnenlicht an zwei Orten auf der Erde geschieht. Schauen Sie sich am 21. Juni den Erdboden in Princeton an – das Sonnenlicht trifft vergleichsweise steil auf (vgl. Abb. 2.1). Die von der Sonne kommenden, eingezeichneten Strahlen erreichen den Boden in Princeton in einem kurzen Abstand voneinander. Ein gleiches Strahlenpaar empfängt der Erdboden im australischen Sydney um 12 Uhr mittags, allerdings treffen sie in einem viel flacheren Winkel auf, und das Sonnenlicht wird entsprechend weiter über den Erdboden verteilt. Was geschieht hier? Welcher Ort wird effizienter erwärmt? Princeton natürlich. Die Energie, die Princetons Boden erreicht, ist konzentrierter– die Tatsache, dass die Strahlen steiler auf die Erdoberfläche auftreffen, sorgt für die größere Erwärmung des Erdbodens in Princeton. Am 21. Juni ist in Princeton Sommer. Zu dieser Zeit des Jahres herrscht Winter in Sydney, Australien. Umgekehrt wird es sich sechs Monate später am 21. Dezember verhalten.

Die Sonne erwärmt den Boden; der Boden erwärmt die Luft. Die Sonne trägt nicht wesentlich zur Erwärmung der Luft selbst bei, denn die ist für den größten Teil der Energie, die von der Sonne kommt, transparent. Die höchsten Energiewerte der Sonne liegen im sichtbaren Teil des Spektrums, und wie Sie bereits wissen, können Sie die Sonne durch die Atmosphäre sehen. Daraus ziehen wir den naheliegenden Schluss, dass das sichtbare Licht der Sonne nicht von der Luft absorbiert wird, sonst würden Sie die Sonne überhaupt nicht sehen. Wenn Sie sich in einem Zimmer ohne Fenster befinden, können Sie die Sonne nicht sehen, weil das Dach Ihres Gebäudes das sichtbare Licht der Sonne absorbiert. Sie müssen entweder durch ein transparentes Fenster blicken oder nach draußen gehen, um die Sonne zu sehen. Die Reihenfolge ist also klar: Licht von der Sonne durchdringt die transparente Luft und trifft auf den Boden. Der Boden absorbiert das Sonnenlicht und strahlt diese Energie dann als unsichtbares infrarotes Licht wieder ab, das von der Atmosphäre absorbiert werden kann– von diesem und anderen Aspekten des Spektrums mehr in Kapitel 4.

Der Erdboden absorbiert das sichtbare Licht der Sonne, wird wärmer und heizt die Luft dann durch die infrarote Energie auf, die er abstrahlt. Das geschieht jedoch nicht augenblicklich. Es braucht Zeit. Aber wie viel? Welche Zeit ist die wärmste des Tages? Nicht 12 Uhr mittags, sondern die

Zeit der größten Bodenerwärmung. Die liegt infolge dieses Verzögerungseffektes immer ein paar Stunden später vor: 14 Uhr, 15 Uhr. An einigen Orten sogar erst um 16 Uhr.

Das ist also der Sommer auf der nördlichen Halbkugel. Im Sommer neigt sich der Nordpol der Erdachse der Sonne zu, und das bedeutet natürlich Winter für die Bewohner der südlichen Erdhalbkugel. Aus dem gleichen Grund, warum der Tag erst nach 12 Uhr mittags am wärmsten wird, haben wir die wärmste Zeit des Jahres auf der nördlichen Halbkugel nach dem 21. Juni. Deswegen *beginnt* der Sommer am 21. Juni und wird in der Folgezeit wärmer. Entsprechend ist der 21. Dezember der Winteranfang auf der nördlichen Halbkugel, danach wird es kälter.

Drei Monate später, am 21. März, beginnt der Frühling. Am ersten Tag des nördlichen Frühlings (21. März) und am ersten Tag des nördlichen Herbstes (22. September) dreht sich jeder Teil der Erde entweder ins Sonnenlicht hinein oder aus dem Sonnenlicht heraus. Daher bekommt jeder Erdbewohner an diesen beiden Tagen gleich viel an Dunkelheit und Helligkeit – die Äquinoktien oder Tagundnachtgleichen.

Der Nordpol der Erde zeigt auf den Polarstern, den Nordstern. Ein kosmischer Zufall? Nicht wirklich, zumal er nicht exakt dorthin zeigt. 1,3 Vollmondbreiten trennen den Punkt, auf den unsere Achse tatsächlich zeigt (den nördlichen Himmelspol), von der Position des Polarsterns.

Gehen wir nach Princeton zurück, wie es uns Abbildung 2.2 zeigt. Wenn Sie bei Nacht dort stehen, können Sie in diesem Augenblick jeden Stern in einer Hälfte der Himmelskugel erblicken. In der Abbildung werden diese Sterne als »Sterne, die über Princetons Horizont sichtbar sind« bezeichnet – der Horizont ist in der Abbildung eine Linie, eine Tangente an Ihrem Standpunkt an die Erdoberfläche. Wenn Sie nach oben blicken, sehen Sie Sterne, die mit der Erddrehung Kreise um den Polarstern beschreiben (rechts in Abb. 2.2). (Der Polarstern liegt so nah am nördlichen Himmelspol, dass er sich kaum bewegt.) Es gibt also eine Himmelsregion, in der diese Sterne um den Polarstern kreisen, aber nie hinter dem Horizont versinken. Wir nennen Sie *zirkumpolare Sterne.*

Nehmen Sie nun an, ein Stern sei weiter als die zirkumpolaren Sterne vom Polarstern entfernt. Dieser Stern geht unter, kreist weiter und geht nach einer Weile wieder auf. So sieht der Himmel aus, wenn man ihn von der Erde aus betrachtet. Einer der vertrauteren *Asterismen* (Sternmuster) am Nachthimmel ist der Große Wagen, sehr bekannt, weil seine Sterne hell sind und er um den Polarstern kreist (vgl. Abb. 2.2). Er taucht ab, sodass er den Horizont gerade berührt, und kommt wieder hoch. Alle Sterne, die weiter vom Polarstern entfernt sind als der Große Wagen, gehen tatsächlich unter. Wie hoch steht der Polarstern, als Winkel angegeben, von Princeton aus gesehen? Das können wir herausfinden. Nehmen wir an, wir haben den Weihnachtsmann am Nordpol besucht. Wo befindet sich der Polarstern am Himmel? Wenn Sie beim Weihnachtsmann sind, steht der Polarstern (fast direkt) über Ihnen. Und das gilt immer, egal in welcher Nacht Sie beobachten.

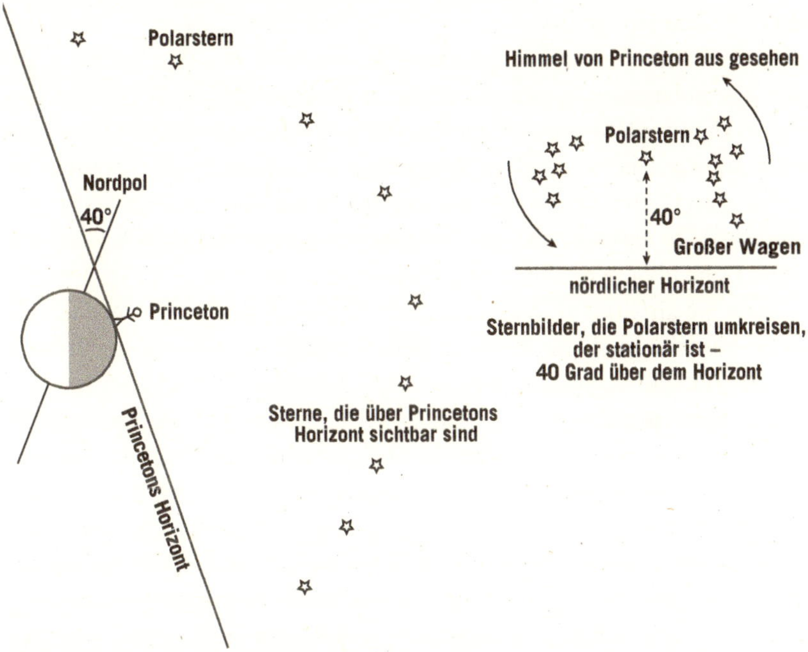

Abbildung 2.2: Blick auf den Nachthimmel von Princeton (40 Grad nördlicher Breite). Der Polarstern bleibt stationär, 40 Grad über dem nördlichen Horizont. Der Große Wagen umkreist ihn gegen den Uhrzeigersinn. *Credit:* J. Richard Gott.

Ein Stern, der sich, vom Nordpol aus gesehen, auf halber Höhe befindet, umkreist den Polarstern, während sich die Erde dreht, und bleibt immer über dem Horizont. Hat ein Stern genau die Höhe des Horizontes, umkreist er den Polarstern direkt auf dem Horizont. Folglich bleiben alle Sterne, die Sie sehen können, permanent über dem Horizont. Kein Stern geht auf, keiner unter. Alle kreisen über Ihnen dahin, und Ihr Blickfeld umfasst die gesamte nördliche Himmelskugel. Das ist das Bild, das sich dem Weihnachtsmann bietet.

Welche geografische Breite hat der Nordpol? 90 Grad. Wie hoch steht der Polarstern über dem Horizont vom Nordpol aus gesehen? 90 Grad – die gleiche Zahl. Das ist kein Zufall. Der Polarstern ist 90 Grad hoch, und Sie befinden sich auf 90 Grad Breite. Gehen wir zum Äquator hinunter. Welche geographische Breite hat der Äquator? Null Grad. Der Polarstern steht jetzt auf dem Horizont, null Grad hoch. Auf welcher Breite bin ich in Princeton? 40 Grad. Von Princeton aus beträgt die Höhe des Polarsterns deshalb 40 Grad über dem Horizont.

Wer nach den Sternen navigiert, weiß, dass die von ihm beobachtete Höhe des Polarsterns gleich der eigenen geographischen Breite auf der Erde ist. Christoph Kolumbus stach bei einer festgelegten Breite in See und behielt sie während der ganzen Fahrt über den Atlantik bei. Schauen Sie sich die alten Karten an. So haben sie navigiert; sie behielten die Breite bei, indem sie dafür sorgten, dass der Polarstern während der ganzen Fahrt die gleiche Höhe über dem Horizont aufwies.

Haben Sie als Kind einmal mit einem Kreisel gespielt und beobachtet, dass er taumelt? Auch die Erde taumelt. Wir sind ein rotierender Kreisel, der den Gravitationseinflüssen von Sonne und Mond ausgesetzt ist. Wir taumeln. Um einen Taumel-Kreislauf zu vollenden, braucht die Erde 26.000 Jahre. Also rotieren wir einmal am Tag und taumeln einmal in 26.000 Jahren. Das hat eine interessante Konsequenz. Beachten Sie zunächst die Sternenkugel, die ich um das Sonnensystem gezeichnet habe. Wenn die Erde sich um die Sonne bewegt, befindet sich diese an je anderen Standorten vor dem Hintergrund der Sterne. Am 21. Juni steht die Sonne in der Abbildung 2.1 zwischen uns und den Sternen ganz rechts, was heißt, dass die Sonne vor diesen Sternen vorbeizieht, wie wir sie am 21. Juni sehen. Doch am 21. Dezember ist die Sonne zwischen uns und den Sternen ganz links. In den Zeiten dazwischen nimmt die Sonne das ganze Jahr über, während sie am Himmel kreist, Positionen vor wechselnden Sternenhintergründen ein. Vor langer Zeit, als die Menschheit noch überwiegend des Lesens und Schreibens unkundig war, als es weder Fernsehen noch Bücher noch Internet gab, projizierten die Menschen ihre Kultur auf den Himmel. Die Dinge, die in ihrem Leben wichtig waren. Der menschliche Geist versteht sich hervorragend darauf, Muster zu erkennen, wo es keine gibt. Wir können aus zufälligen Anordnungen von Punkten mühelos Muster herauslesen. Unser Gehirn sagt uns: »Ich sehe ein Muster.« Das können Sie in einem Experiment überprüfen: Wenn Sie Computer programmieren können, nehmen Sie Punkte und verteilen Sie sie zufällig auf einer Seite. Nehmen Sie ungefähr tausend Punkte, betrachten Sie sie, und Sie werden denken: »He, ich sehe ... Abraham Lincoln!« Sie werden alles Mögliche erkennen. In ähnlicher Weise projizierten diese antiken Völker ihre Kultur auf den Himmel, wenn sie keine andere Möglichkeit fanden, um zu verstehen, was vor sich ging. Sie wussten nicht, was die Planeten taten, und kannten die Naturgesetze nicht. Sie sagten sich: »Hmm! Der Himmel ist größer als ich – er muss mein Verhalten beeinflussen.« Und so nahmen sie an: »Hier ist eine krebsähnliche Anordnung von Sternen, und die hat bestimmte Persönlichkeitsmerkmale; die Sonne befand sich in jenem Teil des Himmels, als du geboren wurdest. Das muss etwas damit zu tun haben, dass du so komisch bist. Drüben haben wir ein paar Fische, und dahinten Zwillinge. Da wir kein Netflix haben, müssen wir uns unsere eigenen Geschichten ausdenken und sie von Mund zu Mund verbreiten.« Auf diese Weise entwickelte die Menschheit die Tierkreiszeichen, die Sternbilder, vor denen sich die Sonne im Lauf des Jahres zu bewegen scheint.

Es gibt zwölf solche Tierkreiszeichen; Sie kennen sie alle – Waage, Skorpion, Widder und so fort. Und Sie kennen Sie, weil Sie Ihnen ständig in den Medien begegnen. Irgendjemand, dem Sie noch nie begegnet sind, verdient seinen Lebensunterhalt damit, dass er Ihnen etwas über Ihr Liebesleben erzählt. Versuchen wir zu verstehen, wie das kommt. Zunächst einmal sind es nicht zwölf Tierkreiszeichen, durch die die Sonne wandert, sondern 13. Das erzählt man uns nicht, weil man kein Geld an uns verdienen könnte, wenn man es täte. Wissen Sie, wie das 13. Sternbild des Tierkreises heißt? Schlangenträger. Hört sich an wie ein Schicksal, wie ein Fluch – »Sind Sie Schlangenträger?« Ich weiß, dass Sie Ihr Tierkreiszeichen kennen, also lügen Sie nicht, indem Sie behaupten: »Ich lese mein Horoskop nie.« Die meisten Skorpione sind eigentlich Schlangenträger, aber wir finden den Schlangenträger nicht in den astrologischen Tierkreistabellen.

Lassen Sie uns das weiterführen. Wann entstand der Tierkreis? Er wurde vor 2000 Jahren entwickelt. Claudius Ptolemäus veröffentlichte Karten von ihm. 2000 Jahre sind 1/13 von 26.000 Jahren. Fast 1/12. Ist Ihnen klar, dass sich infolge des irdischen Taumelns (wir nennen es offiziell *Präzession*) der Monat des Jahres verlagert, in dem die Sonne vor einem bestimmten Sternbild im Tierkreis gesehen wird? Jedes einzelne Sternbild des Tierkreises, das den Daten in den Zeitungen zugeschrieben wird, liegt um einen ganzen Monat daneben. Daher sind Skorpione und Schlangenträger heute Waagen.

Darin liegt der größte Wert der Bildung. Wir gewinnen unabhängige Erkenntnisse über die Vorgänge im Universum. Wenn Sie nicht genügend wissen, um beurteilen zu können, ob andere wissen, wovon sie reden, kann Sie das teuer zu stehen kommen. Sozialanthropologen sagen, dass staatliche Lotterien eine Besteuerung der Armen sind. Nicht ganz. Sie sind eine Besteuerung all der Leute, die nicht genügend Mathematik gelernt haben, weil sie, wenn sie es hätten, begreifen würden, dass sie die Wahrscheinlichkeit gegen sich haben, und nicht einen Cent ihres mühsam verdienten Geldes für Lotteriescheine ausgäben.

Bildung ist das eigentliche Anliegen dieses Buches. Nebst einer Prise kosmischer Aufklärung.

Sprechen wir über den Mond und kommen wir dann direkt zu Johannes Kepler und zu meinem Helden Isaac Newton, dessen Haus ich besichtigte, als ich die Sendereihe *Unser Kosmos: Die Reise geht weiter* drehte.

Doch zuerst müssen wir betrachten, wie die Erde um die Sonne kreist, und natürlich auch, wie der Mond um die Erde kreist. Schauen wir uns das also in Abbildung 2.3 an. Wir setzen die Sonne ganz weit nach rechts und die Erde in die Mitte des Diagramms, dann zeigen wir den Mond in verschiedenen Positionen auf seiner Umlaufbahn um die Erde. Dabei blicken wir auf den Nordpol der Mondumlaufbahn hinab, während das Sonnenlicht von rechts kommt.

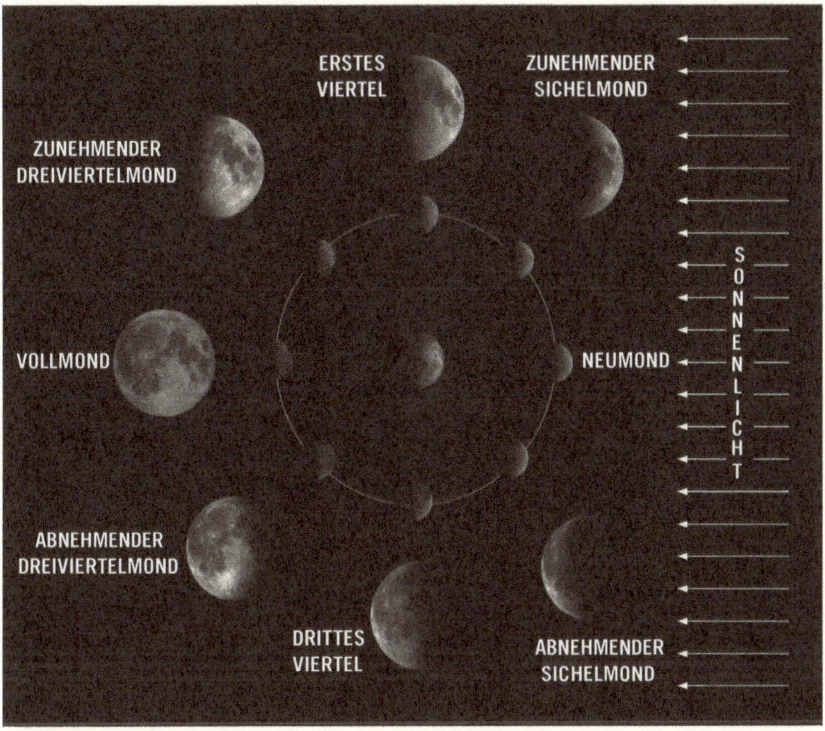

Abbildung 2.3: Die Phasen des Mondes, während er die Erde umkreist. Die im Bild rechts stehende Sonne beleuchtet immer eine Hälfte der Erde und eine Hälfte des Mondes. Gegen den Uhrzeigersinn zeigt das Diagramm die Reihenfolge der Positionen, die der Mond während der Umrundung der Erde einnimmt. Wir blicken von Norden auf die Umlaufbahn hinab. Dabei kehrt der Mond der Erde immer dieselbe Seite zu. Beachten Sie, dass bei Neumond seine von der Erde aus nie sichtbare Rückseite beleuchtet wird. Die großen Bilder zeigen für jede Position das Erscheinungsbild des Mondes, wie es sich der Erde darbietet. *Credit:* Robert J. Vanderbei.

Sowohl Erde wie Mond werden stets – zu jedem Zeitpunkt – von der Sonne zur Hälfte beleuchtet. Was sehen Sie, wenn Sie auf der Erde stehen und den Mond betrachten, während er sich der Sonne gegenüber befindet? Welche Mondphase liegt vor? Vollmond. Die großen Bilder in Abbildung 2.3 zeigen den Mond an jedem Punkt seiner Umlaufbahn, wie er sich dem Betrachter auf der Erde darbietet.

Warum haben wir nicht jeden Monat eine Mondfinsternis, wenn die Erde in der Abbildung doch zwischen Sonne und Mond steht? Weil die Umlaufbahn des Mondes um rund 5 Grad relativ zu jener der Erde um die Sonne geneigt ist. Daher bewegt sich der Mond in den meisten Monaten nördlich oder südlich vom Erdschatten durch den Raum, sodass uns der Anblick des Vollmonds erhalten bleibt. Hin und wieder, wenn der Mond voll ist, während er die Ebene der Erdbahn kreuzt, gerät er allerdings in den Erdschatten, und genau dann haben wir eine Mondfinsternis.

Lassen wir nun den Mond weitere 90 Grad in seiner Bahn um die Erde zurücklegen. Der Mond befindet sich in der Phase, die als *drittes Viertel* bezeichnet wird. Umgangssprachlich heißt sie Halbmond – wir sehen den Mond zur Hälfte beleuchtet. Wenn wir dem Mond noch einmal 90 Grad gegen den Uhrzeigersinn auf seiner Umlaufbahn hinzugeben, bewegt er sich zwischen Erde und Sonne hindurch. Nur die der Sonne zugewandte Seite, die Sie nicht sehen können, ist dann beleuchtet. Von der Erde aus können Sie den Mond daher nicht sehen. Das nennen wir *Neumond.* Gewöhnlich läuft der Mond während dieser Phase aus unserer Sicht nördlich oder südlich von der Sonne vorbei. Gelegentlich verläuft seine Bahn aber auch direkt vor der Sonne, und dann bekommen wir eine Sonnenfinsternis.

Bisher hatten wir also Vollmond, drittes Viertel und Neumond. Noch einmal 90 Grad, und wir erreichen das erste Viertel, dann ist der Mond wieder zur Hälfte beleuchtet. Es gibt auch Zwischenphasen. Was sehen Sie beim Übergang vom Neumond zum ersten Viertel? Nur ein kleines Stückchen. Eine Sichel. Sie heißt *zunehmende* Mondsichel, weil sie mit jedem Tag dicker wird. Und kurz vor Neumond haben wir eine *abnehmende* Mondsichel. Diese Sicheln zeigen in entgegengesetzte Richtungen, wenn der Mond schrumpft und wenn er wieder wächst.

Zwischen erstem Viertel und Vollmond haben wir eine Phase, die *zunehmender Dreiviertelmond* heißt. Sie sieht ziemlich plump aus und wird von Malern fast nie als Motiv gewählt, obwohl sich der Mond zur Hälfte der Zeit, während der wir ihn sehen, in dieser Phase befindet – nicht ganz Vollmond und nicht ganz Viertelmond. Würden Maler den Himmel zufällig das ganze Jahr hindurch abbilden, könnten wir erwarten, einen ab- oder zunehmenden Halbmond auf der Hälfte ihrer Gemälde zu sehen, doch in der Regel entscheiden sie sich entweder für einen Sichelmond oder einen Vollmond. Sie geben nicht die ganze Wirklichkeit wieder, die sie vor sich haben.

Natürlich dauert dieser ganze Zyklus einen Monat, den man früher auch als »Mond« bezeichnete. Zu welcher Tageszeit geht der Vollmond auf, wenn er der Sonne gegenübersteht? Wenn er der Sonne gegenübersteht und die Sonne untergeht, dann muss der Vollmond offenbar gerade bei

Sonnenuntergang aufgehen. Und wenn die Sonne aufgeht, geht der Vollmond unter.

Zu anderen Zeiten des Monats ist die Situation eine andere. Wenn sich der Dreiviertelmond hoch am Himmel befindet, geht die Sonne auf. Beachten Sie, dass Sie in dem Diagramm, in dem die Erde gegen den Uhrzeigersinn rotiert, ins Sonnenlicht gedreht werden, wenn der Dreiviertelmond hoch am Himmel steht. Stellen Sie sich vor, Sie gelangen mit Ihrem Gehirn und Ihren Augen in dieses Bild, blicken sich um und treten dann zurück in die reale Welt, um das Ergebnis zu überprüfen.

Ich habe eine App auf meinem Computer, die dafür sorgt, dass jedes Mal, wenn ich den Desktop auf den Schirm hole, dort der Mond erscheint und mir tagtäglich seine Phasen anzeigt. Das ist meine Monduhr, die mich mit dem Universum verbindet, selbst wenn ich auf meinen Computerschirm starre.

Gehen wir zum Sonnensystem zurück, vom dem man Mitte bis Ende des 16. Jahrhunderts ausging. In Dänemark lebte ein wohlhabender Astronom namens Tycho Brahe. Nach ihm ist der Mondkrater Tycho benannt.

Einmal habe ich eine Stunde mit einem gebürtigen Dänen verbracht und gelernt, wie man den Namen dieses Astronomen richtig ausspricht: tī'kōbrä. Es war ein hartes Stück Arbeit. Doch bei uns sprechen wir ihn natürlich so aus, wie uns der Schnabel gewachsen ist.

Tycho Brahe interessierte sich sehr für die Planeten und war bemüht, ihre Bahnen zu verfolgen. Zu diesem Zweck konstruierte er das beste mit bloßem Auge zu verwendende Instrument seiner Zeit und fertigte über lange Zeiträume hinweg die für die damalige Zeit genauesten Aufzeichnungen der Planetenpositionen an. Fernrohre wurden erst 1608 erfunden, daher benutzte Tycho Beobachtungsinstrumente ohne optische Elemente, um die Positionen der Sterne am Himmel festzuhalten und die der Planeten in Abhängigkeit von der Zeit zu notieren. Tycho verfügte über eine enorme Datenbank und einen hervorragenden Assistenten, den deutschen Mathematiker Johannes Kepler.

Kepler übernahm die Daten und machte sich seinen eigenen Reim darauf. Er sagte sich: »Ich verstehe, was die Planeten tun. Ich kann nämlich Gesetze entwickeln, die genau beschreiben, was die Planeten tun.« Vor Kepler war die Organisation des Universums einfach und einleuchtend: »Schau, die Sterne umkreisen uns. Die Sonne geht auf und unter. Der Mond geht auf und unter. Wir müssen im Mittelpunkt des Universums sein.« Das war nicht nur eine angenehme Vorstellung, es sah auch *tatsächlich* so aus. Es schmeichelte der Eitelkeit des Menschen und wurde durch den Augenschein bestätigt – bis der polnische Astronom Nikolaus Kopernikus sich zu Wort meldete. Wenn die Erde in der Mitte wäre, wie ließe sich dann erklären, was die Planeten tun? Wir schauen auf und beobachten Tag für Tag, wie Mars sich vor dem Hintergrund der Sterne bewegt. Hmm. Im Augenblick wird er langsamer. Schau, er hält inne. Jetzt bewegt er sich rückwärts (wir nennen es *retrograde* Bewegung), dann bewegt er sich wieder vorwärts. Warum tut er das?

Kopernikus fragte sich, was wäre, wenn die Sonne sich in der Mitte befände und die Erde die Sonne umkreiste. Nun, dann wären diese Vorwärts- und Rückwärtsbewegungen im Handumdrehen erklärt. Die Sonne ist in der Mitte, die Erde umkreist die Sonne auf einer Umlaufbahn, wie ein Auto, das auf einer Rennbahn seine Runden dreht. Mars, von der Sonne aus gezählt der Planet, der auf die Erde folgt, kreist langsamer, wie ein langsameres Auto auf einer äußeren Bahn. Wenn die Erde Mars auf der Innenbahn überholt, scheint sich Mars am Himmel eine Zeit lang rückwärts zu bewegen. Wenn Sie mit dem Auto auf einer schnellen Spur fahren und ein langsameres Auto auf der nächsten Spur überholen, scheint dieses Fahrzeug relativ zu ihnen rückwärts zu fahren. Setzen Sie die Sonne in den Mittelpunkt, und lassen Sie Erde und Mars auf einfachen kreisförmigen Bahnen die Sonne umlaufen, dann haben Sie die retrograde Bewegung erklärt; damit ist klar, was am Nachthimmel vor sich ging. Planeten, die weiter von der Sonne entfernt sind, umkreisen sie langsamer. All das veröffentliche Kopernikus in einem Werk mit dem Titel *De revolutionibus orbium coelestium.* Wenn Sie auf einer Auktion versuchen sollten, die Erstausgabe dieses Buchs zu ersteigern, wird es Sie mehr als 2 Millionen Dollar kosten, da es eines der wichtigsten Werke der Menschheitsgeschichte ist.

Es wurde 1543 veröffentlicht und regte die Menschen zum Denken an. Zunächst hatte Kopernikus Angst, das Buch zu veröffentlichen, daher machte er seinen Kollegen das Buch nur privat zugänglich. Man konnte nicht einfach hingehen und jedem sagen, dass die Erde nicht mehr der Mittepunkt des Universums sei. Die mächtige katholische Kirche sah die Dinge anders und beharrte darauf, dass die Erde der Mittelpunkt der Welt sei.

Das hatte Aristoteles behauptet. Im alten Griechenland war Aristarchos zu dem richtigen Schluss gekommen, dass die Erde um die Sonne kreise, aber die Auffassung des Aristoteles setzte sich durch, und die Kirche hielt noch immer an ihr fest, weil sie sich mit den Aussagen der Bibel deckte. Wann hat Kopernikus sein Buch veröffentlicht? Als er auf dem Totenbett lag. Tote sind dem Zugriff der Obrigkeit entzogen. Er führte das Universum mit der Sonne als Mittelpunkt wieder ein, das sogenannte *heliozentrische Modell.*

»Helio-« heißt Sonne. Davor hatten wir die *geozentrischen* Modelle. Die stammten von Aristoteles, Ptolemäus und, per Dekret, von der Kirche.

Und dann kam Kepler. Kepler, der mit Kopernikus übereinstimmte – jedenfalls bis zu einem Punkt. Kopernikus beschrieb Umlaufbahnen, die vollkommene Kreise waren. Doch da diese sich nicht ganz mit den beobachteten Planetenbewegungen deckten, hatte Kopernikus sie durch Hinzufügung kleinerer sogenannter epizyklischer Kreise angepasst (wie es schon Ptolemäus getan hatte). Doch auch damit entsprachen die vorausgesagten Bahnen noch nicht genau den Positionen der Planeten am Himmel. Kepler hielt das kopernikanische Modell für korrekturbedürftig. Aus den Daten, die ihm Tycho Brahe hinterlassen hatte – planetarische Positionsmessungen in Abhängigkeit von der Zeit –, leitete er drei Gesetze der Planetenbewegung ab. Wir nennen sie *Keplersche Gesetze.*

Das erste besagt: *Die Planeten bewegen sich auf elliptischen, nicht kreisförmigen Bahnen* (vgl. Abb. 2.4). Was ist eine Ellipse? Mathematisch gesehen hat ein Kreis einen Mittelpunkt und eine Ellipse gewissermaßen zwei Mittelpunkte: Wir nennen sie *Brennpunkte.* Alle Punkte eines Kreises sind gleich weit vom Mittelpunkt entfernt, während für alle Punkte einer Ellipse die Summe der Abstände zu den beiden Brennpunkten gleich ist. Tatsächlich ist ein Kreis der Grenzfall einer Ellipse, bei der die beiden Brennpunkte zusammenfallen. Eine längliche Ellipse hat Brennpunkte, die weit auseinanderliegen. Je näher ich die beiden Brennpunkte zusammenführe, desto größere Ähnlichkeit bekommt die Ellipse mit einem vollkommenen Kreis.

Nach Kepler umrunden Planeten die Sonne in Ellipsenbahnen, wobei die Sonne sich in einem Brennpunkt befindet. Schon das allein ist revolutionär. Die Griechen sagten, wenn das Universum göttlich ist, muss es vollkommen sein, und sie hatten eine klare philosophische Vorstellung von dem, was unter vollkommen zu verstehen sei. Ein Kreis besitzt eine vollkommene Form: Jeder Punkt des Kreises hat den gleichen Abstand vom Mittelpunkt; das ist Vollkommenheit. Jede Bewegung im göttlichen Universum muss vollkommene Kreis beschreiben. Daher dachten sie, auch Sterne bewegen sich auf Kreisbahnen. Diese Philosophie hatte Jahrtausende überdauert. Und nun kam Kepler und sagte: Nichts da, Leute, das sind keine Kreise. Tycho hat mir Daten hinterlassen, die zeigen, dass es Ellipsen sind.

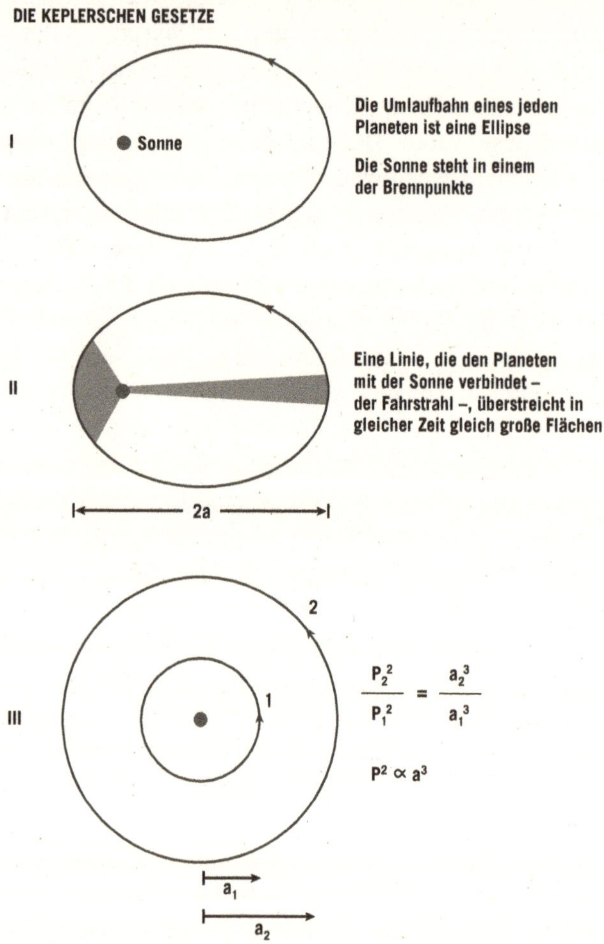

Abbildung 2.4: Die Keplerschen Gesetze. Die Größe a ist die große Halbachse, die halbe Länge des größten Durchmessers der elliptischen Bahn. Bei einer kreisförmigen Umlaufbahn mit einer Exzentrizität von null ist die große Halbachse gleich dem Radius. *Credit:* J. Richard Gott

Weiterhin wies er nach, dass sich die Bahngeschwindigkeit eines Planeten mit seinem Abstand zur Sonne verändert. Stellen Sie sich eine Umlaufbahn vor, die ein vollkommener Kreis ist. Es gibt keinen Grund dafür, dass sich die Geschwindigkeit in einem Teil des Kreises von der in einem anderen Teil unterscheidet; der Planet sollte einfach die gleiche Geschwindigkeit beibehalten. Nicht so, wenn es sich um eine Ellipse handelt. Wo wird der Planet die größte Geschwindigkeit haben? Wie Sie bereits vermutet haben dürften, wenn der Planet der Sonne am nächsten ist. In der Tat fand Kepler heraus, dass sich ein Planet schneller bewegt, wenn er der Sonne nahe ist, und langsamer, wenn er weiter von ihr entfernt ist.

Aus geometrischer Sicht sagte Kepler: »Messen wir, welche Strecke der Planet beispielsweise in einem Monat zurücklegt.« Wenn er nahe an der Sonne ist und schnell vorankommt, wird er in einem Monat eine bestimmte Fläche seiner Umlaufbahn überstreichen, wie ein kurzer, breiter Fächer (vgl. Abb. 2.4). Nennen wir diese Fläche A1. Führen wir nun das Experiment an einem anderen Teil der Umlaufbahn durch, wenn der Abstand zur Sonne größer ist. Kepler beobachtete, dass sich der Planet langsamer bewegt, wenn er weiter entfernt ist, daher wird er im gleichen Zeitraum keine so große Strecke zurücklegen. Da er nicht so weit vorankommt, überstreicht er in der gleichen einmonatigen Periode eine lange, dünne, fächerförmige Fläche – A2. Intelligenterweise bemerkte Kepler, dass die in einem Monat überstrichene Fläche gleich bleibt, egal, ob die Entfernung zur Sonne groß oder klein ist: A1 = A2. Das wurde sein zweites Gesetz: Die Fahrstrahlen von *Planeten überstreichen in gleichen Zeiten gleich große Flächen.*

Die Herleitung dieses Gesetzes beruht auf dem grundlegenden Umstand der *Drehimpulserhaltung*. Selbst wenn Sie diesen Begriff nicht kennen, können Sie ihn intuitiv verstehen.

Eiskunstläufer machen ihn sich zunutze. Achten Sie darauf, wie die Läufer eine Pirouette mit ausgestreckten Armen beginnen. Was tun sie dann? Sie ziehen die Arme an den Körper, um den Abstand zwischen ihren Armen und der Drehachse zu verringern. Daraufhin beschleunigt sich ihre Rotation. Wenn sich der Planet auf seiner elliptischen Bahn der Sonne nähert, verkürzt er den Abstand zu ihr und gewinnt an Geschwindigkeit.

Wir nennen das Drehimpulserhaltung. Zu Keplers Zeit war dieser Begriff noch nicht bekannt, aber es war im Prinzip das, was er herausgefunden hatte.

Keplers drittes Gesetz war brillant, einfach brillant (vgl. Abb. 2.4). Es kostete ihn viel Zeit. Die ersten beiden Gesetze schüttelte er aus dem Handgelenk, praktisch über Nacht. Für das dritte Gesetz brauchte er zehn Jahre, und er mühte sich weidlich mit ihm ab. Er suchte nach einer Beziehung zwischen dem Abstand eines Planeten von der Sonne und der Zeit, die er brauchte, um sie zu umkreisen – seiner Umlaufzeit. Die äußeren Planeten brauchen länger für einen vollständigen Umlauf als die inneren Planeten.

Wie viele Planeten waren damals bekannt? Merkur, Venus, Erde, Mars, Jupiter, und Everybody's Darling – Saturn.

Früher bezeichneten Drittklässler Pluto als ihren Lieblingsplaneten – was mich bei ihnen höchst unbeliebt machte, weil wir am Rose Center for Earth and Space Pluto den Planetenstatus absprachen, sodass er heute nur noch eine Eiskugel im äußeren Sonnensystem ist.

Das griechische Wort *planetos* heißt »Wanderer«. Für die alten Griechen war die Erde kein Planet, weil wir der Mittelpunkt des Universums waren. Und die Griechen zählten noch zwei weitere Himmelskörper zu den Planeten, die ich hier nicht aufgelistet habe. Um welche könnte es sich handeln? Sie bewegten sich ebenfalls vor dem Hintergrund der Sterne: die Sonne und der Mond. Nach der Definition der alten Griechen waren das die sieben Planeten. Die sieben Wochentage verdanken ihre Namen den sieben Planeten beziehungsweise den Göttern, mit denen sie assoziiert wurden. Bei einigen ist diese Verwandtschaft offenkundig, etwa bei *Sonntag* und *Montag*. Wenn wir andere Sprachen hinzunehmen, haben wir den Freitag nach der nordischen Göttin Freija, die mit dem Planeten Venus in Zusammenhang gebracht wurde.

Schließlich fand Kepler eine Gleichung. Es war die erste Gleichung des Kosmos.

Kepler begann damit, alle Entfernungen in Erde-Sonne-Einheiten zu messen.

Wir nennen den mittleren Abstand der Erde von der Sonne Astronomische Einheit oder AE. Mit der Zeit verändert sich der Abstand eines Planeten von der Sonne. Eine Ellipse ist ein abgeflachter Kreis; er hat eine lange und eine kurze Symmetrieachse, die als *große Achse* beziehungsweise *kleine Achse* bezeichnet werden. Kepler hatte den brillanten Einfall, die Hälfte der großen Achse der Umlaufbahn eines Planeten als Maß für dessen Entfernung zur Sonne zu nehmen. Wir nennen das die große Halbachse; sie ist der Durchschnitt der größten und kleinsten Abstände von der Sonne.

Und wenn wir dann noch die Umlaufzeit des Planeten in Erdjahren messen, haben wir die Zutaten für die Gleichung, mit der unsere Fähigkeit begann, den Kosmos zu verstehen. Verwenden wir nun die Symbole *P* für die Umlaufzeit eines Planeten in Erdjahren, und *a* für den Durchschnitt des größten und kleinsten Abstands eines Planeten von der Sonne in AE, so erhalten wir:

$$P^2 = a^3$$

Das ist Keplers drittes Gesetz. Schauen wir, ob es sich für die Erde bewährt. Bilden wir die Gleichung. Die Erde hat eine Umlaufzeit von 1. Und ihr durchschnittlicher Min/Max-Abstand ist 1. Also ergibt die Gleichung $1^2 = 1^3$. Oder 1 = 1. Stimmt. Das ist gut.

Es handelt sich um ein sonnensystemweites Gesetz, es sollte für jeden damals bekannten und auch für jeden noch zu entdeckenden Planeten (beziehungsweise für jedes die Sonne umkreisendes Objekt) gelten. Was ist mit Pluto? Kepler wusste noch nichts von Pluto. Nehmen wir uns Pluto vor. Plutos durchschnittlicher Min/Max-Abstand von der Sonne beträgt 39,264 AE. Also folgt aus dem Gesetz $P^2 = 39{,}264^3$. Wie viel ist 39,264 hoch drei? 60.531,8. Das können Sie auf einem Taschenrechner überprüfen. Die Umlaufzeit *P* muss gleich der Quadratwurzel aus 60.531,8 sein, also 246,0, auf eine Stelle hinter dem Komma gerundet. Wie lange braucht Pluto für einen Sonnenumkreisung? 246,0 Jahre.

Kepler ist spitze.

Als Isaac Newton das universelle Gravitationsgesetz entwickelte, stützte er sich auf $P^2 = a^3$, um herauszufinden, wie die Anziehungskraft der Gravitation mit der Entfernung abnimmt. Er kam darauf, dass die Kraft mit dem Kehrwert des Quadrats der Entfernung abnimmt. Um zu dieser Antwort zu gelangen, verwendete er die Infinitesimalrechnung – die er passenderweise gerade erfunden hatte. Newton verallgemeinerte das Keplersche Gesetz, sodass es nicht mehr nur für die Sonne und die Planeten galt, sondern für zwei beliebige Körper im Universum, wobei er sich auf eine neu entdeckte Gravitationskraft stützte, mit der sich Körper gegenseitig anziehen und deren Stärke gegeben ist durch:

$$F = Gm_a m_b / r^2$$

G ist dabei eine Konstante, m_a und m_b sind die Massen zweier Körper, und r ist der Abstand zwischen ihren beiden Mittelpunkten.

Aus dieser Gleichung lässt sich das dritte Keplersche Gesetz, $P^2 = a^3$, als Spezialfall ableiten. Auch das erste und das zweite Keplersche Gesetz können Sie daraus gewinnen: dass die allgemeine Bahn eines Planeten um die Sonne eine Ellipse mit der Sonne in einem Brennpunkt ist und dass der Fahrstrahl eines Planeten gleiche Flächen in gleichen Zeiten überstreicht! All das vollbringt Newtons Gravitationsgesetz, und es leistet noch mehr. Es ist die vollständige Beschreibung der Gravitationskraft zwischen zwei Körpern irgendwo im Universum, ganz gleich auf welchen Bahnen sie sich bewegen. Newton erweiterte unser Verständnis des Universums und lieferte eine Beschreibung der Planeten, die weit über Keplers Vorstellungen hinausging. Zu dieser Formel gelangte Newton noch vor Vollendung seines 26. Lebensjahrs. Er entdeckte die Gesetze der Optik, benannte die Farben des Spektrums und fand heraus, dass die Farben des Regenbogens, wenn wir sie mischen, wunderbarerweise weißes Licht ergeben. Er erfand das Spiegelteleskop. Er erfand die Infinitesimalrechnung. Er vollbrachte all diese Wundertaten.

Von ihm handelt das nächste Kapitel.

3

NEWTONS GESETZE

MICHAEL A. STRAUSS

Kopernikus gelang ein entscheidender Durchbruch, indem er die Planetenbewegungen aus Sicht des *heliozentrischen* Universums erklärte, das heißt, indem er die Sonne in den Mittelpunkt des *Sonnensystems* stellte, wie wir heute sagen. Die verschiedenen Planeten, einschließlich der Erde, fliegen alle auf ihren Bahnen um die Sonne. Um festzustellen, wie schnell die Erde sich dabei bewegt, müssen wir bestimmen, wie weit sie in einem bestimmten Zeitintervall kommt; ihre Geschwindigkeit ergibt sich also aus dieser Entfernung geteilt durch die entsprechende Zeit.

Wie in Kapitel 2 gesehen, zeigte Kepler, dass die Umlaufbahn der Erde eine Ellipse ist. Tatsächlich sind die Umlaufbahnen der meisten Planeten in unserem Sonnensystem so gut wie kreisförmig, daher werden wir hier näherungsweise annehmen, dass die Erde sich in einem Jahr kreisförmig um die Sonne bewegt. Der Radius dieses Kreises, die Entfernung der Sonne von der Erde, ist eine Größe, derer wir uns in der Astronomie ständig bedienen. Wie im letzten Kapitel beschrieben, ist ihre offizielle Bezeichnung Astronomische Einheit oder abgekürzt AE. Eine AE umfasst rund 150 Millionen Kilometer oder $1{,}5 \times 10^8$ km.

Wir legen also den Umfang eines Kreises mit einem Radius von 150 Millionen Kilometern in einem Jahr zurück. Dabei beträgt der Umfang eines Kreises 2π-mal seines Radius. Jeder weiß, dass π ungefähr 3 ist. Solche Näherungen verwenden Astronomen gern, wenn sie grobe Schätzungen anstellen. Jetzt müssen wir den Umfang durch die Zeit teilen, die ein Jahr beträgt.

Für unsere gegenwärtigen Zwecke würden wir das Jahr gern in Sekunden ausdrücken. Die Zahl der Sekunden in einem Jahr ist 60 (Sekunden in einer Minute) mal 60 (Minuten in einer Stunde) mal 24 (Stunden an einem Tag) mal 365 (Tage in einem Jahr). Das könnten Sie auf einem Taschenrechner multiplizieren, aber erinnern Sie sich daran, dass Neil in Kapitel 1 sagte, er habe Champagner auf seine milliardstel Sekunde getrunken, als er etwa 31 Jahre alt war. Also ist ein Jahr ungefähr 1/30 einer Milliarde, mit anderen Worten rund 30 Millionen Sekunden lang. In anderer Schreibweise sind das näherungsweise $3{,}0 \times 10^7$ Sekunden pro Jahr.

Wenn wir alle diese Daten zusammenfassen, stellen wir fest, dass die Geschwindigkeit, mit der die Erde die Sonne umkreist, $2\pi r/(1\ \text{Jahr}) = 2 \times 3 \times (1{,}5 \times 10^8\ \text{km})/(3 \times 10^7\ \text{Sekunden}) = 30\ \text{km/s}$ beträgt. So schnell umrunden wir die Sonne derzeit. Ganz beachtlich! Dabei haben wir den Eindruck stillzustehen, ein Umstand, der erklären könnte, warum die Alten so selbstverständlich davon ausgingen, der Mittelpunkt des Universums zu sein. Es schien so klar zu sein. Im Lauf eines Tages dreht sich die Sonne einmal um ihre Achse. In einem Jahr umkreist sie die Erde mit einer mittleren Geschwindigkeit von 30 km/s. In Teil II dieses Buchs werden wir sehen, dass sich auch die Sonne bewegt (wobei sie die Erde und die anderen Planeten auf ihre Reise mitnimmt) und dabei eine Vielzahl zusätzlicher Bewegungen ausführt.

Von Kopernikus wissen wir, dass die verschiedenen Planeten die Sonne umkreisen. Mithilfe der Daten von Tycho Brahe bestimmte Kepler ihre Umlaufbahnen und deren Eigenschaften. Wie im vorigen Kapitel beschrieben, gelangte er von diesen Umlaufbahnen zu drei Gesetzen. Isaac Newton, einer der größten Helden unserer Geschichte, konnte aus dem dritten Keplerschen Gesetz ableiten, dass die Gravitation eine Zentralkraft zwischen zwei Objekten ist und sich umgekehrt proportional zu ihnen verhält.

Vielleich war Newton der größte Physiker, möglicherweise sogar der größte Naturwissenschaftler, der jemals lebte. Auf sein Konto geht eine verblüffende Zahl grundlegender Entdeckungen. Er wollte wissen, wie sich alles bewegt: nicht nur die Planeten auf ihren Bahnen um die Sonne, sondern auch ein Ball, der in die Luft geworfen wurde, oder ein Stein, der einen Hügel hinabrollte.

In den Naturwissenschaften versucht man, aus einer großen Zahl von Beobachtungen eine kleine Zahl von Gesetzen zu gewinnen, die diese Beobachtungen umfassen und erklären. Newton entwickelte seine eigenen drei Bewegungsgesetze. Das erste ist das *Trägheitsgesetz*. Was heißt das? In der Alltagssprache meinen Sie, wenn Sie sagen: »Ich bin heute verdammt träge«, dass sie sich zu nichts aufraffen wollen oder können; Sie möchten ihr Dasein als Nesthocker fortsetzen und sich nicht rühren. Sie brauchen einen Schub von außen, der Sie in Gang bringt. Ein Objekt im Ruhezustand (wie ein Nesthocker) rührt sich nicht, wenn es nicht durch eine Kraft aufgescheucht wird.

Schauen wir uns an, was es mit dieser Kraft auf sich hat. Newtons Trägheitsgesetz umfasst zwei Teile. Der erste Teil besagt, dass *ein Körper, der sich im Zustand der Ruhe befindet, in diesem Zustand verharrt, wenn nicht eine äußere Kraft auf ihn einwirkt.* Das leuchtet ein. Nehmen Sie einen Apfel, der auf dem Tisch liegt. Keine äußere Kraft wirkt auf ihn ein, er bleibt ruhig liegen.

Der zweite Teil des Newtonschen Gesetzes leuchtet nicht ganz so unmittelbar ein: *Ein Körper in gleichförmiger Bewegung wird in diesem Bewegungszustand verharren, wenn nicht eine äußere Kraft auf ihn einwirkt.* Gleichförmige Bewegung heißt, dass er sich mit einem konstanten Tempo und ohne Richtungsänderung bewegt. Wenn ich eine Kugel über den Boden rolle, setzt sie ihren Weg nicht bis in alle Ewigkeit mit konstantem Tempo und in gleichbleibende Richtung fort, sondern sie verlangsamt ihr Tempo und hält schließlich inne, weil eine Kraft auf sie einwirkt: die Reibung zwischen der Kugel und dem Boden. Unter alltäglichen Bedingungen ist Reibung allgegenwärtig. Stellen Sie sich beispielsweise vor, Sie werfen ein Stück Papier durch die Luft: Es wird langsamer und trudelt dann zu Boden. Tatsächlich wirken zwei Kräfte auf das Papier ein: erstens die Gravitation, auf die wir gleich ausführlich zu sprechen kommen werden, und zweitens die Kraft, die durch den Luftwiderstand selbst hervorgerufen wird. Das Papier bietet der Luft eine große Angriffsfläche, was die Bedeutung des Luftwiderstands erhöht.

Der Gedanke, dass ein Körper in Bewegung seinen Weg mit gleichbleibender Geschwindigkeit fortsetzen wird, wenn keine Kraft auf ihn einwirkt, liegt nicht auf der Hand, weil Reibung unter normalen Umständen überall ist. Es lassen sich kaum Alltagssituationen ausmalen, in denen es keine Reibung und daher auch keine einwirkende Kraft gibt. Eine Eiskunstläuferin hat kaum Reibung zwischen dem Eis und ihren Schlittschuhen, daher kann sie lange mühelos über das Eis gleiten. Unter vollkommen reibungslosen Bedingungen behielte ein Körper, der einen Stoß bekäme, eine konstante Geschwindigkeit bei. Das erkannte Galilei. Das All bietet das spektakulärste Beispiel für eine Umgebung, die frei von allen Reibungskräften ist. Im Weltraum könnte man ein Objekt tatsächlich mit konstanter Geschwindigkeit auf die Reise schicken und sicher sein, dass es seinen Weg unverändert fortsetzen wird, weil nichts vorhanden ist, was es aufhalten könnte. Das alles fasste Newton in einem grundlegenden Gesetz zusammen.

Newtons *zweites Bewegungsgesetz* teilt uns mit, was geschieht, wenn auf einen Körper eine Kraft einwirkt. Doch ganz gleich, um was für Kräfte es sich handelt, in jedem Fall haben wir es mit der Summe aller Kräfte zu tun, die eine Abweichung von der konstanten Geschwindigkeit des Körpers bewirken. Mit dem Begriff *Beschleunigung* quantifizieren wir diese Abweichung: Beschleunigung ist die Veränderung der Geschwindigkeit pro Zeiteinheit. Das zweite Gesetz stellt also eine Beziehung zwischen der Beschleunigung eines Körpers und einer auf ihn einwirkenden Kraft her. Wenn Sie einen Körper mit einer beliebigen Kraft anstoßen, wird der Körper beschleunigt. Besitzt der Körper eine kleine Masse, wird die Beschleunigung groß sein, während die Beschleunigung bei gleichem Kraftaufwand geringer sein wird, wenn der Körper eine große Masse besitzt. Diese Beziehung liefert uns Newtons berühmteste Gleichung: $F = ma$; Kraft gleich Masse mal Beschleunigung.

Umgangssprachlich lässt sich Newtons *drittes Bewegungsgesetz* wiedergeben durch den Satz »Wenn du mich stößt, dann stoß ich dich!« Das heißt, wenn ein Körper eine Kraft auf einen anderen ausübt, drückt dieser zweite Körper mit gleich großer und entgegengesetzter Kraft zurück. Drücken Sie mit Ihrer Hand auf eine Tischplatte nach unten, fühlen Sie an Ihrer Hand einen entgegengesetzten Druck; der Tisch gibt Ihnen den Druck zurück. Jede Kraft ist mit einer gleich großen und entgegengesetzten Kraft gepaart.

Betrachten wir einen Apfel, der in Ihrer Hand liegt. Offensichtlich liegt er still. Wird irgendeine Kraft auf ihn ausgeübt? Ja, die Gravitationsanziehung der Erde. Eigentlich müsste er nach unten beschleunigt werden, aber das ist offenkundig nicht der Fall. Es liegt daran, dass Ihre Hand den Apfel hält und nach oben drückt (mithilfe Ihrer Armmuskeln). In Reaktion darauf drückt der Apfel nach Newtons drittem Gesetz Ihre Hand nach unten; das bezeichnen wir als das *Gewicht* des Apfels. Die Schwerkraft der Erde, die den Apfel nach unten zieht, und die Kraft Ihrer Hand, die gegen den Apfel drückt, heben einander auf; die Summe dieser beiden Kräfte ist gleich null. Eine Kraft der Stärke null bedeutet nach Newtons zweitem Gesetz null Beschleunigung, sodass der Apfel, der im Ruhezustand beginnt, sich nirgendwohin bewegt.

Tatsächlich ist die Geschichte noch ein wenig interessanter, als wir sie dargestellt haben. Oben haben wir berechnet, dass die Erde die Sonne mit einer Geschwindigkeit von 30 km/s umkreist, daher bewegt sich der Apfel mit derselben Geschwindigkeit. Um uns das richtig klarzumachen, müssen wir uns in einer kleinen Abschweifung über das Wesen der Kreisbewegung unterhalten.

Dass die Erde mit gleichbleibenden 30 km/s ihre Kreisbahn zieht, ist *keine* gleichförmige Bewegung, weil die Erde bei der Umkreisung der Sonne ihre Richtung ständig verändert. Würde sie die Richtung nicht verändern, bewegte sie sich in einer geraden Linie vorwärts und nicht in einem Kreis. Die Beschleunigung, die mit einer kreisförmigen Bewegung einhergeht, ist uns aus dem Alltag bekannt. Viele Fahrgeschäfte auf Jahrmärkten lassen Sie so schnell im Kreis herumsausen, dass Sie die Beschleunigung in Ihren Eingeweiden spüren.

Newton verwendete die gerade von ihm entwickelten Instrumente der Differenzialrechnung, um die Beschleunigung eines Körpers zu bestimmen, der sich in einem Kreis mit dem Radius r und mit einer konstanten Geschwindigkeit v bewegt. Diese Beschleunigung beträgt v^2/r in Richtung des Kreismittelpunktes. Der Apfel in Ihrer Hand, der sich nach unserem Eindruck im Ruhezustand befindet, bewegt sich tatsächlich mit 30 km/s in einem riesigen Kreis; er wird beschleunigt. Aus Newtons zweitem Gesetz wissen wir, dass eine Kraft auf ihn wirken muss. Diese Kraft ist die Gravitationsanziehung der Sonne. Die Sonne zieht die Erde in ihrer Umlaufbahn herum und damit zugleich auch unseren Apfel. Der Apfel ist der Kraft der Sonnengravitation ebenso unterworfen wie Sie und ich.

Wir bewegen uns mit 30 km/s um die Sonne herum. Angesichts dieser enormen Geschwindigkeit sollte man annehmen, dass die daraus resultierende Beschleunigung ebenfalls groß sei, aber tatsächlich ist sie ziemlich klein, weil der Radius des Kreises so riesig ist. Rechnen wir aus, wie klein die Beschleunigung ist. Die Geschwindigkeit der Erde beträgt 30 km/s, oder 30.000 m/s, und der Radius der Erdbahn ist 150.000.000.000 Meter. Aus unserer Formel v^2/r ergibt sich, dass die Beschleunigung a gleich (30.000 Meter/Sekunde)/150.000.000.000 Meter = 0,006 Meter/Sekunde^2, oder 0,006 Meter pro Sekunde ist. Mit anderen Worten, in jeder Sekunde verändert sich die Geschwindigkeit um 6 Millimeter pro Sekunde. Das ist eine Winzigkeit. Galilei stellte fest, dass die Beschleunigung eines Körpers, der unter dem Einfluss der Erdschwere zu Boden fällt, ungefähr 9,8 Meter pro Sekunde pro Sekunde beträgt, ein sehr viel größerer Wert. Obwohl wir uns sehr schnell um die Sonne bewegen, wird die Erde nur um einen kleinen Betrag beschleunigt. Auf einem Fahrgeschäft dagegen kommen wir nicht im Entferntesten in die Nähe von Geschwindigkeiten wie 30 km/s, aber der Radius r des Kreises, in dem wir uns bewegen, ist winzig klein; wenn wir in der Formel v^2/r durch den kleinen Wert von r teilen, wird die daraus resultierende Beschleunigung ziemlich groß, und wir spüren den Sog dieser Beschleunigung augenblicklich. (Wenn Sie bei einer Karussellfahrt beispielsweise eine Geschwindigkeit von 10 Metern pro Sekunde bei einem Radius von 10 Metern hätten, betrüge die Beschleunigung 10 Meter pro Sekunde pro Sekunde.)

Wenn wir versuchen, die durch die Sonne bewirkte Beschleunigung zu beobachten, wird unsere Situation komplizierter. Die Gravitationsbeschleunigung der Sonne erfasst *alles* auf der Erde – Sie, das Buch, das Sie halten, den Apfel in Ihrer Hand – in gleicher Weise. Wir alle umrunden die Sonne alle im freien Fall, daher entdecken wir keine Bewegung relativ zu den Objekten in unserer direkten Umgebung. Unserem Eindruck nach befinden wir uns in Ruhe; weder stellen wir fest, dass wir uns bewegen, noch dass wir beschleunigt werden.

Aber die Tatsache bleibt, dass die Erde mit v^2/r beschleunigt wird. Dann errechnete Newton mithilfe des dritten Keplerschen Gesetzes, wie sich die von der Sonne hervorgerufene Beschleunigung mit dem Radius verändert. Die Umlaufzeit P des Planeten ist:

$$P = (2\pi r/v).$$

Das heißt, die Umlaufzeit P ist die Entfernung, die der Planet bei einem Umlauf zurücklegt ($2\pi r$) geteilt durch seine Geschwindigkeit (v). Daraus folgt:

- P ist proportional zu r/v, und
- P^2 ist proportional zu r^2/v^2.

Nach Kepler ist P^2 proportional zu a^3, wobei a die große Halbachse der Umlaufbahn des Planeten ist. In diesem Fall ist die Umlaufbahn der Erde fast kreisförmig, daher können wir näherungsweise sagen, dass $r = a$, und deshalb a durch r ersetzen, und wir erhalten:

- P^2 ist proportional zu r^3.

Daher ist P^2 auch proportional zu r^2/v^2,

- r^2/v^2 ist proportional zu r^3.

Teilen wir durch r, erhalten wir:

- r/v^2 ist proportional zu r^2.

Durch Umkehrung erhalten wir:

- v^2/r (die Beschleunigung) ist proportional zu $1/r^2$.

Mit diesen wenigen logischen Schritten, dem dritten Keplerschen Gesetz und ein wenig Algebra haben wir gezeigt, dass die Gravitationsbeschleunigung damit die Kraft, die von der Sonne auf einen Körper im Abstand *r ausgeübt wird*, proportional zum Kehrwert des Quadrats dieses Abstands ist: Newtons »quadratisches Abstandsgesetz« der Gravitation. Hören wir Newton selbst dazu:

> *»Ich war in der Blüte meiner Jahre als Erfinder, und widmete mich der Mathematik und Philosophie mehr als zu jeder späteren Zeit seit [ich] aus Keplers Regel, nach der sich die periodischen Zeiten der Planeten im Verhältnis drei zu zwei zum Abstand vom Mittelpunkt ihrer Umlaufbahn verhalten, ableitete, dass die Kräfte, die die Planeten in ihren Umlaufbahnen halten, dem Quadrat ihrer Abstände von jenen Zentren, um die sie laufen, reziprok sein müssen.«*[2]

Diesen Gravitationsbegriff übertrug Newton nun auf Erde und Mond. Denken wir an den berühmten fallenden Apfel, der Newton inspirierte. Er ist einen Erdradius vom Mittelpunkt der Erde entfernt und fällt mit einer Beschleunigung von 9,8 Metern pro Sekunde pro Sekunde zur Erde. Der Mond ist 60 Erdradien entfernt. Wenn die Anziehungskraft der Erdgravitation mit $1/r^2$ abnimmt (wie es für die Sonne gilt), dann müsste die Anziehungskraft der Erdgravitation eine Beschleunigung bewirken, die $(60)^2$-mal kleiner ist als die 9,8 Meter pro Sekunde an der Erdoberfläche oder rund 0,00272 Meter pro Sekunde pro Sekunde betragen.

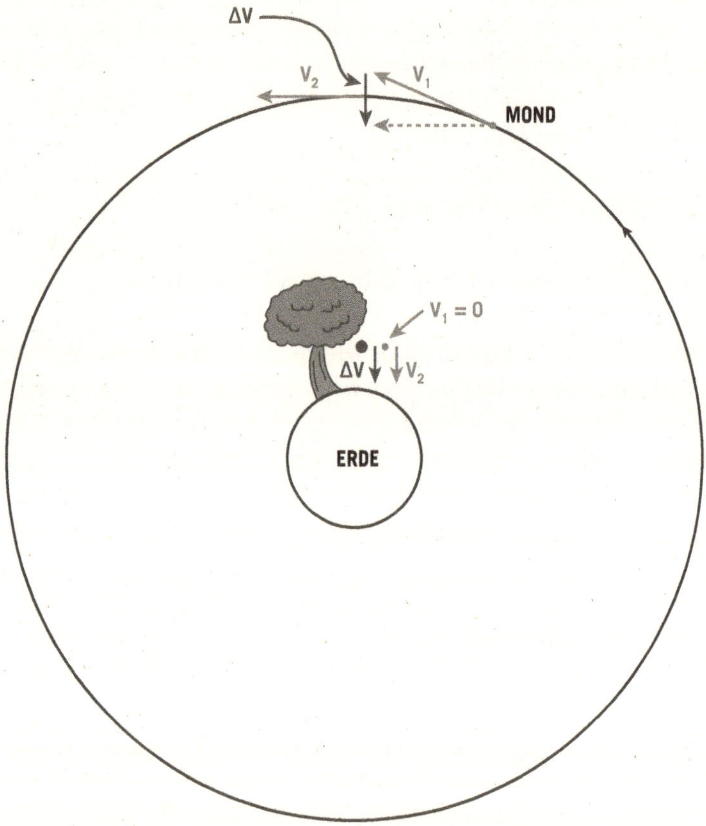

Abbildung 3.1: Beschleunigung von Mond und Newtons Apfel, der von seinem Baum fällt. Beachten Sie, dass in beiden Fällen die Beschleunigung (Geschwindigkeitsänderung) auf den Erdmittelpunkt hin gerichtet ist. *Credit:* J. Richard Gott

Wie im Fall der Erdbewegung um die Sonne können wir die Beschleunigung des Mondes berechnen, während er sich kreisförmig um die Erde bewegt. Dazu brauchen wir seine Umlaufzeit (27,3 Tage) und den Radius seiner Umlaufbahn (384.000 Kilometer). Wenn wir die Zahlen in v^2/r einsetzen, ergibt sich eine Beschleunigung von 0,00272 Metern pro Sekunde pro Sekunde. Heureka! Der Wert weist eine wunderbare Übereinstimmung mit der Vorhersage für den Apfel auf. Newton selbst meinte, die beiden Ergebnisse entsprächen einander »ziemlich genau«. Dieselbe Kraft, die den Apfel zur Erde fallen lässt, zieht auch den Mond zur Erde und versieht seinen geradlinigen Weg mit jener Krümmung, die ihn in einer annähernd kreisförmigen Bahn um die Erde hält. Die von der Erde ausgeübte Gravitation, die den Apfel veranlasst, zur Erde zu fallen, erstreckt sich auch auf die Umlaufbahn des Mondes. Das entdeckte Newton, als er im Haus seiner Großmutter lebte, während die Universität in Cambridge zur Zeit der Pestjahre geschlossen war. Aber er veröffentlichte seine Ergebnisse nicht. Vielleicht war er enttäuscht, weil Vorhersage und Beobachtung nicht vollkommen übereinstimmten, eine winzige Abweichung, die dadurch zustande kam, dass Newton nicht mit einer wirklich genauen Messung des Erdradius arbeiten konnte. Jedenfalls sollte er sich erst viele Jahre später von Edmond Halley (der seinen Nachruhm dem nach ihm benannten Kometen verdankt) zu einer Veröffentlichung überreden lassen.

Newton entwickelte das, was gelegentlich etwas vollmundig als *Universelles Gravitationsgesetz* bezeichnet wird (Einführung in Kapitel 2). Wir betrachten zwei Körper, sagen wir, Erde und Sonne. Der Abstand zwischen ihnen (1 AE oder $1{,}5 \times 10^8$ km) entspricht ungefähr dem hundertfachen Durchmesser der Sonne selbst ($1{,}4 \times 10^6$ km). Sie haben die Massen M_{Erde} beziehungsweise M_{Sonne}.

Newton entdeckte, dass die Gravitationskraft zwischen den beiden Körpern proportional ist zu jeder ihrer Massen und zum umgekehrten Quadrat des Abstands r zwischen ihnen (wobei er, wie oben beschrieben, das dritte Keplersche Gesetz verwendete). »Proportional« heißt hier, dass die Kraft eine Proportionalitätskonstante einschließt, die wir Gravitationskonstante nennen, Formelzeichen G. Es folgt Newtons Formel für die Kraft zwischen Sonne und Erde:

$$F = GM_{\text{Sonne}}M_{\text{Erde}}/r^2$$

Die Kraft ist anziehend: Die beiden Körper ziehen einander an, daher ist die Kraft von jedem Körper auf den jeweils anderen gerichtet.

Nach Newtons drittem Bewegungsgesetz umfasst diese Formel sowohl die Gravitationskraft der Sonne auf die Erde als auch die Kraft, die die Erde auf die Sonne ausübt. Nun ist aber die Sonnenmasse sehr viel größer als die Erdmasse. Aus Newtons zweitem Gesetz geht hervor, dass sich die Beschleunigung aus der Kraft geteilt durch die Masse ergibt. Infolgedessen ist die Beschleunigung, die die Erde erfährt, ungleich größer als die der Sonne; dementsprechend ist die durch diese Kraft hervorgerufene Bewegung der Sonne winzig im Vergleich zu der der Erde. (Beide umkreisen sie ihren gemeinsamen Schwerpunkt, aber der liegt zumeist innerhalb der Sonnenoberfläche. Die vollführt eine winzige kreisförmige Bewegung um den Schwerpunkt, während die Erde einen großen Kreis um die Sonne beschreibt.)

Betrachten wir noch eine faszinierende Konsequenz, die sich aus Newtons Formel ergibt. Nach Newtons zweitem Gesetz ist die Gravitationskraft, die wir gerade bestimmt haben, gleich der Erdmasse (M_{Erde}) mal ihrer Beschleunigung, und für die kreisförmige Bewegung ist die Beschleunigung gleich v^2/r. In diesem Fall lässt sich für $F = ma$ auch schreiben:

$$GM_{Sonne}M_{Erde}/r^2 = M_{Erde}v^2/r$$

Sie sehen, dass die Erdmasse auf beiden Seiten der Gleichung erscheint, daher können wir sie wegkürzen, sodass bleibt:

$$GM_{Sonne}/r^2 = v^2/r$$

Daraus folgt, dass die Beschleunigung der Erde ($GM_{Sonne}/r^2 = v^2/r$) nicht von der Erdmasse abhängt. Das ist bemerkenswert. Die Gravitationsbeschleunigung hängt nicht von der Masse des beschleunigten Objekts ab, egal, ob es sich um Umlaufbahnen um die Sonne handelt oder um Objekte, die in das Gravitationsfeld der Erde fallen, weil die Masse des Objekts auf beiden Seiten der Gleichung $F = ma$ auftaucht und sich daher wegkürzen lässt. Ob ich nun ein Buch oder ein Stück Papier fallen lasse, sie erfahren die gleiche Gravitationsbeschleunigung und müssten gleich schnell fallen, obwohl das Buch viel mehr Masse besitzt. Es passiert also genau das, was Galilei für das Vakuum vorhersagte. Klappt das in der Praxis? Nein, ein Buch und ein Stück Papier fallen wegen des Luftwiderstands mit unterschiedlichem Tempo. Der Luftwiderstand übt eine Kraft sowohl auf das Buch als auch auf das Papier aus, aber da das Buch mehr Masse besitzt, bleibt dessen Beschleunigung durch den Luftwiderstand klein – praktisch vernachlässigbar. Doch wenn Sie das Stück Papier oben auf ein großes Buch legen, sodass das Buch den Luftwiderstand für das Papier abfängt, und dann die beiden zusammen fallen lassen, wird das Papier auf dem Buch liegen bleiben, und beide werden gleich schnell fallen. Probieren Sie das Experiment selbst aus!

Als die Apollo-15-Astronauten zum Mond flogen, nahmen sie einen Hammer und eine Feder mit, um ein Experiment zur Überprüfung dieses Prinzips durchzuführen. Der Mond hat praktisch keine Atmosphäre: Auf seiner Oberfläche herrscht ein Vakuum und daher kein nennenswerter Luftwiderstand. Als die Astronauten Feder und Hammer gleichzeitig losließen, fielen sie absolut gleich schnell, genauso, wie es Newton (und Galilei) vorhergesagt hatten. Die Videoaufzeichnung dieses Mondexperiments können Sie online ansehen.

Wie Sie vielleicht wissen, irrte sich Aristoteles in diesem Punkt. Er meinte, massereichere Objekte seien einer größeren Beschleunigung unterworfen und fielen schneller. Das hielt er für logisch, tatsächlich aber hat er nie ein Experiment durchgeführt, um festzustellen, ob seine Idee richtig war. Beispielsweise wäre er in der Lage gewesen, große und kleine Steine zu nehmen (die beide nicht wesentlich vom Luftwiderstand beeinflusst werden) und festzustellen, dass sie beide mit gleicher Geschwindigkeit fielen. Wir merken uns, dass es in den Naturwissenschaften entscheidend darauf ankommt, unsere Intuition am Experiment zu überprüfen!

Nehmen wir uns ein verwandtes Problem vor: die Gravitationskraft, die auf einen Apfel einwirkt, den Sie in der ausgestreckten Hand halten. Newtons Formel enthält den Abstand *r* des Apfels von der Erde. Naiv könnten wir vermuten, es handle sich um den Abstand des Apfels zum Boden, ungefähr 2 Meter. Doch diese Annahme erweist sich als falsch. Newton erkannte, dass man die Gravitationsanziehung von jedem Gramm der Erde berücksichtigen muss: nicht nur das Stück zu Ihren Füßen, sondern auch die Teile auf der anderen Seite des Globus. Er brauchte fast 20 Jahre, um herauszufinden, wie er das berechnen konnte. Er musste die Kräfte berechnen, die von jedem einzelnen Erdklümpchen ausgingen, die jeweils ihre eigenen

Abstände und Richtungen zu diesem Apfel hatten. Um alle diese Kräfte zu addieren, musste er einen neuen Zweig der Mathematik entwickeln, den wir heute *Integralrechnung* nennen. Das Endergebnis dieser Rechnung besagt, dass die Gravitation eines kugelförmigen Körpers (wie der Erde) so wirkt, als wäre alle Masse in seinem Mittelpunkt konzentriert, eine sehr nicht-intuitive Vorstellung. Um die auf den Apfel einwirkende Gravitationskraft zu berechnen, müssen Sie sich vorstellen, die Gesamtmasse der Erde befinde sich in einem Punkt 6371 Kilometer unter Ihren Füßen, das ist die Entfernung von der Oberfläche der Erde bis zu ihrem Mittelpunkt. Darauf haben wir bereits Bezug genommen, als wir Newtons Vergleich zwischen dem fallenden Apfel und dem erdumkreisenden Mond erörterten.

Doch ein (geradlinig) herunterfallender Apfel scheint kaum vergleichbar mit dem Mond auf seiner kreisförmigen Umlaufbahn zu sein. Warum kreist der Mond, während der Apfel einfach auf dem Boden aufschlägt? Um den Apfel in eine Umlaufbahn zu bringen, muss ich ihn mit gehörigem Schwung horizontal werfen, mit so großem Schwung, dass er einmal ganz um die Erde fliegt. Nehmen wir das Beispiel des Hubble-Weltraumteleskops, das seiner Bahn nur ein paar Hundert Kilometer über der Erdoberfläche folgt. Es beschreibt eine vollständige Umrundung der Erde entlang einer Bahn von etwa 40.000 Kilometern Länge in rund 90 Minuten. Das entspricht einer Bahngeschwindigkeit von rund 8 Kilometern pro Sekunde. Um also einen Apfel in eine Umlaufbahn zu bringen, müsste ich ihn horizontal mit einer Geschwindigkeit von ungefähr 8 Kilometern pro Sekunde werfen.

Stellen Sie sich vor, Sie stehen auf dem Gipfel eines hohen Berges (über den Reibungseffekten der Atmosphäre) und werfen Körper, die mit immer höheren Geschwindigkeiten horizontal davonfliegen. Werfen Sie diesen Apfel so kräftig Sie können; er wird rasch zu Boden fallen. Holen Sie sich einen Werfer aus der Baseball-Liga, der Apfel wird etwas weiter fliegen, aber irgendwann auch auf dem Boden landen. Lassen wir ihn von Superman werfen. Wenn dieser mit immer größerem Schwung wirft, wird der Apfel immer weiter und weiter fliegen, bevor seine abwärts gerichtete Bahnkurve auf die Erdoberfläche trifft. Nun ist aber die Oberfläche der Erde nicht flach, sondern über größere Entfernungen ebenfalls abwärtsgekrümmt. Tatsächlich kann Superman einen Körper mit 8 Kilometern pro Sekunde abwerfen. Auch dieser Körper ist dem Einfluss der Gravitation unterworfen, aber seine gekrümmte Bahnkurve entspricht jetzt der Krümmung der Erde, mit dem Erfolg, dass er nie auf die Erdoberfläche trifft, sondern in einer kreisförmigen Umlaufbahn endet. Auch dieses Objekt fällt zwar unablässig, aber mit einer sehr viel größeren Seitwärtsbewegung. Wenn Sie einen Apfel loslassen, fällt er infolge der Gravitationsbeschleunigung der Erde. Ein und dieselbe Gravitation veranlasst das Hubble-Weltraumteleskop, die Erde zu umkreisen, und den Mond, die Erde zu umrunden (allerdings auf einer sehr viel höheren Umlaufbahn und daher mit einem geringeren Tempo als jenes). In einem niedrigen Erdorbit fallen Sie mit der Rate, in der sich die Erde krümmt, sodass Sie nie den Boden berühren. Diesen Sachverhalt hatte Newton begriffen und entwickelte daher die Idee eines künstlichen Satelliten in der Erdumlaufbahn – 270 Jahre vor ihrer tatsächlichen Verwirklichung!

Wenn Sie einmal in einem Fahrstuhl waren, der eine jähe Abwärtsbewegung machte, dann sind Sie während eines sehr kurzen Zeitraums gefallen, und alles andere um sie herum fiel mit Ihnen. Lassen Sie einen Apfel fallen, dann fallen Sie nicht mit ihm zusammen, weil die Kraft, mit der der Boden gegen ihre Fußsohlen drückt, Sie aufhält. Sie befinden sich relativ zu ihrer Umgebung in Ruhe, aber der Apfel ist der Beschleunigung unterworfen und fällt. Würden Sie von den Beinen gestoßen und fielen mit dem Apfel, sähe ich den Apfel mit Ihnen fallen (zumindest so lange, bis Sie und der Apfel auf dem Boden aufschlügen).

Wahrscheinlich haben Sie Bilder von Astronauten in der Internationalen Raumstation gesehen, die die Erde in einer Umlaufbahn umkreist. Die Erdgravitation wirkt sich auf die Astronauten und die Internationale Raumstation gleichermaßen aus. Aber alles in der Raumstation fällt mit gleichem Tempo – erinnern Sie sich an das Ergebnis Ihrer Berechnung: Die Gravitationsbeschleunigung hängt nicht von der Masse des Körpers im Orbit ab. Da alles mit gleicher Geschwindigkeit fällt, fühlen sich die Astronauten schwerelos. »Schwere« oder »Gewicht« ist das, was eine Badezimmerwaage anzeigt, wenn Sie sich darauf stellen (oder, was auf das Gleiche hinausläuft, mit welcher Kraft die Badezimmerwaage nach Newtons drittem Gesetz gegen Sie drückt). Doch wenn die Waage genauso schnell fällt wie Sie, drücken Sie nicht auf die Waage, und sie gibt Ihr Gewicht mit null an. Sie sind schwerelos.

Daraus folgt jedoch nicht, dass Ihre *Masse* null ist. Masse und Gewicht sind nicht das Gleiche! Masse ist nach Newton eine der Größen im zweiten

Bewegungsgesetz (das Kräfte, Massen und Beschleunigungen zueinander in Beziehung setzt); sie ist auch die entscheidende Größe für die Gravitation. Wenn Menschen sagen, sie wollten »Gewicht« verlieren, geht es ihnen in Wirklichkeit darum, Masse zu verlieren. Fett hat Masse, und sie möchten einen Teil dieser Masse loswerden. Dann können sie mit dem gleichen Kraftaufwand rascher beschleunigen und beweglicher werden.

Lassen Sie uns noch einmal zusammenfassen, was Newton geleistet hat. Durch Beobachtung der damals bekannten Planeten hatte Kepler drei Gesetze gewonnen, die ihre Bahnen beschrieben. Dann überdachte Newton diese Ergebnisse aus einer ganz anderen Perspektive; mit seinen drei Bewegungsgesetzen versuchte er zu verstehen, wie sich *alles* bewegt und nicht nur die sechs damals bekannten Planeten auf ihren Bahnen um die Sonne. Außerdem entwickelte er einen physikalischen Ansatz zum Verständnis der Gravitationskraft, der wichtigsten Kraft in der Astronomie. Gestützt auf das dritte Keplersche Gesetz, zeigte er, dass die Gravitationskraft bei zunehmender Entfernung entsprechend $1/r^2$ schwächer wird. Außerdem fand er heraus, dass die Gravitationskraft zwischen zwei Körpern anziehend ist: Die Gravitationskraft, die die Sonne auf einen Planeten ausübt, ist $F = GM_{Sonne}M_{Planet}/r^2$. Wir erkannten, dass wir das dritte Keplersche Gesetz anhand von Newtons Bewegungsgesetzen und seinem Gravitationsgesetz verstehen konnten. Newton eröffnete uns ein weit tieferes Verständnis der dem dritten Keplerschen Gesetz zugrunde liegenden physikalischen Gesetzmäßigkeiten als Kepler selbst.

Newtons letzter Triumph bestand darin, dass er aus seinem Gravitationsgesetz direkt ableiten konnte, dass ein Planet die Sonne auf einer vollkommen elliptischen Bahn umkreist, wobei die Sonne sich in einem der Brennpunkte befindet, und dass eine Linie, die den Planeten mit der Sonne verbindet, in gleichen Zeiträumen gleiche Flächen überstreicht. Damit können wir alle drei Keplerschen Gesetze als eine direkte Folge des einen Newtonschen Gravitationsgesetzes betrachten.

Diese Gesetze waren die ersten physikalischen Gesetze, wie wir sie heute verstehen. Ganz wichtig: Mit ihrer Hilfe ließen sich überprüfbare Vorhersagen machen. Auf der Grundlage von Newtons Gesetzen entdeckte Halley, dass es sich bei mehreren Kometensichtungen im Lauf der Jahrhunderte (unter anderem auch bei derjenigen, die auf dem Teppich von Bayeux zu sehen ist) tatsächlich um denselben Kometen handelt, der sich auf einer extrem elliptischen Umlaufbahn bewegte. Ungefähr alle 76 Jahre kehrte er wieder. Er wurde von Jupiter und Saturn gestört, wenn er ihre Bahnen kreuzte, und seine etwas veränderlichen Erscheinungszeiten ließen sich mithilfe der Newtonschen Gesetze vorhersagen – während sie nach Keplers Gesetzen in exakt gleichen Zeitabständen auftreten müssten. Halley sagte vorher, der Komet würde 1758 wiederkehren. Leider starb er 1742, sodass er das Ereignis nicht miterleben konnte, aber als der Komet tatsächlich 1758 erneut gesichtet wurde, gab man ihm den Namen Halleyscher Komet. Seine größte Annäherung an die Sonne sagten Alexis Clairaut, Jérôme LaLande und Nicole-Reine Lepaute anhand der Newtonschen Gesetze mit einer Genauigkeit von einem Monat vorher. Das war eine bemerkenswerte Bestätigung der Gravitationsgesetze von Newton.

Noch ein weiterer großer Erfolg war Newtons Gesetzen beschieden. Der Planet Uranus folgte diesen Gesetzen nicht exakt; seine Umlaufbahn schien gestört zu sein. Urbain Le Verrier entdeckte, dass sich dieses Phänomen erklären ließ, wenn Uranus der Anziehungskraft eines anderen Planeten unterworfen war, der weiter von der Sonne entfernt und daher noch unentdeckt war. Er sagte vorher, wo dieser Planet zu finden sein müsse, und 1846 gelang es Johann Gottfried Galle und Heinrich Louis d'Arrest anhand der Berechnungen von Le Verrier tatsächlich, ihn zu entdecken, nur um 1 Grad von der Stelle entfernt, an der Le Verrier ihn am Himmel vorhergesagt hatte. Mithilfe von Newtons Gesetzen hatte man einen neuen Planeten entdeckt: Neptun. Newtons Ruf stieg ins Unermessliche.

Sie werden feststellen, dass wir diese Grundbegriffe der Kräfte und der Gravitation in diesem Buch wieder und wieder zum Verständnis des Universums verwenden werden.

4

WIE STERNE ENERGIE ABSTRAHLEN (I)

NEIL DEGRASSE TYSON

Jetzt wollen wir versuchen, ein Verständnis von den Entfernungen der Sterne zu erhalten. Wie wir bereits festgestellt haben, beträgt die Entfernung zwischen Sonne und Erde 150 Millionen Kilometer (oder 1 AE), was ungefähr dem hundertfachen Durchmesser der Sonne selbst entspricht. Stellen Sie sich vor, in einem maßstabsgerechten Modell betrüge der Abstand zwischen Erde und Sonne 1 Meter, dann wäre der Durchmesser der Sonne 1 Zentimeter. Die nächsten Sterne sind rund 200.000 AE entfernt, in unserem maßstabsgerechten Modell wären das 200 Kilometer. Der Raum zwischen den Sternen ist riesig im Vergleich zu ihrer Größe. Da ist es bequemer, diese Entfernungen nicht in Kilometern oder Zentimetern anzugeben, sondern in der Zeit, die das Licht braucht, um sie zu durchlaufen.

Die Lichtgeschwindigkeit, die wir mit dem Buchstaben c bezeichnen, beträgt 3×10^8 Meter/Sekunde, noch eine Zahl, die Sie sich merken sollten. In Kapitel 17 werden wir uns eingehender vor Augen führen, dass dieser Wert zugleich die oberste kosmische Geschwindigkeitsgrenze ist: Die Lichtgeschwindigkeit ist die höchste Geschwindigkeit, die irgendetwas erreichen kann. Da wir Sterne immer nur dank ihres Lichts wahrnehmen, liefert dessen Geschwindigkeit uns natürliche Entfernungseinheiten. Eine Lichtsekunde ist die Entfernung, die das Licht in einer Sekunde zurücklegt: 3×10^8 Meter oder 300.000 Kilometer – ungefähr der siebenfache Erdumfang. Der Mond ist 384.000 km entfernt, folglich braucht das Licht für diese Entfernung 1,3 Sekunden. Wir sagen, der Mond ist ungefähr 1,3 Lichtsekunden von uns entfernt. Die Entfernung von der Erde zur Sonne (1 AE) beläuft sich auf rund acht Lichtminuten, das heißt, das Licht braucht etwa acht Minuten, um diese Entfernung zurückzulegen. Der Abstand bis zu den nächsten Sternen beträgt ungefähr vier Lichtjahre. Daher ist ein Lichtjahr insbesondere ein Maß der Entfernung und nicht der Zeit – die Entfernung, die das Licht in einem Jahr zurücklegt. Ein Lichtjahr umfasst rund 10 Billionen Kilometer. Das Licht der nächsten Sterne, das wir heute sehen, wurde vor vier Jahren auf die Reise geschickt. Der Blick ins Universum ist immer ein Blick zurück in der Zeit. Wir sehen diese nahen Sterne nicht so, wie sie gegenwärtig sind, sondern wie sie vor vier Jahren waren.

Das gilt auch für den Alltag. In anderen Einheiten ausgedrückt, beträgt die Lichtgeschwindigkeit etwa 30 Zentimeter pro Nanosekunde, mit anderen Worten, zwei Menschen, die sich an einem Tisch gegenübersitzen, nehmen einander mit einer Verzögerung von einigen Nanosekunden wahr. Natürlich ist dieses Zeitintervall so klein, dass wir die Verzögerung nicht registrieren können, aber bei all unseren visuellen Kontakten ist eine solche Zeitverzögerung unvermeidlich.

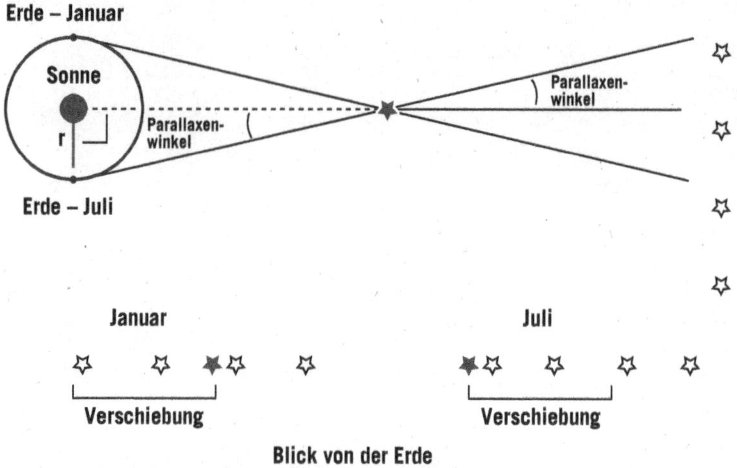

Abbildung 4.1: Parallaxe. Während die Erde die Sonne umkreist, verschiebt sich die Position eines nahen Sterns relativ zu weiter entfernten Sternen. *Credit:* J. Richard Gott

Wie können wir die Entfernungen zu den nächsten Sternen messen? Vier Lichtjahre sind eine Riesenstrecke. Natürlich lässt sich nicht einfach ein Bandmaß zwischen hier und einem Stern ausspannen. In diesem Zusammenhang müssen wir den Begriff der *Parallaxe* einführen. Die Erde umkreist die Sonne (vgl. Abb. 4.1). Im Januar ist die Erde auf der einen Seite der Sonne und sechs Monate später, im Juli, auf der gegenüberliegenden Seite. In der Abbildung befindet sich rechts von der Erde ein naher Stern und ganz weit draußen auf der rechten Seite noch ein Feld von weiter entfernten Sternen.

Sie sind so weit entfernt, dass ich sie in der Abbildung alle ganz weit rechts hingemalt habe. Nun stellen Sie sich vor, ich nehme ein Bild des nahen Sterns im Januar auf. Auf diesem Foto sehe ich alle möglichen Sterne, und einer von ihnen ist der betreffende Stern. Schauen Sie sich in Abbildung 4.1 das Bild an, das sich im Januar von der Erde aus bietet. Allein sagt uns dieses Bild natürlich gar nichts. Erinnern Sie sich, ich weiß nicht, welche Sterne nah sind und welche fern – nichts dergleichen ist mir bisher bekannt. Aber warten wir sechs Monate und nehmen das Bild noch einmal von der entgegengesetzten Seite der Erdbahn auf, wenn die Erde im Juli in eine neue Position gelangt ist. Noch immer erblicken wir den gleichen Hintergrund, aber unser Stern scheint von der Stelle, an der er sich – von der Erde im Juli betrachtet – vorher befand, an einen neuen Standort gewandert zu sein. Er hat sich verschoben. Alles andere bleibt im Wesentlichen an derselben Stelle. Was wird in den nächsten sechs Monaten passieren? Der Stern verschiebt sich wieder zurück, dorthin, woher er gekommen war. Diese Verschiebung wiederholt sich, zurück und vorwärts, je nach der Jahreszeit, in der Sie den Stern beobachten.

Werfen Sie diese beiden Bilder mehrmals nacheinander kurz auf den Bildschirm. Wenn die beiden Fotos identisch sind, mit Ausnahme eines Sterns, der sich bewegt, dann ist *dieser Stern* näher als alle anderen. Wenn der Stern noch näher ist, wird die Verschiebung auf dem Bild entsprechend größer sein. Nähere Sterne »verschieben« sich stärker. Dabei setze ich »verschieben« in Anführungszeichen, weil der Stern immer an derselben Stelle bleibt – wir sind es, die sich bei der Umkreisung der Sonne hin- und herbewegen; in Wirklichkeit resultiert die Verschiebung aus der Veränderung unserer Perspektive.

ANWEISUNG ZUM STEREOSKOPISCHEN SEHEN IN DREI DIMENSIONEN

Da wir in der realen Welt Tiefe wahrnehmen, wenn unsere beiden Augen die Dinge aus etwas unterschiedlichen Perspektiven sehen, können wir uns durch einen Trick dazu bringen, Dreidimensionalität selbst auf den flachen Seiten eines Buches zu erleben – dazu müssen uns nur zwei Bilder nebeneinander dargeboten werden, das eine aus der Perspektive des rechten Auges, das andere aus der des linken Auges gesehen. In diesem Stereopaar (vgl. Abb. 4.2) ist das Bild für das linke Auge rechts, daher werden Sie es mit der Kreuzblick-Methode betrachten müssen. Es ist leichter, als Sie glauben.

Halten Sie das Buch mit einem Abstand von ungefähr 40 Zentimetern vor Ihre Augen. Strecken Sie auf halbem Weg zwischen den Augen und Buchseite den Zeigefinger Ihrer anderen Hand gerade nach oben. Blicken Sie die Seite an. Sie werden zwei verwischte, durchsichtige Bilder Ihres Fingers sehen (eines, wie Ihr rechtes Auge, und eines, wie Ihr linkes Auge ihn wahrnimmt). Bewegen Sie Ihren Finger hin und her, bis diese beiden durchsichtigen Bilder des Fingers sich genau in den Mittelpunkten der beiden unteren Bildränder auf der Seite befinden. Vielleicht müssen Sie den Kopf nach links oder rechts neigen, um die beiden Bilder des Fingers auf eine Höhe zu bringen.

Konzentrieren Sie sich jetzt auf den Finger. Sie sollten ein Bild des Fingers sehen und drei verschwommene Versionen der Bilder auf der Seite. Wenden Sie jetzt Ihre Aufmerksamkeit behutsam dem mittleren Bild zu, und behalten Sie dabei den Kreuzblick bei. Vor Ihren Augen müsste ein wunderschönes 3-D-Bild auftauchen, wobei der helle Stern Wega im Vordergrund von der Buchseite vor die anderen Sterne springt! Sie können sehen, dass sich verschiedene Sterne in verschiedenen Entfernungen befinden. Automatisch misst Ihr Gehirn die Verschiebungen und nimmt die Parallaxenberechnung vor. Das ist natürlich das Verfahren, mit dem wir das 3-D-Sehen erzeugen. Ständig vergleicht unser Gehirn die Bilder unserer beiden Augen und ermittelt mittels der Parallaxenberechnung, wie weit die Objekte entfernt sind, die wir sehen. Sie können auch einfach damit beginnen, auf Ihren Finger zu blicken – Ihre

Augen werden automatisch in den Kreuzblick-Modus verfallen, um ihn zu sehen. Dahinter werden die drei verwischten Bilder erscheinen; verlagern Sie den Blick auf das mittlere, und es wird in 3-D-Version erscheinen.

Geben Sie nicht auf – Sie brauchen ein wenig Übung. Nicht jeder kann es sehen, aber wenn es Ihnen gelingt, ist die Wirkung spektakulär. Es lohnt sich allemal, sich die Technik anzueignen. Wir werden sie in diesem Buch noch einmal in der Abbildung 18.1 anwenden.

Davon können Sie sich auch selbst überzeugen. Schließen Sie das linke Auge und halten sie den Daumen auf Armeslänge entfernt. Benutzen Sie nur das rechte Auge, und bringen Sie den Daumen mit einem weiter entfernten Objekt in eine Linie. Blinzeln Sie jetzt mit dem anderen Auge. Ihr Daumen scheint sich zu bewegen. Halbieren Sie die Entfernung des Daumens, und wiederholen Sie den Vorgang. Der Daumen verschiebt sich bei geringerem Abstand noch deutlich weiter. Man entdeckte diesen Effekt und erkannte, dass er sich auch auf die Sterne übertragen lässt: Der nahe Stern ist Ihr Daumen, und der Durchmesser der Erde ist der Abstand Ihrer Augen. Würden Sie allerdings versuchen, die Entfernung zu einem Stern mithilfe Ihres Augenabstands zu messen, so hätten Sie wohl kaum Erfolg, weil die 2 oder 3 Zentimeter zwischen Ihren Augäpfeln beim Blick auf den Stern keine hinreichend unterschiedlichen Winkel liefern würden. Doch der Durchmesser der Erdbahn beträgt 300 Millionen Kilometer. Der Abstand ist groß genug, um dem Universum zuzuzwinkern und die Entfernung eines Sterns zu messen.

Abbildung 4.2 (siehe Bildteil) zeigt anhand einer Simulation, wie diese Unterschiede für das Sternbild Leier aussehen würden. Die Sterne in den beiden Bildern sind proportional zu ihrer beobachteten Parallaxe verschoben, als hätten wir es mit zwei Fotos zu tun, die im Abstand von sechs Monaten in der Erdbahn aufgenommen wurden. Allein das Ausmaß der Verschiebung ist stark übertrieben, damit Sie die Unterschiede ganz leicht sehen können.

Der hellste Stern im Bild, Wega, ist nur 25 Lichtjahre entfernt. Er ist der Erde viel näher als die Sterne in der Mitte des Sternbildes Leier. Wenn Sie die beiden Bilder sorgfältig vergleichen und dabei auf Unterschiede achten, wird Ihnen auffallen, dass Wega sich stärker verschoben hat als die anderen Sterne.

Je weiter ein Stern entfernt ist, desto kleiner wird die Verschiebung. Doch die Entfernung vieler relativ naher Sterne können wir mit dieser Technik messen. Dazu müssen wir ein paar grundlegende geometrische Fakten anwenden. In Abbildung 4.1 haben wir den nahen Stern vor einer Gruppe anderer Sterne einmal im Januar gesehen und dann festgestellt, wie er sich im Juli vor den anderen Sternen verschoben hatte. Traditionell wird die Hälfte dieser Verschiebung *Parallaxenwinkel* genannt, weil er der Verschiebung entspricht, die wir sähen, wenn wir uns nur um 1 AE und nicht um 2 AE bewegt hätten. Wir kennen den Radius der Erdbahn (1 AE) in Kilometern. Also können wir den Parallaxenwinkel messen. Betrachten Sie das Dreieck, das von der Erde, der Sonne und dem Stern gebildet wird. Es ist ein rechtwinkliges Dreieck, wobei sein 90-Grad-Winkel im Mittelpunkt der Sonne liegt. Die Winkelverschiebung, die Sie im Lauf des Jahres beobachten, wenn Sie auf den nahen Stern blicken, entspricht haargenau der Verschiebung, die ein Beobachter auf dem nahen Stern erkennen würde, der auf den gleichen Sichtlinien zu Ihnen zurückblickte. Mit anderen Worten, der Parallaxenwinkel (die halbe Gesamtverschiebung), den Sie beobachten, wird gleich dem Winkel zwischen der Sonne und der Erde (im Juli) sein, wie ihn ein Beobachter auf dem Stern wahrnähme (vgl. wieder Abb. 4.1). Das Dreieck Erde-Sonne-Stern besitzt also einen rechten Winkel (in der Sonne), einen Winkel gleich dem Parallaxenwinkel (im Mittelpunkt des Sterns) und einen Winkel (im Mittelpunkt der Erde) von 90 Grad minus den Parallaxenwinkel; das verhält sich so, weil nach der euklidischen Geometrie die Winkelsumme im Dreieck 180 Grad betragen muss.

Sie kennen eine Kathete des Dreiecks (den Abstand zwischen Erde und Sonne), und wenn Sie noch die Winkel im Dreieck in Erfahrung bringen, können Sie die Länge der anderen Kathete bestimmen, die die Sonne und den Stern verbindet. Das liefert Ihnen ein direktes Maß für die Entfernung des Sterns. Erfinden wir eine neue Längeneinheit. Wir suchen die *Entfernung*, in der ein Stern einen Parallaxenwinkel von einer Bogensekunde hätte. Eine Bogensekunde ist natürlich 1/60 einer Bogenminute, die ihrerseits 1/60 eines Grads ist. Eine Bogensekunde entspricht also 1/3600 eines Grads. Ein Stern kann sich also gerade in jener Entfernung befinden, bei der der Parallaxenwinkel eine Bogensekunde beträgt. Diese Entfernung nennen wir ein *Parsec.* Das ist doch mal eine Bezeichnung, oder? Ein Parallaxenwinkel von einer Bogensekunde ist $1/(360 \times 60 \times 60)$ des Umfangs eines Kreises. Wenn der Stern sich in einer Entfernung d befindet, beträgt der Umfang des Kreises $C = 2\pi d$. Der Abstand zwischen Erde und Sonne, $r = 1$ AE, entspricht $1/(360 \times 60 \times 60)$ dieses Umfangs, woraus sich $1 \text{ AE}/2\pi d = 1/(360 \times 60 \times 60)$ ergibt. Also kommen wir für eine Parallaxe von einer Bogensekunde auf $d = 206.265$ AE = 1 Parsec. Alles nur euklidische Geometrie.

Wenn Sie sich *Star Trek* anschauen, können Sie hören, wie die Raumfahrer dieses Längenmaß verwenden. Welche Entfernung ist das in Lichtjahren? Es sind 3,26 Lichtjahre. Die Einheit Parsec macht was her, aber in diesem Buch wollen wir überwiegend bei Lichtjahren bleiben. Sollten Sie jemals auf den Begriff Parsec stoßen, wissen Sie jetzt, woher er kommt. Englischsprachige Astronomen prägten das Wort, indem sie zwei andere Begriffe miteinander kombinierten, »*par*allax« and »*arcsec*ond«. Weist ein Stern eine Parallaxe von 1/2 Bogensekunden auf, ist er zwei Parsec entfernt. Hat er eine Parallaxe von 1/10 Bogensekunden, beträgt sein Abstand zehn Parsec. Ein Kinderspiel. In der Astronomie gibt es eine ganze Reihe von häufig verwendeten Kunstwörtern, die aus dem Englischen stammen – *Quasar*, zum Beispiel. Es ist abgeleitet aus »*quas*i-stell*ar* radio source«. *Pulsar* kommt von »*puls*ating st*ar*« – darauf fuhren die Leute besonders ab. Heute gibt es Armbanduhren der Marke Pulsar zu kaufen.

Welcher Stern ist der Erde am nächsten? Die Sonne. Wenn Sie Alpha Centauri gesagt haben, sind Sie auf meinen Trick hereingefallen. Der Sonne am nächsten ist das Sternsystem Alpha Centauri. *Alpha* heißt, dass es sich um den hellsten Stern in seiner Konstellation handelt, dem südlichen Sternbild Centaurus, Zantaur. Tatsächlich handelt es sich um ein System aus drei Sternen, deren einer unserem Sonnensystem am nächsten ist. Ein Dreifachsternsystem – abgefahren. Zu dem System gehören Alpha Centauri A, ein sonnenartiger Stern, der 123 Prozent des Sonnendurchmessers aufweist; Alpha Centauri B mit 86,5 Prozent des Sonnendurchmessers und Proxima Centauri, ein schwach leuchtender roter Stern, der nur 14 Prozent des Sonnendurchmessers besitzt. Von diesen drei Sternen ist Proxima Centauri unserer Sonne am nächsten. Daher auch sein Name: *Proxima.* Etwa 4,1 Lichtjahre ist er von uns entfernt, das entspricht einer Parallaxe von 0,8 Bogensekunden.

Eine Bogensekunde ist wirklich sehr, sehr klein. Auf den meisten Aufnahmen des Nachthimmels mit professionellen, erdgebundenen Teleskopen, die Sie zu Gesicht bekommen, ist die scheinbare Größe eines Sterns rund eine Bogensekunde. Das ist das übliche Maß für erdgebundene Teleskope. Das Hubble-Weltraumteleskop ist zehnmal so gut. Die Atmosphäre stiftet Durcheinander und verwischt die Bilder, wenn wir unsere Teleskope von der Erde aus in den Weltraum blicken lassen. Nichtsahnend kommt das Sternenlicht als scharfer Lichtpunkt an und trifft dann auf die Atmosphäre, wird durchgeschüttelt, hin- und hergeworfen und endet schließlich als dieses unscharfe Klümpchen. Auf der Erde sagen wir: »Oh, ist er nicht hübsch? Schau nur, wie der Stern funkelt!« Aber für einen Astronomen, der versucht, den Stern zu beobachten, ist das Funkeln eine lästige Begleiterscheinung. Die charakteristische Breite eines derart funkelnden Bildes hat eine Größenordnung von einer Bogensekunde.

Bedenken Sie, dass ein Parsec kleiner als die Entfernung zum nächsten Stern ist. Daher hat es Jahrtausende gedauert, um die Parallaxe zu messen. Erst 1838 gelang es dem deutschen Mathematiker Friedrich Bessel, die erste Sternparallaxe zu messen. (Wenn die Atmosphäre ein Bild zu einer Breite von einer Bogensekunde verschmiert, muss ein Beobachter, der durch ein Teleskop blickt, viele Messungen vornehmen, um auf eine Genauigkeit von *unter* einer Bogensekunde zu kommen.) Tatsächlich scheiterten die Argumente, die Aristarchos vor mehr als 2000 Jahren vorbrachte, um seine Behauptung zu belegen, dass die Erde die Sonne umkreise, kläglich an dem Mangel geeigneter Parallaxenbeobachtungen. Die Griechen waren kluge Leute. »Okay«, sagten sie. »Ihr mögt unser geozentrisches Universum nicht, in dem die Sonne um die Erde kreist? Ihr möchtet, dass sich die Erde um die Sonne dreht?« Sie wussten, dass es, sollte sie tatsächlich um die Sonne kreisen, einen klaren Beweis gäbe: Wir sollten, wenn die Erde sich auf der einen Seite der Sonne befände, nahe Sterne aus einer deutlich anderen Perspektive sehen als zu dem Zeitpunkt, da sie auf der gegenüberliegenden Seite stünde. Sie sagten, diesen Parallaxeneffekt müssten wir sehen. Teleskope waren noch nicht erfunden, daher konnten sie nur sehr sorgfältig und über lange Zeiträume mit bloßem Auge hinsehen. Doch egal, wie sehr sie ihre Augen anstrengten, sie konnten keinen Unterschied feststellen. Den Umstand, dass der Effekt sich nicht messen ließ, werteten sie sogar als gewichtigen Anhaltspunkt gegen das sonnenzentrierte, heliozentrische Universum. Doch dass es für die Existenz von irgendetwas keine Beweise gibt, ist für sich genommen noch kein Beweis der Nichtexistenz. Doch selbst nachdem wir alle diese Sterne am Nachthimmel beobachtet hatten und wussten, dass sich verschwommene, nebelartige Objekte zwischen ihnen herumtrieben, hatten wir bis zu den ersten Jahrzehnten des 20. Jahrhunderts noch keine realistische Vorstellung vom Universum. Dann erhielten wir neue Einblicke, indem wir Sternenlicht durch ein Prisma schickten und uns die so gewonnenen Daten anschauten. Auf diese Weise erfuhren wir, dass sich einige Sterne als »Standardkerzen« verwenden lassen. Überlegen wir mal: Wenn jeder Stern am Nachthimmel genauso wäre wie alle anderen – wenn sie alle mit einer Art Keksausstecher geformt, gleich groß und gleich leuchtkräftig, und ins Universum geschleudert worden wären – wären die Sterne, die wir nur schwach leuchten sehen, in jedem Falle weiter von uns entfernt als die hellen. Dann wäre die Sache einfach. Alle hellen Sterne wären nah, alle leuchtschwächeren wären weiter entfernt. Leider verhält es sich anders. Aber in diesem Zoo von Sternen können wir immerhin Sterne der gleichen Sorte suchen und finden. Wenn also ein Stern ein bestimmtes charakteristisches Merkmal in seinem Spektrum aufweist und wenn mindestens ein Stern derselben Sorte nahe genug ist, um seine Parallaxe messen zu können, ist das ein Glückstag für die Astronomie. Dann können wir nämlich die Leuchtkraft des Sterns bestimmen und mit ihrer Hilfe herausfinden, ob andere Sterne derselben Sorte ein Viertel so hell oder ein Neuntel so hell sind wie unser Referenzstern. Daraus errechnen wir dann, wie weit sie von uns entfernt sind. Aber dazu brauchen wir diese Standardkerze, diese Messlatte. Eine solche Messlatte bekamen wir erst in den 1920er-Jahren. Bis dahin hatten wir kaum eine Ahnung, wie weit die Objekte im Universum von uns entfernt waren. Tatsächlich wird das Universum in Lehrbüchern aus dieser Zeit einfach mit dem von den beobachtbaren Sternen eingenommenen Raum gleichgesetzt, ohne dass die Möglichkeit eines größeren Universums jenseits davon überhaupt in Betracht gezogen wird.

Wenn wir versuchen, die Sterne zu verstehen, brauchen wir noch einige zusätzliche mathematische Werkzeuge. Eines sind die *Verteilungsfunktionen*. Das sind leistungsfähige und nützliche mathematische Konzepte. Ich möchte Sie langsam mit ihnen vertraut machen, daher beschäftigen wir uns mit einer einfachen Version der Verteilungsfunktion, einem Histogramm. Beispielsweise könnten wir die Zahl der Teilnehmer an einem typischen Collegekurs als Funktion des Alters darstellen (vgl. Abb. 4.3).

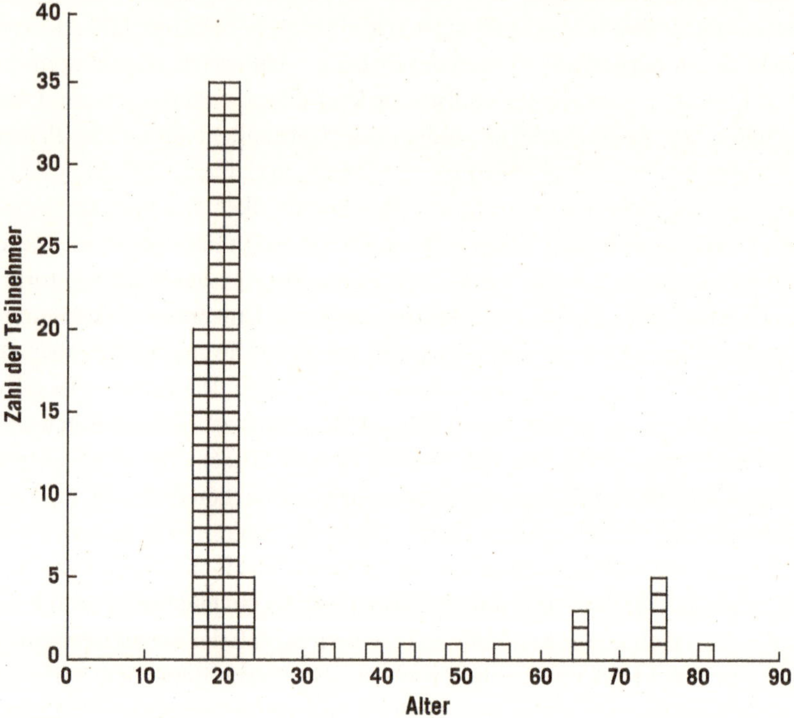

Abbildung 4.3: Balkendiagramm der Altersgruppen in einem Collegekurs. *Credit:* J. Richard Gott

Um ein solches Diagramm anzufertigen, könnten wir damit beginnen, dass wir die Kursteilnehmer fragen, ob jemand 16 Jahre oder jünger ist. Wenn keiner antwortet, erhält das Diagramm einen Wert von null für diese Altersgruppen. Als Nächstes erkundigen wir uns, wie viele 17 bis 18 Jahre alt sind. Sagen wir, es sind 20 Teilnehmer. Also zeichnen wir für 17 bis 18 Jahre eine Säule ein, die genau 20 Einheiten hoch ist. Und 19 bis 20 Jahre? 35 Teilnehmer. So fahren wir fort, bis alle erfasst sind.

Gehen wir einen Schritt zurück und schauen uns Abbildung 4.3 an. Sie gibt uns einigen Aufschluss über die Verteilung der Teilnehmer in diesem typischen Kurs. Beispielsweise gruppieren sich die meisten Teilnehmer um das Alter von 20, was jedem, der einen Blick auf das Diagramm wirft, mitteilt, dass es sich wahrscheinlich um einen Collegekurs handelt. Dann eine Lücke, ein paar Einzelgänger, und schließlich wieder eine Häufung Mitte 70 – wir haben zwei Häufungen, zwei Modi. In diesem Fall sprechen wir von einer *bimodalen Verteilung*. Die meisten Individuen dieser älteren Gruppe dürften kein Grundstudium absolvieren, sondern Gasthörer sein, und da sie tagsüber in Collegekursen sitzen können, dürften sie keiner geregelten Arbeit nachgehen, sondern Ruheständler sein. Sie können viel über eine statistische Population lernen, indem sie sich einfach diese Art von Verteilungen ansehen. Würden wir ein solches Diagramm für einen ganzen Collegecampus anfertigen, könnten wir wahrscheinlich einige der Leerstellen ausfüllen, erhielten aber aller Wahrscheinlichkeit nach die gleiche Form: überwiegend Studierende im Bachelor- oder Masterstudium oder Doktoranden, einige ältere Leute und gelegentlich den frühreifen 14-Jährigen – vielleicht einer unter tausend –, den man offenbar in jedem Erstsemesterkurs antrifft. Die Breite der Kästchen dieses Säulendiagrams entspricht jeweils zwei Jahren. Wenn ich die Stichprobe genügend erweiterte, um alle Collegestudenten der USA einzuschließen, könnte ich das Alter auf den Tag genau erfragen und jede Kästchenbreite für einen Tag stehen lassen. Auf diese Weise bekäme ich so viele Daten zusammen, dass das Diagramm ausgefüllt und nicht mehr so zerklüftet wäre. Bei einer solchen Datenfülle wären meine Kästchen so schmal, dass ich zurücktreten und eine glatte Kurve darüber legen könnte. Wenn Sie aus einem Säulendiagramm eine glatte Kurve machen und diesen Übergang in geeigneter Weise mathematisch sauber vornehmen können, hat sich Ihr Säulendiagramm in eine Verteilungsfunktion verwandelt.

Wie viele Teilnehmer hat der Kurs insgesamt? Das ist leicht, wir müssen nur an der horizontalen Achse entlanggehen und die Zahlen addieren. In diesem Fall kommen wir auf 109. Wenn Sie glatte Funktionen haben, können Sie mithilfe der Integralrechnung die Fläche unter der Kurve berechnen und so die Gesamtzahl der von ihr dargestellten Dinge bestimmen. Mit 26 Jahren hatte Isaac Newton die Integral- und Differentialrechnung erfunden – nach meiner Meinung der intelligenteste Mensch, der je gelebt hat!

Wie lässt sich das auf Sterne anwenden? Schauen wir uns die Sonne an. Ich sage: »Sonne, verrate mir, wie viele Lichtteilchen du abstrahlst.« Isaac Newton hat auch den Begriff der Lichtkorpuskeln – Lichtteilchen – lange vor Einstein geprägt, wie ich hinzufügen möchte. Wir haben ein Wort für diese Teilchen, *Photonen* – Photonen, nicht Protonen. *Pho-* wie in »Phosphor« oder in »Photonentorpedos«. Trekkies wissen, wovon ich rede.

Photonen kommen in allen Spielarten vor. Isaac Newton nahm weißes Licht und lenkte es durch ein Prisma. Er listete die Farben des Regenbogens auf, die er sah: Rot, Orange, Gelb, Grün, Blau, Indigo (ein wichtiges Färbemittel zu Newtons Lebzeiten, daher nahm er es in das Spektrum auf) und Violett. Heute begnügen wir uns in der Regel mit sechs Farben des Regenbogens. Doch zu Ehren Sir Isaacs nehme ich gewöhnlich Indigo hinzu.

Der englische Astronom William Herschel entdeckte einen ganz anderen Bereich des Spektrums – heute nennen wir ihn *Infrarot* –, der von unseren Augen nicht wahrgenommen wird. Auf der Energieskala liegt er noch unterhalb von »Rot«. Herschel schickte Sonnenlicht durch ein Prisma und bemerkte, dass ein Thermometer, das er hinter das rote Ende des sichtbaren Spektrums gelegt hatte, warm wurde. Wenn wir auf der anderen Seite über das sichtbare Spektrum hinausgehen, gelangen wir in den *Ultra*violett- oder UV-Bereich. Sie haben von diesen Spektralbereichen natürlich schon öfter gehört, weil sie im Alltag ständig vorkommen. Die UV-Strahlung ist für Ihre Sonnenbräune oder ihren Sonnenbrand verantwortlich. Im Restaurant halten Infrarotstrahler Ihre Pommes warm, bis Sie sie kaufen.

Wie Sie sehen, ist das Spektrum sehr viel reichhaltiger, als der sichtbare Teil erkennen lässt. Jenseits von Ultraviolett haben wir Röntgenstrahlen. Es gibt Röntgenphotonen. Nach den Röntgenstrahlen kommen die Gammastrahlen. Von all diesen Strahlen haben Sie schon gehört. Wenden wir uns dem anderen Ende zu, dem Infrarot. Unter Infrarot? Mikrowellen. Darunter? Radiowellen. Früher fasste man Mikrowellen für eine Untergruppe der Radiowellen auf, doch heute behandelt man sie als eigenständigen Teil des Spektrums. Das sind alle die Teile des Spektrums, für die wir Bezeichnungen haben. Daher gibt es nichts jenseits der Gammastrahlen – alles was da ist, nennen wir einfach Gammastrahlen – und nichts jenseits der Radiowellen.

Ein Photon ist ein Teilchen. Wir können es uns aber auch als Welle vorstellen – das ist der Welle-Teilchen-Dualismus. Nun können Sie mit Recht fragen: Was ist es denn nun? Welle oder Teilchen? Diese Frage hat keine Bedeutung. Stattdessen sollten wir uns lieber fragen, warum unsere Gehirne sich nicht auf etwas einstellen können, dem eine duale Wirklichkeit innewohnt. Da liegt das Problem. Wir könnten uns ein Zwitterwort ausdenken wie »Wellteil«. So etwas Ähnliches wurde im Englischen schon versucht: *wavicle* – *wave* und *particle*. Das hat aber nicht geklappt, weil die Menschen immer noch wissen wollen, was das für ein Gebilde ist. Die Antwort hängt davon ab, wie Sie es messen. Wir können uns das Photon als Welle denken, dann hat es eine Wellenlänge. Allerdings verwenden wir nicht *L*, um die Länge der Welle anzugeben; sondern den griechischen Buchstaben, der den Laut unseres *L* bezeichnet: Lambda. Wir benutzen den Kleinbuchstaben λ als das allgemein übliche Symbol für Wellenlänge.

Wie groß sind Radio- oder Funkwellen? Stellen Sie sich diese Wellen folgendermaßen vor: Wenn Sie früher in den Kindertagen des Fernsehens den Kanal wechseln wollten, mussten sie von der Couch aufstehen, zum Fernsehapparat gehen und an einem Stellrad drehen. Das ist lange her. Auf demselben Fernseher stand eine »Kaninchenohr-Antenne« – zwei verlängerbare Metallstäbe, die wie ein V hochstanden; war der Empfang schlecht, bewegte man die beiden Antennenarme. Diese Antennen wiesen eine bestimmte Länge auf, rund 1 Meter. Tatsächlich sind Fernsehwellen ungefähr 1 Meter lang. Die Antennen empfingen die Fernsehwellen aus der Luft. Wenn eine Sendung live ausgestrahlt wird, steht an englischen Studiotüren »On the Air«, weil die Signale durch die Luft zu Ihnen übertragen werden. Natürlich kommen heute viele Sendungen mittels Kabel zu Ihnen, aber man ist bei der alten Version geblieben und schreibt nicht »On the Cable«. Im Übrigen durchläuft Licht (einschließlich der Radiowellen) auch das Vakuum des Alls ohne Probleme. Die Luft selbst spielt dabei keine Rolle, weshalb ich immer den Wunsch verspüre, das »On the Air« in »On the Space« zu verändern.

Was ist mit Handys? Wie groß sind ihre Antennen? Ziemlich klein. Sie verwenden Mikrowellen, die nur 1 Zentimeter lang sind. Heute ist die Antenne in das Handy selbst eingebaut, doch als die Technik noch in den Kinderschuhen steckte, mussten Sie jedes Mal, wenn Sie Ihr Handy verwenden wollten, eine kurze, gedrungene Antenne herausziehen.

Wie groß sind die Löcher auf der Sichtscheibe Ihres Mikrowellenherds? Dort sind Löcher, damit sie das Essen sehen können, während Sie es zubereiten. Ich weiß nicht, ob Sie es bemerkt haben, aber diese Löcher haben nur einen Durchmesser von 2 Millimetern. Er ist kürzer als die Wellenlänge der Mikrowellen, mit denen Sie Ihre Mahlzeit erwärmen. So stößt also die 1 Zentimeter lange Mikrowelle, die aus dem Gerät hinauswill, auf ein Loch, dass nur 2 Millimeter breit ist, und kann nicht hinaus. Sie findet kein Schlupfloch, durch das sie den Mikrowellenherd verlassen kann. Wissen Sie, wer noch Mikrowellen verwendet? Polizisten, wenn sie einen Radarstrahl auf Fahrer richten, um deren Geschwindigkeit zu messen. Mikrowellen werden vom Metall Ihres Autos reflektiert. Es gibt eine Möglichkeit, das zu verhindern: Kennen Sie diese schwarzen Stoffüberzüge zum Schutz gegen Insekten, die manche Autofahrer, meist flotte Typen mit Sportwagen, über das Vorderteil ihres Autos ziehen? Sie schützen auch vor Mikrowellen, genauer: sie absorbieren sie. Das Signal, das zum Radarmessgerät der Polizei zurückkehrt, ist so schwach, dass eine genaue Messung nicht möglich ist. Natürlich ist auch die Windschutzscheibe durchlässig für Mikrowellen. Woran können Sie erkennen, dass Mikrowellen durch Glas gehen? Wo befestigen die Leute ihren Radardetektor? Meistens im Auto, auf dem Armaturenbrett. Also kein Zweifel, für Mikrowellen ist Glas kein Hindernis. Sonst könnten Sie in der Mikrowelle Ihr Essen ja auch nicht in einem Glasbehälter erwärmen. Um mit Mikrowellen Ihre Geschwindigkeit zu messen, verwendet die Polizei die sogenannte Dopplerverschiebung, auch Dopplereffekt genannt. Dazu später mehr. Im Augenblick müssen Sie dazu nur wissen, dass in diesem Fall die Veränderung der Wellenlänge eines Signals gemessen wird, das von einem bewegten Körper reflektiert wird. Das genaueste Ergebnis erhalten Sie, wenn Sie die Messung direkt in der Bahn des bewegten Objekts vornehmen. In der Praxis messen Radarpistolen nicht die genaue Geschwindigkeit Ihres Autos, weil der Polizeibeamte dazu in der Mitte der Fahrbahn stehen müsste, worauf er in der Regel wohl lieber verzichtet. Stattdessen stellt er sich an die Straßenseite, sodass die Geschwindigkeit, die ihm angezeigt wird (leider) stets etwas geringer ist als das tatsächliche Tempo. Wenn Sie also als Raser erwischt werden, haben Sie schlechte Karten. Zahlen Sie Ihr Knöllchen, und fahren Sie weiter.

Die Radarpistole des Polizisten sendet ein Signal, das von Ihrem Auto zurückgeworfen wird. Stellen Sie sich vor, Sie schauen Ihr Bild in einem Spiegel an, der 10 Fuß entfernt ist, und der Spiegel bewegt sich mit 1 Fuß pro Sekunde pro Sekunde auf Sie zu. Ihr Spiegelbild war zu Beginn 20 Fuß von Ihnen entfernt (das Licht braucht 10 Fuß für den Hinweg und 10 Fuß für den Rückweg). Doch eine Sekunde später ist der Spiegel nur noch 9 Fuß von Ihnen entfernt, und Sie sehen Ihr Spiegelbild in einem Abstand von 18 Fuß. Ihr Spiegel-Ich kommt mit einer Geschwindigkeit von 2 Fuß pro Sekunde auf Sie zu. Infolgedessen sieht der Polizeibeamte das reflektierte Signal seiner Radarpistole doppelt so schnell, wie *Sie* fahren, auf sich zurasen. Versuchen Sie das dem Richter zu erklären! Natürlich sind Radarpistolen so eingestellt, dass sie nur die Hälfte der gemessenen Dopplerverschiebung angeben, damit sie die reale Geschwindigkeit des Spiegels, Ihres Autos, angeben. Übrigens ist »Radar« die Abkürzung für *radio detection and ranging* (»funkgestützte Ortung und Abstandsmessung«) – sie stammt aus der Zeit, als man Mikrowellen noch den Funk- und Radiowellen zuordnete.

Apropos Mikrowellen, die Moleküle des Wassers, H_2O, reagieren sehr heftig auf Mikrowellen; die Mikrowellen in Ihrem Mikrowellengerät werfen die Moleküle mit der Frequenz der Welle selbst hin und her. Wenn Sie eine Anhäufung von Wassermolekülen haben, werden sie alle davon erfasst. Unzählige von ihnen. Schon bald erwärmt sich das Wasser durch die Reibung dieser hin und her schießenden Moleküle. Alle Dinge, die Wasser enthalten, werden sich in einem Mikrowellengerät erwärmen. Von Salz abgesehen, enthält alles, was Sie essen, Wasser. Das ist der Grund, warum Sie Essen so rasch in einer Mikrowelle kochen können und warum sich Ihr Glasteller nicht erwärmt, wenn Sie kein Essen darauf haben.

Der menschliche Körper reagiert auf infrarote Strahlung. Ihre Haut absorbiert sie, erzeugt Wärme, und Ihnen wird warm. Mit sichtbarem Licht sind wir sehr vertraut. Je nachdem, welche Schattierung Ihre Haut hat, wird sie mehr oder weniger empfindlich auf ultraviolettes Licht reagieren. Es kann die unteren Hautschichten schädigen und Hautkrebs verursachen. Vor den ultravioletten Strahlen der Sonne schützt uns größtenteils das Ozon in der Atmosphäre. Der Sauerstoff in der Luft kommt in molekularer Form vor: als O_2 und als etwas Ozon O_3 (Moleküle, die aus zwei beziehungsweise drei Sauerstoffatomen bestehen). Das Ozon befindet sich in der oberen Atmosphäre und wartet nur darauf zu zerfallen. Kaum trifft ein ultraviolettes Photon ein und wird absorbiert, schon zerfällt das Ozon. Das ultraviolette Licht ist weg – es wurde vom Ozon gefressen. Entfernt man das Ozon, bleibt nichts mehr, um das Ultraviolett zu verschlingen. Das gelangt nur direkt zur Erdoberfläche hinab und jagt die Hautkrebshäufigkeit in die Höhe. Mars hat kein Ozon, daher ist die Oberfläche des Mars ständig in das ultraviolette Licht der Sonne getaucht. Folglich vermuten wir, und ich denke, zu Recht, dass es heute kein Leben auf der Marsoberfläche gibt, obwohl es darunter durchaus existieren könnte. Jede Lebensform, die sich einer so intensiven ultravioletten Strahlung aussetzte, wäre dem Zerfall preisgegeben.

Fast jeder ist schon mal geröntgt worden. Können Sie sich erinnern, was die Röntgenassistentin tat, bevor sie die Aufnahme machte? Sie legte oder stellte Sie richtig hin und sagte: »Und jetzt bitte nicht mehr bewegen.« Daraufhin ging sie nach draußen, hinter irgendeine Bleiabschirmung, und betätigte erst dann den Schalter. Ihre Röntgenassistentin wollte sich den Strahlen nicht aussetzen. Sie sollten das als Hinweis nehmen, dass so eine Röntgenaufnahme nicht gut für Sie ist. Doch gewöhnlich ist der Verzicht auf sie schlimmer, als sie in Kauf zu nehmen, wenn Sie die Röntgenstrahlen für eine Diagnose brauchen – etwa wenn Sie sich den Arm gebrochen haben und die Röntgenaufnahme Ihnen Aufschluss darüber gibt. Röntgenstrahlen dringen tief unter die Haut; sie können Krebswucherungen in den inneren Organen auslösen. Doch wenn die Dosis gering ist, ist auch das Risiko geringer.

Schlimmer sind Gammastrahlen. Sie gelangen direkt in Ihre DNA und können dort größtes Unheil anrichten. Selbst Comics wissen, dass Gammastrahlen schlimm sind. Erinnern Sie sich noch an den Incredible Hulk? Wie wurde er der Hulk? Was geschah mit ihm? Machte er nicht irgendein Experiment, das ihn einer hohen Dosis von Gammastrahlen aussetzte? Wenn ihn jetzt die Wut packt, wird er groß, hässlich und grün. Also hüten Sie sich vor Gammastrahlen – wir möchten nicht, dass Ihnen Gleiches zustößt. Wenn Sie sich im Spektrum von den größeren zu den kleineren Wellenlängen bewegen, von den UV- über die Röntgen- zu den Gammastrahlen, steigt die in jedem Photon enthaltene Energie an und mit ihr deren Fähigkeit, Schaden anzurichten.

In neuerer Zeit sind wir von Radiowellen umgeben. Ständig und überall. Das können Sie mit einem einfachen Experiment beweisen. Machen Sie das Radio an, und stellen Sie einen Sender ein. Irgendeinen Sender, irgendwann. Wir sind ständig von ihnen umgeben, es wird fortlaufend gesendet. Wie können Sie wissen, dass Sie auch ständig in Mikrowellen getaucht sind – die ganze Zeit? Während Sie hier sitzen, kann Ihr Handy jederzeit klingeln. Solange Sie nicht in eine Mikrowelle klettern und sich den dort herrschenden extremen Energien aussetzen, sind Mikrowellen harmlos im Vergleich zu den Vorgängen in dem energiereichen Teil des Spektrums.

Alle diese Photonen bewegen sich mit gleicher Geschwindigkeit durch den leeren Raum. Der Lichtgeschwindigkeit. Das ist nicht nur unabänderlich – das ist Gesetz. Das sichtbare Licht, so, wie wir es definiert haben, befindet sich im mittleren Teil des elektromagnetischen Spektrums, aber auch der Rest des Spektrums besteht aus Licht, das sich mit 300.000 km/s bewegt (299.792.458 Meter pro Sekunde, um genau zu sein). Das ist eine der wichtigsten Naturkonstanten, die wir kennen.

Die Photonen aller Bereiche oder Bänder des Spektrums bewegen sich mit der gleichen Geschwindigkeit, haben aber unterschiedliche Wellenlängen. Wenn ich stehe und sie vorbeirasen sehe, wird ihre *Frequenz* definiert durch die Zahl der Wellenberge, die pro Sekunde vorbeifliegen. Wenn die Wellen kürzer sind, werden viel mehr Berge pro Sekunde vorbeikommen. Mit anderen Worten, höhere Frequenzen entsprechen kurzen Wellenlängen, und kurze Frequenzen entsprechend längeren Wellenlängen. Das ist eine Idealsituation für eine Gleichung: Die Lichtgeschwindigkeit (c) ist gleich Frequenz mal Wellenlänge (λ). Für Frequenz verwenden wir den griechischen Buchstaben *Ny*: ν. Unsere Gleichung lautet also:

$$c = \nu\lambda$$

Nehmen wir an, wir hätten Radiowellen mit einer Wellenlänge von 1 Meter. Die Lichtgeschwindigkeit beträgt etwa 300.000.000 Meter/Sekunde, was gleich ν mal 1 Meter ist, womit wir auf eine Frequenz von 300.000.000 Bergen pro Sekunde kommen (entsprechend 300.000.000 Hertz bzw. 300 Megahertz).

Tatsächlich gibt es auch eine Gleichung für die Beziehung zwischen Frequenz und Energie. Die Energie E eines Photons ist gleich $h\nu$:

$$E = h\nu$$

Diese Gleichung entdeckte Einstein. Die Gleichung verwendet die Planck-Konstante h, benannt nach dem deutschen Physiker Max Planck. Sie dient in der Gleichung als *Proportionalitätskonstante*, die uns sagt, welche Beziehung zwischen der Frequenz und der Energie eines Photons vorliegt. Je höher die Frequenz, desto größer die Energie eines einzelnen Photons.

Während Röntgenphotonen kleine Kraftpakete sind, besitzen Radiophotonen jedes für sich nur winzige Energiemengen.

Zeit für eine Befragung der Sonne. Wie viele Photonen von jeder Wellenlänge gibst du mir? Wie viele grüne Photonen kommen von deiner Oberfläche, wie viele rote, wie viele infrarote, wie viele Photonen aus den Bereichen Infrarot, Mikrowellen, Radiowellen und Gammastrahlen? All das möchte ich wissen. Es kommen so viele Photonen aus der Sonne, dass ich mich mit einem groben Säulendiagramm nicht zufriedengeben muss. Ich werde mit Daten überflutet, daher kann ich ein extrem feines Diagramm erstellen und daran eine glatte Kurve anpassen, die mir die Intensität abhängig von der Wellenlänge darstellt. In diesem Fall steht die senkrecht aufgetragene *Intensität* für die Zahl der Photonen, die pro Sekunde pro Quadratmeter der Sonnenoberfläche pro Wellenlängeneinheit abgestrahlt wird. Wir hätten einfach die Photonen zählen können, aber letztlich sind wir vor allem an der Energie der Photonen interessiert. Diese senkrechte Koordinatenachse gibt uns die *Leistung* (Energie pro Zeiteinheit) an, die von der Sonnenoberfläche pro Flächeneinheit pro Wellenlängeneinheit abgestrahlt wird. Waagerecht sind die Wellenlängen abgetragen; mit den größeren Wellenlängen weiter nach rechts. Setzen wir also sie alle ein: die Röntgenstrahlen, die UV-Strahlen, das sichtbare Licht (das regenbogenfarbene Band), das Infrarot (IR) und die Mikrowellen (hier als μ-Welle abgekürzt). Abbildung 4.4 (siehe Bildteil) zeigt die Verteilungsfunktion der Strahlungsintensität der Sonne.

Die heiße Sonne emittiert Strahlung bei einer Temperatur von ungefähr 5800 K (Kelvin). Die zugehörige Verteilung hat erstmals Max Planck abgeleitet. Sie hat ihr Maximum im sichtbaren Teil des Spektrums; das ist kein Zufall – im Zuge der Evolution haben sich unsere Augen so entwickelt, dass sie die maximale Menge des Sonnenlichts erfassen. Zum Vergleich mit anderen Sternen nehmen wir uns einen durchschnittlichen Quadratmeter als Beispiel. Die tatsächliche Größe der Fläche interessiert nicht, solange wir in allen Beispielen bei der gleichen Größe bleiben. Manchmal sagen die Leute, wir hätten eine gelbe Sonne, aber sie ist nicht gelb. Wenn Sie sie gelb nennen wollen, weil sie in der Nähe von Gelb ihr Maximum erreicht, könnte man zu Recht dagegenhalten, dass ihr Maximum eigentlich bei Grün liegt, aber niemand wird behaupten, dass wir ein grünes Zentralgestirn haben. Neben Gelb müssten Sie gleichberechtigt violettes, indigofarbenes, blaues, grünes und rotes Licht, nennen, denn auch das wird, wie die Kurve zeigt, von der Sonne emittiert. Fügen Sie alles zusammen, und Sie haben gleiche Mengen von jeder dieser Farben. Erinnern Sie sich an Isaac Newton. Was haben wir dann? Weißes Licht.

Wenn Sie gleiche Mengen der Farben des sichtbaren Spektrums in Gegenrichtung durch ein Prisma schicken, wird am anderen Ende weißes Licht herauskommen. Newton hat dieses Experiment tatsächlich durchgeführt. Daher erhalten wir von der Sonne, die von allen diesen Farben ungefähr gleiche Mengen emittiert, weißes Licht. Egal, mit welcher Farbe die Sonne in einem Schulbuch abgebildet ist, egal, was Ihnen die Leute auf der Straße weismachen wollen, wir haben einen weißen Stern – so einfach ist das. Im Übrigen, wäre die Sonne wirklich gelb, sähen weiße Flächen im vollen Sonnenlicht gelb aus, und auch der Schnee wäre gelb (egal, ob Sie sich in der Nähe eines häufig von Hunden frequentierten Laternenpfahls befänden oder nicht).

Die Oberflächentemperatur der Sonne beträgt rund 5800 K. Die Temperatur auf der Kelvin-Skala (K) ist Grad Celsius (C) plus 273. Eis friert bei 0°C (oder 273 K). Wasser kocht bei 100°C (oder 373 K). Celsius- und K-Werte sind nur durch eine konstante Verschiebung um 273 getrennt, und je höher wir in den Temperaturen kommen, desto unwichtiger wird dieser Unterschied. Auf jeden Fall ist 5800 K sehr heiß. Sie würden verdampfen. Schließlich bleibt noch zu erwähnen, dass 0 K (Sie haben vielleicht schon gehört, dass man dann vom *absoluten Nullpunkt* spricht) die kälteste mögliche Temperatur ist. Bei 0 K hört die Molekularbewegung auf.

Betrachten wir einen anderen Stern. Hier ist ein »kühler«, der mit lediglich 1000 K zu Buche schlägt (vgl. Abb. 4.4, siehe Bildteil). Wo liegt das Maximum des 1000-K-Sterns? Im Infraroten. Können Ihre Augen Infrarot sehen? Nein. Ist dieser Stern unsichtbar? Nein. Ein kleiner Teil seiner Strahlung liegt im sichtbaren Spektrum. Die Intensität im sichtbaren Teil des Spektrums fällt dabei scharf ab, wenn wir von Rot zu Blau gehen – der Stern emittiert deutlich mehr rotes Licht als blaues Licht. Für uns sieht dieser Stern daher insgesamt rot aus. Schauen wir uns jetzt einen Stern mit der Temperatur von 30.000 K an. Zu Ihrer Erinnerung, ich habe bezüglich seiner Lichtverteilung mehr oder minder die gleichen Fragen gestellt wie über die Altersverteilung von Studenten in einem Collegekurs. Wo liegt das Maximum dieses Sterns? Im Ultraviolettbereich. Dort strahlt er mehr Energie ab als in irgendeinem anderen Wellenlängenbereich. Ultraviolett können wir nicht sehen. Aber können Sie diesen Stern sehen? Natürlich können Sie das. Auch im sichtbaren Teil des Spektrums erreicht uns von diesem Stern noch eine Menge Energie, pro Quadratmeter seiner Oberfläche sogar mehr als von der Sonne. Im Unterschied zur Sonne weist er allerdings eine andere Farbmischung auf, mit stärkeren Blauanteilen. Wenn ich die Farben dieses Sterns mische, erhalte ich daher Blau. Tatsächlich zeigt solches Blau die extrem hohe Temperatur an. Jeder Astrophysiker weiß, dass rotes Glühen am kühlsten ist und blaues Glühen am heißesten. Wären Liebesromane um astrophysikalische Genauigkeit bemüht, müsste es, wenn von der Liebesglut die Rede ist, heißen: »Blau ist die Liebe« und nicht »Rot ist die Liebe«.

Unser 30.000-K-Stern hat sein Maximum im UV-Bereich. Nähme ich einen noch heißeren Stern, wäre seine Farbe ebenfalls blau. Blaue Farbe heißt einfach, dass die Blaurezeptoren in unseren Augen mehr Strahlung erhalten als die Rezeptoren für Grün oder Rot. Ein 30.000-K-Stern ist blau, ein 5800-K-Stern ist weiß und ein 1000-K-Stern rot.

Was ist mit dem menschlichen Körper? Welche Temperatur haben Sie? Wenn Sie kein Fieber haben, ungefähr 37 °C oder 310 K. Das Spektrum Ihrer Emission hat sein Maximum im Infrarot. Wie viel sichtbares Licht strahlen Sie im Normalfall ab? Mit bloßem Auge können wir andere Menschen nur sehen, weil sie sichtbares Licht *reflektieren*. Doch wenn Sie alle Lampen in einem Raum abschalten, wird alles schwarz. Sie können die Menschen nicht mehr sehen. Wie ersichtlich, zeigt die Kurve für 310 K an, dass Menschen praktisch kein Licht im sichtbaren Bereich des Spektrums abgeben, wenn alle Lampen ausgeschaltet sind. Aber da sie eine Temperatur von 310 K haben, emittieren sie immer noch infrarotes Licht. Diese intensive Strahlung lässt sich mit Infrarotkameras oder Infrarotnachtsichtbrillen einfangen. Im nächsten Kapitel werden wir das ganze Universum in einem solchen Diagramm unterbringen.

5

WIE STERNE ENERGIE ABSTRAHLEN (II)

NEIL DEGRASSE TYSON

Ich möchte für Sie eine Brücke zum Rest des Universums schlagen. Im vorigen Kapitel haben wir uns die Kurven der Wärmestrahlung von Sternen angesehen. Abbildung 5.1 (siehe Bildteil) ist ganz ähnlich, nur dass wir etwas hinzugefügt haben. Die senkrechte Koordinate ist Spektrale Flussdichte (Leistung pro Oberflächeneinheit pro Wellenlängeneinheit), die waagerechte Koordinate ist die nach rechts hin anwachsende Wellenlänge. Das Wellenlängenintervall, das wir »sichtbares Licht« nennen, ist wie zuvor durch einen regenbogenfarbenen Balken gekennzeichnet.

Diese Abbildung zeigt die Kurven der Wärmestrahlung der Sonne bei 5800 K, eines heißen Sterns bei 15.000 K, eines kühleren bei 3000 K und eines Menschen bei 310 K. Das Maximum der menschlichen Emissionskurve liegt bei 0,001 Zentimetern. Weit unterhalb und rechts von dieser Kurve ist etwas Neues, eine Emissionskurve, deren Temperatur bei 2,7 K liegt, und das ist so etwas wie die Temperatur des Universums als Ganzes! Die Rede ist von der berühmten kosmischen Hintergrundstrahlung, die von allen Teilen des Himmels eintrifft. Da sie ihr Maximum im Mikrowellenteil des Spektrums hat, wird sie manchmal auch *Kosmische Mikrowellenhintergrundstrahlung* genannt (abgekürzt CMB, für englisch *cosmic microwave background*). Mitte der 1960er-Jahre wurde sie an den Bell Laboratories in New Jersey entdeckt. Arno Penzias und Robert Wilson verwendeten ein Radioteleskop – sie bezeichneten es als »Mikrowellen-Hornantenne«. Als sie es auf den Himmel richteten, entdeckten sie – egal, welchen Teil des Himmels sie ins Visier nahmen – dieses Mikrowellensignal, das offenbar von einer Quelle kam, die mit einer Temperatur von 3 K strahlte (der moderne, genauere Wert ist 2,725 K). Das ist die vom Urknall zurückgebliebene Wärmestrahlung. Darauf werden wir sehr viel eingehender in Kapitel 15 zurückkommen.

Wie im letzten Kapitel können wir diesen Kurven unterschiedliche Informationen entnehmen. Wo hat jede Kurve ihr Maximum? Alle woanders. Wie viel Gesamtenergie wird pro Sekunde abgestrahlt? Wir brauchen eine Technik zur Berechnung der Fläche unter jeder Kurve, um zu bestimmen, wie viel Gesamtenergie pro Sekunde emittiert wird. Zunächst müssen wir einige Begriffe klären.

Ein *Schwarzer Körper* ist ein Objekt, dass alle einfallende Strahlung absorbiert. Ein Schwarzer Körper gegebener Temperatur emittiert dabei sogenannte *Schwarzkörperstrahlung*, die den abgebildeten Kurven entspricht. Der Begriff »Schwarzer Körper« erscheint auf den ersten Blick widersinnig, ist es aber nicht. Wir sind uns einig, dass diese Sterne nicht schwarz sind: Ein Stern leuchtet blau, einer weiß und ein dritter rot. Doch alle gehören sie zu den Schwarzen Körpern, so, wie ich sie in der Abbildung eingezeichnet habe. Ein Schwarzer Körper ist ganz einfach; er verschlingt alle Energie, die ihn trifft. Egal, womit man ihn füttert – das spielt keine Rolle –, er frisst alles. Es können Gammastrahlen oder Radiowellen sein. Schwarze Sachen absorbieren alle Energie, der sie ausgesetzt sind. Daher ist es nicht unbedingt empfehlenswert, im Sommer schwarze Kleidung zu tragen. Schwarze Körper strahlen die Energie entsprechend den hier gezeigten Kurven wieder ab – so einfach ist das. Form und Position der Kurven hängen dabei nur von der Temperatur des Schwarzen Körpers ab.

Sie können etwas erwärmen, um seine Temperatur zu erhöhen, und brauchen dann nur zu fragen: »Wie hoch ist die neue Temperatur?« Dann kehren Sie zu Ihren Temperaturen zurück und schauen, wo sich die neue Temperatur dort einfügt. Ich habe eine wundervolle Gleichung, die diese Kurven beschreibt. Es handelt sich um Verteilungsfunktionen, die als thermisches Spektrum oder auch als Planck-Kurven bezeichnet werden, nach Max Planck, den wir schon kennengelernt haben. Er hat die Gleichung für diese Kurven entwickelt. Rechts vom Gleichheitszeichen haben wir die Energie, die pro Wellenlängenintervall bei einer bestimmten Wellenlänge λ pro Zeiteinheit pro Flächeneinheit abgegeben wird; diese Größe nennen wir spektrale spezifische Ausstrahlung (I_λ), sie hängt nur von der Temperatur des Schwarzen Körpers ab:

$$I_\lambda(T) = (8\pi hc^2/\lambda^5)/(e^{hc/\lambda kT} - 1)$$

Versuchen wir, die einzelnen Teile zu verstehen, aus denen diese bahnbrechende Gleichung besteht. Zunächst einmal ist λ (Lambda) die Wellenlänge, nichts Geheimnisvolles daran. Die Konstante *e* ist die Basis der natürlichen Logarithmen und besitzt auf jedem wissenschaftlichen Rechner einen eigenen Knopf, der gewöhnlich durch e^x (»e hoch x«) gekennzeichnet ist. Der Wert von *e* beträgt 2,71828...; wie π hat die Zahl *e* eine unendliche Folge von Nachkommastellen. Es ist einfach eine Zahl. Wie oben erwähnt, bezeichnet der Buchstabe *c* die Lichtgeschwindigkeit. Der Buchstabe *k* ist die Boltzmann-Konstante. Die Temperatur wird durch den Buchstaben *T* bezeichnet, und *h* (in Kapitel 4 eingeführt) ist das Plancksche Wirkungsquantum. Wenn Sie einem Objekt die Temperatur *T* zuweisen, ist die einzige Unbekannte in dieser Gleichung λ, die Wellenlänge. Wenn Sie λ alle möglichen Werte durchlaufen lassen und für jeden Wert die Größe I_λ berechnen, können Sie die Planck-Kurve bis ins Detail nachzeichnen. Als Max Planck die Gleichung 1900 einführte, revolutionierte er damit die Physik.

Mit seiner neuen Konstanten hob Planck das *Energiequant* aus der Taufe, das ihn zum Begründer der Quantenmechanik machte. Schauen Sie sich den ersten Term in Klammern an: $8\pi hc^2/\lambda^5$. Was passiert mit der emittierten Energie, wenn die Wellenlänge anwächst? Sie wird kleiner. Der Term $1/\lambda^5$ geht gegen null, wenn λ groß wird. Bei großem λ wird der Term $hc/\lambda kT$ klein. Ein Mathematiker könnte Ihnen sagen, dass für kleine *x* der Term e^x näherungsweise in 1 + x übergeht. Wenn λ groß ist, ist der Term $hc/\lambda kT$ klein und $e^{hc/\lambda kT}$ annähernd $1 + hc/\lambda kT$. Subtrahieren wir 1, erhalten wir den Term ($e^{hc/\lambda kT} - 1$) gleich $hc/\lambda kT$. Bei sehr großem λ ergibt sich daraus also $I_\lambda(T) = (8\pi hc^2/\lambda^5)/(hc/\lambda kT) = 8\pi ckT/\lambda^4$. Diese Beziehung kannte man schon vor Planck. Sie heißt Rayleigh-Jeans-Gesetz nach seinen Entdeckern Lord Rayleigh und Sir James Jeans. Je größer λ wird, desto stärker nimmt die Intensität I_λ ab – und zwar genau proportional zu $1/\lambda^4$. Was geschieht mit diesem Ausdruck beim Übergang zu immer kleineren und kleineren Wellenlängen? Je kleiner λ4 wird, desto größer wird $1/\lambda 4$, und der Ausdruck wächst über alle Grenzen (was natürlich auch nicht mehr mit den Experimenten übereinstimmt). Das nannte man einst die »Ultraviolett-Katastrophe«. Irgendetwas stimmte da nicht. Wilhelm Wien entwickelte ein Gesetz mit einem exponentiellen Abfall bei kleinen Wellenlängen, das den Daten bei diesen Wellenlängen gerecht wurde, aber bei großen versagte. Es gab keine überzeugenden Erklärungen für diese Schwarzkörper-Kurven, bis Max Planck 1900 eine Formel fand, die sowohl im Grenzfall kleiner als auch im Grenzfall großer Wellenlängen die richtige Beschreibung liefert – und für alle Wellenlängen, die dazwischenliegen, auch. Die Formel enthält eine Konstante h, die *Energie quantelt*, das heißt, dafür sorgt, dass Energie nur in diskreten Paketen vorkommt. Wenn die Wellenlängen jetzt immer kleiner werden, ist der Exponentialausdruck in Plancks Formel wichtig und hält den Term $1/\lambda^5$ in Schach. Wird λ klein, wächst auch $hc/\lambda kT$ an, und wenn e damit potenziert wird als ($e^{hc/\lambda kT}$), dann wird das Ergebnis richtig groß, und das richtig schnell. Insbesondere wird das Ergebnis rasch größer als 1; Sie können den Term -1 daher bald vergessen. Mit $e^{hc/\lambda kT}$ im Nenner wird das Ergebnis dann richtig klein. Es kommt zum Wettstreit zwischen diesen beiden Teilen der Gleichung: dem Term $1/\lambda^5$ und dem Term $1/e^{hc/\lambda kT}$. Wenn λ gegen null geht, geht $1/e^{hc/\lambda kT}$ viel schneller gegen null als der Term $1/\lambda^5$ gegen unendlich geht, was zur Folge hat, dass der Ausdruck I_λ insgesamt gegen null geht. Ohne den exponentiellen Term würde die Formel ein Unendlichkeitsproblem bekommen, sobald die Wellenlänge gegen null ginge. Aus Experimenten wusste man, dass das nicht dem Verhalten der Materie entsprach. Die Quantisierung war erforderlich, um die Wärmestrahlung zu verstehen, und diese Gleichung gibt wieder, was diese Kurven bedeuten.

Die Formel liefert alles. Sie sagt uns, wo die Kurve ihren höchsten Punkt erreicht. Isaac Newton entwickelte ein mathematisches Verfahren, mit dem sich dieser Gipfel bestimmen lässt: Er befindet sich dort, wo die Steigung der Kurve gegen null geht. Mit Newtons Differentialrechnung können Sie die Ableitung der Funktion bilden und diese Stelle finden. Wenn wir das tun, erhalten wir eine sehr einfache Antwort: $\lambda_{Max} = C/T$, wobei C eine neue Konstante ist, die wir aus den Konstanten der Ursprungsgleichung erhalten: $C = 2{,}898$ Millimeter, wenn T in Kelvin angegeben wird. Wo ist das Maximum? Wenn die Temperatur $T = 2{,}7$ K ist, wie in der CMB, ist λ_{Max} etwas länger als 1 Millimeter oder 0,1 Zentimeter. Das können wir an der

CMB-Kurve in Abbildung 5.1 überprüfen. Der Mensch ist rund hundertmal so heiß; die menschliche Emission hat ihr Maximum im Infrarot bei etwa 0,0001 Zentimeter (ebenfalls in Abb. 5.1 gezeigt).

Es ist wunderbar. Während die Temperatur immer höher steigt, wird die Wellenlänge, bei der die Kurve ihr Maximum erreicht, immer kürzer und kürzer. Das zeigt der Blick auf das Verhalten der Gleichung $\lambda_{Max} = C/T$. Da T im Nenner steht, ist klar, dass ein Objekt, das seine Temperatur verdoppelt, sein Maximum bei der halben Wellenlänge erreicht. (Das fand Wilhelm Wien heraus, daher nennen wir es »Wiensches Verschiebungsgesetz«.)

Wie bekomme ich die Gesamtenergie pro Zeiteinheit pro Flächeneinheit unter einer dieser Kurven heraus? Um die Gesamtfläche unter einer bestimmten Kurve zu errechnen, muss ich die Beiträge der einzelnen Wellenlängen addieren. Wieder kann ich mithilfe der Integralrechnung die Fläche finden – noch einmal tausend Dank, Isaac Newton. Wenn wir die Planck-Funktion über alle Wellenlängen integrieren, erhalten wir eine weitere wunderschöne Gleichung:

Die Gesamtenergie, die pro Sekunde pro Flächeneinheit abgestrahlt wird, ist gleich σT^4, wobei $\sigma = 2\pi^5 k^4/(15c^2h^3) = 5{,}67 \times 10^{-8}$ Watt pro Quadratmeter ist, wenn für T der Zahlenwert der Temperatur in Kelvin eingesetzt wird. Das ist das *Stefan-Boltzmann-Gesetz*. In der Physik des 19. Jahrhunderts waren Josef Stefan und Ludwig Boltzmann zwei überragende Vertreter ihrer Zunft. Leider beging Boltzmann im Alter von 62 Jahren Selbstmord. Aber wir haben sein Gesetz. Wenn wir die Planck-Funktion integrieren, erhalten wir den Wert der Konstante σ (der kleine griechische Buchstabe Sigma). Das ist verblüffend. Wie kamen Stefan und Boltzmann auf dieses Gesetz, wo doch Planck seine Formel noch nicht abgeleitet hatte? Stefan fand sie experimentell, während Boltzmann sie aus einem thermodynamischen Argument ableitete.

Ist die pro Sekunde pro Flächeninhalt emittierte Energie = σT^4, dann wächst der Energiefluss, der abgestrahlt wird, wenn ich die Temperatur verdopple, um einen Faktor $2^4 = 16$. Wir verdreifachen die Temperatur, und was erhalten wir? $3^4 = 81$. Die Temperatur wird vervierfacht: $4^4 = 256$. Dieser Trend lässt sich in Abbildung 5.1 ablesen; wir sehen, wie viel größer die Kurvenwerte bei ansteigender Temperatur werden.

Sie können sich auf relativ einfache Weise vor Augen führen, wie diese Formel wirkt: Stellen Sie sich Wärmestrahlung vor, und stecken Sie sie in eine Schachtel. Jetzt quetschen Sie die Schachtel langsam zusammen, bis die Schachtel sich um einen Faktor 2 verkleinert hat. Die Zahl der Photonen in der Schachtel bleibt gleich, aber das Volumen der Schachtel schrumpft um einen Faktor 8, was zur Folge hat, dass die Zahl der Photonen pro Kubikzentimeter in der Schachtel um einen Faktor 8 anwächst. Allerdings verkleinert das Zusammendrücken der Schachtel auch die Wellenlänge jedes Photons um einen Faktor 2. Das verstärkt die Wärmestrahlung in der Schachtel um einen weiteren Faktor 2, weil die maximale Wellenlänge der Strahlung um einen Faktor 2 geschrumpft ist. Gleichzeitig verdoppelt dieser Umstand die Energie jedes einzelnen Photons, was eine Verdoppelung der Temperatur in der Schachtel bedeutet. Der Energiezuwachs jedes Photons ergibt sich dabei aus der Energie, die Sie aufwenden, um die Schachtel zusammenzupressen – Sie drücken gegen den Strahlendruck im Inneren. Das heißt, die Energiedichte in der Schachtel ist $8 \times 2 = 16$-mal so groß wie vorher, und 16 ist gleich 2^4. Mit anderen Worten, die Energiedichte ist proportional zur vierten Potenz der Temperatur oder T^4.

Definieren wir noch einige weitere Begriffe. *Leuchtkraft* ist die Gesamtenergie, die von einem Stern pro Zeiteinheit emittiert wird. Die Leuchtkraft wird, wie bei einer Glühlampe, in Watt gemessen. Eine 100-Watt-Glühlampe hat eine Leuchtkraft von 100 Watt. Die Leuchtkraft der Sonne beträgt $3{,}86 \times 10^{26}$ Watt. Eine enorm leistungsfähige Glühlampe.

Ich schlage ein Rätsel vor. Nehmen wir an, die Sonne hätte die gleiche Leuchtkraft wie ein anderer Stern, der aber eine Oberflächentemperatur von nur 2000 K aufweist. Wie heiß ist dann die Sonne? Runden wir ihre Temperatur für dieses Beispiel auf 6000 K. Der andere Stern hat nur 2000 K. Da er so viel kühler ist, kann er eigentlich nicht annähernd so viel Energie pro Flächeneinheit emittieren wie die Sonne, doch wir haben ja vorausgesetzt, dass die Sonne die gleiche Leuchtkraft hat wie dieser Stern – wie ist das möglich? Ich entnehme diesem anderen Stern ein 1 Quadratzentimeter großes Stück 2000-K-Oberfläche und der Sonne ein 1 Quadratzentimeter großes Stück von 6000 K – dreimal so heiß. Wie viel mehr Energie pro Zeiteinheit wird von dem 1 Quadratzentimeter großen Stück aus der Sonne emittiert als von dem gleich großen Stück des anderen Sterns? 81-mal mehr Energie. Wie kann dieser andere Stern die gleiche Gesamtenergie pro Sekunde abstrahlen wie die Sonne? Die beiden Sterne müssen sich noch in einer anderen Hinsicht als ihren Temperaturen unterscheiden, um im Endeffekt gleich leuchtstark zu sein. Der andere Stern, der kühlere, muss eine größere *Oberfläche* zur Emission haben als die Sonne. Genauer, er muss eine Oberfläche besitzen, die 81-mal so groß ist wie die der Sonne. Es wird ein Roter Riese sein, der mit seiner 81-mal größeren Oberfläche das Defizit der einzelnen quadratzentimetergroßen Stücke wettmacht. Verwenden wir unsere Gleichungen. Wie berechnen wir die Oberfläche einer Kugel? Mithilfe von $4\pi r^2$, wobei r der Radius der Kugel ist. Vielleicht haben Sie diese Gleichung in der Schule gelernt. Was folgt, ist einfach wunderbar. Wenn Leuchtkraft die Energie ist, die pro Zeiteinheit emittiert wird, und die pro Zeit *pro Flächeneinheit* emittierte Energie gleich $\sigma T4$ ist, dann habe ich eine Gleichung für die Leuchtkraft der Sonne:

$$L_{\text{Sonne}} = \sigma T_{\text{Sonne}}^{4} \times (4\pi r_{\text{Sonne}}^{2})$$

Eine ähnliche Gleichung habe ich für den anderen Stern. Bezeichnen wir die Leuchtkraft des anderen Sterns mit einem Sternchen, L_*. Die Gleichung für seine Leuchtkraft ist $L_* = \sigma T_*^4 \times (4\pi r_*^2)$. Jetzt habe ich eine Gleichung für jeden der beiden. Außerdem habe ich vorausgesetzt, dass L_{Sonne} gleich L_* ist. Als ich das Beispiel brachte, habe ich erklärt, ich müsse den genauen Wert für die Oberfläche der Sonne nicht kennen, weil wir es bei diesem Problem mit den Verhältnissen der Dinge untereinander zu tun hätten. Allein durch die Beschäftigung mit den Verhältnissen der Dinge können wir tiefe Einsichten über das Universum gewinnen.

Teilen wir die beiden Gleichungen durch einander: $L_{\text{Sonne}} / L_* = \sigma T_{\text{Sonne}}^{4} \times 4\pi r_{\text{Sonne}}^{2}/(\sigma T_*^4 \times 4\pi r_*^2)$. Was tue ich als Nächstes? Ich kürze im Zähler und Nenner des Bruchs auf der rechten Seite der Gleichung gleiche Terme. Zuerst streiche ich die Konstante σ. Dabei interessiert mich noch nicht einmal, welchen Wert sie hat, denn wenn ich zwei Objekte vergleiche, und die Konstante taucht in den Gleichungen beider Sterne auf, kann ich sie wegkürzen. Auch die Zahlen 4 und π lassen sich streichen. Was ist mit der linken Seite der Gleichung, mit L_{Sonne}/L_*? Sie ergibt 1, weil wir ja vorausgesetzt hatten, dass die beiden Sterne die gleiche Leuchtkraft besitzen; ihr Verhältnis ihrer Leuchtkräfte ist 1. Damit ist meine Gleichung einfacher geworden: $1 = T_{\text{Sonne}}^{4} r_{\text{Sonne}}^{2}/T_*^4 r_*^2$. Die Temperatur der Sonne beträgt 6000 K und die des anderen Sterns 2000 K. Natürlich ist 6000^4 geteilt durch 2000^4 gleich 3^4 oder 81. Jetzt habe ich $1 = 81 r_{\text{Sonne}}^{2}/r_*^2$. Jetzt multiplizieren wir beide Seiten der Gleichung mit r_*^2, dann erhalten wir $r_*^2 = 81 r_{Sonne}^2$. Dann ziehen wir auf beiden Seiten die Quadratwurzel, und das ergibt: $r_* = 9 r_{Sonne}$. Der Radius des kühleren Sterns mit der gleichen Leuchtkraft wie die Sonne beträgt das Neunfache des Sonnenradius! Das ist unsere Antwort. Auf die Fläche bezogen, hat dieser Stern eine Oberfläche, die 81-mal so groß ist wie die der Sonne, weil das Quadrat des Radius proportional zur Fläche ist. Das sind extrem nützliche Gleichungen.

Ich hätte auch ein anderes Beispiel wählen können. Ich hätte mit einem Stern beginnen können, der die gleiche Temperatur wie die Sonne hat, aber 81-mal so leuchtkräftig ist. Beide Sterne geben dann die gleiche Energiemenge pro Sekunde pro Quadratzentimeter Oberfläche ab, daher muss der andere Stern das 81-Fache der Sonnenoberfläche und das 9-Fache des Sonnenradius aufweisen. Die Gleichung hat die gleichen Terme, aber wir fügen andere Werte in verschiedene Teile der Gleichung ein. Das ist alles.

Sie erinnern sich (aus Kapitel 2), dass der heißeste Teil des Tages auf der Erde nicht genau mittags ist, sondern irgendwann am Nachmittag, weil der Boden sichtbares Licht absorbiert. Langsam erhöht dieses sichtbare Licht die Temperatur des Bodens, woraufhin dieser dann infrarote Strahlung an die Luft abgibt. Der Boden verhält sich wie ein Schwarzer Körper – er absorbiert Energie von der Sonne und strahlt sie dann nach dem Rezept der Planck-Funktion ab. Der Boden hat eine Temperatur von ungefähr 300 K. (Das sind 273 K plus Bodentemperatur in Celsius – wenn es 27°C sind, kommen wir auf glatte 300 K.)

Vielleicht fragen Sie sich, welche Leuchtkraft Ihr Körper hat? Setzen Sie Ihre Körpertemperatur in Kelvin ein, also 310 K, potenzieren sie mit vier, multiplizieren sie mit Sigma – und Sie finden heraus, wie viel Energie Ihr Körper pro Zeiteinheit pro Flächeneinheit emittiert. Wenn Sie das Ergebnis mit Ihrer gesamten Hautfläche multiplizieren (rund 1,75 Quadratmeter bei einem durchschnittlichen Erwachsenen), erhalten Sie Ihre Leuchtkraft, Ihre persönliche Strahlungsleistung. Sie zeigt sich nicht als sichtbares Licht, sondern wird überwiegend als Infrarotstrahlung abgegeben. Aber Sie haben ganz bestimmt eine eigene Strahlungsleistung. Holen wir uns das Resultat. Die Stefan-Boltzmann-Konstante σ ist $5{,}67 \times 10^{-8}$ Watt pro Quadratmeter, wenn die Temperatur in K gemessen wird. Das multiplizieren wir mit $(310)^4$. Der Wert von 310^4 ist $9{,}24 \times 10^9$. Das wiederum multiplizieren wir mit $5{,}67 \times 10^{-8}$ und erhalten 523 Watt pro Quadratmeter. Malgenommen mit Ihrer Hautfläche von 1,75 Quadratmetern lautet das Ergebnis 916 Watt. Das ist eine Menge. Bedenken Sie allerdings, dass Ihre Haut, wenn Sie in einem Raum sitzen, der eine Temperatur von 300 K (27°C) aufweist, nach derselben Formel rund 803 Watt Energie absorbiert. Ihr Körper muss rund 100 Watt Energie aufbringen, um Sie selbst warm zu halten. Die holen Sie sich durch Essen und Verstoffwechslung der Nahrung. Warmblüter brauchen eine Körpertemperatur, die höher als die Umgebungstemperatur ist und müssen daher mehr fressen als Kaltblüter. Wenn Sie in einem Raum die Klimaanlage einschalten, müssen Sie sich zwei grundsätzliche Fragen stellen: Wie groß ist der Raum? Welche andere Energieart wird in dem Raum freigesetzt? So sollten Sie sich beispielsweise fragen: Wie viele Leuchtkörper werden eingeschaltet sein, und wie viele Menschen werden sich in ihm aufhalten, denn jede Person entspricht einer Glühbirne mit einer bestimmten Wattzahl, gegen die die Klimaanlage ankämpfen muss, um die vorgegebene Temperatur zu halten. Um zu bestimmen, welche Einstellung der Klimaanlage erforderlich ist, um die richtige Raumtemperatur zu haben, müssen Sie berücksichtigen, wie viele Menschen (mit ihren entsprechenden Strahlungsleistungen) sich in dem Raum versammeln werden.

Lassen Sie mich noch einen weiteren Begriff ins Spiel bringen, die *Helligkeit.*[3] Die Helligkeit eines Sterns, den Sie beobachten, entspricht der Energie, die pro Zeiteinheit eine Flächeneinheit Ihres Teleskops durchströmt. Diese Helligkeit sagt Ihnen, wie hell der Stern für Sie *aussieht*. Das hängt zum einen von der Leuchtkraft des Sterns, zum anderen von seiner Entfernung ab. Nähern wir uns dem Begriff der Helligkeit intuitiv. Wie hell erscheint Ihnen ein Objekt? Es dürfte Ihnen plausibel erscheinen, dass ein Objekt, das mit einer gewissen Helligkeit leuchtet, an Helligkeit verliert, wenn sich sein Abstand vergrößert. Die Leuchtkraft ist dagegen die Energie, die pro Zeiteinheit von dem Objekt abgegeben wird; sie hat nichts mit der Entfernung zu Ihnen zu tun, sondern nur mit dem, was das Objekt an Strahlung aussendet. Das hat zunächst einmal nichts mit der Helligkeit zu tun, die Sie tatsächlich messen. Eine Hundert-Watt-Glühbirne hat eine Leuchtkraft von 100 Watt, egal, wo sie sich im Universum befindet. Dagegen hängt die Helligkeit davon ab, wie weit die Glühbirne von einem Beobachter entfernt ist.

Helligkeit ist einfach, ich habe eine Schwäche für dieses Konzept. Sind Sie bereit? Lassen Sie mich eine Vorrichtung zeichnen, die ich nie gebaut habe, aber Sie können sie sich patentieren lassen, wenn Sie möchten. Es handelt sich um eine Butterkanone: Sie laden sie mit einem Päckchen Butter, die sie mit den Düsen an der Vorderseite des Geräts versprühen können (vgl. Abb. 5.2).

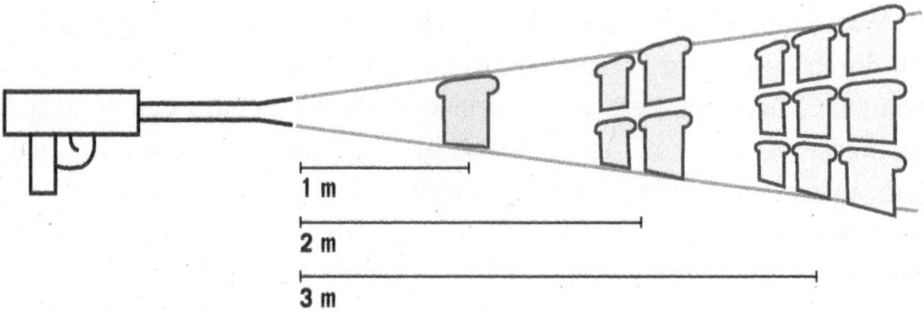

Abbildung 5.2: Butterkanone. Sie kann eine Scheibe Brot in einem Abstand von 1 Meter besprühen, vier Scheiben in einem Abstand von 2 Metern oder neun Scheiben in einem Abstand von 3 Metern. *Credit:* J. Richard Gott

Befestigen sie eine Scheibe Brot 1 Meter von der Butterkanone entfernt. Ich habe diese Butterkanone so eingestellt, dass ich bei einem Abstand von 1 Meter die ganze Scheibe Brot buttere, sodass sie genau bedeckt ist. Wenn Sie zu den Leuten gehören, bei denen die Butter bis zum Rand reichen muss, ist diese Erfindung wie für Sie gemacht. Nehmen wir nun an, ich möchte wie jeder gute Geschäftsmann Geld sparen: Mit der gleichen Menge Butter will ich mehr Brotscheiben buttern. Aber die Butter soll immer noch gleichmäßig verteilt sein. Die erste Brotscheibe war 1 Meter entfernt – nehmen wir jetzt eine Entfernung von 2 Metern. Die Butter sprüht heraus. Bei der doppelten Entfernung erfasst die Kanone eine Fläche, die zwei Brotscheiben breit und zwei Scheiben hoch ist. Der Butternebel bedeckt eine 2x2-Anordnung von Scheiben, er buttert vier Scheiben Brot. Durch die bloße Verdoppelung des Abstands können Sie also vier Brotscheiben besprühen. Wenn ich den dreifachen Abstand nehme, können sie darauf wetten, dass der Butternebel 3 x 3 = 9 Scheiben Brot buttert. Eine Scheibe, vier Scheiben, neun Scheiben. Wie viel Butter bekommt eine Scheibe Brot in 3 Metern Entfernung im Vergleich zu der einen Scheibe, die nur 1 Meter entfernt ist? Nur ein Neuntel. Zwar bekommt sie immer noch Butter, aber nur ein Neuntel so viel. Das ist schlecht für den Kunden, aber gut für meine Einkünfte. Ich behaupte, dass in dieser Butterkanone ein tiefes Naturgesetz zum Ausdruck kommt. Wäre es Licht statt Butter, nähme seine Intensität in genau dem gleichen Maße ab wie die Butter in ihrer Menge. Schließlich bewegen sich Lichtstrahlen genau wie die Butter in geraden Linien und breiten sich auch auf die gleiche Weise aus. Bei einem Abstand von 2 Metern wäre das Licht einer Glühlampe 1/4 so intensiv wie bei einem Abstand von 1 Meter. Bei einem Abstand von 3 Metern betrüge die Intensität nur noch 1/9 der ursprünglichen; bei 4 Metern 1/16, bei 5 Metern 1/25 und so fort. Die Entwicklung ist proportional zum Kehrwert des *Quadrats der Entfernung* – das ist das quadratische Abstandsgesetz. Damit sind wir auf ein wichtiges physikalisches Gesetz gestoßen, das uns mitteilt, wie die Lichtintensität mit der Entfernung abnimmt – umgekehrt quadratisch. Auch die Gravitation verhält sich entsprechend. Erinnern Sie sich an Newtons Gleichung, Gm_am_b/r^2? Dieses quadrierte r im Nenner zeigt, dass es sich um eine umgekehrt quadratische Beziehung handelt, denn die Gravitation verhält sich wie unsere Butterkanone. Gravitation und Butter benehmen sich gleich.

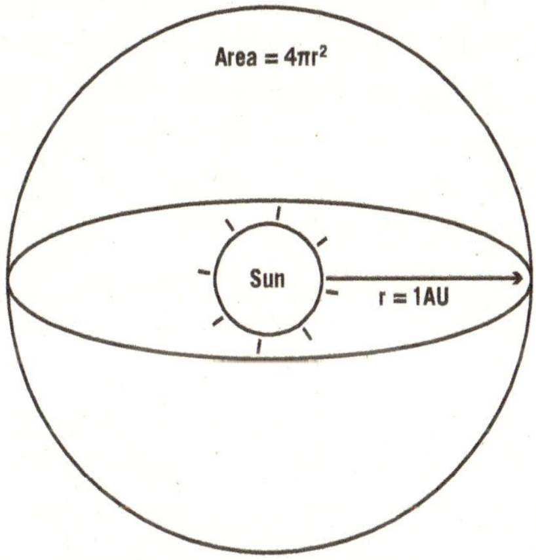

Abbildung 5.3: Sonne in einer Kugel. Die Sonnenstrahlen breiten sich über eine Fläche von $4\pi r^2$ aus, während sie eine Kugel mit dem Radius r durchqueren. *Credit:* J. Richard Gott

Stellen Sie sich eine Lichtquelle wie die Sonne vor, die Licht in alle Richtungen abgibt (Abb. 5.3). Stellen wir uns weiter vor, ich umgäbe die Sonne mit einer großen Kugel, die den gleichen Radius hat wie die Erdbahn (1 AE).

Die Sonne emittiert Licht in alle Richtungen, und ich blocke etwas von dem Sonnenlicht ab. Ich bekomme allerdings nur einen winzigen Teil des

Sonnenlichts ab, das sich gleichmäßig auf eine sonnenzentrierte Kugel verteilt hat, deren Radius gleich meiner Entfernung von der Sonne ist. Wie groß ist die Fläche dieser Riesenkugel? Sie beträgt $4\pi r^2$, wobei r der Radius der Kugel ist. Von all dem Licht, das die Sonne emittiert, ist der Bruchteil, der auf meinen Detektor trifft, gleich der Fläche meines Detektors geteilt durch die Fläche dieser Riesenkugel ($4\pi r^2$). Wenn ich mich doppelt so weit entferne, behält der Detektor seine Größe bei, aber der Radius der Riesenkugel wird doppelt so groß (2 AE), und die Fläche, auf die die Sonnenstrahlen sich verteilen, ist viermal so groß. In meinem Detektor werde ich unter solchen Umständen nur ein Viertel der Photonenmenge entdecken, die ich einfing, als ich 1 AE entfernt war. Die Helligkeit entspricht der Leistung. Auf meinen Detektor fällt auch Helligkeit, angegeben in Watt pro Quadratmeter. Um die Helligkeit zu berechnen, die ich, den Abstand r (den Radius der Kugel) von der Sonne entfernt, beobachte, beginne ich mit der Leuchtkraft der Sonne (in Watt) und teile sie durch die Kugelfläche – $4\pi r^2$. Das sagt mir, wie viele Watt von der Sonne bei mir pro Quadratmeter eintreffen. Ich multipliziere das Ergebnis mit der Fläche meines Detektors (sagen wir, meines Teleskops) und erhalte die Energie, die pro Sekunde bei ihm eintrifft. Wenn L die Leuchtkraft der Sonne ist, dann ist die Helligkeit (B), die ich sehe, $B = L/4\pi r^2$, wobei r meine Entfernung von der Sonne ist. In dem Maße, wie meine Entfernung anwächst, wird der Nenner ($4\pi r^2$) größer und verringert die Helligkeit. Auf Neptun, der 30-mal so weit von der Sonne entfernt ist wie die Erde, erscheint die Sonne nur 1/900 so hell wie bei uns.

Nehmen wir an, zwei Sterne haben, von der Erde aus gesehen, die gleiche Helligkeit am Himmel, aber ich weiß, dass der eine 10.000-mal so leuchtkräftig ist wie der andere. Was lässt sich über diese Sterne sagen? Der leuchtkräftigere Stern muss weiter entfernt sein. Wie viel weiter weg? 100-mal. Wie bin ich auf die Zahl 100 gekommen? Genau, 100 zum Quadrat ist 10.000.

Sie haben soeben einige der tiefsten astrophysikalischen Erkenntnisse des ausgehenden 19. und beginnenden 20. Jahrhunderts gewonnen. Insbesondere Boltzmann und Planck waren die entscheidenden Wegbereiter des Wissens, das Sie in diesem und dem vorhergehenden Kapitel erworben haben.

6

STERNSPEKTREN

NEIL DEGRASSE TYSON

Was geschieht tatsächlich im Inneren eines Sterns? Ein Stern ist nicht einfach eine Taschenlampe, die Sie anschalten und die dann Licht von ihrer Oberfläche abgibt. Tief in seinem Inneren vollziehen sich thermonukleare Prozesse, setzen Energie frei, und diese Energie arbeitet sich dann langsam bis zur Oberfläche des Sterns vor, wo sie abgestrahlt wird und sich auf den Weg zu uns hier auf der Erde oder an irgendeinen anderen Ort des Universums macht. Schauen wir, was passiert, wenn sich diese Flut von Photonen durch Materie bewegt, was nicht ohne Kämpfe abgeht.

Zunächst müssen wir wissen, wogegen die Photonen auf ihrem Weg zur Sonne hinaus ankämpfen. Unser Stern und die meisten anderen Sterne bestehen überwiegend aus Wasserstoff, dem häufigsten Element im Universum. 90 Prozent aller Atomkerne sind Wasserstoff, rund 8 Prozent Helium, und auf alle anderen Elemente des Periodensystems entfallen nur die verbleibenden 2 Prozent. Der gesamte Wasserstoff, der größte Teil des Heliums und ein bisschen Lithium lassen sich zum Urknall zurückverfolgen. Die übrigen Elemente wurden später in Sternen hergestellt. Wenn Sie ein glühender Verfechter der These sind, dass das Leben auf der Erde aus irgendeinem Grund ein Sonderfall ist, müssen Sie sich mit einer wichtigen Tatsache auseinandersetzen: Wenn ich eine Liste mit den fünf häufigsten Elementen im Universum aufstelle – Wasserstoff, Helium, Sauerstoff, Kohlenstoff und Stickstoff – dann weist diese Liste eine verdächtige Ähnlichkeit mit einer Liste der Grundbestandteile des menschlichen Körpers auf. Welches Molekül ist in Ihrem Körper am häufigsten anzutreffen? Das des Wassers – 80 Prozent von Ihnen ist H2O. Zerlegen Sie das H2O, und Sie erhalten Wasserstoff als das bei Weitem häufigste Element im menschlichen Körper. Sie enthalten zwar kein Helium. Es sei denn, Sie inhalieren Helium aus Ballons und hören sich vorübergehend wie Mickey Mouse an. Aber Helium ist chemisch inaktiv. Daher befindet es sich in der rechten Spalte des Periodensystems: eine geschlossene äußere Elektronenschale – aufgefüllt und ohne Parkplätze, auf denen sie mit anderen Atomen Elektronen teilen könnten. Daher geht Helium überhaupt keine chemischen Verbindungen ein. Selbst wenn Sie Helium zur Verfügung hätten, könnten Sie nichts mit ihm anfangen.

Das nächsthäufige Element im menschlichen Körper ist Sauerstoff, wiederum vorwiegend im Wassermolekül H_2O. Nach Wasserstoff kommt Kohlenstoff – die Grundlage unserer gesamten Chemie. Dann Stickstoff. Wenn wir Helium beiseitelassen, das, wie gesagt, keine Verbindungen eingeht, können wir die Liste der häufigsten kosmischen Elemente eins zu eins auf die Elemente im menschlichen Körper abbilden. Bestünden wir aus irgendeinem seltenen Element, etwa einem Wismut-Isotop, könnten Sie mit Fug und Recht behaupten, dass hier etwas Besonderes und Seltenes geschehen ist. Doch angesichts der alltäglichen kosmischen Elemente in unseren Körpern wäre vielleicht ein wenig Bescheidenheit angebracht, und die Einsicht, dass wir chemisch nichts Besonderes sind. Andererseits ist die Erkenntnis, dass wir wirklich und wahrhaftig Sternenstaub sind, erhellend und beflügelnd zugleich. Wie wir in den nächsten Kapiteln erörtern werden, wurden Sauerstoff, Kohlenstoff und Stickstoff alle während der Jahrmilliarden, die auf den Urknall folgten, in Sternen zusammengekocht. Wir werden in diesem Universum geboren, wir leben in diesem Universum, und wir tragen dieses Universum in uns.

Betrachten wir eine Gaswolke – ein kosmisches Gemisch aus Wasserstoff, Helium und dem Rest – und schauen wir, was geschieht. Atome haben einen Kern im Mittelpunkt, der aus Protonen und Neutronen besteht und von Elektronen umkreist wird. Es ist hilfreich, wenn auch bildlich irreführend, wenn wir uns ein einfaches, klassisches Quantenatom vorstellen, wie es Niels Bohr vor rund hundert Jahren vorgeschlagen hat. Es besitzt einen Grundzustand, der engsten Umlaufbahn, die ein Elektron haben kann: Nennen wir diesen Grundzustand *Energieniveau 1*. Die nächste mögliche Umlaufbahn wäre ein angeregter Zustand, der wäre *Energieniveau 2*. Lassen Sie uns aus Gründen der Einfachheit ein Zwei-Niveaus-Atom zeichnen (vgl. Abb. 6.1). Ein Atom hat einen Kern und eine Elektronenwolke, Elektronen, die, wie wir sagen, den Kern »umlaufen«, aber das sind keine klassischen Umlaufbahnen, die wir von der Gravitation, den Planeten und Newton kennen; tatsächlich verwenden wir anstelle des Wortes »Umlaufbahn« einen neuen Begriff, der von dem englischen Begriff »Orbit« für eine Umlaufbahn abgeleitet ist, und sprechen von »Orbitalen«, denn sie sind Umlaufbahnen, nehmen aber eine Vielzahl von verschiedenen Formen an. In Wirklichkeit sind Orbitale »Wahrscheinlichkeitswolken«, Orte, an denen wir mit einer bestimmten Wahrscheinlichkeit damit rechnen können, Elektronen zu finden. Einige sind kugelförmig, andere länglich. Sie bilden Familien, und einige haben höhere Energien als andere. Wir wollen das etwas abstrakter halten und einfach von Energieniveaus sprechen, wenn wir in Wahrheit Orbitale darstellen, Orte, an denen sich Elektronen befinden, während sie Atomkerne umkreisen.

Der Kern ist der Punkt in der Mitte. Energieniveau $n = 1$ entspricht einem Elektron in einem kugelsymmetrischen Orbital, das dem Kern am nächsten liegt. Energieniveau $n = 2$ ist ein kugelsymmetrisches Orbital in größerer Entfernung vom Kern. Energieniveau $n = 2$ entspricht einem Elektron, das weniger eng an den Kern gebunden ist. Elektronen und Protonen ziehen sich an: Es ist Energie erforderlich, um das Elektron in ein Orbital zu bringen, das weiter vom Kern entfernt ist. Energieniveau 2 entspricht einer höheren Energie als Energieniveau 1.

Nehmen wir an, ein Elektron befinde sich im Grundzustand, Energieniveau 1. Dieses Elektron kann sich nicht irgendwo zwischen Energieniveau 1 und 2 herumtreiben. Dort findet es keinen Platz zum Bleiben. Das ist die Welt der Quanten. Die Dinge verändern sich nicht kontinuierlich. Damit das Elektron auf das nächste Niveau springen kann, müssen Sie ihm Energie zuführen. Irgendwie muss es Energie absorbieren, und in einer solchen Situation ist ein Photon eine geeignete Energiequelle. Ein Photon käme gerade recht, allerdings dürfte es nicht irgendein Photon sein. Passen würde nur ein Photon mit einer Energie, die genau gleich dem Energieunterschied zwischen den beiden Niveaus wäre. Wenn das Elektron es sieht, verschlingt es das Photon und springt auf Energieebene 2. Wenn das Photon etwas mehr Energie oder etwas weniger Energie hat, wird es von dem Elektron verschmäht und fliegt unbehelligt vorbei.

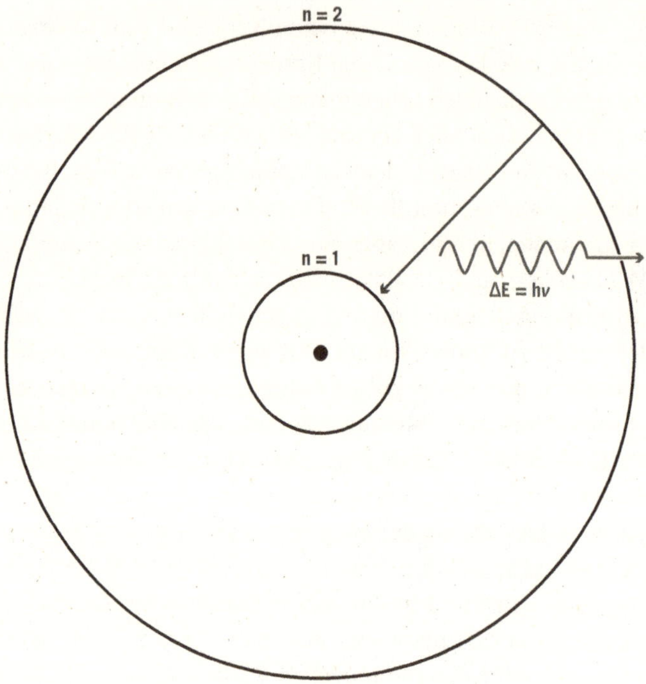

Abbildung 6.1: Energieniveaus von Atomen. Darstellung eines einfachen Atoms mit zwei Elektronenorbitalen $n = 1$ und $n = 2$. Befindet sich das Elektron anfangs weiter draußen auf Energieniveau 2 und fällt dann auf das niedrigere Energieniveau 1 zurück, dann emittiert es ein Photon mit einer Energie $\Delta E = h\nu$, wobei $\Delta E = E_2 - E_1$ der Energieunterschied zwischen Niveau 2 und Niveau 1 ist. Nachdem das Elektron sich auf Energieniveau 1 befindet, kann es ein Photon mit der Energie $\Delta E = h\nu$ aufnehmen und auf Energieniveau 2 zurückspringen. *Credit:* Michael A. Strauss

Nun haben aber Atome – im Gegensatz zu Menschen – kein Interesse daran, ständig in einem Erregungszustand zu verharren – dieses Elektron auf Energieniveau 2 wird daher, vorausgesetzt man lässt ihm genug Zeit, spontan auf das niedrigere Energieniveau 1 zurückfallen (wie der lange, gerade Pfeil in Abb. 6.1 zeigt).

In einigen Fällen heißt genug Zeit eine hundert millionstel Sekunde. Überhaupt verbringen Elektronen in einem angeregten Zustand nicht viel Zeit in einem Atom. Was muss geschehen, damit sie zurückfallen? Sie müssen ein Photon ausspucken – ein neues Photon von genau der gleichen Energie, wie sie das ursprüngliche aufgenommene Photon besaß. Ein Energieniveau hinaufspringen heißt, ein Photon zu absorbieren. Zurückfallen heißt, eines abzugeben, wie in Abbildung 6.1 eingezeichnet ist. Die Energie E dieses Photons gleicht Einsteins berühmter Gleichung $h\nu$, wobei h die Planck-Konstante und ν die Frequenz des Photons ist. Die Energie des emittierten Photons entspricht exakt dem Energieunterschied zwischen zwei Energieniveaus, ΔE. (Der griechische Großbuchstabe Delta, Δ, symbolisiert typischerweise den Unterschied oder die Veränderung einer Größe.) Daraus ergibt sich die Gleichung $\Delta E = h\nu$, die uns ermöglicht, die Frequenz des emittierten Photons zu errechnen, wenn das Elektron von Niveau 2 auf Niveau 1 zurückfällt.

Haben Sie jemals mit einer dieser in der Dunkelheit leuchtenden Frisbeescheiben gespielt? Damit sie leuchtet, muss sie zuerst mit Licht bestrahlt werden. Man hält sie vor eine Glühlampe. Was passiert? Die Elektronen, die in die Atome und Moleküle des Spielzeugs eingebettet sind, springen auf höhere Energieniveaus (diese größeren Atome haben viele Energieniveaus), während sie Licht in Form von Photonen absorbieren. Die Konstrukteure haben Materialien gewählt, in denen die Elektronen einige Zeit brauchen, um von Niveau zu Niveau zu fallen, und während sie das tun, geben sie sichtbares Licht ab, allerdings nicht unbegrenzt. Die Scheibe hört auf zu leuchten, sobald sämtliche Elektronen sich wieder in ihrem ursprünglichen Zustand befinden. Diese in der Dunkelheit leuchtenden Spielsachen, ob Frisbees oder Skelettkostüme, beruhen alle auf dem gleichen Prinzip.

Die Energie, die ein Elektron absorbiert, kann von einem Photon stammen, aber es gibt auch andere mögliche Quellen für diese Energie. Das Elektron könnte durch einen Zusammenprall mit einem anderen Atom einen Stoß erhalten und dadurch auf ein höheres Energieniveau geschickt werden. In diesem Fall wäre die Bewegungsenergie, auch kinetische Energie genannt, für den Niveauwechsel verantwortlich. Wie wirkt sich das in einer Wolke von Wasserstoffgas aus? Zuerst müssen wir fragen, welche Temperatur diese Wasserstoffwolke hat. Die Temperatur in Kelvin ist proportional zur durchschnittlichen kinetischen Energie der Moleküle oder Atome in der Wolke. Die Bewegung der Wolke als Ganzes trägt nicht zu dieser Messung bei, sondern nur die Bewegungen, mit denen die Teilchen im Innern der Wolke durcheinanderflitzen. Je höher die Temperatur, desto schneller flitzen die Teilchen herum. Wenn ich ein Elektron im Grundzustand bin und einen Tritt in den Hintern bekomme, kann ich fragen, wie viel Energie dieser Tritt hat. Wenn dieser Tritt, diese Energie, nur für den halben Weg bis zum Energieniveau reicht, bleibe ich, wo ich bin. Doch wenn der Tritt mich mit genau der richtigen Energiemenge versorgt, die mir erlaubt, bis zum zweiten Niveau zu gelangen, dann nehme ich diese Energie, absorbiere sie und springe auf Niveau 2.

Je nach der Temperatur können Sie für eine ganze Population von Atomen einen gegebenen Bruchteil ihrer Elektronen in einem höheren Zustand halten. Dabei können Sie für ein Gleichgewicht sorgen, indem Sie Bedingungen schaffen, die dafür sorgen, dass für jedes Elektron, das zurückfällt, im Mittel wieder ein Elektron nach oben gestoßen wird. Es ist wie bei dem Jongleur, der alle Kugeln in der Luft behält. Dabei hängt alles von der Temperatur ab. Bei niedrigen Temperaturen hält sich die große Mehrheit der Elektronen auf dem Energieniveau $n = 1$ auf, während sich nur einige wenige Elektronen auf dem Energieniveau $n = 2$ befinden. Wenn die Temperatur steigt, werden mehr Elektronen auf das Energieniveau $n = 2$ gestoßen.

Bringen wir das alles zusammen. Betrachten wir eine interstellare Gaswolke, die von dem Licht eines 10.000-K-Sterns beschienen wird. Die meisten Atome haben mehrere Energieniveaus von großer Komplexität; das ist die natürliche Ordnung der Dinge – im Vergleich zu ihnen sind die Energieniveaus des Wasserstoffs einfach. Alle diese Energieniveaus können das einfache thermische Spektrum, das der 10.000-K-Stern emittiert, ganz schön in Mitleidenschaft ziehen. Schauen wir uns an, wie das vor sich geht.

Zuerst zeige ich Ihnen das Wasserstoffatom in ganzer Schönheit. Es hat eine unendliche Zahl von Energieniveaus, die immer weiter hinausreichenden konzentrischen Orbitalen entsprechen: $n = 1$ (das Grundniveau – innerstes Orbital), $n = 2$ (das erste angeregte Niveau), $n = 3$, $n = 4$, $n = 5$, $n = 6$ ... $n = \infty$. Das Energieniveaudiagramm sieht wie eine Leiter aus, daher nennen wir es *Leiterdiagramm.* Die unteren Energieniveaus, die enger an den Kern gebunden sind, befinden sich auch im Diagramm weiter unten.

Bei Sauerstoff liegt der erste angeregte Zustand $n = 2$ auf drei Viertel des Weges nach oben, gefolgt von $n = 3$, dann $n = 4$, $n = 5$ und so fort. Die Energie erreicht ihren Höchstwert bei null. Ein Elektron mit einem hohen n besetzt ein sehr großes Orbital, das nur noch schwach an das Proton gebunden ist. In Atomen messen wir Energie in *Elektronenvolt*, eV. Ein eV ist die Energie, die ein Elektron gewinnt, wenn es eine Spannungsdifferenz von einem Volt durchläuft.

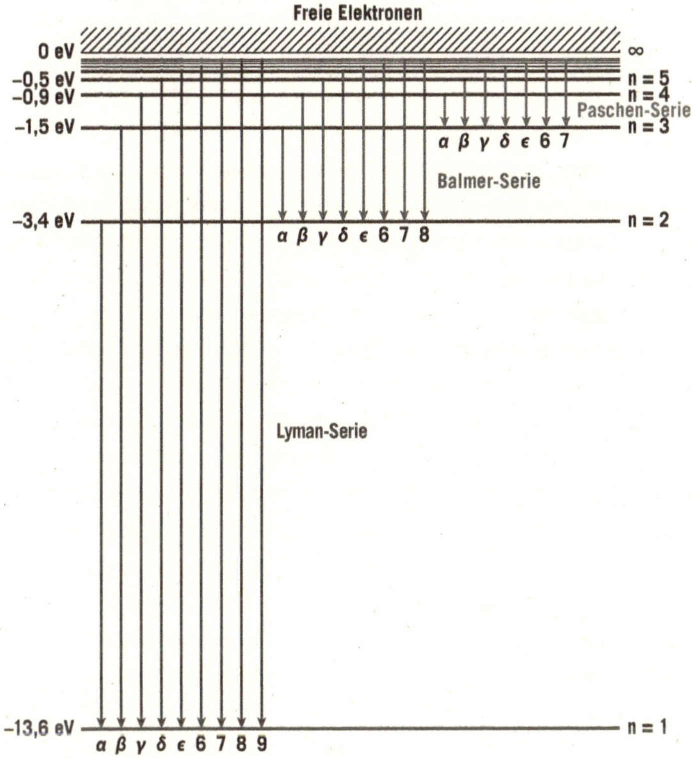

Abbildung 6.2: Energieschema für Wasserstoff. Horizontale Linien zeigen die unterschiedlichen Energieniveaus für das Elektron im Wasserstoffatom an – alle Energieangaben sind in Elektronenvolt (eV). Pfeile bezeichnen Übergänge, die ein Elektron von einem Energieniveau zum anderen vornehmen kann, indem es ein Photon emittiert, dessen Energie gleich dem Energieunterschied ist. Die gezeigten Übergänge führen zum ersten Energieniveau (Lyman-Serie, Photonen im ultravioletten Bereich des Spektrums), zum zweiten Energieniveau (Balmer-Serie, Photonen im sichtbaren Bereich) und zum dritten Energieniveau (Paschen-Serie, im nahen Infrarotbereich). Das Diagramm zeigt Elektronen, die auf ein tieferes Niveau zurückfallen und Photonen emittieren. Wenn sich ein Elektron auf Niveau $n = 3$ befindet und auf $n = 2$ hinabfällt, wie durch den roten Pfeil dargestellt, emittiert es ein Hα-Photon (Balmer-Serie) mit einer Energie von 1,9 eV.
Credit: Michael A. Strauss

Nehmen wir an, Sie haben eine Taschenlampe, die mit einer 9-Volt-Batterie arbeitet. Jedes Elektron setzt dann 9 eV Energie in Form von Licht und Wärme frei, während es sich durch die Drähte der Taschenlampe bewegt.

Durch die Taschenlampe dürften etwa $6{,}24 \times 10^{18}$ Elektronen pro Sekunde fließen, die dementsprechend $9 \times (6{,}24 \times 10^{18})$ eV pro Sekunde (anders gesagt: 9 Watt) an Licht- und Wärmeenergie freisetzen. Folglich handelt es sich bei einem Elektronenvolt um eine sehr kleine Energiemenge; es ist einfach eine geeignete Einheit, um sich über die kleinen Energieeinheiten zu verständigen, die bei Elektronenübergängen im Spiel sind. Beispielsweise ist –13,6 eV in der Abbildung 6.2 beim Wasserstoff das Energieniveau $n = 1$. Es wird als negative Energie angegeben. Sie müssen dem Elektron in Energieebene $n = 1$ nämlich 13,6 eV zuführen, um es aus dem Atom zu lösen. Wir bezeichnen 13,6 eV als die Bindungsenergie des Grundzustands $n = 1$. Was geschieht, wenn ein Elektron im Grundzustand einem Photon begegnet, dessen Energie größer als 13,6 eV ist? Kann es das Photon absorbieren? Hier kommt ein Photon mit so viel Energie – was wird das Elektron mit ihm machen? Wenn das Elektron dieses Photon absorbiert, besitzt es genügend Energie, um über $n = \infty$ zu springen. Was ist über $n = \infty$? Dort winkt die Freiheit. Wenn ein Elektron auf eine Energie über null klettert, entkommt das Elektron dem Atom und überlässt das Proton sich selbst. Wir reden in diesem Fall davon, das Atom sei ionisiert, ein Elektron aus ihm herausgelöst. (Das Atom hat jetzt eine elektrische Gesamtladung null, die es zu einem *Ion* macht.) Das entwichene Elektron hat eine Energie, die größer als null ist; diese »Überschussenergie« wird zu der Bewegungsenergie, mit der es dem Atom entkommt. Wie Sie vielleicht schon vermuten, kann ein Atom auch ionisiert werden, wenn es mit einem anderen Atom zusammenprallt.

Mit dieser Kenntnis der Energieniveaus können wir jetzt verstehen, wie das Licht einen 10.000-K-Stern verlässt. Mit seiner Temperatur von 10.000 K ist er so heiß, dass ein kleiner, aber bedeutsamer Bruchteil der Wasserstoffatome Elektronen im ersten angeregten Zustand $n = 2$ hat. Das ist der Grund, warum ich diesen Stern ausgewählt habe: Eine Temperatur von 10.000 K ist ein Paradebeispiel für die Situation, mit der wir uns beschäftigen wollen. Im Inneren des Sterns gibt es ein Wärmestrahlungsspektrum, ein thermisches Spektrum, eine wunderschöne Planck-Kurve. Die Wärmestrahlung versucht, durch die umgebenden Schichten des Sterns ins Freie zu gelangen. Bei den Wasserstoffatomen der äußersten Sonnenschichten kommt ein kontinuierliches thermisches Spektrum mit einer Temperatur von 10.000 K. Einige jener Atome besitzen Elektronen im ersten angeregten Zustand. Diese Elektronen sind hungrig. Wir können uns fragen: Wie viel Energie bringen die einzelnen Photonen des thermischen Spektrums mit? Die Energien vieler dieser Photonen liegen im sichtbaren Teil des elektromagnetischen Spektrums, und das 10.000-K-Wasserstoffgas hat einige hungrige Wasserstoffatome mit Elektronen im $n = 2$-Niveau, die passende Photonen in genau diesem Energiebereich wie verrückt verschlingen und dafür auf höhere Energieniveaus befördert werden.

Doch nicht alle Photonen werden absorbiert - nur die, deren Wellenlängen ein Elektron genau auf ein bestimmtes höheres Energieniveau befördern. Beispielsweise kann ein Elektron in Niveau $n = 2$ (bei einer Energie von −3,4 eV) ein Photon absorbieren, das gerade genug Energie besitzt, um auf Ebene $n = 3$ zu springen (bei einer Energie von −1,5 eV; vgl. Abb. 6.2). Die Energiedifferenz zwischen den beiden Ebenen beträgt 1,9 eV. So viel Energie muss das Elektron aufnehmen, um auf die höhere Ebene zu springen. Es wird also ein Photon mit der Energie 1,9 eV absorbieren. Solche Photonen bezeichnen wir als *H-alpha-*(oder Hα-)Photonen. Sie haben jeweils eine Wellenlänge von 6563 Ångström oder 656,3 Nanometer - entsprechend der Farbe Burgunderrot. Ein solches Photon wird absorbiert und befördert ein Elektron von Niveau 2 auf Niveau 3; das Photon ist damit aus dem Spektrum verschwunden. Wenn das viele Elektronen tun, verursachen die Absorptionsprozesse eine Delle im Planck-Spektrum bei einer Wellenlänge von 6563 Ångström, die sogenannte *H-alpha-(Hα-)Absorptionslinie.* Photonen mit einer Wellenlänge von 4861 Ångström können ein Elektron von Niveau 2 auf Niveau 4 katapultieren; das führt zu einer weiteren Delle im Spektrum, der *H-beta-*(Hβ-)Absorptionslinie. Es gibt noch weitere Linien: H-gamma (Hγ) bei 4340 Ångström, *H-delta* (Hδ) bei 4102 Ångström und so fort. Dabei werden jeweils ganz bestimmte Photonen herausgenommen und katapultieren Elektronen von $n = 2$ auf die Niveaus $n = 5$, $n = 6$ ... Was am Anfang noch ein kontinuierliches Spektrum war, wird auf diese Weise zu einem sogenannten *Absorptionsspektrum* mit schmalen Linien bei den Wellenlängen, wo die entsprechenden Photonen verschlungen wurden. In dem Spektrum sind tiefe, enge Täler entstanden, die wir als *Absorptionslinien* bezeichnen. Die Gesamtheit der Linien, deren Ausgang das Niveau n-2 ist, heißt *Balmer-Serie*: Hα, Hβ, Hγ, Hδ, Hε, gefolgt von H6, H7, H8 und so fort (schließlich kann man von niemandem erwarten, dass er sich so viele griechische Buchstaben merkt). Die Abstände zwischen diesen Linien hängen direkt mit den Energieunterschieden des

Energieschemas zusammen. Abbildung 6.3 zeigt das Spektrum eines echten 10.000-K-Sterns. Die Detailabbildung oben rechts zeigt den Bereich der kürzeren Wellenlängen.

Wenn wir einen Stern betrachten, dessen Oberfläche etwas heißer ist, sagen wir 15.000 K, verändert sich die Situation grundlegend: Die Elektronen erhalten dann so viel Energie von den ständigen Tritten und Stößen, dass sie die Wasserstoffatome ganz verlassen: Die Elektronen und Protonen treiben sich getrennt herum – die Atome sind *ionisiert*. Ionisierter Wasserstoff besitzt keine diskreten Energieniveaus mehr und absorbiert daher auch nicht mehr selektiv Balmer-Photonen. Daher sehen wir die Balmer-Serie sehr deutlich in 10.000-K-Sternen, aber nicht in heißeren Sternen.

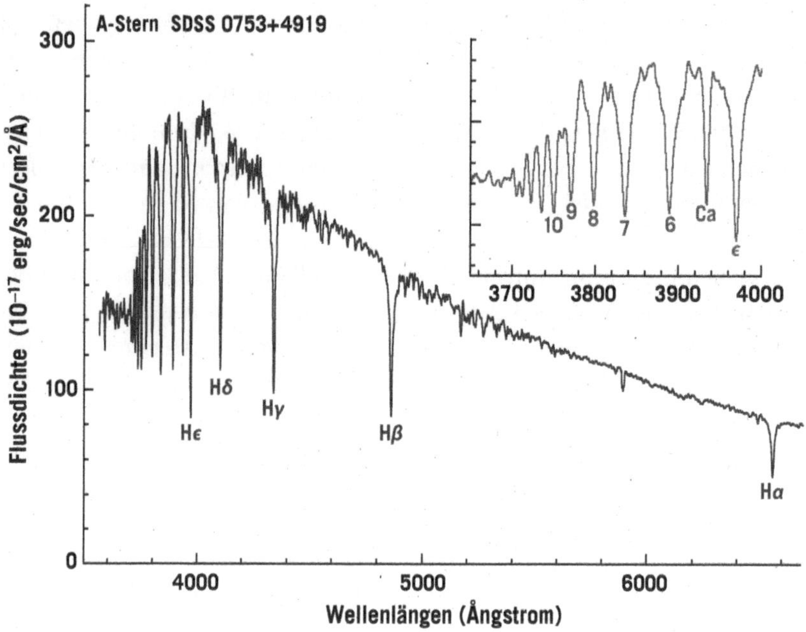

Abbildung 6.3: Sternspektrum mit Balmer-Absorptionslinien: Spektrum eines A-Sterns aus dem Sloan Digital Sky Survey, das die Balmer-Serie der Absorptionslinien des Wasserstoffs zeigt; die Linien heißen Hα, Hβ, Hγ und so fort. Sie sind bei den kürzesten Wellenlängen eng zusammengedrängt; die eingefügte zweite Abbildung zeigt ein vergrößertes Bild der Linien bis H10 (üblicherweise verwenden wir nach Hε Zahlen anstelle von griechischen Buchstaben). Es gibt auch eine Linie für ein einzelnes ionisiertes Kalziumatom mit der Beschriftung »Ca«.

Credit: Sloan Digital Sky Survey, Michael A. Strauss

Bislang haben wir nur betrachtet, was mit Wasserstoff geschieht. Nehmen wir Kalzium hinzu, Kohlenstoff und Sauerstoff, und sie alle werden in dieser Angelegenheit mitmischen. Hier ist mein Lieblingsvergleich – ein Baum. Sie können sich die äußerste Schicht des Sterns als einen Baum vorstellen. Wissen Sie, was (aus dem Inneren des Sterns) auf den Baum zugeflogen kommt? Eine Nussmischung. Wir haben eine Kanone (das Innere des Sterns), die eine Mischung von lauter verschiedenen Nüssen (Photonen verschiedener Frequenzen) in den Baum schießt, und in dem Baum sitzen Eichhörnchen. Meine Eichhörnchen lieben Eicheln (Hα-Photonen) – das sind die Eichel-Eichhörnchen. Sie sehen diese ganze Nussmischung auf sich zukommen, aber sie greifen sich nur diejenigen heraus, die sie mögen, die Eicheln; auf der anderen Seite (außerhalb des Sterns) kommt die Nussmischung minus Eicheln heraus (die Wärmestrahlung minus der Hα-Photonen). Bringen wir jetzt eine weitere Tierart ins Spiel: Nehmen wir ein paar Macadamia-Streifenhörnchen. Was kommt auf der anderen Seite heraus? Nussmischung minus Eicheln und Macadamianüssen. Bei allen Nagerarten, die wir in diesen Baum setzen und die jeweils eine andere Nusssorte bevorzugen, können wir erraten, welche sich gerade im Baum aufhält, indem wir schauen, was auf der anderen Seite fehlt – vorausgesetzt, wir wissen, was die Tiere fressen.

Genau das ist das Problem, dem wir uns in der Astrophysik gegenübersehen. Weil wir nicht ins Innere des Sterns gehen und nachmessen können (Sie würden den Stern sowieso nicht betreten wollen; er ist zu heiß), analysieren wir ihn aus der Ferne, indem wir das Licht beobachten und insbesondere nachsehen, was aus dem kontinuierlichen thermischen Spektrum entfernt wurde. Wir schauen uns das Sternspektrum an und fragen uns: Entspricht dieses Muster hier den Wasserstofflinien? Überwiegend, aber es gibt auch andere Elemente. Gehen Sie ins Labor, nehmen Sie Kalzium und die anderen Elemente, und finden Sie heraus, welche Frequenzen Sie unter Laborbedingungen absorbieren. Dann prüfen Sie jedes Element, ob sein Linienmuster sich im Spektrum des Sterns wiederfindet, denn jedes Element hinterlässt einen besonderen Fingerabdruck. Die Energieschemata sind spezifisch für jedes Element und Molekül. (Beispielsweise zeigt Abb. 6.3 neben den Linien des Wasserstoffs eine Absorptionslinie, die auf die Anwesenheit von Kalzium (Ca) schließen lässt.)

Wir haben die Familie der Wasserstoff-Übergänge dargestellt, Hα, Hβ, Hγ, Hδ und so fort, die sogenannte *Balmer-Serie*. Diese Serie von Übergängen wurde 1885 von Johann Jakob Balmer entdeckt, dessen Namen sie heute trägt. Im Energieschema spielt es keine Rolle, wohin der Pfeil zeigt – ob das Photon nun eingefangen oder ausgestrahlt wird, die Energie ist dieselbe. Es kann absorbiert (Übergang von unten nach oben) oder emittiert (Übergang von oben nach unten) werden, aber alle Übergänge in der Balmer-Serie haben den ersten angeregten Zustand, $n = 2$, als Basis, und die betreffenden Photonen befinden sich im sichtbaren Teil des Spektrums (vgl. Abb. 6.2, die zeigt, wie Photonen emittiert werden, wenn Elektronen zurückfallen). Daher wurde die Balmer-Serie zuerst entdeckt: Die Balmer-Photonen sind in der sichtbaren Region des Spektrums. Aber es gibt zwei weitere häufige Serien, auf die wir uns beziehen können. Die *Paschen-Serie* hat den Zustand $n = 3$ als gemeinsame Grundlage. Das sind kürzere Sprünge auf der Energieskala, daher haben alle beteiligten Photonen geringere Energien als das sichtbare Licht (vgl. Abb. 6.2). Deswegen landet die Paschen-Serie gänzlich im Infrarotbereich. Nachdem gute Detektoren erfunden waren, die zuverlässige Messungen des Infrarotlichts erlaubten, ließ sich die Paschen-Serie nachweisen. Sie sollten wissen, dass sich die Liste dieser Familien fortsetzt, aber ich will hier nur drei erwähnen: Paschen, Balmer und noch eine, die *Lyman-Serie* (wie oben bedienen wir uns im griechischen Alphabet: Lyman-alpha, Lyman-beta etc.). Gemeinsame Grundlage der Übergänge der Lyman-Serie ist der Grundzustand $n = 1$, er bildet die Basis, und alle Übergänge finden im Ultraviolettbereich statt. Der niedrigste Übergang der Lyman-Serie hat eine höhere Energie als der höchste Energieübergang der Balmer-Serie (vgl. Abb. 6.2).

Wenn Sie im Spektrum nach diesen Übergängen suchen, werden Sie sehen, dass die Balmer-Serie separat ist, genauso wie die Lyman-Serie und die Paschen-Serie, die Linien jeder dieser Serien bleiben unter sich; daher lassen diese Linien sich jeweils leicht separat betrachten und verstehen. Allerdings könnte ich ein Atom zeichnen, für das diese Regel nicht gilt. Ich könnte mir ein Atom ausdenken – es gibt da draußen ein paar wirklich seltsame Atome – bei denen die Energiesprünge in der Lyman-, Balmer- und Paschen-Serie so ähnlich wären, dass sich diese drei Linien-Familien im Spektrum überlappen würden. Wenn wir uns überlegen, wie solche Linien zur Identifizierung unbekannter Elemente eingesetzt werden können, müssen wir diese Möglichkeit berücksichtigen.

Jahrtausendelang beschränkten sich unsere Messungen auf die Helligkeit eines Sterns, seine Position am Himmel und vielleicht noch seine Farbe. Das war die klassische Astronomie. Zur modernen Astrophysik kamen wir, als wir begannen, Spektren aufzunehmen, denn Spektren ermöglichten uns, die chemische Zusammensetzung zu verstehen, und die genaue Interpretation von Spektren verdankten wir der Quantenmechanik. Ich kann die Bedeutung dieser Entwicklung gar nicht hinreichend hervorheben. Bevor die Quantenmechanik entwickelt wurde, fehlte uns der grundlegende Zugang zum Verständnis von Spektren. Im Jahr 1900 führte Planck die nach ihm benannte Konstante ein, und 1913 stellte Bohr sein Modell des Wasserstoffatoms vor: Elektronen in Orbitalen, die auf der Quantenmechanik beruhten und die Systematik der Balmer-Serien erklären konnten. Erst danach, in den 1920er-Jahren, begann die rasante Entwicklung der modernen Astrophysik. Bedenken Sie, wie kurze Zeit diese Entwicklung zurückliegt. Die ältesten heute noch lebenden Menschen wurden geboren, als die Astrophysik gerade erst begann. Jahrtausende hindurch wussten wir so gut wie nichts über die Sterne, doch im Lauf einer menschlichen Lebensspanne haben wir sie recht gut kennengelernt. Ich besitze ein Astronomiebuch aus dem Jahr 1900, in dem es lediglich heißt »hier ist eine Konstellation«, »dort ist ein schöner Stern«, »hier befinden sich viele Sterne« und »dort weniger«. Es gibt ein ganzes Kapitel über Mondphasen, ein anderes über Finsternisse – mehr hatten sie damals nicht zu berichten. Doch die Lehrbücher, die nach 1920 entstanden, berichten über die chemische Zusammensetzung der Sonne, die Kernfusion als Energiequelle der Sterne, das Schicksal des Universums. 1926 entdeckte Edwin Hubble, dass das Universum größer ist, als irgendjemand angenommen hatte, denn er wies nach, dass es weit jenseits der Sterne unserer Milchstraße noch weitere Galaxien gibt. Und 1929 entdeckte er, dass das Universum expandiert. Einige Zeugen dieser Erkenntnissprünge leben noch heute. Unglaublich. Häufig frage ich mich, welche Revolutionen uns in den nächsten Jahrzehnten erwarten? Welche kosmischen Entdeckungen werden Sie miterleben und später Ihren Enkeln erzählen?

Angesichts dieser geschichtlichen Lektionen werden Sie sich vielleicht hüten, so törichte Vorhersagen abzugeben wie der französische Philosoph

Auguste Comte in seinem 1842 publizierten Buch *Cours de philosophie positive.* Dort heißt es zu den Sternen: »Wir werden nie erfahren, wie ihr innerer Aufbau aussieht noch wie einige von ihnen Wärme mittels ihrer Atmosphäre absorbieren.«

7

LEBEN UND TOD DER STERNE (I)

NEIL DEGRASSE TYSON

Die beiden Astronomen Henry Norris Russell und Ejnar Hertzsprung beschlossen Anfang des 20. Jahrhunderts unabhängig voneinander, die Helligkeit aller bekannten Sterne abhängig von ihrer Farbe in einem Diagramm darzustellen (vgl. Abb. 7.1, siehe Bildteil). Wie nicht anders zu erwarten, heißt dieses Schaubild *Hertzsprung-Russell-(HR-)Diagramm*. Man kann die Farben der Sterne quantitativ beschreiben, wenn man die Sternspektren kennt. Schon damals wusste man (dank der Planck-Kurve), dass die Farbe eines Sterns seine Temperatur anzeigt. Auf der senkrechten Achse des HR-Diagramms ist die Leuchtkraft eingetragen und auf der waagerechten die Farbe beziehungsweise die Temperatur, wobei die heißesten (blauen) Sterne traditionell links und die weniger heißen (roten) Sterne rechts stehen. Henry Norris Russell war Professor für Astrophysik an der Princeton University. Viele sehen ihn als den ersten amerikanischen Astrophysiker. Da in seinem Diagramm die Temperatur von rechts nach links anwächst, folgen wir dieser Tradition auch heute noch. Er konnte auf die Daten von Tausenden und Abertausenden Sternen zurückgreifen, die überwiegend von Frauen am Harvard College Observatory gesammelt worden waren, da die Klassifizierung aller dieser Spektren von den meisten Männern für eine untergeordnete Tätigkeit gehalten wurde. Das war zu einer Zeit, als man Menschen, die entsprechende Berechnungen durchführten, als *Computers* (»Rechner«) bezeichnete. Es gab einen großen Raum, in dem diese Frauen dicht an dicht saßen.

Damals, um die Jahrhundertwende, hatten Frauen noch keinen Zugang zu Lehrstühlen oder irgendwelchen anderen Positionen, die von Männern angestrebt wurden. Aber unter den »Rechnern« in diesem Raum gab es eine Reihe intelligente, hoch motivierte Frauen, die bei der Analyse dieser Spektren auf wichtige Eigenschaften des Universums stießen – Eigenschaften, mit denen wir uns in den folgenden Kapiteln eingehender beschäftigen werden. Zu ihnen gehörte Henrietta Swan Leavitt. Auch Cecilia Payne arbeitete an der Harvard University zehn Jahre lang als Harlow Shapleys Assistentin, bevor sie schließlich zur Professorin berufen wurde. Ihr ist die Entdeckung zu verdanken, dass die Sonne überwiegend aus Wasserstoff besteht. Infolge dieses besonderen Umstands hat die Astronomie ein faszinierendes Vermächtnis an frühen Beiträgen von Frauen.

Mit den Katalogdaten für Leuchtkraft und Temperatur von Sternen füllten Hertzsprung und Russell ihr jeweiliges Diagramm aus. Sie entdeckten, dass Sterne in dieser Art von Diagrammen nicht an irgendwelchen beliebigen Orten zu finden sind. Einige Regionen weisen gar keine Sterne auf – das sind die Leerstellen in diesem Diagramm –, aber in der Mitte des Diagramms, diagonal von oben nach unten verlaufend, zeigt sich eine auffällige längliche Anordnung von Sternen. Man taufte sie die *Hauptreihe* und gab ihr damit, wie in meiner Disziplin üblich, den einfachsten denkbaren Namen.

90 Prozent der katalogisierten Sterne landen in dieser Zone. Ein paar findet man allerdings auch in der oberen rechten Ecke. Diese Sterne haben eine relativ niedrige Temperatur, trotzdem sind sie extrem leuchtkräftig. Welche Farbe sollten sie bei einer derart niedrigen Temperatur haben? Rot. Unter welchen Umständen hat ein rotes Objekt mit geringer Temperatur trotzdem eine extrem hohe Leuchtkraft? Welche weitere Eigenschaft muss es haben? Es muss riesig sein. Tatsächlich sind diese Sterne riesige rote Himmelskörper. Wir nennen sie *Rote Riesen.* Aus der Planck-Kurve können wir ableiten, dass sie rot und groß sein müssen. Schlussfolgerungen dieser Art sind meine große Leidenschaft. Noch weiter oben rechts kommen die *Roten Superriesen.* Wir können uns jetzt auf ein neues astronomisches Abenteuer einlassen und ausschließlich mit den physikalischen Werkzeugen, die wir bereits vorgestellt haben, die Gesamtsituation analysieren. Dank dem *Stefan-Boltzmann-Gesetz* und dem Radius r des Sterns – die uns die Gleichung $L = 4\pi r^2 \sigma T^4$ liefern – können wir Diagonalen von konstanter Größe in das Diagramm einzeichnen: 0,01 Sonnendurchmesser,

0,1 Sonnendurchmesser, 1 Sonnendurchmesser, 10 Sonnendurchmesser und 100 Sonnendurchmesser. Jetzt wissen wir, wie groß die in das Diagramm eingetragenen Sterne sind. Die Sonne liegt natürlich auf der Linie »1 Sonnendurchmesser«. Rote Superriesen sind größer als 100 Sonnendurchmesser. Unterhalb der Hauptreihe finden wir eine weitere Sternengruppe. Die entsprechenden Sterne sind heiß, aber nicht zu heiß; daher sind sie weiß. Sie haben eine außerordentlich geringe Leuchtkraft, daher müssen sie klein sein. Wir nennen sie *Weiße Zwerge*.

Als das HR-Diagramm, das Sterne nach verschiedenen Zonen klassifizierte, veröffentlicht wurde, wussten wir noch nicht, warum die Sterne darin gerade so und nicht anders angeordnet sind. Vermutungen gab es genug: Vielleicht wird ein Stern mit hoher Leuchtkraft geboren und wird im Lauf der Zeit immer schwächer, bis er als Objekt von geringer Leuchtkraft und Temperatur stirbt. Vielleicht wandert er mit zunehmendem Alter auch die Hauptreihe hinab (gleichzeitig an Temperatur und Leuchtkraft verlierend). Eine plausible Annahme allerdings führte sie zu der Schätzung, die Sonne sei rund 1 Billion Jahre alt, eine Zeitspanne, die das Alter der Erde weit übertraf.

Dutzende von Jahren versuchten wir mit möglichst gut begründeten Hypothesen diese Frage zu beantworten – bis wir herausfanden, wie es sich wirklich verhielt. Alles begann damit, dass wir uns Himmelsobjekte etwas anderer Art ansahen (Abb. 7.2 und 7.3, beide Abbildungen siehe Bildteil).

Diese Abbildungen 7.2 und 7.3 zeigen Anhäufungen von Sternen, die entsprechend *Sternhaufen* heißen. Manche umfassen einige Hundert Sterne, andere Hunderttausende. Wenn die Zahl der Sterne nur einige Hundert beträgt (wie bei den Plejaden in Abb. 7.2) sprechen wir von einem *offenen Haufen*; enthält der Haufen Hunderttausende von Sternen, ist er in der Regel sphärisch oder kugelförmig, wie M13 (in Abb. 7.3), und wir nennen ihn einen *Kugelhaufen*.

Kugelhaufen haben Hunderttausende von Sternen, offene Haufen dagegen nur bis zu einem Tausend. Wenn Sie eines dieser Objekte am Himmel sehen, ist vollkommen klar und offenkundig, mit welcher Art Haufen Sie es zu tun haben. Da gibt es nichts zu deuteln, da es keine Zwischenformen gibt: Entweder haben Sie ein paar Sterne vor sich oder eine Riesenmenge. Die Sterne in einem bestimmten Haufen haben alle einen gemeinsamen Geburtstag – sie haben sich alle zur gleichen Zeit aus einer Gaswolke gebildet.

Die Plejaden sind ein junger Sternhaufen – und es ist so, als blickte man in eine Kindergartengruppe. Junge Sterne, hell und blau, beherrschen das Bild. Aber das HR-Diagramm für diesen Haufen zeigt eine vollständige Hauptreihe ohne Rote Riesen. Die blauen Sterne im oberen Bereich der Hauptreihe sind so hell, dass sie das Erscheinungsbild des Haufens insgesamt prägen, doch rote Sterne weiter unten in der Hauptreihe sind ebenfalls präsent. Die Plejaden zeigen, wie eine solche Sterngruppe kurz nach ihrer Geburt aussieht. Sie zeigen uns, dass einige Sterne mit hoher Leuchtkraft und Temperatur geboren werden, während andere sich auf ganzer Länge der Hauptreihe schon bei der Geburt mit geringer Leuchtkraft und Temperatur begnügen müssen.

Kugelhaufen wie M13 zeigen eine Hauptreihe minus dem oberen Ende, plus einiger Roter Riesen, die nicht zur Hauptreihe gehören. Betrachtet man das Foto von M13, hat man das Gefühl, einem fünfzigjährigen Klassentreffen beizuwohnen – alle Sterne sind alt. Die Roten Riesen sind die hellsten und beherrschen das Bild. Die Hauptreihe von M13 hat noch immer eine geringe Leuchtkraft, Objekte mit geringer Temperatur, aber wo sind die hellen blauen Sterne hin? Haben sie die Bühne verlassen? Was ist ihnen zugestoßen? Sie ahnen wahrscheinlich, wohin sie »gegangen« sind: Sie wurden Rote Riesen. Der obere Teil der Reihe blätterte ab, aus den leuchtkräftigen blauen Sternen wurden Rote Riesen.

Wir stießen auch auf einige Fälle von Sternhaufen in den besten Jahren: Haufen, bei denen nur ein Teil der oberen Hauptreihe fehlte und sich lediglich ein paar Rote Riesen gebildet hatten.

Die Massen der verschiedenen Sterntypen herauszufinden, verlangte uns einiges ab. Wir maßen die Dopplerverschiebungen in den Spektrallinien von Doppelsternen, die einander umkreisten, und interpretierten sie mithilfe von Newtons Gravitationsgesetz. Dabei entdeckten wir, dass die Hauptreihe auch eine Massenreihe ist, die von den massereichen, leuchtkräftigen blauen Sternen oben links bis zu den massearmen, leuchtschwachen roten Sternen unten rechts reicht. Massearme Sterne werden mit geringer Leuchtkraft und Temperatur geboren, während massereiche Sterne von Anfang an über hohe Leuchtkraft und Temperatur verfügen.

Massereiche blaue Sterne im oberen Teil der Hauptreihe haben eine Lebensdauer von vielleicht 10 Millionen Jahren. Das ist nicht viel Zeit für einen Stern. Ein Stern wie die Sonne, in der Mitte der Hauptreihe, lebt

10 Milliarden Jahre lang, 1000-mal länger. Wenn wir der Hauptreihe bis nach ganz unten folgen, kommen wir zu den langlebigsten Sternen: Die roten Sterne mit geringer Leuchtkraft dürften Billionen von Jahren leben. Rund 90 Prozent der Sterne finden wir auf der Hauptreihe. Warum? Wie sich zeigt, verbringen Sterne 90 Prozent ihrer Lebenszeit mit einer Leuchtkraft und Temperatur, die sie in der Hauptreihe verortet. Stellen Sie sich Folgendes vor: Ich bin mir ziemlich sicher, dass Sie jeden Abend im Badezimmer Ihre Zähne putzen. Doch wenn ich im Lauf des Tages zufällig verteilte Schnappschüsse von Ihnen mache, ist es eher unwahrscheinlich, dass ich Sie dabei fotografiere, denn Sie verbringen zwar jeden Tag etwas Zeit mit Zähneputzen, aber es ist nicht viel Zeit. Wir haben herausgefunden, dass einige spärlich bevölkerte Regionen im HR-Diagramm zwar von Sternen »durchquert« werden, wenn sich deren Leuchtkraft und/oder Temperatur ändert, dass dies aber vergleichsweise schnell geschieht und dass die Sterne in diesen Regionen daher nicht viel Zeit verbringen. Wir erwischen Sterne nur selten beim Zähneputzen.

Was geschieht tief im Inneren der Sterne? Wir wissen, dass sich Teilchen bei steigenden Temperaturen immer rascher bewegen. Wir wissen auch, dass 90 Prozent der Atomkerne im Universum Wasserstoff sind, den gleichen Prozentsatz finden wir in Sternen. Nehmen Sie eine Gaswolke, die zu 90 Prozent aus Wasserstoff besteht – sie ist noch kein Stern. Lassen Sie sie kollabieren und einen Stern bilden. Wie Sie vermuten dürften, wird der Mittelpunkt der heißeste Teil des Sterns. Wenn Sie etwas zusammendrücken, wird es heiß. Wie wir sehen werden, ist das Zentrum heiß genug, um einen Kernfusionsreaktor zum Laufen zu bringen, der die heißen Temperaturen im Sternzentrum aufrechterhält. An der Oberfläche herrschen im Vergleich dazu weit geringere Temperaturen. Die Sternzentren sind so heiß, dass alle Elektronen von ihren Atomen abgestreift werden und die Kerne nackt zurückbleiben.

Ein typischer Wasserstoff-Atomkern besteht aus einem einzigen Proton. Wenn sich ein anderes Proton nähert, stoßen sich die beiden Protonen ab. Protonen sind positiv geladen, und gleichnamige Ladungen stoßen sich mit einer Kraft ab, die proportional zum Kehrwert des Abstandsquadrats ist. Je weiter sie sich einander annähern, desto stärker stoßen sie sich ab. Aber jetzt erhöhen wir die Temperatur. Eine höhere Temperatur bedeutet erhöhte Bewegungsenergien und größere Geschwindigkeiten für die Protonen. Höhere Geschwindigkeiten haben zur Folge, dass sich die Protonen einander weiter annähern können, bevor die elektrostatische Kraft sie zur Umkehr zwingt. Wie sich herausstellt, gibt es eine magische Temperatur – rund 10 Millionen K–, bei der sich diese Protonen so nahe kommen können, dass eine ganz neue Kraft mit kurzer Reichweite, die starke Kernkraft, ins Spiel kommt, für eine Anziehung zwischen den Protonen sorgt und sie, wie in Kapitel 1 erwähnt, aneinanderbindet. Diese anziehende Kernkraft, die vor hundert Jahren noch völlig unbekannt war, muss ziemlich stark sein, um die natürliche elektrostatische Abstoßung der Protonen zu überwinden. Was blieb uns anderes übrig, als sie die starke Kernkraft zu nennen? Diese Kraft ist die Voraussetzung dafür, dass es zu Kernfusionsreaktionen kommen kann. (Die starke Kernkraft hält auch massereichere Atomkerne zusammen. Heliumkerne haben jeweils zwei Protonen und zwei Neutronen. Infolge der elektrostatischen Abstoßung streben die beiden Protonen voneinander fort; nur die starke Kernkraft hält sie im Atomkern. Ähnlich verhält es sich mit Kohlenstoffkernen [je sechs Protonen und sechs Neutronen] und Sauerstoffkernen [je acht Protonen und acht Neutronen].)

Wenn zwei Protonen bei 10 Millionen K zusammenkommen, ist die nachfolgende Reaktion äußerst unterhaltsam. Am Ende kommt ein Kern heraus, der aus einem Proton und einem Neutron besteht – eines der Protonen hat sich spontan in ein Neutron verwandelt – und gleichzeitig wird ein positiv geladenes Elektron abgestrahlt, ein sogenanntes Positron. Das Positron ist Antimaterie, ein exotischer Stoff. Es wiegt genauso viel wie das Elektron, aber wenn es auf ein Elektron trifft, vernichten sich die beiden gegenseitig, wobei sich ihre gesamte Masse in Energie verwandelt und von zwei Photonen davongetragen wird. Das entspricht haargenau der Masse-Energie-Gleichung $E = mc^2$, auf die Rich (Gott) in Kapitel 18 ausführlicher eingehen wird. Außerdem wird noch ein Elektron-Neutrino abgestrahlt, ein elektrisch neutrales (ungeladenes) Teilchen, das so schwach mit anderen Stoffen im Universum wechselwirkt, dass es der Sonne mühelos entkommt. Es sei angemerkt, dass die elektrische Ladung bei dieser Reaktion erhalten bleibt: Wir haben am Anfang zwei positive Ladungen (jedes Proton hat eine) und am Ende auch (eine trägt das Proton und eine das Positron). Aber die Reaktion erzeugt Energie, weil die Summe der Massen der ursprünglichen Teilchen größer ist als die Summe der Massen der Teilchen am Ende. Masse geht verloren, wird gemäß $E = mc^2$ in Energie umgewandelt. Was ist ein Kern mit einem Proton und einem Neutron? Er besitzt nur ein Proton, also handelt es sich immer noch um Wasserstoff, aber jetzt um eine schwerere Wasserstoffversion. Häufig nennen wir ihn »schweren Wasserstoff«, aber er hat auch einen Eigennamen: Deuterium.

Jetzt habe ich etwas Deuterium. Deuterium plus ein weiteres Proton ergibt einen ppn-Kern, mit zwei Protonen und einem Neutron plus zusätzliche Energie. Was haben wir da gemacht? Zwei Protonen sind jetzt in unserem Kern. Da wir zwei Protonen haben, handelt es sich um Helium. Die Bezeichnung Helium ist abgeleitet von Helios, dem griechischen Gott der Sonne. Wir haben also ein Element, das nach der Sonne benannt wurde. Der Grund ist, dass das Element durch Spektralanalyse in der Sonne entdeckt wurde, bevor wir es auch auf der Erde nachweisen konnten. Der betreffende Kern ist leichter als die Normalversion des Heliums. Wir nennen ihn Helium-3, weil er drei Kernteilchen (zwei Protonen und ein Neutron) besitzt. Jetzt kollidieren zwei dieser Helium-3-Kerne: ppn + ppn = ppnn + p + p + noch mehr Energie. Das resultierende ppnn ist voll entwickeltes, waschechtes Helium-4 (das normale Helium, mit dem Heliumballons gefüllt werden).

All das vollzieht sich bei 15 Millionen K im Zentrum der Sonne, die jede Sekunde 4 Millionen Tonnen Materie in Energie umwandelt. Nach und nach begriffen wir, dass Hauptreihensterne Wasserstoff in Helium umwandeln. Wenn der Wasserstoff im Kern schließlich erschöpft ist, wird es mit einem Schlag spektakulär: Die Hülle des Sterns expandiert, und er wird zum Roten Riesen. In etwa 5 Milliarden Jahren wird auch unsere Sonne zum Roten Riesen werden, ihre äußere Gashülle verlieren und sich als Weißer Zwerg zur Ruhe setzen. Massereichere Sterne werden zu Roten Riesen und Überriesen, und am Ende explodieren sie als Supernovae, während ihre Kerne zu Neutronensternen oder Schwarzen Löchern zusammenstürzen. In Kapitel 8 werden wir darauf zurückkommen.

Wenden wir uns jetzt wieder dem HR-Diagramm zu. Wir haben die Hauptreihe, Rote Riesen, Weiße Zwerge, mit einer Temperatur, die von rechts nach links ansteigt, und einer Leuchtkraft, die von unten nach oben größer wird. Die unterschiedlichen Temperaturbereiche werden in sogenannte Spektralklassen eingeteilt, jede davon benannt mit einem Großbuchstaben. Einige sind Relikte aus einem prä-quantenmechanischen Klassifikationsschema, in dem die Buchstaben ursprünglich in alphabetischer Reihenfolge angeordnet waren, aber das System ist immer noch üblich: O B A F G K M L T Y. Jeder Buchstabe bezeichnet den Oberflächentemperaturbereich einer Sternklasse; die Sonne ist ein G-Stern. Die ungefähren Temperaturen (und Farben) der Klassen sind:

O (>33.000 K, blau),
B (10.000–33.000 K, blau-weiß),
A (7500–10.000 K, weiß bis blau-weiß),
F (6000–7500 K, weiß),
G (5200–6000 K, weiß),
K (3700–5200 K, orangefarben),
M (2000–3700 K, rot).

Alle diese Klassen sind in Abbildung 7.1 zu finden. Ganz rechts, jenseits unseres Diagramms, wären die weiteren Klassen: L (1300–2000 K, rot), T (700–1300 K, rot) und Y (<700 K, rot). Wenn Sie sich die Temperaturen auf der Skala unten in der Abbildung anschauen, können Sie sehen, wo diese Klassen liegen. Spica ist ein B-Stern, Sirius ein A-Stern, Procyon ein F-Stern und Gliese 581 ein M-Stern. Jeder Stern hat sowohl eine waagerechte Position im Diagramm, die seine Temperatur anzeigt (heißere Sterne weiter links, kühlere weiter rechts), und eine senkrechte Position, die seine Leuchtkraft angibt (ansteigend von unten nach oben). Natürlich hat die Sonne definitionsgemäß genau eine Sonnenleuchtkraft, wie wir erkennen, wenn wir ihre Leuchtkraft auf der senkrechten Skala ablesen. Es handelt sich dabei um eine logarithmische Skala, die uns ermöglicht, die riesige Bandbreite der beobachteten Leuchtkraftwerte abzubilden, wobei jeder Einheits-Schritt nach oben einer Zunahme der Leuchtkraft um den Faktor 10 entspricht.

Am oberen Rand der Abbildung 7.1 befinden sich Sterne, die die millionenfache Leuchtkraft der Sonne haben. Am unteren Rand des Diagramms liegen Sterne, die nur über 1/100.000 der Sonnenleuchtkraft verfügen. Die Hauptreihensterne weisen dabei, was die Leuchtkraft angeht, eine verblüffende Bandbreite auf. Wir haben später herausgefunden, dass die Sterne am oberen Ende der Hauptreihe nur etwa 60- und nicht 1-Million-mal so viel Masse besitzen wie die Sonne. Am unteren Ende haben sie auch nur ein Zehntel der Sonnenmasse, aber sie sind, wie angegeben, sehr viel leuchtschwächer als die Sonne. Folglich ist die Bandbreite der Massen zwar groß, aber nicht annähernd so groß wie die Bandbreite der Leuchtkraftwerte. Tatsächlich können wir eine formale Beziehung angeben, die beschreibt, wie die Leuchtkraft von der Masse eines Sterns in der Hauptreihe abhängt, allerdings ist sie nichtlinearer: Die Leuchtkraft ist proportional zur Masse hoch 3,5. Daraus folgt, dass zwei Sterne, deren Massen sich gar nicht sonderlich unterscheiden, erheblich voneinander abweichende Leuchtkraftwerte aufweisen können.

Es folgt eine bemerkenswerte Rechnung. Wir beginnen mit $E = mc^2$. Das ist eine der ersten Gleichungen, die jeder in der Schule lernt. Man kennt diese Gleichung, bevor man weiß, was sie bedeutet. Vielleicht begegnet man ihr schon in der dritten Klasse und erfährt, dass Einstein sie abgeleitet hat. Der gute alte Albert war es, im Jahre 1905. Wie wir gesehen haben, besagt die Gleichung, dass eine bestimmte Menge Masse in Energie umgewandelt werden kann, wobei c, die gewaltige Lichtgeschwindigkeit, zum Quadrat erhoben, extrem groß wird. Kernwaffen verdanken ihre Sprengkraft dieser Besonderheit der Gleichung. Rich wird sich in Kapitel 18 mit den Ursprüngen dieser Gleichung in der Speziellen Relativitätstheorie beschäftigen.

Wie lange wird ein Stern leben, wenn er eine gegebene Masse und Leuchtkraft besitzt? Sie können die gleiche Frage bezüglich Ihres Benzinautos stellen: Sie kennen das Fassungsvermögen Ihres Benzintanks, wenn Sie ihn auffüllen, und Sie wissen, wie viel Benzin Ihr Auto auf 100 Kilometer verbraucht. Anhand dieser Fakten können Sie vorhersagen, wie weit Ihr Auto kommt, bevor ihm das Benzin ausgeht. Die Leuchtkraft eines Sterns ist die Energie, die er pro Zeiteinheit aussendet. Wenn Sie die Lebenszeit ℓ des Sterns mit seiner Leuchtkraft L multiplizieren, erhalten Sie die Gesamtenergie, die er während seiner Lebensdauer abgibt, ℓL. Wir kennen die Leuchtkraft eines Sterns, die Rate, mit der er Brennstoff verbraucht, und wir wissen, wie viel Wasserstoff-Brennmaterial ihm zur Verfügung steht – welche Lebensdauer hat also ein Hauptreihenstern? Wie lange wird er auf der Hauptreihe bleiben? Die gesamte Energie, die ein Stern abgibt, indem er seinen Wasserstoff fusioniert, ist proportional zu seiner Masse M. Denken Sie an $E = mc^2$. Die insgesamt abgestrahlte Energie ist proportional zu M und außerdem proportional zu ℓL, also ist M proportional zu ℓL. Daraus folgt, dass ℓ proportional zu M/L ist. Wenn L proportional zu $M^{3,5}$ ist, wie ich oben gesagt hatte, dann ist ℓ proportional zu $M/M^{3,5}$, also zu $1/M^{2,5}$. Je massereicher der Stern ist, desto kürzer wird seine Lebensdauer auf der Hauptreihe sein!

Überlegen wir, was das bedeutet. Wenn die Lebenszeit eines Sterns proportional zu $1/M^{2,5}$ ist, dann beträgt die Lebensdauer eines Sterns mit der vierfachen Sonnenmasse $1/4^{2,5}$ der Lebensdauer der Sonne. Nun ist $1/4^{2,5}$ gleich 1 geteilt durch »4 zum Quadrat mal der Quadratwurzel von 4«. Die Quadratwurzel von 4 ist 2, und 4 zum Quadrat ist 16. Folglich hat dieser Stern mit vier Sonnenmassen eine Lebensdauer, die 1/32 der Lebensdauer der Sonne beträgt. Die Hauptreihen-Lebenszeit unserer Sonne beträgt rund 10 Milliarden Jahre. Folglich wird die Lebensdauer dieses Vier-Sonnenmassen-Sterns in der Hauptreihe nur 1/32 von 10 Milliarden Jahren betragen – oder rund 300 Millionen Jahre. Das ist vergleichsweise kurz.

Ein anderes Beispiel: $1/40^{2,5}$ ist ungefähr gleich 1/10.000. Ein 40-Sonnenmassen-Stern wird also nur 1 Million Jahre leben, das ist verschwindend wenig im Vergleich zu 1 Milliarde Jahren. Gehen wir jetzt in die andere Richtung. Betrachten Sie einen Stern, der ein Zehntel der Sonnenmasse besitzt. 1 durch 1/10 ist 10, und 10 hoch 2,5 ist rund 300. Dieser Stern wird 300-mal so lange wie die Sonne leben. Wie viel ist 300 mal 10 Milliarden? 3000 Milliarden oder 3 Billionen Jahre, eine Zeitspanne, die viel länger ist als das gegenwärtige Alter des Universums – was auf einen sehr sparsamen Verbrauch dieses Sterns schließen lässt. Ein Stern mit zehn Sonnenmassen lebt nur rund 1/300 so lange wie die Sonne, während ein Stern mit 1/10 Sonnenmassen 300-mal länger lebt.

Wasserstoff fusioniert im Inneren eines Hauptreihensterns zu Helium. Während der Rote-Riesen-Phase entstehen im Kern eines Sterns noch andere Elemente. Es kommt zu Kernfusionsprozessen, die Elemente wie Kohlenstoff und Sauerstoff hervorbringen, aber auch Elemente, die noch weiter unten im Periodensystem angesiedelt sind, wie Eisen (das 26 Protonen und 30 Neutronen besitzt). Ein Stern verbringt 90 Prozent seines Lebens auf der Hauptreihe, bevor er als Roter Riese anfängt, schwerere Elemente zu produzieren. Diese letzte Phase ist von kurzer Dauer und umfasst lediglich 10 Prozent eines Sternlebens. Jedes Mal, wenn leichte Elemente (leichter als Eisen, Nummer 26 im Periodensystem) zusammenkommen, um schwerere hervorzubringen, verlieren alle diese Reaktionen Masse; die Fusionsreaktion vollzieht sich mittels $E = mc^2$ und setzt Energie frei.

Dieser Fusionsprozess heißt *exothermisch*, weil dabei Energie freigesetzt wird. Aber wir kennen noch andere Kernprozesse, die Energie abgeben. Man nehme Uran (Nummer 92), spalte seinen Kern in kleinere Teilkerne auf – das ist ebenfalls ein exothermer Prozess. So etwas geschah im Zweiten Weltkrieg: die Hiroshima-Bombe war eine Uranbombe; die Nagasaki-Bombe verwendete Plutonium (Nummer 94). Beide Elemente haben einen riesigen Kern und instabile *Isotope* (Spielarten von Atomkernen, welche die gleiche Anzahl von Protonen, aber andere Neutronenzahlen haben). Wenn wir sie in Bruchstücke spalten, erzeugen wir unter Freisetzung von Energie leichtere Elemente. Auch das ist ein exothermer Vorgang, nämlich *Kernspaltung*. Bei den meisten Kernwaffen, die im Kalten Krieg hergestellt wurden, handelte es sich um Spaltbomben, während heute die größte Zerstörungskraft in Kernwaffenarsenalen von Bomben geliefert wird, die Wasserstoff zu Helium fusionieren. Um Ihnen einen Eindruck von der relativen Zerstörungsgewalt der beiden Bombentypen zu vermitteln: Fusionsbomben verwenden Spaltbomben als Zündladung, bereits daran können Sie ablesen, wie verheerend diese auf der Kernfusion basierenden Waffen sind. Wir wissen, wie wirksam solche Bomben Materie in Energie verwandeln, und genau das geschieht auch in den Sternen. Die Sonne ist eine einzige riesige Fusionsbombe, nur dass ihre ungeheure Energie durch die Masse des Sterns gezähmt wird, die auf die Zentralregionen einen gewaltigen Druck ausübt. Bislang sind wir noch nicht in der Lage, ein mit kontrollierter Kernfusion arbeitendes Kraftwerk zu bauen. Alle Kernkraftwerke in Amerika, Frankreich und in anderen Ländern arbeiten mit kontrollierten Kernspaltungsprozessen.

Sie können keine Atome spalten und daraus Energie ohne Ende gewinnen; sie können auch keine Atome fusionieren und daraus immer weiter und weiter Energie gewinnen. Abbildung 7.4 erklärt warum. Auf der waagerechten Achse ist die *Massenzahl* aufgetragen, die Zahl der *Nukleonen* (das heißt, der Protonen und Neutronen), die der Atomkern eines natürlich vorkommenden Elements enthält – sie beginnt mit 1, beim Wasserstoff. Der Kern des Wasserstoffs enthält ein Proton. Das Diagramm reicht bis 238, Uran; sein Kern besteht aus 92 Protonen und 146 Neutronen. Einige Elemente, wie das Uran, haben unterschiedliche Isotope; Uran-235, das 92 Protonen, aber nur 143 Neutronen besitzt, ist radioaktiv und extrem leicht spaltbar (dieses Isotop wurde in der Atombombe von Hiroshima verwendet). Alle anderen Elemente liegen im Diagramm zwischen Wasserstoff und Uran. Senkrecht ist die *Bindungsenergie* aufgetragen – die Bindungsenergie pro Nukleon. Je größer die Bindungsenergie ist, desto tiefer ist das Element im Diagramm angesiedelt.

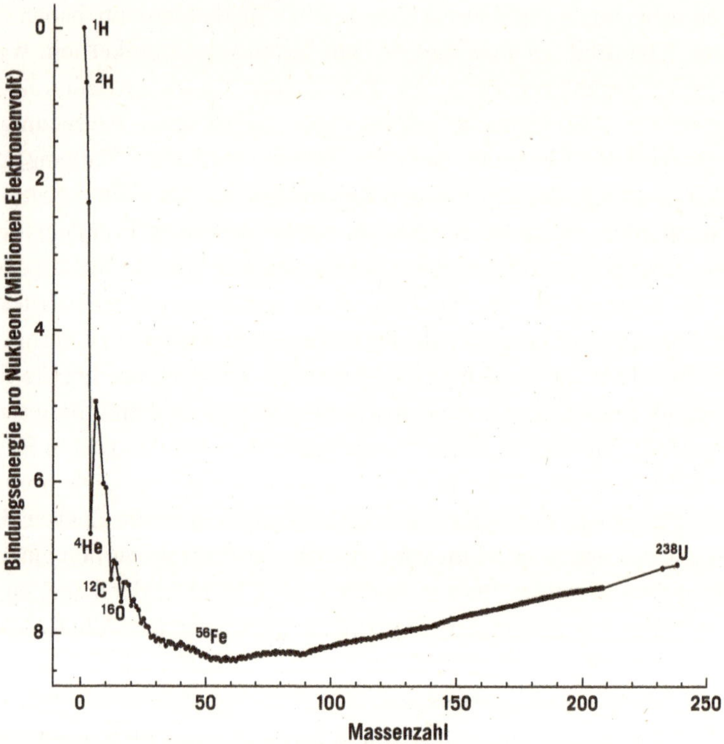

Abbildung 7.4: Bindungsenergie pro Nukleon des Atomkerns. Für die unterschiedlichen Elemente sind jeweils nur stabile Isotope gezeigt. Die Bindungsenergie ist in Millionen Elektronenvolt (MeV) pro Nukleon (das heißt, Proton oder Neutron) angegeben. Das entspricht der Energie pro Nukleon, die bei der Bildung dieses Kerns aus freien Protonen abgegeben würde. Je größer die Bindungsenergie pro Nukleon (je tiefer im Diagramm), desto geringer die Masse pro Nukleon im Kern (entsprechend Einsteins Formel $E = mc^2$). *Credit:* Michael A. Strauss, der sich auf Daten stützt von: http://www.nndc.bnl.gov/amdc/nubase/nubtab03.asc; G. Audia, O. Bersillon, J. Blachot, A. H. Wapstra, *Nuclear Physics*. A 729, 2003: S. 3–128

Um eine Vorstellung von der Bindungsenergie zu bekommen, denken Sie sich zwei Magneten, bei denen der Nordpol des einen am Südpol des anderen hängt. In dieser Konstellation müssen Sie Energie aufwenden, wenn Sie die Magneten auseinanderziehen wollen. Die Bindungsenergie hält die beiden Magneten zusammen. Abbildung 7.4 zeigt den Wasserstoff am oberen Ende des Diagramms – null Bindungsenergie. Wasserstoff, der zu Helium fusioniert, fällt ein Stück herunter, die Fusion setzt Energie frei. Helium hat eine größere Bindungsenergie als Wasserstoff – es ist, als befände es sich im Vergleich zum Wasserstoff in einem Tal. Achten Sie auf die Größenordnung: Diese Bindungsenergien sind groß (gemessen in Millionen Elektronenvolt pro Nukleon). Sie erinnern sich, dass wir Elektronenvolt (eV) in Kapitel 6 eingeführt haben. Um Helium in Wasserstoff zu spalten, müssen Sie dem Helium Energie zuführen (mehr als 7 Millionen Elektronenvolt mal 4 Nukleonen, also mehr als 28 Millionen Elektronenvolt insgesamt). Die Kurve erreicht in der Mitte ihren tiefsten Punkt. Uran am rechten Rand des Diagramms liegt höher als dieser tiefste Punkt in der Mitte. Alle anderen Elemente können solange exothermer Spaltung oder Fusion unterzogen werden, bis wir ganz unten an diesem tiefsten Punkt landen. Dort sitzt Eisen mit seinen 26 Protonen und 30 Neutronen (das heißt, 56 Nukleonen). Versucht man, Eisen zu fusionieren, ist das eine *endotherme* Reaktion, die Energie absorbiert. Versucht man, Eisen zu spalten, stellt sich das wiederum als endotherme Reaktion heraus. Hier ist das Ende der Fahnenstange erreicht: Wenn Sie zum Eisen kommen, wird keine Energie mehr freigesetzt.

Die Aufgabe der Sterne ist die Freisetzung von Energie. Wenn ein Stern sein Pensum abspult und nacheinander unterschiedliche Elemente fusioniert, haben wir einen glücklichen Stern. Die Energie, die dabei freigesetzt wird, sorgt dafür, dass das Zentrum des Sterns heiß bleibt und der thermische Druck des heißen Gases die Gravitation daran hindert, den Stern unter seinem eigenen Gewicht kollabieren zu lassen. Nehmen wir an, ich habe einen Hauptreihenstern, der zehnmal so viel Masse hat wie die Sonne. Überwiegend besteht er aus Wasserstoff und Helium, und in seinem Kern verwandelt er noch immer Wasserstoff in Helium; das ist der erste Akt. Im zweiten Akt besteht der Kern aus reinem Helium, aber der Stern verfügt noch immer über Wasserstoff und Helium in der umgebenden Hülle. Die Fusion im Zentrum hört auf, mit dem Ergebnis, dass das Zentrum den Stern nicht mehr stabilisieren kann. Was macht der Stern? Der Kern des Sterns fällt in sich zusammen, Druck baut sich auf, und die Temperatur steigt, sodass es heiß genug wird, um Helium zu fusionieren. Man braucht eine höhere Temperatur, um Heliumkerne zusammenzubringen (ppnn + ppnn), als man bei Wasserstoffkernen (p + p) benötigt, weil jeder Heliumkern (ppnn) zwei Protonen hat – was die Zahl einander abstoßender elektrischer Ladungen verdoppelt. Im Verlauf des zweiten Akts setzt daher die Heliumfusion ein (bei 100 Millionen K) und sorgt für die Stabilität des Sterns. In der Mitte des sehr heißen Kerns wird Helium zu Kohlenstoff gebrannt; außerhalb des Kerns, in einer den Kern umgebenden Schale, findet auch weiterhin die Fusion von Wasserstoff zu Helium statt. Schließlich bildet sich ein Kohlenstoffkern im Zentrum, aber das Zentrum ist nicht heiß genug, um Kohlenstoff zu fusionieren, daher hört die Fusion an dieser Stelle auf. Der Kern stürzt weiter in sich zusammen, die Temperatur steigt wieder, und die Kohlenstofffusion beginnt. Das ist der dritte Akt. Jetzt haben wir folgendes Bild: Im Kohlenstoffkern fusioniert Kohlenstoff zu Sauerstoff; darum herum liegt eine Heliumschale und darum herum der Rest der Sternhülle, die nach wie vor aus Wasserstoff und Helium besteht. Auf diese Weise entsteht eine Zwiebel aus Elementen, Schicht um Schicht, weil es in der Mitte immer am heißesten ist. Jede Reaktion setzt Energie frei. Am Ende haben wir in der Mitte Eisen, umgeben von aufeinanderfolgenden Schalen aus verschiedensten leichteren Elementen. Das ist die Grundlage für die künftige chemische Bereicherung der Galaxis.

Aber noch sind all diese Elemente im Inneren eines Sterns gefangen. Irgendwie müssen sie aber doch aus dem Stern hinausgelangen, denn schließlich bestehen wir aus diesen Elementen! Wir haben gesehen, dass Eisen in puncto Fusionsprozesse das Ende der Fahnenstange ist. Die Kernfusion in der Zentralregion des Sterns geht zu Ende, sobald sich das Eisen im Kern sammelt. Dann stürzt der Stern in sich zusammen: Bei dem Versuch, Eisen zu fusionieren, wird dem Stern Energie entzogen, und er stürzt daraufhin noch schneller in sich zusammen. Sterne sollen Energie schließlich freisetzen und nicht absorbieren. Wenn der Sternenkern immer schneller und schneller in sich zusammenfällt, implodiert schließlich der ganze Stern, und übrig bleibt ein winziger, superdichter Neutronenstern im Zentrum, bei dessen Entstehung genügend Bewegungsenergie entsteht, um die gesamte Hülle und den äußeren Kern in einer gigantischen Explosion abzusprengen, die mehrere Wochen lang Milliarden Mal heller als die Sonne leuchtet. Die Eingeweide dieses Sterns werden in dieser Explosion hinaus in die Galaxie geschleudert und reichern die Gaswolken zwischen den Sternen, das sogenannte *interstellare Medium,* mit schweren Elementen an. Auf diese Weise werden Gaswolken, die ursprünglich nur aus Wasserstoff und Helium bestehen, im Laufe der Zeit chemisch immer interessanter und vielfältiger.

Abbildung 7.5 (siehe Bildteil) zeigt die wunderschöne Spiralgalaxie M51, die hundert Milliarden Sterne umfasst (oberes Bild), und in der Mitte 2005 ein Stern auf diese Weise explodiert ist (unteres Bild). Wie wir in Kapitel 12 sehen werden, leben wir in einer Spiralgalaxie, die M51 nicht unähnlich ist. Vor der Explosion (oben) können Sie die Galaxie selbst sowie einige Vordergrundsterne der Milchstraße sehen, die uns viel näher (und natürlich weit leuchtschwächer) sind als die Galaxie. Direkt nachdem es zu der erwähnten Explosion gekommen ist, sehen wir einen neuen Stern in der Galaxie (unten), der vorher nicht sichtbar war und jetzt das bei Weitem hellste Objekt in dieser Galaxie ist. Als einzelner Stern! Wenn Sie diesen Stern als Planet umkreisen, werden Sie getoastet. Wir nennen solche Himmelserscheinungen *Supernovae*. *Nova* ist Lateinisch, heißt »neu« und bedeutet, dass ein neuer Stern am Himmel zu sehen ist. Später begriffen die Astronomen, dass es sich beim strahlenden Anblick einer Supernova in Wirklichkeit um den Todeskampf eines Sterns handelte. Nicht alle Sterne sind dazu in der Lage; nur relativ massereiche Sterne werden zu Supernovae und lassen winzige, unglaublich dichte Neutronensterne im Zentrum zurück, wenn sie ihre äußeren Schichten absprengen. Es gibt sogar Sterne mit noch größeren Massen. Auch sie explodieren. Aber wenn einer von ihnen kollabiert, führt die zunehmende Gravitation in der Nähe des Zentrums zu einer so extremen Krümmung des Raums, dass dieses Stück sich vom Rest des Universums abkapselt – und dreimal dürfen Sie raten, was dann entsteht: ein Schwarzes Loch. Gelegentlich entsteht im Zentrum eines solchen Sterns ein Schwarzes Loch, während die Hülle des Sterns fortgeschleudert wird und es zu einer Supernova-Explosion kommt.

Stephen Hawking beschäftigte sich eingehend mit Schwarzen Löchern und machte dabei weitreichende Entdeckungen über ihr seltsames Verhalten. In Kapitel 20 wird Gott ausführlich auf Schwarze Löcher und Hawkings Entdeckungen eingehen. In der Comicserie *The Simpsons* wurde Stephen Hawking als der intelligenteste Mensch unserer Zeit gefeiert. Die meisten von uns pflichten dem bei.

Wenden wir uns jetzt den Sterngeburten zu. Der Orionnebel, eine Gaswolke, ist eine stellare Kinderstube; die Wolke ist dabei bereits mit schwereren Elementen angereichert, die in den Kernen sterbender Sterne einer früheren Generation hergestellt wurden.

Im Zentrum des Nebels befinden sich helle, neugeborene O- und B-Sterne mit großen Massen. Diese Sterne strahlen intensiv im Ultraviolettbereich. Die Photonen dieser heißen UV-Strahlung besitzen genügend Energie, um das Wasserstoffgas in ihrer Nähe zu ionisieren (die Elektronen aus den Atomen zu entfernen). Das betreffende Gas wird auf diese Weise durch die intensive Leuchtkraft der massereichen Sterne im Zentrum des Nebels daran gehindert, neue Sterne zu bilden. In anderen Teilbereichen der Gaswolke sind die Verhältnisse für die Sternentstehung deutlich günstiger. Dort ist ein Teil des angereicherten Gases in der Lage, interessantere Produkte herzustellen als Gaskugeln. Es kann auch Kugeln aus Feststoffen bilden, wie Sauerstoff, Silizium, Eisen – erdähnliche Planeten. In diesen Bereichen entstehen aus dem Gas, welches die neugeborenen Sterne umgibt, ganze Planetensysteme aus rotierenden Scheiben aus Gas und Staub (vgl. Abb. 7.6, siehe Bildteil).

Welche Rolle spielen wir in diesem Bild? Wir sind ziemlich klein – kosmisch betrachtet, bedeutungslos. Eine niederschmetternde Erkenntnis für jemanden, der sich lieber groß und mächtig fühlen würde. Das Problem ist allerdings längst Geschichte. Jedes Mal, wenn wir die Auffassung vertreten, uns falle eine Sonderrolle im Kosmos zu – entweder wir seien der Mittelpunkt der Welt, das Universum drehe sich um uns, wir bestünden aus einem besonderen Stoff oder seien seit dem Beginn der Zeit zugegen –, müssen wir uns mit der bitteren Wahrheit abfinden, dass das Gegenteil der Fall ist. Tatsächlich befinden wir uns in einem unbedeutenden Winkel einer Galaxie, die ihrerseits in einem unbedeutenden Winkel des Universums liegt. Mit dieser Realität lebt jeder Astrophysiker.

Sorgen wir dafür, dass Sie sich noch ein bisschen kleiner vorkommen. Jeder der Kleckse in Abbildung 7.7 (siehe Bildteil), die vom Hubble-Weltraumteleskop aufgenommen wurden, ist eine ganze Galaxie, so weit entfernt, dass sie nur einen winzigen Teil des Bildes einnimmt. Jeder einzelne dieser Kleckse beherbergt mehr als 100 Milliarden Sterne. Und das ist wieder nur ein kleiner Ausschnitt des Universums. Dieses sogenannte Hubble Ultra Deep Field ist eines der tiefsten Bilder des Universums, die jemals gemacht wurden. Es zeigt rund 10.000 Galaxien. Das ganze Bild bedeckt einen Himmelsausschnitt, der 1/65 der Vollmondfläche entspricht, entsprechend rund 1/13 Millionstel des gesamten Himmels. Da dieser Fleck am Himmel einigermaßen repräsentativ zu sein scheint, dürfte die Zahl der Galaxien, die wir insgesamt am Himmel sehen können, 13 Millionen Mal so groß sein wie die Menge der Galaxien, die wir auf diesem Bild erblicken. In Reichweite des Hubble-Weltraumteleskops befinden sich demnach rund 130 Milliarden Galaxien.

In seinem Buch *Blauer Punkt im All* weist Carl Sagan darauf hin, dass jeder Mensch, den wir je gekannt haben und kennen, jede historische Person, von der wir gelesen haben, auf der Erde gelebt hat, diesem einen winzigen Fleck im Universum – ein Satz, an den ich oft denken muss. Ich denke an ihn, weil Ihr Verstand sagt: »Ich fühle mich klein«, Ihr Herz sagt: »Ich fühle mich klein«, aber jetzt wachsen Ihnen neue Kräfte zu, und das wird sich mit dem Fortgang dieses Buchs fortsetzen: Nicht mehr klein denken, sondern groß denken. Warum? Weil Sie jetzt Einblick in die Gesetze der Physik haben, die Mechanismen, auf denen das Universum beruht. Tatsächlich ermutigt und befähigt Sie die Kenntnis der Astrophysik, in den Himmel aufzublicken und zu sagen: *Nein, ich fühle mich nicht klein, ich fühle mich groß, weil das menschliche Gehirn, unsere drei Pfund grauer Substanz, all dies herausgefunden hat. Und noch viel mehr Rätsel erwarten mich.*

8

LEBEN UND TOD DER STERNE (II)

MICHAEL A. STRAUSS

Jetzt wollen wir uns, aufbauend auf den Erkenntnissen der vorangehenden Kapitel, eingehender mit der Beschaffenheit der Sterne beschäftigen. Welche Eigenschaften machen ein Objekt zum Stern? Ein Astronom definiert einen Stern als ein Objekt, das von seiner eigenen Gravitation zusammengehalten wird und in dessen Zentrum Kernfusionsprozesse stattfinden. Auch die Erde wird durch ihre eigene Gravitation zusammengehalten. Tatsächlich ist bei einem Objekt von der Masse der Erde der Zusammenhalt durch Gravitation größer als der innere Zusammenhalt der Gesteine. Das können wir an der Kugelform der Erde – und analog auch der Sterne – erkennen. Die Gravitation zieht alles gleichmäßig in alle Richtungen zusammen; typisch für ein Objekt, das durch Gravitation zusammengehalten wird, ist daher die Kugelform. Kleinere Objekte wie Asteroiden, deren Gravitationskraft geringer ist, verdanken ihre Stabilität der Materialfestigkeit ihrer Gesteine, oder sie sind unregelmäßige Trümmerhaufen, häufig ziemlich klumpig und länglich (Abb. 8.1, siehe Bildteil).

Doch bei großen, massereichen Objekten wie der Sonne ist die Gravitation im Verhältnis zu anderen Kräften so stark, dass sie die Masse zu einer Kugel zusammenpresst – der kompaktesten Konfiguration. Wenn jedoch ein großes, von der eigenen Gravitation zusammengehaltenes Objekt rasch rotiert, wird es keine perfekte Kugelform annehmen; die Rotation führt zu einer Abflachung. Das hat schon Isaac Newton verstanden. Jupiter dreht sich ziemlich schnell und ist infolgedessen etwas elliptisch; sein Radius ist in der Äquatorebene rund 7 Prozent größer als an den Polen. Besonders spektakuläre Beispiele für abgeflachte, rotierende Objekte sind Spiralgalaxien, auf die wir in Kapitel 13 eingehen werden.

Wenn das Gas in einem Stern von der eigenen Gravitation zusammengehalten wird, stellt sich die Frage, was das Gas daran hindert, komplett zu kollabieren. Antwort: der innere Druck des Gases. Jedes Klümpchen Gas wird gleichzeitig von der Gravitation nach innen gezogen und vom inneren Druck nach außen gedrängt, wobei sich beide Kräfte im Gleichgewicht befinden.

Nehmen wir zum Vergleich einen Ballon: Er wird nicht durch die Gravitation zusammengehalten, sondern durch die Spannung im Gummimaterial des Ballons. Der Ballon möchte wie ein Gummiband schrumpfen, doch wie ein Stern wird er daran durch den Druck im Inneren gehindert. Luftdruck und Spannung der Ballonhülle befinden sich im Gleichgewicht, daher bewahrt der Ballon seine Kugelform.

Der Gasdruck im Inneren eines Sterns wird umso größer, je weiter man sich dem Zentrum nähert, und nimmt ab, je weiter man sich von ihm entfernt, also bei immer größerem Radius. Gasdruck, der mit zunehmendem Abstand vom Mittelpunkt abnimmt, kennen wir auch hier auf der Erde. Auf Höhe des Meeresspiegels beträgt der atmosphärische Druck ungefähr dem Gewicht eines Kilogramms pro Quadratzentimeter; das entspricht dem Gewicht der gesamten Luftsäule, die auf jedem Quadratzentimeter der Erdoberfläche lastet und bis in die obersten Schichten der Atmosphäre hinaufreicht. Wenn Sie in der Erdatmosphäre aufsteigen, bleiben mehr und mehr Teile der Atmosphäre unter Ihnen zurück, sodass die verbleibende Luftsäule, die von oben auf Sie niederdrückt, stetig an Gewicht verliert. Mit anderen Worten, der Luftdruck nimmt mit zunehmender Höhe ab. Der Druck des Gases in einem Stern hängt von seiner Temperatur und Dichte ab, die beide rasant zunehmen, je näher man dem Zentrum kommt.

Kommen wir nun zum Kern. Wir können ihn zwar nicht direkt beobachten, aber wir sind in der Lage, mithilfe der Grundgleichungen des Sternaufbaus, welche die Rolle von Druck und Gravitation quantitativ beschreiben, seine Eigenschaften zu erschließen. Diese Gleichungen berücksichtigen den Umstand, dass sich Gravitation und Druck überall in der Sonne im Gleichgewicht befinden. Aus den Berechnungen geht hervor, dass die Temperatur im Mittelpunkt der Sonne wie erwähnt bei 15 Millionen K liegt. Außerdem ergibt sich, dass die Dichte im Zentrum rund 160

Gramm pro Kubikzentimeter beträgt, 160-mal so dicht wie Wasser. Zum Vergleich: Das dichteste natürlich vorkommende Element auf der Erde ist Osmium mit 22,6 Gramm pro Kubikzentimeter (doppelt so dicht wie Blei). Infolge der enorm hohen Temperaturen wird das Gas im Kern der Sonne ionisiert, das heißt, die Elektronen werden von den Atomkernen getrennt, woraufhin die Kerne und die Elektronen unabhängig voneinander mit hoher Geschwindigkeit umherschießen – das ist ein sogenanntes Plasma. Der Druck, den diese extrem beweglichen Teilchen erzeugen, leistet der Gravitation den erforderlichen Widerstand: Der Stern stürzt nicht in sich zusammen, sondern befindet sich im Gleichgewicht.

Wie wir gesehen haben, ist es eine Grundeigenschaft von Stoffen, dass sie bei einer gegebenen Temperatur eine charakteristische Mischung von Photonen unterschiedlicher Energie aussenden. Das gilt auch für die Zentralregion der Sonne mit ihrer Temperatur von 15 Millionen K. Das thermische Spektrum eines Objekts mit dieser Temperatur erreicht sein Maximum bei den Wellenlängen der Röntgenstrahlen. Folgt daraus, dass der helle Schein der Sonne von Röntgenstrahlen herrührt? Nein. Stellen Sie sich ein Röntgenphoton vor, das im Sonnenzentrum freigesetzt wird. Wird es seinen Weg von dort aus ungehindert zurücklegen können? Wenn Sie beim Arzt geröntgt werden, schirmt man diejenigen Teile Ihres Körpers, die nicht geröntgt werden sollen, mit einer Bleidecke ab. Bereits eine ein paar Millimeter starke Decke aus Blei, mit einer mäßigen Dichte von 11,34 Gramm pro Kubikzentimeter, absorbiert im Wesentlichen alle Röntgenstrahlen, von denen sie getroffen wird. Wenn bereits das genügt, um Röntgenstrahlen zu absorbieren, können Sie sich vorstellen, dass die aus dem Sonnenzentrum kommenden Röntgenstrahlen nicht sehr weit kommen. Tatsächlich werden sie schon nach dem Bruchteil eines Zentimeters absorbiert.

Doch die Energie eines absorbierten Photons muss ja irgendwohin. Es heizt den Stoff auf, der es absorbiert, der daraufhin seinerseits thermische Strahlung abgibt – wiederum werden Röntgenstrahlen emittiert. Sie können sich also unser kleines Photon als ein Teilchen vorstellen, das wieder und wieder absorbiert und abgestrahlt wird. Wenn Sie das genauer berechnen, kommen Sie zu dem Ergebnis, dass Energie, die im Zentrum der Sonne freigesetzt wird, rund 170.000 Jahre braucht, um sich bis zur Oberfläche durchzuarbeiten. Der Abstand vom Zentrum bis zur Oberfläche beträgt nur 2,3 Lichtsekunden; könnte sich das Photon also ungehindert fortbewegen, dann bräuchte es nur 2,3 Sekunden, um vom Zentrum zur Oberfläche zu gelangen. Doch da das Photon angerempelt und herumgestoßen wird, torkelt es ziellos umher und wird auf seinem Weg vom Zentrum zur Oberfläche ständig absorbiert und wieder emittiert.

Das ursprüngliche Photon im Zentrum ist ein Röntgenphoton, das von dem dortigen Gas bei 15 Millionen K emittiert wurde. Wird es immer noch ein Röntgenphoton sein, wenn es die Oberfläche erreicht? Nein; jedes Mal, wenn das Photon wieder emittiert wird, richtet sich seine Energie nach der Temperatur an demjenigen Ort im Stern, an dem es sich gerade befindet. Auf dem Weg, den die Energie vom Zentrum zur Oberfläche zurücklegt, fällt die Temperatur, und die einzelnen Photonen verlieren ihre Identität. Die Energie wird auf Photonen niedrigerer Energien verteilt, passend zu den immer niedrigeren Temperaturen. Obwohl im Zentrum Röntgenstrahlen erzeugt werden, kommt die entsprechende Energie an der Oberfläche nicht in Form von Röntgenstrahlung an. Schritt für Schritt werden die Röntgenstrahlen zu Photonen des sichtbaren Lichts herabgestuft, Photonen jener Art, die die Sonne an ihrer Oberfläche überwiegend abgibt.

Wäre im Zentrum der Sonne kein Kernfusionsofen, der für hohe Temperaturen und Drücke sorgt, müsste die Sonne unter dem Einfluss der Gravitation langsam schrumpfen, während sie Energie von ihrer Oberfläche abstrahlt. Diese gravitationsbedingte Schrumpfung, bei der die Hülle des Sterns in Richtung Zentrum absacken würde, würde zwar auch einiges an Energie freisetzen – genauso wie ein Stück Kreide an Geschwindigkeit gewinnt, und damit an Bewegungsenergie, wenn es zu Boden fällt. Die durch Kontraktion freigesetzte Energie würde die Sonne in die Lage versetzen, während der nächsten rund 20 Millionen Jahre mit der gegenwärtigen Leuchtkraft zu scheinen. Vor Einstein vertrat Hermann von Helmholtz (im Jahre 1856) die Hypothese, diese langsame gravitationsbedingte Kontraktion sei die Quelle für die Energieabstrahlung der Sonne. Damals war das plausibel, weil man die Kernfusion noch nicht kannte – daran sollte sich auch die nächsten 82 Jahre lang nichts ändern. Unter dieser Annahme dürfte die Sonne allerdings höchstens noch 20 Millionen Jahre so leuchten wie heute. Doch mittlerweile wissen wir durch die Datierung mittels radioaktiver Isotope (das heißt, indem wir beispielsweise messen, wie viel Uran in bestimmten Gesteinsarten zu Blei zerfallen ist), dass die Erde mehrere

Milliarden Jahre alt ist. Darüber hinaus beweisen Fossilien, dass die Oberflächentemperatur der Erde während eines beträchtlichen Teils dieser Zeit zumindest annähernd konstant geblieben ist. Daher muss die Sonne deutlich länger als seit 20 Millionen Jahren mehr oder weniger mit ihrer gegenwärtigen Leuchtkraft geleuchtet haben. Also kann die Hypothese, dass die Sonnenenergie auf gravitationsbedingte Kontraktion zurückgeht, nicht stimmen.

Sobald man die Bedeutung von $E = mc^2$ begriffen hatte, war die Antwort klar. Die Sonne fusioniert Kernbrennstoff im Zentrum und gewinnt daraus Energie. Diese Erzeugung von Kernenergie gleicht den Verlust jener Energie aus, welche die Sonne in Form von Strahlung ins Weltall aussendet, und hält den inneren Druck aufrecht. Infolgedessen ist die Sonne stabil und zieht sich nicht weiter zusammen. Die Kernfusion ist eine dermaßen effiziente Art und Weise, Energie freizusetzen, dass die Sonne seit 4,6 Milliarden Jahren gleichmäßig leuchtet und dem Leben auf der Erde eine lange Zeit stabiler Umweltbedingungen für seine Evolution geboten hat. Die Sonne hat jetzt etwa die Hälfte ihres Lebens auf der Hauptreihe hinter sich.

Übrigens, wie messen wir die Grundeigenschaften der Sonne: Radius, Masse und Leuchtkraft? Um den Radius der Sonne zu bestimmen, gehen wir Schritt für Schritt vor. Den Radius der *Erde* kennen wir seit der Zeit des griechischen Mathematikers und Geografen Eratosthenes, um 240 v. Chr. Jedes Jahr steht die Sonne am 21. Juni um 12 Uhr mittags im ägyptischen Syene (Assuan) genau im Zenit. Das wusste Eratosthenes genau. Seine Messungen ergaben, dass die Position der Sonne in Alexandria, das direkt nördlich von Syene liegt, zur exakt gleichen Zeit um 7,2 Grad von der Senkrechten abwich. Bereits Aristoteles hatte argumentiert, die Erde werfe während einer Mondfinsternis, ganz gleich wie sie ausgerichtet sei, immer einen kreisförmigen Schatten auf den Mond. Das einzige Objekt, das immer einen kreisförmigen Schatten wirft, ist eine Kugel; daher wusste Eratosthenes, dass die Erde eine Kugel sein müsse. Außerdem war ihm klar, dass die Abweichung der Sonnenhöhe von 7,2 Grad, die sich beim Vergleich der gleichzeitigen Höhenbestimmungen in den beiden genannten Städten ergab, auf die Krümmung der Erdoberfläche zurückzuführen sein musste. Die beiden Städte lagen demnach um 7,2 Grad geographischer Breite auseinander, entsprechend rund 1/50 der 360 Grad des Erdumfangs. Wenn man nun Leute anheuert, die die Entfernung zwischen Alexandria und

Syene abschreiten, und das Ergebnis mit 50 multipliziert, erhält man den Umfang der Erde – rund 40.000 Kilometer. Teilt man das Ergebnis durch 2π, erhält man den Radius. Eine einfache Messung, zumindest sobald jemand einmal herausgefunden hatte, wie es gemacht wird!

Von verschiedenen, weit über die Erdoberfläche verteilten Sternwarten erhielten wir leicht voneinander abweichende Bilder des Mars vor dem Hintergrund ferner Sterne. Aus diesen Bildern lässt sich der Parallaxenwinkel bestimmen; mithilfe des Erdradius lässt sich daraus die Entfernung zum Mars bestimmen. Als Erster hat das Giovanni Cassini gemacht.

Keplers Forschungsergebnisse wiederum ermöglichten uns, die Größen der Planetenumlaufbahnen zueinander in Beziehung zu setzen – ein maßstabsgerechtes Modell des Sonnensystems zu konstruieren. Sobald man den Abstand Erde – Mars bestimmt hatte, konnte man daraus die Größe aller weiteren Umlaufbahnen ableiten, auch den Radius der Erdbahn, die Astronomische Einheit. Auf diese Weise errechnete Cassini 1672 die Entfernung zwischen Erde und Sonne und kam auf rund 140 Millionen Kilometer – nicht weit vom wirklichen Wert entfernt, der 150 Millionen Kilometer beträgt.

Da wir die Winkelgröße der Sonne (ungefähr ein halber Grad im Durchmesser) von der Erde aus gesehen kennen und über den Radius der Erdbahn auch wissen, wie weit die Sonne von uns entfernt ist, können wir den Sonnenradius bestimmen. Er ist gleich dem halben Winkeldurchmesser der Sonne in Grad (1/4°) geteilt durch 360°, multipliziert mit 2π mal der Entfernung von der Sonne. Der Radius der Sonne beträgt demnach rund 700.000 Kilometer und ist damit etwa 109-mal größer als der Radius der Erde. Auch die Leuchtkraft der Sonne ist jetzt einfach zu bestimmen: Wir können messen, wie hell sie ist, wenn wir sie von der Erde aus betrachten, und da wir jetzt ihren Abstand r kennen, können wir mithilfe des umgekehrt quadratischen Abstandsgesetzes ihre Leuchtkraft berechnen - rund 4×10^{26} Watt.

Die Masse der Sonne lässt sich ebenfalls bestimmen. Mithilfe der Newtonschen Gesetze finden wir das Verhältnis zwischen Erdmasse und Sonnenmasse. Wir wissen, welche Beschleunigung die Gravitation der Erde in einem Abstand von einem Erdradius erzeugt (das heißt, hier auf der Erdoberfläche), nämlich $GM_{\text{Erde}}/r_{\text{Erde}}^2 = 9{,}8$ Meter pro Sekunde. Diesen Wert können wir bestimmen, indem wir einen fallenden Apfel beobachten. Außerdem kennen wir die Beschleunigung, die die Sonne bei einer Entfernung von 1 AE hervorruft: $GM_{Sonne}/(1\ AE)^2$ = 0,006 Meter pro Sekunde pro Sekunde, ein Wert, den wir bereits in Kapitel 3 errechnet haben. Bestimmen wir den Quotienten dieser beiden Beschleunigungen: 0,006 Meter pro Sekunde pro Sekunde/9,8 Meter pro Sekunde pro Sekunde $=0{,}0006 = [GM_{Sonne}/(1\ AE)^2]/[GM_{Erde}/r_{Erde}{}^2] = (M_{Sonne}/M_{Erde})\ (r_{Erde}/1\ AE)^2$. Setzen wir in diese Gleichung die bekannten Werte für den Radius der Erde und 1 AE ein, dann ergibt sich für die Sonne eine Masse, die rund 333.000-mal so groß wie die der Erde ist. Da sich die Gravitationskonstante G in dieser Gleichung herauskürzt, brauchen wir sie nicht zu kennen, um das Verhältnis zwischen Sonnenmasse und Erdmasse zu bestimmen.

Doch wie groß ist die Masse der Erde in Kilogramm? Wir könnten sie mithilfe der Gleichung für die Gravitationsbeschleunigung an der Erdoberfläche berechnen, aus 9,8 Meter pro Sekunde = $GM_{Erde}/r_{Erde}{}^2$, wenn wir den Zahlenwert für Newtons Konstante kennen würden. Henry Cavendish – der den Wasserstoff entdeckte, das häufigste Element im Universum – bestimmte den Wert von G durch ein intelligentes Experiment. Unter Verwendung eines Torsionspendels maß er die Gravitationskraft, die eine in unmittelbarer Nähe befindliche, 159 Kilogramm schwere Bleikugel auf eine Testkugel ausübte (tatsächlich ist das Experiment etwas komplexer, mit zwei Testkugeln und zwei Bleikugeln, aber das lassen wir hier beiseite). Die nahe Bleikugel zog die Testmasse seitwärts, und die Rückstellkraft des Torsionspendel wirkte dem entgegen. Cavendish konnte diese beiden Kräfte vergleichen, indem er maß, wie das Pendel ausgelenkt wurde. Da er den Abstand der Testmasse zur Bleikugel kannte, konnte Cavendish 1798 mithilfe von Newtons Gesetzen den Wert von Newtons Kontante G bestimmen. Nahm er noch den Erdradius und die Gravitationsbeschleunigung an der Erdoberfläche hinzu, konnte er die Erdmasse in Kilogramm angeben. Mit 330.000 multipliziert, ergab das die Sonnenmasse: 2×10^{30} Kilogramm. Das ist eine Menge!

Bislang haben wir uns auf die Sonne konzentriert, aber natürlich möchten wir auch die Beschaffenheit anderer Sterne verstehen. So wie wir die Erdbahn um die Sonne dazu verwenden, um mithilfe der Newtonschen Gesetze die Sonnenmasse zu berechnen, können wir durch Beobachtung von Sternpaaren (»Doppelsternen«), die einander umkreisen, ihre Masse bestimmen.

Die masseärmsten Sterne der Hauptreihe (die sogenannten M-Sterne) haben rund 1/12 der Sonnenmasse. Was ist mit Sternen, deren Masse noch kleiner ist? Da ihre Gravitation geringer ist, werden auch Temperatur und Dichte im Kern weniger hoch sein. Was passiert, wenn eine Gasmasse zwar durch ihre eigene Gravitation zusammengehalten wird, es aber in ihrem Kern einfach nicht heiß genug für Kernfusionsreaktionen von Wasserstoff ist? Solche Sterne nennen wir *Braune Zwerge* (sie sind nicht wirklich braun, sondern erscheinen sehr rot und glühen vor allem im Infrarotlicht; gelegentlich ist die astronomische Nomenklatur etwas irreführend). Es gibt sie, aber sie sind schwer zu finden. Solche Sterne leuchten nur schwach, und zwar infolge der Restwärme ihres Gravitationskollapses (also dank jenes Prozesses, von dem Helmholtz auch bei der Sonne ausgegangen war); in ihnen findet so gut wie keine Kernfusion statt, und sie besitzen nur eine geringe Leuchtkraft. Außerdem sind sie relativ kühl, mit Oberflächentemperaturen zwischen 600 und 2000 K. Daher geben sie ihre Strahlung überwiegend im infraroten Teil des Spektrums ab und nicht im sichtbaren Teil. Zum Vergleich: Ihr Backofen zu Hause erreicht eine maximale Hitze von etwa 220° C.

Die meisten unserer leistungsfähigsten Teleskope nutzen sichtbares Licht; erst in den letzten Jahrzehnten haben wir Teleskope entwickelt, die den Himmel im Infrarotbereich absuchen können (was aus verschiedenen technischen Gründen erheblich schwieriger ist). Erst seit es extrem leistungsfähige Teleskope gibt, die Infrarotstrahlung empfangen können, sind Astronomen in der Lage, Objekte wie Braune Zwerge zu entdecken.

Die Sternklassen O, B, A, F, G, K und M gibt es seit rund 100 Jahren, aber im Jahr 1999, mit der Entdeckung der Braunen Zwerge, kamen zwei neue Klassen hinzu: die L- und T-Sterne. In noch jüngerer Zeit kamen dank dem Wide-Field Infrared Survey Explorer noch kühlere Sterne hinzu, sogenannte Y-Sterne, mit einer Oberflächentemperatur von 125°C, kaum heißer als der Siedepunkt des Wassers. Braune Zwerge mit Massen zwischen 1/80 und 1/12 der Sonne (das heißt zwischen rund dem 13- und 80-Fachen der Jupitermasse) brennen mühsam die winzige Menge von Deuterium, das in ihren Zentren vorkommt. Da in ihrem Inneren ein paar Kernfusionsprozesse stattfinden, bezeichnet man sie noch als Sterne. Bei Objekten von noch geringerer Masse, weniger als dem 13-Fachen der Jupitermasse, findet absolut keine Kernfusion mehr statt. Solche Himmelskörper nennen wir Planeten!

Schauen wir uns den Tod von Sternen etwas genauer an als in Kapitel 7. Sogar noch in ihrer späten Hauptreihenphase wird die Sonne allmählich an Leuchtkraft zunehmen, und in rund 1 Milliarde Jahren werden die Weltmeere verdampfen. Damit wird das Leben auf der Erde, so wie wir es kennen, beendet sein. In ungefähr 5 Milliarden Jahren, wenn es im Kern der Sonne keinen Wasserstoff mehr gibt (weil er restlos zu Helium verwandelt worden ist), geht der Kernbrennofen der Sonne aus, und der Druck, der den Stern gegen seine eigene Gravitation stabilisiert hat, lässt nach. Die Gravitation gewinnt die Überhand, und der Stern beginnt, in sich zusammenzustürzen. Aber denken Sie daran, dass die im Kern erzeugte Energie 200.000 Jahre braucht, um bis an die Oberfläche zu gelangen. Die inneren Teile des Sterns beginnen mit dem Kollaps, ungeachtet der Tatsache, dass die Energie noch immer durch die äußeren Teile des Sterns strömt und ihn stützt. Den äußeren Teilen des Sterns bleiben noch 200.000 Jahre, bis sie die schlechte Nachricht erreicht, dass die Energiequelle im Zentrum der Sonne versiegt ist.

Wenden wir unsere Aufmerksamkeit der Wasserstoffhülle zu, die den (jetzt aus reinem Helium bestehenden) Kern umgibt. Außerhalb des Kerns gibt es immer noch reichlich Wasserstoff, aber diese Region war bislang nicht an der Kernfusion beteiligt, weil ihre Dichte und Temperatur einfach zu niedrig waren. Doch wenn diese Wasserstoffhülle kollabiert, wird sie heißer und dichter. Rasch erreichen ihre Dichte und Temperatur Werte, die hoch genug sind, um in der Hülle die Fusion von Wasserstoff zu Helium auszulösen. Wir haben eine neue Brennstoffquelle, um den Kernbrennofen zu füttern: den Wasserstoff in der Hülle.

Plötzlich erwacht der Stern zu neuem Leben. Die Energieproduktion in der Wasserstoff verbrennenden Hülle ist extrem hoch – viel höher als sie im Kern war, als sich der Stern noch in der Hauptreihe befand. Außerdem hat die Hülle ein viel größeres Volumen als der Kern.

Und so entfaltet der Stern – zumindest für kurze Zeit – eine gewaltige Leuchtkraft, doch es dauert lange, bis die Strahlung hinausgelangt, und der wachsende Druck gewinnt gegenüber deren Gravitation die Überhand. Infolgedessen expandieren die äußeren Teile des Sterns (und kühlen dabei gleichzeitig ab), während die inneren Teile sich gleichzeitig zusammenziehen. Wie in Kapitel 7 dargelegt, wird die Sonne zu einem *Roten Riesen.* Außerhalb der Wasserstoff verbrennenden Hülle haben sich die äußeren

Schichten zu enormer Größe aufgebläht, auf einen Radius von rund 1 AE (entsprechend dem 200-Fachen des gegenwärtigen Sonnenradius). In rund 8 Milliarden Jahren dürfte die Erde in der Roter-Riese-Phase der Sonne durch Gezeitenwechselwirkungen mit der Sonnenoberfläche in einer spiralförmigen Bewegung in die Sonne trudeln und dort verbrennen.

Während die Wasserstoffhülle des Sterns brennt, hat sein Heliumkern keine innere Energiequelle mehr; die Gravitation bewirkt, dass er sich weiter zusammenzieht und dabei erwärmt. Erreicht die Temperatur im Kern dieses Sterns ungefähr 100 Millionen K, beginnen die Heliumkerne zu Kohlenstoff- und Sauerstoffkernen zu verschmelzen. Diese Heliumbrennphase wird bei der Sonne ungefähr 2 Milliarden Jahre dauern. Doch schließlich wird alles Helium im Kern verbraucht sein, woraufhin der Kern wieder zu kollabieren beginnt.

Bei Sternen von der Masse der Sonne haben wir damit schon fast das Ende der Geschichte erreicht. Die äußeren Teile des Sterns sind jetzt viel weiter vom Kern entfernt und unterliegen daher nur noch einer schwachen Gravitationsanziehung. Es bedarf nur noch ein wenig weiterer Energie, um die äußeren Teile des Sterns abzustoßen, die dann allmählich als diffuse Gashülle expandieren und den heißen, dichten Kohlenstoff-Sauerstoff-Kern des Sterns enthüllen, der zurückbleibt. Das abgestoßene Gas wir durch das ultraviolette Licht des Zentralsterns zum Fluoreszieren angeregt und sieht dann in etwa so aus wie der Hantelnebel (vgl. Abb. 8.2, siehe Bildteil). Solche Objekte heißen verwirrenderweise *planetarische Nebel*, weil die ersten Astronomen, die sie durch ihre Teleskope erblickten, meinten, sie sähen so ähnlich aus wie Planeten; der Name ist haften geblieben. Astronomen haben eine nostalgische Neigung, an einmal vergebenen Bezeichnungen festzuhalten, selbst wenn sie überholt oder irreführend sind.

Diese ausgedehnte Materialhülle, die einmal ein Teil des Sterns war, weitet sich jetzt langsam nach außen aus. Gelegentlich stoßen Sterne ihre äußeren Schichten mit verwirrenden Mustern aus. Manchmal entstehen planetarische Nebel, die von gleich mehreren Gashüllen umgeben sind. Die Schichten stammen aus unterschiedlichen Tiefen des Sterns und können mit verschiedenen Elementen angereichert sein. Die Rotation des Ursprungssterns kann dazu führen, dass die Schichten vor allem entlang der Rotationsachse abgestoßen werden, wie es beim Hantelnebel der Fall ist (vgl. Abb. 8.2).

Der freigelegte glühende Kern des Sterns ist im Zentrum des Nebels sichtbar. Er ist klein (etwa so groß wie die Erde) und so heiß, dass er weiß erscheint; daher nennen wir ihn einen Weißen Zwerg. Der Weiße Zwerg hat keine innere Energiequelle und kühlt daher im Lauf von Jahrmilliarden langsam ab. Wir bezeichnen den Weißen Zwerg immer noch als Stern, obwohl in seinem Inneren keine Kernfusion stattfindet. (Ich gebe zu, diese Nomenklatur ist nicht ganz schlüssig!)

Was bewahrt den Weißen Zwerg vor dem Gravitationskollaps? Das *Pauli-*Prinzip, das nach dem Physiker Wolfgang Pauli benannt ist und besagt, dass zwei Elektronen niemals denselben Quantenzustand besetzen können. Das ist von entscheidender Bedeutung für das Verständnis der Atomstruktur. In Atomen mit vielen Elektronen müssen Elektronen auf höhere Energieniveaus ausweichen, wenn die unteren bereits gefüllt sind. Für Weiße Zwerge bedeutet das Pauli-Prinzip, dass es den Elektronen nicht gefällt, zu eng zusammengequetscht zu werden; dadurch entsteht ein Druck, der es dem Weißen Zwerg ermöglicht, sich gegen die Gravitation zu wehren. Unsere Sonne wird ihr Leben als Weißer Zwerg beenden.

Wie in Kapitel 7 beschrieben, durchlaufen Sterne, die mehr als achtmal so massereich sind wie die Sonne, eine weitaus spektakulärere Entwicklung. In ihren Kernen sitzen Kohlenstoff und Sauerstoff nicht einfach so herum, während der Stern sich friedlich in einen Weißen Zwerg verwandelt. Stattdessen ist die Masse groß genug, dass sich der Sauerstoff aufheizen und zu Neon, Silizium und all den anderen Elementen des Periodensystems bis hinauf zum Eisen fusionieren kann.

Die äußeren Schichten dieser massereicheren Sterne werden erheblich größer als bloße Rote Riesen. Sie werden Rote Überriesen mit Radien von mehreren AE.

Im Nachthimmel sehen einige Sterne für das bloße Auge eindeutig rot aus. Auf der Hauptreihe haben rote Sterne eine vergleichsweise niedrige Leuchtkraft; mit bloßen Augen ist keiner von ihnen sichtbar. Im Gegensatz dazu ist ein Roter Riese groß, hat eine gewaltige Leuchtkraft und ist selbst auf weite Entfernungen zu sehen. Alle hellen roten Sterne am Himmel sind entweder Rote Riesen (wie Arktur im Sternbild Bootes und Aldebaran im Stier) oder Rote Überriesen (wie Beteigeuze im Orion).

Naturwissenschaftler gehen etwas inflationär mit der Vorsilbe *super* oder *über* um. Ständig statten sie eines ihrer Objekte damit aus, weil sie ständig

Dinge entdecken oder herstellen, die noch größer oder spektakulärer sind als die Vorhandenen: Supernovae, supermassereiche Schwarze Löcher, und natürlich der niemals fertiggestellte Teilchenbeschleuniger, der Superconducting Supercollider heißen sollte! Der bekannteste Rote Überriese am Himmel ist Beteigeuze (ausgesprochen, wie es geschrieben wird). Sein Radius entspricht rund 1000 Sonnenradien und seine Masse mindestens zehn Sonnenmassen. In seinem Kern wird Helium zu Kohlenstoff, Sauerstoff und noch schwereren Elementen fusioniert. Außerhalb des Kerns befindet sich eine dünne Schale, die im Wesentlichen aus reinem Helium besteht, das im jetzigen Zustand aber noch nicht heiß oder dicht genug ist, um zu fusionieren, und daher mehr oder weniger inaktiv dasitzt. Umschlossen ist sie von einer Wasserstoffschale, die zu Helium verbrennt, und *diese* Schale wiederum ist von der riesigen, bei Weitem den größten Teil des Sternvolumens ausmachenden Hülle aus Wasserstoff und Helium umgeben.

Diese Beschreibung der Sternentwicklung nach der Hauptreihe wurde während der 1940er- und 1950er-Jahre im Detail ausgearbeitet, als die Forscher in der Lage waren, genau zu verstehen, welche kernphysikalischen Vorgänge in den Sternzentren stattfinden, und Computer einzusetzen, um die Grundgleichungen des Sternaufbaus zu lösen. Ein Großteil dieser Arbeit wurde unter Leitung von Professor Martin Schwarzschild an der Princeton University geleistet. Neil, Rich und ich hatten in seinen späteren Jahren Gelegenheit, mit ihm zusammenzuarbeiten; er war ein wunderbarer Mensch.

Abbildung 8.3 zeigt Schwarzschild mit Lyman Spitzer und Rich Gott. Als Henry Norris Russell (bekannt durch das HR-Diagramm) 1947 aus Altersgründen von seinem Amt als Direktor des Princeton University Observatory zurücktrat, übergab er seine Aufgaben an zwei junge Astronomen, Martin Schwarzschild und Lyman Spitzer, beide Anfang dreißig. Spitzer, der Leiter der Abteilung für Astrophysik wurde, entwickelte in der Folgezeit wesentliche Grundlagen unseres heutigen Wissens über das interstellare Medium (des Gases und Staubs zwischen den Sternen) und gründete das Princeton Plasma Physics Laboratory, in dem Forscher mit der Nutzung der Kernfusion als Energiequelle experimentieren. Spitzer wird der Öffentlichkeit immer als der Vater des Hubble-Weltraumteleskops in Erinnerung bleiben, denn er hatte das ursprüngliche Konzept entwickelt und sich jahrzehntelang bemüht, die astrophysikalische Gemeinschaft und den US-Kongress von der Notwendigkeit zu überzeugen, ein solches Teleskop zu bauen. Während der nächsten 48 Jahre bildeten Spitzer und Schwarzschild den Mittelpunkt des Princeton Astrophysics Department. 1997 starben sie beide im Abstand von elf Tagen, ein schwerer Schlag für uns alle.

In den 1950er-Jahren arbeiteten Schwarzschild und seine Studenten alle Einzelheiten der Prozesse aus, die ich hier gerade beschreibe. Als einer der ersten Forscher hat er die ganze Geschichte der Sternentwicklung verstanden. Martins Vater, Karl Schwarzschild, hatte entscheidend an der Theorie der Schwarzen Löcher mitgearbeitet; sein Name wird in Kapitel 20 noch einmal eine Rolle spielen.

Abbildung 8.3: Von links nach rechts: Lyman Spitzer, Martin Schwarzschild und Rich Gott in den 1990er-Jahren. *Credit:* J. Richard Gott

Weiter mit unserer Geschichte der Sterne. Wir hatten bereits erwähnt, dass der Elektronendruck einen Weißen Zwerg vor dem Kollaps bewahrt. Doch wenn die Masse des Sterns mehr als 1,4 Sonnenmassen beträgt, vermag selbst dieser Druck der Gravitation keinen Widerstand zu leisten. Von der Gravitation zusammengequetscht, verbinden sich die Elektronen und Protonen zu Neutronen (und setzen dabei Elektronen-Neutrinos frei). Übrig bleibt ein *Neutronenstern* – im Wesentlichen ein riesiger Atomkern, der überwiegend aus Neutronen besteht. Das Pauli-Prinzip gilt für Neutronen genauso wie für Elektronen, und der resultierende Neutronendruck stabilisiert den Stern dann gegen die Gravitation. Doch da Neutronen massereicher sind als Elektronen, ist das Gleichgewicht zwischen Pauli-Druck und Gravitation bei einem Neutronensterns erst bei deutlich geringerer Größe (rund 25 Kilometer) erreicht als bei einem Weißen Zwerg. Stellen Sie sich vor, dass mehr als eine Sonnenmasse in ein Volumen von der Größe Manhattan Islands gepresst ist (oder alternativ 100 Millionen Elefanten in einem Fingerhut, wie wir in Kapitel 1 gehört haben)! Neutronensternenmaterie ist der dichteste Stoff, den wir kennen. Im Zentrum eines Neutronensterns kann sie eine Dichte von fast 10^{15} g/cm^3 aufweisen.

Ist der Kern eines massereichen Sterns größer als etwa zwei Sonnenmassen, bildet sich zwar ebenfalls ein Neutronenstern aus, aber der Neutronendruck reicht nicht aus, um die Wirkung der Gravitation auszugleichen – der Kollaps geht weiter, und es entsteht ein Schwarzes Loch. Egal, ob der Kern zu einem Neutronenstern oder einem Schwarzen Loch zusammenstürzt, das einfallende Material wird heftig komprimiert und das löst weitere Kernreaktionen aus (denken Sie daran, dass das Material außerhalb des Kerns nach wie vor aus Elementen besteht, die leichter als Eisen sind). Die plötzlich freigesetzte Energie reicht aus, um den gesamten äußeren, über dem Kern gelegenen Teil des Sterns in einer Supernova-Explosion abzusprengen. Hauptreihensterne mit ursprünglich mehr als acht Sonnenmassen sterben, indem sie als Supernovae explodieren und dabei entweder Neutronensterne oder Schwarze Löcher bilden. Explodierende Sterne mit großer Masse heißen *Typ-II*-Supernovae, weil es noch eine weitere Form solcher Sternexplosionen gibt. Betrachten wir drei Sterne, die umeinander kreisen, zwei von ihnen sind Weiße Zwerge. Aufgrund der Gravitationswirkung in solch einem Dreiersystem kann es zur Kollision der beiden Weißen Zwerge kommen. Die Erhitzung durch die Kollision bringt ihren Kernbrennstoff zur Explosion und produziert eine weitere Sorte von Supernova. Alternativ kann ein Roter Riese in einem Doppelsternsystems Masse auf einen Weißen Zwerg übertragen, sodass dieser die Grenze von 1,4 Sonnenmassen überschreitet und zu kollabieren beginnt. Das Ergebnis ist wiederum eine Supernova. Solche Explosionen bezeichnen wir als *Typ-Ia*-Supernovae, um sie von den Explosionen massereicher kollabierender Sterne zu unterscheiden. Auf sie werden wir in Kapitel 23 kurz zurückkommen, da sie wichtige Werkzeuge sind, die uns helfen, die beschleunigte Expansion des Universums zu vermessen.

Auf jeden Fall schießt bei einer Supernova das Gas in alle Richtungen nach außen. Das ist kein sanfter Prozess wie das langsame Davontreiben der äußeren Teile eines planetarischen Nebels, sondern eine extrem heftige Explosion. Ein Großteil des Sterns oder sogar der gesamte Stern wird bei der Explosion zerstört, und Materie wird mit einer Geschwindigkeit nach außen gejagt, die fast 10 Prozent der Lichtgeschwindigkeit beträgt. Schwere Elemente, die im Kern des Sterns hergestellt wurden, werden dabei ins interstellare Medium abgegeben und können der nächsten Generation von Sternen und Planeten als Grundstoff dienen.

1054 bemerkten chinesische Astronomen einen neuen Stern in dem Sternbild, das wir Stier nennen. Die alten Chinesen waren sorgfältige Beobachter des Himmels, hielten sie dort doch nach Vorzeichen künftiger Ereignisse Ausschau; daher waren sie besonders beeindruckt von diesem »Gaststern», der viele Wochen hindurch schien und schließlich so hell war, dass er auch tagsüber zu sehen war. Interessanterweise gibt es keinen einzigen Hinweis in den europäischen Handschriften jener Zeit, der erkennen ließe, dass irgendeine lebende Seele dort diese Erscheinung gesehen hätte, obwohl sie Wochen über Wochen das hellste Objekt am Himmel war. Vielleicht war es in dieser ganzen Periode bewölkt in Europa, möglicherweise gingen alle schriftlichen Zeugnisse verloren oder die chinesischen Astronomen schenkten den Vorgängen am Himmel einfach mehr Aufmerksamkeit.

Bilder des Krebsnebels im Stier (Abb. 8.4, siehe Bildteil), die im Abstand von einigen Jahrzehnten aufgenommen wurden, zeigen deutlich, dass der Nebel als Ganzes expandiert. Legen wir die beobachtete Expansionsrate und seine gegenwärtige Größe zugrunde, dann können wir berechnen, wann die Expansion begonnen haben muss; die Antwort lautet: vor rund eintausend Jahren, etwa um die Zeit, als die Chinesen ihren »Gaststern« beobachteten. Folglich handelt es sich bei dem Krebsnebel, der sich zudem in genau der Himmelsregion befindet, die in den chinesischen Aufzeichnungen beschrieben wird, mit großer Wahrscheinlichkeit um die Überreste der damals entdeckten Supernova. In ein paar Hunderttausend Jahren wird dieses chemisch angereicherte Gas so diffus geworden sein und sich so komplett mit dem interstellaren Medium vermischt haben, dass es nicht mehr direkt nachweisbar ist.

Im Mittelpunkt des Krebsnebels wurde ein rasch rotierender Neutronenstern entdeckt, der sich 30-mal in der Sekunde um sich selbst dreht. Wenn ein Stern kollabiert, behält er seinen Drehimpuls und beginnt, rascher zu rotieren, wie eine Eiskunstläuferin, die die Arme anzieht. Auch seine Magnetfelder werden komprimiert und verstärkt. Das Magnetfeld an der Oberfläche des Neutronensterns im Krebsnebel ist rund 10^{12}-mal stärker als das Magnetfeld auf der Erdoberfläche.

Während der Neutronenstern rotiert, bewegen sich auch sein Nord- und sein Südpol im Kreis. Von dort emittiert der Neutronenstern Radiowellen in zwei entgegengesetzten Bündeln, ähnlich wie ein Leuchtturm. Streicht einer dieser Leuchtturmstrahlen an der Erde vorbei, sehen wir einen Radiopuls. Ein Neutronenstern, von dem wir auf diese Weise regelmäßig Radiopulse empfangen, wird als *Radiopulsar* bezeichnet. Der erste Radiopulsar wurde 1967 von der Doktorandin Jocelyn Bell entdeckt. Er hatte eine Rotationsperiode von 1,33 Sekunden. Für diese Entdeckung erhielt ihr Doktorvater Antony Hewish den Nobelpreis für Physik. Ich finde es empörend, dass sie leer ausging.

Der Pulsar im Krebsnebel sendet über die ganze Breite des elektromagnetischen Spektrum Strahlung aus, vom Frequenzbereich der Radiostrahlung bis zu dem der Gammastrahlung. Man kann das rasche Blinken (das sich 30-mal pro Sekunde wiederholt) auch im sichtbaren Bereich wahrnehmen, aber die Astronomen hatten es nie bemerkt, bis die Radioimpulse entdeckt wurden. Der Pulsar sah einfach aus wie ein schwach leuchtender Stern im Zentrum des Krebsnebels. Der Krebsnebel ist rund 6500 Lichtjahre entfernt, woraus folgt, dass sich die Explosion in Wirklichkeit etwa 5445 v. Chr. ereignete, das Licht allerdings bis 1054 n. Chr. brauchte, um die Erde zu erreichen.

Erinnern wir uns an das umgekehrt quadratische Abstandsgesetz. Das nächste Sternsystem ist Alpha Centauri, vier Lichtjahre von uns entfernt. Der Krebsnebel ist sehr viel weiter entfernt, doch die Supernova war weit heller als jeder andere Stern, den wir am Nachthimmel sehen, sodass er auch am Tag mühelos zu sehen war. Als er seine maximale Leuchtkraft erreichte, war er 2,5 Milliarden Mal so leuchtkräftig wie die Sonne.

Supernovae sind selten. Das letzte Mal, dass die Explosion einer Supernova in der Milchstraße beobachtet wurde, liegt rund 400 Jahre zurück, fand also statt, bevor Galilei zum ersten Mal ein Fernrohr auf den Himmel richtete. Daher waren die Astronomen 1987 außerordentlich aufgeregt, als sie beobachteten, wie eine Supernova in der Großen Magellanschen Wolke explodierte, einer kleinen Satellitengalaxie der Milchstraße. Das war die uns nächste Supernova-Explosion in der neueren Geschichte. Sie war so hell, dass sie mit bloßem Auge beobachtet werden konnte, obwohl sie in einer Entfernung von 150.000 Lichtjahren stattfand. Ich war in der glücklichen Lage, nach Chile reisen zu können, um im Mai 1987 an einem der dortigen Observatorien für meine Doktorarbeit Beobachtungen anzustellen; es war sehr aufregend (und ganz leicht), diesen »neuen« Stern in der Großen Magellanschen Wolke zu sehen.

9

WARUM PLUTO KEIN PLANET IST

NEIL DEGRASSE TYSON

Es folgt die Geschichte von Pluto, der seinen Planetenstatus verlor und zur Eiskugel im äußeren Sonnensystem degradiert wurde. Dabei geht es auch um meine Rolle in diesem Drama am Rose Center for Earth and Space des American Museum of Natural History in New York.

Mit dem Rose Center wollten wir eine Einrichtung schaffen, die mehr leistete, als nur hübsche Bilder vom Kosmos zu liefern, denn die können Sie sich auch aus dem Internet hochladen. Wir bauten eine Kugel von 27 Meter Durchmesser in einem Glaswürfel, in dem sich Architektur und Exponate zu einem Gesamteindruck verbinden, der dem Besucher das Gefühl gibt, Teil des Universums zu sein – durch das Universum zu spazieren. Unsere Kugel ist vollständig. Die meisten Planetarien begnügen sich mit einer Kuppel in Form einer Halbkugel, unter der sich der Himmelsprojektor befindet, während rundherum Korridore führen, in denen Bilder des Universums gezeigt werden. So sind die meisten Planetarien konzipiert. Hübsche Bilder sind was Feines, aber wir dachten, es sei an der Zeit, eine etwas genauere Vorstellung davon zu vermitteln, wie das Universum *funktioniert*, daher sammelten wir die grundlegenden Erkenntnisse und Theorien über den Kosmos und machten sie zu unseren Exponaten.

Das Ganze entstand in Zusammenarbeit mit den Architekten Jim Polshek und Partnern sowie dem Ausstellungsdesigner Ralph Appelbaum und seinen Mitarbeitern (vielleicht am besten bekannt durch das Holocaust-Museum in Washington, DC). Das Universum liebt Kugeln. Sie gewinnen wichtige Einsichten in die Art und Weise, wie das Universum funktioniert, wenn Sie sich klarmachen, wie die Naturgesetze gemeinsam darauf hinwirken, die Dinge rundzumachen – von Sternen über Planeten bis hin zu Atomen. In den meisten Fällen, in denen die Dinge nicht rund sind, geht irgendetwas Interessantes vor, um das zu verhindern, etwa eine schnelle Rotation des Objekts. Wenn wir mit einer architektonischen Struktur beginnen, die rund ist, können wir sie als Exponat einbeziehen, die uns einen Größenvergleich zwischen den Dingen im Universum ermöglicht. Indem wir die Kuppel des Hayden-Planetariums zu einer vollständigen Kugel ergänzten, bekamen wir einen neuen zusätzlichen Ausstellungsraum im Bauch der Kugel. Der wurde zum Urknall-Kino, in das die Besucher von oben hineinsehen und eine Simulation der Entstehung des Universums beobachten können.

Um die Kugel mit ihren 27 Metern Durchmesser legten wir einen Wandelgang an, der die Besucher einlädt, die »Größenverhältnisse im Universum« zu betrachten. Zu Beginn werden Sie gebeten, sich vorzustellen, dass die Planetariumskugel das gesamte beobachtbare Universum ist. Auf dem Geländer ist ein Modell mit einem Durchmesser von 10 Zentimetern, das die Ausmaße unseres Superhaufens mit seinen vielen Tausend Galaxien zeigt, darunter auch die Milchstraße. Das führt Ihnen vor Augen, dass das Universum sehr viel größer ist als unser eigenes Stück von ihm, das größte Stück, für das wir auch eine Bezeichnung haben, eine Adresszeile: der Virgo-Superhaufen. Nach ein paar weiteren Schritten fordern wir Sie auf, sich auf andere Größenverhältnisse einzustellen: sich vorzustellen, dass die Planetariumskugel jetzt den Virgo-Superhaufen darstellt – 27 Meter im Durchmesser. Auf dem Geländer sehen Sie dazu ein Modell von 60 Zentimetern Durchmesser, das die Milchstraße, die Andromedagalaxie und einige Satellitengalaxien umfasst – unsere lokale Ansammlung von Galaxien, die Lokale Gruppe. Im nächsten Schritt wird die Planetariumskugel zur Ausdehnung der Lokalen Gruppe, und auf dem Geländer haben wir ein Modell der Milchstraße, einen halben Meter im Durchmesser, das wie ein riesiges Spiegelei aussieht – flach und mit einem Wulst im Zentrum. Wieder ein paar Schritte weiter, und die Milchstraße selbst wird zur Planetariumskugel, während auf dem Geländer eine Kugel aus Plexiglas mit einem Durchmesser von 5 Zentimetern sitzt, in der hunderttausend winzige Körnchen zu sehen sind – die Darstellung eines Kugelsternhaufens in der Milchstraße. Dann wird dieses Modell eines Kugelhaufens die Planetariumskugel, und auf dem Geländer befindet sich eine Kugel von rund 15 Zentimetern Durchmesser: die gesamte Ausdehnung der kugelförmigen Region mit zahllosen Kometen, die unser Sonnensystem umgibt, der Oortschen Wolke.

Die Kometen aus der Oortschen Wolke, die in das innere Sonnensystem herabregnen, sind die gefährlichste Sorte von Objekten, was mögliche Kollisionen mit der Erde angeht. Jeder von ihnen gewinnt eine extrem große Menge an Bewegungsenergie, wenn er mit wachsender Geschwindigkeit in Richtung Sonne rast. Das letzte Mal, dass ein Komet aus der Oortschen Wolke das innere Sonnensystem besuchte, dürfte mehr als 40.000 Jahre her sein, daher haben wir keine historischen Informationen über das Ereignis. Wenn einer dieser Kometen tatsächlich Kurs auf uns nehmen sollte, hätten wir wenig Zeit für irgendwelche Gegenmaßnahmen. Zieht ein normaler Asteroid seine Kreise, dann können wir in der Regel rund hundert seiner Umläufe im Voraus berechnen. Wir können genau bestimmen, ob er innerhalb seiner nächsten hundert Umläufe um die Sonne mit uns kollidieren wird oder nicht. Möglicherweise haben wir dann hundert Jahre oder mehr Zeit, um eine Weltraummission vorzubereiten, die den Asteroiden aus seiner Bahn wirft und die Kollision verhindert. Doch wenn ein Komet aus einer Region jenseits der Neptunbahn kommt und direkt auf uns zuhält, dürfte die Vorwarnzeit sehr kurz sein.[4]

An einer der nächsten Stationen der »Größenverhältnisse im Universum« ist die große Kugel die Sonne, umgeben von maßstabsgerechten Modellen der Planeten. So geht es weiter, wobei immer kleinere und kleinere Verhältnisse betrachtet werden, bis wir das Zentrum eines Atoms erreichen. Wenn die Planetariumskugel das Wasserstoffatom ist, zeigen wir den Atomkern als winzigen Punkt, nur rund drei Hundertstel eines Millimeters im Durchmesser. So zeigen wir, dass ein Atom zum größten Teil aus leerem Raum besteht.

Die Planetariumskugel hat sich als sehr geeignetes Werkzeug erwiesen, um die relativen Größen der Objekte im Universum zu verdeutlichen.

Heute ist das Rose Center eine prachtvolle nächtliche Attraktion (Abb. 9.1, siehe Bildteil). Links können Sie den Wandelgang erkennen, auf dem Sie die große Kugel, wenn sie als Sonne diente, mit den Größen der Planeten vergleichen könnten. Auf dem Bild können Sie Saturn (mit seinen Ringen) und neben ihm Jupiter erkennen; natürlich sind auch Uranus und Neptun da. Merkur, Venus, Erde und Mars sind zu klein, um auf dem Bild sichtbar zu sein. Deren Modelle, in der Größe vom Baseball bis zur Grapefruit reichend, sind in richtiger Reihenfolge auf dem Geländer angebracht und hängen nicht an Seilen von der Decke herab. Hier begannen die Schwierigkeiten mit Pluto. Wir haben auf dem Geländer neben Merkur, Venus, Erde und Mars nämlich kein maßstabsgetreues Modell von Pluto befestigt. Und das mit gutem Grund.

Plötzlich standen wir im Mittelpunkt einer Kontroverse, die wir nicht begonnen hatten. Ein Journalist, der die Ausstellung ein Jahr nach ihrer Eröffnung besuchte, bemerkte, dass Pluto in der Darstellung der relativen Planetengrößen fehlte, und beschloss eine große Sache daraus zu machen. Er brachte es auf der Titelseite der *New York Times*, und dann brach die Hölle los. Ich will kurz erklären, was wir da getan hatten und warum wir es taten.

Plutos Geschichte beginnt mit Percival Lowell, einem äußerst konservativen Gentleman aus Neuengland. Er hatte ein Faible für die Astronomie und war so wohlhabend, dass er sich ein eigenes Observatorium bauen konnte, das, wie nicht anders zu erwarten, den Namen Lowell-Observatorium bekam. Es liegt in Arizona auf einer Höhe von fast 550 Metern über dem Meeresspiegel. Es steht noch immer an einem Ort, der *Mars Hill* heißt. Lowell war ein Marsfanatiker und so versessen darauf, dort Leben nachzuweisen, dass er drei Bücher über das Thema schrieb. Nun ist es eine Sache, Bücher über die *Möglichkeit* von Leben auf dem Mars zu schreiben, eine ganz andere jedoch zu behaupten, wie er – und nur er – es tat, durchs Teleskop Spuren von Lebewesen auf dem Mars entdeckt zu haben. Er sah jahreszeitlich wechselnde Vegetation, Kanäle und dort, wo die Kanäle sich kreuzten, Auffälligkeiten, die er für Oasen hielt. Nach seiner Ansicht ging den Marsbewohnern das Wasser aus, denn die Kanäle, die er sah, verbanden die Pole mit den Vegetationsgebieten. Der Mars hat Eiskappen, und er glaubte, die Marsmenschen brächten sie zum Schmelzen und lenkten das Wasser durch die Kanäle an die Orte, wo es gebraucht werde. Ohne diese umfangreichen kollektiven Bauarbeiten würde der Wassermangel das Leben auf dem Mars zum Untergang verurteilen. Das menschliche Vorstellungsvermögen ist grenzenlos; deshalb ist es in der Wissenschaft ja so wichtig, Hypothesen kritisch und systematisch zu überprüfen. Während der größten Annäherung von Mars und Erde im Jahr 1877 hatte Giovanni Schiaparelli Linien oder Wasserläufe auf dem Mars gesehen, die er als *canali* bezeichnete, ein Wort, das häufig missverständlich als *canals*, Kanäle, übersetzt wird. *Channels* sind natürliche Wasserläufe in einer Planetenlandschaft. *Canals* sind künstliche Gebilde, die von einer intelligenten Zivilisation angelegt worden sind. Die Wörter bezeichnen zwei verschiedene Dinge. Aber es war zu spät. Lowell hatte den Gedanken aufgegriffen und zeichnete ein kompliziertes Kanalsystem auf. Als es anderen nicht gelang, mit ihren Teleskopen zu entdecken, was er gesehen hatte, begriff man schließlich, dass er möglicherweise einer optischen Täuschung erlegen war; dabei verbindet das Auge zufällige Merkmale zu bedeutungsvollen Linien. Moderne Fotografien zeigen kein Kanalnetz. Die »Vegetationsflächen« erweisen sich als dunkle Gebiete basaltartiger Gesteinsformationen, die im Kontrast zu den roten Marswüsten grün erschienen und die vom Wind im jahreszeitlichen Wechsel mit Staub bedeckt oder blank gefegt wurden.

Neben seinem Interesse für den Mars regte Percival Lowell auch die Suche nach *Planet X* an. Um die Jahrhundertwende gab es acht bekannte Planeten: Merkur, Venus, Erde, Mars, Jupiter, Saturn, Uranus und Neptun. Wie sich herausstellte, lieferten Newtons Gesetze für alle Planetenbewegungen im Sonnensystem vollständig befriedigende Erklärungen, ausgenommen die Bahn des Neptun. (Zumindest fast; wir werden in Kapitel 19 sehen, dass Newtons Theorie auch eine bestimmte Eigenschaft der Merkurbahn nicht richtig erklären konnte.) Vielleicht gab es da draußen noch eine unbekannte und unentdeckte Gravitationsquelle, welche die Bewegung des Neptun beeinflusste – einen Planeten, der noch auf seine Entdeckung wartete. Lowell war überzeugt, dass es einen solchen Planeten gebe, und nannte ihn Planet X. Er stellte Clyde Tombaugh ein, den er beauftragte, nach diesem Planeten zu suchen. Dabei sollte sich Tombaugh auf die *Ekliptik* konzentrieren, also auf jene Ebene, in der die bekannten Planeten die Sonne umrunden. Er hoffte auf ein Objekt, das seine Position zwischen zwei im Abstand von einigen Tagen oder Wochen aufgenommenen Fotos derselben Himmelsregion ein wenig veränderte und dadurch anzeigte, dass es ein ferner Planet war, der die Sonne umkreiste. Dabei verwendete Tombaugh einen sogenannten *Blinkkomparator* – ein wichtiges Instrument in der Geschichte der Astronomie; heute verwenden wir für solche Vergleiche allerdings Computer. Dabei wird an der einen Seite des Instruments eine fotografische Aufnahme befestigt, eine zweite an der anderen Seite. Durch zwei Linsen beobachtet man dann, wie die beiden Bilder in rascher Folge abwechselnd beleuchtet werden. Während des raschen Beleuchtungswechsels verändert sich der Anblick kaum – bis auf das eine Objekt, das vom einen zum anderen Bild deutlich hin- und herspringt. Diese Bewegung ist deutlich zu erkennen. Mit dieser Methode hat Clyde Tombaugh 1930 Pluto entdeckt.

Pluto erhielt seinen Namen von der elfjährigen Venetia Burney, die in der Schule gerade etwas über römische Mythologie gelernt hatte. Die Planeten waren nach römischen Gottheiten benannt, und Pluto war der Gott der Unterwelt. Das offizielle Symbol für Pluto besteht aus einem *P* kombiniert mit einem *L*, was gerade den Initialen von Percival Lowell entspricht. Fast ein halbes Jahrhundert später wurde ein Mond von Pluto entdeckt. Der erste fotografische Beweis stammt aus dem Jahr 1978 und war nur eine kleine Ausbeulung des klecksähnlichen Erscheinungsbildes von Pluto selbst. Jahre später, nachdem sich ein günstigerer Blickwinkel auf das Pluto-System ergeben hatte, konnten wir Verfinsterungen und Transits entdecken: Das Licht, das uns von Pluto und seinem Mond erreicht, wird insgesamt schwächer, wenn sich von uns aus gesehen entweder Pluto vor seinen Mond schiebt oder andersherum. Als uns das Hubble-Weltraumteleskop Bilder mit höherer Auflösung ermöglichte, konnten wir direkte Aufnahmen von Plutos Mond machen, der auf den Namen Charon getauft wurde, nach dem Fährmann, der die Seelen über den Fluss Styx in den Hades fährt. Pluto hat einen Mond – das ist gut. Wenn du in den Klub der Planeten aufgenommen werden willst, ist das ein guter Anfang. Kein Problem, dachten wir.

Doch es gab ein Problem. Zunächst einmal dachten wir, als Pluto entdeckt wurde, wir hätten den fehlenden Planeten X entdeckt, der für die Störung der Neptunbahn verantwortlich sei. Um dazu in der Lage zu sein, musste Planet X eine beträchtliche Masse besitzen, von vergleichbarer Größenordnung wie die von Neptun oder Uranus. Doch je mehr Daten wir über Pluto sammelten und je besser unsere Messungen wurden, desto kleiner wurden die Dimensionen und Massen, die unsere Untersuchungen für Pluto ergaben. Jahrzehnt um Jahrzehnt schrumpften die Schätzungen für Plutos Größe. Erst nach Charons Entdeckung konnten wir Plutos

Masse anhand seiner Gravitationsanziehung auf Charon genau bestimmen. Das Ergebnis? Plutos Masse beträgt nur 1/500 der Erdmasse – winzig, gemessen an der Masse, die erforderlich wäre, um Neptuns Bahn merklich zu stören. Sobald wir seine Masse bestimmt hatten, konnten wir uns nicht länger auf Pluto berufen, um die Bahnstörungen des Neptun zu erklären. Aber wie kam die Störung der Neptunbahn sonst zustande? Gab es noch einen weiteren Planeten X? Also suchten die Astronomen weiter, bis ein gewisser Myles Standish, der zwölfte direkte Nachkomme eines anderen Myles Standish (einer der ursprünglichen Pilgerväter), 1992 die historischen Daten untersuchte, die auf eine Abweichung in der Neptunbahn schließen ließen. Der zeitgenössische Myles Standish ist ein Astrophysiker an den Jet Propulsion Labs im kalifornischen Pasadena. Er stützte sich auf bessere Schätzungen für die Massen der Planeten Jupiter, Saturn, Uranus und Neptune aus den Voyager-Vorbeiflügen der 1980er-Jahre und klammerte einen verdächtigen Datensatz aus, der zwischen 1895 und 1905 am U.S. Naval Observatory ermittelt worden war. Danach gelangte er zu dem Schluss, dass sich Neptuns Bahn exakt mit den Vorhersagen der Newtonschen Gesetze deckte, wenn man die Gravitation der seit Langem bekannten Objekte zugrunde legte, ganz ohne dass man eine weitere, noch unbekannte Gravitationsquelle postulieren musste. Über Nacht war Planet X tot und begraben.

Was sollten wir nun mit Pluto anfangen? Pluto ist der bei Weitem kleinste Planet. Im Sonnensystem gibt es sieben *Monde* – einschließlich des Erdmonds –, die größer als Pluto sind. Pluto ist der einzige Planet, der die Bahn eines anderen Planeten kreuzt, weil seine Bahn so elliptisch ist. Pluto besteht vorwiegend aus Eis, das 55 Prozent seines Volumens ausmacht. Wir haben eine Bezeichnung für diese Eisobjekte im Sonnensystem. Man hätte sie »Eiskugeln« nennen können, aber sie wurden getauft, bevor wir wussten, dass sie aus Eis sind. Deswegen heißen sie jetzt Kometen. Damals hatte man eine Schwäche für poetische Bezeichnungen kosmischer Objekte; Kometen waren »haarige Himmelsobjekte«, weil Ihr Haar, wenn es lang ist und Sie laufen, von alleine hinter Ihnen her wehen wird. Daher nannten die Griechen sie »Kometen« (»Haarsterne«). Das ist das andere Wort, das wir bereits für Eiskörper haben, die die Sonne umkreisen. Pluto hat viele Eigenschaften mit Kometen gemeinsam. Aber er ist ganz allein dort draußen. Er nähert sich nicht der Sonne an, um dann wieder weit hinaus zu driften, wie es die meisten Kometen tun. Wenn ein eisiger Komet der Sonne nahekommt, geht ein Teil seines Eises in den gasförmigen Zustand über und bildet einen langen Schweif aus. Pluto kommt der Sonne nie nahe genug, deshalb bekommt er keinen Schweif. Trotz seiner atypischen Eigenschaften wollten die Menschen Pluto unbedingt als Planeten klassifizieren.

Als Betreiber des Rose Center wollten wir unsere Ausstellungen so zukunftssicher wie möglich gestalten. Daher spielten für uns die Trends der Planetenforschung eine große Rolle. Pluto weist größere Unterschiede zu Merkur, Venus, Erde und Mars auf als diese untereinander. Merkur, Venus, Erde und Mars sind klein und bestehen vorwiegend aus Gestein (Abb. 9.2, siehe Bildteil). Sie bilden eine Familie.

Merkur, der sonnennächste Planet, besitzt einen großen Eisenkern, nur die Spur einer Atmosphäre und eine von Kratern durchlöcherte Oberfläche. Venus ist wolkenverhangen. In Abbildung 9.2 haben wir die Wolkenschicht entfernt, um die Merkmale der Oberfläche zu zeigen, schroffe Berghänge und einige Krater. Venus hat eine dichte Atmosphäre aus Kohlendioxid (CO_2), einen gewaltigen Treibhauseffekt und eine unerträglich hohe Oberflächentemperatur. Mars ist kleiner als Erde oder Venus, aber größer als Merkur. Er verfügt über eine dünne CO_2-Atmosphäre, die nur einen geringen Treibhauseffekt hervorruft. Dieser Umstand und die größere Entfernung von der Erde sorgen dafür, dass Mars erheblich kälter ist als die Erde. Der Atmosphärendruck auf der Marsoberfläche beträgt rund 1/100 des Drucks auf der Erde. Die dunklen Flächen auf dem Bild sind Regionen, in denen das dunklere Basaltgestein nicht mit Sand bedeckt ist. Die roten Flächen, denen der Mars seinen Beinamen der »rote Planet« verdankt, sind Sandwüsten. Der Mars hat ein großes Grabenbruchsystem, einen langen Canyon, der in den Vereinigten Staaten von Küste zu Küste reichen würde. Er hat einen erloschenen Vulkan, der 21.000 Meter hoch ist. Seine beiden Polarkappen bestehen größtenteils aus Wassereis und sind mit einer dünnen Schicht Trockeneis (gefrorenem CO_2) überzogen. Von der Erde abgesehen, ist Mars der bewohnbarste Planet.

Was ist sonst noch dort draußen? Wir haben Jupiter, Saturn, Uranus und Neptun. Sie sind alle groß und von einer dicken Gasschicht bedeckt (Abb. 9.3, siehe Bildteil). Sie bilden eine weitere Familie, die der sogenannten

Gasriesen. Abermals sind bei ihnen die Gemeinsamkeiten untereinander größer als die jedes einzelnen von ihnen mit Pluto.

Jupiters Bahn verläuft jenseits des Mars. Er besteht vorwiegend aus Wasserstoff und Helium. Seine äußere Atmosphäre enthält Methan- und Ammoniakwolken. Jupiters Bänder sind Wolkengürtel, und bei dem Großen Roten Fleck, der auf dem Bild unschwer zu erkennen ist, handelt es sich um einen Sturm, der dort seit mehr als 300 Jahren wütet. Saturn ähnelt Jupiter, ist aber von einer Reihe wunderbarer Ringe umgeben. Diese Ringe bestehen vornehmlich aus Eispartikeln, die den Planeten umkreisen. Uranus und Neptun sind kleinere Versionen von Saturn. Uranus hat dünne Ringe (wie Jupiter, obwohl unser Bild Jupiters Ringe nicht zeigt). 1989 entdeckte die Raumsonde Voyager 2, dass es auch auf Neptun einen Sturm gab, einen Großen Dunklen Fleck, der auf dem Bild zu sehen ist. Die Windgeschwindigkeiten in der unmittelbaren Umgebung des Flecks betrugen rund 2500 Stundenkilometer. Fünf Jahre später zeigten Aufnahmen des Hubble-Weltraumteleskops, dass der Große Dunkle Fleck verschwunden war.

Die erdähnlichen Planeten bilden das Innere Sonnensystem, wo leichte Elemente wie Wasserstoff und Helium, von der Sonne erwärmt, so heiß werden, dass sie der Gravitation eines Planeten entkommen können. Die Gasriesen, die sich im äußeren Sonnensystem gebildet haben, sind kälter und konnten Wasserstoff und Helium an sich binden, sodass sie sehr viel Masse ansammelten. Die erdähnlichen Planeten und die Gasriesen bilden zwei verschiedene Familien. Vergleiche Tabelle 9.1 zu ihren Eigenschaften.

Pluto passt nicht in das Bild. Während der letzten Jahrzehnte waren wir sehr freundlich zu Pluto und ließen ihn in der Planetenfamilie, obwohl wir tief in unserem Inneren wussten, dass er dort nirgends hineinpasst. Ein Blick in die Lehrbücher aus den späten 1970er-Jahren (als wir endlich Gewissheit über Plutos Größe und Masse gewannen) und aus den 1980er-Jahren zeigt, dass man anfing, Pluto den Kometen, Asteroiden und anderen »Trümmern« des Sonnensystems zuzurechnen. Es wurden erste Anstalten gemacht, an Plutos reinrassigem Planetenstatus zu sägen.

Auch Plutos Bahn wirft einige Probleme auf. Erstens kreuzt er, wie erwähnt, die Bahn von Neptun. Das ist kein Benehmen für einen Planeten. Unentschuldbar. Zweitens, seine Bahn ist gegenüber der gemeinsamen Bahnebene aller anderen Planeten deutlich verkippt. Auch das ist peinlich. Seine Bahneigenschaften vertragen sich einfach nicht mit denen der anderen Planeten. 1992 entdeckten wir in einem dieser Blink-Vergleichsbilder ein anderes Objekt im äußeren Sonnensystem, dessen Position sich mit der Zeit veränderte – einen eisigen Himmelskörper, der jenseits von Neptun im Sonnensystem seine Kreise zog. Inzwischen haben wir mehr als 1000 solcher Objekte gefunden. Wie sehen ihre Bahnen aus? Alle befinden sie sich jenseits von Neptun, und viele haben Bahnneigungen und Exzentrizitäten, die Plutos Bahn ähneln. (*Exzentrizität* misst die Abweichung einer elliptischen Bahn von der Kreisform.) Diese neu entdeckten Himmelskörper bilden eine vollkommen neue Spezies in unserem Sonnensystem. Da sie alle kleine, eishaltige Objekte sind, wie Gerard Kuiper es vorhergesagt hatte, nennen wir die ganze Schar *Kuipergürtel.* Plutos Bahn berührt, wie die der meisten anderen Eiskörper, den inneren Rand des Kuipergürtels. Damit gibt es eine Erklärung für Plutos Existenz. Er hat Brüder. Er hat eine Heimat. Pluto ist ein Kuipergürtel-Objekt.

Der Umstand, dass Pluto das größte bekannte Objekt des Kuipergürtels ist, sollte uns nicht überraschen: War nicht zu erwarten, dass das erste Exemplar, das wir von einer neuen kosmischen Spezies beobachten, das größte und hellste ist? Ceres, der erste Asteroid, der entdeckt wurde, ist noch immer das größte bekannte Exemplar seiner Spezies. Zunächst behaupteten die Pluto-Anhänger, ihr Lieblingsobjekt sei so groß, dass es kein Mitglied des Kuipergürtels sein könne. Aber er ist dort draußen mit den Kuipergürtel-Objekten zusammen, besteht aus dem gleichen Stoff und besitzt ähnliche Bahneigenschaften. Blicken wir in den Kuipergürtel und tragen für jedes Objekt die durchschnittliche Sonnenentfernung gegen die Exzentrizität auf, dann stellen wir fest, dass sich eine große Schar von Objekten des Kuipergürtels in einer 3:2-Bahnresonanz zu Neptun befindet, das heißt, während der Zeit, in der Neptun drei Sonnenumläufe absolviert, macht das Kuipergürtel-Objekt zwei — genau wie Pluto. Kuipergürtel-Objekte mit dieser Eigenschaft heißen *Plutinos.* Sie sind Pluto noch ähnlicher als die restlichen Kuipergürtel-Objekte.

Tabelle 9.1: Planeten im Sonnensystem

	Erdähnliche bzw. Gesteinsplaneten				Gasriesen			
	Merkur	Venus	Erde	Mars	Jupiter	Saturn	Uranus	Neptun
Große Halbachse	0,39	0,72	1,00	1,52	5,20	9,55	19,2	30,1
Bahnperiode (Jahre)	0,24	0,62	1,00	1,88	11,9	29,5	84,0	165
Durchmesser/ D_{Erde}	0,38	0,95	1,00	0,53	11,4	9,0	3,96	3,86
Masse/ M_{Erde}	0,005	0,82	1,00	0,11	318	95,2	14,5	17,1
Häufigste Elemente	Fe, Si, O	(Fe, Si, O)?	Fe, Si, O, Mg	Fe, Ni, S, Si, O	H, He	H, He	H, He, CH_4	H, He, CH_4
Zusammensetzung der Atmosphäre	Trace O, Si, H, He	Thick, Co_2, N_2	O_2, N_2	Thin CO_2	H_2, He	H_2, He	H_2, He, CH_4	H_2, He, CH_4
Temperatur (°C)	- 170/430	44/460	-90/60	140/35	-160	-190	-220	-222

Anmerkung: Die Temperaturen (in Celsius) sind bei den Gesteinsplaneten an der Oberfläche gemessen (angegeben sind dann Minimal- und Maximaltemperatur) und bei den Gasriesen in der obersten Atmosphärenschicht.

Am Rose Center ordneten wir Pluto also einfach dem Kuipergürtel zu und behaupteten dabei noch nicht einmal, er sei kein Planet. Für unser Ausstellungsdesign waren uns physikalische Eigenschaften wichtiger als Etikette.

Und so ging es ein Jahr gut, bis zu dem verhängnisvollen *New-York-Times*-Artikel vom 21. Januar 2001 mit dem Titel »Pluto's Not a Planet? Only in New York« (»Pluto ist kein Planet? Nur in New York«). Autor war der Wissenschaftsjournalist Kenneth Chang.

> Als Pamela Curtice aus Atlanta an der Planetenausstellung im Rose Center vorbeiging, runzelte sie verblüfft die Stirn. Offenbar waren das nicht genug Planeten. Sie nahm ihre Finger zu Hilfe und versuchte, sich an den Merksatz zu erinnern, den ihr Sohn vor Jahren in der Schule gelernt hatte. *My Very Educated Mother Just Served Us Nine Pizzas.*[5] Merkur, Venus, Erde, Mars, Jupiter, Saturn, Uranus, Neptun. »Ich musste den ganzen Vers aufsagen, um herauszufinden, wer fehlte«, sagte sie. Pluto. Pluto war nicht dabei. »Nun weiß ich, dass meine Mutter uns nur neun serviert hat«, sagte Mrs Curtice. »Neun

> gar nichts.« Klammheimlich, und augenscheinlich als einzige der großen wissenschaftlichen Institutionen, wirft das American Museum of Natural History Pluto aus dem Pantheon der Planeten hinaus ... »Wir gehen nicht offensiv damit um«, sagt Dr. Neil deGrasse Tyson, Direktor des dem Museum angeschlossenen Hayden-Planetariums. »Man muss schon darauf achten, um es zu bemerken.«

Ich versuchte, diplomatisch zu sein. Wir sagten nicht: »Es gibt nur acht Planeten« oder »Wir haben Pluto aus dem Sonnensystem hinausgeschmissen«, oder »Pluto ist nicht groß genug, *to make it in New York.*« Nein. Wir haben die Information einfach anders angeordnet – mehr war das nicht. Und die *New York Times* machte eine Staatsaffäre daraus.

In dem Artikel hieß es weiter: »Trotzdem ist der Schritt überraschend, weil das Museum Pluto offenbar selbstherrlich abgesetzt und ihn zu einem von mehr als 300 Eiskörpern erklärt hat, deren Umlaufbahnen jenseits der des Neptun liegen, in einer Region namens Kuipergürtel.«

Das ist richtig: Pluto kreist mit diesen anderen, ihm ähnlichen Eiskörpern um die Sonne. Dort ist seine Heimat. Das erkannten wir in den 1990er-Jahren, als viele neue Eiskörper entdeckt wurden, die Pluto ähnelten, und uns wichtige Aufschlüsse über den Aufbau des Sonnensystems gaben.

Der Artikel zitiert meinen Kollegen Dr. Richard Binzel, einen Professor am Massachusetts Institute of Technology – wir kennen uns aus dem Studium; er war verärgert, weil er einen Teil seiner wissenschaftlichen Laufbahn dem Studium von Pluto gewidmet hatte. In dem Artikel wurde er mit den Worten zitiert: »Mit der Degradierung von Pluto sind sie zu weit gegangen, weit über das hinaus, was die vorherrschende Meinung in der Astronomie ist.« Dann rief Dr. Mark Sykes, der Leiter der Fachgruppe Planeten in der American Astronomical Society, die Leute von der *New York Times* an und sagte, er habe im Rahmen einer bevorstehenden Reise nach New York die Absicht, das Thema mit mir zu diskutieren und lud sie ein, dabei zu sein. Sie sagten zu und schickten einen weiteren Journalisten und Fotografen, um eine private Diskussion zu dokumentieren, die Sykes und ich in meinem Büro hatten. In der Ausgabe vom 13. Februar 2001 war dieser Diskussion dann ein eigener Artikel gewidmet. Vom Fotografen begleitet, machten wir dann noch einen Spaziergang durch die »Größenverhältnisse im Universum« und befanden uns unweit der Gasriesen, als Dr. Sykes mich scherzhaft am Hals packte. Die Bildunterschrift lautete: »Dr. Mark Sykes fordert von Dr. Tyson eine Erklärung für den Umgang mit Pluto in der Planetenausstellung des Hayden Planetariums.«

Es schlug auch Wellen im Internet, auf der News-Seite boston.com. »Center stellt Plutos Planentenstatus infrage.« Es war ein Riesenhype. Drei Monate meines Lebens verbrachte ich damit, Medienanfragen zu beantworten, während meine andere Arbeit liegen blieb. Schauen wir uns nur ein paar Kommentare aus einem Chatroom an.

»Pluto ist ein waschechter amerikanischer Planet, von einem Amerikaner entdeckt.« Das war von einem NASA-Wissenschaftler. Jemand anders im Chatroom meinte: »Solche Romantik hat nichts in der Wissenschaft zu suchen, einem System, das nie mit seinen Versuchen nachlassen darf, herauszufinden, wo die objektive Wahrheit liegt. Auch der Nationalismus gehört da nicht hin.« Noch eine Stimme, die für uns Partei ergriff: »Ich muss gestehen, ich bin enttäuscht von der wissenschaftlichen Gemeinschaft, die es mit den Astrologen hält und sich an ein überholtes Klassifikationsschema klammert.« Wenn Sie einen Astronomen verärgern wollen, dann nennen Sie ihn einen Astrologen. Das waren harte Worte.

Und dann einer, der sich nicht festlegen wollte: »Nach meiner Ansicht sollte man Pluto die doppelte Staatsbürgerschaft gewähren.« Das kam vom Präsidenten der für die Planetennamensgebung zuständigen Kommission der Internationalen Astronomischen Union – er wollte niemandem auf die Füße treten. Noch ein Beispiel? »Ich bin gegen den Doppelstatus, weil er die Angelegenheit in den Augen der Öffentlichkeit zu sehr kompliziert.« Das war niemand anders als David Levy, der Schutzheilige der Kometenjäger. Mehr als 20 Kometen, die er entdeckte, sind nach ihm benannt worden. Sogar bei dem berühmten Kometen, der 1994 mit Jupiter zusammenstieß, wird er als Mitentdecker genannt: Das war der Komet Shoemaker–Levy 9. David Levy glaubte, es sei schlecht, wenn wir die Öffentlichkeit durch unsere Vorgehensweise verwirrten. Ich denke, dass vieles an unseren Forschungen verwirrend ist, dass wir ihre Resultate aber nicht von der Frage abhängig machen können, ob sie die Öffentlichkeit verwirren könnten. In einem anderen Beitrag hieß es: »Zunächst einmal ist es erstaunlich, dass Tyson, ein Astrophysiker, sich überhaupt auf dieses Gebiet wagt. Das ist etwa so, als würde ich als Planetologe beschließen, den Magellanschen Wolken ihren gegenwärtigen Status als Satellitengalaxie der Milchstraße abzusprechen und sie zu einem bloßen Sternhaufen zu degradieren ... daher glaube ich, dass er einfach Unsinn verzapft.« Noch jemand von der NASA.

Oder hören wir diesen Kommentar: »Man kann sich unschwer vorstellen, wie solche Leute zu Galileis Zeiten sagten: ›Seit meiner Kindheit hat man mich gelehrt, die Erde sei der Mittelpunkt des Universums. Warum soll man das verändern? Ich mag die Dinge so, wie sie sind.‹«

Als Naturwissenschaftler müssen Sie sich zur Vorläufigkeit unseres Wissens bekennen. Sie lernen, die Fragen selbst zu lieben. Charon, Plutos Mond, hat einen Durchmesser, der mehr als halb so groß ist wie Plutos Durchmesser. Daher könnte man leicht die Auffassung vertreten, Pluto sei kein Planet mit einem Mond, sondern eher ein Doppelplanet. Tatsächlich liegt ihr gemeinsamer Schwerpunkt noch nicht einmal innerhalb Plutos, sondern in dem Raum zwischen ihnen. Zum besseren Verständnis: Der gemeinsame Schwerpunkt von Erde und Mond befindet sich innerhalb der Erde, rund 1700 Kilometer unterhalb der Erdkruste. Dabei ist es nicht so, dass die Erde stillsteht und der Mond um uns kreist. Wir umrunden beide unseren gemeinsamen Schwerpunkt; allerdings bewegt sich die Erde dabei kaum vom Fleck, während der Mond sie auf einer weiten Bahn umkreist. Pluto besitzt genügend Masse, um rund zu sein. Auch Charon ist groß genug für eine runde Form. Wenn Sie Pluto als Planeten zählen, müsste das auch für Charon gelten, ebenso wie für viele andere kleine Objekte, die groß genug sind, um eine runde Form angenommen zu haben.

Walt Disneys Comic-Hund Pluto wurde 1930 zum ersten Mal gezeichnet, demselben Jahr, in dem Clyde Tombaugh seinen kosmischen Namensvetter entdeckte. In der amerikanischen Seele sind sie gleich alt. Disney ist eine wichtige Größe in unserer Kultur, deshalb glaube ich, dass es niemanden gekümmert hätte, wenn wir Merkur degradiert hätten. Aber wir haben Pluto degradiert. Wer ist Pluto? Pluto ist der Hund von Micky Maus. Das hat für uns Amerikaner große Bedeutung. Pluto ist ein Teil unserer Kultur. Übrigens, warum ist Pluto Mickys Hund, aber Micky nicht Plutos Maus? Haben Sie sich das schon mal überlegt? Ich habe gelernt, dass im Disney-Pantheon die Regel gilt: Wenn man Kleidung anhat, kann man andere Tiere besitzen, die nicht bekleidet sind. Goofy ist ein Hund, aber er trägt Kleidung und kann sprechen, daher ist er niemandes Haustier. Micky Maus trägt Hosen. Pluto ist bis auf sein Halsband nackt, spricht in der Regel nicht und kann deshalb einer Maus gehören. So ist die Disney-Welt.

Lassen Sie mich die Liste der Argumente vervollständigen. Ich besitze viele Bücher, darunter einige, die ein paar Hundert Jahre zurückreichen und in denen man verfolgen kann, wie sich unsere Vorstellungen über unsere Stellung im Kosmos gewandelt haben. Da ist ein Buch aus dem Jahr 1802. Wissen Sie, was 1801 geschehen ist? Angesichts der großen Lücke, die in unserem Sonnensystem zwischen der Umlaufbahn des Mars und der des Jupiters klafft, glaubten die Menschen, es müsse dort noch einen weiteren Planeten geben. Ohne einen solchen Planeten sei die Lücke einfach zu groß. Nach einigen Mühen entdeckte der italienische Astronom Giuseppe Piazzi 1801 tatsächlich einen Planeten in der Lücke. Er bekam den Namen Ceres, nach der römischen Göttin der Ernte. Das Wort *Zerealien* leitet sich von Ceres her. Alle waren aus dem Häuschen, jemand hatte einen neuen Planeten entdeckt. Hatte man schon von ihm gehört? Nein. Ein Buch aus der Zeit, enthält eine Abbildung der Planetenbahnen: Merkur, Venus, Erde, Mars, Ceres, Jupiter, Saturn und Planet Herschel (Letzterer noch nicht in Uranus umbenannt). Ceres ist auf der Liste.

1781, als William Herschel den Planeten entdeckte, der später Uranus heißen sollte, rang man mit der Frage, wie er zu benennen sei, denn seit der Antike war noch kein neuer Planet entdeckt worden. (In seinem Buch über Herschel hat Michael Lemonick die Auffassung vertreten, man könne auch Kopernikus zu den Endeckern eines neuen Planeten - der Erde - zählen, denn er habe nachgewiesen, dass die Erde tatsächlich ein Planet sei.) Als braver Untertan der englischen Krone versuchte Herschel, seinen neuen Planeten nach König George III. zu benennen. Er gab ihm den Namen *Georgium Sidus* (Georgs Stern). Das ist derselbe George, an den sich die amerikanische Unabhängigkeitserklärung richtet. König George ehrte Herschel, indem er ihm eine jährliche Pension von 200 Pfund pro Jahr aussetzte, allerdings unter der Bedingung, dass er des Königs Gäste im Windsor Palace bei extra anberaumten Festveranstaltungen durch seine Teleskope die Sterne beobachten ließ. Nun lautete die Liste der Planeten also Merkur, Venus, Erde, Mars, Jupiter, Saturn und George.

Glücklicherweise setzte sich die Vernunft durch, und man suchte nach einer geeigneten Gottheit, die König George als Namensgeber verdrängen konnte. Johann Bode schlug »Uranus« vor, griechisch *uranós*, nach dem Gott des Himmels, und die Bezeichnung setzte sich durch. Der deutsche Chemiker Martin Klaproth war so fasziniert von dem Ereignis, dass er sein neu entdecktes Element nach dem neuen Planeten benannte: *Uranium*, kurz: *Uran*. Nach dem üblichen Schema erhalten Planeten ihre Namen nach römischen Göttern, ihre Satelliten hingegen nach griechischen Figuren im Leben des griechischen Pendants der jeweiligen Gottheit. Nehmen wir Jupiter – seine größten Monde sind Io, Europa, Ganymed und Kallisto. In der griechischen Mythologie sind sie Figuren im Leben von Zeus, der griechischen Entsprechung zu Jupiter. Nach diesem Schema stammen die Namen sowohl aus der römischen wie griechischen Götterwelt. Bei Uranus jedoch brachen wir mit dieser Tradition und benannten alle Monde des Uranus nach Personen aus der englischen Literatur, um die Briten zu besänftigen, nachdem wir ihren König gedisst hatten. Fast alle stammten sie aus Shakespeare-Stücken. Eine von ihnen, Miranda, wählte ich als Namen für unsere Tochter, allerdings kannte ich den Namen zu diesem Zeitpunkt nur von den Monden des Uranus. Als ich meiner Frau erklärte: »Ich mag den Namen ›Miranda‹«, sagte sie: »Oh, du meinst die Protagonistin aus Shakespeares *Sturm*.« Ich sagte: »Ah, jaaa... an die hab ich auch gedacht.«

Kommen wir auf den Planeten Ceres zurück. Wenden wir uns einem anderen Buch zu – 30 Jahre später. *The Elements of the Theory of Astronomy* – ein Lehrbuch für Fortgeschrittene. Sehr mathematisch ausgerichtet. Es listet zehn bekannte Planeten auf: Merkur, Venus, Mars, Vesta, Juno, Ceres, Pallas, Jupiter, Saturn und Uranus, die durch ihre Symbole bezeichnet werden (♀ für Venus, ⊕ für die Erde, ♂ für Mars etc.). Neptun war noch nicht entdeckt. Vier neue Planeten waren aufgetaucht und brauchten ihre eigenen neuen Symbole – insgesamt zehn Planeten. Worin lag das Problem? Das Wort »Planet« war nicht offiziell definiert. Eine eindeutige Definition hatte das Wort zum letzten Mal im antiken Griechenland gehabt – »Planet« ist abgeleitet aus dem griechischen Wort für »Wanderer«. Wenn Sie in den Nachthimmel schauen und sehen ein Objekt, das sich vor dem Hintergrund der Sterne bewegt, ist es ein Planet. Was bewegt sich vor den Hintergrundsternen, wenn wir emporschauen? Merkur, Venus, Mars, Jupiter, Saturn – und noch zwei Objekte: der Mond und die Sonne. Die sieben Planeten des Universums. Das ist eine eindeutige Definition. Aber Kopernikus setzte die Sonne in die Mitte und erklärte, die Erde umrunde die Sonne. Ist die Sonne dann noch ein Planet? Was ist mit der Erde? Ist die Erde ein Planet? Also wurden Planeten zu Objekten, die die Sonne umkreisen. Auch Kometen wanderten um die Sonne, aber waren unscharf und hatten Schweife (»Haar«), daher nannten wir sie nicht Planeten. Allerdings war das eine willkürliche Entscheidung. Als wir neue Objekte, die keine Ähnlichkeit mit Kometen hatten, zwischen Mars und Jupiter entdeckten – Vesta, Juno, Ceres und Pallas – bezeichneten wir sie ebenfalls als Planeten. Einige Jahre später waren wir auf 70 weitere Himmelskörper dieser Art gestoßen. Und wissen Sie, was wir feststellten? Ihre Ähnlichkeit untereinander war größer als die eines dieser Körper mit irgendeinem anderen Objekt im Sonnensystem, außerdem kreisten sie alle im selben Gürtel. Wir hatten keine neuen Planeten entdeckt. Wir hatten eine neue Region im Sonnensystem gefunden, in der eine neue Spezies von Objekten zu Hause war. Heute nennen wir sie *Asteroiden*, eine Bezeichnung, die William Herschel geprägt hat. Er stellte fest, dass sie kaum Ähnlichkeit mit den bekannten Planeten hatten und meinte, sie bildeten eine neue Klasse von Objekten. Himmelskörper, die wir zunächst als »Planeten« bezeichnet hatten, wurden später neu klassifiziert und mit einem anderen Namen versehen. Wichtiger noch, wir gewannen dabei neue Einsichten in den Aufbau des Sonnensystems. Unser Wissenshorizont erweiterte sich, und unsere Erkenntnisse gewannen an Tiefe. All das geschah rund zehn Jahre nach Erscheinen von *The Elements of the Theory of Astronomy*. Außerdem würde ich darauf wetten, dass ihnen beim besten Willen keine Symbole mehr einfielen.

Plutos Durchmesser misst 1/5 des Erddurchmessers – er ist klein, wie die anderen Kuipergürtel-Objekte (Abb. 9.4). Maßstabsgerecht (im Vergleich zur Erde) zeigen wir die übrigen Objekte des Sonnensystems (ausgenommen die Sonne und die Planeten), die einen Durchmesser von mehr als 254 Kilometer haben. Der Erdmond ist vertreten, genauso wie die großen Monde der anderen Planeten. Wir sehen auch die größten Jupitermonde (die Galilei entdeckte, als er sein Fernrohr zum ersten Mal auf den Himmel richtete). Ganymed, Jupiters größter Mond, ist etwas größer als der Planet Merkur, aber besitzt nur halb so viel Masse. Io und Europa werden von den anderen Monden gravitativ herumgezerrt und von Jupiters Gezeitenkräften durchgeknetet. Io ist mit aktiven Vulkanen übersät. Europa hat ein 80 Kilometer tiefes Wassermeer unter einer 10 Kilometer starken Eisschicht. In Europas Ozeanen ist mehr Wasser vorhanden als in allen Weltmeeren der Erde zusammen. Aus ähnlichen Gründen hat Saturns kleiner Mond Enceladus einen südlichen Ozean unter einer Eiskappe und außerdem spektakuläre Wassergeysire. Titan, Saturns größter Mond, besitzt Methanseen und eine größtenteils aus Stickstoff bestehende Atmosphäre. Auf Titan regnet es Methan, und es gibt gefrorene Methanflüsse. Die dunklen Strukturen sind gefrorene Methan-Äthan-Regionen, während die weißen Gebiete Wassereis sind. Neptuns großer Eismond Triton besitzt spektakuläre Geysire (die möglicherweise Stickstoff ausspeien). Triton umkreist Neptun rückläufig und könnte ein eingefangenes Kuipergürtel-Objekt sein. In der Abbildung sind auch die größten Asteroiden und Kuipergürtel-Objekte (Stand 2010) wiedergegeben. Ceres, der größte Asteroid, wurde als Erster entdeckt. Vesta ist der nächstgrößte; er ist reich an Eisen und hat vermutlich bei einer lange zurückliegenden Kollision mit einem anderen Asteroiden seine oberen Schichten verloren. Alle Asteroiden sind Gesteinskörper, die Kuipergürtel-Objekte dagegen bestehen zu einem großen Teil aus Eis. Pluto und Charon sind hier so gezeigt, wie man sie sich 2010 vorstellte – die Oberflächenstrukturen hatte man daraus erschlossen, wie sich die Gesamthelligkeit des Pluto-Charon-Systems verändert, wenn sich einer der beiden Körper vor den anderen schiebt. Eris ist in der Abbildung etwas größer als Pluto – was dem damaligen Wissensstand entspricht –, doch verbesserte Messungen haben 2015 gezeigt, dass Eris (Durchmesser: 2,326 ± 12 Kilometer) etwas kleiner als Pluto ist (Durchmesser: 2374 ± 8 Kilometer). Die Kuipergürtel-Objekte sind alle kleiner als unser Mond.

Nachdem ich Ihnen einige wissenschaftliche Hintergrundinformationen zu Pluto geliefert habe, wollen wir zu der Geschichte zurückkehren. Was geschieht als Nächstes? Wir bekamen eine Flut von Briefen aus der Öffentlichkeit. »Wenn Pluto ein Planet bleibt, muss das Museum Geld ausgeben, um ein Modell von ihm zu bauen. Die Leute werden jammern, weil sie neue Poster kaufen müssen. Aber was soll's? Das wird sie drei Dollar kosten.« Das war von einem Siebtklässler. »Was stört euch an Pluto? Liegt es daran, dass er anders ist. Ist das der Grund, warum ihr ihn nicht als Planeten anerkennt? Dann ist es Rassismus.« Rassismus?

Ein anderes Argument: »Jetzt müssen die Lehrer ihren Schülern beibringen, dass es acht Planeten gibt, während sie ihnen letztes Jahr noch erzählt haben, dass es neun sind. Das wir Verwirrung stiften bei Schülern, jungen Schülern; ich habe mir meine Planeten gemerkt, indem ich mir einen Merkvers aufgesagt habe: Mein Vater erklärt mir jeden Sonntag unsere neun Planeten. Das hat mir immer geholfen, viele Kinder haben sich auf diese Weise die Planeten eingeprägt. Was wir man ihnen sagen? Auch wenn ich noch ein Kind bin, so weiß ich doch, was passieren wird.«

Im Rose Center zählen wir keine Planeten. Prüfungsfragen nach der Art »Wie heißt der vierte Planet von der Sonne aus gesehen?«, haben keinen wissenschaftlichen Wert. Im Rose Center sagen wir nicht: Pluto ist kein Planet; wir legen auch sonst keinen gesteigerten Wert auf das Wort »Planet«. Wir sagen lediglich, das Sonnensystem gliedere sich in Familien, und eine dieser Familien - die erdähnlichen Planeten (Merkur, Venus, Erde, Mars) - besteht aus Objekten mit gemeinsamen Eigenschaften, welche die Familienmitglieder von anderen Himmelskörpern unterscheiden. Der Asteroidengürtel ist eine andere Familie - kleine Gesteinskörper. Die Gasriesen bilden eine dritte Familie. Die Kuipergürtel-Objekte, einschließlich Plutos, der an ihrem inneren Rand seine Bahn zieht, haben alle sehr ähnliche Eigenschaften. Daher bilden sie eine weitere Familie. Des Weiteren gibt es eine Wolke von Eiskörpern, die die Sonne vollständig umgeben, die Oortsche Wolke mit ihren Kometen. Damit haben wir die Objekte, die die Sonne umkreisen, in fünf Familien unterteilt. Das ist unser pädagogisches Paradigma. Entscheidend ist die Frage, welche Eigenschaften die Objekte gemeinsam haben. Ein Drittklässler kann lernen, dass Gasriesen groß und von geringer Dichte sind — ein hübscher Anlass, um zu lernen, was es mit dem Begriff der Dichte auf sich hat. Sie sind groß und gasförmig wie Wasserbälle. Saturn hat eine geringere Dichte als Wasser. Wenn wir ein Stück Saturn nähmen und in unsere Badewanne legten, würde es schwimmen. Ich wollte immer ein Saturn-Spielzeug statt einer Gummiente, als ich noch ein Kind war - ich fand das cool.

Ich glaube, Pluto ist im Kuipergürtel jetzt glücklicher, weil er dorthin gehört. Ihn für einen waschechten Planeten zu halten, heißt, seine fundamentalen Eigenschaften zu verkennen. Würden Sie Pluto dorthin versetzen, wo sich jetzt die Erde befindet, bekäme er einen Schweif wie ein Komet, und das wäre sicherlich kein angemessenes Verhalten für einen Planeten.

Bevor wir Pluto wegen seiner bescheidenen Größe Minderwertigkeitsgefühle einreden, ein Gedanke, der uns Demut lehren kann: Jupiter ist im Vergleich zur Erde deutlich größer, als es die Erde im Vergleich zu Pluto ist. (Vgl. Abb. 9.3 und Abb. 9.4) Wenn wir also eine Umfrage unter den auf Jupiter lebenden Menschen (oder wie auch immer gearteten Kreaturen) durchführten - das heißt, zu einigen Jovianern gingen und sie fragten:

»Wie viele Planeten gibt es im Sonnensystem?«–, was würden sie wohl antworten? Vier. Wir würden sagen: »Und was ist mit all den anderen Planeten? Erde …« Die Jovianer: »Diese Felsklumpen? Diese Trümmer? Diese Vagabunden des Sonnensystems?« Daher beruht mein Argument, unser Argument, Pluto aus dem Planetenreich zu verbannen, nicht in erster Linie auf der Größe, sondern eher auf den physikalischen Eigenschaften und den Eigenschaften seiner Umlaufbahn.

2005. Mike Brown und sein Team vom Caltech (dem California Institute of Technology) entdeckten ein Kuipergürtel-Objekt namens Eris, das fast den gleichen Durchmesser wie Pluto und 27 Prozent mehr Masse hat (vgl. Abb. 9.4, siehe Bildteil). Eris besitzt einen kleinen Mond – Dysnomia –, dessen Bahnparameter uns ermöglichen, Eris' Masse genau abzuschätzen, und es zeigt sich, dass Eris eindeutig massereicher ist als Pluto. Das gab den Ausschlag. Wenn Pluto ein Planet war, dann musste Eris natürlich auch einer sein. Entweder musste Pluto abgewertet oder Eris aufgewertet werden. Die Internationale Astronomische Union (IAU), das offizielle Gremium, das über solche Definitionen zu entscheiden hat, berief auf ihrer Generalversammlung im Jahre 2006 eine Sondersitzung ein, um über den Planetenstatus von Pluto, Eris und den anderen Kuipergürtel-Objekten zu entscheiden. Das Ergebnis? Pluto wurde von seinem bisherigen Status als Planet in den eines Zwergplaneten versetzt. Die Geschichte machte weltweit Schlagzeilen. Die Autoren von Lehrbüchern griffen sie auf. Um ein Planet zu sein, muss ein Objekt drei Bedingungen erfüllen: Es muss (1) die Sonne umkreisen, (2) genügend Masse besitzen, um ein hydrostatisches Gleichgewicht zu erreichen (fast rund sein), und (3) die Nachbarschaft seiner Umlaufbahn von Trümmern befreit haben. Pluto scheiterte, genauso wie Ceres, am dritten Kriterium – sie werden von anderen Objekten begleitet, deren Gesamtmasse mit der ihren vergleichbar ist. Die meisten Astronomen legten den Begriff »die Nachbarschaft befreit« dahingehend aus, dass der Planet die dominante Masse in der Nachbarschaft seiner Bahn sein muss. Beispielsweise wird Jupiter von mehr als 5000 Trojanischen Asteroiden begleitet, die sich an stabilen *Lagrange-Punkten* entweder 60 Grad vor oder 60 Grad hinter Jupiter in seiner Bahn sammeln, aber diese Asteroiden sind insgesamt winzig im Vergleich zu Jupiter selbst. Den Jupiter degradierte die IAU nicht, sondern verkündete, dass es acht Planenten im Sonnensystem gibt: Merkur, Venus, Erde, Mars, Jupiter, Saturn, Uranus und

Neptun. *My Very Excellent Mother Just Served Us Nachos* (»Mein Vater erklärt mir jeden Sonntag unseren Nachthimmel«). Da Pluto, Eris und Ceres die beiden ersten Kriterien erfüllen, sind sie unbedeutendere Planeten und werden daher als »Zwergplaneten« bezeichnet. Mit Plutos Degradierung war das Rose Center seiner Zeit also sechs Jahre voraus. In dem Buch *The Pluto Files: The Rise and Fall of America's Favorite Planet* (2009) liefere ich eine chronologische Schilderung meiner Erfahrungen. Mike hat ein sehr amüsantes Buch über seine Entdeckung von Eris geschrieben – *Wie ich Pluto zur Strecke brachte und warum er es nicht anders verdient hat* (2012). Inzwischen haben wir neben Charon noch vier kleinere Monde entdeckt, die Pluto umkreisen. Eris hat einen Mond, und das Kuipergürtel-Objekt Haumea (von der IAU ebenfalls als Zwergplanet klassifiziert) besitzt zwei. 2006 brachte die NASA die Sonde New Horizons in Richtung Pluto auf den Weg. An Bord ein Teil von Clyde Tombaughs Asche. 2015 flog die Sonde an Pluto und Charon vorbei und schoss das schöne Bild der beiden, das wir in Abbildung 9.5 sehen. Auf Pluto ist eine herzförmige Region erkennbar, die vorläufig »Tombaugh Region« getauft wurde, und ein Pol von Charon weist einen dunklen Bereich auf, der inoffiziell »Mordor« genannt wurde, nach dem Schattenland in *Herr der Ringe*. Wie Sie sehen, ist mit Pluto alles in bester Ordnung.

Abbildung 9.5: Pluto und Charon, 2015 im Vorbeiflug von der Sonde New Horizons aufgenommen.
Credit: NASA

10

DIE SUCHE NACH LEBEN IN DER GALAXIS

NEIL DEGRASSE TYSON

Als Lebewesen haben wir natürlich ein besonderes Interesse an der Frage, ob es sonst noch Leben im Universum gibt. Wenn wir vorhaben, uns im Universum umzusehen und uns zu fragen, ob ein bestimmter Stern Planeten hat, die ihn umkreisen, und ob diese Planeten Leben beherbergen könnten, ist es vernünftig, Fragen zu stellen, die sich an der Art von Leben orientieren, das wir kennen – dem Leben auf der Erde. Offenbar haben alle Lebewesen eine Reihe von Eigenschaften gemeinsam. Erstens ist Leben, wie wir es kennen, auf flüssiges Wasser angewiesen. Zweitens verbraucht Leben Energie. Chemisch ausgedrückt: Wir haben einen Stoffwechsel. Und nun zum angenehmen Teil – Nummer drei – Leben hat eine bestimmte Art, sich fortzupflanzen. Ich werde mich auf die erste Eigenschaft konzentrieren, weil bei ihr die Möglichkeit besteht, sie mit den Methoden und Werkzeugen der Astrophysik zu entdecken. Dazu müssen wir das Universum nur nach flüssigem Wasser durchsuchen.

Seit der Geschichte von Goldilocks[6], wissen (und akzeptieren) wir, dass Dinge zu heiß, zu kalt oder genau richtig sein können, sofern sie das Leben betreffen. Nehmen wir die Sonne. Wie wir wissen, besitzt sie eine bestimmte Leuchtkraft; je näher wir an der Sonne sind, desto heißer werden die Dinge, und je weiter wir von ihr entfernt sind, desto kälter wird alles. Wir haben gesagt, dass die Existenz von Leben flüssiges Wasser voraussetzt. Wenn wir nun Wasser nehmen und es zu nahe an die Sonne bringen, verdunstet es. Zu weit entfernt – und es gefriert. Das führt uns zu dem Schluss, dass die Umlaufbahn eines Planeten in einem bestimmten Bereich – einer bestimmten Zone – liegen muss, wenn dort flüssiges Wasser existieren soll. Näher an der Sonne, und das Wasser verdampft, weiter entfernt, und es verwandelt sich in Eis, und dazwischen kann es flüssiges Wasser geben. Wir bezeichnen diesen Bereich als die *habitable* oder *bewohnbare Zone*. Seit den 1960er-Jahren beherrscht dieses Konzept unsere Theorien. Verschiedene Sterne haben, je nach ihrer Leuchtkraft, habitable Zonen von verschiedener Größe, was uns einiges zu denken gab. Der Astrophysiker Frank Drake vertiefte das Konzept ein wenig und entwickelte die sogenannte *Drake-Gleichung*. Es ist weniger eine Gleichung im Sinne der Newtonschen Gesetze als vielmehr eine Methode zur Organisation unserer Unwissenheit in der Frage, wie häufig intelligentes Leben im Universum ist.

Bevor ich Ihnen jetzt die Drake-Gleichung zeige, möchte ich Ihnen sagen, dass wir aufgrund all dessen, was wir über das Leben wissen, der Meinung sind, dass Leben einen Planeten benötigt, der einen Stern umkreist. Erst brauchen Sie den Stern, dann den Planeten und schließlich – denken Sie daran, wie langsam sich die Evolution des Lebens auf der Erde vollzog – Jahrmilliarden für die Entwicklung intelligenten Lebens. Daher muss der Stern langlebig sein. Nicht alle Sterne leben lange genug. Die Lebensdauer mancher Sterne beträgt noch nicht einmal 1 Milliarde Jahre, ja, noch nicht einmal Hunderte Millionen Jahre. Die massereichsten Sterne sterben nach 10 Millionen Jahren oder weniger. In der Umgebung solcher Sterne stehen die Chancen schlecht für intelligentes Leben, wenn man die für Leben auf der Erde nötigen Bedingungen zugrunde legt. Wir brauchen also einen Stern, der lange lebt, und einen Planeten, aber nicht einfach irgendeinen Planeten, sondern einen Planeten in der habitablen Zone des Sterns.

Wir suchen also nach einem langlebigen Stern, einem Planeten in der habitablen Zone und einem Planeten, der Leben beherbergt, aber nicht irgendwelches Leben, sondern intelligentes Leben. Während des größten Teils der Erdgeschichte richteten sogenannte »Cyanobakterien«, eine Gruppe hochwirksamer Mikroorganismen, verheerende Schäden in der Erdatmosphäre an. Heute beklagen wir uns, dass der Mensch die Umwelt verschmutzt, Ozonlöcher reißt und Treibhausgase wie CO_2 in die Atmosphäre bläst. Doch unser Einfluss verblasst neben den Auswirkungen der Cyanobakterien auf die Atmosphäre vor 3 Milliarden Jahren. Damals hatte die Erde viel Kohlendioxid in Ihrer Atmosphäre und war glücklich damit.

Dann erschienen die Cyanobakterien auf der Bildfläche, verschlangen das CO_2 und schieden Sauerstoff aus, womit sie die chemische Zusammensetzung und das Gleichgewicht der Erdatmosphäre von Grund auf veränderten

Am Ende hatte die Erde eine sauerstoffreiche Atmosphäre und sehr wenig CO_2. Tatsächlich war Sauerstoff für viele der damaligen anaeroben Organismen giftig. Kohlendioxid ist ein Treibhausgas, ohne diesen Stoff ging der Treibhauseffekt zurück, und die Erde begann, extrem abzukühlen. Hätte es damals eine Umweltbewegung gegeben, hätten die Sprechchöre gegen diese Veränderung möglicherweise gelautet: »Stoppt die Sauerstoffproduktion! Sie macht die Erde kaputt!« Die Erde wurde kälter und versank mehrere Male im Eis. Derweilen wurde die Sonne im Zuge ihrer Jahrmilliarden währenden Entwicklung langsam, aber stetig immer leuchtkräftiger, sodass die Schneeballepisoden der Erde endeten. Am Ende ermöglichte der Sauerstoff in der Atmosphäre die Evolution eines vielfältigen Tierlebens, das den Menschen einschließt. Nicht alle Veränderungen sind schlecht für alle Organismen.

Wir befürchten, der nächste Asteroid könne uns auslöschen. Ganz ehrlich, das wird passieren. Ich weiß nicht wann, aber es wird passieren, und es wird ein schlechter Tag für die Erde sein. Denken Sie nur an das letzte Mal, als die Erde schwer getroffen wurde, vor 65 Millionen Jahren, als ein Asteroid die Dinosaurier vernichtete. Unsere nagetiergroßen Säugervorfahren huschten durchs Unterholz und überlebten mit Müh und Not, während sie *T. rex* und anderen furchterregenden Fressfeinden als Horsd'oeuvres dienten. *T. rex* starb während der Nachwehen des Asteroideneinschlags aus und machte so den Weg für die Säugetiere frei, die ihrer Evolution nun ehrgeizigere Ziele stecken konnten. Diese Ereignisse, denen wir letztlich die Kultur und Gesellschaft verdanken, die wir heute haben, schenkten uns ein neues Leben, während sie es den Dinosauriern nahmen. Daher neige ich zu einer ganzheitlicheren Sicht auf die Veränderungen der Erde.

Wenn Sie auf einem Planeten, der möglicherweise Leben beherbergt, mit den Bewohnern plaudern möchten, dann denken Sie daran, dass Leben allein nicht genügt. Das Leben muss auch intelligent sein. Tatsächlich genügt noch nicht einmal das. Isaac Newton war intelligent, aber Sie hätten sich nicht quer durch die Galaxis mit ihm verständigen können. Was ihm damals fehlte, war eine Technologie, die ihn in die Lage versetzt hätte, Signale über die riesigen Entfernungen des Alls zu schicken. Das intelligente Leben, nach dem wir suchen, muss in der Epoche, in der wir es beobachten, technisch hoch entwickelt sein. Mit anderen Worten, wenn sie 1000 Lichtjahre entfernt ist, muss sie die Signale genau vor 1000 Jahren abgeschickt haben, damit sie uns genau jetzt erreichen. Dabei darf man allerdings nicht vergessen, dass die Technik den Keim zur Selbstvernichtung enthält. Nehmen wir an, dieses technische Vermögen in der Hand unwissender und unverantwortlicher Lebewesen gibt diesen die Möglichkeit, sich selbst gründlicher auszulöschen als irgendeine Naturkatastrophe. Wie lang ist der Zeitraum, der den Besitzern dieser mörderischen Macht bleibt, bevor sie sich selbst pulverisieren? Möglicherweise sind das nur hundert Jahre. Wenn Sie sich unter diesen Bedingungen in der Galaxis umschauen, müssen Sie schon enormes Glück haben, um genau das richtige schmale Zeitfenster von hundert Jahren innerhalb der 5 Milliarden Jahre zu erwischen, die ein Planet um seinen Stern kreist. Das schränkt die Wahrscheinlichkeit, einen kosmischen Brieffreund zu finden, erheblich ein.

Frank Drake sammelte alle diese Argumente und fasste sie in der Drake-Gleichung zusammen. Die Gleichung wurde zum Ausgangspunkt für die Suche nach außerirdischer Intelligenz (SETI nach englisch *Search for Extraterrestrial Intelligence*). Er wollte die Zahl der kommunikationsbereiten Zivilisationen schätzen, von denen wir genau jetzt hören könnten: N_k. Dazu führte er eine Reihe von Faktoren in seine Gleichung ein, wobei jeder Term einen bestimmten, auf den Erkenntnissen der modernen Astrophysik beruhenden Schätzwert darstellte:

$$N_k = N_s \times f_{HP} \times f_L \times f_i \times f_k \times (L_k / \text{Alter der Galaxis}),$$

wobei

N_k = Zahl der kommunikationsbereiten Zivilisationen, die wir heute in der Galaxis beobachten können;

N_s = Zahl der Sterne in der Galaxis, ~300 Milliarden;

f_HP = Anteil der Sterne, die einen Planeten in der habitablen Zone besitzen, ~0.006;

f_L = Anteil dieser Planeten, auf denen sich Leben entwickelt, unbekannt, aber vielleicht nahe 1;

f_i = Anteil von Planeten mit Leben, auf denen sich intelligentes Leben entwickelt, unbekannt, aber wahrscheinlich klein;

f_k = Anteil der Planeten mit intelligentem Leben, auf denen die nötige Technologie zur Kommunikation über interstellare Entfernungen entwickelt wird, unbekannt, aber vielleicht nahe 1;

L_k = durchschnittliche Lebenserwartung kommunikationsbereiter Zivilisationen, unbekannt, aber womöglich klein im Vergleich zum Alter der Galaxis;

Alter der Galaxis, ~10 Milliarden Jahre.

Beginnen wir mit der Zahl der Sterne in der Milchstraße, rund 300 Milliarden. Da nicht jeder Stern in der Galaxis geeignet sein dürfte, müssen Sie diese Zahl mit dem Anteil der Sterne multiplizieren, die lange leben (lang genug, um intelligentes Leben zu entwickeln) und außerdem einen Planeten in der habitablen Zone haben (f_{HP}). Das reduziert die Zahl der Sterne, bei denen wir intelligentes Leben erwarten dürfen. Zum Zeitpunkt dieser Veröffentlichung haben wir nach heroischer Durchmusterung von mehr als 150.000 Sternen die Existenz von mehr als 3000 Exoplaneten nachweisen können. Das war eine echte Revolution.

Sterne mit Planeten sind also keine Seltenheit, und viele Sterne haben mehrere Planeten. Unter den Sternen mit Planeten wollen wir diejenigen herausfinden, die einen glücklichen Planeten in der habitablen Zone bei sich haben. Wir können Exoplaneten anhand der Gravitationsanziehung entdecken, die sie auf ihre Sterne ausüben, und dadurch eine leichte Störung der Radialgeschwindigkeit hervorrufen, also jener Geschwindigkeit, mit der sich solche Sterne periodisch auf uns zu und von uns wegbewegen – eine Erscheinung, die wir beobachten können. Planeten, die näher um ihren Stern kreisen, üben einen stärkeren Zug aus und verursachen dadurch eine größere, leichter zu entdeckende Schwankung der Radialgeschwindigkeit des Sterns (Wobble-Effekt). Daher lassen sich Planeten mit geringem Abstand zu ihren Sternen relativ einfach finden, aber solche Planeten werden zu heiß sein, als dass auf ihrer Oberfläche flüssiges Wasser existieren könnte – das sind also keine Planeten, die wir in der Drake-Gleichung haben wollen. Die umfangreichste Durchmusterung von Exoplaneten wurde von dem Kepler-Satelliten der NASA durchgeführt (natürlich nach Johannes Kepler benannt), der Planeten aufspürt, indem er die winzige Abschwächung des

Sternenlichts misst, die sich ergibt, wenn ein Planet aus Ihrem Blickwinkel direkt vor seinem Stern vorbeizieht. Allgemein nennen wir einen solchen Vorgang einen *Transit*.

Jupiters Radius entspricht rund einem Zehntel des Sonnenradius. Seine Querschnittsfläche (πr^2) ist damit nur 1 Prozent so groß wie die der Sonne. Wenn also ein Planet von der Größe Jupiters vor seinem sonnenartigen Stern vorbeizieht, schattet er vorübergehend rund 1 Prozent des Sternenlichts ab. Ein erdgroßer Planet, dessen Radius nur 1 Prozent des Sonnenradius beträgt, schattet beim Vorüberziehen lediglich 0,01 Prozent des Lichts eines sonnenartigen Sterns ab. Der Kepler-Satellit wurde so konzipiert, dass er im Prinzip empfindlich genug ist, um eine derart kleine Helligkeitsschwankung eines Sterns zu entdecken, denn die Suche nach erdartigen Planeten ist seine Hauptaufgabe, auch wenn Kepler dafür wirklich an die Grenzen seiner Leistungsfähigkeit gehen muss. Bei den meisten Entdeckungen des Satelliten handelt es sich dagegen um Planeten von der Größe Jupiters oder Neptuns (die kein Leben, wie wir es kennen, beherbergen können), aber wir haben auch viele kleinere Planeten entdeckt, die teilweise sogar vergleichbar groß sind wie die Erde. In Abbildung 10.1 sind die Kepler-Planeten als Punkte abgebildet: Auf der senkrechten Achse ist dabei der Radius des Planeten relativ zum Erdradius aufgetragen, auf der waagerechten Achse der Radius der Planetenbahn in AE. Die meisten Kepler-Planeten kreisen um sonnenähnliche Sterne. Die gekreuzten Linien Erdbahn/Erdgröße geben die Position der Erde in diesem Diagramm an. Wir suchen nach Exoplaneten, die im Diagramm unweit dieser Position angesiedelt sind.

Ein Transit ist wahrscheinlicher, wenn der Planet sich näher an seinem Stern befindet. Daher sind die meisten bisher entdeckten Kepler-Planeten zu heiß, als dass auf ihnen Leben entstehen könnte. Wenn der Planet so weit entfernt ist, dass er seiner Oberflächentemperatur nach habitabel ist, dann muss seine Umlaufbahn genau so orientiert sein, dass wir von der Erde aus einen Transit beobachten können, und da seine Bahnperiode länger ist, gibt es zudem weniger Transite.

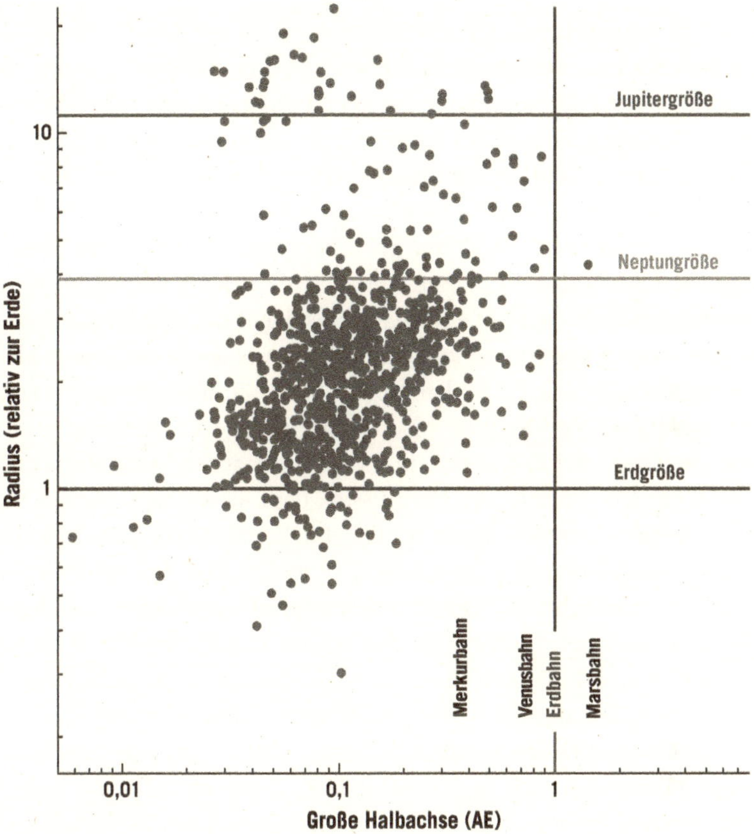

Abbildung 10.1: Exoplaneten, deren Radien und deren Abstände von ihrem Stern aus den Daten bekannt sind, die der Kepler-Satellit bis einschließlich Februar 2016 ermittelte. Als Punkte sind mehr als 1100 bestätigte Exoplaneten eingezeichnet. Senkrecht ist jeweils der Radius des Planeten (in Erdradien), waagerecht sein Abstand vom Stern (in Astronomischen Einheiten) aufgetragen. Diese Exoplaneten wurden entdeckt, als sie vor ihrem Stern vorbeizogen und dabei einen Bruchteil des Sternenlichts abschatteten. Die Linien Erdbahn/Erdgröße zeigen die Position der Erde in diesem Diagramm an. *Credit:* Michael A. Strauss, NASA

Beides schmälert unsere Chance, einen Transit eines solchen Planeten zu beobachten. Bislang hat der Kepler-Satellit nur etwa zehn bestätigte Exoplaneten entdeckt, deren Durchmesser zwischen einem und zwei Erddurchmessern liegt und die von ihrem Stern eine Strahlungsmenge empfangen, die sich innerhalb eines Faktors 4 dessen bewegt, was die Erde von der Sonne an Strahlung erhält. Die Zahl ist deshalb so niedrig, weil solche Planeten mit der Transittechnik nur schwer zu entdecken sind.

Einer dieser vielsprechenden Kandidaten ist Planet Kepler 62e (in Abb. 10.2 sehen Sie eine künstlerische Darstellung). Es handelt sich um einen von fünf Planeten, die einen Stern der Spektralklasse K umkreisen (namens Kepler 62), in ungefähr 1200 Lichtjahren Entfernung von uns. Die Oberfläche des Sterns hat eine Temperatur von rund 4900 K. Der Radius des Planeten Kepler 62e ist 1,61-mal so groß wie der Erdradius, und der Planet erhält nur 20 Prozent mehr Strahlung pro Quadratmeter von seinem Stern als die Erde von der Sonne. Er müsste demnach in der habitablen Zone liegen. Es könnte sich entweder um einen Gesteinsplanet handeln oder um einen Eisplanet, dessen Oberfläche von einem Ozean bedeckt ist. Dieses Mehrfachsystem ist ungefähr 2,5 Milliarden Jahre älter als unser Sonnensystem.

Welcher Anteil von Sternen (f_{HP}) weist einen geeigneten Stern in der habitablen Zone auf? G-Sterne wie die Sonne machen fast 8 Prozent der Sterne in der Milchstraße aus. Wir wissen, dass sie lebensfreundlich sind, weil die Sonne einer von ihnen ist. Erheblich leuchtkräftigere Sterne als die Sonne erschöpfen ihren Brennstoff so rasch, dass sie ihren Planeten nicht die erforderliche Zeit lassen, um komplexes, intelligentes Leben zu entwickeln, ein Evolutionsprozess, der auf der Erde Jahrmilliarden dauerte. Lichtschwächere K- und M-Sterne sind sogar noch langlebiger als die Sonne und erfüllen zumindest diese Bedingung daher hervorragend.

Doch M-Sterne in der Hauptreihe haben eine so geringe Leuchtkraft, dass der Planet, um sich in der habitablen Zone zu befinden, sich der Wärme wegen ganz nah an den M-Stern drängen müsste. Dadurch käme es infolge der Gezeitenkräfte zu einer gebundenen Rotation des Planeten, bei welcher der Planet dem Stern immer dieselbe Seite zuwenden würde. Die Gezeitenkräfte sind umso stärker, je näher man dem Planeten kommt. Sie zwingen dem Planeten eine leicht ellipsoide Form auf, seine Rotation verlangsamt sich und kommt schließlich ganz zum Erliegen, wobei die ellipsoide Form in Richtung des Zentralgestirns zeigt. (Auch unser Mond führt eine gebundene Rotation um die Erde aus, das heißt, infolge dieses Effektes wendet er der Erde immer dieselbe Seite zu.) Dem Planeten wäre das wohl egal, nicht aber irgendwelchem Leben auf seiner Oberfläche:

Abbildung 10.2: Kepler 62e im Vergleich zur Erde. Kepler 62e ist rechts, die Erde links. Die Abbildung von Kepler 62e ist eine künstlerische Darstellung, aber seine relative Größe zur Erde ist maßstabsgetreu. Offenbar liegt seine Bahn innerhalb der habitablen Zone, daher könnte er Wasserozeane haben. *Credit:* PHL@UPRArecibo

Die dem M-Stern ständig zugewandte Seite wäre zu heiß und die andere Seite zu kalt. Eine Atmosphäre mit ähnlicher Zusammensetzung wie die der Erde fröre auf der kalten Seite aus. In der Zwischenzeit würde sich die Atmosphäre von der heißen Seite auf die kalte Seite ausdehnen und ebenfalls ausfrieren, und so fort in einem nicht mehr aufzuhaltenden Prozess. Schließlich wäre die ganze Atmosphäre auf der kalten Seite ausgefroren, und das Leben hätte keine Chance mehr. Das Leben hätte nur eine Möglichkeit auf dem Planeten: Es müsste eine hinreichend dicke Atmosphäre geben, in der die Luft zirkulieren und so die extremen Temperaturschwankungen zwischen den beiden Seiten eindämmen würde. In den untersten Regionen solch einer Atmosphäre, auf der Planetenoberfläche, müsste allerdings ein sehr hoher Druck herrschen. Hinzu kommt, dass es an der Oberfläche von M-Sternen deutlich häufiger zu lebensfeindlichen Flares, also zu energiereichen Eruptionen kommt als bei Sternen wie unserer Sonne. Leben ist unter solchen Umständen zwar nicht unmöglich, aber die Evolution hat es dort deutlich schwerer.

Aus diesen Gründen sind G- und K-Sterne die besten Kandidaten für lebensfreundliche Sternensysteme, und sie stellen ansehnliche 20 Prozent aller Sterne in der Milchstraße.

Wie groß ist die Chance, einen Planeten in der habitablen Zone eines solchen Sterns zu finden?

Jetzt werde ich Ihnen eine der schönsten Rechnungen im Kosmos zeigen, aber vielleicht sollte ich das Urteil besser Ihnen selbst überlassen. Ich möchte Ihnen nur zeigen, dass Sie über alle Werkzeuge verfügen, die für diese Rechnung erforderlich sind.

Die Sonne hat eine bestimmte Leuchtkraft. Auch die Erde hat eine Leuchtkraft; wir kennen die Temperatur der Erde, und entsprechend dieser Temperatur emittiert die Erde Strahlung, vorwiegend im Infrarotbereich des Spektrums – thermische Strahlung, wie wir sie üblicherweise nennen. Die Erde wird entsprechend ihrer Temperatur in allen Bereichen des Spektrums strahlen, wie es die Planck-Kurve vorgibt, die dieser Temperatur entspricht. Die Gesamtleuchtkraft der Erde errechnet sich aus der pro Flächeneinheit abgegebenen Energie mal dem Flächeninhalt der Erdoberfläche. Betrachten wir zunächst diesen Flächeninhalt, $4\pi r_E^2$, und multiplizieren wir ihn mit der Energie, die die Erde pro Flächeneinheit emittiert – σT_E^4 (nach dem Stefan-Boltzmann-Gesetz der Wärmestrahlung). Für die Leuchtkraft der Erde ergibt sich damit $L_E = 4\pi r_E^2 \sigma T_E^4$. Gleiches gilt für die Sonne: $L_S = 4\pi r_S^2 \sigma T_S^4$. Jetzt fragen wir, wie viel von der Leuchtkraft der Sonne die Erde tatsächlich erreicht. Obwohl die Temperatur der Erde Schwankungen unterworfen ist, bewegt sie sich um einen sehr stabilen Durchschnitt. Im Gleichgewichtszustand sollte die Energie, die die Erde von der Sonne empfängt, genauso groß sein wie die von der Erdoberfläche abgegebenen Energie. Wäre es anders, würde die Erde entweder immer heißer oder immer kälter werden, statt den beobachteten Durchschnittswert zu bewahren. Wir haben diese Gleichungen schon kennengelernt, aber jetzt haben wir ein neues Ziel für sie – die Berechnung der Gleichgewichtstemperatur der Erde.

Auf der Erde kommt nicht die gesamte Energie an, die die Sonne mit ihrer Leuchtkraft L_S in alle Richtungen abgibt. Von dieser Gesamtenergie zählt nur derjenige Anteil, der tatsächlich auf die Erde trifft. Die gesamte von der Sonne stammende Energie durchquert rund acht Minuten nach ihrer Aussendung eine Kugelfläche mit dem Radius der Erdbahn (1 AE). Wir müssen jetzt herausfinden, welchen Bruchteil dieser Kugelfläche die Erde abschattet. Derjenige Teil der Kugelfläche, dessen Licht auf der Erde landet, ist gerade so groß wie die Querschnittsfläche der Erde.

Daher ist der Anteil der Sonnenstrahlung, der die Erde trifft, gleich dem Verhältnis der Fläche des kreisförmigen Querschnitts der Erde, πr_E^2, zum Flächeninhalt der großen Kugel mit dem Radius 1 AE, die von der gesamten Sonnenstrahlung durchquert wird: $4\pi(1\ \mathrm{AE})^2$. Das Verhältnis beträgt also $\pi r_E^2/4\pi(1\ \mathrm{AE})^2$. Der auf der Erde ankommende Bruchteil der Sonnenleuchtkraft beträgt demnach $L_S\pi r_E^2/4\pi(1\ \mathrm{AE})^2$ oder, wenn wir unsere Formel für die Leuchtkraft der Sonne einsetzen, $4\pi r_S^2\sigma T_S^4\pi r_E^2/4\pi(1\ \mathrm{AE})^2$. Da wir annehmen, dass ein Gleichgewicht vorliegt, darf ich diesen Term mit der Leuchtkraft gleichsetzen, die die Erde abgibt, $4\pi r_E^2\sigma T_E^4$. Dann ergibt sich folgendes Bild: $4\pi r_S^2\sigma T_S^4\ \pi r_E^2/4\pi(1\ \mathrm{AE})^2 = 4\pi r_E^2\sigma T_E^4$. Auf der linken Seite steht der Bruch $4\pi/4\pi$, der sich wegkürzt. Auch das πr_E^2, das auf beiden Seiten erscheint, kürzt sich weg, und dasselbe gilt für das σ auf beiden Seiten der Gleichung, sodass wir schließlich erhalten: $r_S^2T_S^4/(1\ \mathrm{AE})^2 = 4T_E^4$.

Jetzt können wir die Gleichgewichtstemperatur T_E der Erde, berechnen. Zuerst gebe ich der Gleichung die folgende Form: $T_E^4 = r_S^2T_S^4/4(1\ \mathrm{AE})^2$. Damit sie eleganter aussieht, ziehe ich auf beiden Seiten der Gleichung die vierte Wurzel und erhalte

$$T_E = T_S\sqrt{[r_S/(2\ \mathrm{AE})]}.$$

Das ist die einfachste Form, die diese Gleichung annehmen kann. Wir haben genau das gefunden, was wir brauchen: eine Gleichung für die Temperatur der Erde. Setzen wir die Werte in die Gleichung ein: Der Radius der Sonne ist 696.000 Kilometer, und 2 AE = 300.000.000 Kilometer. Wir teilen den Radius der Sonne, 696.000 Kilometer durch 300.000.000. Das Ergebnis? 0,00232. Die Quadratwurzel aus dieser Zahl? 0,048. Welche Oberflächentemperatur hat die Sonne? 5778 K. Wir multiplizieren mit 0,048 und erhalten? Eine Gleichgewichtstemperatur für die Erde von 278 K. Bekanntlich liegt der Gefrierpunkt von Wasser bei 273 K oder 0 °C. Also beträgt unsere Schätzung für die Temperatur der Erde 5 °C. Das kommt der tatsächlichen Gleichgewichtstemperatur der Erde sehr nahe. Doch einen Moment, da gibt es noch etwas, was ich nicht berücksichtigt habe. Ich habe die Erde behandelt, als wäre sie ein schwarzer Körper, aber die Erde absorbiert nicht alle Energie, die sie erhält – sie hat weiße Wolken und schneebedeckte Regionen, die Strahlung reflektieren. Genau genommen wirft die Erde 40 Prozent der einfallenden Sonnenergie zurück ins All. Diese Strahlenmenge wird nicht absorbiert und trägt nicht zur Erdtemperatur bei. Wenn wir diesen Faktor in die Gleichung einfügen, fällt die Gleichgewichtstemperatur der Erde. Bei genauem Nachrechnen stellen wir fest, dass die Gleichgewichtstemperatur der Erde unter den Gefrierpunkt sinkt. Genau, Sie haben sich nicht verlesen – die natürliche Gleichgewichtstemperatur der Erde liegt bei unserem Abstand von der Sonne unter dem Gefrierpunkt des Wassers. Nach unserem früheren Argument dürfte es kein Leben und kein flüssiges Wasser auf der Erde geben. Aber natürlich haben wir flüssiges Wasser, und es wimmelt bei uns von Leben. Folglich sorgt irgendetwas für einen Anstieg der Temperatur. Sie haben es schon erraten: der Treibhauseffekt. Die Infrarotstrahlung, die von der Erde abgegeben wird, entweicht nicht direkt ins All, sondern wird von der Atmosphäre absorbiert, die sich dadurch erwärmt, wie in Kapitel 2 erörtert. Die eingefangene Infrarotstrahlung erhöht die Oberflächentemperatur der Erde. Der durch die Erdatmosphäre bewirkte Treibhauseffekt lässt also die Oberflächentemperatur der Erde ansteigen. Wie sich herausstellt, heben sich der Einfluss des Treibhauseffekts und der Reflektivität der Erde ungefähr auf, sodass unsere Berechnung am Ende trotzdem stimmt.

Aus unserer wunderbaren Gleichung $T_E = T_S \sqrt{[r_S/(2\ \text{AE})]}$ geht hervor, dass bei einem gegebenen Stern die Oberflächentemperatur eines gegebenen Planeten (mit Reflektivität und Treibhauseffekt von bestimmter Stärke) proportional zum Kehrwert der Quadratwurzel des Abstands zum Stern wäre. Mithilfe dieser Gleichung können wir den inneren und äußeren Rand der habitablen Zone für diesen bestimmten Planeten errechnen; nennen wir diese Grenzen r_{min} und r_{max}. Am inneren Rand der habitablen Zone des Planeten, r_{min} vom Stern entfernt, erreicht die Temperatur des Wassers fast den Siedepunkt. Bei einem ähnlichen atmosphärischen Druck wie auf der Erde kocht das Wasser bei 100 °C oder 373 K. Bei r_{min}, am inneren Rand der habitablen Zone, weist der Planet demnach eine Oberflächentemperatur von 373 K auf. Wasser gefriert bei 0 °C oder 273 K: Das geschieht am äußeren Rand seiner habitablen Zone. Folglich ist ein Planet am inneren Rand seiner habitablen Zone um einen Faktor 373/273 wärmer, als er es am äußeren Rand seiner habitablen Zone wäre. Der Quotient von r_{max}/r_{min} ist das Quadrat von (373/273) oder 1,87. Daher ist der Radius des äußeren Randes der habitablen Zone für diesen bestimmten Stern nur um 87 Prozent größer als der des inneren Randes. Das ist ein recht schmaler Bereich.

Eine sorgfältige Auswertung der Kepler-Daten ergibt, dass rund 10 Prozent der sonnenartigen (G und K) Sterne einen erdgroßen Planeten (mit einer Größe von ein bis zwei Erdradien) besitzen sollten, für den der vom Stern einfallende Strahlungsfluss ¼- bis 4-mal so groß ist wie auf der Erdoberfläche. Mit anderen Worten, rund 10 Prozent der sonnenähnlichen Sterne dürften erdgroße Planeten in einem Abstand von 0,5 bis 2 AE vom Zentralgestirn besitzen. Hintergrund ist, dass die Sonnenstrahlung mit dem Quadrat der Entfernung abnimmt: Ein Planet mit einem Abstand von 2 AE erhält nur ein 1/4 soviel Sonnenstrahlung wie wir hier auf der Erde, und ein Planet mit der Entfernung 0,5 AE erhält viermal so viel. Die Kepler-Daten lassen darauf schließen, dass die Logarithmen der Abstände der erdgroßen Planeten von ihren Zentralgestirnen gleich verteilt sind. Was heißt das? Bei denjenigen Planeten, die zwischen 0,5 AE und 2 AE liegen, erwarten wir, dass die eine Hälfte zwischen 0,5 AE und 1 AE liegen und die andere Hälfte zwischen 1 AE und 2 AE. Die Entfernungen 0,5 AE und 1 AE unterscheiden sich um einen Faktor 2. Dasselbe gilt für 1 AE und 2 AE. In je zwei Abstandsintervallen, deren Innen- und Außenradius sich um denselben Faktor unterscheiden, erwarten wir, gleich viele Planeten zu finden.

Planeten, die 0,5 AE von einem sonnenartigen Stern entfernt sind, können bewohnbar sein, wenn sie eine hohe Reflektivität und nur einen sehr schwachen Treibhauseffekt haben. Würde man dagegen die Erde in solche Nähe der Sonne verlegen, würden ihre Ozeane kochen. Entsprechend gefröre die Erde, befände sie sich bei 2 AE. Doch brächte man einen Planeten mit geringer Reflektivität und einem starken Treibhauseffekt dorthin, könnte er warm genug bleiben, um Leben zu ermöglichen. Der r_{max}/r_{min}-Bereich für einen gegebenen Planeten mit einer gegebenen Reflektivität und einem Treibhauseffekt gegebener Stärke ist schmal: 1,87. Nun ist $1{,}87^{2{,}2} \approx 4$. Salopp gesagt: Multipliziert man die Zahl 1,87 $^{2{,}2}$ mal mit sich selbst, erhält man einen Faktor 4, also das Verhältnis von Ober- und Untergrenze des gesamten Bereichs von 0,5 AE bis 2 AE für einen sonnenartigen Stern.

Wenn gleiche Zahlen von Planeten auf jeden dieser 1,87-Faktoren entfallen, bedeutet das für Sie: Wenn Sie ein beliebiger erdgroßer Planet sind, dessen Abstand vom Stern zufällig irgendwo zwischen 0,5 AE und 2 AE liegt, dann beträgt die Wahrscheinlichkeit 1 zu 2,2 (also rund 45 Prozent), dass Sie sich gerade in jenem Entfernungsbereich $r_{max}/r_{min} = 1{,}87$ befinden, in dem bei Ihrer spezifischen Reflektivität und Ihrem spezifischen Treibhauseffekt Leben möglich ist.

Wenn 20 Prozent der Sterne in der Galaxis im Prinzip für Leben geeignet, das heißt, G- und K-Sterne sind, und wenn rund 10 Prozent solcher sonnenartigen Sterne erdgroße Planeten haben, die von ihrem Stern zwischen einem Viertel und dem Vierfachen der auf die Erde einfallenden Sonnenstrahlung empfangen, *und* wenn etwa 45 Prozent dieser Planeten sich in dem Abstandsbereich befinden, der lebensfreundliche Bedingungen schafft (das heißt, in dem bei ihrer jeweiligen Reflektivität und der Stärke ihres Treibhauseffekts flüssiges Wasser vorhanden ist), dann ist der Anteil $f_{HP} = 0{,}2 \times 0{,}1 \times 0{,}45 = 0{,}009$.

Diese Übung war zugleich anstrengend und erhellend. Mithilfe von Mathematik und Astrophysik haben wir in der Umgebung von Sternen diejenigen Orte charakterisiert, an denen Leben, wie wir es kennen, existieren könnte.

Doch bevor ein Planet wirklich als lebensfreundlich gelten kann, müssen noch weitere Kriterien erfüllt sein. So muss er eine ausreichende Atmosphäre besitzen. Wäre der Planet so klein wie der Mond, wäre seine Gravitation so schwach, dass Moleküle aus seiner Atmosphäre bei einer Temperatur von 278 K ins All entwichen und der Planet seine Atmosphäre verlöre, was der Grund ist, warum der Mond so gut wie keine Atmosphäre besitzt. Die Planeten, die wir hier ins Auge gefasst haben, sind mit einer Größe zwischen ein und zwei Erdradien aber durchaus in der Lage, ihre Atmosphäre festzuhalten. Die Planetenbahn kann zu exzentrisch sein: Wenn die Bahn eine Kepler-Ellipse mit einer Exzentrizität e ist, beträgt das Verhältnis ihrer maximalen Entfernung vom Stern, r_{max}, zur minimalen Entfernung, r_{min}, $r_{max}/r_{min} = (1 + e)/(1 - e)$. Diese Gleichung lässt sich umformen zu $e = ([r_{max}/r_{min}] - 1)/([r_{max}/r_{min}] + 1)$. Wenn die Planetenbahn einen vollkommenen Kreis bildet, ist $e = 0$. Ist sie sehr elongiert, geht e gegen 1. (Das trifft auf viele Kometen zu.) Daraus ergibt sich, dass die Exzentrizität einer Planetenbahn keinen Wert haben darf, bei dem $r_{max}/r_{min} > 1{,}87$ ist, weil die Ozeane sonst abwechselnd kochen und gefrieren würden. Die Planetenbahn muss demnach eine Exzentrizität $e < 0{,}30$ haben, sodass sie nie aus der habitablen Zone hinausführt, denn sonst würde das kostbare flüssige Wasser des Planeten gefrieren oder verkochen. Wenn Sie einem Außerirdischen begegnen, können Sie sagen: »Ich könnte wetten, dass die Umlaufbahn deines Heimatplaneten eine Exzentrizität von weniger als 0,30 hat.« Er oder sie – oder wahrscheinlicher: es – wird gebührend beeindruckt sein.

Die Exzentrizität der Erdbahn beträgt nur $e = 0{,}017$. Das ist kein Zufall – diesem Umstand verdanken wir ein angenehmes Klima ohne übermäßig große Schwankungen. Oder genauer, es ist kein Zufall, dass sich unsere Evolution auf einem Planeten vollzog, dessen Bahn eine geringe Exzentrizität besitzt. Zum Glück für die Suche nach Leben weisen die meisten vom Kepler-Satelliten entdeckten erdartigen Planeten niedrige Exzentrizitäten auf. Häufig treten sie in Mehrplanetensystemen auf, in denen die Wechselwirkungen zwischen den Planeten dazu führen, dass die Umlaufbahnen immer kreisförmiger werden. Die Planeten verändern ihre Bahnen mit der Zeit so, dass sie einander nicht in die Quere kommen. Der Kepler-Satellit hat festgestellt, dass aufeinanderfolgende Planeten in Mehrplanetensystemen häufig Bahnperioden haben, die sich um mindestens einen Faktor 2 unterscheiden. Nach Keplers drittem Gesetz ($P^2 \sim a^3$) folgt daraus, dass die Bahnen aufeinanderfolgender Planeten durchschnittlich jeweils um mindestens einen Faktor $2^{2/3}$, oder 1,6, größer sind als der vorhergehende. Dieser Faktor weicht nicht wesentlich von 1,87 ab, der r_{max}/r_{min}-Breite der habitablen Zone für einen bestimmten Planeten. Wenn Sie Glück haben, entdecken Sie zwei Planeten in sternnäheren Bahnen oder einen Planet mit hoher Reflektivität und niedrigem Treibhauseffekt in der Nähe des Sterns und einen Planeten mit niedriger Reflektivität und großem Treibhauseffekt weiter draußen, doch im Durchschnitt gehen wir davon aus, höchstens einen bewohnbaren Planeten pro Sternsystem zu finden.

Früher nahm man an, dass Doppelsternsysteme keine Planeten haben könnten. Da sich mehr als die Hälfte der Sterne unserer Galaxis in Doppelsystemen befinden, würde das unseren Bruchteil von Kandidaten um einen Faktor 2 verkleinern. Aber der Kepler-Satellit hat Planeten in Doppelsternsystemen entdeckt. Wenn Sie ein Planet sind, tut es Ihrer Bewohnbarkeit keinen Abbruch, wenn Sie zwei sonnenartige Sterne haben, die mit einem

Abstand von 0,1 AE umeinander kreisen, während Sie $\sqrt{2}$ AE = 1,41 AE von ihnen entfernt sind. Dann erhalten Sie die gleiche Strahlenmenge wie wir auf der Erde. Sie haben dann einfach zwei Sterne an Ihrem Himmel (wie der Planet Tatooine in *Star Wars IV*). Die beiden Sterne haben eine so enge Verbindung, dass sie Ihre Dynamik nicht stören werden. Bei zwei sonnenartigen Sternen mit einem Abstand von 1 AE dagegen dürften Sie Schwierigkeiten haben, in der bewohnbaren Zone eine stabile Planetenbahn zu ermöglich ist, da sie ständig entweder von dem einem oder von dem anderen Stern deutlich stärker angezogen werden. Wenn sich die beiden sonnenartigen Sterne jedoch mit einer Entfernung umkreisen, die mehr als 10 AE beträgt, ist wieder alles in Ordnung, weil Sie einfach einen Stern im Abstand von 1 AE umkreisen und den anderen gelassen aus der Ferne betrachten können. So weit entfernt wird der andere Stern Ihre Bahn nicht stören und Sie selbst nicht zu sehr erhitzen. Natürlich wollen Sie nicht zu einem Sternsystem mit einem massereichen Stern gehören, weil er zu einem Roten Riesen werden und sterben wird, bevor Sie Zeit gehabt haben, mit der Evolution intelligenten Lebens zu beginnen.

Diese drei zusätzlichen Faktoren – Atmosphäre, Exzentrizität und Störungen durch ein Doppelsternsystem – verringern, jeder für sich, die Wahrscheinlichkeit, dass sich in der habitablen Zone eines Sterns ein Planet befindet, aber selbst alle zusammengenommen verringern sie f_{HP} nicht um einen Faktor 2. Daher werde ich f_{HP} nur ein wenig herabsetzen – von 0,009 auf $f_{HP} \sim 0{,}006$.

Als Frank Drake seine Gleichung in den 1960er-Jahren erstmals niederschrieb, hatten wir noch keine Planeten entdeckt, die andere Sterne umkreisten als die Sonne. Über f_{HP} konnte man unter diesen Umständen nur vage Vermutungen anstellen. Doch jetzt haben wir genügend Daten, um unsere groben Schätzungen zu korrigieren. Das ist der Zweck dieser Gleichung: Sie soll uns ermutigen, nach bestimmten Daten zu suchen, anhand derer wir die Faktoren bestimmen können.

Das Ergebnis, dass $f_{HP} \sim 0{,}006$ ist, verschafft uns einen Ansatzpunkt. Schauen wir, was wir damit anfangen können. Der nächste Stern ist vier Lichtjahre entfernt. Betrachten wir eine Entfernung, die zehnmal so groß ist, 40 Lichtjahre. Die Kugel mit einem Radius von 40 Lichtjahren hat 1000-mal so viel Volumen wie eine Kugel mit dem Radius vier Lichtjahre, und innerhalb dieser Kugel werden Sie dementsprechend rund 1000 Sterne finden. Bei $f_{HP} \sim 0{,}006$ können Sie erwarten, bis zu jener Entfernung mindestens sechs bewohnbare Planeten zu entdecken. Sie haben richtig gelesen: Wir erwarten, in einer Entfernung von bis zu 40 Lichtjahren von der Sonne, bewohnbare Planeten zu finden, die andere Sterne umkreisen! Das heißt, dass die Folgen der ersten Staffel von *Star Trek,* die damals mit Lichtgeschwindigkeit ins All entwichen, mit einiger Wahrscheinlichkeit bereits an einem anderen bewohnbaren Planeten mit flüssigem Wasser an seiner Oberfläche vorbeigesaust sind.

In den 1970er-Jahren führte die British Interplanetary Society eine Studie namens Project Daedalus durch, in der die Möglichkeit interstellarer Raumfahrt untersucht wurde. Dabei ging man von einem 190 Meter hohen, zweistufigen Raumfahrzeug aus, das seine Antriebsenergie aus der Kernfusion bezog und 50.000 Tonnen Deuterium und Helium-3 verbrauchte. Damit wäre es zweimal so hoch gewesen und hätte 16-mal so viel Masse besessen wie die *Saturn-V*-Rakete, mit der wir unsere Astronauten auf den Mond schossen. Diese enorme fusionsbetriebene Rakete hätte 12 Prozent der Lichtgeschwindigkeit erreicht und 500 Tonnen wissenschaftliches Gerät laden können, darunter zwei optische 5-Meter-Teleskope und ein 20-Meter-Radioteleskop. Das Raumschiff hätte 333 Jahre gebraucht, um 40 Lichtjahre zurückzulegen. Nach allem, was wir heute wissen, hätte das Raumfahrzeug in diesen 333 Jahren einen bewohnbaren Planeten erreichen können. Die im Vorbeiflug erfassten telemetrischen Daten hätten die Erde nach weiteren 40 Jahren erreicht. Mit anderen Worten, wir hätten die entsprechenden Informationen erst 373 Jahre später erhalten.

Oder noch besser, nehmen Sie eine Rakete von gleicher Größe und verwenden Sie Materie und Antimaterie als Treibstoff. Es ist zwar eine große technische Herausforderung, die Materie und Antimaterie sicher getrennt zu halten, bis man sie kontrolliert im Antriebsaggregat zusammenbringen kann – aber dabei werden nach Einsteins Gleichung $E = mc^2$ 100 Prozent der Brennstoffmasse als Energie freigesetzt. Das ist ein sehr viel effizienterer Antrieb als die Deuterium-Helium-3-Fusion, die Helium-4 und Wasserstoff erzeugt, weil jene nur 0,5 Prozent der Brennstoffmasse in Form von Energie freisetzt. Bei einem Materie-Antimaterie-Antrieb kann eine Rakete gleicher Ausmaße zehn Astronauten aufnehmen und sie nach einer Reise auf einem 40 Lichtjahre entfernten bewohnbaren Planeten absetzen. Über einen Zeitraum von 4,93 Jahren beschleunigen Sie mittels des

Materie-Antimaterie-Brennstoffs zunächst mit 1 g (9,8 Meter pro Sekunde pro Sekunde, die Gravitationsbeschleunigung, die wir an der Erdoberfläche erfahren). Das ist angenehm für die Astronauten, die in der Kabine umherwandern können, als wären sie auf der Erde. Dabei erreicht das Raumschiff 98 Prozent der Lichtgeschwindigkeit. 32,65 Jahre treibt das Raumschiff anschließend mit dieser Geschwindigkeit durch das All, bis sich die Rakete schließlich dreht und 4,93 Jahre lang mit einer Beschleunigung von 1 g verlangsamt. 42,5 Jahre nach dem Start kommt die Rakete an ihrem Ziel zum Stillstand. Dank der von Einstein entdeckten Relativitätseffekte (von denen Richard in den Kapiteln 17 und 18 eingehender berichten wird) wissen wir, dass die Astronauten, nachdem sie so nahe an der Lichtgeschwindigkeit reisten, nur um 11,1 Jahre gealtert sind, obwohl sich die Erde während ihrer Raumschiffreise 42,5 Jahre in die Zukunft entwickelt hat. Selbst wenn es nach dem Start der fusionsbetriebenen Rakete noch zwei Jahrhunderte dauern sollte, die Materie-Antimaterie-Technologie zu entwickeln, würde das auf diese Weise angetriebene Schiff noch vor der Kernfusionsrakete ans Ziel gelangen.

Doch alle diese Berechnungen erfüllen ihren Sinn nur, wenn wir einen bewohnbaren Planeten finden. 40 Lichtjahre sind 12 Parsec. Ein Planet, der – 40 Lichtjahre entfernt – 1 AE von seinem Stern entfernt ist, erscheint am Himmel 1/12 Bogensekunden von seinem Stern entfernt. Das Hubble-Weltraumteleskop hat mit seinen 2,4 Metern Durchmesser bereits ein Auflösungsvermögen von 0,1 Bogensekunden. Ein 12-Meter-Weltraumteleskop hätte ein Auflösungsvermögen von 1/50 Bogensekunden. Wenn das helle Bild des Sterns mit einer maßgeschneiderten Scheibe abgeschattet wird, um zu verhindern, dass das Sternenlicht die Planetenbeobachtung stört, dann könnte solch ein Teleskop im Prinzip einen Planeten beobachten, der nur 1/12 Bogensekunden von seinem Stern entfernt ist. Das im Bau befindliche James-Webb-Weltraumteleskop, das 2021 starten soll, hat einen segmentierten Spiegel mit insgesamt 6,5 Metern Durchmesser. Möglicherweise wird die nachfolgende Generation der Weltraumteleskope in der Lage sein, bewohnbare Planeten aus einer Entfernung von 40 Lichtjahren in der habitablen Zone eines Sterns zu entdecken. Solch ein Planet könnte grün sein – also Vegetation besitzen. Blau – über Ozeane verfügen. Wir könnten anhand seines Spektrums feststellen, ob Sauerstoff in seiner Atmosphäre vorhanden ist – eine Art Biomarker, ein Abfallprodukt der

Photosynthese und anderer chemischer Reaktionen, die die Existenz von Leben verraten können.

Wenn Sie die Zahl der Sterne in der Galaxis (300 Milliarden) mit f_{HP} multiplizieren und Ihre Berechnung an dieser Stelle beenden, erhalten Sie eine ganz hübsche Zahl von Planeten in der habitablen Zone: 1,8 Milliarden. Dass ist gewaltig, aber nicht alle davon zählen für uns. Unter den Planeten in der habitablen Zone halten wir schließlich nach demjenigen Bruchteil f_L von Planeten Ausschau, die irgendwelches Leben beherbergen. Allerdings nicht nur Leben, sondern intelligentes Leben. Welcher Bruchteil f_i von den Planeten mit Leben besitzt darüber hinaus auch intelligentes Leben? Ich werde auf diese Terme der Gleichung in Kürze zurückkommen.

Wo stehen wir jetzt? Bislang haben wir den Bruchteil der langlebigen Sterne mit Planeten, die ihrer Bahn in der habitablen Zone des Sterns folgen und intelligentes Leben beherbergen, *und* den Bruchteil f_k der Planeten auf einem technischen Entwicklungsstand, der sie zur Kommunikation über interstellare Entfernungen befähigt. Der letzte Faktor in der Drake-Gleichung ist der Bruchteil der Zivilisationen, die jetzt, während wir sie beobachten, kommunizieren. Das ist jener Bruchteil vom Alter der Galaxie, währenddessen solche Zivilisationen »auf Sendung« sind. Wenn wir uns in der Milchstraße umblicken, werden wir zufällig einige Planeten sehen, die gerade geboren wurden, einige, die sich in den mittleren Jahren befinden, und einige, die alt sind. Die Wahrscheinlichkeit, einen Planeten zu erwischen, der sich zu einem zufällig gewählten Zeitpunkt während des Lebens der Galaxis gerade in seiner Kommunikationsphase befindet, ist gleich der durchschnittlichen Lebenserwartung von Radiowellen aussendenden Zivilisationen geteilt durch das Alter der Galaxis. Auch das ist ein Bruch. Unser letzter Bruch. Multiplizieren wir alle diese Brüche miteinander und nehmen das Ergebnis mit unserer ursprünglichen Zahl von Sternen mal, dann gelangen wir zu N_k, der Zahl der Zivilisationen in der Galaxis, von denen wir jetzt Mitteilungen erhalten können. Und darin liegen der Ursprung und das Wesen der Drake-Gleichung: Einige dieser Bruchteile kennen wir gut. Beispielsweise wissen wir dank unserer Kenntnis der Hauptreihe im HR-Diagramm, welcher Bruchteil der Sterne langlebig ist. Wir haben uns umgeschaut und eine Menge Planeten entdeckt. So weit, so gut. Welcher Bruchteil dieser Planeten hat Erdgröße und befindet sich in einer habitablen Zone? Jenen Bruchteil haben wir gerade anhand der

Daten des Kepler-Satelliten geschätzt. Wir sind auf dem richtigen Weg. Außerdem haben wir eine Lücke in dem Argument zur habitablen Zone entdeckt: Der Jupitermond Europa hat einen 80 Kilometer tiefen Ozean aus flüssigem Wasser, der von einer 10 Kilometer dicken Eisschicht bedeckt ist. Wie erwähnt, enthält Europas Ozean, der die ganze Mondoberfläche bedeckt, mehr Wasser als alle irdischen Weltmeere zusammen. Doch Europa liegt weit außerhalb der habitablen Zone unserer Sonne. Woher bezieht der Jupitermond die erforderliche Wärme? Er umkreist Jupiter, und das zusammen mit drei anderen großen Monden. Die anderen Monde stören seine Bahn so, wie es die Newtonschen Gesetze vorhersagen, und treiben Europa manchmal näher an Jupiter heran und manchmal weiter von ihm weg. Wenn Europa sich näher an Jupiter befindet, quetschen Jupiters Gezeitenkräfte den Mond in eine länglichere Form. Ist Europa dagegen weiter entfernt, entspannt er sich und kommt der idealen Kugelform wieder näher. Durch dieses ständige Kneten wird Europa erwärmt, sodass sein Eis schmilzt und der Ozean flüssig bleibt. Jemand sollte die Entsendung einer Sonde finanzieren, die sich durch die Eisschicht des Mondes bohren und im Eisfischen versuchen müsste. Stieße sie dort auf Lebensformen, würden wir sie »Europäer« nennen. Auch auf dem Saturnmond Enceladus gibt es einen Ozean unter einer Eisschicht. Wenn wir also den Bruchteil f_{HP} schätzen, indem wir einfach die Planeten zählen, die in der richtigen Weise von ihren Sternen erwärmt werden, müssten wir den Schätzwert anschließend noch deutlich aufstocken, um durch Gezeitenkräfte erwärmte Monde wie Europa zu berücksichtigen, die sich weit außerhalb der bewohnbaren Zone befinden, aber trotzdem über flüssiges Wasser verfügen. Wir müssen das Konzept dessen, was unter habitabler Zone zu verstehen ist, ausweiten. Welcher Bruchteil dieser bewohnbaren Orte beherbergt Leben? Wie groß ist f_L? Unser einziges Maß dafür – unsere einzigen Daten – stammen von der Erde. Biologen rühmen gern die Vielfalt des Lebens auf der Erde. Doch sollten wir eines Tages einem Außerirdischen begegnen, würden wir vermutlich feststellen, dass er sich von dem Leben auf der Erde ungleich stärker unterscheidet als irgendwelche zwei irdischen Arten untereinander.

Wie groß ist unsere Vielfalt hier auf der Erde? Schauen wir sie uns an – wir sind ein bunter Zoo. Kleine Bakterien hier, noch winzigere Viren dort, eine Qualle, ein Hummer, ein Eisbär. Noch ein Beispiel. Nehmen wir an, Sie sind noch nie auf der Erde gewesen, und jemand sagt nach einer Besichtigungstour voller Begeisterung zu Ihnen: »Ich habe gerade eine exotische Lebensform gesehen. Sie spürt ihre Beute mithilfe von Infrarotstrahlen auf. Sie hat weder Arme noch Beine und ist trotzdem ein mörderisches Raubtier, das seine Beute beschleicht. Und wissen Sie was? Sie kann Beutetiere fressen, die fünfmal größer sind als ihr Kopf.« Sie sagen sofort: »Hör auf zu lügen!« Doch was habe ich soeben beschrieben? Eine Schlange. Eine Schlange hat keine Arme, keine Beine und richtet sich trotzdem – in ihrem Schlangenleben – hervorragend ein, indem sie ihr Maul dank einer anatomischen Besonderheit extrem weit aufsperrt und Beutetiere verschlingt, die größer sind als ihr Kopf.

Was noch? Eichen und Menschen. Worauf ich hinauswill, ist der Umstand, dass sich alle diese vielfältigen Lebensformen denselben Planeten teilen. Und wir haben bestimmte Abschnitte unserer DNA gemeinsam, ob es Ihnen gefällt oder nicht. Alles Leben auf Erden teilt sich einen gewissen Prozentsatz seiner DNA mit anderen Lebensformen. So sind wir alle chemisch und biologisch miteinander verbunden.

Die Erde ist jetzt 4,6 Milliarden Jahre alt. Im frühen Sonnensystem richteten die Trümmer aus der Entstehungszeit schlimme Verwüstungen auf den Oberflächen der Planeten an, weil große Gesteins- und Eisbrocken herabregneten und enorme Energiemengen freisetzten. Kinetische Energie wurde in Wärme umgewandelt, die die Oberfläche der Gesteinsplaneten verflüssigte und sie dadurch sterilisierte. Diese Epoche dauerte rund 600 Millionen Jahre an. Wenn Sie die Lebensuhr der Erde stellen wollen, ist es ungerecht, wenn Sie sie 4,6 Milliarden Jahre vor unserer Zeit loslaufen lassen, weil die Erdoberfläche damals noch äußerst lebensfeindlich war. Falls Sie herausfinden wollen, wie rasch das Leben entstand, dürfen Sie nicht dort beginnen, sondern dürfen Ihre Uhr erst bei etwa 4 Milliarden Jahren loslaufen lassen, als die Erdoberfläche so kühl wurde, dass das Wasser sich verflüssigte und komplexe Moleküle entstanden.

Früher hatten Stoppuhren für Sportveranstaltungen oben einen Knopf, den man drückte, um sie in Gang zu setzen, die Zeiger drehten sich, bis man den Knopf erneut drückte, und dann stoppten die Zeiger. Daher der Name – Stoppuhr.

Setzen Sie Ihre Stoppuhr bei 4 Milliarden Jahren vor unserer Zeit in Gang: 200 Millionen Jahre später sehen Sie die ersten Hinweise auf irdisches Leben. Wir haben Anhaltspunkte dafür, dass es vor 3,8 Milliarden

Jahren bereits Cyanobakterien gab. Der Bruchteil der Planeten in der habitablen Zone langlebiger Sterne dürfte ziemlich groß sein, weil unser eigener Planet, sobald er die Möglichkeit dazu hatte, nur einen sehr kleinen Prozentsatz der zur Verfügung stehenden Zeit benötigte, um die ersten Lebensformen zu bilden. Wir wissen immer noch nicht genau, wie dieser Prozess vonstattenging – er ist nach wie vor Gegenstand biologischer Forschung – aber ich darf Ihnen versichern, dass sich hervorragende Wissenschaftler um die Frage kümmern. Mit Sicherheit wissen wir, dass der betreffende Prozess nur 200 Millionen Jahre von 4 Milliarden zur Verfügung stehenden Jahren in Anspruch genommen hat. Wäre die Hervorbringung von Leben eine lange und schwierige Aufgabe für die Natur gewesen, hätte die Entstehung des Lebens auf der Erde möglicherweise eine oder sogar mehrere Milliarden Jahre gedauert. Aber nein. In lediglich 200 Millionen Jahren war es erledigt, was uns zu der Annahme bringt, dass der Bruchteil f_L in der Drake-Gleichung ziemlich hoch sein dürfte, vielleicht fast 1.

Natürlich beschränken wir uns auf das Leben, wie wir es kennen – *Life as we know it.* Manche Leute verwenden dafür die Abkürzung »LAWKI«. Wir wissen einfach nicht, wie wir uns sonst auf einigermaßen sicherer Basis mit dem Problem auseinandersetzen könnten. Sonst müsste man viele Bände füllen. Solche Lebewesen könnten sieben Beine, drei Augen, zwei Mäuler haben und aus Plutonium bestehen. Vielleicht ist das Leben dort draußen gerade so, wie wir es nicht kennen, aber wir haben keine Möglichkeit, die richtigen Fragen zu stellen. Es ist eine praktische Frage, keine philosophische. Wir haben ein Beispiel für Leben, wie wir es kennen, nämlich uns – es ist zwar das einzige Beispiel, aber es stellt einen Existenzbeweis dar. Sie versuchen zu beweisen, dass etwas existiert, und haben bereits ein Beispiel dafür vor sich auf ihrem Selfie-Display. Der Beweis ist bereits vorhanden. Beginnen wir also damit, und arbeiten wir uns von dort aus voran. Außerdem wissen wir, dass wir aus Atomen bestehen, die ziemlich häufig im Universum vorkommen.

In einer Episode von *Star Trek,* der ursprünglichen Fernsehserie, begegnet die Besatzung des Raumschiffs *Enterprise* einer Lebensform, die als Grundlage Silizium anstelle von Kohlenstoff hat. Unser Leben beruht auf der Chemie von Kohlenstoff, aber auch Silizium ist ziemlich häufig im Universum. In der *Star-Trek*-Episode waren die Siliziumgeschöpfe im Prinzip ein niedriger Steinhaufen, der lebendig war und sich irgendwie watschelnd vorwärtsbewegte. Das war ein phantasievoller Einfall der Drehbuchautoren. Die Produzenten der Serie versuchten, das Spektrum der Lebensformen zu erweitern, auf die die Besatzung in der Galaxis stoßen konnte. Wie ein Blick auf das Periodensystem zeigt, steht Silizium direkt unter Kohlenstoff. Wie Sie sich vielleicht aus dem Chemieunterricht erinnern, haben alle Elemente in derselben Spalte eine ähnliche Elektronenkonfiguration in der äußersten Schale. Bei ähnlicher Konfiguration können sie sich auf ähnliche Weise mit anderen Elementen verbinden. Wenn Sie bereits wissen, dass es kohlenstoffbasiertes Leben gibt, fällt die Vorstellung nicht schwer, dass es auch siliziumbasiertes Leben geben könnte. Im Prinzip spricht nichts dagegen. In der Praxis ist allerdings festzustellen, dass Kohlenstoff im Universum ungefähr zehnmal so häufig ist wie Silizium. Außerdem sind die Bindungen von Siliziummolekülen sehr fest, weshalb sie keine sehr bereitwilligen Mitspieler in jener Welt der experimentellen Chemie sind, die wir Leben nennen. Kohlendioxid ist ein Gas, während Siliziumdioxid ein Festkörper (Sand) ist. Wir haben sogar lange, komplexe Kohlenstoffketten im interstellaren Raum entdeckt, etwa H-C-C-C-C-C-C-C-N (mit abwechselnden Zwei- und Dreifachbindungen). Da gibt es Aceton $(CH_3)_2CO$; Benzol, C_6H_6; Essigsäure, CH_3COOH, und viele andere Kohlenstoffmoleküle, die sich frei im interstellaren Raum bewegen. Alle diese Moleküle wurden von Gaswolken gebildet. Man hat sogar entdeckt, dass der Komet Lovejoy Alkohol ausgast. Solche komplexen Moleküle bildet Silizium nicht und hat infolgedessen eine weit weniger interessante Chemie als die des Kohlenstoffs. Wenn Sie also das Leben auf eine bestimmte chemische Grundlage stellen wollen, ist Kohlenstoff Ihr Element. Daran kann es keinen Zweifel geben. Ganz gleich, welche Lebensformen die Galaxis bevölkern, wir können – auch wenn sie uns nicht ähnlich sehen – darauf wetten, dass sie eine ähnliche chemische Struktur haben wie wir, einfach weil der Kohlenstoff im Kosmos so häufig ist, und aufgrund seiner Bindungseigenschaften.

Die Erde liefert uns das einzige Beispiel für Leben, das sich im Sonnensystem gebildet hat, daher schreibe ich mit einiger Zuversicht die folgende Zahl nieder: $(f_L) \sim 0{,}5$. Sie liegt auf halbem Weg zwischen 0 und 1, keine sichere Sache – eine 50:50-Chance. Was kommt als Nächstes? Der Bruchteil der Planeten, die einen langlebigen Stern in der habitablen Zone umkreisen und Leben beherbergen, *aber auch intelligentes Leben.* Da sieht es nicht ganz so gut aus.

Egal, nach welchem Maßstab Sie Intelligenz auf der Erde bewerten, in der Regel werden die Menschen die Spitze der Hierarchie einnehmen. Große Gehirne scheinen eine Rolle zu spielen, und wir haben große Gehirne, aber Elefanten und Wale haben noch größere Gehirne. Vielleicht geht es um die relative Größe. Das Verhältnis Ihrer Hirnmasse zu Ihrer Körpermasse. Möglicherweise wird Intelligenz genau dadurch bestimmt. Menschen haben relativ zu ihren Körpern die größten Gehirne im ganzen Tierreich. Wir legen die Definition fest und gelangen prompt an die Spitze. Aber vielleicht hindert uns unsere Hybris daran, die Sache mit anderen Augen zu sehen. Lassen Sie uns behaupten, wir seien intelligent, und definieren wir die Intelligenz beispielsweise als die Fähigkeit einer Art, Algebra zu betreiben. Wenn Intelligenz, von der wir behaupten, wir hätten sie, auf diese Weise definiert wird, sind wir die einzige intelligente Art auf der Erde. Schweinswale führen unter Wasser keine algebraischen Berechnungen durch. Egal, wie komplex und klug ihr Verhalten auch zu sein scheint, sie betreiben keine Algebra. Keine andere Spezies in der Geschichte des Planeten hat, von uns abgesehen, jemals algebraische Aufgaben gelöst, folglich sind wir intelligent. Lassen Sie uns einfachheitshalber bei dieser Definition bleiben. Nehmen wir an, wir suchen nach Leben, mit dem wir uns unterhalten können. Wir würden kein Englisch verwenden, sondern eine Sprache, die wir für universell halten: die Sprache der Wissenschaft, die Mathematik.

Was meinen Sie, hätte sich Intelligenz nicht häufiger in den fossilen Funden gezeigt, wenn dieses Merkmal wichtig für das Überleben der Art wäre? Das ist aber nicht der Fall. Die Tatsache, dass wir diese Eigenschaft haben, bedeutet noch lange nicht, dass sie für das Überleben besonders wichtig wäre. Sie wissen, nach der nächsten globalen Katastrophe werden die Kakerlaken wahrscheinlich noch da sein, zusammen mit den Ratten, und wir werden ausgestorben sein. Viel hätten uns unsere Gehirne dann nicht genützt.

Nun mag uns unsere Intelligenz vielleicht die Möglichkeit geben, dieses Schicksal zu vermeiden, wie wir vielleicht auch den Dinosauriern hätten helfen können, ihr Schicksal zu vermeiden. Im *New Yorker* ist eine Karikatur von Frank Cotham: Zwei plumpe Dinosaurier stehen untätig herum, und einer sagt zum anderen: »Ich sag ja nur, dass es *jetzt* an der Zeit ist, eine Technik zu entwickeln, mit der wir einen Asteroiden von seiner Bahn ablenken können.« Wie wir inzwischen wissen, ist zu jenem Zeitpunkt längst ein Asteroid auf dem Weg zu den beiden, um sie unwiderruflich auszulöschen. Vielleicht können wir unsere Intelligenz nutzen, um die natürliche Lebenserwartung unserer Art zu verlängern, indem wir uns in den Weltraum begeben und Asteroiden aus dem Weg kicken, bevor sie uns vernichten – vorausgesetzt, wir sind bereit, der NASA genügend Geld dafür zu überlassen. Aber das ist nicht die einzige Bedrohung. Es gibt ja auch die Gefahr plötzlich ausbrechender Krankheiten. Denken Sie daran, was den Ulmen in Amerika passiert ist. Die meisten Ulmen in Neuengland wurden von einem Pilz vernichtet, der durch den Ulmensplintkäfer verbreitet wird. Stellen Sie sich vor, wir sähen uns den Angriffen eines vergleichbaren Käfers ausgesetzt. Vielleicht bedarf es nur eines virulenten neuen Grippevirus, um uns alle zu vernichten.

Intelligenz ist keine Garantie fürs Überleben. Das Sehen scheint jedoch sehr wichtig zu sein. Sehorgane haben sich durch natürliche Selektion in vielen verschiedenen Tieren entwickelt. Strukturell hat das menschliche Auge nichts mit dem Auge der Fliege gemein und das wiederum nichts mit dem Auge einer Jakobsmuschel. Obwohl es offenbar ein Ur-Gen für die Augenbildung gibt, haben sich diese verschiedenen Augenarten offenbar auf verschiedenen evolutionären Wegen entwickelt. Sehen muss ziemlich wichtig für das Überleben sein. Was ist mit der Fähigkeit, sich fortzubewegen? Ahornbäume haben keine Beine, aber sie bilden Samen mit kleinen Flügeln aus, die mithilfe des Windes in alle Richtungen zerstreut werden. Fortbewegung scheint wichtig zu sein, weil wir sehen, dass die Evolution sie auf höchst verschiedene Arten ermöglicht hat: Schlangen gleiten, Hummer gehen, Quallen verwenden Strahlantrieb, Bakterien Geißeln. Viele Insekten und die meisten Vögel fliegen. Menschen gehen, laufen, schwimmen, fahren mit Autos, Zügen, Schiffen, fliegen mit Flugzeugen und Raketen – wir kommen wirklich herum. Aber wir sind noch immer die einzigen Lebewesen, die algebraische Berechnungen anstellen, was mich nicht unbedingt zu der These bekehrt, Intelligenz sei eine unvermeidliche Frucht des Lebensbaums. Der Evolutionsbiologe Stephen Jay Gould vertritt ähnliche Ansichten. All das führt zu der Annahme, der Bruchteil f_i könnte klein sein. Um das auszudrücken, schreiben wir $f_i < 0{,}1$ und machen uns dabei bewusst, dass der tatsächliche Wert noch viel kleiner sein könnte. Damit vertrete ich eine ganz andere Meinung als einige meiner Kollegen, insbesondere Kollegen, die am SETI-Institut arbeiten. Jene Kollegen sind dringend darauf angewiesen, dass dieser Bruchteil hoch ist – sonst stellt sich die Frage, wonach sie suchen? Sie wissen, dass sie sich nicht mit Bakterien unterhalten können.

Sobald Sie Intelligenz entwickelt haben, dürfte Technologie unvermeidlich werden. Ich möchte sogar annehmen, dass $f_k \sim 1$ ist. Sie können algebraische Aufgaben lösen, Sie haben ein neugieriges Gehirn, Sie haben den Wunsch, sich das Leben zu erleichtern, Urlaub zu machen, Netflix zu sehen und so fort; angesichts solcher Motivationen dürfte der Bruchteil intelligenter Lebewesen, die Technologie entwickeln, ziemlich groß sein. Schließlich machte sich die einzige uns bekannte Art, die Algebra betreibt, daran, eine Kommunikationstechnologie zu entwickeln, mit der sich interstellare Entfernungen überbrücken lassen. Doch wenn die Technik den Keim zu ihrer Selbstvernichtung in sich trägt (das heißt, durch die Erfindung immer raffinierterer Arten, einander zu töten und unseren Planeten zu zerstören), dann dürfte die Lebensdauer dieser technologischen, Radiosignale aussendenden Kultur leider nur einen kleinen Bruchteil vom Alter der Galaxis ausmachen. Richard hat ein Argument, das auf dem kopernikanischen Prinzip beruht (also der Annahme, dass Ihre Stellung unter den Bürgern kommunikationsfähiger Zivilisationen wahrscheinlich nicht besonders, sondern eher durchschnittlich ist). Im letzten Kapitel dieses Buchs erörtert er diese These und vertritt die Auffassung, dass die mittlere Lebensdauer der Radiowellen emittierenden Zivilisationen keine 12.000 Jahre umfasst. Wenn Sie diese Zahl durch das Alter der Galaxis teilen, gelangen Sie zu einem winzigen Bruchteil.

Entscheidend ist, Sie setzen ihre besten Zahlen in die Drake-Gleichung ein und finden am Ende ihre Schätzung für die Zahl kommunizierender Zivilisationen. Ganze Lehrbücher sind geschrieben worden, die sich nur mit der Analyse der Terme in dieser Gleichung beschäftigen. So organisieren wir unsere Vorstellungen von der Suche nach Leben.

Die Drake-Gleichung hat einen Kurzauftritt in dem Film *Contact* aus dem Jahr 1997, der auf einer Geschichte von Carl Sagan und seiner Frau Ann Druyan beruht. (Unlängst präsentierte ich eine neue Version der Fernsehserie *Cosmos* [»Unser Kosmos«] mit ihr und ihrem Kollegen Steven Soter, Co-Autoren von Sagan bei der ursprünglichen Serie von 1980.) Die Macher von *Contact* waren klug genug, die Außerirdischen nicht zu porträtieren. Denn wie sollten sie aussehen? Wir wissen es nicht. In den B-Filmen der 1950er-Jahre kommt immer ein Schauspieler im Anzug vor, der einen Außerirdischen spielt, und alle Außerirdischen von anderen Planeten hatten immer einen Kopf, zwei Arme und dazu noch zwei Beine, auf denen sie gingen. In dem Film *ET* aus den Jahr 1982 ist der Außerirdische ein niedliches, komisch aussehendes Geschöpf, hat aber trotzdem zwei Augen, zwei Nasenlöcher, Zähne, Arme, Hals, Knie, Füße und Finger. Im Vergleich zu einer Qualle ist ET eindeutig ein Mensch. Ein Armutszeugnis für die Phantasie Hollywoods. Wie gesagt, wenn Sie mit einer neuen Lebensform aufwarten wollen, sollte die sich tunlichst mehr von allen Geschöpfen auf der Erde unterscheiden als sich beliebige irdische Lebewesen voneinander unterscheiden. Selbst in dem SF-Thriller *Alien* von 1979, in dem ein Lebewesen etwas anders aussah und insofern Zeugnis von einer gewissen kreativen Phantasie ablegte, besaß jener Organismus immer noch einen Kopf und Zähne.

Zurück zu *Contact.* Mein erster Besuch bei der Weltpremiere eines Films war bei der Premiere von *Contact.* Ich erhielt eine persönliche Einladung, weil ich seit einigen Jahren mit Carl Sagan und Ann Druyan befreundet gewesen war. Es gab zwei peinliche Augenblicke für mich, die dem Umstand zuzuschreiben waren, dass ich mich mit den Hollywood-Gepflogenheiten nicht auskannte. Sie gehen auf dem roten Teppich entlang, der von Fotografen gesäumt ist, und sobald Sie im Kino sind, ist alles stilecht mit Filmplakaten und anderen einschlägigen Accessoires geschmückt. Und natürlich gibt es auch einen Stand mit Popcorn und Cola. Also nahm ich mir einen Becher Popcorn und fragte den Burschen hinter der Theke: »Was kostet das?«, und er erwiderte: »Fünfzig Dollar«, womit er mich vorübergehend aus der Fassung brachte. Nachdem er mich kurz in meiner Verzweiflung hatte schmoren lassen, erklärte er: »Das ist natürlich kostenlos.« Und nach fünf Sekunden rationaler Analyse sagte ich mir: Natürlich ist es umsonst, es muss umsonst sein. Warum sollten sie sich bei einer Weltpremiere das Popcorn bezahlen lassen? Ich bat rasch um Entschuldigung und bekannte, dass ich ahnungslos sei, weil ich von der Ostküste käme. Nach der Vorführung gab es einen Empfang, bei dem jeder Cocktailtisch mit einem kleinen Teleskop oder einem anderen pittoresken astronomischen Gerät geschmückt war. Ich fand den Einfall sehr hübsch und fragte mich, woher die Veranstalter diesen Tischschmuck hatten; irgendeine Gruppe von Amateurastronomen musste ihnen die Teleskope geliehen haben. Ich wollte das unbedingt wissen, weil es eine sehr aktive Gruppe sein musste, da sie so viele Geräte hatte. Also ging ich zu dem Veranstalter und fragte ihn: »Woher haben Sie diese Teleskope?« Er blickte mich mit einem Ausdruck an, der mir sagte, dass sein nächster Satz sicherlich mit einem stummen »Du Idiot« begann, gefolgt von einem unüberhörbaren: »Von einem Requisitenverleih!« Meine zweite dämliche Ostküstenfrage des Abends. Okay, Requisitenverleihe haben alles, offenbar auch Teleskope.

In einer Szene des Films sitzen Hauptdarstellerin Jodie Foster und ihr Partner Matthew McConaughey unter dem Nachthimmel und betrachten die Sterne, während sie ihm Sterne und Planeten zeigt. Dann rücken die beiden näher zusammen, und sie zitiert eine abgekürzte Version der Drake-Gleichung. Sie beginnt mit 400 Milliarden Sternen in der Milchstraße. Das kommt in etwa hin. Ich habe Ihnen 300 Milliarden genannt, aber das ist angesichts der Riesenzahl unwichtig. Sie sagt also – übrigens spielt sie eine Wissenschaftlerin, die nach intelligentem Leben im Universum sucht: »Allein in unserer Galaxis gibt es 400 Milliarden Sterne; wenn nur einer unter 1 Million dieser Sterne Planeten hätte, und nur einer in 1 Million solcher Planeten Leben beherbergte und von denen nur einer in 1 Million intelligentes Leben hätte, dann gäbe es buchstäblich Millionen von Zivilisationen dort draußen.«

Das erste Millionstel reduziert die 400 Milliarden auf 400 Tausend. Das zweite Millionstel verringert die Zahl auf was? Auf 0,4. Das dritte Millionstel? Tut mir leid, Jodie, das lässt dir nur noch 0,0000004 Zivilisationen in der Galaxis, nicht Millionen. Das war die Weltpremiere, und was meinen Sie, wer dort im Kino saß, eine Reihe vor mir? Frank Drake persönlich. Ich war außer mir über diesen Rechenfehler, aber Frank nahm das, wie sich herausstellte, vollkommen gelassen auf. Vielleicht war er von der Liebesgeschichte gefesselt. Kurz nachdem Jodie diese Zeilen von sich gegeben hatte, küssten sich McConaughey und sie, und in der nächsten Szene lagen sie zusammen im Bett. In so einem Augenblick die Drake-Gleichung zu zitieren, verrät vielleicht eine sehr spezielle Einstellung zur Romantik. Das sei nicht geleugnet. Aber der Umstand, dass ich so ganz anders darauf reagierte als Frank Drake, führte mir doch vor Augen, dass ich bei solchen Gelegenheiten gelegentlich überreagiere.

Anscheinend hatte man Jodie Foster über den Fehler aufgeklärt, viel zu spät, um noch etwas zu ändern. Sie war etwas konsterniert, weil sie sich den

Satz mühsam eingeprägt und hart daran gearbeitet hatte, ihn richtig vorzubringen, sodass Rhythmus und Romantik zu ihrem Recht kamen. Also wem soll man hier die Schuld geben? Es zeigte sich, dass Jodie Foster das Drehbuch richtig gelesen hatte. Sollte man weiter zurückgehen und dem Drehbuchautor Vorwürfe machen? Vielleicht. Dem Redakteur? Möglich. Oder gar Carl Sagan, der schon ein Jahr tot war? Natürlich nicht. Irgendjemand hatte einen Fehler gemacht.[7]

Alles in allem finde ich aber, dass es ein brillanter Film war, der sich intelligent auf einem schmalen Grat zwischen Religion und Wissenschaft bewegt (McConaugheys Figur ist ein christlicher Philosoph), wohl wissend, dass die Menschen höchst unterschiedliche Einstellungen zu diesen Fragen haben. Er zeigt auch sehr überzeugend wie die Populärkultur, Spinner eingeschlossen, auf die Entdeckung außerirdischer Intelligenz reagieren würde. Spinner reagieren auch, wenn wir keine besonderen Entdeckungen machen. Ich habe Kisten voller Zuschriften von Menschen, die mir ihre allerneusten Theorien über das Universum mitgeteilt haben. Auf einer Postkarte steht zu lesen: »Wenn ich bei Nacht zum Mond hinaufblicke, schmeckt mir das Bier besser, als es dürfte. Was soll ich tun?«

Nur zum Spaß – und im Bewusstsein aller Ungewissheiten – wollen wir die erörterten Zahlen jetzt einmal in die Drake-Gleichung einsetzen und die Rechnung durchführen:

$$N_k = N_s \times f_{HP} \times f_L \times f_i \times f_k \times (L_k / \text{Alter der Galaxis}).$$
$$N_k = 300 \text{ Milliarden} \times (0{,}006) \times (0{,}5) \times (<0{,}1) \times 1 \times (<12\,000 \text{ Jahre}/10 \text{ Milliarden Jahre}).$$
$$N_k < 108.$$

Nach unseren neuesten Schätzungen für jeden Term in der Gleichung, könnten wir davon ausgehen, zum jetzigen Zeitpunkt in unserer Heimatgalaxie bis zu 100 Zivilisationen zu finden, die mit Radiowellen kommunizieren. Unsere größten Radioteleskope können Versionen ihrer selbst – ihre extraterrestrischen Pendants – bis zu den Grenzen der Galaxis entdecken. Also gibt es durchaus eine Chance, und wir haben mit der Suche gerade erst begonnen.

Im Übrigen gibt es um uns herum rund 50 Millionen anderer Galaxien wie die unsere innerhalb einer Entfernung von 2,5 Milliarden Lichtjahren;

wenn wir unser Ergebnis also mit 50 Millionen multiplizieren, ergibt sich die Möglichkeit von *bis zu* 5 Milliarden extragalaktischen, Radiowellen emittierenden Zivilisationen. Alle Galaxien in dieser Menge sind zu dem Zeitpunkt, da wir sie sehen, Milliarden Jahre alt – viel Zeit für die Evolution intelligenten Lebens, wenn es sich denn überhaupt entwickelt. Die fernsten dieser extragalaktischen Zivilisationen (in einem Abstand von 2,5 Milliarden Lichtjahren), sind ungefähr 40.000-mal so weit entfernt wie diejenigen, die in unserer eigenen Galaxis den weitesten Abstand zu uns haben (62.500 Lichtjahre). Die umgekehrt quadratische Abhängigkeit der Strahlungsintensität sagt uns, dass eine typische extragalaktische Zivilisation eine Radiohelligkeit haben dürfte, die nur 1/1.600.000.000 der Helligkeit einer Zivilisation in unserer Galaxis betrüge. Das ist der Grund, warum man üblicherweise nur in unserer Galaxis nach den Signalen außerirdischer Zivilisationen sucht.

Die Jagd nach extragalaktischen Zivilisationen ist aber nicht so hoffnungslos, wie es auf den ersten Blick erscheinen mag. Intelligente Zivilisationen könnten ihr Signal über den ganzen Himmel ausstrahlen oder dieselbe Energiemenge darauf verwenden, ein gebündeltes, weit intensiveres Signal auf eine winzige Himmelsregion zu richten. Eine Zivilisation könnte ihre Leuchtkraft zehnmal so hell erscheinen lassen, indem sie ihre Energie auf 1/10 des Himmels konzentrierte. Sie könnte ihre Leuchtkraft auch 50 Millionen Mal so hell erscheinen lassen, indem sie sich auf ein Fünzigmillionstel des Himmels beschränkte. Die meisten Beobachter würden das Signal nicht bemerken, aber für die wenigen innerhalb des Strahls wäre es aus großen Entfernungen sichtbar. 1974 bediente sich Frank Drake selbst dieser Strategie, als er das 305-Meter-Radioteleskop in Arecibo zweckentfremdete, um ein gebündeltes Radiosignal zum Kugelhaufen M13 zu schicken. (Wie wir heute wissen, sandte er das Signal allerdings gar nicht dorthin, wo sich M13 befinden wird, wenn das Signal eintrifft. Die Bahn des Haufens um die Milchstraße wird ihn schon längst weitergetragen haben, wenn der Strahl an seinem Bestimmungsort eintrifft. Daher wird der Strahl den Kugelhaufen vollkommen verfehlen, aber das ist für uns ein Detail ohne Bedeutung.) Wenn verschiedene Zivilisationen ganz verschiedene Abstrahlungs-Strategien wählen, das heißt, wenn einige ihre Signale in alle Richtungen emittieren, und andere sich für starke Bündelung entscheiden, führt das zu einer sehr breiten Wahrscheinlichkeitsverteilung der scheinbaren Leuchtkraft, die Zipf-Verteilung genannt wird. Wenn wir alle diese Signale nach ihrer Helligkeit anordnen, dann besagt das Zipfsche Gesetz, dass das Signal mit der höchsten scheinbaren Leuchtkraft das Signal auf Platz *N* um einen Faktor *N* an Helligkeit übertrifft. Bei 50 Millionen Galaxien wird die Zivilisation mit der höchsten scheinbaren Leuchtkraft rund 50 Millionen Mal so leuchtkräftig erscheinen wie die hellste kommunizierende Zivilisation in unserer eigenen Galaxis. Bei 50 Millionen Mal so vielen Chancen haben wir vielleicht Glück und werden von dem extrem hellen, gebündelten Strahl einer solchen Zivilisation erfasst. Die hellste extragalaktische Zivilisation könnte unter diesen Umständen also eine scheinbare Helligkeit besitzen, die 1/32 (= 50.000.000/1.600.000.000) mal so hell ist wie die hellste Zivilisation in unserer Galaxis. Wenn wir diesem Argument folgen, sollten wir auch nach extragalaktischen Zivilisationen suchen.

Schließlich noch einige Vorbehalte gegen die Drake-Gleichung. Die habitable Zone könnte noch schmaler sein, als wir meinen. Wäre die Erde sonnenferner, als sie ist, wäre unser Planet kälter und hätte mehr Polareis; die Reflektivität der Erdoberfläche nähme zu und verringerte die Absorption der Sonnenstrahlung, und die Erde würde noch kälter. Das könnte eine unkontrollierte Eiszeit auslösen. Wäre die Erde näher an der Sonne, schmölze das Eis, die Reflektivität ginge zurück, und die Erde würde noch heißer. Das im Torf enthaltene Methan würde freigesetzt und den Treibhauseffekt verstärken.

Im Lauf der Jahrmilliarden wird die Sonne heißer. Um das auszugleichen, müsste sich der Treibhauseffekt verringern oder die Reflektivität zunehmen, wenn die Temperatur in dem Bereich bleiben soll, auf den die Zivilisationen angewiesen sind. Wenn die Leuchtkraft eines Sterns im Lauf der Jahrmilliarden zunimmt, wandert die habitable Zone nach außen. Ein Planet aber muss so lange in der habitablen Zone bleiben, wie die Evolution intelligenten Lebens dauert. Wie bereits erwähnt, sollten wir davon ausgehen, dass ein Planet mehrere Milliarden Jahre in der habitablen Zone verweilen muss, damit dem Leben genug Zeit bleibt, um Intelligenz zu entwickeln.

Interessanterweise kann auch das Leben selbst auf das Gleichgewicht einwirken. Wenn der Stern ein Hauptreihenstern ist und sich im Verlauf von 10 Milliarden Jahren nicht sonderlich weiterentwickelt, könnte der Planet anfangs für einfache Lebensformen bewohnbar sein, aber wenn jenes

Leben die Kohlendioxid-(CO_2)-Atmosphäre mit Sauerstoff anreichert, wird der Treibhauseffekt abnehmen und den Planeten möglicherweise in eine dauerhafte Eiszeit schicken. Das ist ein weiterer Grund dafür, dass sich M-Sterne vielleicht nicht besonders für die Evolution intelligenten Lebens eignen.

Leben kann die habitable Zone auch in anderer Weise beeinflussen. Kohlendioxid aus der Atmosphäre kann in Form von Kalziumkarbonat in den Schalen von Meerestieren und in Sedimentgestein (Kalkstein) abgelagert werden und auf diese Weise den Treibhauseffekt verringern. Vulkanismus (Vulkantätigkeit) kann CO_2 in die Atmosphäre transportieren und den Treibhauseffekt verstärken. Und natürlich können Lebensformen wie die Menschen lange unter Erde ruhende fossile Brennstoffe wie Öl und Kohle – die Relikte uralter Organismen – ausgraben, verbrennen und sie damit wieder in die Atmosphäre freisetzen. Schätzungen, die die habitable Zone eines gegebenen Planeten betreffen, hängen folglich in hohem Maße von seiner Geologie, Meteorologie und sogar Biologie ab.

TEIL II

GALAXIEN

11

DAS INTERSTELLARE MEDIUM

MICHAEL A. STRAUSS

Nach unserer Beschäftigung mit einzelnen Sternen und Planeten treten wir jetzt einen Schritt zurück und untersuchen, wie sich die Sterne in die Galaxis einfügen und welche Wechselwirkung zwischen Sternen und dem sogenannten *interstellaren Medium* stattfindet. Bislang haben wir über den Raum zwischen den Sternen gesprochen, als wäre er im Wesentlichen leer, aber ich möchte Sie in diesem Kapitel davon überzeugen, dass das riesige Raumvolumen zwischen den Sternen in Wirklichkeit eine enorme Menge an Material enthält – allerdings mit sehr geringer Dichte, da über ein großes Volumen verteilt. *Interstellar* heißt natürlich zwischen den Sternen, während *Medium* »Stoff« bedeutet. Das interstellare Medium ist also der »Stoff zwischen den Sternen«.

Werfen wir nun einen Blick auf das interstellare Medium, dem wir viele der schönsten Bilder in der Astronomie verdanken.

Abbildung 11.1 (siehe Bildteil) ist ein zusammengesetztes Bild, zu dem eine Vielzahl von Fotos der Milchstraße beigetragen haben. Es zeigt die ganze Himmelskugel, die in geeigneter Weise auf eine Ebene projiziert wurde. Das Lichtband, das wir Milchstraße nennen und das wir unter guten Bedingungen am Nachthimmel sehen können, umgibt tatsächlich als vollständiger Kreis die Himmelskugel und bildet den sogenannten *galaktischen Äquator*. Unsere Milchstraße ist eine Scheibe von Sternen, und da wir uns innerhalb dieser Scheibe befinden, sehen wir, wenn wir uns umblicken, ein

Lichtband, das den Himmel kreisförmig umgibt. Der hellste Teil der Milchstraße (zum Milchstraßenzentrum hin, in der Mitte dieses Bildes) ist von den mittleren Breitengraden der nördlichen Erdhalbkugel aus nicht sehr gut zu erkennen. Wenn Sie dagegen einmal die Südhalbkugel besuchen sollten, müssen Sie unbedingt einmal, weit entfernt von allen Großstadtlichtern, in einer klaren, mondlosen Nacht zum Himmel hinaufblicken! Besonders in der Zeit von März bis Juli ist der Ausblick auf die Milchstraße spektakulär, sehr viel heller als das, was wir Bewohner der nördlichen Erdhalbkugel sehen können.

Da wir uns etwa in der Mitte zwischen Zentrum und Rand der Scheibe befinden, sieht es in diesem Bild so aus, als würden wir die Milchstraße von außen direkt von der Seite betrachten. Wie Ihnen sicherlich sofort auffällt, bietet die Milchstraße keinen gleichmäßigen Anblick, sondern scheint schwarze Kleckse oder Flecken aufzuweisen. Wenn Sie die durch ein Teleskop betrachten, werden Sie (wie Ihr berühmter Vorgänger Galilei) sehen, dass das diffuse Licht der Milchstraße tatsächlich aus den Beiträgen unzähliger Sterne besteht, die mit bloßem Auge nicht unterscheidbar sind. Doch ein Blick durch das Teleskop zeigt auch Regionen (dunkle Flecken), in denen keine Sterne zu sehen sind. Vor einhundert Jahren stritten die Astronomen über die Bedeutung dieser Regionen. Eine Möglichkeit sei, so sagten die einen, dass die Verteilung der Sterne von Natur aus ungleichmäßig sei, und dass die dunklen Regionen einfach jene Orte seien, an denen sich zufällig weniger Sterne befänden. Andere meinten (und das war der richtige Gedanke), die Verteilung der Sterne sei zwar gleichmäßig, aber unsere Sicht auf einige der Sterne werde durch irgendetwas blockiert. Dieses blockierende Etwas ist das interstellare Medium.

Unter anderem manifestiert sich das interstellare Medium also durch erhebliche Undurchsichtigkeit. Zwar hat dieses Medium eine äußerst geringe Dichte, aber das Raumvolumen, das es einnimmt, ist riesig. In der Erdatmosphäre kann ein sehr dünner Dunst- oder Rauchschleier die Sicht auf ferne Objekte stark beeinträchtigen. Ähnlich wie Rauch besteht das interstellare Medium aus winzigen Staubteilchen, vielleicht wäre »Rauch« sogar ein treffenderes Wort. Dieses Material ist extrem verdünnt, doch über große Entfernungen summiert sich seine Wirkung und kann das Licht von Hintergrundsternen absorbieren. In einigen Richtungen ist der kumulative Effekt des Staubs so groß, dass er das Licht der Hintergrundsterne vollkommen schluckt. Aus dem Zentrum der Milchstraße beispielsweise erreicht uns aufgrund des dazwischenliegenden Staubes gar kein sichtbares Licht.

Wie sich zeigt, schirmt der Staub kurzwelliges Licht stärker ab als langwelliges. Bei längeren Wellenlängen, im Infrarotbereich, absorbiert der Staub weit weniger Licht als im sichtbaren Bereich des Spektrums, sodass wir im Infrarotlicht eine relativ unbeeinträchtigte Sicht auf die Milchstraße haben.

Abbildung 11.2 (siehe Bildteil) ist eine Großaufnahme des Zentrums unserer Galaxis, aufgenommen im Rahmen des Two Micron All-Sky Survey (oder 2MASS, eine passende Abkürzung, denn die Durchmusterung wurde von Astronomen der UMass geleitet, der University of Massachusetts). Wie der Name nahelegt, verwendet der 2MASS Infrarotlicht mit einer Wellenlänge von ungefähr 2 Mikrometer (2×10^{-6} Meter), die also erheblich länger sind als die des sichtbaren Lichts (die bei 0,4 bis 0,7 Mikrometer liegen). Sie können erkennen, dass das Licht auf dem Bild von einzelnen Sternen stammt. Die Auswirkungen des Staubs sind zwar noch erkennbar, aber lange nicht so extrem wie beim sichtbaren Licht. Unterdrückt man gezielt das blaue Licht von einem Objekt, erscheint dieses rot. Daher erscheinen Sterne, die wir durch Staub sehen, »röter« als normal. Der hellste kleine Klumpen, der oben links hinter dem Staub hervorschaut, ist das galaktische Zentrum selbst, eine dichtgedrängte Gruppe von Sternen, die ein Schwarzes Loch von 4 Millionen Sonnenmassen umgibt.

Abbildung 11.3 (siehe Bildteil) zeigt eine dunkle Region namens Kohlensack, eine große Staubwolke, die die Sterne dahinter vollkommen verdunkelt und einen leeren Fleck auf dem Himmel hinterlässt, der auch mit bloßem Auge gut zu sehen ist. Die Astronomen der australischen Aborigines kennen den Kohlensack seit fast 40.000 Jahren. Für sie bildet er den Kopf des Emus, eines dunklen Musters in der Milchstraße, das eine wichtige Rolle in den Mythen der Aborigines spielt.

Insgesamt ist das interstellare Medium also keineswegs gleichförmig, sondern es weist zahlreiche Klumpen oder Wolken auf, die deutlich dichter sind als der Durchschnitt. Neben Staub enthält das interstellare Medium auch Gas, das aus Wasserstoff, Sauerstoff und anderen Elementen besteht. Wir bezeichnen die verschiedenen verschwommenen oder wolkenartigen Objekte, die am Himmel zu sehen sind (im Gegensatz zu den punktartigen Sternen), als Nebel, vom Germanischen *nebula,* das mit dem gleichlautenden lateinischen Wort *nebula* für Dunst oder Nebel verwandt ist. Diese Gaswolken verstellen uns nicht nur den Blick auf die Sterne. Abbildung 11.4 (siehe Bildteil) zeigt den Orionnebel, den wir mit bloßem Auge sehen. Er befindet sich unten an Orions Schwert, das von dessen Gürtel herabhängt. Selbst im Fernglas erscheint der Nebel bemerkenswert verschwommen, nicht scharf wie ein Stern. Durch ultraviolettes Licht heißer Sterne kann das Gas im interstellaren Medium in einen angeregten Zustand versetzt werden. Die Photonen derjenigen jungen Sterne im Nebel, die besonders heiß und leuchtkräftig sind, regen die Atome im Gas an, sodass sie hohe Energieniveaus erreichen. Fallen die Elektronen anschließend wieder auf niedrigere Niveaus zurück, dann emittieren sie, wie in Kapitel 4 beschrieben, Photonen mit bestimmten Wellenlängen. Das ist das farbige Leuchten der Nebel, das wir sehen. Diese Fluoreszenz ist das Ergebnis desselben Prozesses, der in einer Neonlampe stattfindet. Tatsächlich ist Neon eines der Elemente, die im interstellaren Medium vorhanden sind.

Der Orionnebel ist ein Beispiel für einen *Emissionsnebel,* das heißt, sein Spektrum wird von Emissionslinien bestimmt, die verschiedenen Elektronenübergängen in den Atomen entsprechen. Wir können die einzelnen Elemente im Nebel anhand der Wellenlängen ihrer Emissionsnebel identifizieren. Die rötliche Farbe im Bild beruht auf der Emission von Photonen, wenn im Wasserstoff Elektronen vom Energieniveau $n = 3$ auf das Niveau $n = 2$ zurückfallen (Hα, eine Spektrallinie der in Kapitel 6 beschriebenen Balmer-Serie). Der Anflug von Grün wird durch Sauerstoff hervorgerufen, und andere Elemente erzeugen das restliche Licht. Die dunklen Regionen werden durch Staub verursacht, der mit Gas vermischt ist.

Das Objekt in Abbildung 11.5 (siehe Bildteil) heißt Trifidnebel, weil er durch Staubstreifen dreigeteilt wird. Diese Staubstreifen schatten einige der Emissionen ab, die den Nebel ansonsten recht gleichförmig erscheinen lassen würden. Auch hier bringen eingebettete heiße Sterne das Gas zum Leuchten, und die rötlichen Emissionsgebiete leuchten in der Wasserstofflinie Hα. Das ausgedehnte bläuliche Gebiet auf der rechten Seite wird durch das Licht bläulicher Sterne erzeugt, das von dem als eine Art Spiegel fungierenden Staub reflektiert wird. Diesen Teil bezeichnen wir als *Reflexionsnebel.* Erinnern wir uns, wenn blaues Licht Staub durchquert, wird es absorbiert, weshalb Sterne, durch eine Staubwolke betrachtet, rötlich erscheinen. Dieses blaue Licht muss irgendwo bleiben; in der Regel wird es entweder absorbiert oder in eine andere Richtung reflektiert. Daher sind Reflexionsnebel meist blau.

Die Plejaden sind ein junger Sternhaufen, der mühelos mit bloßem Auge zu erkennen ist. Bilder, die durch ein Teleskop aufgenommen wurden (vgl. Abb. 7.2) zeigen, dass seine Sterne den umliegenden Staub beleuchten und einen bläulichen Reflexionsnebel erzeugen. Jeder bläuliche Stern ist von einem verschwommenen bläulichen Nebelfleck umgeben.

Wie in Kapitel 8 bereits erwähnt, ist das interstellare Medium der Rohstoff, aus dem die Sterne sind. Über weite Strecken der Milchstraße hat das interstellare Medium eine äußerst geringe Dichte, aber in bestimmten Regionen, wie etwa Emissionsnebeln und dunklen Wolken, ist es vergleichsweise dicht – das sind die Regionen, die reif für die Sternentstehung sind. Im Inneren solcher Staub- und Gaswolken zieht die Gravitation einen kleinen Klumpen zusammen. Wenn dieser kollabiert, erwärmt sich sein Gas und wandelt beim Zusammenstürzen immer mehr von seiner gravitationsbedingten potenziellen Energie in kinetische Energie um, bis die Materie schließlich so heiß und dicht ist, dass Kernfusionsreaktionen stattfinden können – dann ist ein Stern entstanden. Das Innere des Trifidnebels enthält zahlreiche bläuliche Sterne, die massereich und sehr heiß sind. Solche Sterne leben schnell und sterben jung. Daher können sie erst vor Kurzem geboren worden sein.

Die Größenordnungen, die dabei im Spiel sind, sind enorm. Im Orionnebel haben wir rund 700 Sterne beobachtet, die noch im Entstehen begriffen sind. Viele davon sind von Gas- oder Staubscheiben umgeben, in denen Planeten entstehen dürften. Wie im Orion- und Trifidnebel bilden sich Sterne eher in großen Gruppen als in Isolation.

Im Lauf der Zeit wird der Staub, der die jungen Sterne umgibt, von der Strahlung und von Winden der jungen Sterne verdunstet und fortgeweht, sodass die Sterne allmählich sichtbar werden. Tatsächlich senden junge Sterne oft Winde aus, bestehend aus heißem Gas, das von ihrer Oberfläche ausströmt, ähnlich wie die Winde, die unsere Sonne aussendet – nur stärker. Diese Winde beeinflussen die Form der Gas- und Staubwolken in unmittelbarer Umgebung der Sterne, sodass einige Nebel anschließend durchaus zerzaust aussehen.

Über eine Reihe von Details und Prozessen der Sternentstehung wissen wir nur unvollständig Bescheid; das ist eines der wichtigsten ungelösten Probleme in der Astronomie. Nicht alle dichten Regionen des interstellaren Mediums kollabieren zu Sternen; wir haben keine zufriedenstellende Erklärung dafür, warum es in einigen Regionen der Milchstraße zu Sternentstehungsprozessen kommt, aber in anderen nicht. Wir wissen, dass die Winde der ersten Sterne, die sich in einer Region bilden, zumeist das Gas und den Staub fortblasen, von denen sie umgeben sind, was verhindert, dass sich weitere Sterne aus diesem Material bilden. Ein Stern wie die Sonne hat relativ zu seinen Nachbarn eine (zufällige) Geschwindigkeit von rund 20 km/s. In den 4,6 Milliarden Jahren seit Entstehung der Sonne hat sie sich weit von dem stellaren Kreißsaal entfernt, in dem sie geboren wurde. Daher lässt sich nicht feststellen, welche Sterne ihre Geschwister sind – diejenigen, mit denen zusammen sie geboren wurde. Im Laufe von mehreren Hundert Millionen Jahre zerstreuen sich offene Sternhaufen und verteilen sich über die Milchstraße. Die meisten älteren Sterne in der Scheibe der Milchstraße kommen entweder als Single vor (wie die Sonne), in Paaren oder in Gruppen von nur ein paar Sternen.

Wir haben jetzt die Geburt und die Lebenszyklen von Sternen in groben Umrissen geschildert. Sterne bilden sich aus dem Stoff des interstellaren Mediums. Die masseärmsten Sterne verbrennen immer noch ihren ursprünglichen Wasserstoffvorrat. Sie sind so genügsam, dass sie damit typischerweise noch 1 Billion Jahre fortfahren können. Sterne mit ähnlichen oder etwas größeren Massen wie die Sonne werden zu Roten Riesen und geben am Ende einen Teil ihres Materials in Form eines planetarischen Nebels an das interstellare Medium zurück. Sterne mit Kernbereichen, die doppelt so viel Masse wie die Sonne besitzen (entsprechend einer Gesamtmasse von mehr als dem Achtfachen der Sonne in der Hauptreihenphase) werden als Supernovae erheblich spektakulärer explodieren und dabei die schwereren Elemente, die sie durch Kernfusion erzeugt haben, ins interstellare Medium schleudern. Diese schwereren Elemente werden dann der nächsten Sterngeneration einverleibt. Auf diese Weise wird das interstellare Medium im Laufe der Zeit immer stärker mit Elementen angereichert, die schwerer als Wasserstoff und Helium sind. Diese schwereren Elemente machen den größten Teil der Welt um uns herum aus. Beispielsweise besteht die Erde vorwiegend aus Eisen, Sauerstoff, Silizium und Magnesium. Unsere eigenen Hauptbestandteile sind Wasserstoff, Kohlenstoff, Sauerstoff und Stickstoff, dazu kleine Mengen anderer schwerer Elemente. Schwere Elemente bis hinauf zum Eisen werden in den Kernregionen sterbender Sterne durch Fusion erzeugt. Der Rest der natürlich vorkommenden Elemente bis zum Uran bildet sich in Supernova-Explosionen oder bei der Kollision zweier Neutronensterne in einem engen Doppelsystem. Die Einzelheiten dieser Prozesse sind noch nicht verstanden und gegenwärtig Gegenstand intensiver Forschung.

Die Milchstraße ist wie ein lebendiges Ökosystem mit Sternen, die leben und sterben. Jede Sterngeneration trägt Material zum interstellaren Medium bei, das der nächsten Generation einverleibt wird. Die schweren Elemente sind das Rohmaterial, aus dem sich Planeten bilden – Orte, an denen Leben existieren kann. Die Erkenntnis, dass das meiste Material in unseren Körpern und in allem, was uns umgibt, durch thermonukleare Prozesse in Sternen entstand, stimmt zugleich demütig und ehrfurchtsvoll.

Wie erwähnt, ist eine Möglichkeit der Entstehung von Elementen, die schwerer als Eisen sind, die Kollision zweier Neutronensterne, die sich in geringem Abstand umkreisen. Wir wissen, dass solche engen Doppelsysteme aus Neutronensternen existieren. Russell Hulse und Joe Taylor entdeckten zwei Neutronensterne, jeweils mit einer Masse von 1,4 Sonnenmassen, die sich alle 7,75 Stunden einmal umkreisen. Der Durchmesser der Bahn beträgt rund drei Lichtsekunden, etwas weniger als der Durchmesser der Sonne. Infolge der Abstrahlung von Gravitationswellen, einem Effekt, der von Einsteins Allgemeiner Relativitätstheorie vorhergesagt wird, kommt es zwischen den beiden Neutronensternen zu einer langsamen, spiralförmigen Annäherung. Tatsächlich zeigen die Messungen dieses Vorgangs eine wunderbare Übereinstimmung mit den Vorhersagen der Allgemeinen Relativitätstheorie. 1993 erhielten Taylor und Hulse den Nobelpreis für ihre Entdeckung. Die beiden Neutronensterne werden ihre langsame Todesspirale aufeinander zu fortsetzen, bis sie in rund 300 Millionen Jahren kollidieren und miteinander verschmelzen. Enrico Ramirez-Ruiz von der University of California in Santa Cruz schätzt, dass bei einer solchen Kollision eine Jupitermasse an Gold hinausgeschleudert werden könnte. Stellen Sie sich vor: Die Atome des Golds in meinem Ehering könnten bei einer Kollision von zwei Neutronensternen vor Jahrmilliarden entstanden sein!

12

UNSERE MILCHSTRASSE

MICHAEL A. STRAUSS

Die meisten Sterne, die Sie mit bloßem Auge sehen können, sind Dutzende, Hunderte oder Tausende von Lichtjahren entfernt. Bis wir in der Lage waren, die Beschaffenheit entfernterer Objekte durch Teleskope zu erkennen, war das das ganze Ausmaß des bekannten Universums. Die Geschichte der Astronomie ist eine Geschichte der Erkenntnisfortschritte, die uns nach und nach gezeigt haben, wie groß das Universum tatsächlich ist.

Zur Zeit des Kopernikus bestand unser Universum aus dem Sonnensystem, umgeben von fernen Sternen, über die wir sehr wenig wussten. Galileo Galilei, der als Erster ein Fernrohr auf den Himmel gerichtet hat, erkannte, dass das Licht der Milchstraße von unzähligen (tatsächlich, Milliarden) einzelnen Sternen stammt. Die Astronomen begriffen rasch, dass unsere Vorstellung vom Universum viel umfassender sein musste, als man bis dahin gedacht hatte.

1785 zählte William Herschel (der auch den Planeten Uranus entdeckt hat) die Zahl der Sterne, die er beim Blick in alle möglichen Richtungen durch sein Teleskop erkennen konnte, um eine Karte der Milchstraße anzulegen. Er argumentierte, dass sich in der Zahl der Sterne, die er in einer Richtung sah, die Ausdehnung der Milchstraße in dieser Richtung widerspiegelte. Aufgrund seiner Beobachtungen gelangte er zu der Auffassung, die Milchstraße habe die Form einer abgeflachten Linse, und wir befänden uns in der Nähe ihres Zentrums. 1922 nahm der holländische Astronom Jacobus Kapteyn eine umfangreichere Durchmusterung der Milchstraße vor.

Es ist erstaunlich, dass die Niederlande, die nicht gerade für einen wolkenlosen Himmel bekannt sind, so viele ausgezeichnete Astronomen hervorgebracht haben! Wie Herschel führte Kapteyn akkurate Sternzählungen in verschiedene Richtungen durch, verwendete nun aber hochauflösende astronomische Fotos der verschiedenen Himmelsregionen.

Das ist natürlich ein schwieriges Unterfangen. Denken Sie an die quadratische Abstandsbeziehung $B = L/(4\pi d^2)$ zwischen Helligkeit B, Abstand d und Leuchtkraft L eines Sterns. Wenn wir einen hellen Stern sehen, wissen wir zunächst nicht, ob es ein sehr leuchtkräftiger ferner oder ein weniger leuchtkräftiger näherer Stern ist. Das Gros seiner Arbeit erledigte Kapteyn, bevor Hertzsprung und Russell zeigten, dass die Farbe eines Hauptreihensterns es uns ermöglicht, auf seine Leuchtkraft zu schließen (vgl. Kapitel 7). Kapteyn tat, was in seiner Macht stand und lieferte nach vielen Jahren sorgfältiger Messungen ein Modell für das bekannte Universum, das dem Herschels ähnelte: Es war wie eine Linse geformt, hatte einen Durchmesser von 40.000 Lichtjahren, und sein Zentrum lag nur 2000 Lichtjahre von der Sonne entfernt.

Vor Kopernikus glaubten die Menschen, die Erde sei der Mittelpunkt des Universums. Nach Kopernikus wurde die Sonne das neue Zentrum des bekannten Universums. In den Jahrhunderten, die folgten, begannen die Astronomen zu verstehen, dass die Sonne ein Stern war, nicht anders als diejenigen, die man am Nachthimmel sah, aber Kapteyn verlegte die Sonne immer noch in den Mittelpunkt der Verteilung der Sterne. Doch noch während Kapteyn an seinem Forschungsprojekt arbeitete, begannen die Wissenschaftler, die Auswirkungen des Staubs im interstellaren Medium auf die scheinbare Helligkeit der Sterne zu verstehen (vgl. Kapitel 11). Wenn man die lichtabschwächende Wirkung dieses Staubs nicht angemessen berücksichtigt, kommt man zu einer verzerrten Darstellung der Verteilung der Sterne. Wo Staub die Sicht auf die Sterne einer Himmelsregion einschränkt, werden Sie weniger Sterne sehen. Ist der Staub so dicht, dass die Sterne völlig unsichtbar werden, könnten Sie zu der Auffassung gelangen, dass es ein Loch in der Verteilung der Sterne gibt. Als die Astronomen allmählich begriffen, wie großflächig der Staub in der gesamten Milchstraße verteilt ist, wurde ihnen klar, dass Kapteyns Bild vom Universum unzutreffend war.

Einen anderen Ansatz wählte der Harvard-Professor Harlow Shapley. In und um die Milchstraße herum tummeln sich rund 150 Kugelhaufen, Anhäufungen von jeweils bis zu 1 Million Sterne. Kugelhaufen sind wunderschöne Objekte, wie das Bild von M13 in Abbildung 7.3 zeigt. 1918 konnte Shapley die Abstände zwischen den Kugelhaufen schätzen und auf dieser Grundlage ihre räumliche Verteilung rekonstruieren. Da auch diese Haufen Teile der Milchstraße sind, könnte man meinen, dass sie mehr oder minder angeordnet sind wie die Verteilung, die Kapteyn darzustellen versuchte, dass sich also die Sonne mehr oder minder im Zentrum der Kugelhaufen-Anordnung befinden müsse. Stattdessen gelangte Shapley zu einem Ergebnis, dass unsere Vorstellung vom Universum gründlich veränderte: Das Zentrum, um das sich die Kugelhaufen verteilen, war (um den modernen Wert zu verwenden) rund 25.000 Lichtjahre von der Sonne entfernt. Ohne Frage war die Sonne eine Randerscheinung. Shapleys Kugelhaufen zeigten, dass die Sonne nicht in der Mitte des bekannten Universums lag (in Shapleys Begriffswelt war das gleichbedeutend mit: nicht in der Mitte der Milchstraße). Stattdessen lag die Sonne in einem der Außenbezirke, und außerdem war die Ausdehnung der Milchstraße um ein Mehrfaches größer als Kapteyn geschätzt hatte. Kapteyn war von all dem Staub fürchterlich in die Irre geführt worden. Wie sich gezeigt hat, ist der Staub in der Milchstraße vor allem in der zentralen Scheibe oder *galaktischen Ebene* konzentriert, während die Kugelhaufen überwiegend über oder unterhalb der Scheibe liegen. Da die Kugelhaufen sich außerhalb der *galaktischen Ebene* befinden, beeinträchtigte der Staub Shapleys Analyse weit weniger als Kapteyns Untersuchung. Tatsächlich war Shapley der neue Kopernikus, der zeigte, dass die Sonne nicht das Zentrum der Milchstraße war, das heißt, nicht das Zentrum des unseren Beobachtungen zugänglichen Teils des Universums war.

Das waren die Ausmaße des bekannten Universums, wie sie Shapley vor rund 100 Jahren verstand: Eine abgeflachte Struktur (die Milchstraße), vielleicht 100.000 Lichtjahre im Durchmesser, deren Zentrum 25.000 Lichtjahre von der Sonne entfernt lag. Diese Größenverhältnisse sind enorm: Ein Lichtjahr sind 10 Billionen Kilometer, daher stellen 100.000 Lichtjahre einfach eine unfassbare Entfernung dar. Doch, wie in Kapitel 13 noch zu erörtern sein wird, führten entscheidende Entdeckungen in den 1920er-Jahren zu der Erkenntnis, dass das sichtbare Universum um viele Größenordnungen größer ist als selbst unsere riesige Galaxis, die Milchstraße.

Versuchen wir, uns vor Augen zu führen, wie groß allein die Milchstraße ist. Die nächsten Sterne sind ungefähr vier Lichtjahre, rund 4×10^{13} Kilometer, entfernt. Teilen wir das durch den Durchmesser der Sonne, 1,4 Millionen Kilometer. Das zeigt uns, wie viele Sonnen wir nebeneinander legen müssten, um den nächsten Stern zu erreichen: 30 Millionen. 30 Millionen Sonnen nebeneinander ergeben in der Tat eine enorme Entfernung. Allein der Durchmesser der Sonne ist 100-mal so groß wie der Erddurchmesser. Die Entfernung zum nächsten Stern entspricht also 3 Milliarden Erddurchmessern.

Sterne sind winzige Körnchen im Vergleich zu den riesigen Entfernungen zwischen ihnen. In *Star Trek* kommen die *Enterprise* und ihre Besatzung alle naselang an einem »Planeten der Klasse M« vorbei; offenbar haben die Drehbuchautoren der Sendung die riesigen Abstände zwischen den Sternen vergessen. Vielleicht müssen sie deshalb so häufig auf ihren Warp-Antrieb zurückgreifen! (Ganz zu schweigen von dem Umstand, dass die Außerirdischen immer tadelloses amerikanisches Englisch sprechen, sogar im Delta-Quadranten!)

Wie sich gezeigt hat, ist der Abstand von 4 Lichtjahren in der Milchstraße eine typische Entfernung zwischen Sternen. Wie wir jetzt wissen, ist die Milchstraße eine sehr abgeflachte Struktur, eine kreisförmige Scheibe, rund 100.000 Lichtjahre im Durchmesser, aber nur etwa 1000 Lichtjahre dick. Nach menschlichem Maß sind tausend Lichtjahre eine gewaltige Entfernung, und doch handelt es sich relativ zum Durchmesser der Milchstraße um eine winzige Strecke. Der größte Teil des Staubs und des interstellaren Mediums der Milchstraße befindet sich in der Scheibe. Die Ausdehnung der Milchstraße ist ungefähr 25.000-mal größer als die typische Entfernung zwischen Sternen, entsprechend 75 Billionen Erddurchmessern.

Das galaktische Zentrum liegt für uns im Sternbild Schütze. Da der Staub in der Scheibe der Milchstraße konzentriert ist, liegt das Zentrum der Milchstraße hinter dichtem Staub verborgen, der uns den Blick auf das Zentrum verwehrt. Auf Fotos der Milchstraße finden wir Regionen in der Scheibe der Galaxis, in denen weniger Sterne zu sehen sind, was auf besonders dichte Staubansammlungen schließen lässt, die dahinterliegende Sterne verdecken. Die Sonne liegt selbst in der galaktischen Scheibe, aber wenn wir von unserem Standort aus der Scheibe hinausblicken, gibt es wenig Sichttrübungen durch Staub, sodass wir einen freien Ausblick auf das Universum jenseits unserer Milchstraße erhalten.

Erde und Sonne liegen nahe der Mittelebene der Milchstraße. Da die Sterne der Milchstraße ebenfalls weitgehend in der flachen Scheibe konzentriert sind, sehen wir die höchste Konzentration von Sternen in einem Streifen, der die Himmelskugel als geschlossener Kreis umschließt. Zu einer gegebenen Zeit können wir nur einen Teil des ganzen Kreises über dem Horizont sehen; der Rest befindet sich unter unseren Füßen, unsere Sicht wird von der Erde versperrt. Von der Nordhalbkugel aus haben wir den besten Ausblick auf denjenigen Teil der Milchstraße, der dem galaktischen Zentrum gegenüberliegt. Da Erde und Sonne sich weit vom Zentrum entfernt befinden, liegen relativ wenige Sterne der Milchstraße in dieser Richtung, und das Band der Milchstraße ist dort entsprechend spärlich besetzt. Von der Südhalbkugel aus kann man dagegen direkt ins Herz der Milchstraße schauen, und das bietet einen deutlich dramatischeren Anblick, trotz der Sichtbeeinträchtigung durch den Staub. In einer klaren mondlosen Mainacht in Chile, fern aller Großstadtlichter, ist der Anblick atemberaubend. Zu meinen schönsten Erinnerungen gehört die Zeit, die ich damit verbrachte, neben der Frau, die ich später heiraten sollte, am Cerro-Tololo-Observatorium in Chile die Milchstraße zu betrachten, die sich spektakulär am Himmel über unseren Köpfen erstreckte.

Noch besser wird die Sicht, wenn wir die Milchstraße im Infrarotlicht betrachten. Wir haben bereits gesehen, dass Staub rotes Licht weniger behindert als blaues Licht; das gilt in noch höherem Maße für infrarotes Licht (vgl. Kapitel 11). Abb. 12.2 (siehe Bildteil) zeigt eine Infrarotkarte des gesamten Himmels, aufgenommen mit den 2MASS-Teleskopen (es handelt sich um dieselbe Durchmusterung, der wir die eindrucksvollen Bilder vom galaktischen Zentrum in Abbildung 11.2 verdanken). Die dünne Scheibe der Milchstraße beherrscht das Bild. In der Mitte ist eine zentrale Wölbung zu erkennen, die auch im Deutschen mit dem englischen Wort *Bulge* bezeichnet wird.

Diese Karte des Infrarothimmels entspricht derjenigen in Abbildung 11.1, die im sichtbaren Bereich aufgenommen wurde. Der horizontale »Äquator« in der Mitte dieser Projektion ist die *galaktische Ebene*; die Scheibe der Milchstraße, die auf der Himmelskugel einen vollständigen Kreis bildet, erscheint in der Abbildung als waagerechte gerade Linie. Obwohl Abbildung 12.2 auf Daten beruht, die im Infrarotbereich gewonnen wurden, wirkt sich der Staub immer noch störend auf die Sicht aus: Die Lücken, die in der Scheibe zu sehen sind, gehen auf das Konto des Staubs. Beachten Sie schließlich noch den Bulge in der Mitte der Milchstraße; sein etwas klumpiges Erscheinungsbild ist ein Hinweis darauf, dass er wie eine Kartoffel geformt ist und nicht wie eine Kugel, wie man ursprünglich vermutet hatte. Die Große und die Kleine Magellansche Wolke, Satellitengalaxien der Milchstraße, sind rechts unterhalb der galaktischen Ebene zu sehen.

Abbildung 12.1: Die Milchstraße über Cerro Tololo. Der Nachthimmel über dem Interamerikanischen Observatorium Cerro Tololo in den chilenischen Anden. Die große Kuppel in der Mitte des Bildes beherbergt das 4-Meter-Victor-Blanco-Teleskop. Das Zentrum der Milchstraße ist am rechten Rand des Bilds zu sehen. Die Große und die Kleine Magellansche Wolke, Satellitengalaxien der Milchstraße, die rund 150.000 Lichtjahre von uns entfernt sind, sind links erkennbar. *Credit:* Roger Smith, AURA, NOAO, NSF

Harlow Shapley erkannte, dass er außerhalb der galaktischen Ebene beobachten musste (wo die beeinträchtigenden Auswirkungen des Staubs allzu stark sind), um die dreidimensionale Struktur der Milchstraße zu verstehen. Die Kugelhaufen in der Milchstraße sind nicht in dieser Ebene konzentriert und überall am Himmel zu sehen. Shapley wollte eine dreidimensionale Karte ihrer Verteilung anlegen, daher musste er ihre Entfernungen messen. Das war im Prinzip ganz einfach, wenn er das quadratische Abstandsgesetz zugrunde legte, das eine Beziehung zwischen Helligkeit und Leuchtstärke angibt: $B = L/(4\pi d^2)$. Wenn wir also die Helligkeit eines Sterns in einem Kugelhaufen messen (was einfach ist), und wenn wir die intrinsische Leuchtkraft des Sterns kennen (das ist der schwierige Teil), können wir seinen Abstand *d* bestimmen. Die Korrektur für die Auswirkungen des Staubs werden relativ klein bleiben, weil wir einen Kugelhaufen außerhalb der galaktischen Ebene betrachten.

Wie bestimmen wir die Leuchtkraft eines gegebenen Sterns? Die Hauptreihe zeigt eine Beziehung zwischen der Farbe eines Sterns und seiner Leuchtkraft (vgl. Abb. 7.1). Gehen wir davon aus, dass die Auflösung unserer Beobachtungen groß genug ist, um die Hauptreihensterne im Kugelhaufen zu identifizieren, erlauben uns die Farben der Hauptreihensterne Rückschlüsse auf ihre Leuchtkraft; kombinieren wir diese Messungen anhand des quadratischen Abstandsgesetzes mit der Helligkeit, erhalten wir die Entfernung des Kugelhaufens.

Ach, wenn das Leben doch so einfach wäre! Am einfachsten lassen sich in einem Kugelhaufen natürlich die hellsten Sterne messen. Alle Sterne in dem Haufen haben ungefähr die gleiche Entfernung von uns, sodass die hellsten Sterne, die wir sehen, zugleich die größte intrinsische Leuchtkraft im Haufen besitzen. Doch das sind *keine* Hauptreihensterne, sondern Rote Riesen, die bei einer gegebenen Farbe eine große Vielfalt an Leuchtkraftwerten aufweisen (weil sie bei einer gegebenen Farbe noch erheblich in ihrer Größe variieren). Die Auflösung moderner Teleskope reicht aus, um auch erheblich lichtschwächere Hauptreihensterne in Kugelhaufen zu erkennen, aber 1918, als Shapley forschte, waren die ihm zur Verfügung stehenden Teleskope und Instrumente dazu nicht in der Lage. Stattdessen verwendete er einen Sterntyp, den man *RR-Lyrae-Veränderlicher* nennt. Sterne dieser Art sind rund 50-mal so leuchtkräftig wie die Sonne und ändern ihre Helligkeit periodisch.

Veränderliche sind Sterne, deren Leuchtkraft (und infolgedessen auch deren scheinbare Helligkeit) sich mit der Zeit verändert. RR-Lyrae-Veränderliche verändern ihre Helligkeit in einem Zeitraum von weniger als einem Tag um einen Faktor 2. Sie pulsieren, wobei ihr Radius abwechselnd zu- und abnimmt. Das sind die typischen Veränderlichen in Kugelhaufen.

Wie wir wissen, befinden sich Sterne in einem Gleichgewichtszustand zwischen der Gravitation, die sie zusammenhält, und dem inneren Druck, der einem weiteren Zusammenziehen entgegenwirkt. Doch nachdem sie Rote Riesen geworden sind, werden einige Sterne blauer und bewegen sich rasch durch das HR-Diagramm. Während dieser Zeit durchlaufen sie eine Phase, in der sie Helium im Kern und Wasserstoff in einer Schale verbrennen. Dabei beeinflusst die Art und Weise, wie die im Inneren erzeugte Energie nach außen gelangt, das Gleichgewicht des Sterns. Das Ergebnis sind periodische Schwankungen des Innendrucks, die zu entsprechenden Größenveränderungen und letztlich zu Schwankungen der Leuchtkraft und Helligkeit des Sterns führen.

Zwar neigen Astronomen dazu, den Objekten, die sie studieren, einfache Namen zu geben (»Roter Riese«, »Weißer Zwerg« und so fort), doch veränderliche Sterne bilden hier eine Ausnahme. Als Astronomen Anfang des 19. Jahrhunderts anfingen, die Veränderlichen zu katalogisieren, gaben sie ihnen latinisierte Namen nach den Sternbildern, in denen sie sich befanden. Der erste veränderliche Stern, der im Sternbild Leier (lateinisch: Lyra) entdeckt wurde, erhielt die Bezeichnung R Lyrae; die Buchstaben von A bis Q waren schon für andere Sterntypen verwendet worden. Als ein zweiter veränderlicher Stern in der Leier entdeckt wurde, erhielt er natürlich die Bezeichnung S Lyrae, dann T Lyrae und so fort, bis die Astronomen erkannten, dass ihnen die Buchstaben ausgingen, daher erhielt der nächste veränderliche Stern nach Z Lyrae den Namen RR Lyrae (der Namensgeber für eine ganze Klasse Veränderlicher wie ihn selbst), dann kam RS Lyrae und immer so weiter, bis hin zu ZZ Lyrae. Selbst diese Namen reichten nicht aus, daher begannen sie von vorn mit AA Lyrae, AB Lyrae, und endeten mit QZ Lyrae (wobei sie aus irgendeinem Grund den Buchstaben J übersprangen). Damit hatte man 334 Kombinationen, aber veränderliche Sterne waren viel häufiger! Der nächste, der im Sternbild Leier entdeckt wurde, bekam die Bezeichnung V335 Lyrae. Bis zu diesem Zeitpunkt sind die Astronomen bei V826 Lyrae angelangt. Wir kennen viele Arten variabler Sterne mit einer teilweise wirklich komplizierten Terminologie: AM-Canum-Venaticorum-Sterne, FU-Orionis-Sterne, BL-Lacertae-Sterne (die sich allerdings als eine bizarre Galaxieart mit einem veränderlichen aktiven galaktischen Kern entpuppten), ZZ-Ceti-Sterne und so fort, wobei jede Sternklasse nach ihrem ersten entdeckten Exemplar benannt wurde. Cepheiden, die ein Kernstück unserer Beschäftigung mit fernen Galaxien in Kapitel 13 sein werden, haben ihren Namen nach ihrem Prototyp Delta Cephei, der Ende des 18. Jahrhunderts entdeckt wurde.

Shapley verwendete die veränderlichen RR-Lyrae-Sterne als *Standardkerzen*, um die Entfernungen zu Kugelhaufen zu messen, wobei er sich den Umstand zunutze machte, dass die Leuchtkraft aller RR-Lyrae-Sterne (zeitlich gemittelt über ihre Schwingungsperiode) für jeden dieser Sterne ungefähr dieselbe ist. Misst man die (gemittelte) Helligkeit eines RR-Lyrae-Sterns in einem Kugelhaufen, dann kann man, da man seine Leuchtkraft kennt, die Entfernung zu dem Stern bestimmen, und damit zu dem Kugelhaufen, in dem er sich befindet. Mit der daraus resultierenden dreidimensionalen Karte der Kugelhaufen konnte Shapley die Position des Zentrums ihrer Verteilung errechnen und so zu dem Ergebnis gelangen, dass die Sonne weit vom Zentrum der Milchstraße entfernt ist.

Wenn wir mit einer Standardkerzen-Methode die Verteilung der Sterne in der galaktischen Ebene (wo die meisten Sterne zu finden sind) kartieren wollen, haben wir durch die Auswirkungen des Staubs erheblich mehr Schwierigkeiten. Nach jahrzehntelanger, harter Arbeit haben wir jetzt ein einigermaßen vollständiges Bild der Gesamtstruktur der Milchstraße. Die meisten Sterne befinden sich in einer sehr flachen Scheibe mit einem Durchmesser von rund 100.000 Lichtjahren. Sie hat keinen scharf definierten Außenrand, sondern die Sterndichte sinkt stetig, je weiter man nach außen kommt. In der Mitte der Scheibe finden wir eine dickere, ein wenig kartoffelförmige Verteilung von Sternen, etwa 20.000 Lichtjahre lang, eine Aufwölbung, die wir als *Bulge* der Milchstraße bezeichnen. Die Sterne der Scheibe sind zu einer Reihe von Spiralarmen angeordnet, die von dem Bulge ausgehen. Die meisten Sterne, die Sie mit bloßem Auge sehen können, befinden sich einige Tausend Lichtjahre von der Sonne entfernt in demselben Spiralarm wie sie.

Obwohl die Milchstraße eine Spiralgalaxie ist, können wir ihre Feuerradstruktur mit den gebogenen, vom Zentrum ausgehenden Spiralarmen nicht am Himmel sehen, weil wir selbst in diese Scheibe eingebettet sind. Diese Struktur lässt sich erst dann erschließen, wenn die Entfernungen zu einzelnen Sternen und Gaswolken gemessen werden, sodass eine dreidimensionale

Ansicht der galaktischen Struktur möglich wird. Könnten wir von einem einige Hunderttausend Lichtjahre entfernten Punkt direkt von oben auf die Scheibe der Milchstraße schauen, dann sähe sie ähnlich aus wie die künstlerische Darstellung in Abbildung 12.3 (siehe Bildteil). Die Sonne liegt auf halber Strecke eines Spiralarms, direkt unter dem Zentrum (auf 6 Uhr in der Abbildung). Unsere Galaxie ist eine *Balkenspiralgalaxie*, weil ihr Bulge länglich, balkenförmig ist. Die Spiralarme beginnen an den Enden des Balkens.

Bald nach unserer Heirat bestand meine Frau darauf, dass ich meine bedruckten T-Shirts aus Collegetagen nicht mehr trug. Eines vermisse ich besonders: Es zeigte das Bild einer Galaxie mit allen Spiralarmen. Ein Pfeil zeigte auf einen Punkt in der Mitte eines Spiralarms mit der Aufschrift »Sie sind hier«.

Nicht alle Sterne der Milchstraße liegen in der Scheibe und im Bulge. Wie wir gesehen haben, reichen die Kugelhaufen über und unter die Ebene der Scheibe hinaus. Außerdem gibt es eine weiträumige Verteilung von Sternen, die ebenfalls kugelförmig und viel spärlicher als in der Scheibe ist. Ihre Entfernung vom Zentrum der Milchstraße beträgt bis zu 50.000 Lichtjahre. Diese Sterne bilden den *Halo* unserer Galaxis. Früher glaubten wir, die Sterne in diesem Halo seien weitgehend gleichmäßig verteilt, wobei die Konzentration mit der Entfernung vom Zentrum allmählich abnehme, doch als die Astronomen immer genauere Verteilungskarten der lichtschwachen Sterne anfertigten, stellten sie fest, dass der Halo keineswegs gleichmäßig ist. So weist er Verdichtungen und Sternströme auf, von denen man annimmt, es handle sich um die Überreste kleinerer Begleitergalaxien, die von der Milchstraße eingefangen und durch die Gezeitenkräfte unserer Heimatgalaxie zerrissen worden seien.

Im Bulge und vor allem im Halo befinden sich überwiegend alte Sterne, die sich vor Milliarden Jahren gebildet haben. Die heißesten O- und B-Sterne der Hauptreihe mit ihrer Lebenserwartung von lediglich einigen Millionen Jahren sind dort nicht zu finden; seit Jahrmilliarden hat nämlich im Halo unserer Galaxis keine Sternentstehung mehr stattgefunden. Die jungen, heißen Sterne befinden sich fast ausschließlich in den Spiralarmen der Scheibe, wo gegenwärtig die Sternentstehung stattfindet.

Die Spiral- oder Feuerradstruktur der Scheibe lässt darauf schließen, dass das ganze Gebilde rotiert. Tatsächlich geschieht genau das. Die ganze Scheibe rotiert um ihre Mittelachse, und daher bewegt sich die Sonne auf einer annähernd kreisförmigen Bahn mit einer Geschwindigkeit von 220 km/s. Wie die Gravitation der Sonne die Erde auf ihrer jährlichen Umlaufbahn hält, so zieht die Gravitation der Milchstraße (zumindest deren Teil innerhalb des Radius der Sonnenbahn) die Sonne und die Planeten in einer bestimmten Bahn um das galaktische Zentrum. Legt man die Geschwindigkeit von 220 km/s und den Radius der Sonnenbahn - heftige 25.000 Lichtjahre - zugrunde, führt eine einfache Rechnung zu dem Ergebnis, dass die Sonne für eine Umkreisung der Milchstraße 250 Millionen Jahre braucht. Folglich hat die Sonne in den rund 4,6 Milliarden (Erd-)Jahren ihrer Existenz rund 18 Umläufe absolviert.

Um zu berechnen, welche Gravitationskraft die Milchstraße auf die Sonne ausübt, dürfen wir von der Annahme ausgehen, dass die Masse der Milchstraße in ihrem Zentrum konzentriert ist, 25.000 Lichtjahre entfernt, so wie die Gravitation der Erde wirkt, als wäre all ihre Masse in ihrem Zentrum versammelt, 6400 Kilometer unter unseren Füßen. Von Bedeutung ist dabei nur derjenige Anteil der Masse der Galaxis, der innerhalb des Radius der Sonnenbahn liegt. Die Gravitationsanziehung der Materie, die sich außerhalb jenes Radius befindet, hebt sich weitgehend auf, verkürzt gesagt, weil uns die entsprechende Masse in ganz unterschiedliche Richtungen zieht.

Daraus ergibt sich eine Rechnung. Ausgehend von Newtons Bewegungsgesetzen und Gravitationsgesetz fanden wir in Kapitel 3 eine Beziehung zwischen der Masse der Sonne M_{Sonne}, der Bahngeschwindigkeit v_E der Erde und dem Radius r_E der Bahn der Erde um die Sonne:

$$GM_{\text{Sonne}}/r_E^2 = v_E^2/r_E,$$

wobei G Newtons Gravitationskonstante ist. Wir multiplizieren beide Seiten der Gleichung mit r_E^2 und erhalten:

$$GM_{\text{Sonne}} = v_E^2 r_E.$$

Auf genau demselben Wege können wir die entsprechende Gleichung für die Masse der Milchstraße, M_{MS}, die Geschwindigkeit v_S der Sonne und den Radius R_S der Bahn der Sonne um das Zentrum der Milchstraße herleiten:

$$GM_{\text{MS}} = v_S^2 R_S.$$

Teilen wir die zweite Gleichung durch die erste, dann kürzt sich die Größe G heraus:

$$M_{MS}/\mathrm{M}_{Sonne} = (v_S/v_E)^2\,(R_S/r_E).$$

Der Quotient der Geschwindigkeiten ist $v_S/v_E = (220\ \mathrm{km/s})/(30\ \mathrm{km/s})$, oder rund 7. Der Quotient der Entfernungen ist: $R_S/r_E = 25.000$ Lichtjahre/1 AE. Ein Lichtjahr entspricht rund 60.000 AE, dieser Quotient ergibt also 25.000 $\times$ 60.000 = $1{,}5 \times 10^9$. Damit haben wir

$$M_{MS}/M_{Sonne} = 7^2 \times 1{,}5 \times 10^9 \sim 10^{11}.$$

Damit ist die Masse der Milchstraße (innerhalb des Radius der Sonnenbahn) ungefähr 100 Milliarden Mal so groß wie die Masse der Sonne.

Die Milchstraße besteht aus Sternen, daher können wir sagen, dass unsere Galaxis rund 100 Milliarden Sterne enthält, wenn wir von der pauschalen Annahme ausgehen, dass alle Sterne die gleiche Masse wie die Sonne haben. Tatsächlich ist die typische Masse eines Sterns in der Milchstraße etwas geringer als die Masse der Sonne, außerdem haben wir alle Sterne außer Acht gelassen, die weiter vom Zentrum der Milchstraße entfernt sind als die Sonne, daher kommt man bei einer genaueren Schätzung auf eine größere Zahl, nämlich rund 300 Milliarden Sterne in der Milchstraße. In seiner klassischen Fernsehserie *Unser Kosmos* verwendete Carl Sagan mit seiner markanten Stimme häufig die Formulierung »*Billions and billions*«, »Milliarden und Abermilliarden«, um seinen Zuschauern eine Vorstellung von der ungeheuren Zahl der Sterne zu vermitteln. Sagan übertrieb damit keineswegs; die Milchstraße enthält tatsächlich Milliarden und Abermilliarden – rund 300 Milliarden – Sterne. Diese Zahl haben wir auch in der Drake-Gleichung verwendet.

Die Sterne in der Scheibe haben alle annähernd kreisförmigen Bahnen. Diese Sterne sind dabei wie Autos auf einer Rennstrecke, die im Kreis führt. Die auf der Innenbahn überholen die Konkurrenten auf der Außenbahn. Für das Spiralmuster, das wir sehen, sind Verkehrsstaus verantwortlich, auf welche die Sterne im Zuge ihrer Kreisbahn stoßen. Wenn Sie sich auf einer Schnellstraße befinden und sich einem Stau nähern, in dem die Autos langsamer fahren als üblich, gehen Sie mit dem Tempo herunter. Schließlich durchqueren Sie den Stau und können wieder schneller fahren als die Fahrzeuge um Sie herum. Der Verkehrsstau repräsentiert eine *Dichtewelle* im Muster der Autos. Im Stau weisen die Autos die größte Dichte auf – obwohl sich einzelne Autos ständig durch den Verkehrsstau bewegen und aus ihm hinausfahren. Ganz ähnlich repräsentiert eine spiralförmige Dichtewelle in der Galaxis einen schwerkraftbedingten Verkehrsstau der Sterne, dessen gesteigerte Gravitation noch mehr Sterne anzieht. Wenn sich die Sterne auf diese Weise zusammenrotten, wird dort auch das interstellare Gas durch die zusätzlichen Gravitationskräfte zusammengezogen, sodass es zum Gravitationskollaps von Gaswolken und der Bildung neuer Sterne kommt. Deswegen sind die Spiralarme Regionen aktiver Sternentstehung. Unter den neu gebildeten Sternen sind auch massereiche leuchtend blaue Sterne, deren Lebensdauer kürzer ist als die Zeit, die sie benötigen, um aus dem Verkehrsstau des Spiralarms wieder hinaus zu driften. Daher werden die Arme von Spiralgalaxien durch neugeborene blaue Sterne mit großer Masse hell erleuchtet. Sterne bewegen sich nicht auf Spiralbahnen – vielmehr sind die Spiralen hell erleuchtet durch die jungen Sterne, deren Entstehung Folge des Verkehrsstaus der um das galaktische Zentrum kreisenden Sterne ist.

Die Masse von 100 Milliarden Sonnen, der Schätzwert, auf den wir gerade gekommen sind, entspricht dem Anteil der Masse der Milchstraße innerhalb der Sonnenbahn. Die Gravitationskräfte verschiedener Teile der Milchstraße *jenseits* der Sonnenbahn ziehen uns in entgegengesetzte Richtungen: Materie außerhalb der Sonnenbahn auf unserer Seite der Galaxis zieht uns nach außen, während beispielsweise Materie außerhalb der Sonnenumlaufbahn, aber von uns aus gesehen hinter dem galaktischen Zentrum, uns nach innen zieht. Insgesamt heben sich diese gegensätzlichen Kräfte praktisch auf und haben damit unter dem Strich keinen Einfluss auf die Sonnenbahn. Die Materie innerhalb des Sonnenorbit dagegen übt – analog zur Gravitationswirkung der Masse der Erde – ihre Wirkung so aus, als wäre sie im Zentrum der Galaxis konzentriert. Wenn wir also die Bahngeschwindigkeiten von Sternen mit unterschiedlichen Abständen vom Zentrum der Milchstraße messen können, dann können wir aus diesen Informationen ein Massenprofil der Milchstraße in Abhängigkeit vom Abstand zum galaktischen Zentrum erstellen.

Was erwarten wir zu finden? Die Sonne liegt auf halbem Weg zwischen Zentrum und Rand der Milchstraße, und die Dichte fällt beträchtlich ab, je weiter Sie über die Milchstraße hinausgehen. Sternzählungen legen den Schluss nahe, dass der Großteil der Masse der Milchstraße innerhalb der Sonnenbahn enthalten ist. Daher können wir uns an die eben verwendete Gleichung halten:

$$GM(<R) = v^2R,$$

wobei $M(<R)$ die Masse im Inneren des Radius R ist. Wenn nur wenig Masse jenseits des Bahnradius der Sonne ist, wird $M(<R)$ konstant. Außerhalb des Sonnenorbits erwarten wir, dass v^2R näherungsweise konstant und v^2 proportional zu $1/R$ ist. Folglich müssten sich die Bahngeschwindigkeiten proportional zu $1/\sqrt{R}$ verhalten. Genau das beobachten wir im Sonnensystem; die äußeren Planeten erfahren eine schwächere Gravitationsanziehung von der Sonne und bewegen sich daher langsamer auf ihren Bahnen als die inneren Planeten. Wir erwarten in unserer Galaxis ganz analog, dass die Bahngeschwindigkeiten der Sterne jenseits des Radius der Sonnenbahn abnehmen.

Es ist schwierig, diese Messungen in der Milchstraße vorzunehmen. Erst Mitte der 1980er-Jahre gelang es den Astronomen, die Bahngeschwindigkeiten von Sternen und Gas in verschiedenen Abständen vom Zentrum der Milchstraße zu bestimmen. Zu ihrer großen Überraschung stellten sie fest, dass die Bahngeschwindigkeiten in den äußeren Regionen der Milchstraße *nicht* abnahmen, sondern weitgehend konstant blieben, soweit die Messungen reichten.

Was also ist falsch an unseren Überlegungen? Wir sehen wenig Sternenlicht, wenn wir vom Zentrum der Milchstraße über die Sonne hinaussehen, und wir schlossen daraus, dass der Beitrag jener fernen Regionen zur Gesamtmasse gering sei. Nun müssen wir diese Schlussfolgerung infrage stellen. Wir haben die Sonnenbahn zugrunde gelegt, um die Masse der Milchstraße innerhalb dieser Bahn abzuschätzen; entsprechend können wir mithilfe der Geschwindigkeit von Sternen, die die Milchstraße in noch größerem Abstand umkreisen, die von diesen größeren Bahnen eingeschlossene Masse berechnen. Wie aus unserer Gleichung $GM(<R) = v^2R$ hervorgeht, steigt die Masse im Inneren des Radius R linear mit R an, wenn die Geschwindigkeit v konstant bleibt. Je weiter wir nach außen gehen, desto mehr Masse finden wir. Ein beträchtlicher Anteil der Masse

der Milchstraße außerhalb der Sonnenbahn lässt sich nicht in Form von Sternen beobachten. Wir nennen diesen Anteil *Dunkle Materie*. Dass es ihn gibt, haben wir durch seine Gravitationswirkung auf Sternbahnen geschlossen.

Wie viel Dunkle Materie enthält die Milchstraße? Die Antwort hängt davon ab, wie weit sich die Milchstraße unserer Meinung nach erstreckt. 40.000 Lichtjahre vom Zentrum entfernt kommen kaum noch Sterne vor, aber die Bahngeschwindigkeiten der seltenen Sterne oder Gaswolken, die sich noch weiter draußen befinden, entsprechen im Wesentlichen der Bahngeschwindigkeit der Sonne mit ihren 220 km/s. Aus unseren besten modernen Schätzungen geht hervor, dass die Sterne und das interstellare Medium in der Milchstraße nur einen kleinen Bruchteil, vielleicht 10 Prozent, der Gesamtmasse der Galaxie stellen. Der weitaus größte Teil der in der Milchstraße enthaltenen Masse, rund 1 Billion Sonnenmassen, liegt in Form Dunkler Materie vor und reicht hinaus bis zu einer Entfernung von rund 250.000 Lichtjahren vom galaktischen Zentrum. Auf die gleiche Masse kommen wir, wenn wir die wechselseitigen Bahnen der Milchstraße und ihrer Begleit-Galaxie, der Andromedagalaxie, berechnen, wobei wir abermals Newtons Gravitationsgesetz verwenden. Einst bewegten sich die beiden im Zuge der allgemeinen Expansion des Universums voneinander fort, fallen aber nun wieder mit einer Geschwindigkeit von rund 100 km/s aufeinander zu, sodass sie in rund 4 Milliarden Jahren zusammenstoßen werden.

Der Caltech-Astronom Fritz Zwicky war der Erste, der 1933 Dunkle Materie entdeckte, als er mit einer raffinierten Version der Formel $GM = v^2R$ die Gesamtmasse des Coma-Galaxienhaufens maß; dabei verwendete er den Radius des Haufens und die Geschwindigkeiten der einzelnen Galaxien, die sich im Gravitationsfeld des Haufens als Ganzen bewegten. So gelangte er zu dem Schluss, dass der Haufen erheblich mehr Masse besitzen müsse als alle Sterne und Gaswolken, aus denen die einzelnen sichtbaren Galaxien bestanden, zusammen. Er taufte diese unsichtbare Form von Masse *Dunkle Materie*. Wie ich in Kapitel 15 schildern werde, besteht diese Dunkle Materie aller Wahrscheinlichkeit nicht aus gewöhnlichen Atomen, sondern aus Elementarteilchen, die wir noch nicht identifiziert haben.

Eine andere sehr interessante Form nichtleuchtender Materie in der Milchstraße tritt direkt in ihrem Zentrum auf. Infrarotbeobachtungen des galaktischen Zentrums können den verhüllenden Staub durchdringen. Auf diese Weise konnten wir sehen, dass sich die Sterne im innersten Zentrum der Galaxis auf elliptischen Keplerbahnen bewegen, mit großen Halbachsen, die lediglich 1000 AE (1/60 eines Lichtjahrs) groß sind und Umlaufzeiten von etwa 20 Jahren aufweisen. Das Objekt, um das sie alle kreisen, ist unsichtbar, aber auch hier ermöglichen uns die Newtonschen Gesetze, seine Masse zu bestimmen: satte 4 Millionen Sonnenmassen. Es ist sehr klein (auf alle Fälle kleiner als die Bahnen, auf denen die Sterne es umkreisen) und infolgedessen außerordentlich dicht und unsichtbar. Wie sich herausstellt, handelt es sich um ein Schwarzes Loch, eines der faszinierendsten Objekte des Universums. Mit solchen Objekten werden wir uns in den Kapiteln 16 und 20 eingehender beschäftigen. Damit hat uns unsere Untersuchung an die äußersten Grenzen der Physik geführt, von neuen Elementarteilchen, die die Außenbezirke der Milchstraße bevölkern, bis hin zu einem massereichen Schwarzen Loch, das sich in ihrem Zentrum verbirgt.

13

DAS UNIVERSUM DER GALAXIEN

MICHAEL A. STRAUSS

Vor hundert Jahren, als Harlow Shapley die Dimensionen der Milchstraße und unseren Platz in ihr bestimmte, deckten sich nach einhelliger Meinung der Astronomen die Ausmaße des Universums mit denen der Milchstraße. Als Shapley nachwies, dass die Milchstraße eine Ausdehnung von Zehntausenden Lichtjahren besitzt, war er davon überzeugt, diese kolossale Zahl beweise, dass er tatsächlich das ganze Universum kartiert habe. Doch die Astronomen zerbrachen sich schon seit Langem den Kopf über die Nebel, die sie in ihren Teleskopen sahen; während ein Stern im Teleskop als Lichtpunkt erscheint, waren Nebel ausgedehnt und unscharf. In diesem Buch haben wir schon eine Reihe von Nebeln kennengelernt, so zum Beispiel planetarische Nebel, die entstehen, wenn Rote Riesen ihre äußeren Schichten abwerfen; den Orionnebel, eine Region intensiver Sternentstehung, in der das umgebende Gas infolge des Lichts von heißen, jungen Sternen fluoresziert; und Dunkelwolken, also jene Staubwolken, die das Licht von Hintergrundsternen abschirmen. Doch es gibt noch eine andere Klasse, die nach ihrer Form benannten *Spiralnebel*, deren Mitglieder, wie wir heute wissen, eng mit der Milchstraße verwandt sind. Die Milchstraße selbst sieht für uns ja eher unscharf aus. Doch die Spiralstruktur der Scheibe unserer Galaxis war vor einhundert Jahren sicherlich noch nicht bekannt, da wir, in der Scheibe selbst lebend, keine klare Vorstellung von ihrem dreidimensionalen Gefüge hatten, daher fiel es uns schwerer, die Ähnlichkeit mit dieser größeren Klasse von Objekten zu entdecken. Erinnern wir uns daran, dass wir keine Tiefenwahrnehmung in einem astronomischen Bild haben; wenn wir einen bestimmten Nebel sehen, können wir nicht auf Anhieb sagen, ob es sich tatsächlich um ein kleines Objekt handelt, das beispielsweise einige Hundert Lichtjahre entfernt ist, oder um eine in Wahrheit riesenhafte Struktur, deren Abstand von uns Millionen Lichtjahre beträgt.

Abbildung 13.1 (siehe Bildteil) zeigt den typischen Spiralnebel M101, bei dem wir direkt von oben auf die Scheibe blicken. Deutlich sind seine Spiralarme zu erkennen. Er sieht aus wie ein Feuerrad – und so heißt er denn auch bei den Astronomen: Feuerradgalaxie.

Die physikalische Beschaffenheit – Entfernung und Größe der Spiralnebel – gehörte zu den wichtigsten Fragen, denen sich die Astronomen in dem ersten Jahrzehnt des 20. Jahrhunderts gegenübersahen. Bereits 1755 hatte der deutsche Philosoph Immanuel Kant die Vermutung geäußert, die Spiralnebel seien andere »Inseluniversen«, das heißt, Objekte, die ähnlich groß wie das ganze bekannte Universum, also die Milchstraße, seien. Ging man aus von der Ausdehnung, die die Milchstraße nach Shapleys Schätzung besaß, und von der geringen scheinbaren Winkelgröße der Spiralnebel, mussten sie ungeheuer weit entfernt sein, Millionen oder Dutzende von Millionen Lichtjahre.

Shapley selbst fand diese Vorstellung vollkommen abwegig. 1920 führte er eine öffentliche Debatte mit dem Astronomen Heber Curtis vom Lick-Observatorium in Kalifornien über die Beschaffenheit der Spiralnebel. Curtis war überzeugt von der Hypothese, dass die Spiralnebel Galaxien wie die Milchstraße seien, während Shapley die Ansicht vertrat, die aus dieser Annahme folgenden Entfernungen der Spiralnebel seien viel zu groß, um glaubhaft zu sein.

Wie so häufig in den Naturwissenschaften ließ sich auch diese Kontroverse nur mit neueren und besseren Daten entscheiden, daher endete diese Debatte ergebnislos. Der Astronom, der die Frage ein für allemal entschied, war Edwin Hubble vom Mount-Wilson-Observatorium in Kalifornien. Er nutzte veränderliche Sterne (eine Technik, die wir in Kapitel 12 erörtert haben), um die Entfernung des Andromedanebels zu bestimmen, des hellsten Spiralnebels am Himmel (Abb. 13.2, siehe Bildteil).

Unter idealen Bedingungen (einer klaren, mondlosen Nacht weit entfernt von allen Stadtlichtern) ist der Andromedanebel mit bloßem Auge auszumachen, daher war er auch in der Antike schon bekannt.

Das Mount-Wilson-Observatorium, das in den San Gabriel Mountains über dem Los-Angeles-Becken liegt, hatte das damals größte Teleskop der Welt mit einem Hauptspiegel von 2,5 Metern Durchmesser. Als Hubble mit diesem Teleskop Bilder vom Andromedanebel aufnahm, stellte er fest, dass das diffuse Licht bei dieser Auflösung einzelne Sterne erkennen ließ – genau die Entdeckung also, die Galilei 300 Jahre zuvor gemacht hatte, als er sein primitives Fernrohr auf die Milchstraße gerichtet hatte. Schon dieser Beobachtung entnahm Hubble, dass Andromeda sehr weit entfernt sein musste, aber um die richtigen Werte zu bekommen, musste er noch mehr Arbeit investieren. Gestützt auf wiederholte Beobachtungen des Andromedanebels entdeckte Hubble mehrere Sterne, die periodisch heller und dunkler wurden und die er daher als Cepheiden identifizierte. Das sind veränderliche Sterne, die leuchtkräftiger als RR-Lyrae-Sterne sind und mit Perioden von Tagen bis Monaten pulsieren. 1912 entdeckte Henrietta Leavitt, die an der Harvard University arbeitete (vgl. Kap. 7), eine Beziehung zwischen der Periode von Cepheiden und ihrer Leuchtkraft (Abb. 13.3). Hubble war in der Lage, die Perioden seiner Cepheiden zu messen, mithilfe von Leavitts Beziehung auf deren Leuchtkraft zu schließen und durch Vergleich mit der gemessenen Helligkeit die Entfernung jener Sterne zu bestimmen. Die Schlussfolgerung war verblüffend: Der Andromedanebel wies die fast unvorstellbare Entfernung von fast 1 Million Lichtjahren zu uns auf und sprengte damit bei Weitem den bekannten Größenrahmen der Milchstraße.

Abbildung 13.3: Henrietta Leavitt, die die Beziehung zwischen der Periode und der Leuchtkraft von Cepheiden entdeckte, ein Schlüssel zur Entfernungsmessung nahe gelegener Galaxien. *Credit:* American Institute of Physics, Emilio Segrè Visual Archives

Bilder vom Andromedanebel bis hin zu seinen äußeren Rändern zeigten einen Winkeldurchmesser von 2 Grad am Himmel. Der Umfang eines Kreises beträgt 2π (etwas mehr als 6) mal seinem Radius. Ein riesiger Kreis von etwas weniger als 1 Million Lichtjahren hat also einen Umfang von rund 6 Millionen Lichtjahren. Zwei Grad sind 1/180 des vollständigen, 360 Grad umfassenden Kreises, aus dem Hubble ableiten konnte, dass der Durchmesser der Andromedagalaxie rund 6 Millionen Lichtjahre/180 oder rund 30.000 Lichtjahre betragen musste. Hubble konnte also auf zwei faszinierende Tatsachen schließen: (1) Der Andromedanebel ist fast so groß wie die Milchstraße, und (2) Andromeda liegt weit jenseits der Grenzen der Milchstraße.

Darüber hinaus war der Himmel mit anderen Spiralnebeln gefüllt, deren Winkelgröße und scheinbare Helligkeit deutlich geringer waren als die von Andromeda. Das war ein entscheidender Wendepunkt in unserer Vorstellung vom Kosmos. Hubble hatte gezeigt, dass der Andromedanebel und damit auch die anderen Spiralnebel ungefähr die gleiche Größe hatten wie die gesamte Milchstraße und dass sie sich in einer unvorstellbar großen Entfernung von uns befinden. Kants Hypothese, dass es sich bei den Spiralnebeln um »Inseluniversen« handelte, die so groß wie die Milchstraße waren, hatte sich als richtig erwiesen. Die Grenzen des bekannten Universums hatten sich damit spektakulär in die Ferne verlagert.

Zwei Jahrzehnte danach erkannten die Astronomen, dass es mehr als eine Sorte von Cepheiden am Himmel gab. Als man diesen Umstand angemessen berücksichtigt hatte, zeigte sich, dass Hubble den Abstand zum Andromedanebel tatsächlich erheblich *unterschätzt* hatte. Unsere moderne Entfernungsschätzung liegt bei 2,5 Millionen Lichtjahren. Außerdem zeigen moderne Fotografien, die mit Digitalkameras (statt Filmkameras) auf Teleskopen aufgenommen waren, dass sich Andromedas lichtschwache äußere Regionen bis zu einem Durchmesser von ungefähr 3 Grad am Himmel ausdehnten. Aus diesen größeren Werten schließen wir, dass der Durchmesser der Andromedagalaxie (denn mittlerweile bezeichnen wir sie als Galaxie und nicht mehr als Nebel) rund 130.000 Lichtjahre beträgt, womit sie etwas größer als die Milchstraße ist. Trotzdem lag Hubbles Schätzung in der richtigen Größenordnung, und seine Schlussfolgerung, dass Andromeda eine Galaxie wie die Milchstraße war, ist bis heute vollkommen richtig. Selbst eine grobe Schätzung reichte aus, um die entscheidende Frage der Shapley-Curtis-Debatte zu beantworten. Shapley hatte unrecht und Curtis recht.

Die Andromedagalaxie ist nur die uns nächste große Galaxie. Die Bilder, die Hubble mit den Teleskopen am Mount-Wilson-Observatorium aufnahm, zeigten, dass der Himmel mit Galaxien gefüllt ist. Die Andromedagalaxie ist tatsächlich eine Spiralgalaxie, aber die Spiralarme sind nicht so eindeutig auszumachen, was zum Teil daran liegt, dass wir die Galaxie weitgehend von der Seite sehen. Andere Galaxien haben Spiralarme, die spektakulärer sind und sich deutlicher vom Scheibenhintergrund unterscheiden lassen.

Betrachten Sie die oben abgebildete Feuerradgalaxie (vgl. Abb. 13.1). Wir sehen die Scheibe dieser Galaxie fast direkt von oben, sodass die Spiralarme deutlich sichtbar sind. Diese Galaxie zeigt die gleichen Grundmerkmale wie die Milchstraße, einschließlich eines zentralen Bulge (etwas kleiner als der Bulge der Milchstraße) und dreier Spiralarme, die vom Zentrum ausgehen. Die Spiralarme des Feuerrads haben eine deutliche Blaufärbung, ein Zeichen, dass sie eine beträchtliche Zahl heißer und daher junger Sterne mit großer Masse enthalten. Dem entnehmen wir, dass, wie bei der Milchstraße, in den Spiralarmen noch Sternentstehung stattfindet. Sie können auch sehen, wie einige dünne dunkle »Adern« entlang der Spiralarme verlaufen; dabei handelt es sich um Staubwolken, die auf die Scheibe und die Arme der Galaxie beschränkt sind – auch das wie in der Milchstraße. Der zentrale Bulge ist gelblich, was darauf schließen lässt, dass die Sterntemperatur dort im Durchschnitt niedriger ist als in den Armen. Die heißen, jungen Sterne, die wir in den Armen erblicken, gibt es im Bulge nicht. Das ist ein allgemeiner Trend, den wir in den meisten Spiralgalaxien sehen – einschließlich der Milchstraße und der Andromedagalaxie: Jüngere Sterne und aktive Sternbildung findet man in der Scheibe und den Armen, ältere Sterne sowohl in der Scheibe als auch im Bulge.

Das ganze Bild der Feuerradgalaxie ist übersät mit Lichtpunkten. Diese Sterne sind nicht Teil der Feuerradgalaxie; bei ihrer Entfernung (20 Millionen Lichtjahre) müssten einzelne Sterne deutlich weniger hell erscheinen. Es handelt sich um Sterne in der Milchstraße, vielleicht ein paar Tausend Lichtjahre entfernt, die in unserer Sichtlinie liegen. Sie sind wie Regentropfen auf der Windschutzscheibe Ihres Autos. Das erinnert uns wieder daran, dass wir den Himmel, wenn wir ihn betrachten, so wahrnehmen, als wäre er auf eine zweidimensionale Fläche projiziert; ohne Tiefenwahrnehmung können wir nicht wissen, welche Objekte nahe und welche weit entfernt sind. Tatsächlich sind einige lichtschwache Objekte in den Randregionen dieser Abbildung keine Sterne, sondern Hintergrundgalaxien, die nicht Millionen, sondern Milliarden Lichtjahre von uns entfernt sind. Der Winkeldurchmesser der Feuerradgalaxie am Himmel beträgt einen halben

Grad; bei einer Entfernung von 20 Millionen Lichtjahren kommt man auf einen Durchmesser von rund 170.000 Lichtjahren und damit auf etwa die doppelte Größe der Milchstraße.

Die Galaxie in Abbildung 13.4 (siehe Bildteil), die sogenannte Sombrerogalaxie, besitzt einen riesigen Bulge (sehr viel größer als der der Milchstraße), der ihr Erscheinungsbild prägt und Betrachter an die Krone eines breitkrempigen Huts denken lässt. Die Galaxie ist so ausgerichtet, dass wir sie fast direkt von der Seite sehen. Damit sehen wir zwar direkt, wie dünn die Scheibe dieser Galaxie ist, aber sehen so gut wie nichts von ihrer Spiralstruktur. Dank des Blicks von der Seite können wir allerdings sehr schön die Effekte des Staubs erkennen, der sich in der Scheibenebene befindet und die schönen dunklen Streifen in der Scheibe verursacht (die »Fransen« der Hutkrempe), genauso wie wir es bei der Milchstraße sahen.

Nicht alle Galaxien haben eine Scheibe – einige sind sozusagen reiner Bulge, sie bestehen vorwiegend aus alten Sternen und weisen kaum Gas oder Staub auf. Hubble nannte sie *elliptische Galaxien*.

Abbildung 13.5 (siehe Bildteil) zeigt den Perseushaufen, einen Galaxienhaufen mit Hunderten von elliptischen Galaxien, die sich in einer Raumregion von rund 1 Million Lichtjahren Durchmesser zusammengefunden haben. Tatsächlich ist fast jede Galaxie auf diesem Bild elliptisch. Außerdem sehen wir viele Sterne im Vordergrund, weil der Perseushaufen hinter einem dichten Vorhang von Sternen unserer Milchstraße liegt.

Die meisten leuchtkräftigen Galaxien sind entweder elliptisch oder spiralförmig, doch einige Galaxien passen in keine der beiden Kategorien. Wegen ihrer unregelmäßigen Formen nennen wir sie *irreguläre Galaxien*. Die Große Magellansche Wolke, eine kleine Satellitengalaxie (14.000 Lichtjahre im Durchmesser), die die Milchstraße in einer Entfernung von 160.000 Lichtjahren umkreist, gehört in diese Kategorie. Sie ist ganz am linken Rand der Abbildung 12.1 zu erkennen, gleich neben der Beobachtungskuppel. Tatsächlich ist diese Galaxie so nah, dass wir sie mühelos mit bloßem Auge erkennen können.

Die Entfernung zwischen der Milchstraße und der Andromedagalaxie – 2,5 Millionen Lichtjahre – ist ungefähr 25-mal größer als die Ausmaße der beiden Galaxien selbst. Galaxien sind durch Abstände getrennt, die größer als ihre Durchmesser sind, woraus folgt, dass der Großteil des Volumens des Universums *intergalaktischer Raum* ist – der Raum zwischen den Galaxien. Allerdings hatten wir in Kapitel 12 festgestellt, dass der Abstand von der Sonne zum nächsten Stern rund 30 Millionen Sonnendurchmesser beträgt. Dagegen entspricht die Entfernung zur nächsten großen Galaxie nur 25 Milchstraßen-Durchmessern. Selbst wenn wir uns die Größe einzelner Sterne noch ungefähr ausmalen können, sprengen die Entfernungen zwischen Sternen unsere Vorstellungskraft. Doch wenn Sie sich an die Größen von Galaxien gewöhnen können, sind die Entfernungen zwischen ihnen nicht mehr so viel größer. Wenn Sie bedenken, dass Galaxien, gemessen an ihren Ausmaßen, ziemlich eng zusammenliegen, wird Sie der Umstand, dass sie häufig miteinander zusammenstoßen, nicht sonderlich überraschen.

Die Kaulquappengalaxie (Tadpole-Galaxie) (Abb. 13.6, siehe Bildteil), rund 400 Millionen Lichtjahre von der Erde entfernt, ist das Ergebnis einer Kollision zwischen einer großen und einer kleinen Spiralgalaxie, wobei die kleinere Galaxie, erheblich verformt, von den Armen der größeren oben links umfangen zu werden scheint. Die Gravitations-Wechselwirkung zwischen den beiden Galaxien hat einen der Spiralarme der größeren Galaxie zu einem langen Schwanz auseinandergezogen, der rund 300.000 Lichtjahre misst und mit heißen, bläulichen Sternen übersät ist. Das Zentrum der größeren Galaxie ist ziemlich staubig, ersichtlich an den dunklen Staubstreifen. Gegenwärtig stürzen die Milchstraße und die Andromedagalaxie unter dem Einfluss ihrer wechselseitigen Gravitationsanziehung aufeinander zu. Wenn sie in etwa 4 Milliarden Jahren miteinander zusammenstoßen, dürften die Gezeitenkräfte ähnliche Sternenbänder aus ihnen herausreißen, wie wir sie an der Kaulquappengalaxie sehen.

Seit Jahrzehnten streiten Astronomen darüber, was bei solchen Galaxieverschmelzungen geschieht. Kommt dabei, wenn sich die Lage nach einigen Hundert Millionen Jahren beruhigt hat, eine elliptische Galaxie heraus? Das führt uns zwangsläufig zu der grundlegenderen Frage, wie sich Galaxien überhaupt bilden. In der Regel sind Sterne in elliptischen Galaxien älter als Sterne in Spiralgalaxien, woraus folgt, dass sich elliptische Galaxien früher in der Geschichte des Universums entwickelt haben. Die Bulges von Spiralgalaxien besitzen ähnliche Eigenschaften wie elliptische Galaxien, was den Schluss nahelegt, dass sie sich auf vergleichbare Weise gebildet haben. Die Einzelheiten dieses Prozesses sind aber noch ziemlich unklar und heiß umstritten.

Es gibt noch mehr Bemerkenswertes an diesem Bild der Kaulquappengalaxie. Wenn Sie genau hinschauen, werden Sie viele kleinere Galaxien sehen, die das Bild sprenkeln. Das sind Galaxien von normaler Größe, die nur viel weiter entfernt sind (und daher lichtschwächer und kleiner erscheinen). Einige haben einen Abstand von Milliarden Lichtjahren. Ihr Licht hat also Jahrmilliarden gebraucht, um uns zu erreichen: Wir sehen diese Galaxien nicht, wie sie heute sind, sondern wie sie waren, als das Universum noch viel jünger war. Teleskope sind Zeitmaschinen: Sie zeigen uns die ferne Vergangenheit und ermöglichen uns, die Prozesse zu untersuchen, durch die sich Galaxien im Laufe kosmischer Zeiten entwickeln. Natürlich sehen wir jede gegebene Galaxie nur zu einer bestimmten Epoche ihrer Lebenszeit, aber indem wir die Eigenschaften ferner Galaxien mit denen vergleichen, die wir in den nahen Regionen des Universums sehen, können wir untersuchen, wie die Galaxienpopulation sich im Laufe der Jahrmilliarden verändert hat, und uns fragen, wann sich die Galaxien gebildet haben und warum einige spiralförmig und andere elliptisch sind.

Aufnahmen mit sehr langen Belichtungszeiten mit dem Hubble-Weltraumteleskop haben in einer Himmelsregion, die einen Durchmesser von nur einigen wenigen Bogenminuten besitzt, Tausende von leuchtschwachen, weit entfernten Galaxien sichtbar gemacht (vgl. Abb. 7.7). Die Zahl der Galaxien im beobachtbaren Universum liegt in der Größenordnung von 100 Milliarden. Jeder dieser kaum aufgelösten Lichtpunkte ist eine ganze Galaxie, so groß wie die Milchstraße, mit mehr als 100 Milliarden Sternen. Bei 10^{11} Sternen in jeder der 10^{11} Galaxien kommen wir auf eine Gesamtzahl von etwa 10^{22} Sternen im beobachtbaren Universum, eine wahrhaft unfassbare Zahl. Was meinen wir mit »beobachtbarem Universum«? Wie haben sich alle diese Galaxien gebildet? Um Fragen wie diese zu beantworten, müssen wir wissen, wie sich das Universum selbst entwickelt hat, eine Frage, mit der wir uns jetzt befassen wollen.

14

DIE EXPANSION DES UNIVERSUMS

MICHAEL A. STRAUSS

In der Astronomie haben wir zwei grundlegende Strategien, um etwas über die Beschaffenheit von Objekten am Himmel in Erfahrung zu bringen. Entweder wir machen Fotos von ihnen und messen ihre Größe und Helligkeit. Oder wir untersuchen ihre Spektren. Wie wir gesehen haben, können wir aus den Spektren von Sternen schließen, wie heiß ihre Oberflächen sind und aus welchen Elementen sie bestehen. Anhand dieser Daten und dem HR-Diagramm waren wir in der Lage, Größe, Masse und Entwicklungsstadium von Sternen zu bestimmen.

Was können uns die Spektren von Galaxien über deren physikalische Beschaffenheit mitteilen? Vor ungefähr 100 Jahren, um 1915, begannen Astronomen, die Spektren von Galaxien zu messen. Galaxien sind leuchtschwach, die Teleskope waren damals kleiner und die Instrumente weit weniger empfindlich als heute. Um das Spektrum einer Galaxie zu messen, war eine Belichtungszeit von vielen Stunden erforderlich. Aber die ersten Spektren von Galaxien zeigten ganz ähnliche Absorptionslinien, wie man sie von Sternen kannte (besonders von G- und K-Sternen), woran die Astronomen augenblicklich erkannten, dass Galaxien aus Sternen bestehen. Zu der gleichen Schlussfolgerung gelangte Edwin Hubble, als er ein Jahrzehnt später einzelne Sterne auf seinen detaillierten Fotografien des Andromedanebels untersuchte (wie in Kapitel 13 beschrieben). Den Astronomen, die an die Analyse von Sternspektren gewöhnt waren, kamen die Spektren der Galaxien angenehm vertraut vor. Doch rasch entdeckten sie einen wichtigen

Unterschied. In Galaxien hatten die Absorptionslinien von Elementen wie Kalzium, Magnesium und Natrium etwas andere Wellenlängen als in Sternen. In der Regel waren alle Spektrallinien einer einzelnen Galaxie systematisch zur roten Seite des Spektrums hin verschoben. Dieses Phänomen nennen wir *Rotverschiebung*.

Um zu verstehen, wie es zur Rotverschiebung kommt, brauchen wir uns nur an eine verkehrsreiche Straßenecke zu stellen und genau hinzuhören, wenn ein Motorrad vorbeifährt. Während es auf Sie zukommt, vernehmen Sie einen sehr hohen Heulton. Während das Motorrad an Ihnen vorbeifährt, nimmt die Tonhöhe merklich ab; saust es direkt anschließend davon, hört es sich weiterhin tiefer an als vorher. Das Ganze hört sich an wie »Iiiii-jaaaoooouuuuu«.

Das Geräusch, das wir vom Motorrad hören, ist eine Druckwelle in der Luft, die (wie Licht) eine bestimmte Wellenlänge und Frequenz hat; je höher die Frequenz (und je kürzer die Wellenlänge), desto höher der Ton, den Ihr Ohr wahrnimmt. Während das herankommende Motorrad eine Folge von Wellenbergen aussendet, kommt es uns immer näher, sodass auch die aufeinanderfolgenden Wellenberge in kürzeren Abständen aufeinanderfolgen, entsprechend einem höheren Ton. Umgekehrt werden die Wellen, die Sie erreichen, während sich das Motorrad entfernt, durch die Bewegung des Motorrads in die Länge gezogen, entsprechend einem tieferen Ton. Dieser Effekt, der erstmals 1842 von dem Österreicher Christian Doppler beschrieben wurde, lässt sich bei Licht- wie bei Schallwellen beobachten: Die Bewegung ferner Objekte, eines Sterns oder einer Galaxie, prägt sich den Bestandteilen seines Spektrums als systematische Verschiebung ihrer Wellenlängen auf. Mit anderen Worten, wir deuten die Rotverschiebungen von Galaxien als Resultate des Dopplereffekts: Die entsprechenden Galaxien bewegen sich von uns fort. Die relative Änderung der Länge einer Welle, die von einem Objekt mit einer bestimmten Geschwindigkeit emittiert wird, ist gleich der Geschwindigkeit des Objekts geteilt durch die Schallgeschwindigkeit (wenn es uns um die Schallwellen geht) oder durch die Lichtgeschwindigkeit (wenn wir das von einem Objekt abgestrahlte Licht untersuchen). Hier auf der Erde beträgt die Schallgeschwindigkeit in der Luft ungefähr 1200 Kilometer pro Stunde; ein schnelles Motorrad kann mühelos ein Zehntel dieser Geschwindigkeit erreichen. Die entsprechende Veränderung der Tonhöhe, während das Motorrad vorbeifährt (erst mit rund

10 Prozent der Schallgeschwindigkeit auf Sie zu, dann mit rund 10 Prozent der Schallgeschwindigkeit von Ihnen weg) beträgt insgesamt rund 20 Prozent und entspricht dem musikalischen Intervall einer kleinen Terz.

Bei Licht hängt die Wellenlänge direkt mit der Farbe des Lichts zusammen. Entfernt sich ein Objekt, dann vergrößern sich die Wellenlängen des Lichts, das es aussendet – das Licht wird röter. Der Effekt würde allerdings zumindest für das bloße Auge nur bei Geschwindigkeiten wahrnehmbar sein, die einen beträchtlichen Bruchteil der Lichtgeschwindigkeit ausmachen. Das Motorrad fährt nur mit einem winzigen Bruchteil der Lichtgeschwindigkeit. Daher gibt es keinen drastischen Farbwechsel von Blau nach Rot, wenn wir das Motorrad an uns vorbeirasen sehen. Bei Sternen und Galaxien können wir nicht direkt verfolgen, wie sie mit hohen Geschwindigkeiten an uns vorbeisausen, aber ihre Spektren haben bestimmte spezifische Merkmale, die uns helfen – Absorptionslinien, die charakteristisch für die chemischen Elemente sind, aus denen diese Himmelsobjekte bestehen, und deren Wellenlängen wir aus unseren Labormessungen hier auf der Erde genau kennen. Wir können die Wellenlängen derselben Absorptionslinien in beliebigen Sternen oder Galaxien messen; der Unterschied zwischen diesen Messwerten und den entsprechenden irdischen Labormesswerten geben uns, als Dopplerverschiebung interpretiert, Aufschluss darüber, wie schnell sich der Stern oder die Galaxie auf uns zu oder von uns wegbewegt.

Vesto Slipher, der am Lowell-Observatorium arbeitete (wo später Pluto entdeckt wurde) hatte bis 1915 die Dopplerverschiebungen von 15 Galaxien beobachtet. Andromeda und zwei andere Galaxien waren blauverschoben, woraus folgte, dass sich diese Galaxien auf uns zubewegten, aber alle anderen waren rotverschoben und strebten infolgedessen von uns fort. Wir definieren die Rotverschiebung z als die Größe $(\lambda_{\text{beobachtet}} - \lambda_{\text{lab}})/\lambda_{\text{lab}}$, wobei λ_{lab} die Wellenlänge der Emissions- oder Absorptionslinie eines Elements im Labor auf der Erde ist, während es sich bei $\lambda_{\text{beobachtet}}$ um die Wellenlänge handelt, die für die Linie dieses Elements im Spektrum der betreffenden Galaxie beobachtet wurde. Die Rotverschiebung z einer nahe gelegenen Galaxie ist mit der sogenannten Rezessionsgeschwindigkeit v, mit welcher sich die Galaxie von uns wegbewegt, durch die Formel: $z \approx v/c$ verknüpft. Folglich wird eine Galaxie mit einer Rezessionsgeschwindigkeit von 1 Prozent der Lichtgeschwindigkeit eine Rotverschiebung von $z = 0{,}01$ haben, und alle ihre Spektrallinien werden um 1 Prozent in Richtung längerer Wellenlängen verschoben sein. Die Gemeinschaft der Astronomen hat bis heute die Spektren von mehr als 2 Millionen Galaxien gemessen; von einer Handvoll Galaxien wie Andromeda abgesehen, zeigen sie alle eine Rotverschiebung. Das bringt uns zu dem Schluss, dass sich im Wesentlichen alle Galaxien des Universums von der Milchstraße entfernen. Ich habe einmal eine alberne Karikatur gesehen, die einen verrückten Wissenschaftler an seinem Teleskop zeigte, der mit den Armen in der Luft herumfuchtelte und sagte: »Die Galaxien fliehen vor uns, weil sie uns hassen!« Das ist zwar nicht die richtige Erklärung, aber es ist schon bemerkenswert, dass wir eine Sonderstellung einzunehmen scheinen, das heißt, dass wir uns offenbar im Mittelpunkt der Bewegung aller dieser Galaxien befinden. Was geschieht da tatsächlich? Abermals war es Hubble, der Ende der 1920er- und Anfang der 1930er-Jahre die entscheidenden Messungen vornahm und uns damit das Verständnis dieser Rotverschiebungen erschloss.

Nachdem er mithilfe von Cepheiden die Entfernung des Andromedanebels gemessen hatte, setzte er seine Untersuchungen an anderen Galaxien fort und bestimmte deren Entfernungen mit einer Vielzahl von Abschätzungen. Das wird zunehmend schwierig bei weiter entfernten Galaxien; je größer der Abstand zu einer Galaxie ist, desto schwieriger wird es, einzelne Sterne zu identifizieren. Nach heutigen Maßstäben waren seine Untersuchungen ziemlich ungenau, aber Ende der 1920er-Jahre hatte er ungefähre Entfernungsmessungen zahlreicher Galaxien vorgenommen, für welche die Spektren – und damit die Rotverschiebung und die daraus abgeleitete Rezessionsgeschwindigkeit – ebenfalls bestimmt worden waren. Daraufhin fertigte er ein einfaches Diagramm an, in dem er die Entfernungen der Galaxien gegen ihre Geschwindigkeiten auftrug. Was er sah, war ein Trend: Je größer die Entfernung der Galaxie, desto höher ihre Geschwindigkeit. So gelangte er, trotz erheblicher Messfehler, zu dem Schluss, dass die Geschwindigkeit v und die Entfernung d augenscheinlich proportional zueinander waren:

$$vv = H_0 d.$$

Diese Proportionalität zwischen Geschwindigkeit und Entfernung heißt heute Hubble-Gesetz, und die Proportionalitätskonstante H_0 (»H-null«)

nennen wir zu seinen Ehren *Hubble-Konstante*. Die Hubble-Konstante ist im ganzen Universum zu einem gegebenen Zeitpunkt tatsächlich konstant, ändert sich aber, wie wir später sehen werden, im Lauf der kosmischen Evolution. Die Größe H_0 bezeichnet den gegenwärtigen Wert der Hubble-Konstante.

In der Rückschau ist es bemerkenswert, dass Hubble in der Lage war, die Proportionalität zwischen Rotverschiebung und Entfernung abzuleiten, bedenkt man, welche Mängel seine Daten aufwiesen (wir erinnern uns, dass sein Messergebnis für die Entfernung zur Andromedagalaxie um einen Faktor 2,5 zu klein war). Seit 1929 sind die Teleskope und Beobachtungstechniken sehr viel besser geworden. Tatsächlich war eines der wichtigsten Projekte des Hubble-Weltraumteleskops, die Abstände ferner Galaxien genau zu messen, wobei man sich neben anderen Techniken auch, wie einst Hubble, auf die Daten von Cepheiden stützte. Solche Messungen haben gezeigt, dass Hubble recht hatte: Die Rotverschiebungen und Entfernungen von Galaxien sind tatsächlich genau proportional. Häufig werden bahnbrechende Entdeckungen auf der Grundlage unzulänglicher Daten in den äußersten Grenzbereichen der technischen Möglichkeiten einer Epoche gemacht. Hubbles erstes Diagramm enthielt nur Galaxien bis zu einer Geschwindigkeit v von rund 1000 km/s, was einer modernen Entfernung von rund 50 Millionen Lichtjahren entspricht. 1931 hatten Hubble und sein Kollege Milton Humason das Diagramm erheblich erweitert, sodass es dann auch Galaxien einschloss, die sich mit 20.000 km/s entfernten. Damit war die Sache entschieden.

Verhält es sich wirklich so, dass die Milchstraße im Universum eine Sonderstellung einnimmt? Dass sie einen Ort definiert, von dem aus alle anderen Galaxien auseinanderdriften? Diese Vorstellung würde gegen einen Grundsatz verstoßen, dem wir schon verschiedentlich begegnet sind, dem *kopernikanischen Prinzip*: Danach nimmt die Erde keine hervorgehobene, in irgendeiner Weise besondere Stellung im Universum ein. Ptolemäus und seine Zeitgenossen betrachteten die Erde als den Mittelpunkt des Universums, doch Kopernikus wies nach, dass die Erde die Sonne umkreist. Dann fanden wir heraus, dass die Sonne ein gewöhnlicher Hauptreihenstern ist. Obwohl Kapteyn glaubte, die Sonne befinde sich an einem besonderen Ort nahe dem galaktischen Zentrum, zeigten Shapleys genauere Untersuchungen später, dass die Sonne auf halber Strecke zwischen dem

Zentrum und der Außengrenze der Milchstraße liegt. Auf den ersten Blick scheinen die Messungen der Rotverschiebungen ferner Galaxien unserer Milchstraße eine Sonderstellung gegenüber den anderen Galaxien einzuräumen – im Mittelpunkt der Expansion. Aber das ist nicht der Fall.

Betrachten Sie vier Galaxien, die mit gleichen Abständen auf einer Linie aufgereiht sind: Galaxie 1 befindet sich links, dann kommt die Milchstraße mit einer Entfernung von 100 Millionen Lichtjahren, dann Galaxie 3 mit einer Entfernung von 100 Millionen Lichtjahren und schließlich Galaxie 4, weitere 100 Millionen Lichtjahre entfernt (das heißt, der Abstand zu Galaxie 1 beträgt 300 Millionen Lichtjahre). Nach dem Hubble-Gesetz entfernt sich die Milchstraße also, von Galaxie 1 aus gesehen, mit einer Geschwindigkeit von rund 2000 km/s (vergleiche die erste Reihe von Pfeilen in Abb. 14.1). Galaxie 3 (von Galaxie 1 doppelt so weit entfernt wie die Milchstraße) enteilt Galaxie 1 mit einer Geschwindigkeit von 4000 km/s – doppelt so schnell –, und Galaxie 4, mit dem dreifachen Abstand, entfernt sich von Galaxie 1 mit 6000 km/s. Wie sieht es für uns in der Milchstraße aus? Das zeigt die zweite Reihe von Pfeilen. Unser Abstand zur Galaxie 1 wächst mit 2000 km/s, aber da wir Bewegungen relativ zu unserem eigenen Bezugssystem messen, sehen wir, wie Galaxie 1 mit 2000 km/s nach links davonzieht.

Wir beobachten, wie Galaxie 3 mit 2000 km/s in entgegengesetzte Richtung, nach rechts, davonfliegt. Die beiden Galaxien sind gleich weit von uns entfernt und fliegen, von uns aus gesehen, mit gleicher Geschwindigkeit davon. Galaxie 4 entfernt sich von uns mit einer Geschwindigkeit von 4000 km/s. Sie ist doppelt so weit von uns entfernt wie die Galaxien 1 und 3 und fliegt daher auch mit der doppelten Geschwindigkeit davon. Wir sehen, dass alle Galaxien vor uns auf der Flucht sind, und je größer ihre Entfernung, desto schneller fliehen sie – auch unsere eigenen Beobachtungen entsprechen damit dem Hubble-Gesetz.

Versetzen Sie sich jetzt in die Perspektive eines Außerirdischen auf einem Planeten in Galaxie 3. Für die Dopplerverschiebung zählt lediglich die Geschwindigkeit der Galaxien relativ zueinander. Aus seiner Perspektive sieht der Außerirdische die Milchstraße in einer Entfernung von 100 Millionen Lichtjahren mit einer Geschwindigkeit von 2000 km/s (nach links) davonziehen. Galaxie 4, in entgegengesetzter Richtung 100 Millionen Lichtjahre entfernt, bewegt sich mit einer relativen Geschwindigkeit von 2000 km/s (in die Gegenrichtung) von dem Außerirdischen fort. Galaxie 1 schließlich entfernt sich von ihm mit einer relativen Geschwindigkeit von 4000 km/s. Dieser Außerirdische sieht alle Galaxien von ihm wegfliegen und gelangt daher zu dem Schluss, *er* befinde sich im Mittelpunkt der Bewegung. Der Außerirdische denkt also zunächst, er sei in Ruhe, und alle Galaxien würden vor ihm fliehen, so wie wir hier zu dem Schluss kamen, wir befänden uns in Ruhe, und alle Galaxien entfernten sich von uns. Schließlich aber wurde dem Außerirdischen ebenso wie uns klar, dass Geschwindigkeit proportional zur Entfernung ist und dass weder die Milchstraße noch die Galaxie 3 eine Sonderstellung einnimmt.

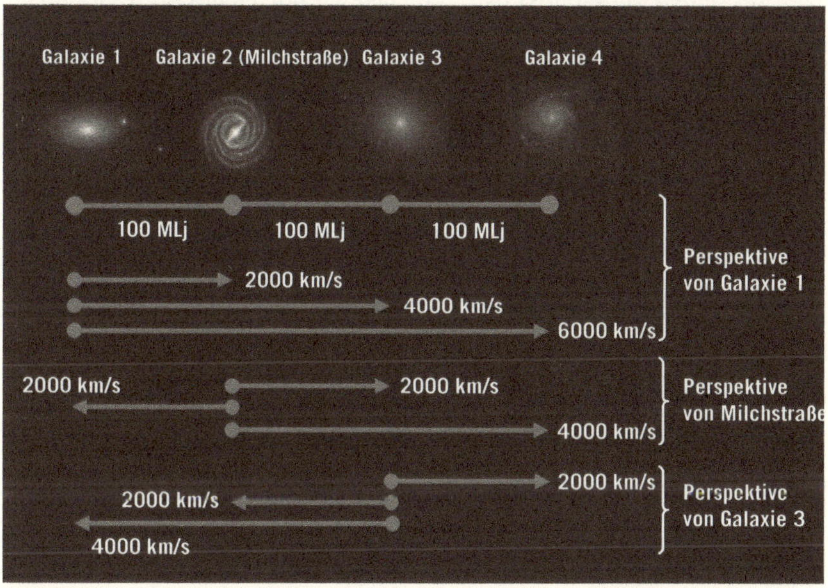

Abbildung 14.1: Auf einer Linie aufgereihte Galaxien zeigen, dass keine Galaxie sich im Mittelpunkt eines expandierenden Universums befindet. Oben sind vier Galaxien zu sehen. Die zweite Galaxie von links stellt unsere Milchstraße dar. Die Galaxien sind jeweils durch 100 Millionen Lichtjahre (MLj) getrennt. Infolge des Hubble-Gesetzes bewegen sie sich in dem Maße auseinander, wie Abstände entlang der Linie wachsen; die obersten drei Pfeile geben die Galaxien-Geschwindigkeiten aus der Perspektive von Galaxie 1 an. Da Bewegungen relativ sind, kann ein Astronom in der Milchstraße annehmen, er sei in Ruhe, und die anderen drei Galaxien entfernten sich von ihm mit Geschwindigkeiten, die zu ihren Entfernungen proportional seien (die nächste Gruppe von Pfeilen). Das Gleiche gilt für die Perspektive der Galaxie 3; alle Beobachter gelangen unabhängig voneinander zu dem Schluss, dass sie in Ruhe seien, und dass alle anderen Galaxien sich mit den aus dem Hubble-Gesetz ergebenden Geschwindigkeiten von ihnen entfernten. *Credit:* Michael Strauss, »Milky Way« schematische Grafik der NASA; andere Galaxienbilder mit freundlicher Genehmigung von Sloan Digital Sky Survey und Robert Lupton

Tatsächlich teilt uns Hubbles Gesetz also zwei Dinge mit. Erstens, die Entfernung zwischen zwei beliebigen Galaxien nimmt zu: Alle Galaxien bewegen sich auseinander. Hubble entdeckte, dass das Universum expandiert! Zweitens, es gibt keine Galaxie, die eine Sonderstellung im Zentrum der Expansion einnimmt.

Egal, in welcher Galaxie wir uns befinden, wir kommen zu dem Schluss, dass die anderen Galaxien von uns wegfliegen. Die Galaxien sind wie Glasperlen, aufgefädelt auf einem Gummiband: Dehnt man das Band, dann bewegen sich alle Perlen auseinander. Um wirklich sicher zu sein, dass die Expansion keinen Mittelpunkt hat, brauchen wir noch ein weiteres Element: die Gewissheit, dass die Verteilung der Galaxien keinen Rand hat. Richard wird auf dieses Thema und seine Komplikationen in Kapitel 22 zurückkommen, wenn er die Anwendung der Allgemeinen Relativitätstheorie auf die Kosmologie erörtert.

Die Milchstraße hat einen Durchmesser von rund 100.000 Lichtjahren, aber ist nur eine von 100 Milliarden (10^{11}) Galaxien im beobachtbaren Universum, deren jede ihrerseits ungefähr 100 Milliarden Sterne besitzt. Andromeda, die nächstgelegene große Galaxie, ist 2,5 Millionen Lichtjahre von der Milchstraße entfernt; die meisten Galaxien sind noch weiter weg, nämlich Milliarden von Lichtjahren.

Edwin Hubble entdeckte, dass Galaxien mit Geschwindigkeiten auseinanderfliegen, die proportional zu den Abständen sind, die sie voneinander trennen; diese Geschwindigkeit kann bei einer sehr weit entfernten Galaxie einen beträchtlichen Bruchteil der Lichtgeschwindigkeit ausmachen. Daraus können wir schließen, dass das Universum insgesamt expandiert. Das war eine der wahrhaft großen wissenschaftlichen Erkenntnisse des 20. Jahrhunderts, vergleichbar mit der Entdeckung der Struktur der DNA und ihrer Bedeutung für die Übermittlung des genetischen Codes oder mit Einsteins Relativitätstheorie.

Das Hubble-Gesetz liefert uns eine leichte Methode, um die Entfernung von Galaxien zu messen. Da Rotverschiebung und Entfernung einer Galaxie proportional zueinander sind, führt die Messung der Rotverschiebung einer Galaxie (die leicht durchzuführen ist, wenn wir ihr Spektrum messen können) unmittelbar zu einer Schätzung ihrer Entfernung (die sonst schwierig zu ermitteln wäre). Das klappt ausgezeichnet, solange wir die Proportionalitätskonstante H_0 kennen, die die beiden miteinander verknüpft. Um den Wert von H_0 zu bestimmen, muss man allerdings zunächst die Entfernung einer Stichprobe von Galaxien auf unabhängige Weise messen.

Wie oben gesehen, ist die Entfernungsbestimmung eines astronomischen Objekts ein wesentlicher Schritt zu seinem Verständnis. Wenn wir die Entfernung kennen, können wir viele wichtige Eigenschaften des Objekts in Erfahrung bringen, etwa seine Leuchtkraft und Größe. Daher handelt die Geschichte der Astronomie in wesentlichen Teilen von den verschiedenen raffinierten Methoden, die für die Entfernungsmessung ersonnen wurden. Die Bestimmung der astronomischen Einheit AE (der Entfernung zwischen Erde und Sonne) in physikalischen Einheiten (das heißt in Metern) war eines der vorrangigen wissenschaftlichen Probleme im 18. und 19. Jahrhundert. Es wurde schließlich zufriedenstellend gelöst, als man von verschiedenen Orten auf der Erde aus beobachte, wie die Venus vor der Sonne vorbeizog (Venustransit) und wie sich aus solch unterschiedlichen Perspektiven die Position des Mars relativ zu dahinterliegenden Sternen veränderte (vgl. Kapitel 2). Dank solcher Parallaxeneffekte ließen sich die Entfernungen zur Venus und zum Mars und damit die astronomische Einheit durch Triangulation bestimmen. Die AE wurde zum Entfernungsmaß für das gesamte Sonnensystem und erlaubte uns außerdem, mithilfe der Erdbahn um die Sonne die Abstände zu nahen Sternen zu ermitteln. Bei Sternen, die zu weit entfernt sind, um eine messbare Parallaxe erkennen zu lassen – weiter als einige Hundert Lichtjahre[8] –, können wir mithilfe des umgekehrt-quadratischen Abstandsgesetzes eine Beziehung zwischen der intrinsischen Leuchtkraft eines Sterns und seiner beobachteten Helligkeit am Himmel herstellen. Je lichtschwächer ein Objekt von bekannter Leuchtkraft am Himmel erscheint, desto weiter ist es entfernt.

Der schwierige Teil dieser Methode ist die Bestimmung der Leuchtkraft Ihres Objekts. Wir haben über Cepheiden gesprochen, die ein Beispiel für *Standardkerzen* sind, Objekte, deren Leuchtkraft bestimmt werden kann, sodass sich ihre Entfernungen mithilfe des umgekehrt-quadratischen Abstandsgesetzes bestimmen lassen. Eine gute Standardkerze muss:

1. hinreichend leuchtkräftig sein, um auf große Entfernungen sichtbar zu sein;
2. leicht zu erkennen und von anderen Objekten zu unterscheiden sein;

3. und vergleichbare Beispiele in der Nähe haben, sodass sich ihre absolute Leuchtkraft justieren lässt (zum Beispiel durch den Parallaxeffekt oder andere Methoden).

Cepheiden erfüllen die ersten beiden Bedingungen; sie sind sehr leuchtkräftig, und dank ihrer Veränderlichkeit lassen Sie sich selbst in einem dichten Sternfeld eindeutig identifizieren. Allerdings sind nur wenige Cepheiden uns so nahe, dass sich ihre Parallaxen genau messen ließen (zumindest bis zu den jüngsten Messungen des Gaia-Satelliten!), was lange zu Kontroversen über ihre echte Leuchtkraft führte. Tatsächlich war der Abstand zu Henrietta Leavitts Cepheiden zunächst falsch kalibriert, weil andere Astronomen bestimmte uns nähere Objekte fälschlich für geeignete Gegenstücke von Leavitts Cepheiden gehalten hatten. Diese Fehlkalibration war der Hauptgrund dafür, dass Hubble die Entfernung zur Andromedagalaxie unterschätzte. Der uns nächstgelegene Cepheide ist der Polarstern, der ungefähr 400 Lichtjahre von uns entfernt ist.

Wir haben gesehen, dass bei Hauptreihensternen ein direkter Zusammenhang zwischen Temperatur und Leuchtkraft besteht. Wenn wir also die Temperatur eines Sterns messen können (zum Beispiel anhand seines Spektrums), sind wir auch in der Lage, eine ziemlich zuverlässige Schätzung seiner Leuchtkraft abzugeben; mithilfe der scheinbaren Helligkeit des Sterns können wir dann seine Entfernung messen. Diese Sorte von Standardkerze ist durch parallaktische Messungen naher Sterne so gut kalibriert worden, dass sie jetzt auf weit entfernte Sterne angewendet werden kann – Sterne, die so weit entfernt sind, dass ihre Parallaxe zu klein für direkte Messungen ist. Nur die leuchtkräftigsten Sterne sind auf große Entfernung zu sehen, aber solche Sterne sind sehr selten, daher sind uns nur vergleichsweise wenige von ihnen so nahe, dass wir ihre Parallaxe messen können.

Wir können diesen Ansatz auch gleich auf eine ganze Gruppe von Hauptreihensternen anwenden anstatt nur auf einen einzigen Stern. Beispielsweise befinden sich alle Sterne in einem Kugelhaufen praktisch in der gleichen Entfernung von uns. Wenn wir die Hauptreihe der Sterne in einem bestimmten Kugelhaufen mit der (kalibrierten) Hauptreihe naher Sterne vergleichen, können wir unseren Abstand zu dem Haufen direkt bestimmen. Damit haben wir dann auch gleich die Entfernung zu etwaigen relativ seltenen Sorten von Sternen bestimmt, für die es keine Beispiele mit gemessenen Parallaxen gibt, die wir aber in einem solchen Sternhaufen antreffen.

Die Leuchtkraft von Galaxien weist wie die von Sternen eine große Bandbreite auf. Bei Spiralgalaxien scheint es etwas zu geben, das eine entfernte Ähnlichkeit mit einer Hauptreihe aufweist – einen Zusammenhang zwischen der Rotationsgeschwindigkeit der Galaxie (durch den Dopplereffekt in ihrem Spektrum messbar) und ihrer Leuchtkraft. Wir können diese Rotation-Leuchtkraft-Beziehung für nahe Spiralgalaxien kalibrieren. Das ermöglicht uns, anhand der Rotation fernerer Spiralgalaxien ihre intrinsische Leuchtkraft abzuschätzen und in einem nächsten Schritt, nämlich wenn zusätzlich noch Messungen der scheinbaren Helligkeit der Galaxie vorliegen, ihre Entfernung zu bestimmen.

Dieses Vorgehen, Schritt für Schritt von der Entfernungsmessung für eine bestimmte Sorte von Himmelsobjekt auf die Entfernung eines Objekts von anderer, leuchtkräftiger, aber seltenerer, Art zu schließen, das noch weiter entfernt ist, bezeichnet man als *kosmische Entfernungsleiter.* Wenn Ihnen diese Leiter etwas wackelig vorkommt, haben Sie vollkommen recht. Die Unsicherheiten wachsen, je größer die Entfernungen sind, mit denen wir es zu tun haben. Deshalb war die Bestimmung der Hubble-Konstante H_0 – die Beziehung zwischen Rotverschiebung und Entfernung der Galaxie – lange Zeit ziemlich kontrovers.

Das Hubble-Gesetz, $v = H_0 d$, besagt, dass die Hubble-Konstante H_0 die physikalische Einheit einer Geschwindigkeit hat (gewöhnlich in Kilometern pro Sekunde gemessen), geteilt durch die Längeneinheit der Entfernung d, üblicherweise Megaparsec (Mpc, das heißt, Millionen Parsec). Hubble schätzte die Hubble-Konstante auf rund 500 (km/s)/Mpc (zu groß, wie wir gesehen haben, weil er die Entfernung zur Andromedagalaxie unterschätzte, woran die Fehlkalibration der Cepheiden durch andere schuld war). Hubble starb 1953, bald nachdem das große 5-Meter- Teleskop auf dem Palomar Mountain bei San Diego vollendet war. Sein ehemaliger Assistent Allan Sandage führte sein Projekt der Entfernungsbestimmung von Galaxien fort.

In den folgenden Jahrzehnten gewannen Sandage und seine Kollegen mithilfe dieses 5-Meter-Teleskops und anderer Teleskope rund um den Globus eine Fülle neuer Erkenntnisse über Galaxien. Anfang der 1970er-

Jahre hatte Sandage nur einen echten Konkurrenten bei der Entfernungsmessung von Galaxien und damit der Bestimmung der Hubble-Konstante: den Astronomen Gérard de Vaucouleurs von der University of Texas. In den 1970er-Jahren veröffentlichten beide Gruppen – die von Sandage und die von de Vaucouleurs – monumentale Artikelserien, in denen sie ihre »Schritte zur Hubble-Konstante« beschrieben. Sandage kam auf rund 50 (km/s)/Mpc (und blieb damit um einen ganzen Faktor 10 hinter Hubbles ursprünglicher Schätzung zurück), während Vaucouleurs' Schätzung bei etwa 100 (km/s)/Mpc lag. Die Begründungen für diese Werte unterschieden sich in jeder Einzelheit und jedem Schritt der kosmischen Entfernungsleiter. Die astronomische Gemeinschaft verfolgte diese Entwicklungen mit großem Interesse, weil der Wert der Hubble-Konstante den grundlegenden Maßstab für unser Universum liefert. Die Rotverschiebung einer Galaxie lässt sich mühelos an ihrem Spektrum ablesen; wenn wir dazu die Hubble-Konstante kennen, können wir aus dieser Rotverschiebung auf eine Entfernung schließen.

Ende der 1980er-Jahre wagten schließlich verschiedene jüngere Astronomen, sich in die Auseinandersetzung einzumischen, indem sie neue Standardkerzen und verbesserte Beobachtungstechniken einführten. Teilweise war das Hubble-Weltraumteleskop entwickelt worden, um diese Frage zu klären: Frei von atmosphärischen Störungen kann es dank seiner überragenden Auflösung die Eigenschaften von Cepheiden selbst in solchen Galaxien erkennen und exakt messen, die 30 bis 40 Millionen Lichtjahre entfernt sind. Eine Forschungsgruppe unter Leitung von Wendy Freedman (die viele Jahre lang Direktorin der Carnegie-Observatorien in Pasadena war, wo Sandage arbeitete) nahm eine umfassende entsprechende Durchmusterung mit dem Hubble-Weltraumteleskop vor. 2001 veröffentlichte sie ihre Ergebnisse und kam dabei mit $H_0 = 72 \pm 8$ (km/s)/Mpc auf einen Wert, der fast genau zwischen den Ergebnissen von Sandage und de Vaucouleurs lag. Interessant war auch die Schätzung der Hubble-Konstante, die Rich Gott und seine Kollegen 2001 durchführten, indem sie alle bis dahin in wissenschaftlichen Arbeiten veröffentlichten (und auf höchst unterschiedlichen Methoden beruhenden) Messungen ihres Wertes erfassten und den Median oder Zentralwert ermittelten: 67 (km/s)/Mpc. Der Median liefert oft einen überraschend guten Hinweis, weil er von stark abweichenden Werten weniger beeinflusst wird als ein einfacher Durchschnitt. Heute, mehr als ein

Jahrzehnt später, ist die beste Schätzung – gestützt auf Messungen der kosmischen Hintergrundstrahlung (englisch *Cosmic Microwave Background*, CMB) durch den Planck-Satelliten – 67 ± 1 (km/s)/Mpc. Wie wir in Kapitel 23 erörtern werden, ist dieser Wert durch eine Messung des Teams von Sloan Digital Sky Survey bestätigt worden, das Daten von Supernovae, Galaxienhäufungen und der kosmischen Hintergrundstrahlung heranzog. Das SDSS-Ergebnis: 67,3 ± 1,1 (km/s)/Mpc.

Allan Sandage, einer der Giganten auf unserem Forschungsgebiet, starb 2010 im Alter von 84 Jahren. 2007, in seinem letzten Artikel zu dem Thema, meinte er, die Hubble-Konstante liege wahrscheinlich in dem Bereich zwischen 53 und 70 (km/s)/Mpc; er war also bereit, einen Wert zu akzeptieren, der so hoch war wie der heute gemessene.

Nachdem wir nun Klarheit über die Hubble-Konstante gewonnen haben, können wir uns wieder mit den vielfältigen Auswirkungen des Hubble-Gesetzes und der Expansion des Universums beschäftigen.

Sie können sich das Universum als ein riesiges Rosinenbrot vorstellen, das im Backofen aufgeht. Die Galaxien sind die Rosinen und der Teig ist der Raum zwischen ihnen. Wenn das Brot aufgeht (der Teig sich ausdehnt), entfernt sich jede Rosine von jeder anderen Rosine, sodass vom Standpunkt jeder Rosine alle anderen Rosinen von ihr wegstreben. Daher könnte jede Rosine (Galaxie) zu dem (irrigen) Schluss gelangen, sie befinde sich im Mittelpunkt des Rosinenbrotes (des Universums). Ferner würde sich eine Rosine, die von der ersten Rosine doppelt so weit getrennt wäre, doppelt so schnell entfernen, weil doppelt so viel expandierender Teig zwischen ihnen läge. Das Verhalten des Rosinenbrotes entspricht Hubbles Gesetz.

Diese Analogie ist nicht vollkommen. Während unser Rosinenbrot einen genau definierten Mittelpunkt besitzt, den wir lokalisieren können, weil das Brot eine Kruste hat, scheint das echte Universum (soweit wir das messen können) von unendlicher Ausdehnung zu sein, ohne eine Kante oder Grenze, die uns ermöglichen würde, einen Mittelpunkt zu definieren. Wir werden auf die Frage der geometrischen Form des Universums in Kapitel 22 zurückkommen.

Das Hubble-Gesetz sagt uns, dass sich Galaxien im Allgemeinen auseinander bewegen, was den Schluss nahelegt, dass das Universum expandiert. Folgt daraus, dass die einzelnen Galaxien expandieren, dass also die Sterne sich voneinander entfernen? Expandiert das Sonnensystem? Die

Sonne? Unsere Körper? Diejenigen unter uns, die abzunehmen versuchen, werden die letzte Frage vielleicht bejahen, tatsächlich aber gilt die Hubble-Expansion des Universums nur auf den Größenskalen der Entfernungen zwischen Galaxien. Galaxien expandieren ebenso wenig wie die Rosinen – am Ende ist lediglich mehr Platz zwischen den Rosinen als vorher. Objekte, die durch die Gravitation oder andere Kräfte zusammengehalten werden, also einzelne Galaxien, einzelne Sterne und Planeten, auch wir selbst, expandieren nicht. Sogar die Milchstraße und die Andromedagalaxie sind über ihre wechselseitige Schwerkraftanziehung miteinander verbunden und fallen daher aufeinander zu, anstatt sich auseinander zu bewegen. Daher gehört die Andromedagalaxie für uns zu der Handvoll Galaxien, die eine Blauverschiebung aufweisen.

Wie bereits erwähnt, werden die Milchstraße und die Andromedagalaxie in rund 4 Milliarden Jahren zusammengestoßen (noch bevor unsere Sonne den Wasserstoff in ihrem Kern verbraucht hat und zu einem Roten Riesen wird). Doch der Abstand zwischen einzelnen Sternen in jeder Galaxie ist so riesig im Vergleich zur Größe der Sterne, dass die beiden Galaxien weitgehend ohne Kollisionen zwischen den Sternen miteinander verschmelzen werden. Also dürfte Hollywood wohl kaum einen einträglichen Katastrophenfilm mit dem Titel *Galaxien auf Kollisionskurs* drehen – oder vielleicht doch? Es wäre nicht der erste Film, der sich um spektakulärer Effekte willen über alle wissenschaftlichen Fakten hinwegsetzte!

Wenn das Universum aktuell expandiert und die Abstände zwischen den Galaxien mit der Zeit größer werden, waren die Galaxien in der Vergangenheit näher zusammen. Betrachten wir eine Galaxie, die sich in der Entfernung d von uns befindet. Sie bewegt sich gemäß des Hubble-Gesetzes mit der Geschwindigkeit H_0d von uns fort. Wenn wir der Einfachheit halber voraussetzen, dass diese Geschwindigkeit sich nicht mit der Zeit verändert, wie lange braucht diese Galaxie dann, um die Entfernung d zurückzulegen? Anders gefragt: Wie lange ist es her, dass sich jene Galaxie am gleichen Ort befand wie unsere eigene? Wenn eine Stadt 500 Kilometer weit weg ist und jemand aus dieser Stadt mit 50 Stundenkilometern angefahren kommt, um mich zu besuchen, ist die Zeit, die er braucht, um diese Entfernung zurückzulegen, gleich der Entfernung geteilt durch die Geschwindigkeit: 500 Kilometer/50 km/h = 10 Stunden. In unserem Fall möchten wir wissen, wie lange es her ist, dass sich die Galaxie am gleichen Ort befand wie unsere eigene Galaxie. Um mit konstanter Geschwindigkeit v (die nach dem Hubble-Gesetz gleich H_0d ist) die Entfernung d zurückzulegen, hat die Galaxie die Zeit

$$t = d/v = d/(H_0d) = 1/H_0$$

benötigt. Das ist sicherlich ein einfaches Ergebnis. Aber wir können ihm einiges entnehmen. Beachten Sie, dass die Zeit t offenbar nicht von der Entfernung d zu dieser Galaxie abhängt. Wir könnten unsere Rechnung für jede beliebige wiederholen und würden immer denselben Wert für t erhalten. Es scheint, als hätten sich ausnahmslos alle Galaxien zu einem bestimmten Zeitpunkt in der Vergangenheit am selben Ort befunden. Bevor wir diesen Gedanken weiterverfolgen, müssen wir uns eines klarmachen: All das bedeutet noch *immer nicht*, dass wir uns im Mittelpunkt der Expansion befinden; wir hätten unsere Überlegung für jede andere Galaxie anstellen können und wären zu dem gleichen Ergebnis gekommen. Insgesamt gelangen wir zu dem Schluss, dass es im Universum eine Zeit gab, als alle Materie auf kleinstem Raum zusammengepresst war. Als alle »Rosinen« aneinanderklebten. Und wir wissen, welche Zeit das war! Sie ist zum jetzigen Zeitpunkt gerade $1/H_0$ her. Das ist ein weiterer Grund dafür, dass den Astronomen der Wert der Hubble-Konstante so sehr am Herzen liegt. Sie verrät uns das Alter des Universums.

Machen wir uns an die Rechnung. Die beste gegenwärtige Schätzung der Hubble-Konstante stammt vom Team des Planck-Satelliten und beträgt 67 (km/s)/Mpc, ihre Umkehrung $1/H_0$ ist also (1/67) s Mpc/km. Ein Megaparsec ist gleich $3{,}086 \times 10^{19}$ Kilometer. Wenn wir diese Zahl für Mpc/km einsetzen und sie durch 67 teilen, ergibt sich, dass $1/H_0$ gleich $4{,}6 \times 10^{17}$ Sekunden ist. Nach Umwandlung der Sekunden in Jahre stellen wir fest, dass die Zeit, als alle Galaxien aufeinander saßen, vor ungefähr 14,6 Milliarden Jahren war.

Diesen Zeitpunkt bezeichnen wir als Urknall, englisch *Big Bang,* ein Begriff, den Fred Hoyle Ende der 1940er-Jahre prägte. Obwohl Hoyle sein Leben lang ein Gegner des Big-Bang-Modells war und in der Überzeugung starb, dass die Theorie falsch sei, hat sich die Bezeichnung hartnäckig gehalten. 1994 gelangten Carl Sagan, der Wissenschaftsjournalist Timothy Ferris und der Fernsehmoderator Hugh Downs zu der Überzeugung, dass ein so wichtiger, für unser modernes Kosmologieverständnis grundlegender Begriff, einen aussagekräftigeren Namen verdiene als »Big Bang«. Sie schrieben einen internationalen Wettbewerb aus und forderten die Menschen auf, passendere Bezeichnungen einzureichen. Sie erhielten mehr als 13.000 Vorschläge, sichteten sie alle, waren tief enttäuscht und gelangten, nachdem sie die Alternativen gründlich erwogen hatten, zu der Überzeugung, dass »Big Bang« doch eigentlich gut genug sei.

Das Hubble-Gesetz hat uns zu dem Schluss geführt, dass zu einem bestimmten Zeitpunkt vor etwa 14,6 Milliarden Jahren das gesamte Universum zusammengequetscht war; seither expandiert es. Unsere Berechnung der Zeit, die seit dem Urknall vergangen ist, war grob, da wir von der Annahme ausgegangen sind, jede Galaxie bewege sich mit konstanter Geschwindigkeit, aber der moderne Wert, dem eine raffiniertere Berechnung zugrunde liegt, ist fast derselbe: rund 13,8 Milliarden Jahre. Ist dieser Schätzwert für das Alter des Universums (denn darüber reden wir) plausibel? Wir kennen das Alter des Sonnensystems, vorwiegend durch Messungen der Radioaktivität von Mondgesteinen und Meteoriten; es beträgt 4,6 Milliarden Jahre. Das ist die gleiche Größenordnung wie das Expansionsalter des Universums, allerdings – ein Glück! – ein kürzerer Zeitraum. Die Sonne und das Sonnensystem sind mit schweren Elementen angereichert, die in frühen Supernovae entstanden sind, daher ist nicht zu erwarten, dass die Sonne zu den besonders früh entstandenen Sternen gehört. Wir hatten ebenfalls bereits beschrieben, wie man aus dem Abknickpunkt der Hauptreihe eines Kugelsternhaufens im HR-Diagramm der Kugelhaufen das Alter des Haufens bestimmen kann: Die ältesten Kugelhaufen sind zwischen 12 und 13 Milliarden Jahre alt.

Es ist absolut fantastisch, dass diese drei verschiedenen und vollkommen unabhängigen Methoden zur Altersbestimmung des Universums (und der ältesten Objekte in ihn) miteinander vereinbar sind! Wir sollten zu schätzen wissen, dass diese drei Schätzungen innerhalb eines Faktors 3 übereinstimmen; das ist ein großer Erfolg für unsere Vorstellungen darüber, wie das Universum beschaffen ist. Der Umstand, dass sie alle die gleiche Größenordnung haben (und dass die ältesten uns bekannten Objekte im Universum ein Alter aufweisen, das geringer ist als die Zeit, die seit dem Urknall verstrichen ist), bestärkt uns in der Annahme, dass unsere grundlegenden physikalischen Ideen richtig sind.

Stellen wir uns nun vor, wie das Universum in der Vergangenheit war. Weil es expandiert, nimmt seine Dichte mit der Zeit ab, denn eine gegebene Menge an Masse beansprucht im Laufe der Zeit ein immer größeres Volumen. Früher war es dichter. Wie bei Sternen gilt: Je dichter Materie ist, desto wärmer ist sie in der Regel, daher war das Universum in der Vergangenheit sehr viel wärmer als heute (in Kapitel 15 werden wir uns darüber unterhalten, was wir unter der Temperatur des Universums verstehen; wie sich herausstellen wird, ist dieser Begriff sehr genau definiert). Wenn wir die Expansion in der einfachsten Weise zurückrechnen, dann scheint es tatsächlich vor rund 13,8 Milliarden Jahren einen Moment gegeben zu haben, als das ganze beobachtbare Universum unendlich heiß und unendlich dicht war. Von diesem Zeitpunkt bis zur Gegenwart expandierte es und kühlte dabei immer mehr ab. Mehr als diese 13,8 Milliarden Jahre können wir nicht zurückgehen – das ist unsere Definition von der Geburt des Universums. Die Expansion begann mit einem Urknall und lässt sich in Gestalt der Hubble-Relation noch heute beobachten.

Zur Zeit des Urknalls war das Universum offenbar unendlich dicht und unendlich heiß. Was heißt unendlich klein? Da wird es kompliziert. Die Antwort lautet: nicht wirklich klein, in dem Sinne, in dem wir gewöhnlich das Wort »klein« verwenden. Nehmen wir an, das Universum wäre heute unendlich groß. »Einen Augenblick!«, möchten Sie vielleicht einwenden, »Sie haben uns das ganze Buch hindurch erzählt, dass das beobachtbare Universum endlich sei und einen Radius von einigen Zehnmilliarden Lichtjahren habe!« Das ist richtig. Wir unterscheiden zwischen dem Universum als Ganzes und dem *beobachtbaren* Universum, dem Teil, den wir heute sehen können; dieser Teil ist von endlicher Größe. Das Universum expandiert, und seine Dichte nimmt entsprechend ab, aber es ist heute von unendlicher Größe, und obwohl in der Vergangenheit kleiner, war es auch da von unendlicher Größe – das gilt bis zurück zum Urknall. Am Anfang war das Universum von unendlicher Ausdehnung, unendlicher Dichte und unendlicher Hitze. Es hatte keinen Mittelpunkt und ganz gewiss keinen äußeren Rand, jenseits von dem man das Universum als Ganzes betrachten könnte.

Das mag sich alles nach spitzfindiger Rhetorik anhören, aber es ist die einfachste Art, unsere moderne Vorstellung vom frühen Universum zum Ausdruck zu bringen. Wir fassen hier lediglich die Ergebnisse in Worte, die wir erhalten, wenn wir, wie wir in späteren Kapiteln darlegen werden, die entsprechenden Gleichungen von Einsteins Allgemeiner Relativitätstheorie lösen. Der Urknall war nicht die Explosion eines sehr kleinen Gebildes, das sich dann im leeren Raum ausbreitete – ein Bild, das gelegentlich fälschlicherweise bemüht wird. Er ist keine Bombe. Da das Universum keinen Rand hat, gibt es keinen leeren Raum »dort draußen«, in den er expandieren könnte. Der *Raum selbst* expandiert.

Wenn es nichts gibt, was man als äußeren Rand des Universums bezeichnen könnte, kann man dann überhaupt noch fragen, was vor dem Urknall war? Leider lassen unsere Gleichungen das nicht zu. Gewiss, es ist eine vernünftige Frage, aber nein, die Allgemeine Relativitätstheorie hat keine Antwort für Sie. Die Gleichungen der Allgemeinen Relativitätstheorie sagen eine unendliche Dichte im Augenblick des Urknalls vorher. Wenn Ihre Gleichungen Ihnen in den Naturwissenschaften ein unendliches Ergebnis liefern, wissen Sie, dass ihre Theorie unvollständig ist; dann ist mehr Physik im Spiel, als Ihre Gleichungen beschreiben.

Mit anderen Worten, die Gleichungen der Allgemeinen Relativitätstheorie versagen im Augenblick des Urknalls, daher können wir sie nicht auf eine Zeit vor dem Urknall anwenden. »Was geschah vor dem Urknall?«, ist eine Frage, die Kosmologen ständig gestellt wird, und leider antworten sie darauf häufig, es sei eine sinnlose Frage, als wollten sie andeuten, der Fragesteller sei töricht, weil er derart frage. Es ist durchaus nicht töricht, diese Frage zu stellen: Dass die Gleichungen am Urknall versagen, ist ein Zeichen dafür, dass es mit der Theorie – und nicht der Frage – ein Problem gibt! Wir werden auf die Frage in den Kapiteln 22 und 23 zurückkommen, wenn wir uns der allgemeinen Geometrie des Universums zuwenden und uns fragen, was den Urknall ausgelöst haben könnte.

Infolge dieser Unkenntnis gehen die Kosmologen davon aus, dass die Zeit mit dem Urknall begonnen hat. Es ist unser Schöpfungsmythos, aber wie wir gesehen haben, beruht er auf unmittelbaren Beobachtungen des Universums und unseren physikalischen Erkenntnissen. Das Universum erscheint unendlich in seiner Ausdehnung, aber hat ein endliches Alter. Dieses endliche Alter bedeutet infolge der endlichen Lichtgeschwindigkeit, dass wir nur einen endlichen Teil des Universums beobachten können. Betrachten wir beispielsweise unsere heutige Situation: Nur 13,8 Milliarden Jahre nach dem Urknall sitzen wir in der Milchstraße. Das Universum um uns her ist endlich, aber wir können nicht alles davon sehen, weil das Licht mit endlicher Geschwindigkeit unterwegs ist. Das Licht der entferntesten Materie, die wir jetzt sehen können, hat eine Reise von 13,8 Milliarden Jahren hinter sich, wenn es uns erreicht, und hat zwischen dieser fernen Materie und uns nur 13,8 Milliarden Lichtjahre durch den ständig expandierenden Raum zurückgelegt. Wir sehen diesen Stoff daher so, wie er in der Vergangenheit war – in einem deutlich früheren Zustand. Wo ist es jetzt? In der Zwischenzeit hat die Expansion des Universums jene Materie (die sich in der Zwischenzeit in Galaxien verwandelt hat) fortgetragen, sodass sie jetzt 45 Milliarden Lichtjahre von uns entfernt ist. Das stellt gegenwärtig die Grenze des beobachtbaren Universums dar. Jenseits dieser Galaxien liegen andere, weiter entfernte Galaxien, von denen wir nie Photonen empfangen haben. Wie wir in künftigen Kapiteln sehen werden, expandiert der Raum zwischen ihnen und uns so schnell, dass das Licht nicht genug Zeit hatte, ihn zu durchqueren. Hinter dem Rand des beobachtbaren Universums gibt es also noch viel mehr Universum da draußen, sogar unendlich viel Universum, wenn wir den gegenwärtigen Messungen der Geometrie des beobachtbaren Universums und unseren kosmologischen Modellen glauben wollen. Man könnte dies als die größte Extrapolation in den Naturwissenschaften überhaupt betrachten: Wir führen in unserem endlichen, beobachtbaren Universum Beobachtungen mit einem derzeitigen Radius von »nur« 45 Milliarden Lichtjahren durch und extrapolieren daraus ein unendliches Universum!

15

DAS FRÜHE UNIVERSUM

MICHAEL A. STRAUSS

Kurz nach dem Urknall war das frühe Universum sehr heiß und dicht, aber es expandierte und kühlte sich dabei ab. Unsere Gleichungen ermöglichen uns, den Zustand der Materie im frühen Universum genau zu berechnen; ein ergiebiges Forschungsfeld für Physiker, weil dabei die Eigenschaften der Materie bei extrem hohen Temperaturen und Dichten die Schlüsselrolle spielen. Hinzu kommt, dass die Kernreaktionen im frühen Universum aufschlussreiche Spuren in der heute beobachteten Häufigkeit der chemischen Elemente hinterlassen. Wir werden sehen, dass diese mittels der Urknallphysik vorhergesagten Häufigkeiten leichter Elemente wunderbar mit den Beobachtungen übereinstimmen, was uns zuversichtlich hoffen lässt, dass wir tatsächlich verstehen, was in den ersten Augenblicken nach dem Urknall geschah. Beginnen wir unsere Geschichte ungefähr eine Sekunde nach dem Urknall. Das Universum war ungeheuer heiß, rund 10^{10} K (10 Milliarden Kelvin!), und ungeheuer dicht nach menschlichem Maßstab, nämlich rund 450.000-mal so dicht wie Wasser. Es gab noch keine Galaxien, Sterne und Planeten. Tatsächlich war es so heiß, dass sich keine Atome, Moleküle oder selbst Atomkerne bilden konnten. Zu diesem Zeitpunkt bestand die gewöhnliche Materie im Universum aus Elektronen, Positronen, Protonen, Neutronen und natürlich aus einer Menge Schwarzkörperstrahlung (das heißt Photonen). Wenn Dunkle Materie tatsächlich, wie man gegenwärtig annimmt, aus noch unentdeckten Elementarteilchen besteht, wäre davon auszugehen, dass im frühen Universum solche Teilchen ebenfalls in großer Zahl vorhanden waren.

Zweieinhalb Minuten später hatte sich das Universum bereits auf eine Temperatur von »lediglich« einer Milliarde Kelvin abgekühlt; zu diesem Zeitpunkt reicht das Schwarzkörperspektrum noch bis zu den Gammastrahlen. 1 Milliarde Kelvin ist kühl genug, um Kernfusionsreaktionen zuzulassen, in denen Neutronen und Protonen zusammenhaften können. Wie gesehen, verschmelzen in der Sonne Protonen bei hohen Temperaturen und Dichten miteinander zu Heliumkernen (vgl. Kapitel 7). In der Zentralregion von Sternen wie der Sonne dauert es Jahrmilliarden, um 10 Prozent des Wasserstoffs in Helium umzuwandeln. Die Kernreaktionen im frühen Universum laufen sehr viel schneller ab, weil sowohl freie Protonen wie Neutronen vorhanden sind. Proton-Proton-Kollisionen benötigen hohe Energie, weil beide Protonen positiv geladen sind und einander abstoßen, weshalb echte Kollisionen selten sind. Neutronen sind elektrisch neutral (und werden daher nicht von Protonen abgestoßen), infolgedessen finden Neutron-Proton-Kollisionen häufiger statt. Auf dem Weg zum Helium kann man daher in einem ersten Schritt Neutronen und Protonen verschmelzen lassen. Das überspringt die ersten langsamen Schritte des Sonnen-Kernfusionsprozesses (Proton-Proton-Kollisionen).

Protonen und Neutronen können sich ineinander verwandeln. Ein Neutron plus einem Positron verbinden sich zu einem Proton plus einem Anti-Elektron-Neutrino und umgekehrt. Ein Neutron plus einem Elektron-Neutrino wird zu einem Proton plus einem Elektron oder umgekehrt. Und ein Neutron kann in ein Proton zerfallen und dabei ein Elektron und ein Anti-Elektron-Neutrino emittieren. Bei 10 Milliarden Kelvin (die Temperatur des Universums, wenn es eine Sekunde alt ist) befinden sich diese Prozesse im Gleichgewicht. Neutronen besitzen etwas mehr Masse als Protonen, was bedeutet, dass zu ihrer Entstehung etwas mehr Energie erforderlich ist und dass es eine Sekunde nach dem Urknall etwas weniger Neutronen als Protonen gibt. Bis zu dem Zeitpunkt, an dem das Universum im Zuge seiner Expansion auf 1 Milliarde Kelvin abgekühlt ist, hat sich dieses Gleichgewicht verändert, sodass mehr Neutronen in leichtere Protonen umgewandelt werden, was zur Folge hat, dass auf jedes Neutron sieben Protonen kommen. Bei einer Temperatur von nur noch einer Milliarde Kelvin ist weniger Wärmeenergie vorhanden, um die ($E = mc^2$) Massendifferenz zwischen Protonen und Neutronen auszugleichen; daher werden Neutronen im Verhältnis zu Protonen seltener. Zu diesem Zeitpunkt ist das Universum weit genug abgekühlt, dass ein Neutron und ein Proton kollidieren, aneinander haften bleiben und ein *Deuteron* bilden können (den Kern von schwerem Wasserstoff – Deuterium), ohne dass das Deuteron gleich wieder zerfällt, wenn es mit dem nächsten Teilchen oder dem nächsten Photon zusammenstößt. Ein Deuteron kann dann an anderen Kernreaktionen beteiligt sein, indem es ein weiteres Proton und ein Neutron aufnimmt und sich mit ihnen zu einem Heliumkern verbindet (zwei Neutronen und zwei Protonen). Nach wenigen Minuten haben diese Kernfusionsprozesse praktisch jedes Neutron in einen Heliumkern untergebracht. Danach ist das Universum so weit abgekühlt und ausgedünnt, dass die Kernreaktionen aufhören.

Rechnen wir aus, wie viele Heliumkerne dabei herauskommen. In jedem Heliumkern gibt es zwei Neutronen. Bei einem Neutronen-Protonen-Verhältnis von 1 zu 7, sind diese zwei Neutronen mit 14 Protonen gepaart. Zwei dieser Protonen befinden sich ebenfalls im Heliumkern, bleiben zwölf Protonen übrig. Daraus ergibt sich, dass auf einen Heliumkern jeweils zwölf Protonen kommen (bei denen es sich natürlich um Wasserstoffkerne handelt). Nach diesen ersten Minuten wird das Universum zu kühl und ist außerdem nicht mehr dicht genug für weitere Kernreaktionen. Im Urknall wird also eine beträchtliche Anzahl von Heliumkernen gebildet, dazu kleine Mengen übrig gebliebener Deuteronen (Deuterium-Kerne), Lithium- und Berylliumkerne (die zu Lithium zerfallen), aber keine schwereren Elemente.

Diese grundlegende Rechnung wurde zuerst in den 1940er-Jahren von George Gamow und seinem Studenten Ralph Alpher durchgeführt. Gamow konnte der Versuchung nicht widerstehen, Hans Bethes Namen als Co-Autor in ihre berühmte Alpher-Bethe-Gamow-(»α- β- γ«)-Arbeit aufzunehmen, in der sie einige ihrer Ergebnisse beschrieben. Zwölf Wasserstoffkerne auf einen Heliumkern – das deckt sich weitgehend mit den Ergebnissen, zu denen Cecilia Payne-Gaposchkin in ihren Untersuchungen gelangte: Die Sterne sind aus rund 90 Prozent Wasserstoff und 8 Prozent Helium zusammengesetzt (vgl. Kapitel 6). Damit liefern uns unsere Vorhersagen der Bedingungen, die nur wenige Minuten nach dem Urknall herrschten, eine erschöpfende Erklärung dafür, warum Wasserstoff und Helium die häufigsten Elemente im Universum sind und warum sie in dem Verhältnis vorkommen, das wir beobachten! Das ist ein erstaunlicher Erfolg des Urknallmodells, der rechtfertigt, dass wir die Expansion des Universums bis zu einem Zeitpunkt zurück extrapoliert haben, der nur einige

Minuten nach dem Urknall liegt, als die Temperaturen mehr als 1 Milliarde Kelvin betrugen.

Ursprünglich hofften Gamow und Alpher, den Ursprung aller Elemente aus dem Urknall erklären zu können, doch ihre Berechnungen zeigten, dass die damaligen Kernreaktionen nur die leichtesten Elemente produzieren konnten. Alle schwereren Elemente (einschließlich des Kohlenstoffs, Stickstoffs und Sauerstoffs in unserem Körper sowie des Nickels, Eisens und Siliziums in der Erde) wurden später durch Kernfusionsprozesse in den Kernregionen von Sternen hergestellt, ein Vorgang, den wir in den Kapiteln 7 und 8 kennengelernt haben. Fred Hoyle, ein Konkurrent von Gamow, hoffte, genau das Gegenteil zeigen zu können: dass die Entstehung sowohl der schweren wie der leichten Elemente aus Wasserstoff durch Fusionsreaktionen in den Kernregionen von Sternen erklärt werden könnten, ohne dass man eine heiße und dichte Frühphase in der Geschichte des Universums bemühen müsse. Er widmete einen Großteil seiner wissenschaftlichen Laufbahn dem Versuch, diese These zu beweisen. Wir verdanken ihm wesentliche Erkenntnisse über die Erzeugung der schweren Elemente in Sternen. Aber die Menge des Heliums, das in Sternen gebrannt wird, reicht bei Weitem nicht aus, um die Menge zu erklären, die wir beobachten.

Der Umstand, dass wir heute etwas Deuterium im Universum sehen, lässt auf einen Ursprung im Urknall schließen. Deuterium (das ein Proton und Neutron enthält) ist instabil und wird in den Kernregionen von Sternen zerstört, indem es zu Helium verschmolzen wird, aber dort nicht dauerhaft erzeugt. Sterne können es nicht herstellen. Die einzige uns bekannte Möglichkeit, wie das von uns beobachtete Deuterium entstanden sein kann, ist die Urknallphase, und die Berechnung der Deuteriummenge, die in den ersten Minuten nach dem Urknall entstanden ist (ein Deuteron auf 40.000 gewöhnliche Wasserstoffkerne) stimmt hervorragend mit dem beobachteten Wert überein. Die Nukleosynthese nach dem Urknall endet, sobald das Universum entsprechend ausgedünnt ist. Übrig bleibt eine kleine Restmenge von Deuterium, die es nicht »geschafft« hat, zu Helium zu verschmelzen. Letztlich ist dafür der Umstand verantwortlich, dass sich bei den entsprechenden Fusionsprozessen kein Gleichgewicht mehr einstellen kann, weil sich die Verhältnisse im frühen Universum zu rasch verändern. Gamow hatte das erkannt. Für ihn war die beobachtete kosmische Häufigkeit von Deuterium ein gewichtiges Indiz für die Existenz des Urknalls.

Mit der Expansion des Universums streckt sich nicht nur der Raum, sondern auch die Wellenlängen der durch den Kosmos wandernden Photonen nehmen zu; das ist genau das Rotverschiebungsphänomen, von dem bereits die Rede war. Wenn der Raum expandiert und wir eine ferne Galaxie beobachten, werden wir sehen, dass die von ihr ausgesandten Photonen rotverschoben sind, weil sie sich von uns fortbewegt – ein Vorgang, den wir als Dopplereffekt interpretieren. Aber ebenso gut könnten wir ihn einfach als Streckung des Raums deuten, als Streckung des Abstands zwischen uns und der fernen Galaxie und als Streckung der Wellenlänge des Photons, das von der Galaxie zu uns unterwegs ist. Zeichnen Sie eine Welle auf ein breites Gummiband und ziehen Sie es in die Länge; die Wellenlänge der Welle, die sie auf das Gummiband gezeichnet haben, wird zunehmen. Beide Interpretationen der Rotverschiebung sind gleichwertig: Wir können die Rotverschiebung als Dopplerverschiebung eines fernen Objekts auffassen, das sich im Rahmen der kosmischen Expansion von uns fortbewegt, oder die Rotverschiebung als Verlängerung der Welle infolge der Expansion des Raums begreifen. Photonen aus dem frühen Universum behalten ihr Schwarzkörper-(Planck-)Spektrum, doch in dem Maße, wie sich die Wellenlänge infolge der Expansion des Raums vergrößert, verringert sich die zugehörige Temperatur. Gamow sowie seine Studenten Alpher und Herman gingen davon aus, dass das Universum mit einem heißen Urknall beginnt und dann mit der Zeit und im Zuge seiner fortdauernden Expansion abkühlt.

1917 entwickelte Einstein beim Nachdenken über das Universum als Ganzes eine Hypothese, die wir heute das *kosmologische Prinzip* nennen: Wenn ich das Universum zu einem festen Zeitpunkt betrachte, dann sieht es zumindest auf großen Skalen von jedem Beobachtungspunkt aus im Großen und Ganzen gleich aus. Solange wir weit genug zurücktreten und das Universum großräumig genug betrachten, sollte die Materie im Universum gleichmäßig verteilt sein. Einen Aspekt der Einstein'schen Hypothese haben wir bereits kennengelernt: Die Expansion des Universums sieht aus der Perspektive jeder Galaxie gleich aus – woraus wir geschlossen hätten, dass das Universum keinen Mittelpunkt hat. Ebenso wenig weist eine unendliche Fläche keinen Punkt auf, den wir als »Mittelpunkt« bezeichnen könnten; auch die gekrümmte Oberfläche einer Kugel besitzt keinen Punkt, den man als »Mittelpunkt« definieren könnte, da alle Punkte auf der Oberfläche äquivalent sind.

Wenn wir uns heute im Universum umsehen, sieht es natürlich ganz und gar nicht gleichmäßig aus! Die Masse unseres Sonnensystems ist in den Planeten und der Sonne konzentriert. Sterne sind durch Entfernungen getrennt, die riesig im Vergleich zu ihrer Größe sind. Sterne haben sich zu Galaxien zusammengeschlossen, die Millionen Lichtjahre auseinanderliegen, und Galaxien bilden Haufen. Einsteins kosmologisches Prinzip legt uns nahe, noch weiter zurückzutreten und gleich einige Hunderttausend Galaxien auf einmal zu betrachten, um zu erkennen, dass das Universum im Mittel so gut wie gleichförmig ist. Hubbles Beobachtungen zeigten, dass Zählungen lichtschwacher Galaxien in verschiedenen Richtungen zu gleichen Resultaten führten; das Universum sieht, im größten Maßstab betrachtet, tatsächlich gleichförmig aus.

Fred Hoyle ging noch einen Schritt weiter: Das Universum sei nicht nur homogen im Raum, behauptete er, sehe nicht nur mehr oder weniger gleich aus, egal, in welche Richtung wir blickten, sondern sei auch homogen in der Zeit. Er meinte, wenn man in der Zeit zurückginge, sähe es genauso aus wie heute. Die Gesetze der Physik würden sich mit der Zeit nicht ändern, warum sollte es dann das Universum? Wenn man diese These ernst nimmt, dann kann das Universum keinen Anfang oder Urknall haben; dann existiert das Universum seit aller Ewigkeit. Diese Idee nannte Hoyle das *perfekte kosmologische Prinzip*. Angesichts der Tatsache, dass die Entfernung zwischen Galaxien infolge der kosmischen Expansion mit der Zeit zunimmt, sah Hoyle sich zu der Hypothese gezwungen, dass in dem Raum zwischen Galaxien laufend neue Materie erzeugt würde, die sich schließlich zu neuen Galaxien zusammenschlösse – möglicherweise eine verrückte Idee, aber seiner Meinung nach nicht so verrückt wie der Versuch, das ganze Universum aus einem Augenblick unendlicher Dichte und Temperatur entstehen zu lassen, der den Anfang der Zeit darstellte.

Welcher dieser Entwürfe ist richtig? Wenn wir im Folgenden die Vorhersagen des Urknallmodells untersuchen und sie mit unseren Beobachtungen vergleichen, werden wir feststellen, dass die empirischen Belege für die Urknalltheorie – die Übereinstimmung zwischen ihren Vorhersagen und unseren Beobachtungsdaten – wirklich sehr schlüssig sind.

Die erste Vorhersage des Urknallmodells lautet: Das Universum expandiert – was sich natürlich mit unseren Beobachtungen deckt. Außerdem sagt das Modell das Alter des Universums vorher – 13,8 Milliarden

Jahre; auch hier gibt es eine Übereinstimmung: Die ältesten Sterne im Universum weisen ein etwas geringeres Alter auf. Das ist ein eindeutiger Erfolg für das Urknallmodell: Hätten wir Sterne gefunden, die 1 Billion Jahre alt sind, wären wir zu dem Schluss gezwungen gewesen, dass das Urknallmodell falsch sein müsse. Tatsächlich haben wir genau solch eine Krise in der Vergangenheit erlebt: Hubbles erste Schätzung seiner Konstante betrug $H_0 = 500$ (km/s)/Mpc, was bedeutet hätte, dass seit dem Urknall rund $(1/H_0)$, nämlich nur 2 Milliarden Jahre vergangen wären. In den 1930er-Jahren wusste man bereits aus radiometrischen Datierungen von Gesteinsproben, dass die Erde älter als das sein musste. Diese Altersschätzung stand im Widerspruch zum Urknallmodell: Die Erde kann nicht älter als das Universum selbst sein! Diese Inkonsistenz sprach für Hoyles Modell, weil das Universum bei Hoyle unendlich alt war und ewig expandierte, wobei sich im intergalaktischen Raum ständig neue Galaxien bildeten. Die Diskrepanz wurde beseitigt, als in den 1950er- und 1960er-Jahren stark verbesserte Entfernungsmessungen der Galaxien den Wert der Hubble-Konstante erheblich verringerten, sodass sich $(1/\mathrm{H}_0)$ jetzt in Einklang mit dem Alter der ältesten Sterne befand.

Wir haben auch gesehen, dass es im Universum nach einer anderen Vorhersage des Urknallmodells zwölf Wasserstoffkerne für jeden Heliumkern und 40.000 Wasserstoffkerne für jeden Deuteriumkern geben müsse – auch das stimmt genau mit den Beobachtungen überein. Das ist alles andere als selbstverständlich; bevor sich die Wissenschaft der Spektroskopie weit genug entwickelt hatte und bevor Cecilia Payne-Gaposchkin und andere herausgefunden hatten, dass die Sonne überwiegend aus Wasserstoff besteht, hatten die Menschen kaum eine Vorstellung von der relativen Häufigkeit der Elemente im Universum.

Machen wir einige Minuten nach dem Urknall eine Inventur der Elemente. Im Wesentlichen sind alle freien Neutronen Heliumkernen einverleibt worden. Die Nukleosynthese – die Bildung der ersten zusammengesetzten Atomkerne – endet, da Temperatur und Dichte des Universums in diesem Stadium so gering sind, dass keine weiteren Reaktionen stattfinden können. Neben diesen Heliumkernen und Spurenmengen von Deuterium- und Lithiumkernen haben wir Protonen, Elektronen, Neutrinos und Photonen – die zu einem früheren Zeitpunkt auch noch vorhandenen Positronen haben sich zusammen mit einer genauso großen Anzahl von Elektronen vernichtet, dabei weitere Photonen erzeugt und gerade so viele Elektronen übrig gelassen, dass jene die Gesamtladung aller Protonen ausgleichen, die durch das Universum fliegen. Es ist sehr heiß, und wie wir wissen, emittieren heiße Dinge Photonen, daher sind eine Menge Photonen unterwegs. Da das Universum anschließend weiterhin abkühlt und an Dichte verliert, bleibt seine Zusammensetzung während der nächsten 380.000 Jahre unverändert.

Bis zu diesem Zeitpunkt ist das Material des Universums ein *Plasma* (wie im Sterninneren): Die Atomkerne und die Elektronen sind nicht aneinandergebunden, sondern bewegen sich frei und unabhängig voneinander umher. Wenn ein Elektron kurzzeitig von einem Proton eingefangen wird und ein Atom des neutralen Wasserstoffs bildet, wird es rasch von einem der vielen vorhandenen energiereichen Photonen angestoßen und auf diese Weise wieder von seinem Proton getrennt. Hinzu kommt, dass Photonen, da sie so stark mit freien (das heißt, nicht in ein Atom gebundenen) Elektronen wechselwirken, nicht sehr weit kommen können, ohne mit dem nächsten Elektron zusammenzustoßen und in verschiedene Richtungen abzuprallen (*streuen* ist der physikalische Fachbegriff). Daraus folgt, dass das Universum damals undurchsichtig war; es ähnelte ein wenig dichtem Nebel, in dem man nicht sehr weit blicken kann. Das entspricht dem Zustand, der, wie beschrieben, im Inneren von Sternen herrscht: Das Innere des Sterns ist undurchsichtig, und die Energie, die in Gestalt von Photonen in der Kernregion erzeugt wird, braucht sehr lange, 200.000 Jahre und mehr, um an die Oberfläche zu gelangen.

Das Bild verändert sich radikal, als die Temperatur auf 3000 K fällt; das geschieht etwa 380.000 Jahre nach dem Urknall. Zu diesem Zeitpunkt haben die Photonen nicht mehr genügend Energie, um Wasserstoff zu ionisieren, woraufhin sich die Elektronen und Protonen zu neutralen Atomen zusammenschließen. Neutraler Wasserstoff streut Photonen weit schwächer als einzelne freie Elektronen, und das Universum wird plötzlich durchsichtig: Der Nebel hat sich verzogen. Die Photonen können jetzt geraden Bahnen folgen.

Das lässt darauf schließen, dass wir im gegenwärtigen Universum in der Lage sein müssten, auch jetzt noch jene Photonen zu sehen, die seit der Zeit, als das Universum durchsichtig wurde – 380.000 Jahre nach dem Urknall –, ungehindert auf uns zu strömen. Wenn das Universum keinen Rand besitzt, sollten wir diese Photonen aus jeder Himmelsrichtung empfangen. Das heißt, in jeder Richtung, in die wir blicken, befindet sich Materie in genau jener Entfernung zu uns, die erforderlich ist, damit die Photonen, die dort vor 380.000 Jahren emittiert wurden, uns exakt heute erreichen.

Diese Photonen werden von Gas mit einer Temperatur von 3000 K emittiert und sollten daher ein Schwarzkörperspektrum besitzen, dass dieser Temperatur entspricht. Bei einem solchen Schwarzen Körper liegt das Maximum der Strahlungsaussendung bei einer Wellenlänge von rund 1 Mikrometer (10^{-6} Meter). Doch wir müssen noch einen weiteren wichtigen Aspekt berücksichtigen: Das Universum expandiert! Folglich ist diese Schwarzkörperstrahlung von 3000 K rotverschoben. Seit das Universum 380.000 Jahre alt war, ist es bis heute, 13,8 Milliarden Jahre später, etwa um einen Faktor 1000 expandiert. Daher liegt die Maximums-Wellenlänge der thermischen Strahlung, die uns heute erreicht, bei 1 Millimeter statt 1 Mikron. Während die Maximums-Wellenlänge um einen Faktor 1000 zugenommen hat, ist die Temperatur um denselben Faktor zurückgegangen. Daraus folgt, dass wir diese thermische Strahlung heute aus allen Richtungen des Himmels mit einer Temperatur von rund 3 K auf uns zukommen sehen. Die Strahlung stammt aus einer Epoche, als das Universum lediglich 380.000 Jahre alt war, also 0,003 Prozent seines heutigen Alters hatte.

1948 sagten Alpher und Robert Herman, ein weiterer von Gamows Studenten, vorher, dass das Universum heute noch immer mit der thermischen Strahlung erfüllt sein müsse, die ein Überbleibsel des Urknalls ist. Nach ihrer Berechnung musste die Temperatur auf ungefähr 5 K gefallen sein – eine Schätzung, die dem richtigen Wert sehr nahe kommt.

Doch in den 1960er-Jahren war die Vorhersage von Herman und Alpher weitgehend in Vergessenheit geraten. So kam es, dass Bob Dicke, Jim Peebles, Dave Wilkinson und Peter Roll vom Fachbereich Physik der Princeton University von einer ähnlichen Überlegung ausgehend unabhängig zum gleichen Ergebnis kamen. Sie gingen noch einen Schritt weiter und erkannten, dass die Maximums-Wellenlänge der Schwarzkörperstrahlung von 1 Millimeter Dicke mit Teleskopen und Sensoren tatsächlich zu entdecken sein müsste. (Sie suchten dabei nach *Mikrowellen*, kurzwelligen Radiowellen, wie sie auch in Mikrowellengeräten erzeugt werden.) Zunächst errichteten sie ein Mikrowellenteleskop auf dem Dach des Princeton-Campus, um festzustellen, ob sie die Schwarzkörperstrahlung des frühen Universums entdecken konnten, die nach ihren Überlegungen vorhanden sein musste, wenn die Urknalltheorie richtig war.

Am Ende kam ihnen jemand zuvor. Das war 1964, noch am Anfang des Raumfahrtzeitalters; die Bell Laboratories begannen gerade, sich mit der Möglichkeit auseinanderzusetzen, Satelliten für die Telekommunikation einzusetzen. Sie hatten eine Radioantenne in Holmdel, New Jersey, konstruiert, die Radiowellen nachweisen konnte, welche an einem Ballon in großer Höhe reflektiert worden waren – ein Prototyp für Satellitenkommunikation über große Distanzen. Arno Penzias and Robert Wilson, zwei Wissenschaftler von den Bell Labs, entschieden sich dafür, die Antenne für eine Durchmusterung des Himmels im Mikrowellenbereich einzusetzen. Zu ihrer Überraschung entdeckten sie eine Mikrowellenstrahlung, die aus jeder Richtung des Himmels, in die sie das Teleskop richteten, zu kommen schien. Kaum hörten die Princeton-Leute davon, wurde ihnen klar, dass Penzias und Wilson die kosmische Hintergrundstrahlung (englisch *Cosmic Microwave Background,* abgekürzt CMB) entdeckt hatten. Ihre beiden Artikel – der Princeton-Artikel mit der Vorhersage und der Artikel von Penzias und Wilson mit der Entdeckung – wurden im Mai 1965 im *Astrophysical Journal* veröffentlicht.

Mit diesem Artikel wurde eine weitere grundlegende Vorhersage des Urknallmodells empirisch bestätigt. Die kosmische Hintergrundstrahlung wurde im ganzen Universum freigesetzt, als unser Kosmos 380.000 Jahre alt war, daher sollte sie uns heute aus allen Himmelsrichtungen mit der gleichen Intensität erreichen. Genau das wurde beobachtet. Außerdem erinnert uns diese Beobachtung daran, dass der Urknall überall stattfand, ohne einen genau definierten Mittelpunkt, daher kommt die übrig gebliebene Wärmestrahlung vom Urknall aus allen Richtungen gleichmäßig zu uns. 1967 gingen Penzias und Wilson von einer maximalen Schwankungsbreite der Emissionen am Himmel von einigen wenigen Prozent aus. Als sich die Technik weiterentwickelte, wurden die Messungen sehr viel genauer; wie wir unten sehen werden, hat die Emission in Wirklichkeit sogar überall bis auf einige Hunderttausendstel dieselbe Intensität.

In ihrem ursprünglichen Artikel aus dem Jahr 1948 hatten Alpher und Herman vorausgesagt, dass die Temperatur des CMB-Schwarzkörperspektrums bei etwa 5 K liegen müsse. Penzias und Wilson gaben in ihrem ersten Artikel eine Temperatur von 3,5 K an (später, als die Astronomen über

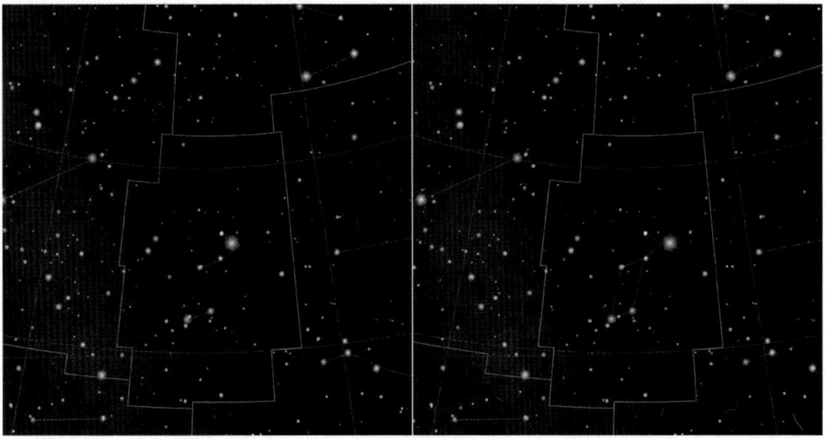

Abbildung 4.2: Parallaxe von Wega. Zwei simulierte Bilder des Sternbildes Leier, die aussehen, als wären sie im Abstand von sechs Monaten, also nach der halben Bahn um die Sonne, von der Erde aus aufgenommen worden. Jeder der Sterne auf dem Bild hat eine Parallaxenverschiebung, die sich umgekehrt proportional zu seiner Entfernung verhält. (Die Parallaxenverschiebung wurde um einen großen Faktor übertrieben, um sie sichtbar zu machen.) Wega (der hellste Stern in der Leier), ein Vordergrundstern, der nur 25 Lichtjahre entfernt ist, verschiebt sich am stärksten. Sie können Wegas Parallaxenverschiebung erkennen, indem Sie seine Position in den beiden Bildern vergleichen. Wenn Sie der Anleitung im Kasten zur Kreuzblick-Methode folgen, können Sie das Ganze auch als 3-D-Bild sehen, das aus der Buchseite herausspringt. *Credit:* Robert J. Vanderbei und J. Richard Gott

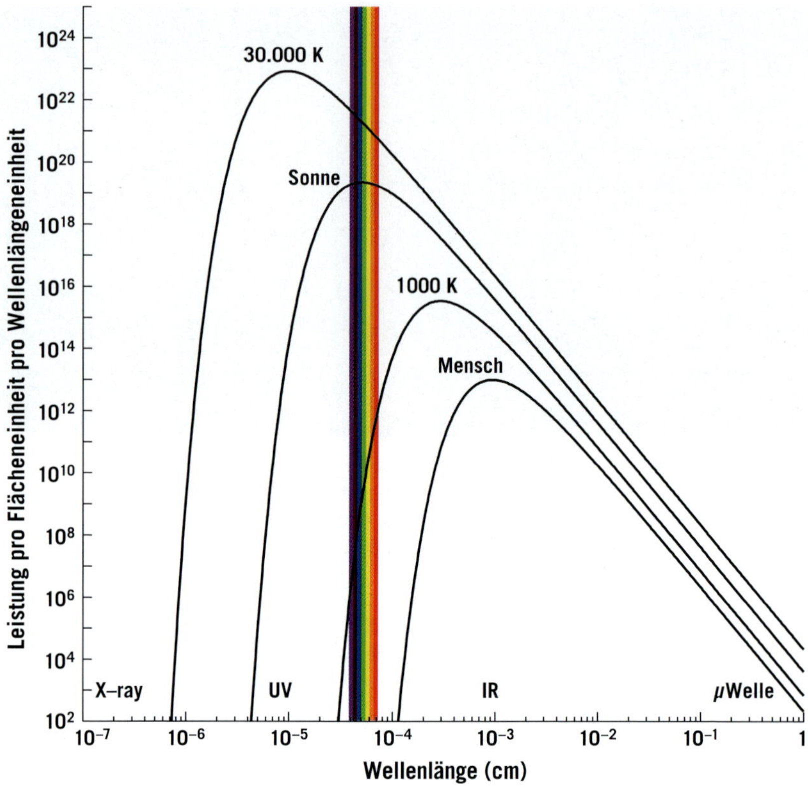

Abbildung 4.4: Strahlung von Sternen und Menschen. Die senkrechte Koordinatenachse steht für Energie pro Zeiteinheit (d. h. Leistung), die von verschiedenen Objekten pro Wellenlängeneinheit pro Oberflächeneinheit emittiert werden. Auf der waagerechten Achse ist die Wellenlänge aufgetragen. Wir zeigen einen 30.000-K-Stern, die Sonne (5800 K), einen 1000-K-Stern (Brauner Zwerg) und einen Menschen (310 K). Angegeben sind außerdem die Wellenlängenbereiche, die Röntgenstrahlen, UV-Strahlen, sichtbarem Licht (regenbogenfarbener Balken), Infrarot- und Mikrowellen (μ-Wellen) entsprechen. *Credit:* Michael A. Strauss

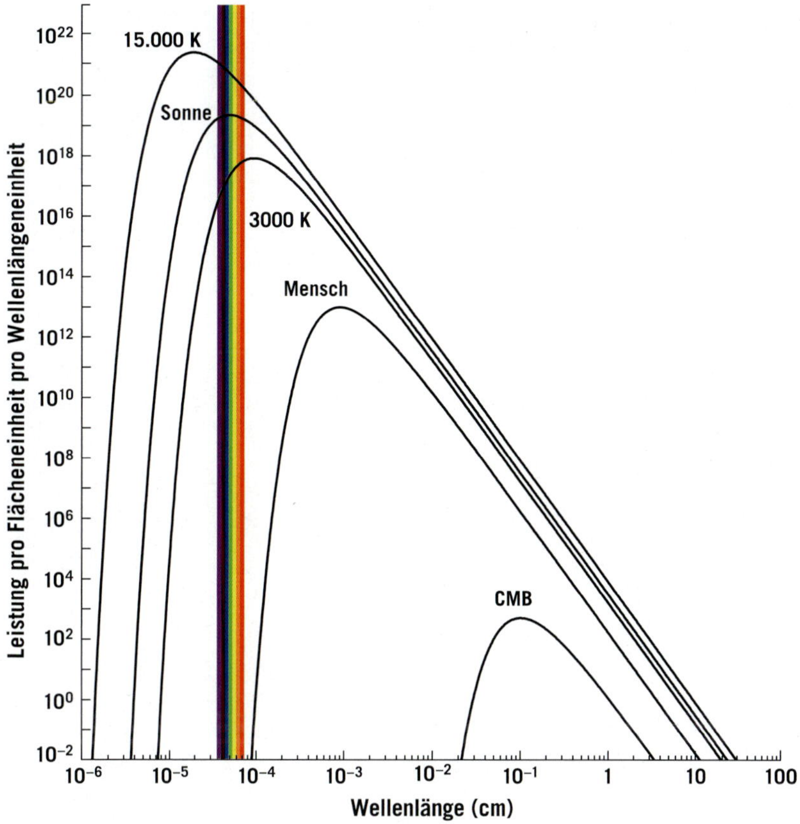

Abbildung 5.1: Wärmeemission im Universum. Die Spektren von Schwarzkörpern verschiedener Temperaturen als Funktion der Wellenlänge. Die senkrechte Koordinate gibt die Energie pro Zeiteinheit an (Leistung), pro Wellenlängeneinheit, abgegeben pro Oberflächeneinheit des Objekts bei der bezeichneten Temperatur; die Einheiten sind willkürlich gewählt. Die Kurven entsprechen Sternen mit den Oberflächentemperaturen 15.000 K (blau-weiße Farbe), 5800 K (der Sonne, weiß) und 3000 K (rot). Der sichtbare Teil des Spektrums ist als farbiger Balken dargestellt; außerdem wird ein Mensch gezeigt (310 K) und die kosmische Hintergrundstrahlung (CMB, 2,7 K), von der wir in Kapitel 15 sehr viel mehr erfahren werden. *Credit:* Michael A. Strauss

Abbildung 6.4: Der Rosettennebel, ein Sternentstehungsgebiet mit Wasserstoffgas, das zu rötlichem Leuchten angeregt wird. Die rote Farbe entsteht durch Emissionslinien des Wasserstoffs, insbesondere durch den Übergang von n = 3 zu n = 2 (Hα). *Credit:* Robert J. Vanderbei

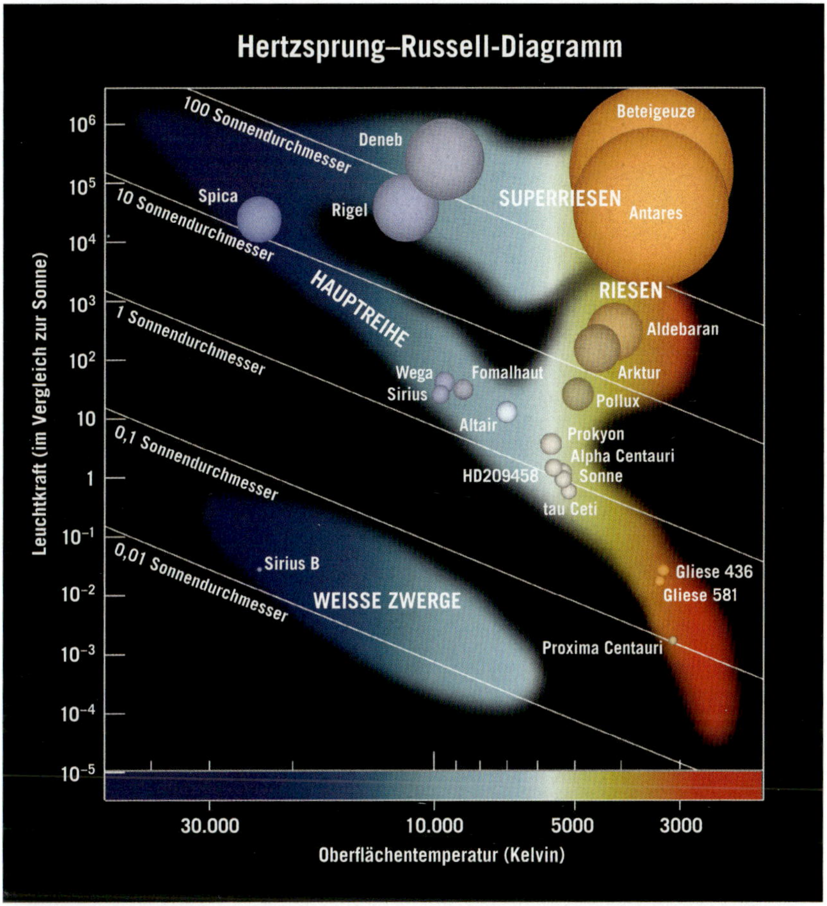

Abbildung 7.1: Hertzsprung-Russell-Diagramm für Sterne. Jedem Stern wird entsprechend seiner Leuchtkraft und Oberflächentemperatur ein Punkt im Diagramm zugeordnet. Beachten Sie, dass die Oberflächentemperaturen aus Gründen der Konvention nach rechts hin abnehmen. Sterne mit kühleren Oberflächentemperaturen sind rot, während die heißesten blau sind. Die farbigen Bereiche zeigen die Bereiche im Diagramm an, in denen Sterne üblicherweise angetroffen werden. Sterne, die auf einer der eingezeichneten Diagonalen liegen, haben jeweils den gleichen Radius. *Credit:* J. Richard Gott, Robert J. Vanderbei, »Sizing Up the Universe«, *National Geographic*, 2011

Abbildung 7.2: Die Plejaden, ein offener Sternhaufen. Es handelt sich um einen jungen Sternhaufen (wahrscheinlich weniger als 100 Millionen Jahre alt). *Credit:* Robert J. Vanderbei

Abbildung 7.3: M13, ein Kugelsternhaufen. *Credit:* Leicht verändert übernommen von J. Richard Gott, Robert J. Vanderbei (»Sizing Up the Universe«, *National Geographic*, 2011)

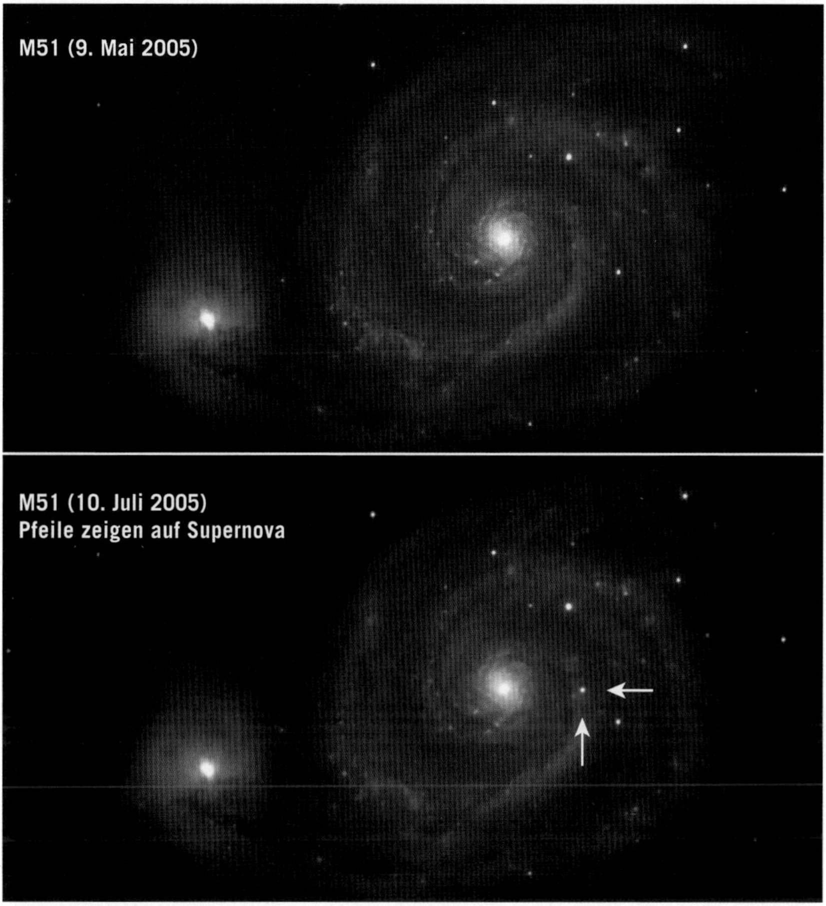

Abbildung 7.5: Spiralgalaxie M51 und Supernova. *Credit:* J. Richard Gott, Robert J. Vanderbei, »Sizing Up the Universe«, *National Geographic*, 2011

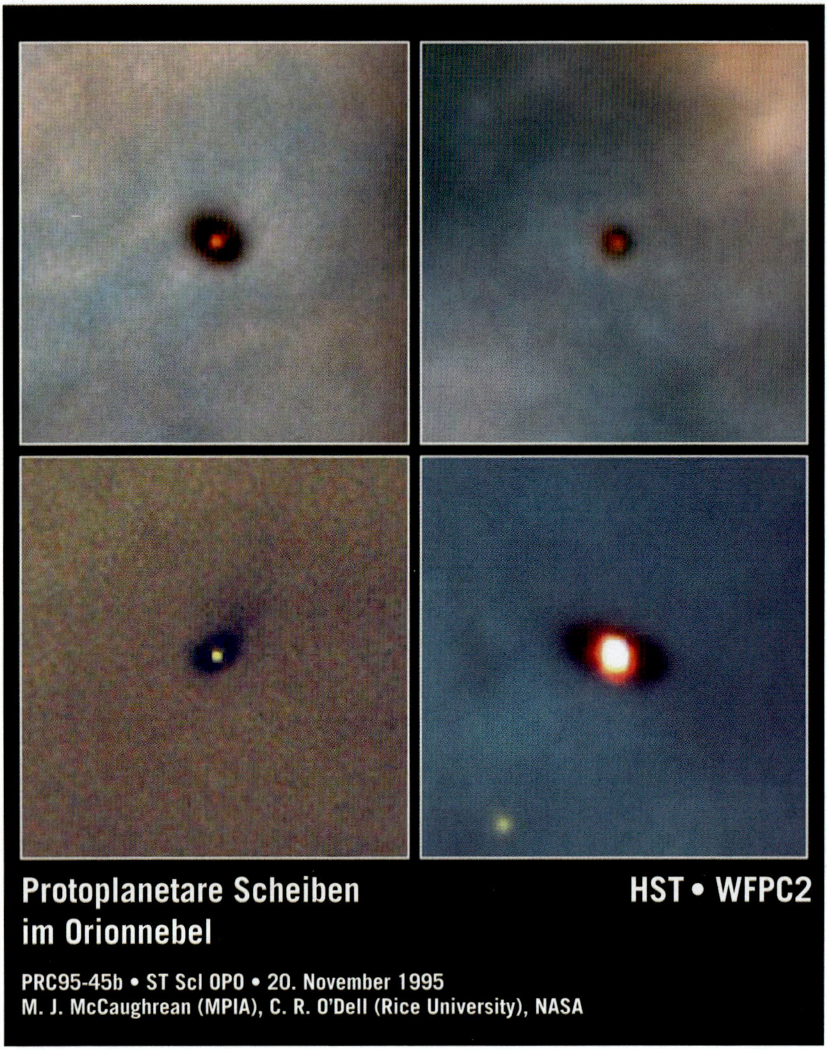

Abbildung 7.6: Protoplanetarische Scheiben, die neu entstandene Sterne im Orionnebel umkreisen. Aufnahme des Hubble-Weltraumteleskops. *Credit: M. J. McCaughrean (MPIA) C. R. O'Dell (Rice University, NASA)*

Abbildung 7.7: Hubble Ultra Deep Field. Diese Fotografie des Hubble-Weltraumteleskops mit extrem langer Belichtungszeit zeigt rund 10.000 Galaxien. Allerdings erfasst sie nur etwa 1/13 Millionstel des Himmels. Daher gibt es am ganzen Himmel in Reichweite dieses Teleskops rund 130 Milliarden Galaxien. *Credit:* NASA/ESA/S. Beckwith (STScI) und The HUDF Team. Farbdarstellung von Nic Wherry, David W. Hogg, Michael Blanton (New York University), Robert Lupton (Princeton)

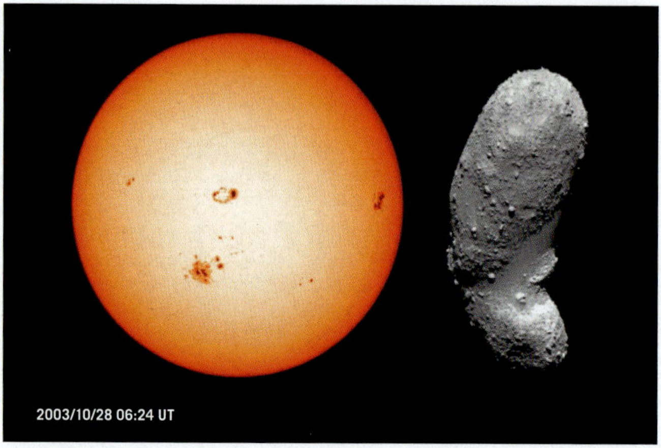

Abbildung 8.1: Sonne (links) und Asteroid 25143 Itokawa (rechts), nicht maßstabsgerecht, sind von höchst unterschiedlicher Form. Die Sonne wird mit einem Durchmesser von 1,4 Millionen Kilometern von ihrer eigenen Gravitation in eine Kugelform gezogen. Beachten Sie die auffälligen Sonnenflecken. Der Asteroid hat nur einen Durchmesser von einem halben Kilometer; seine Eigengravitation reicht nicht aus, um ihm Kugelform zu verleihen; man geht davon aus, dass es sich um eine vergleichsweise lose Ansammlung von Material handelt, das sich im Laufe der Zeit zusammengefunden hat. Das Bild der Sonne wurde vom Solar and Heliospheric Observatory (SOHO) aufgenommen, einer Raumsonde, deren Aufgabe die Beobachtung der Sonne ist. Das Bild des Asteroiden wurde von der Hayabusa-Raumsonde der Japan Aerospace Exploration Agency (JAXA) aufgenommen. *Credit:* Sonne: NASA, http://sohowww.nascom.nasa.gov/gallery/images/large/mdi20031028_prev.jpg; Asteroid Itokawa: JAXA, http://apod.nasa.gov/apod/ap051228.html

Abbildung 8.2: Der Hantelnebel. Es handelt sich um einen Roten Riesen, der seine äußeren Schichten abgeworfen und seinen dichten, heißen Kern enthüllt hat. Der im Zentrum befindliche ehemalige Sternenkern ist ein Weißer Zwerg, während die äußeren Schichten unter dem Einfluss des vom Weißen Zwerg emittierten ultravioletten Lichts als planetarischer Nebel fluoreszieren. *Credit:* J. Richard Gott, Robert J. Vanderbei, »Sizing Up the Universe«, *National Geographic*, 2011

Abbildung 8.4: Der Krebsnebel, expandierender Überrest einer Supernova-Explosion (auf der Erde 1054 n. Chr. beobachtet). *Credit:* Hubble-Weltraumteleskop, NASA

Abbildung 9.1: Das Rose Center for Earth and Space bei Nacht. Wenn es dunkel wird, ist die Kugel mit ihren 27 Metern Durchmesser in blaues Licht getaucht und in ihrem Glaswürfel sichtbar. Maßstabsgerechte Modelle von Jupiter und Saturn hängen neben der großen Kugel, die in diesem Zusammenhang die Sonne darstellt. Die Kontroverse begann, als man entdeckte, dass in diesem Abschnitt der Ausstellung ein Modell des Pluto fehlte. *Credit:* Alfredo Gracombe

Abbildung 9.2: Erdähnliche Gesteinsplaneten, maßstabsgetreu (mit dem Erdmond als Vergleichsobjekt). Venus zeigen wir hier ohne ihre wolkenverhangene Atmosphäre, sodass Sie ihre Oberflächenbeschaffenheit erkennen können, wie sie aus den Radarmessungen der Magellan-Sonde rekonstruiert werden konnte. *Credit:* Leicht verändert übernommen von J. Richard Gott, Robert J. Vanderbei (»Sizing Up the Universe«, *National Geographic*, 2011)

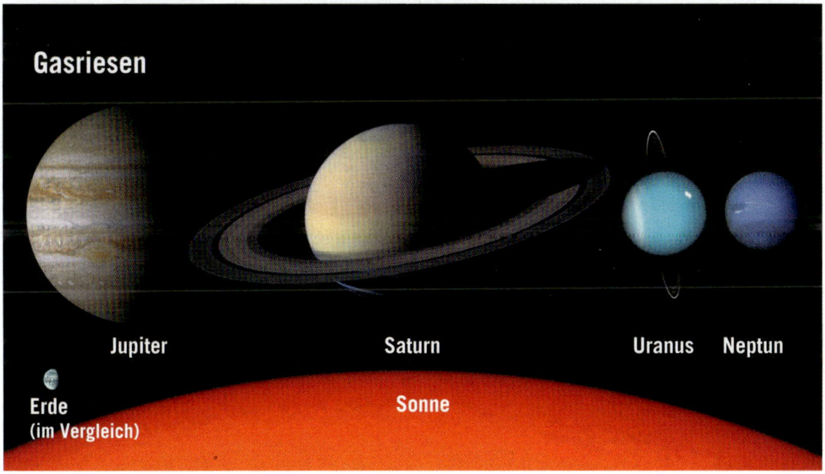

Abbildung 9.3: Gasriesen, maßstabsgetreu (mit Erde und Sonne zum Vergleich). *Credit:* Leicht verändert übernommen von J. Richard Gott, Robert J. Vanderbei (»Sizing Up the Universe«, *National Geographic*, 2011)

Abbildung 9.4: Maßstabsgerechte Darstellung der Objekte des Sonnensystems, die größer als 254 Kilometer im Durchmesser sind (ohne Sonne und Planeten, aber mit der Erde zum Vergleich).

Credit: Leicht verändert übernommen von J. Richard Gott, Robert J. Vanderbei (»*Sizing* Up the Universe«, National Geographic, 2011)

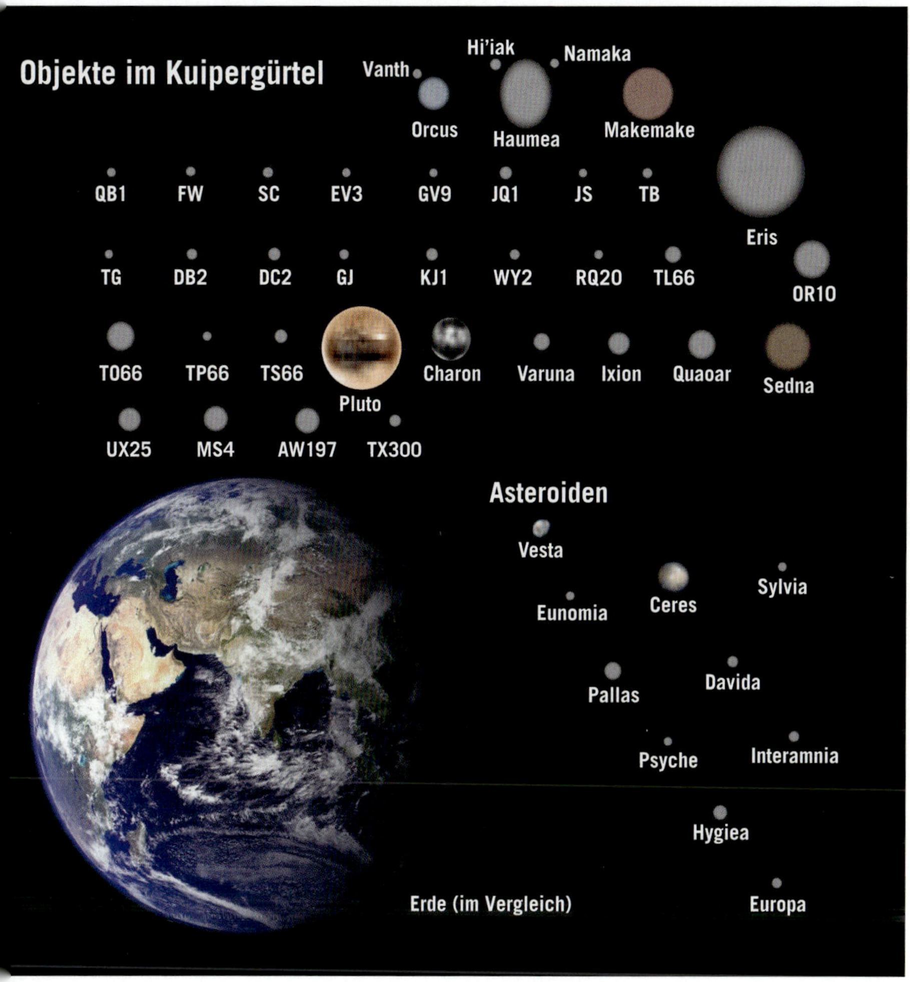
Objekte im Kuipergürtel
Vanth
Hi'iak
Namaka
Orcus
Haumea
Makemake
QB1
FW
SC
EV3
GV9
JQ1
JS
TB
Eris
TG
DB2
DC2
GJ
KJ1
WY2
RQ20
TL66
OR10
T066
TP66
TS66
Pluto
Charon
Varuna
Ixion
Quaoar
Sedna
UX25
MS4
AW197
TX300
Asteroiden
Vesta
Eunomia
Ceres
Sylvia
Pallas
Davida
Psyche
Interamnia
Hygiea
Europa
Erde (im Vergleich)

Abbildung 11.1: Panorama der gesamten Himmelskugel mit der Milchstraße. Ferne Sterne in der Milchstraße bilden ein Lichtband, das den Himmel entlang des galaktischen Äquators umspannt, hier dargestellt als gerade waagerechte Linie durch das Zentrum der Tafel. Das Zentrum der Milchstraße befindet sich im Mittelpunkt der Abbildung. Beachten Sie die dunklen Streifen und Flecken entlang der Milchstraße. Dort sind die Hintergrundsterne von Staub verdeckt.

Credit: J. Richard Gott, Robert J. Vanderbei, leicht abgeändert übernommen (»Sizing Up the Universe«, *National Geographic*, 2011); Basis sind die Daten der Main Sequence Software.

Abbildung 11.2: Das Milchstraßenzentrum. Der Staub der Milchstraße schluckt kurzwelliges Licht stärker als langwelliges. Dadurch erhalten die hinter dem Staub befindlichen Sterne eine deutlich rötliche Färbung. Auf diesem Bild, das eine Region mit einem Durchmesser von rund 4000 Lichtjahren erfasst, sind rund 10 Millionen Sterne zu sehen. Das genaue Zentrum der Milchstraße ist der dichteste rote Fleck im oberen linken Teil des Bildes. *Credit:* Atlas-Foto im Rahmen des Two Micron All Sky Survey, einem gemeinsamen Projekt der University of Massachusetts und dem Infrared Processing and Analysis Center/California Institute of Technology, finanziert von der NASA und der NSF.

Abbildung 11.3: Der Kohlensack: eine Region der Milchstraße, die durch eine dichte Staubwolke im Vordergrund vollkommen verdeckt wird. *Credit:* Vic und Jen Winter

Abbildung 11.4: Der Orionnebel. Die hellen Farben in dieser Sternbildungsregion werden durch fluoreszierendes Gas erzeugt, das von den jungen und hellen in diesen Nebel eingebetteten Sternen beleuchtet wird. Auch Staubfilamente sind sichtbar. *Credit:* NASA, ESA, T. Megeath (University of Toronto) und M. Robberto (STScI)

Abbildung 11.5: Der Trifidnebel. Das rote Licht ist fluoreszierendes Wasserstoffgas, das Hα-Licht emittiert, während das bläuliche Licht überwiegend Sternlicht ist, das von den großen Mengen an dort vorhandenem Staub reflektiert wird. *Credit:* Adam Block, Mount Lemmon Sky Center, University of Arizona

Abbildung 12.2: Die Milchstraße im Infrarotbereich. Gezeigt wird die Verteilung der Sterne über den ganzen Himmel, anhand der Daten der Two Micron wavelength All Sky Survey (2MASS), eine Wellenlänge, bei der Staub den Blick in die Ferne nur geringfügig beeinträchtigt. Die Ebene der Milchstraße verläuft waagerecht über das Zentrum der Karte entlang des galaktischen Äquators. Die Große und die Kleine Magellansche Wolke liegen rechts darunter. *Credit:* Atlas-Foto im Rahmen des Two Micron All Sky Survey, einem gemeinsamen Projekt der University of Massachusetts und dem Infrared Processing and Analysis Center/California Institute of Technology, finanziert von der NASA und der NSF

Abbildung 12.3: Simulierte Ansicht der Milchstraße von oben. *Credit:* NASA Chandra Satellite

Abbildung 13.1: M101, die Feuerradgalaxie. *Credit:* NASA/HAST

Abbildung 13.2: Andromedagalaxie vom Sloan Digital Sky Survey. Die Andromedagalaxie ist eine Spirale, die wir schräg von der Seite sehen und die von zwei kleinen elliptischen Satellitengalaxien begleitet wird (M32 unten, NGC205 oben). *Credit:* Sloan Digital Sky Survey und Doug Finkbeiner

Abbildung 13.4: Die Sombrerogalaxie. Die Sombrerogalaxie ist eine Spiralgalaxie mit einem großen Bulge, die wir fast genau von der Seite sehen. *Credit:* NASA und Hubble Heritage Team (AURA/STScI), Hubble-Weltraumteleskop, ACS STScI- 03– 28

Abbildung 13.5: Zentrum des Perseus-Galaxienhaufens, aufgenommen beim Sloan Digital Sky Survey. *Credit:* Sloan Digital Sky Survey und Robert Lupton

Abbildung 13.6.: Kaulquappengalaxie, vom Hubble-Weltraumteleskop aufgenommen. Tatsächlich handelt es sich um zwei Galaxien, die miteinander verschmelzen und im Zuge dessen einen langen Schwanz ausgebildet haben. Außerdem sind viele lichtschwache und fernere Galaxien auf diesem Bild sichtbar. *Credit:* ACS Science und Engineering Team, NASA

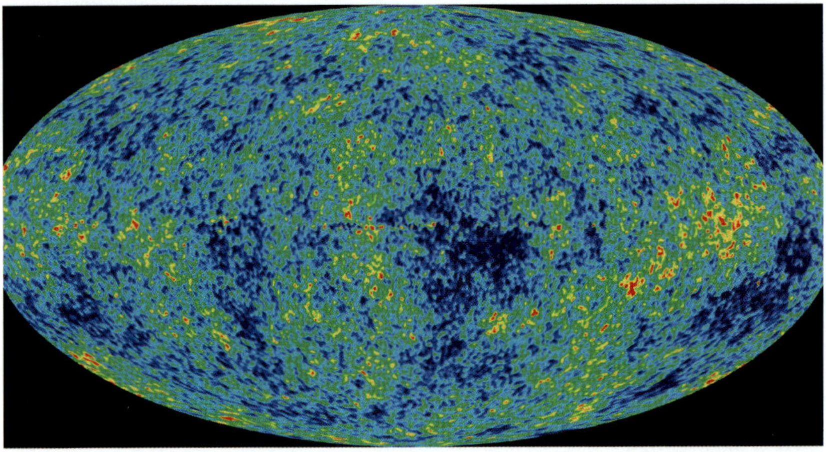

Abbildung 15.2: Karte des WMAP-Satelliten von der kosmischen Hintergrundstrahlung auf der Basis von neunjähriger Datenerfassung, 2010. Es handelt sich um eine Karte des ganzen Himmels in der gleichen Projektion wie die Abbildungen 11.1 und 12.2. Mikrowellenemissionen der Milchstraße selbst sind abgezogen, ebenso wie die Dopplerverschiebung infolge der Eigenbewegung der Erde relativ zur kosmischen Hintergrundstrahlung. Rot bezeichnet eine Temperatur, die leicht über dem Durchschnitt liegt; Blau eine etwas unterdurchschnittliche Temperatur; und Grün Temperaturen dazwischen. *Credit:* WMAP satellite, NASA

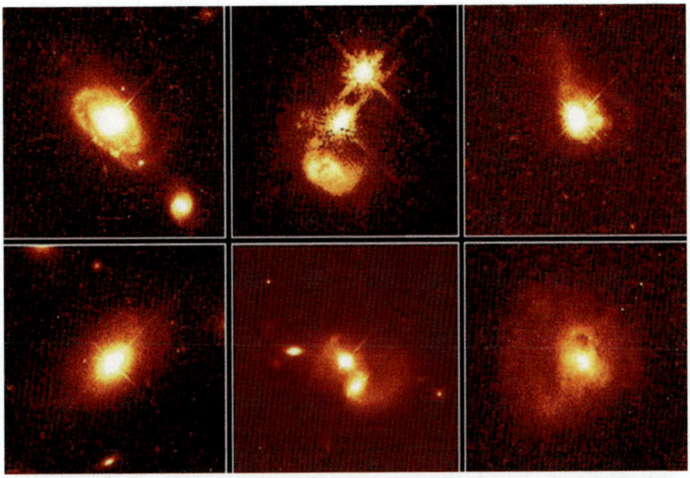

Abbildung 16.3: Quasare in ihren Wirtsgalaxien, aufgenommen mit dem Hubble-Weltraumteleskop.
Credit: J. Bahcall und M. Disney, NASA

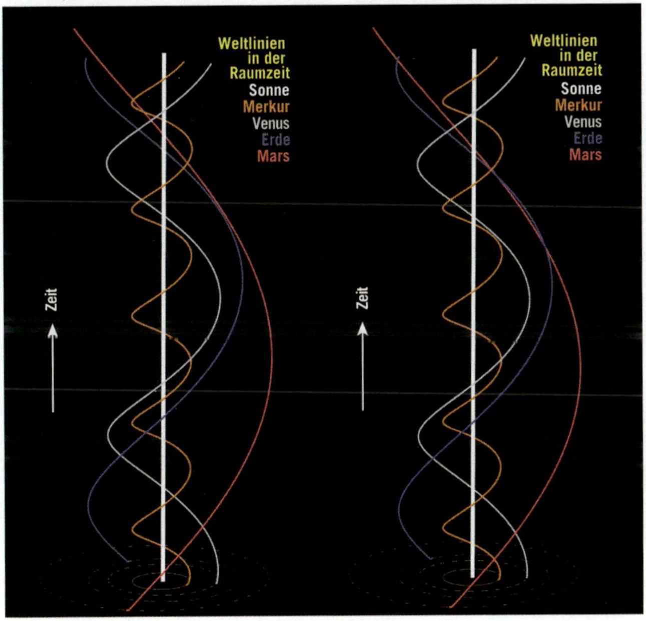

Abbildung 18.1: Raumzeitdiagramm des inneren Sonnensystems. Die Zeit ist senkrecht und zwei Dimensionen des Raums sind waagerecht dargestellt. Es handelt sich um ein dreidimensionales Bild; wir haben ein Stereobildpaar für die Kreuzblick-Methode angefertigt. Folgen Sie der gleichen Anleitung für das Stereosehen wie in Abbildung 4.2. Die Weltlinie der Sonne ist die senkrechte weiße Linie in der Mitte. Die Erde kreist entgegen des Uhrzeigersinns um die Sonne und passiert sie zunächst vor ihr und dann hinter ihr (weiter oben im Diagramm). Merkur, Venus, Erde und Mars haben in der Reihenfolge ihrer Nennung zunehmende Umlaufperioden und umwinden die Sonne daher in Spiralen mit immer größerer Ganghöhe. *Credit:* Robert J. Vanderbei und J. Richard Gott

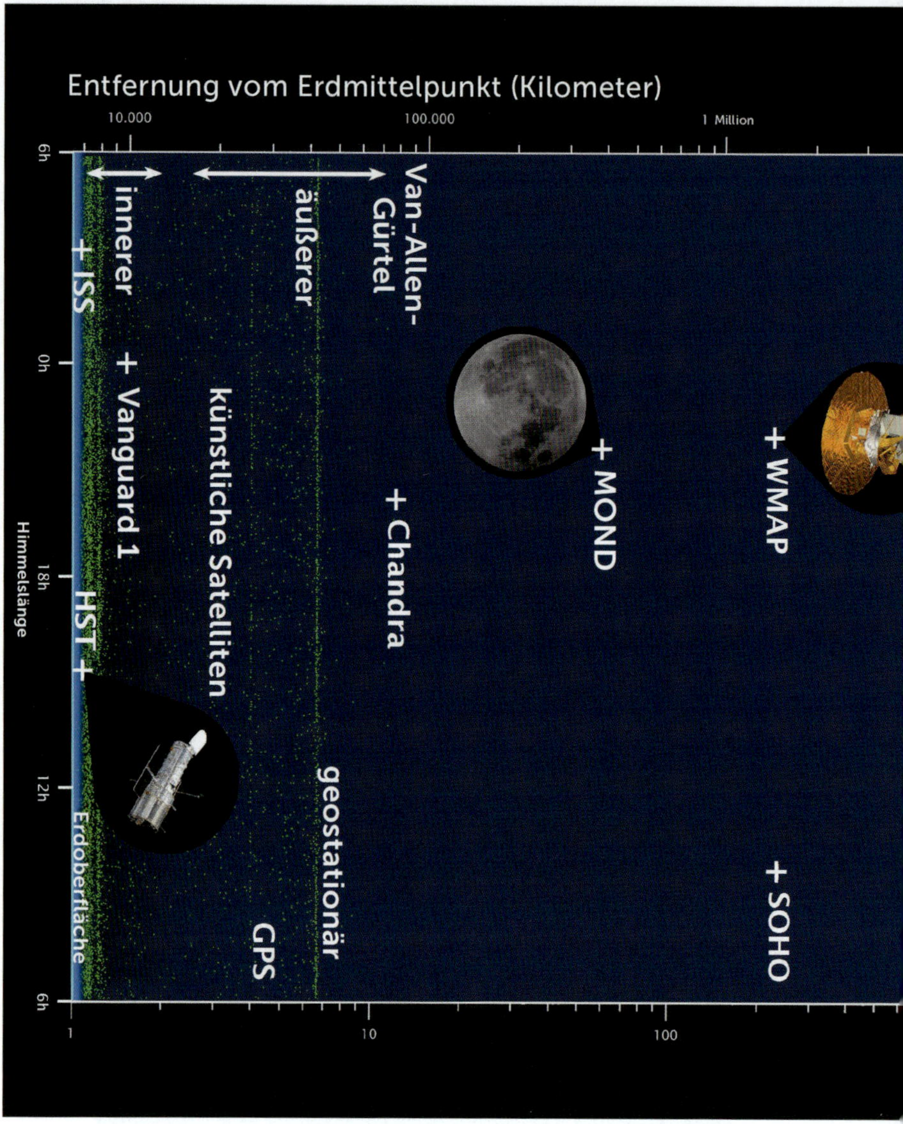

Abbildung 22.3: Karte des Universums. *Credit: Richard Gott, Robert J. Vander-bei, »Sizing Up the Universe«, National Geographic*, 2011

Entfernung vom Erdmittelpunkt (AE)
0,1
1
10
Kuipergürtel
Quaoar
Halleyscher Komet
Neptun
Pluto
Uranus
Saturn
Jupiter
Ceres
Asteroiden
Venus
Merkur
Sonne
Mars
2002 AA 29
erdnahe Objekte
10.000
100.000
1 Million

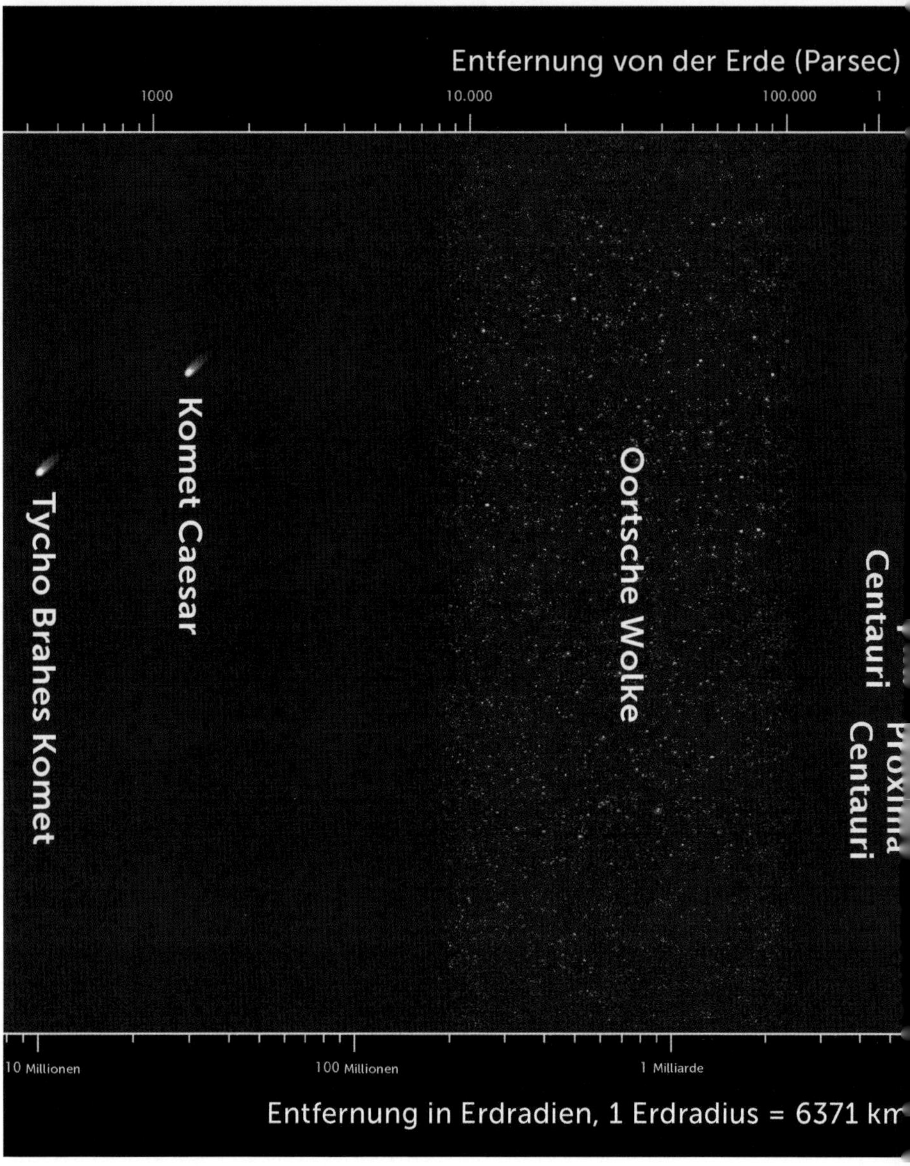

Entfernung von der Erde (Parsec)
1000
10.000
100.000
Tycho Brahes Komet
Komet Caesar
Oortsche Wolke
Centauri
Centauri
10 Millionen
100 Millionen
1 Milliarde
Entfernung in Erdradien, 1 Erdradius = 6371 km

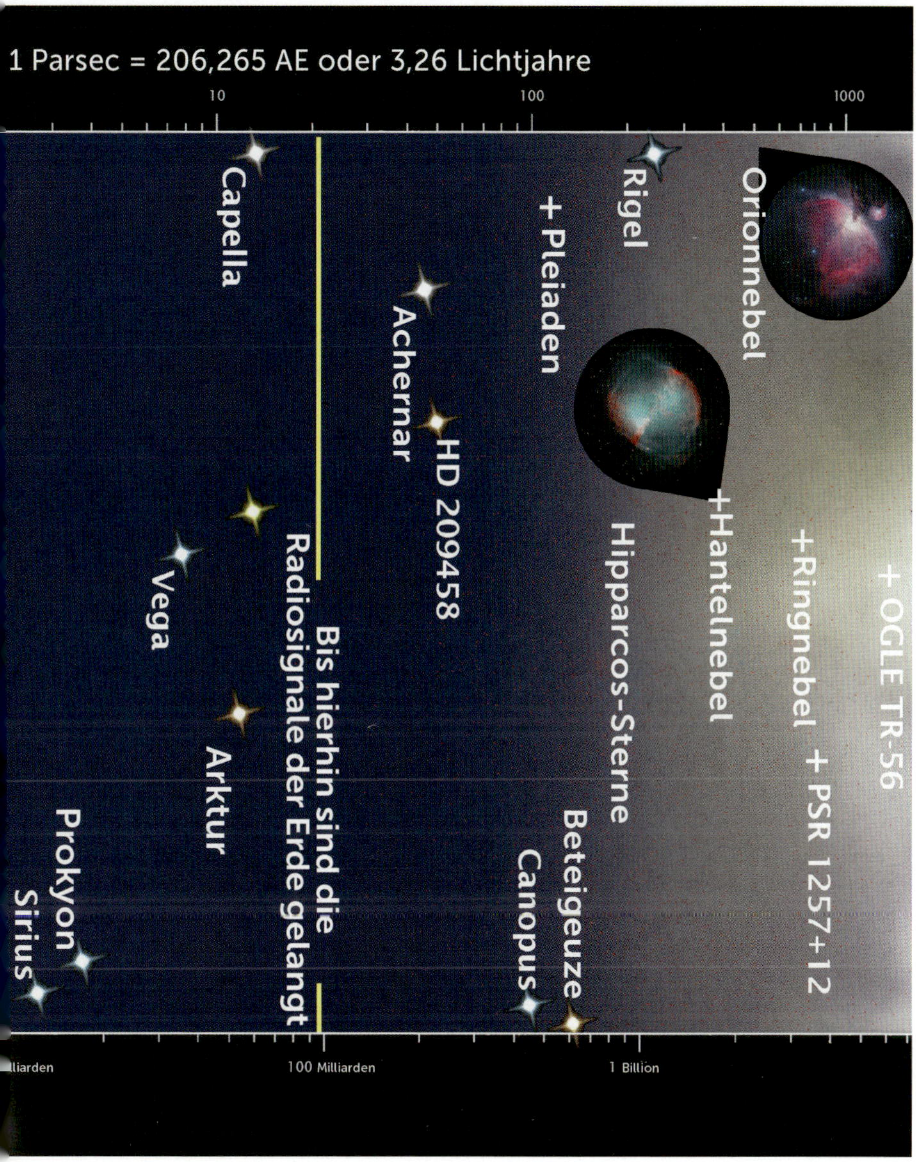

1 Parsec = 206,265 AE oder 3,26 Lichtjahre
10
100
1000
+ OGLE TR-56
+Ringnebel
+ PSR 1257+12
Orionnebel
+Hantelnebel
Rigel
Hipparcos-Sterne
+ Pleiaden
Beteigeuze
Canopus
HD 209458
Achernar
Bis hierhin sind die
Radiosignale der Erde gelangt
Capella
Arktur
Vega
Prokyon
Sirius
100 Milliarden
1 Billion

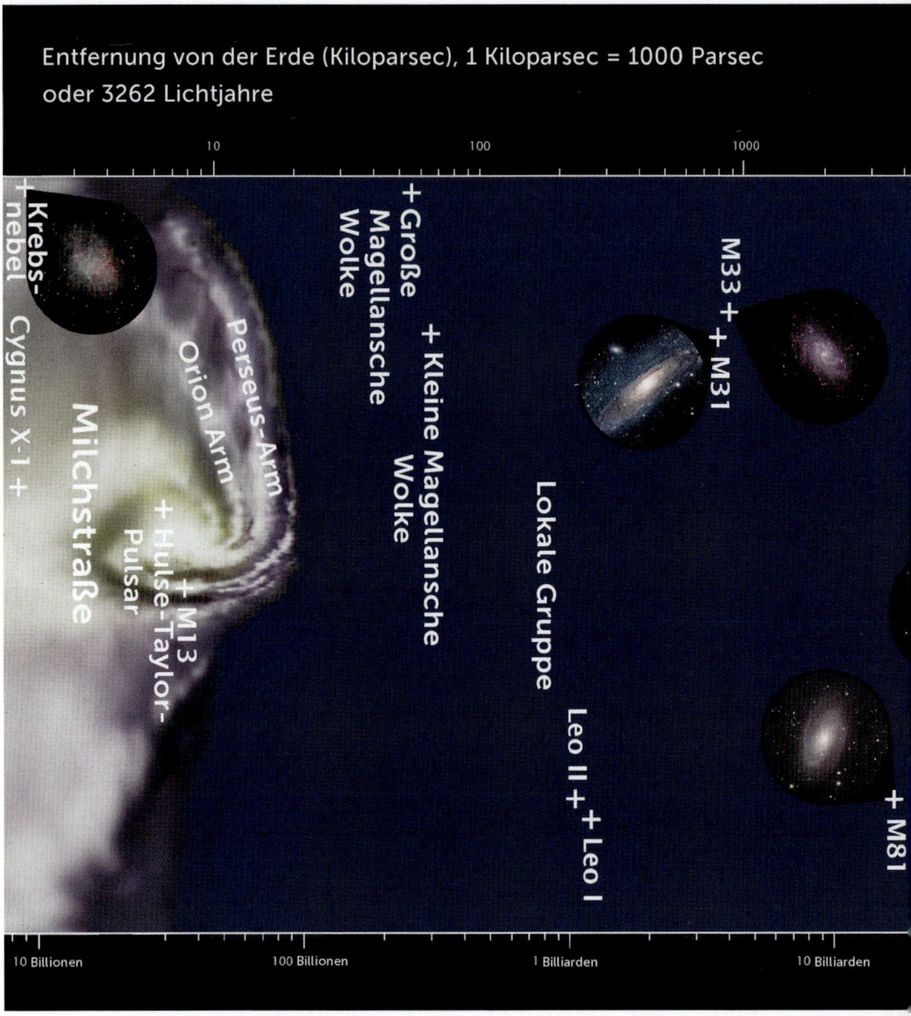

Entfernung von der Erde (Kiloparsec), 1 Kiloparsec = 1000 Parsec oder 3262 Lichtjahre
10
100
1000
Krebs-nebel
Cygnus X-1
Milchstraße
Perseus-Arm
Orion Arm
Hulse-Taylor-Pulsar
M13
Große Magellansche Wolke
Kleine Magellansche Wolke
Lokale Gruppe
Leo II
Leo I
M33
M31
M81
10 Billionen
100 Billionen
1 Billiarden
10 Billiarden

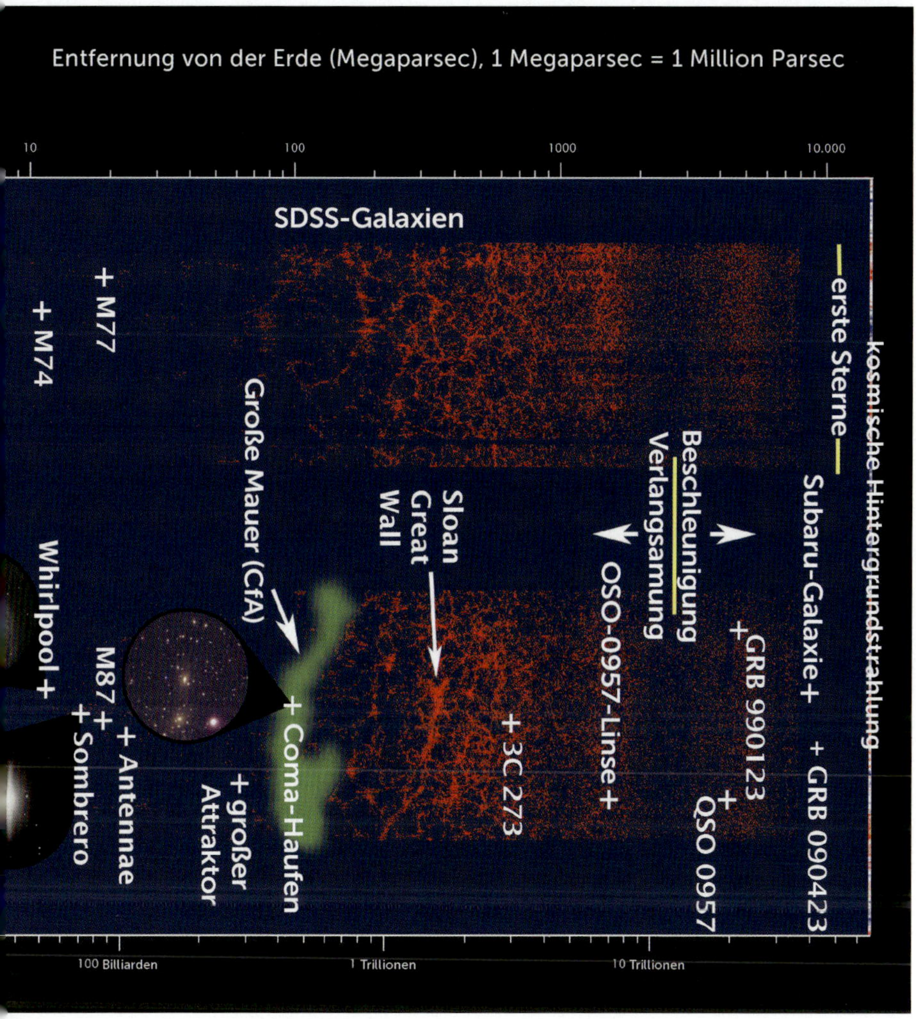
Entfernung von der Erde (Megaparsec), 1 Megaparsec = 1 Million Parsec
10
100
1000
10.000
SDSS-Galaxien
kosmische Hintergrundstrahlung
erste Sterne
Subaru-Galaxie
GRB 090423
GRB 990123
QSO 0957
Beschleunigung
Verlangsamung
QSO-0957-Linse
3C 273
Sloan Great Wall
Große Mauer (CfA)
Coma-Haufen
großer Attraktor
M77
M74
Whirlpool
M87
Antennae
Sombrero
100 Billiarden
1 Trillionen
10 Trillionen

bessere Messinstrumente verfügten, korrigierten sie den Wert auf 2,725 K). Das kam der ursprünglichen Schätzung von Alpher und Herman erstaunlich nahe. Die Entdeckung der kosmischen Hintergrundstrahlung überzeugte die astronomische Gemeinschaft davon, dass das Urknallmodell richtig sei. Beispielsweise bietet das von Fred Hoyle vorgeschlagene Modell des unveränderlichen Universums keine Möglichkeit, die kosmische Hintergrundstrahlung in natürlicher Weise zu erklären. Bei den Urknallmodellen ist diese Strahlung dagegen eine unvermeidliche und unmittelbare Vorhersage. Das ist die Art und Weise, wie wissenschaftliche Forschung Fortschritte erzielt. Erst durch ständige Überprüfung entwickeln Naturwissenschaftler Vertrauen in ihre Ideen. Für ihre Entdeckung erhielten Penzias und Wilson 1978 den Nobelpreis für Physik.

1965 standen Peebles und Wilkinson gerade erst am Anfang ihrer wissenschaftlichen Karriere. Nach der Entdeckung der kosmischen Hintergrundstrahlung beschlossen sie, sich ganz der Kosmologie zuzuwenden, dem Studium des Universums als Ganzes. Jim Peebles wurde einer der wichtigsten Theoretiker auf diesem Gebiet. Dave Wilkinson nahm immer raffiniertere Messungen des kosmischen Hintergrunds vor, wobei er zunächst bodengebundene Radioteleskope verwendete und schließlich Satelliten in Umlaufbahn brachte, die Hintergrundstrahlung vom Weltraum aus zu vermessen. (Ich sollte hier vielleicht erwähnen, dass Wilkinson mein wissenschaftlicher Großvater ist. Mein Doktorvater Marc Davis promovierte 1974 bei Dave Wilkinson.)

Die Frage, mit der sich Wilkinson zunächst auseinandersetzen wollte, lautete: Ist das Spektrum der CMB das eines Schwarzen Körpers? Wilkinson gehörte zu den Wissenschaftlern, die für einen NASA-Satelliten verantwortlich waren, den Cosmic Background Explorer (COBE), der die Aufgabe hatte, das CMB-Spektrum mit äußerster Genauigkeit zu messen. Das Projekt wurde ein spektakulärer Erfolg; das CMB-Spektrum, das der COBE-Satellit maß, entsprach innerhalb der (sehr kleinen) Fehlerbalken genau der Planck-Formel. Man hat dieses Experiment als die genaueste Vermessung eines Schwarzkörperspektrums in der Natur bezeichnet (Abb. 15.1).

Wilkinson hatte sich auch bereits die nächste grundlegende Frage gestellt: Wie gleichförmig ist die CMB – das heißt, hat sie in alle Richtungen die gleiche Intensität (oder, was auf das Gleiche hinausläuft, die gleiche

Temperatur)? Das kosmologische Prinzip, die Hypothese, das Universum sei, auf großen Skalen betrachtet, homogen, führt zu der Vorhersage, auch die CMB müsse extrem gleichförmig sein. Die ursprünglichen Messungen von Penzias und Wilson konnten die Gleichförmigkeit nur ungefähr (nämlich auf einige Prozent genau) bestätigen, doch Ende der 1970er-Jahre entdeckten Wilkinson und andere, dass die Temperatur der CMB eben nicht in alle Richtungen genau gleich war, sondern sich über die Weite des Himmels ein wenig veränderte, um rund 0,006 K von einer Seite des Himmels zur anderen. Rasch wurde klar, was diese Schwankung verursachte. Neben den relativen Bewegungen der Galaxien infolge der Expansion des Universums können sie sich wegen ihrer wechselseitigen Gravitationsanziehung auch individuell bewegen. Außerdem kreist die Sonne um das Zentrum unserer Galaxis. Die Summe dieser Bewegungen verleiht der Sonne eine Geschwindigkeit von rund 300 km/s relativ zur mittleren Geschwindigkeit der Materie im Universum, die die CMB aussendet. Das bewirkt in der CMB eine Dopplerverschiebung von einem Tausendstel (weil 300 km/s gleich 1/1000 der Lichtgeschwindigkeit sind); die CMB ist leicht blauverschoben in Richtung unserer Bewegung, etwas rotverschoben in entgegengesetzter Richtung und – genauso, wie wir es beobachten.

An dieser Stelle sollten wir einen Augenblick innehalten und noch einmal wiederholen, wie wir uns bewegen, obwohl wir uns unserer Wahrnehmung nach in Ruhe befinden. Die Erde dreht sich um ihre Achse; auf nordamerikanischen Breitengraden entspricht das einer Geschwindigkeit von 270 m/s.

Mit einer Geschwindigkeit von 30 km/s kreist die Erde um die Sonne. Die Sonne umrundet das Zentrum der Milchstraße mit 220 km/s, während die Milchstraße und die Andromedagalaxie mit rund 100 km/s aufeinander zutreiben. Und schließlich bewegen sich die beiden Galaxien noch mit fast 600 km/s relativ zu der Materie im beobachtbaren Universum insgesamt. Wenn Sie alle diese Geschwindigkeiten in verschiedene Richtungen addieren, ergibt sich eine Bewegung der Sonne relativ zur CMB von 300 km/s. Sich all dies vorzustellen, ist wirklich schwindelerregend und bestätigt Galileis, durch Einsteins Relativitätstheorien verfeinerte Aussage, dass die *relativen* Bewegungen entscheidend seien. Ohne raffinierte astronomische Messungen haben wir den Eindruck, uns in Ruhe zu befinden.

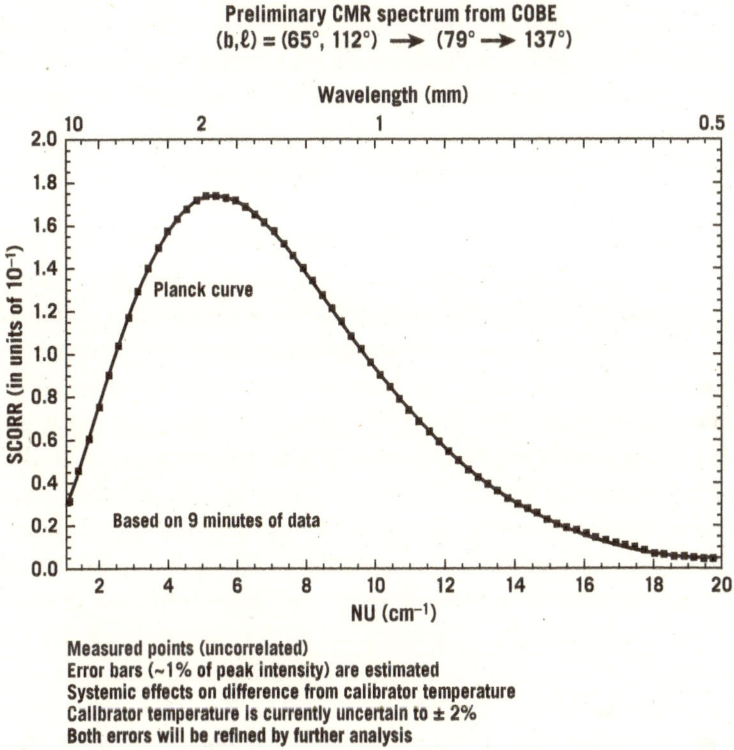

Abbildung 15.1: Vorläufiges CMB-Spektrum von COBE. Dieses vom Cobe-Satelliten ermittelte Spektrum der kosmischen Hintergrundstrahlung zeigte David Wilkinson 1990 in einem Vortrag an der Princeton University, woraufhin das Publikum in stürmischen Applaus ausbrach. Die Übereinstimmung mit der Planck-Kurve für thermische Strahlung ist beeindruckend. (Beide Achsen des Diagramms sind linear. Die Planck-Kurve ist als durchgezogene Linie eingezeichnet, die Daten samt ihren Fehlergrenzen als kleine Kästchen. Die Planck-Kurven in den Kapiteln 4 und 5 sind auf doppelt logarithmischer Skala dargestellt und sehen daher etwas anderes aus.)
Credit: Leicht verändert übernommen aus der Sammlung von J. Richard Gott

Diese Dopplerverschiebung, die durch unsere Bewegung relativ zur CMB hervorgerufen wird, bewirkt eine leichte Abweichung um ein Tausendstel von der Gleichförmigkeit in der CMB, die man mittlerweile mit großer Genauigkeit beobachtet hat. Ziehen wir diesen Effekt also erst einmal von unseren Messungen ab. Die nächste Frage, die sich Wilkinson stellte, lautete, ob es irgendwelche Rippel in der CMB gibt, die intrinsisch und nicht einfach eine Folge unserer relativen Bewegung sind. Wenn unsere Urknalltheorie richtig ist, muss die Antwort ja lauten. Tatsächlich kann das frühe

Universum nicht ganz glatt gewesen sein, ohne irgendwelche Abweichungen von perfekter Gleichförmigkeit. Ein vollkommen gleichförmiges Universum wird gleichförmig expandieren, sodass sich nie irgendwelche Strukturen bilden können: keine Galaxien, keine Sterne, keine Planeten, keine Menschen, die zum Himmel hinaufblicken und sich fragen können, was das alles zu bedeuten hat. Der Umstand, dass wir in einem Universum mit Strukturen leben, mit echten Abweichungen von der Gleichförmigkeit – das heißt, in einem Universum, in dem wir leben –, sagt uns, dass das frühe Universum und damit die CMB nicht vollkommen gleichförmig gewesen sein können.

Wie hat sich Struktur im Universum gebildet? Betrachten wir eine Region im frühen Universum, in der die Materiedichte etwas höher ist als in den Nachbarregionen. Auch die Masse in dieser Region ist damit etwas größer, und daher übt sie eine etwas stärkere Gravitationsanziehung aus als die umliegende Materie. Ein zufälliges Wasserstoffatom oder Teilchen der Dunklen Materie wird von dieser Region angezogen und daher deren Dichte auf Kosten der umgebenden Regionen erhöhen. Damit fällt weitere Materie in diese Region und vergrößert ihre Masse; sie wird deshalb in dem gravitativen Tauziehen anschließend noch besser abschneiden und weitere Extramaterie herbeiholen. Im Laufe der Zeit wird dieser Prozess dafür sorgen, dass kleine Fluktuationen in der Materiedichte nach und nach anwachsen – im Prinzip stark genug, um diejenigen Strukturen zu bilden, die wir um uns her sehen. Wir bezeichnen das als *gravitative Instabilität*; Jim Peebles fand einen sehr viel griffigeren Ausdruck dafür: »Gravity sucks!«[9], pflegte er zu sagen.

Wie stark müssten die Fluktuationen im frühen Universum (und infolgedessen die beobachteten wellenartigen Strukturen im CMB) sein, um den Gesetzen der Gravitationsphysik nach die Strukturen erklären zu können, die wir heute im Universum beobachten? Das ist eine ziemlich schwierige Berechnung, die noch komplizierter wird durch den Umstand, dass das Universum expandiert, während es gleichzeitig bestrebt ist, infolge der Gravitation zu verklumpen. Außerdem müssen wir dabei die unterschiedlichen Materiesorten berücksichtigen, nämlich sowohl die Dunkle Materie als auch die gewöhnliche Materie, die aus Atomen besteht. Wie oben erwähnt, wurden während des Zeitraums, als das Universum noch vollständig ionisiert war (also bis 380.000 Jahre nach dem Urknall), Photonen ständig an den freien Elektronen im Universum gestreut. Der Druck dieser Photonen hielt die Fluktuationen in der Verteilung der gewöhnlichen Materie

(Elektronen und Protonen) davon ab, unter dem Einfluss der Gravitation zu wachsen. Wenn das die ganze Geschichte wäre, hätten die Fluktuationen dank der Gravitation erst seit dem Zeitpunkt wachsen können, da das Universum neutral wurde. Dann hätten die Ungleichförmigkeiten in der CMB aber größer sein müssen, als es unsere Beobachtungen tatsächlich zeigen.

Doch in den 1980er-Jahren erkannte Jim Peebles, dass Dunkle Materie die Diskrepanz erklären kann. Dunkle Materie ist *dunkel*; das heißt, sie wechselwirkt nicht mit Photonen. Daher können Dichtefluktuationen in der Dunklen Materie unter dem Einfluss der Gravitation unbeeinträchtigt vom Druck der Photonen wachsen. Nachdem das Universum dann durchsichtig geworden ist, kann gewöhnliche Materie in die Verklumpungen Dunkler Materie, die sich bis dahin bereits gebildet hatten, hineinfallen. Wenn es also Dunkle Materie gibt, können wir mit Fluktuationen in der CMB beginnen, die kleiner sind, als wenn nur gewöhnliche Materie vorhanden wäre. In den 1980er-Jahren waren die Obergrenzen für die Fluktuationen in der CMB soweit gesichert, dass Modelle, die keine Dunkle Materie berücksichtigten, ausgeschlossen werden konnten.

Wir sehen, dass die Dunkle Materie, auf deren Existenz wir aus den Rotationskurven der Galaxien schließen, außerdem erforderlich ist, um die kosmische Hintergrundstrahlung zu verstehen. Woraus besteht Dunkle Materie? Bei einem genauen Vergleich der Häufigkeit von Helium und vor allem Deuterium mit den Vorhersagen der Prozesse, die im frühen Universum stattfanden, ergibt sich, dass die durchschnittliche Dichte gewöhnlicher Materie (das heißt, der Materie, die aus Protonen, Neutronen und Elektronen besteht) lediglich 4×10^{-31} Gramm betragen kann. Das entspricht einem Proton pro 4 Kubikmeter! Wir erinnern uns an die wahrhaft riesigen (und meist leeren) Räume zwischen Sternen in Galaxien und zwischen Galaxien. Doch Messungen der Galaxienbewegungen sowie der Fluktuationen in der CMB (mit denen wir uns gleich beschäftigen werden), verraten uns, dass die Gesamtdichte der Materie im Universum ungefähr sechsmal so groß ist. Der Unterschied ist die Dunkle Materie, aber wir gehen davon aus, dass Dunkle Materie nicht aus gewöhnlichen Protonen, Neutronen und Elektronen bestehen kann. Wir vermuten, dass Dunkle Materie aus unsichtbaren Elementarteilchen von noch unentdeckter Art besteht, die vermutlich – genauso wie Protonen, Neutronen und Elektronen – in der extremen Hitze und unter dem enormen Druck des frühen Universums gebildet wurden. Es gibt zahlreiche Spekulationen über Art und Beschaffenheit dieser Elementarteilchen. Die Theorie der *Supersymmetrie* sagt vorher, dass jedes Teilchen, das wir beobachten, einen massereichen supersymmetrischen Partner haben muss: das *Photino* als Partner für das Photon, das *Selektron* für das Elektron, das *Gravitino* für das *Graviton* und so fort. Am Large Hadron Collider wird eifrig nach solchen Teilchen gesucht. Würde eines von ihnen entdeckt, wäre das der Beweis für die Richtigkeit der Theorie der Supersymmetrie. 1982 schlug Jim Peebles vor, dass die Dunkle Materie aus schwach wechselwirkenden massereichen Teilenden bestehen könnte (englisch: *weakly interacting massive particles*, was die Astronomen genüsslich zu WIMP – Schwächling – abkürzten). Sie besitzen erheblich mehr Masse als das Proton. Der leichteste supersymmetrische Partner eines der uns bekannten Elementarteilchen könnte die nötigen Voraussetzungen erfüllen. 1982 schlugen George Blumenthal, Heinz Pagels und Joel Primack das *Gravitino* als Kandidaten vor. Das leichteste Teilchen muss es sein, weil die schwereren der Theorie zufolge nicht stabil genug sind; sie zerfallen zu leichteren Teilchen, bleiben uns also nicht lange erhalten.

Eine andere Spekulation besagt, dass Dunkle Materie aus Elementarteilchen bestehen könnte, die *Axionen* heißen. Der Large Hadron Collider, der weltweit leistungsfähigste Teilchenbeschleuniger, der sich an der französisch-schweizerischen Grenze befindet, dürfte unsere beste Chance sein, diese Kandidaten zu finden und zu identifizieren. Da aber die Masse der Milchstraße überwiegend von Dunkler Materie beigetragen wird, erwarten wir, dass es überall um uns her Teilchen der Dunklen Materie geben muss. Teilchen der Dunklen Materie müssten in diesem Augenblick Ihren Körper durchqueren. Aber wie gesagt, sie sind dunkel, das heißt, sie wechselwirken (abgesehen von der Gravitation) nicht mit gewöhnlicher Materie. Allerdings ergibt sich aus den Modellen der Dunklen Materie, die auf Supersymmetrie oder Axionen beruhen, dass ein Teilchen der Dunklen Materie in seltenen Fällen mit einem Atomkern wechselwirken und eine Reaktion hervorrufen kann, die wir möglicherweise beobachten könnten. Gegenwärtig sucht man in Experimenten nach solchen Reaktionen. Es ist ein schwieriges Unterfangen: In einem solchen Experiment hält man in 100 Kilogramm Xenon nach dem Lichtblitz Ausschau, den man erwartet, wenn ein Teilchen der Dunklen Materie an einem der Xenonkerne streut. Diese Experimente werden in den Tiefen von Bergwerken durchgeführt, um störende Wechselwirkungen mit normalen Teilchen so weit wie möglich auszuschließen. Bislang haben diese Experimente noch keine überzeugenden Belege für Dunkle Materie erbracht; doch die experimentellen Untersuchungen ihrer Eigenschaften stoßen jetzt erst in den Größenbereich vor, den die Modelle vorhersagen. Die Suche nach Teilchen der Dunklen Materie bringt uns an die vorderste Front der teilchenphysikalischen Forschung.

Ausgehend von der Existenz Dunkler Materie sagt man vorher, dass die CMB gleichförmig sein müsste, mit Fluktuationen in der Größenordnung von einem Hunderttausendstel. Die Instrumente des COBE-Satelliten waren empfindlich genug, um das nachweisen zu können. 1992 besuchte ich einen Vortrag, in dem Dave Wilkinson den Astronomen der Princeton University von den Messergebnissen des Satelliten berichtete. Die Fluktuationen in der CMB, die (nach unserer Auffassung vom Strukturwachstum in einem heißen Urknalluniversum) vorhanden sein mussten, waren endlich von dem Satelliten entdeckt worden – in einer Größenordnung von einem Hunderttausendstel, wenn auch etwas höher als von Peebles und anderen vorhergesagt.

Damals dachte Wilkinson bereits über einen Satelliten der nächsten Generation nach, ausgestattet mit Instrumenten, die diese Fluktuationen (oder *Anisotropien* im Fachjargon) genauer messen sollten. Wilkinson stellte ein Team zusammen, darunter viele Veteranen des COBE-Satelliten, das die Microwave Anisotropy Probe (MAP) entwickelte. MAP wurde 2001 in den Orbit gebracht und kartierte den Himmel neun Jahre lang.

Leider litt Wilkinson in dieser Zeit bereits an Krebs. Die ersten Ergebnisse des Satelliten bekam er noch zu Gesicht, kurz bevor er im September 2002 starb. Im Februar 2003 veröffentlichte das Team die Daten des ersten Jahrs. Die NASA beschloss, den Satelliten zu Ehren Wilkinsons umzubenennen; fortan hieß er Wilkinson Microwave Anisotropy Probe oder WMAP.

Abbildung 15.2 (siehe Bildteil) zeigt die Karte der Fluktuationen in der Temperatur des Mikrowellenhintergrunds, die der WAMP-Satellit nach neunjähriger Datenerfassung 2010 anfertigte. Die elliptische Form bildet die gesamte Himmelskugel ab. Der galaktische Nordpol ist oben, der galaktische Südpol unten, und der galaktische Äquator, der die Ebene der Milchstraße nachzeichnet, ist die Linie, die waagerecht in der Mitte der Karte verläuft. Emissionen des interstellaren Mediums in der Milchstraße und die Abweichungen von bis zu einem Tausendstel, die auf unsere Bewegung relativ zur CMB zurückgehen, sind bereits abgezogen.

Das ist wirklich ein Babybild des Universums, das uns zeigt, wie es aussah, als es einen winzigen Bruchteil seines heutigen Alters hatte – 380.000 von 13,8 Milliarden Jahren, dem Alter des Universums. Seither sind diese Photonen unterwegs zu uns. Die Kontraste dieser Karte sind durch die Farben deutlich sichtbar gemacht worden, tiefes Rot und tiefes Blau entsprechen Fluktuationen von rund ± 0,007 Prozent; typischere Werte liegen um die ± 0,001 Prozent (das heißt ein Hunderttausendstel).

Abbildung 15.3 zeigt die gemessene Stärke dieser Fluktuationen in Abhängigkeit von der Winkelskala (vgl. die Skalenangaben auf der x-Achse). Diese Messungen stammen von einem Nachfolger-Satelliten, dem Planck-Satelliten der Europäischen Weltraumorganisation, sowie einer Vielzahl anderer bodengestützter Teleskope.

Es gibt ein Maximum bei einer Winkelskala von rund 1°, entsprechend der typischen Größe der »Flecken« im WMAP-Bild. Das Diagramm teilt uns beispielsweise mit, dass es von einem 18° breiten Fleck zum anderen geringere Schwankungen gibt als von einem 1° breiten Fleck zum anderen. Wo keine Fehler-Balken sichtbar sind, ist der Beobachtungsfehler geringer als die Größe der Punkte.

Die glatte Kurve, die durch die Punkte geht, ist das Ergebnis einer theoretischen Berechnung auf der Grundlage der Urknalltheorie, wobei die Auswirkungen von Dunkler Materie, Dunkler Energie und Inflation (über die wir in Kapitel 23 Genaueres erfahren werden) eingerechnet wurden. Auf großen Winkelskalen verbreitert sich die grüne Linie, um die theoretisch erwartete stärkere Streuung der vorhergesagten Ergebnisse zu berücksichtigen. Die Übereinstimmung ist erstaunlich: Die Beobachtungsdaten entsprechen innerhalb der Fehlergrenzen tatsächlich der theoretischen Kurve. Das Urknallmodell hat einen weiteren Erfolg zu verzeichnen: Es sagt die Eigenschaften der außerordentlich geringfügigen Fluktuationen in der CMB exakt voraus.

Nach der Rekombination beginnt das Material, sich zu immer dichteren Klumpen zusammenzuschließen und die ersten Sterne und Galaxien zu bilden. Doch angesichts der Winkelgröße der Strukturen, die wir in der CMB sehen, ergibt sich die Vorhersage, dass es im Universum noch ungleich größere Strukturen als nur Galaxien geben sollte. Letztere sind ja lediglich 100.000 Lichtjahre im Durchmesser. Mit anderen Worten sollten die Galaxien nicht zufällig im Raum verteilt, sondern zu größeren Strukturen angeordnet sein. Um diese Strukturen zu kartieren, kehren wir zum Hubble-Gesetz zurück. Erinnern wir uns, dass wir beim Betrachten astronomischer Bilder die Objekte sehen, als wären sie auf die zweidimensionale Himmelskugel gezeichnet; wir haben überhaupt keine Tiefenwahrnehmung und können nicht zuverlässig zwischen einer nahen Galaxie und einer anderen unterscheiden, die viel weiter entfernt ist. Doch Hubbles Gesetz liefert uns eine Methode, die dritte Dimension zu berücksichtigen: Indem wir die Rotverschiebung jeder Galaxie messen, können wir ihre Entfernung bestimmen und erkennen, wie die Galaxien im Raum verteilt sind.

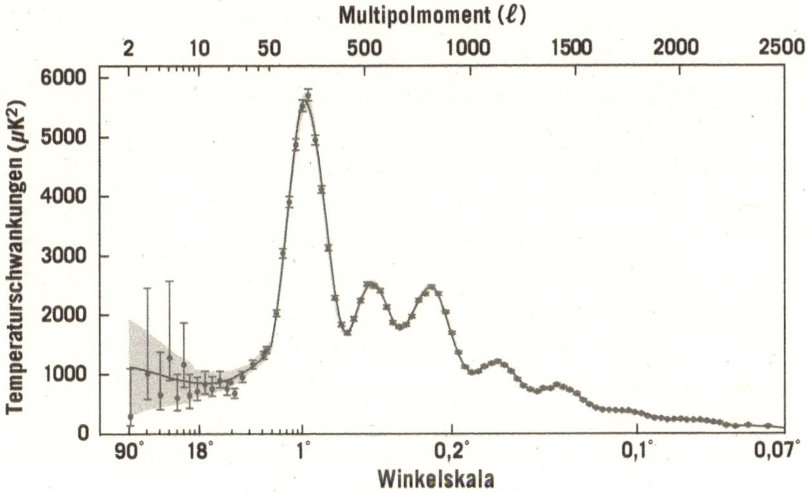

Abbildung 15.3: Stärke der Fluktuationen in der kosmischen Hintergrundstrahlung in Abhängigkeit von der Winkelskala: Beobachtungsdaten aus dem Jahr 2013 vom Planck-Satelliten-Team (Punkte) im Vergleich mit der Theorie (Kurve). Die Stärke (Energie) der Temperaturschwankungen der kosmischen Hintergrundstrahlung ist dabei in Abhängigkeit von der Skala der Fluktuationen in Grad aufgetragen. Die Einheiten auf der senkrechten Achse sind quadrierte Mikrokelvin, die Fluktuationen von rund einem Hunderttausendstel rund um die Durchschnittstemperatur von 2,7325 K darstellen. Die Berge und Täler der Kurve werden durch Schallwellen verursacht, die sich bis zur Zeit der Rekombination im Universum ausbreiten. Die durchgezogene Kurve, die durch die Datenpunkte führt, ist die von unserem Urknallmodell vorhergesagte Kurve, die Auswirkungen von Dunkler Materie, Dunkler Energie und Inflation (über die wir in Kapitel 23 wesentlich mehr erfahren werden) berücksichtigt; die sehr weitgehende Übereinstimmung mit den Beobachtungen ist eine beeindruckende Bestätigung, dass das Urknallmodell richtig ist. Daten vom WMAP-Satelliten der NASA führten zu einem früheren Zeitpunkt zu einem ganz ähnlichen Schluss. *Credit:* ESA und Planck-Team

Ende der 1970er-Jahre begannen Astronomen, die Rotverschiebungen Tausender von Galaxien systematisch zu messen, sodass sie dreidimensionale Karten ihrer Verteilung anlegen konnten. Sie bemerkten sofort, dass die Galaxien nicht zufällig im Raum verteilt sind. Stattdessen fanden die Forscher Galaxienhaufen (mit Durchmessern von bis 3 Millionen Lichtjahren), die Tausende von Galaxien enthielten, aber auch Regionen, in denen eine Galaxie anzutreffen ist (Leerräume mit Durchmessern von 300 Millionen Lichtjahren). Tatsächlich veranlassten diese frühen Karten die Forscher, das kosmologische Prinzip infrage zu stellen; auf diesen Karten war so viel Struktur zu erkennen, dass sie sich fragten, ob es irgendeine Größenskala gebe, auf der das Universum glatt erscheine, oder ob immer größere Durchmusterungen des Himmels immer noch größere Strukturen offenbaren würden. Ein Grund dafür, dass Astronomen später den Sloan Digital Sky Survey (SDSS) begannen, war der Wunsch, genau diese Frage zu klären. Kernstück des SDSS ist ein Teleskop zur Kartierung des Himmels; mittlerweile hat es die Rotverschiebungen von mehr als 2 Millionen Galaxien gemessen. Abbildung 15.4 ist die Karte eines kleinen Bruchteils dieser Galaxien – derjenigen Galaxien nämlich, die in einem 4 Grad breiten Streifen rund um die Äquatorebene der Erde liegen; würden wir Ihnen alle Daten in einem einzigen Diagramm zeigen, wäre die Dichte der Punkte in der Abbildung dagegen so hoch, dass Sie nur noch eine vollständig mit Tinte bedeckte Fläche sähen, die keine Struktur mehr erkennen ließe.

Jeder der mehr als 50.000 Punkte in dieser Abbildung steht für ein Galaxie mit 100 Milliarden Sternen. Lassen Sie diese ungeheuerlichen Zahlen einen Augenblick auf sich wirken.

Wir können zwei große Tortenstücke sehen; die Milchstraße befindet sich im Mittelpunkt des Bildes. Die leeren Regionen auf der linken und auf der rechten Seite sind von der Durchmusterung nicht erfasst worden; das sind Regionen, wo es der Staub der Milchstraße schwierig bis unmöglich macht, ferne Galaxien zu erkennen.

Der Radius dieser Abbildung beträgt 860 Mpc, fast 3 Milliarden Lichtjahre. Auf diesem Bild erscheint selbst ein Galaxienhaufen klein. Die meisten Galaxien liegen offenbar entlang von Filamenten – langgezogenen Strukturen aus lauter Galaxien –, die eine Länge von mehreren Hundert Lichtjahren erreichen. Ein besonders auffälliges Filament, die Sloan Great Wall, ist etwas oberhalb der Bildmitte zu erkennen. Sie hat eine Länge von

1,37 Milliarden Lichtjahren. Doch keine der Strukturen erstreckt sich über die gesamte Breite der beiden Durchmusterungsregionen, was anzeigt, dass Einsteins kosmologisches Prinzip im größten Maßstab gültig bleibt.

Beachten Sie in der Abbildung, dass die Galaxiendichte hin zu den oberen und unteren Außenrändern der Karte dramatisch abnimmt. Das beweist nicht, dass das kosmische Prinzip falsch ist: Es zeigt nur, dass die Galaxien in diesen Regionen am weitesten von uns entfernt und daher am lichtschwächsten sind. Nur ein kleiner Bruchteil der fernsten Galaxien ist so leuchtkräftig, dass der Sloan Digital Sky Survey trotz der großen Entfernung ihre Spektren messen kann, sodass ihre Rotverschiebungen in diese Karte aufgenommen werden können.

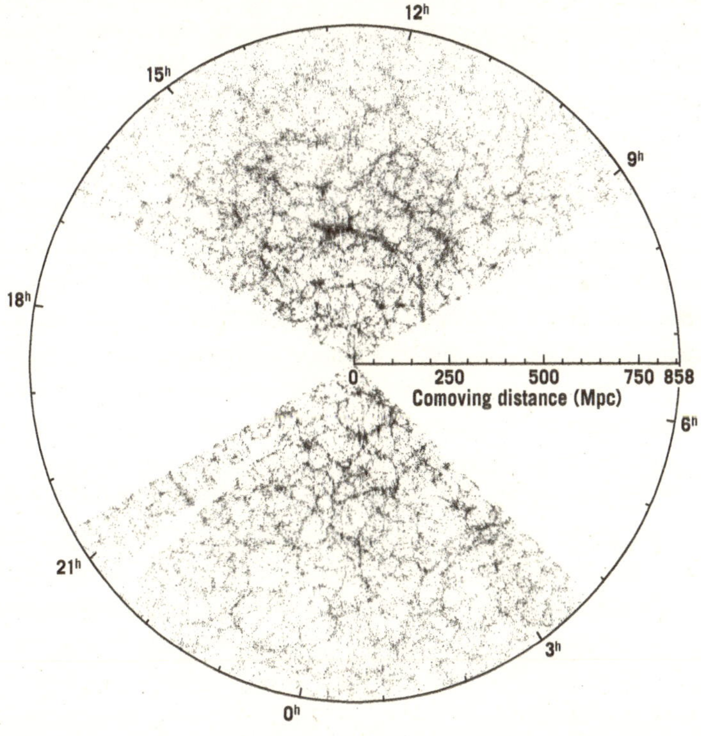

Abbildung 15.4: Galaxienverteilung nahe der Äquatorialebene aus dem Sloan Digital Sky Survey. Die Milchstraße befindet sich in der Mitte. Jeder Punkt repräsentiert eine Galaxie. Die beiden Fächer zeigen Galaxien in der Durchmusterungsregion; die beiden leeren Flächen sind Regionen, die die Durchmusterung nicht erfasst hat. Der Radius dieses Diagramms beträgt 2,8 Milliarden Lichtjahre. *Credit:* J. Richard Gott, M. Jurić, et al. 2005, *Astrophysical Journal* 624: S. 463–484

Wenn wir dieses Bild mit der Karte der CMB von WMAP vergleichen, ist selbst bei Berücksichtigung der gravitativen Instabilität nicht ersichtlich, dass sich Fluktuationen im Größenbereich von einem Teil pro 100.000 zu dem unglaublich strukturierten Universum entwickeln können, das wir in der heutigen Galaxienverteilung sehen. Die Gleichungen der gravitativen Instabilität (die auf Newtons Gravitationsgesetz beruhen, wobei allerdings die Expansion des Universums erschwerend hinzukommt) kann näherungsweise gelöst werden und zeigt, dass die Zahlen ungefähr stimmen, doch um die Berechnung richtig auszuführen und um die Gravitationsanziehung auf jede Portion kosmischer Materie zu verstehen, braucht man einen großen Computer. Man geht von einer Materieverteilung mit kleinen Fluktuationen in derjenigen Größenordnung aus, die wir in der CMB-Karte messen. Dann überlässt man diese Ausgangssituation der Gravitation und der Expansion des Universums, um anschließend zu beobachten, wie sich die Struktur im Laufe von 13,8 Milliarden simulierten Jahren auf dem Computer entwickelt. Die Galaxienverteilung, die diese Computersimulationen vorhersagen, weist die gleiche Struktur auf, die wir auch auf den Galaxienkarten beobachten: Haufen, Leerräume und Filamente mit genau den Größen und Dichteunterschieden, die wir auch in unseren Beobachtungen finden.

Natürlich erwarten wir nicht, dass die Computersimulationen die Strukturen des heutigen Universums genau reproduzieren, sondern nur, dass sie im Mittel dieselben Eigenschaften haben. Erinnern Sie sich daran, dass der Teil des Universums, aus dem wir die kosmische Hintergrundstrahlung empfangen, sehr weit von uns entfernt ist; wir sehen dort nicht die Materie, die sich direkt in unserer Nähe zu Galaxien entwickelt hat. Aber wir nehmen an, dass die grundlegenden Eigenschaften der Materie, die die CMB hervorgebracht hat – einschließlich der im Mittel dieselben sind wie bei jener Materie, aus der die Galaxien in unserer kosmischen Nachbarschaft entstanden sind. Alles in allem ist es den auf dem Urknallmodell beruhenden Computersimulationen mit bemerkenswertem Erfolg gelungen, die netzartige Filamentstruktur zu reproduzieren, die wir in unseren Beobachtungen erblicken.

Das ist also der endgültige Triumph des Urknallmodells. Wir haben die Vorhersagen des Modells analysiert und in jeder uns möglichen Weise mit den Beobachtungen verglichen. Daraus haben wir geschlossen, dass das Universum vor 13,8 Milliarden Jahren geboren wurde und damit (wie unbedingt erforderlich) etwas älter ist als die ältesten Sterne. Wir sind weiterhin zu dem Schluss gekommen, dass Wasserstoff- und Heliumkerne in den ersten Minuten nach dem Urknall im Verhältnis zwölf zu eins gebildet wurden, was sich exakt mit unseren Beobachtungen deckt, und wir können die Menge des erzeugten Deuteriums vorhersagen – sie ist ebenfalls in Übereinstimmung mit den Beobachtungen. Wir haben die Existenz der kosmischen Hintergrundstrahlung und ihrer verschiedenen Eigenschaften vorhergesagt: Spektrum, Temperatur und ihre unglaubliche Gleichförmigkeit; all das ist genauso, wie wir es beobachten. Besonders beeindruckend war wohl die Vorhersage, dass die CMB nicht vollkommen gleichförmig sei, sondern Fluktuationen von rund einem Hunderttausendstel aufweise. Das Modell sagt dabei ebenfalls eine durchaus komplizierte Kurve dafür voraus, wie die Stärke der Fluktuationen von der Winkelskala abhängt. Diese Vorhersage wurde durch die Messungen des WMAP- und des Planck-Satelliten bestätigt. Schließlich sagten Computermodelle, die die Entwicklung dieser Fluktuationen unter dem Einfluss gravitativer Instabilität simulieren, für unsere Epoche ein hochstrukturiertes Universum vorher, in dem sich Galaxien zu Filamenten mit einer Länge von mehreren Hundert Millionen Lichtjahren anordnen; genau solche Strukturen lassen die Karten des Sloan Digital Sky Survey erkennen. Das Urknallmodell ist weit mehr als »nur eine Theorie«: Es gibt umfangreiche empirische, quantitative Nachweise dafür, dass das Modell unsere Wirklichkeit zutreffend beschreibt. Das Modell hat jeden Test, dem wir es unterzogen haben, mit Bravour bestanden.

16

QUASARE UND SUPERMASSEREICHE SCHWARZE LÖCHER

MICHAEL A. STRAUSS

Die Radioastronomie, also die Untersuchung elektromagnetischer Strahlung, die von astronomischen Objekten bei Wellenlängen von mehr als 1 Zentimeter emittiert werden, steckte in den 1950er-Jahren noch in den Kinderschuhen. Die Radioteleskope jener Zeit lieferten die ersten Karten des Himmels. Allerdings war das Auflösungsvermögen der Radioteleskope nicht groß genug, um die Position einer Radioquelle am Himmel genau zu bestimmen. Daher war es gar nicht so einfach herauszufinden, welche astronomischen Objekte denn nun hinter den beobachteten Radioquellen steckten. Wenn sich die Position einer Quelle nur auf ungefähr einen Grad genau angeben lässt, dann ist alles andere als offensichtlich, welcher der vielen Tausend Sterne und oder welche der unzähligen Galaxien in der betreffenden Himmelsregion für die Radioemission verantwortlich ist.

Damals wurden die besten Radiokarten des Himmels von Radioteleskopen in England produziert; die Astronomen der Cambridge University, die die Durchmusterung durchführten, veröffentlichten etliche Kataloge der Quellen, die in diesen Karten entdeckt worden waren. Unsere Geschichte beginnt mit dem 273. Eintrag im dritten Cambridge-Katalog, einem Objekt mit der Katalognummer 3C 273. Von der Erde aus gesehen zieht immer einmal wieder der Mond direkt vor 3C 273 vorbei. Indem die Astronomen exakt dokumentierten, zu welcher Zeit diese Radioquelle hinter dem Mond verschwand, konnten sie die Position der Quelle etwas genauer bestimmen. Daraufhin nahmen die Forscher Bilder der betreffenden Himmelsregion mit optischen Teleskopen auf, um zu sehen, wer für die Radioemission verantwortlich sein könnte. Zu ihrer Überraschung befand sich am Ort von 3C 273 ein Stern, der zwar so lichtschwach war, dass man ihn nicht mit bloßem Auge sehen konnte, aber mehr als hell genug, dass man ihn mit dem damals größten optischen Teleskop eingehend untersuchen konnte, dem 5-Meter-Teleskop am Palomar-Observatorium. Maarten Schmidt, ein junger Professor am Caltech – dem California Institute of Technology – in Pasadena wusste, dass er nur herausfinden konnte, um was für einen Stern es sich handelte, wenn er dessen Spektrum aufnahm. 1963 ermittelte er das Spektrum mit dem 5-Meter-Teleskop, doch als er dann auf die Daten blickte, konnte er sich zunächst keinen Reim auf sie machen.

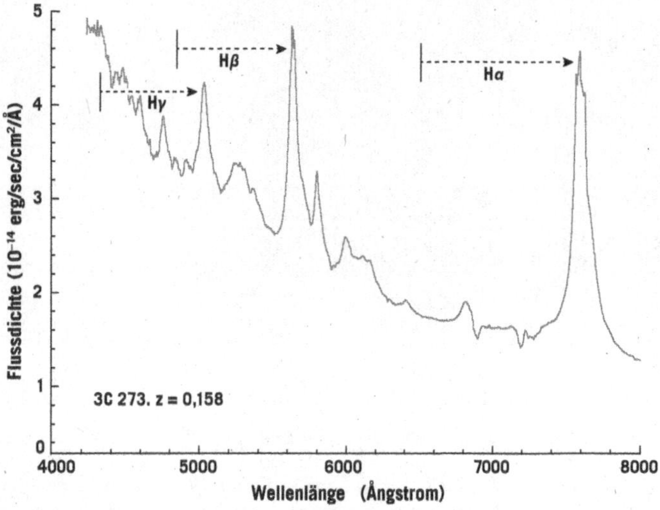

Abbildung 16.1: Das Spektrum des Quasars 3C 273. Die stärksten Emissionslinien sind, wie angegeben, Balmer-Linien des Wasserstoffs. Der Pfeil führt jeweils von der Ruhe-Wellenlänge zur beobachteten Wellenlänge der Linie – die in jedem Fall um 15,8 Prozent nach Rot verschoben ist. Die anderen im Spektrum erkennbaren Emissionslinien gehen auf Sauerstoff, Helium, Eisen und andere Elemente zurück. *Credit:* Michael A. Strauss, mit Daten des New Technology Telescope in La Silla, Chile; M. Türler et al. 2006, Astronomy und Astrophysics 451: L1– L4, http://isdc.unige.ch/3c273/#emmi, http://casswww.ucsd.edu/archive/public/ tutorial/images/3C273z.gif

Er sah eine Reihe von sehr breiten Emissionslinien, deren Wellenlängen zu keinem Atom passten, das er jemals gesehen hatte. Sein erster Gedanke war, dass es sich um eine ganz ungewöhnliche Art von Weißem Zwergstern handeln könnte, aber dann hatte er eine zündende Idee. Er erkannte, dass es sich bei den Emissionslinien einfach um die vertrauten Balmer-Linien des Wasserstoffs handelte, die ein regelmäßiges, aus anderen Untersuchungen an Sternen bekanntes Muster bildeten. Doch diese Linien lagen nicht auf ihren vertrauten Wellenlängen, sondern waren alle systematisch um erstaunliche 16 Prozent nach Rot verschoben (Abb. 16.1). Das heißt, die Wellenlängen aller dieser Elemente waren im Spektrum 16 Prozent größer als die Balmer-Übergänge, die in Labors auf der Erde beobachtet werden.

Konnte das eine Rotverschiebung infolge der Expansion des Universums sein? Eine Rotverschiebung von dieser Größe entspricht (wenn wir den modernen Wert der Hubble-Konstanten zugrunde legen) einer Entfernung von rund 2 Milliarden Lichtjahren. Eine kleine Zahl der damals bekannten Galaxien hatte ähnlich große Rotverschiebungen, aber sie waren unglaublich lichtschwach und lagen an der unteren Grenze dessen, was Teleskope gerade noch messen konnten. Doch 3C 273 war mehrere hundertmal heller als diese lichtschwachen, verschwommenen Galaxien. Darüber hinaus erschien das Objekt sternartig, ein Lichtpunkt, ohne die Ausdehnung einer Galaxie. Das ließ zwei Interpretationen zu: (1) Vielleicht war dieses Objekt viel näher als 2 Milliarden Lichtjahre – unter Umständen sogar in unserer eigenen Galaxis –, und die Rotverschiebung hatte nichts mit der Expansion des Universums zu tun, oder (2) dieser Stern war ungeheuer leuchtkräftig. Aus dem quadratischen Abstandsgesetz folgte, dass 3C 273, falls er wirklich 2 Milliarden Lichtjahre entfernt war, nur so hell sein konnte, wie die Beobachtungen zeigten, wenn er hundertmal so leuchtkräftig war wie eine gesamte Galaxie mit ihren 10^{11} Sternen!

Maarten Schmidt berichtete seinem Kollegen Jesse Greenstein von seiner Entdeckung. Wie sich herausstellte, hatte Greenstein das Spektrum einer anderen Radioquelle gemessen, 3C 48; Greenstein erkannte augenblicklich, dass es sich um ein ähnliches Objekt handeln musste, das eine noch höhere Rotverschiebung von 0,37 (also 37 Prozent) aufwies. Schmidt überlegte, dass es viele solche Objekte da draußen geben musste und dass er sich besser beeilen sollte, um sie zu finden. Als dann er und andere mehr von diesen sternartigen, radioemittierenden Objekten entdeckten, brauchte man einen Gattungsnamen für sie. Zunächst bezeichnete man sie als *Quasi-Stellar Radio Source* (quasistellare Radioquelle), aber der Name war viel zu umständlich und wurde rasch auf Quasar verkürzt. Während die ersten Quasare alle anhand ihrer Radioemissionen entdeckt wurden, fand Allan Sandage (bekannt durch seine Messungen der Hubble-Konstante) ähnliche sternartige Objekte mit hohen Rotverschiebungen, von denen keine Radioemissionen beobachtet wurden; tatsächlich leuchten die meisten Quasare im Radiobereich des Spektrums nur schwach.

Fritz Zwicky, dem wir bereits in Kapitel 12 begegnet sind, war ein Kollege von Schmidt und Greenstein an der Caltech. Er war einer der interessantesten und exzentrischsten Vertreter der Astronomie des 20. Jahrhunderts (Abb. 16.2). Zwicky machte eine Reihe von Entdeckungen, die ihrer Zeit so weit voraus waren, dass der Rest der wissenschaftlichen Gemeinschaft Jahrzehnte brauchte, um ihn einzuholen. Wir haben bereits erfahren, dass er 1933 als Erster die Existenz Dunkler Materie aus den Bewegungen von Galaxien in Haufen abgeleitet hat. In der astronomischen Gemeinschaft setzte sich diese Idee erst durch, als Morton Roberts, Vera Rubin und deren Kollegen die Rotation der äußeren Teile der Galaxien zu messen begannen und als Jeremiah P. Ostriker, Jim Peebles und Amos Yahil anfingen, die Existenz großer Mengen Dunkler Materie in Galaxien mit Stabilitätsargumenten zu begründen. Zwicky und sein Kollege Walter Baade stellten 1934 die (zutreffende!) Hypothese auf, dass sich Neutronensterne in Supernova-Explosionen bilden können, eine Idee, die erst drei Jahrzehnte später durch die Entdeckung der Pulsare bestätigt wurde. Übrigens prägten Zwicky and Baade auch das Wort *Supernova*. Ebenfalls Jahrzehnte vor der Bestätigung durch entsprechende Beobachtungen sagte Zwicky zutreffend vorher, dass Einsteins in der Relativitätstheorie beschriebener Licht-

Abbildung 16.2: Fritz Zwicky zeigt sich stolz mit seinen Galaxienkatalogen. *Credit:* Archives Caltech

ablenkungseffekt dazu führen könne, dass ferne Galaxien wie Gravitationslinsen wirken und noch weiter entfernte, hinter ihnen liegende Galaxien vergrößern könnten. Außerdem behauptete er, er habe die Quasare als Erster entdeckt.

Zwicky wusste, dass er intelligent war, und hatte keine Hemmungen, deutlich zu sagen, wenn er der Meinung war, andere hätten unrecht. Da ihm der Zugang zum 5-Meter-Teleskop am Palomar-Observatorium verwehrt war, verrichtete Zwicky den größten Teil seiner Arbeit mit einem kleinen, 45-Zentimeter-Durchmusterungsteleskop am Palomar-Observatorium; unter anderem benutzte er es zur Suche von Supernovae (im Laufe seines Lebens entdeckte er mehr als 100 von ihnen) und zur Aufstellung von Galaxienkatalogen. Ihm fiel auf, dass einige der von ihm tabellierten Galaxien ziemlich kompakt waren und fast sternartig erschienen. Doch da es ihm nicht gestattet war, mit dem 5-Meter-Teleskop zu arbeiten, war er nicht in der Lage, die Spektren dieser Galaxien zu messen und ihre physikalische Beschaffenheit zu bestimmen. Einige der kompakten Galaxien, die er bemerkt hatte, erwiesen sich später als Quasare von der Art, die Schmidt und Sandage später entdeckten. Daraufhin behauptete Zwicky – mit einer gewissen Berechtigung –, dass ihm eigentlich das Verdienst an dieser Entdeckung gebühre.

Die Caltech-Doktoranden, die sich die Büros im zweiten Untergeschoss des Astronomiegebäudes auf dem Campus mit Zwicky teilten, liebten ihn. Er starb 1974: Mein Kollege Jim Gunn, der in den 1960er-Jahren Doktorand am Caltech war, und Rich Gott, der 1973/74 als Postdoc am Caltech weilte, haben ihn in bester Erinnerung.

Zwickys Erkenntnis war im Prinzip richtig. Einige kompakte Galaxien haben in ihrem Zentrum eine unglaublich helle, unaufgelöste Punkt-Lichtquelle (den Quasar), welche die umgebenden lichtschwachen Teile der Galaxie bei Weitem überstrahlt. Die Galaxie erscheint dann als Ganzes wie eine Punktquelle, wie ein Stern.

Mit aller Deutlichkeit zeigt sich dieses Phänomen in den Bildern von Quasaren, die mit dem Hubble-Weltraumteleskop aufgenommen wurden: Auf den scharfen Fotos lässt sich das Licht des Quasars klar von dem schwachen, ausgedehnten Licht der den Quasar umgebenden Galaxie unterscheiden. Diese Bilder wurden von meiner Frau Sofia Kirhakos sowie ihren Kollegen John Bahcall und Don Schneider aufgenommen, daher nehme ich sie mit besonderer Freude in dieses Buch auf (Abb. 16.3, siehe Bildteil). Im Mittelpunkt jedes Bildes ist ein sehr heller Lichtpunkt; das ist der Quasar selbst. Er ist von einer Galaxie umgeben (in einem Fall sogar von zwei Galaxien, die offenbar im Begriff sind zu kollidieren): Spiralarme sind sichtbar. Bilder wie diese entschieden die Entfernungskontroverse: Quasare sind tatsächlich so weit entfernt, wie sich aufgrund ihrer Rotverschiebung vermuten lässt (sie sind nicht einfach ein seltsamer Sterntypus in unserer Milchstraße), daher sind sie ungeheuer leuchtkräftig.

Um zu verstehen, was es mit dem Quasar-Phänomen auf sich hat, wollen wir zum Spektrum von 3C 273 zurückkehren. Hier sind die Emissionslinien breit, jede davon über einen ganzen Bereich von Wellenlängen ausgedehnt, obwohl wir gelernt haben, dass die Atomübergänge spezifischen, exakten Energien und damit ebensolchen Wellenlängen entsprechen. Dieser Umstand wird als Manifestation des Dopplereffekts gedeutet: Innerhalb des Quasars bewegt sich Gas mit verschiedenen Geschwindigkeiten. Der Quasar in seiner Gänze entfernt sich von uns mit 16 Prozent der Lichtgeschwindigkeit, doch relativ zu dieser Gesamtgeschwindigkeit kommt ein Teil des Gases im Quasar auf uns zu (blauverschobener Teil der Emissionslinie relativ zum Durchschnitt), aber ein anderer Teil strebt auch von uns fort (und sorgt bei einem Teil der Emissionslinie für eine noch größere Rotverschiebung). Das verbreitert die Emissionslinie. Stellen Sie sich vor, diese Emission stamme von Gas, das um eine Zentralmasse kreise: An jedem Punkt entlang der Kreisbahn befindet sich Gas, und jeder dieser Punkte bewegt sich entlang der Sichtlinie mit unterschiedlicher Geschwindigkeit auf uns zu oder von uns weg und hat damit eine andere Dopplerverschiebung. Die breite Emissionslinie spiegelt diese Bandbreite der Dopplerverschiebungen wider.

Wir können noch einen Schritt weitergehen. Die Breite der Emissionslinie sagt uns, wie rasch sich das Gas bewegt; ein typischer Wert für Quasare ist 6000 km/s. Irgendetwas veranlasst das Gas, sich mit dieser enormen Geschwindigkeit zu bewegen. Nehmen wir an, diese Bewegungen beruhten auf der Gravitation – das Gas umkreise ein Zentralobjekt, dessen Beschaffenheit wir gerne verstehen würden.

Welchen Radius hat diese Kreisbahn? Wenn wir den bestimmen können, sind wir in der Lage, mit Newtons Gesetzen und unserer Kenntnis der Geschwindigkeiten auszurechnen, wie viel Masse das Zentralobjekt besitzen muss. Wie gesehen, erscheinen Quasare punktartig wie ein Stern, daher sind sie kleiner als alles, was unser Teleskop auflösen kann. Einen Hinweis auf ihre wirkliche Größe bekamen wir, als sich herausstellte, dass Quasare *veränderlich* sind; ihre Helligkeit verändert sich beträchtlich in Zeiträumen von ungefähr einem Monat.

Stellen Sie sich vor, das Licht eines Quasars komme aus einer Region mit einem Durchmesser von einem Lichtjahr. Dann würde uns das Licht, das (aus unserer Sicht) von der Vorderseite des Quasars kommt, ein Jahr früher erreichen als das Licht von der Rückseite. Selbst wenn das Gebilde aus irgendeinem Grund seine Leuchtkraft schlagartig verdoppeln würde, würde die Lichtmenge, die uns erreicht, erst allmählich über ein ganzes Jahr hinweg größer, da uns zuerst das Licht von der Vorderseite und erst ganz zum Schluss das der Hinterseite erreicht. Entsprechend verrät uns der Umstand, dass Quasare ihre Helligkeit auf Zeitskalen von einem Monat verändern, dass sie nicht viel größer als ein Lichtmonat sein können. Das ist erstaunlich wenig: Vergegenwärtigen wir uns, dass Sterne in unserer Milchstraße durch mehrere Lichtjahre voneinander getrennt sind und dass dieses Volumen von einem Lichtmonat (oder weniger) Durchmesser genauso viel Energie abstrahlt wie mehrere Hundert gewöhnliche Galaxien zusammengenommen!

Wir kennen jetzt die Geschwindigkeit des Gases, das sich im Quasar bewegt, und wissen ungefähr, wie weit es von der Masse entfernt ist, die es zu seiner gravitativ bedingten Bewegung veranlasst. Jetzt können wir die gleiche Berechnung wie in Kapitel 12 ausführen, als wir die Masse der Milchstraße mithilfe der Bahn bestimmten, auf der die Sonne um unsere Galaxis kreist: Die Masse ist proportional zum Quadrat der Geschwindigkeit mal dem Radius. Wenn wir diese Berechnung für den Quasar vornehmen, kommen wir auf eine Masse von erstaunlichem Wert: 2×10^8 Sonnenmassen.

Fassen wir zusammen: Quasare werden in den Zentren von Galaxien gefunden, ihr Durchmesser beträgt einen Lichtmonat oder weniger, sie haben Leuchtkräfte, die hundertmal größer sind als die ganzer Galaxien, und sie besitzen Massen, die viele Hundert Millionen mal größer als die Sonnenmasse sind. Riesige Massen in einem winzigen Volumen: Könnte das ein Schwarzes Loch sein? Aber Schwarze Löcher sollen definitionsgemäß *schwarz* sein – kein Licht kann ihnen entkommen –, während Quasare zu den leuchtkräftigsten Objekten im Universum gehören. Außerdem kennen wir nur eine einzige Art, wie ein Schwarzes Loch entstehen kann: beim Kollaps eines massereichen Sterns. Die massereichsten Sterne, die wir kennen, besitzen bestenfalls 100 Sonnenmassen; daraus kann kein Schwarzes Loch mit 200 Millionen Sonnenmassen entstehen. Was geht da vor sich?

Nun, Schwarze Löcher können an Masse zunehmen. Stellen sich vor, Gas fällt auf ein Schwarzes Loch zu. Wenn es direkt hineinstürzt, wird es einfach von dem Schwarzen Loch verschluckt und verschwindet spurlos, es vergrößert die Masse des Schwarzen Lochs, aber darüber hinaus gibt es keine weiteren Auswirkungen. Doch wahrscheinlicher ist, dass das Gas relativ zum Schwarzen Loch eine geringfügige Seitwärtsbewegung hat, einen Drehimpuls. Infolge dieses Drehimpulses kann es nicht direkt hineinfallen, sondern wird das Schwarze Loch umkreisen. Das Gas dürfte auf seinem Weg um das Schwarze Loch – ähnlich wie die Sterne, die die Milchstraße umkreisen – eine abgeflachte, rotierende Scheibe bilden. Die Gravitation eines Schwarzen Lochs ist stark; das Gas, das dem Schwarzen Loch am nächsten ist, bewegt sich ungeheuer schnell, mit einem beträchtlichen Bruchteil der Lichtgeschwindigkeit. Dank seiner höheren Geschwindigkeit wird das Gas, das sich näher am Schwarzen Loch befindet, an dem Gas reiben, das etwas weiter draußen kreist. Diese Reibung kann das Gas extrem erhitzen – auf Temperaturen von mehreren Hunderttausend Grad. Und wie wir mittlerweile zur Genüge wissen, strahlen heiße Dinge Energie ab.

Während also das Schwarze Loch selbst unsichtbar ist, kann das Gas, das es umkreist, enorme Leuchtkraft entfalten, bevor es ganz hineinstürzt. Ein Quasar ist ein supermassereiches Schwarzes Loch, umgeben von einer Scheibe gasförmigen Materials, das so heiß glüht, dass es die ganze Galaxie überstrahlt, in die es eingebettet ist. Tatsächlich kann das Material, das im Zuge dieses Prozesses hineinfällt, zum steten Wachstum eines relativ kleinen Schwarzen Lochs führen, das vermutlich beim Tod eines massereichen Sterns aus einer Supernova entstand: Zunächst erstrahlt das Material in der rotierenden Scheibe, dann fällt es nach und nach in das Schwarze Loch und vergrößert dessen Masse. Der Quasar wird mit Gravitationsenergie gespeist, die sich in Bewegungsenergie verwandelt, während das Gas in immer tieferen Spiralen tiefer und tiefer in den Gravitationsbrunnen des Schwarzen Lochs gerät. Wenn das Gas schließlich in das Schwarze Loch hineinfällt, vergrößert es die Masse des Schwarzen Lochs. Dieser Akkretionsprozess kann im Laufe vieler Hundert Millionen Jahre Schwarze Löcher hervorbringen, die Millionen oder gar Milliarden Sonnenmassen besitzen.

Die ungeheure Energie, die durch die Nähe der Scheibe zum Schwarzen Loch auftritt, führt zur Emission von energiereichen Teilchen. Diese Teilchen werden durch die Scheibe selbst blockiert und müssen daher als Jet, als Gasstrom, senkrecht zur Scheibe nach außen ausweichen, wobei sie teilweise dem Einfluss starker magnetischer Felder unterliegen. Ein derartiger schmaler Jet ist als schwacher Streifen auf 5 Uhr in Abbildung 16.4 zu sehen, einem Foto des Hubble-Weltraumteleskops von 3C 273 (die scharfen, geraden Speichen, die vom Quasar selbst ausgehen, sind Artefakte der Teleskopoptik). Solche Jets sind das Erkennungszeichen Schwarzer Löcher, in die Material fällt. Die elliptische Galaxie M87 hat eines der massereichsten Schwarzen Löcher im nahen Universum, es enthält 3 Milliarden Sonnenmassen. Der Jet, den es emittiert, ist rund 5000 Lichtjahre lang.

Abbildung 16.4: Quasar 3C 273 und sein Jet.
Credit: Hubble Space Telescope, NASA

Schwarze Löcher werden der Einfachheit halber gerne mit kosmischen Staubsaugern verglichen, die alles, was sich in ihrer Nähe befindet, einsaugen. Doch stellen wir uns vor, die Sonne würde morgen durch Zauberhand in ein Schwarzes Loch (von gleicher Masse) verwandelt. Das wäre natürlich eine äußerst schlechte Nachricht für uns, weil wir von der Sonne keine Wärme und kein Licht mehr erhielten und die Erde zu einem Eisball gefröre. Aber die Erdbahn bliebe unverändert. Der Drehimpuls der Erde auf ihrem Weg um die Sonne würde dafür sorgen, dass wir wie in den letzten 4,6 Milliarden Jahren weiter um die Sonne kreisen. Entsprechend brauchen die Sterne, die das Schwarze Loch im Zentrum der Milchstraße umkreisen, nicht zu befürchten, dass sie in naher Zukunft geschluckt werden. Dieses Schwarze Loch hat wahrscheinlich in ferner Vergangenheit eine Quasar-

Phase durchlaufen, während es zu seiner heutigen Größe von 4 Millionen Sonnenmassen anwuchs. Wir können seine Masse messen, indem wir die Bahnen einzelner Sterne dokumentieren, die wir dabei beobachten können, wie sie das Schwarze Loch umkreisen. Doch es fällt derzeit kein Material hinein, das eine Scheibe bilden könnte, daher ist das Zentrum unserer Galaxis gegenwärtig inaktiv und strahlt nicht als Quasar.

Quasare sind selten im nahen Universum. Tatsächlich ist 3C 273 mit seiner Entfernung von 2 Milliarden Lichtjahren einer der nächsten leuchtenden Quasare. Quasare waren im frühen Universum viel häufiger; die meisten Quasare weisen beträchtliche Rotverschiebungen auf und befinden sich folglich in großen Entfernungen. Das Licht dieser fernen Quasare ist Milliarden Jahre unterwegs, bevor es uns erreicht. Insofern sehen wir diese Objekte so, wie sie zu einer Zeit waren, da das Universum deutlich jünger war als heute. Der Umstand, dass sich die Zahl der Quasare im Universum mit der Zeit verändert hat, ist ein klarer Beweis für ein Universum, das sich entwickelt, und widerlegt Hoyles perfektes kosmologisches Prinzip (vgl. Kap. 15), das ein im Schnitt unveränderliches Universum voraussetzt.

Anhand der Zahl der Quasare, die wir im frühen Universum sehen, können wir vorhersagen, dass supermassereiche Schwarze Löcher im gegenwärtigen Universum allgegenwärtig sein sollten. Schließlich können Schwarze Löcher nur wachsen; einmal entstanden, verschwinden sie nie wieder. (In Kapitel 20 werden wir sehen, dass Schwarze Löcher irgendwann infolge von Quanteneffekten verdunsten können, doch bei supermassereichen Schwarzen Löchern, über die wir hier reden, ist dieser Prozess wirklich sehr langsam und weitgehend vernachlässigbar im Vergleich zu den deutlich geringeren Zeiträumen von Jahrmilliarden, um die es hier geht.) Die Tatsache, dass wir diese Schwarzen Löcher nicht als Quasare in nahe gelegenen Galaxien leuchten sehen, besagt lediglich, dass sie gegenwärtig inaktiv sind, weil kein Gas in sie hineinfällt. Das supermassereiche Schwarze Loch im Zentrum unserer Milchstraße, dessen Vorhandensein wir aus den Bewegungen der Sterne in seiner Nachbarschaft ableiten, ist nur ein Beispiel von vielen.

Die Suche nach Schwarzen Löchern in den Zentren anderer Galaxien ist ein schwieriges Geschäft. Wenn das Schwarze Loch nicht mit dem Gas einer Akkretionsscheibe gefüttert wird, wird es keine quasarartige Emission für uns zu sehen geben. Doch wir können mithilfe der Dopplerverschiebungen von Sternen in der Nähe von galaktischen Zentren auf das Vorhandensein eines massereichen gravitierenden Objekts schließen. Am leichtesten ist das bei nahe gelegenen Galaxien, deren Zentralregionen, in denen ein Schwarzes Loch einen größeren Einfluss auf die Bewegungen der Sterne ausübt als der Rest der Masse der Galaxie, unsere Teleskope auflösen können.

Astronomen haben bis jetzt ungefähr 100 Galaxien detailliert nach Schwarzen Löchern abgesucht. Praktisch in jedem Fall, in dem die Empfindlichkeit der Geräte ausreichte, fanden sie Beweise für ein supermassereiches Schwarzes Loch im Zentrum. Soweit wir wissen, beherbergt jede große Galaxie mit einem ausgeprägten Bulge (also die elliptischen und die meisten spiralförmigen Galaxien) ein Schwarzes Loch. Unsere Milchstraße ist mit ihrem Schwarzen Loch von lediglich 4 Millionen Sonnenmassen ein relativer Schwächling; die meisten massereichen Schwarzen Löcher unter den nahe gelegenen Galaxien besitzen mehrere *Milliarden* Sonnenmassen (wie sich beispielsweise bei M87 zeigte). Darüber hinaus gilt: Je größer die elliptische Galaxie (oder der Bulge der Spiralgalaxie), desto größer die Masse des Schwarzen Lochs; die Masse des Schwarzen Lochs macht in der Regel 1/500 des Bulge aus, in dem es sich befindet.

Die ungeheuren Leuchtkräfte der Quasare verleiht ihnen weit mehr Helligkeit als den Galaxien. Infolgedessen ist ein ferner Quasar sehr viel heller und daher leichter zu sehen als eine Galaxie in gleicher Entfernung. Was ist der fernste Quasar, den wir im Universum sehen können? Noch einmal, der Umstand, dass die Lichtgeschwindigkeit endlich ist, hat zur Folge, dass das Licht eines fernen Quasars, das wir sehen, von diesem emittiert wurde, als das Universum viel jünger war als heute. Wenn wir in der Astronomie weit entfernte Objekte betrachten, blicken wir in die Vergangenheit: Unsere Teleskope sind Zeitmaschinen.

In Kapitel 15 habe ich den Sloan Digital Sky Survey beschrieben, der Bilder vom Himmel gemacht und die Rotverschiebungen von 2 Millionen Galaxien gemessen hat. Er sammelte auch Spektren von mehr als 400.000 Quasaren. Dank dieser Stichprobe wissen wir, dass Quasare zwischen 2 und 3 Milliarden Jahren nach dem Urknall am häufigsten waren; wir nehmen an, dass das die Epoche war, als die supermassereichen Schwarzen Löcher, die wir heute in großen Galaxien finden, sich den größten Teil ihrer Masse zugelegt haben. 2 Milliarden Jahre nach dem Urknall, rund 12 Milliarden

Jahre vor unserer Zeit – das entspricht einer Rotverschiebung von 3. Das heißt, die Spektrallinien in den Quasaren treten mit Wellenlängen auf, die viermal (Rotverschiebung + 1) so groß sind, wie sie ohne die Expansion des Universums wären. In diesem Fall ist die Rotverschiebung kein unmerkliches Phänomen, sondern ein Rieseneffekt!

Edwin Hubble entdeckte bei Galaxien eine lineare Beziehung zwischen Rotverschiebung und Entfernung. Bei sehr großen Rotverschiebungen ist diese Beziehung etwas komplizierter; es stellt sich heraus, dass ein Quasar mit einer Rotverschiebung 3 heute rund 20 Milliarden Lichtjahre von der Erde entfernt ist. Wie kann das sein, da das Universum doch erst 13,8 Milliarden Jahre alt ist? Vergessen wir nicht, dass sich das Universum in der Zeit von dem Augenblick, da das Licht den Quasar verließ, bis heute um das Vierfache (wiederum Rotverschiebung + 1) ausgedehnt und den Quasar infolgedessen weiter fortgetragen hat. Diese Entfernung von 20 Milliarden Lichtjahren entspricht seiner heutigen Position (wir bezeichnen das als *mitbewegte Entfernung*).

Abbildung 16.5 zeigt das Spektrum des am weitesten entfernten Quasars, den meine Kollegen und ich im Sloan Digital Sky Survey fanden. Die sehr starke Emissionslinie bei einer Wellenlänge von 9000 Ångström (0,9 Mikrometer) entspricht dem Übergang vom zweiten Energieniveau zum Grundzustand im Wasserstoff – der Lyman-alpha-Linie. Bei Wellenlängen, die kürzer sind als die jener Spektrallinie, fällt das Spektrum auf null; das liegt, wie sich herausstellt, an der Absorption durch das Wasserstoffgas in dem Raumvolumen zwischen uns und dem fernen Quasar. Das Spektrum zeigt Emissionen bei fast infraroten Wellenlängen und praktisch nichts bei kürzeren Wellenlängen, was bewirkt, dass das Objekt extrem rot erscheint.

Die Aufgabe, die am stärksten rotverschobenen Quasare zu finden, erweist sich also als leicht: Man sucht in den Bildern des Sloan Digital Sky Survey nach den rötesten Objekten, die man finden kann. Ganz so leicht, wie es klingt, ist es dann doch nicht; die Durchmusterung enthält Aufnahmen von rund einer halben Milliarde Objekten, und wir mussten sichergehen, dass eine scheinbar rote Farbe eines gegebenen Objekts nicht aus irgendeinem seltenen Verarbeitungsfehler resultierte.

Es gibt noch ein weiteres Problem. Wir wissen aus unseren Sternstudien, dass ein Stern umso röter erscheint, je kühler er ist. 1998, als die ersten Bilder vom Sloan Digital Sky Survey verfügbar wurden, begannen mein Doktorand Xiaohui Fan und ich ein Programm, in dem wir Spektren der rötesten Objekte sammelten, die wir in den Daten finden konnten, um zu bestätigen, dass es sich um Quasare handelte, und um ihre Rotverschiebungen zu bestimmen. Dabei verwendeten wir das Apache Point Telescope (am gleichen Observatorium, an dem sich auch das Teleskop des Sloan Digital Sky Survey befindet, in Sunspot, New Mexico). Das Teleskop lässt sich über das Internet fernsteuern: Statt quer durchs Land fliegen zu müssen, konnten wir zu Hause früh zu Abend essen, dann ins Büro fahren und von dort aus unsere Beobachtungen durchführen, indem wir die Befehle für die Bewegungen des Teleskops über eine Strecke von mehr als 3000 Kilometer sendeten.

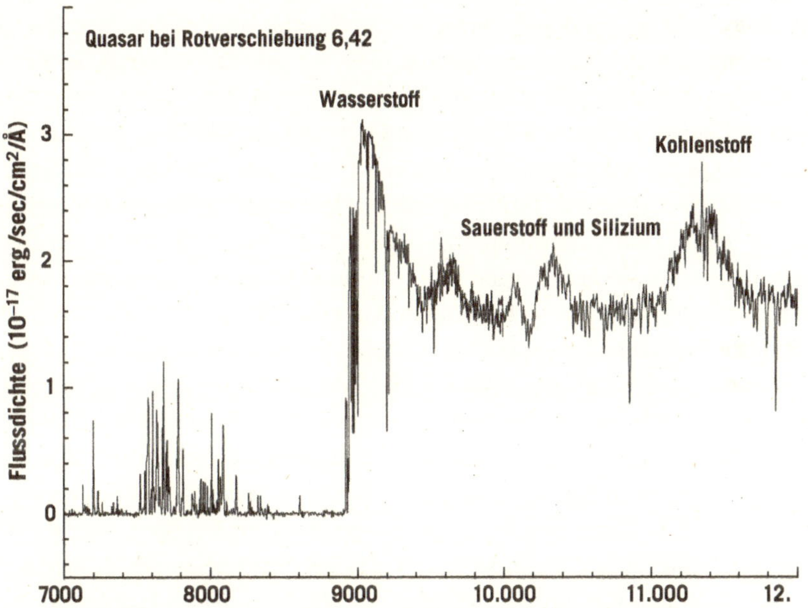

Abbildung 16.5: Spektrum des Quasars SDSS J1148+5251 mit einer Rotverschiebung von 6,42. Dieser Quasar wurde 2001 von Michael Strauss, Xiaohui Fan und ihren Kollegen entdeckt und war vom Zeitpunkt seiner Entdeckung bis zum Jahre 2011 der am stärksten rotverschobene Quasar, der bekannt war. Das Licht, das wir von diesem Quasar empfangen, wurde ausgesandt, als das Universum noch keine 900 Millionen Jahre alt war. Das ausgeprägteste Maximum im Spektrum dieses Quasars stammt von einer Emissionslinie des Wasserstoffs (dem Übergang von n = 2 auf n = 1 im Wasserstoffatom; vgl. Abb. 6.2), die erheblich rotverschoben war – von 1216 Ångström auf 9000 Ångström. Der scharfe Abfall im Spektrum unterhalb von 9000 Ångström wird durch die Absorption von Wasserstoffgas zwischen dem Quasar und uns verursacht. *Credit:* Bild von Michael A. Strauss unter Verwendung von Daten in: R. L. White, et al. 2003, *Astrophysical Journal* 126, S. 1, und A. J. Barth et al. 2003, *Astrophysical Journal* Letters 594: S. L95

Als wir anfingen, die Spektren dieser sehr roten Objekte zu messen, wurden wir fast augenblicklich fündig, allerdings in einer unerwarteten Richtung. Neben vielen extrem rotverschobenen Quasaren enthielt unsere Sammlung nämlich auch einige der kühlsten (und damit masseärmsten) Sterne, die wir kennen, und das direkt hier in unserer Milchstraße. Tatsächlich handelte es sich um die substellaren Objekte, die in Kapitel 8 erörtert wurden – Objekte, deren Massen zu gering sind, um Wasserstoff in ihren Kernregionen zu brennen. Diese Sterne haben Temperaturen von 1000 K oder weniger, und ihre Spektren waren uns ziemlich fremd, als wir auf die ersten Objekte ihrer Art stießen. Ich erinnere mich noch, dass ich, als wir die Spektren maßen und sie zu verstehen versuchten, um 3 Uhr morgens fieberhaft die wenigen Artikel durchsah, in denen solche kühlen Sterne beschrieben wurden. In einer einzigen Beobachtungsnacht maßen wir sowohl Spektren der lichtärmsten substellaren Objekte, die bekannt waren, lediglich 30 Lichtjahre von uns entfernt, als auch solche von Quasaren mit enormer Leuchtkraft, die sich fast am Rand des beobachtbaren Universums befanden. Das ist der extremste Beleg für die Tatsache, dass wir mit einem astronomischen Bild allein keine Tiefenwahrnehmung haben. Die (astronomisch betrachtet) sehr nahen und die außerordentlich entfernten Objekte erscheinen in unseren Daten beide als sehr lichtschwache rote Punkte und sind erst durch detaillierte Analysen ihrer Spektren voneinander zu unterscheiden.

In dem Maße, wie sich unsere Techniken zur Entfernung von Bildartefakten verbesserten, stießen wir auf immer rötere Objekte. Mehrfach brachen wir den bestehenden Rotverschiebungsrekord (4,9 zu der Zeit, als wir unsere Forschung begannen). Jedes Mal, wenn das der Fall war, riefen wir unseren Kollegen Jim Gunn an (er war der Projektwissenschaftler für den Sloan Survey und ist selbst ein Pionier auf dem Gebiet der Quasar-Studien). Nachdem wir ihn aus tiefem Schlaf gerissen hatten (immerhin war es gewöhnlich 3 Uhr morgens!), sagten wir: »Wir haben den Rekord schon wieder gebrochen, Jim!« »Gute Arbeit, Jungs«, antwortete er dann. »Für diese Neuigkeit möchte ich immer geweckt werden!« Mit diesen Worten legte er sich wieder schlafen.

Die Lyman-alpha-Wasserstoff-Linie, die wir im Spektrum unserer fernsten Objekte sehen (Abb. 16.5), trifft man gewöhnlich bei einer Wellenlänge von 1216 Ångström an; hier ist sie fast vollständig in den infraroten Bereich des Spektrums bei 9000 Ångström rotverschoben. Die Rotverschiebung beträgt (9000 Å – 1216 Å)/1216 Å, also 6,42, entsprechend einer jetzigen Entfernung von 28 Milliarden Lichtjahren. Das war der Quasar mit der höchsten bekannten Rotverschiebung, als wir ihn 2001 entdeckten. Vielleicht noch beeindruckender als seine riesige Entfernung ist der Umstand, dass das Licht, das wir sehen, das Objekt vor rund 13 Milliarden Jahren verlassen hat, als das Universum erst 850 Millionen Jahre alt war. Wenn die kosmische Hintergrundstrahlung aus dem Säuglingsalter des Universums kommt, erforschen wir mit solchen Objekten die Zeit, als es ein Kleinkind war.

Das führt uns zu einem anderen kosmischen Rätsel. Wie oben erwähnt, können wir mithilfe des Spektrums eines Quasars die Masse des Schwarzen Lochs schätzen, das ihn mit Energie versorgt. Ein charakteristischer Wert für die fernsten Quasare sind rund 4 Milliarden Sonnenmassen; damit sind sie ungefähr genauso massereich wie die größten Schwarzen Löcher, die wir im heutigen Universum kennen. Nun geht aber aus der Gleichförmigkeit der CMB hervor, dass das frühe Universum fast vollkommen homogen gewesen sein muss. Trotz dieses fast vollständigen Mangels an Struktur müssen sich bereits nach 850 Millionen Jahren supermassereiche Schwarze Löcher gebildet haben, die dichtesten überhaupt vorstellbaren Objekte. Um ein solches Schwarzes Loch zu erzeugen, musste das Universum zunächst eine erste Generation von Sternen bilden, die stellare Schwarze Löcher zurückließ, also Schwarze Löcher mit einigen oder einigen Dutzend Sonnenmassen. Diese Schwarzen Löcher sammelten dann mit ungeheurer Geschwindigkeit eine riesige Masse zusammen. Theoretische Modelle lassen darauf schließen, dass ein solches Wachstum selbst unter idealen Bedingungen kaum möglich ist, woraus folgt, dass solche extrem rotverschobenen Quasare selten sein müssten. Und das sind sie tatsächlich; nach mehr als zehnjähriger Suche haben wir bei diesen sehr hohen Rotverschiebungen nur einige wenige Dutzend Quasare gefunden.

Die Jagd nach den fernsten Quasaren geht weiter: 2011 wurde unser Rekord spektakulär gebrochen, als man einen Quasar bei einer Rotverschiebung von 7,08 entdeckte, wobei die Forscher eine Durchmusterung verwendeten, die empfindlicher für längere Wellenlängen war (weiter ins Infrarot hineinreichte) als der Sloan Survey. Seit der Zeit, als dieser Quasar das Licht emittierte, das wir heute sehen, ist das Universum um einen Faktor 8,08 expandiert. Andere Teams suchen mit dem Hubble-Weltraumteleskop, dem Subaru-Teleskop auf Hawaii und anderen Teleskopen nach noch höheren Rotverschiebungen. Noch ist unklar, ob vorhandene Modelle der Galaxienbildung und des Wachstums von Schwarzen Löchern in der Lage sein werden, diese und künftige Entdeckungen zu erklären, wenn die Rotverschiebungsrekorde weiterhin so regelmäßig gebrochen werden. Es dürften interessante Zeiten vor uns liegen!

Ein Reiz der Astronomie liegt darin, dass wir jedes Mal, wenn wir auf neue Weise an den Himmel blicken, grundlegende neue und nicht vorausgesehene Entdeckungen machen. Ein schönes Beispiel dafür ist der Sloan Digital Sky Survey, dessen Entdeckungen eine wichtige Rolle in diesem und im 15. Kapitel gespielt haben. Gegenwärtig bin ich an der Entwicklung des Nachfolgers beteiligt, des Large Synoptic Survey Telescope, das gerade auf einem Berggipfel der chilenischen Anden errichtet wird. Es wird über ein weit größeres Lichtsammelvermögen verfügen als das Sloan-Teleskop, und in seiner zehnjährigen Durchmusterungszeit wird es dazu dienen, die Eigenschaften von lichtschwachen Galaxien und Quasaren zu untersuchen, die Verteilung Dunkler Materie anhand des Gravitationslinseneffekt zu kartieren – anhand der Verzerrungen, die die Gestalt von Galaxien durch diesen Effekt erleidet – sowie Hunderte oder Tausende von Supernovae und anderen kurzlebigen Phänomenen zu entdecken. Das Teleskop wird einen Film von einem Viertel des gesamten Himmels aufnehmen: 860 komplette Einzelbilder in zehn Jahren. Dazu werden wir 30 Terabyte Daten pro Tag verarbeiten müssen. Die Durchmusterung sollte außerdem Hunderte oder Tausende von Objekten des Kuipergürtels und von Asteroiden auf erdnaher Bahn erfassen. Doch am aufregendsten werden wohl die Entdeckungen sein, die wir uns noch gar nicht vorstellen können, die »unbekannten Unbekannten« nach Donald Rumsfeld.

TEIL III

EINSTEIN UND DAS UNIVERSUM

17

EINSTEINS WEG ZUR RELATIVITÄTSTHEORIE

J. RICHARD GOTT

Einsteins Name wird oft synonym mit »Genie« verwendet – etwa wenn man sagt: »He, Einstein, komm mal her!« (»He, du Genie, komm mal her!«) oder: »Er ist nicht gerade ein Einstein«, in der Bedeutung von: »Er ist nicht gerade ein Genie.« Einstein ist berühmt dafür, ein Genie zu sein. Auch Newton war ein Genie. Überall auf der Welt und zu jeder Zeit gab es auch andere Genies. Wer ist der bedeutendste englische Dichter? Shakespeare! Aufgrund seiner Theaterstücke und Gedichte wird Shakespeare oft als der Mensch mit dem größten aktiven Wortschatz in der Weltgeschichte bezeichnet. Seine Dichtungen umfassen 31.534 verschiedene Wörter. Eine statistische Analyse seiner Werke lässt darauf schließen, dass er mehr als 66.000 verschiedene Wörter gekannt haben muss. Shakespeare würde Newton im sprachlichen Teil des SAT – des Zulassungstests für amerikanische Hochschulen – weit übertreffen! Aber Newton würde Shakespeare wohl im mathematischen Teil schlagen. Newton wird häufig noch höher als Einstein eingeschätzt, weil er neben seinen Forschungen zu Gravitation und Optik auch entscheidende Beiträge zur Mathematik leistete, als er die Differential- und Integralrechnung erfand. Aber Newton hatte auch Glück, denn er wurde zur richtigen Zeit am richtigen Ort geboren – in Europa, als man dort genau über diese Probleme sprach. Isaac Barrow, Newtons Mentor und Professor in Cambridge, interessierte sich für die Berechnung des Rauminhaltes von Fässern und ähnlichen Gegenständen – ein Problem, das sich mit der Integralrechnung lösen ließ. Offenbar war die Zeit reif für die Entdeckung der Differential- und Integralrechnung. Tatsächlich entwickelte der Philosoph und Mathematiker Gottfried Wilhelm Leibniz auf dem europäischen Kontinent die Differential- und Integralrechnung unabhängig von Newton. Wenn Sie sich eine Weltkarte ansehen, werden Sie feststellen, dass Newton und Leibniz etwa zur gleichen Zeit nur einige Hundert Kilometer voneinander entfernt lebten. Das ist kein Zufall. Damals sprach man in Europa über solche Ideen.

Die Welt des späten 17. Jahrhunderts war für eine große Entdeckung bereit, denn Kepler hatte bereits 600 Seiten Beobachtungen von Tycho Brahe über die Positionen der Planeten ausgewertet und in drei einfache Gesetze der Planetenbewegungen verwandelt, die sich einer mathematischen Analyse unterziehen ließen. Wie Michael in Kapitel 3 erörtert hat, leitete Newton mithilfe des dritten Keplerschen Gesetzes sein $1/r^2$-Gesetz für die Gravitationskraft ab. Ähnlich lieferten im 20. Jahrhundert die experimentellen Daten der Wellenlängen der Wasserstoff-Balmer-Serie Hinweise auf eine Formel, die die Energieniveaus im Wasserstoffatom beschrieb und den Weg zur quantenmechanischen Beschreibung des Atoms durch Niels Bohr und Erwin Schrödinger ebnete.

Das *Time Magazine* wählte Einstein zum einflussreichsten Menschen des 20. Jahrhunderts – zur »Person des Jahrhunderts«. Gutenberg, Königin Elisabeth I., Jefferson und Edison wurden von *Time* jeweils zu den wichtigsten Personen ihrer Jahrhunderte erklärt. Shakespeare fiel ganz knapp durchs Raster, weil die *Time* Isaac Newton zu ihrer »Person of the Seventeenth Century« erkor.

Von Newton gibt es ein sehr ansehnliches lebensgroßes Denkmal im Trinity College an der Cambridge University. William Wordsworth schrieb ein Gedicht über das Standbild, in dem es hieß:

The marble index of a mind forever
Voyaging through strange seas of Thought, alone.[10]

Die Statue trägt eine Inschrift: *Newton qui genus humanum ingenio superavit.* Eine Übersetzung lautet: »Newton, dessen Genius das Menschengeschlecht übertrifft.« Menschen, die wie Neil der Meinung sind, Newton sei der klügste Mensch der Welt gewesen, haben da einen sehr konkreten Beleg für ihre Auffassung – in Marmor gemeißelt. Einstein hat man ein überlebensgroßes Denkmal gesetzt, in Washington, D.C., unweit des Vietnam Memorials, vor der National Academy of Sciences. Obwohl er sitzend dargestellt ist, misst sein Standbild noch 3,5 Meter. Kinder kommen dorthin und spielen auf seinen Knien.

Lassen Sie mich jetzt Einstein und Newton ein wenig eingehender vergleichen. Ich werde Neils Behauptung, Newton sei der größte Wissenschaftler aller Zeiten, nicht in Zweifel ziehen. Newton soll bekommen, was ihm gebührt. Aber ich werde die Auffassung vertreten, dass Einstein jemand ist, der sich durchaus um diesen Titel bewerben kann – jemand, der in Newtons Liga spielt.

Wie lautet Newtons bekannteste Gleichung?

$$F = ma$$

Und Einsteins bekannteste Gleichung?

$$E = mc^2$$

Welche dieser beiden Gleichungen ist berühmter? Newtons Gleichung, die wir eingehend in Kapitel 3 erörtert haben, besagt, dass massereiche Objekte schwerer zu beschleunigen sind. Wichtig für die Dynamik, aber ziemlich einfach. Es ist aufwendiger, ein Klavier zu bewegen als eine Mundharmonika. Einsteins Gleichung besagt, dass ein winziges Stück Masse in eine riesige Energiemenge verwandelt werden kann. Sie ist das Geheimnis, das der Atombombe zugrunde liegt. Sie verrät uns, wie die Sonne es anstellt zu scheinen. Welche Gleichung erscheint Ihnen wichtiger?

Newton hat eine weitere bekannte Gleichung: $F = GmM/r^2$, für die Gravitationskraft zwischen zwei Teilchen mit den Massen m und M. Das ist sehr wichtig. Auch Einstein hat noch eine weitere Gleichung: $E = h\nu$, aus der hervorgeht, dass das Licht aus Teilchen besteht, sogenannten *Photonen,* mit einer Energie, die gleich dem Planckschen Wirkungsquantum h mal der Frequenz ν des Photons ist. Für Newton spricht, dass er annahm, das Licht bestehe aus Teilchen, aber man könnte sagen, Einstein hat es bewiesen. Licht hat sowohl Teilchencharakter wie auch Wellencharakter, ein Umstand, der von entscheidender Bedeutung für die Quantenmechanik ist.

Beide Menschen erfanden Dinge von praktischem Wert: Newton das Spiegelteleskop. Alle großen Teleskope sind heute Spiegelteleskope – zum Beispiel das Hubble-Weltraumteleskop und die Keck-Teleskope. Einstein erfand das Prinzip, das dem Laser zugrunde liegt. Jedes Mal, wenn Sie eine CD oder eine DVD abspielen, verwenden Sie Einsteins Erfindung. Beide Männer waren zeitweise in Staatsdiensten. Newton wurde Münzwardein – Master of the Royal Mint. Er erfand die heute noch verwendete Riffelung an Münzrändern. Die hinderte Diebe daran, Silber von den Rändern der Silbermünzen zu kratzen und die dezimierten Zahlungsmittel für ihren vollen Wert weiterzugeben. Wenn man nun die Riffelung abkratzte, war es leicht zu erkennen. Jedes Mal, wenn Sie eine heutige Münze in die Hand nehmen, können Sie Newtons Einfluss erkennen. Wie nachhaltig Einstein in die Weltpolitik eingriff, ist allgemein bekannt: Er schrieb einen entscheidenden Brief an Präsident Franklin D. Roosevelt, der zum Manhattan-Projekt und zu den Atombomben führte, die den Zweiten Weltkrieg beendeten. Was Einstein damals tat, war so wichtig, dass wir noch heute mit den Auswirkungen zu tun haben.

Einstein war so berühmt, dass es den Menschen Freude machte, Anekdoten über ihn zu erzählen, die dann wieder den Einstein-Mythos nährten. Eine dieser kleinen Geschichten (möglicherweise erfunden) geht folgendermaßen: Einstein sprach mit einem Mann am Institute of Advanced Study in Princeton. Plötzlich griff dieser in seine Jackentasche, holte ein kleines Notizbuch heraus und kritzelte etwas hinein. Einstein fragte: »Was ist das?« »Oh, das ist mein Notizbuch«, sagte er Mann. »Ich trage es überall mit mir herum, wenn ich dann eine gute Idee hab, schreibe ich sie auf, damit ich sie nicht vergesse.« »So ein Notizbuch habe ich nie gebraucht«, erwiderte Einstein. »Ich hatte nur drei gute Ideen.« Welche Ideen sind das, und wie ist Einstein auf sie gekommen?

Die erste war die Spezielle Relativitätstheorie, die zu $E = mc^2$ führte. Die zweite war der photoelektrische Effekt – die Gleichung $E = h\nu$, für die Einstein 1921 den Nobelpreis für Physik erhielt. Und die dritte war die Allgemeine Relativitätstheorie, Einsteins Theorie der gekrümmten Raumzeit als Erklärung für die Gravitation. Nachdem er die Gleichungen ausgearbeitet hatte, sagte er vorher, das Licht werde in der Nähe der Sonne abgelenkt, weil es dort der gekrümmten Raumzeit folge, außerdem sagte er auch das Ausmaß der Ablenkung vorher. Sterne, die während einer Sonnenfinsternis in der Nähe der Sonne gesehen werden, müssten relativ zu Bildern, die Monate zuvor aufgenommen wurden, als die Sonne in einem ganz anderen Himmelsabschnitt stand, an einer leicht verschobenen Position erscheinen. Die von Einstein vorhergesagte Ablenkung (1,75 Bogensekunden bei Sternen in der Nähe des äußeren Sonnenrands) war doppelt so groß, wie Newtons Theorie es für mit Lichtgeschwindigkeit bewegte Teilchen voraussagte. Arthur Eddington leitete eine Expedition, die entsprechende Messungen vornahm. Einsteins Vorhersage erwies sich als richtig, Newtons Vorhersage als falsch. Heute halten wir uns an die Theorie von Einstein statt an die von Newton. Lassen wir das einen Augenblick auf uns wirken!

Ende des 20. Jahrhunderts sah ich ein Programm über die größten sportlichen Ereignisse der verflossenen hundert Jahre: Jesse Owens, der die 100 Meter bei der Olympiade 1936 in Berlin gewann; Secretariat, der bei den Belmont Stakes mit 31 Längen Vorsprung durchs Ziel ging und damit die Triple Crown des Galoppsports vervollständigte; Muhammad Ali, der George Foreman in Zaire ausknockte und sich damit den Weltmeistertitel im Schwergewicht zurückholte. Was war im 20. Jahrhundert das größte Spiel in der Wissenschaft? Stellen Sie sich Newton und Einstein auf einem Basketballfeld vor.

Newton hat den Ball bekommen. Er dribbelt über das Feld. Und es ist nicht einfach irgendein Ball, es ist seine Gravitationstheorie – der Stolz seines Lebens! Dann kommt Einstein, nimmt ihm den Ball ab, wirft – und *wutsch* ist der Ball im Korb! Das ist das größte Spiel in der Wissenschaft des 20. Jahrhunderts.

Ich möchte erklären, wie Einstein auf seine großen Ideen kam. Einstein war gut in der Schule. Er bekam ausgezeichnete Noten in den naturwissenschaftlichen Fächern. Vergessen Sie all die Geschichten über den miserablen Schüler Einstein. Seine erste Berührung mit der Wissenschaft hatte er mit vier Jahren, als sein Vater ihm einen Kompass zeigte. Einstein war so fasziniert von dem Gerät, dass damit sein ernsthaftes Interesse an den Naturwissenschaften geweckt war. Mit etwa zwölf Jahren brachte sich Einstein selbst die Differential- und Integralrechnung bei. Schlaues Bürschchen. Als er 16 war, begann er, sich mit der aufregendsten physikalischen Theorie seiner Zeit auseinanderzusetzen – Maxwells Theorie des Elektromagnetismus. Maxwell vereinigte all die verschiedenen Gesetze der Elektrizität und des Magnetismus.

Elektrische Ladungen können entweder negativ oder positiv sein. Mit einer Kraft proportional zu $1/r^2$ ziehen sich ungleichnamige Ladungen an und stoßen sich gleichnamige Ladungen ab. Zwei positive Landungen stoßen einander ab, zwei negative Ladungen stoßen einander ab, aber eine positive und eine negative Landung ziehen einander an. Das ist das *Coulombsche Gesetz.* Es ist für die statische Elektrizität verantwortlich. Ladungen erzeugen elektrische Felder in dem sie umgebenden Raum, und wenn Sie eine elektrische Ladung sind, dann beschleunigen diese Felder Sie. Das elektrische Feld erzeugt die elektrostatische Kraft proportional zu $1/r^2$. Es verursacht auch die statische Aufladung, die im Winter in Ihren Kleidern hängt. Doch bewegte Ladungen erzeugen auch ein Magnetfeld, und ein Magnetfeld kann auf Sie einwirken, wenn Sie eine bewegte elektrische Ladung sind. Bewegt sich eine Ladung nicht, ist die Magnetkraft darauf gleich null, doch wenn sie sich bewegt und ein Magnetfeld vorhanden ist, wirkt eine nicht-verschwindende Magnetkraft. Diese Ideen sind in gleich mehrere physikalische Gesetze eingeflossen: Das *Ampèresche Durchflutungsgesetz* sagt aus, wie bewegte Ladungen (beispielsweise elektrischer Strom in einem Kabel) ein Magnetfeld erzeugen. Wenn Sie die Magnetfelder und die elektrischen Felder an einem gegebenen Punkt kennen, können Sie ausrechnen, welche magnetischen und elektrischen Kräfte an dem betreffenden Ort auf eine bewegte Ladung einwirken. Das auf Faraday zurückgehende *Induktionsgesetz* beschreibt, wie ein veränderliches Magnetfeld ein elektrisches Feld erzeugt. Und man wusste damals auch, dass es keine »magnetischen Ladungen« gibt; das heißt, wir finden niemals einen isolierten magnetischen Nord- (oder Süd-) Pol mit einem von ihm ausgehenden Magnetfeld. Das *Gesetz der Ladungserhaltung* besagt, dass die Gesamtzahl der elektrischen Ladungen (die Anzahl der positiven Ladungen minus die Anzahl der negativen Ladungen) konstant bleibt. Wenn Sie beispielsweise zehn positive Ladungen und neun negative Ladungen in einer Region haben, beträgt die Gesamtladung +1. Eine positive und eine negative Ladung können sich zusammenschließen und gegenseitig neutralisieren, sodass neun positive und acht negative Ladungen übrig bleiben, aber trotzdem bleibt die Gesamtladung +1.

Maxwell schaute sich die bekannten Gesetze des Elektromagnetismus an und wies nach, dass sie zum Gesetz der Ladungserhaltung im Widerspruch standen. Wie er zeigte, musste ein neuer Effekt hinzugefügt werden, um den Widerspruch aufzuheben: Ein veränderliches elektrisches Feld erzeugt ein Magnetfeld. Alle diese Effekte fasste er in einem System von vier Gleichungen zusammen: den *Maxwell-Gleichungen.* (Manchmal haben Physikstudenten sie auf T-Shirts!)

Maxwells Gleichungen enthielten die Konstante c, die das Verhältnis zwischen den Stärken der elektrischen und der magnetischen Kraft betraf. Wenn sich eine Gruppe von Ladungen mit der Geschwindigkeit v bewegt, dann stehen die auf jene Ladungen wirkende magnetische und die elektrische Kraft im Verhältnis v^2/c^2, wobei c die Dimension einer Geschwindigkeit hat. Maxwell führte Laborexperimente durch, bei denen er die magnetische und elektrische Kraft miteinander verglich, um die Konstante c zu bestimmen, und er bekam einen sehr hohen Wert heraus. Seiner Schätzung nach hatte die Konstante c den Wert 310.740 km/s. Außerdem fand Maxwell eine hochinteressante Lösung für seine Gleichungen: eine elektromagnetische Welle, die sich mit der Geschwindigkeit c durch den leeren Raum bewegt.

Die magnetischen und elektrischen Felder waren dabei senkrecht zur Geschwindigkeit der Welle. Die Welle ist sinusförmig, und während diese Welle Ihren Standort passiert, oszillieren die dortigen elektrischen und magnetischen Felder. Mit anderen Worten, die elektrischen und magnetischen Felder veränderten sich beide. Das veränderliche elektrische Feld erzeugte das magnetische Feld, und das sich verändernde magnetische Feld erzeugte das elektrische Feld. Die sich selbst anregende Konfiguration pflanzte sich im leeren Raum mit einer Geschwindigkeit von c = 310.740 km/s fort.

Heureka! Maxwell erkannte diese Geschwindigkeit – es war die Lichtgeschwindigkeit! Licht musste eine elektromagnetische Welle sein! Das war einer der großen Momente in der Wissenschaft. Woher kannte Maxwell die Lichtgeschwindigkeit? Weil Astronomen – ich möchte hier eine Lanze für die Astronomen brechen – die Lichtgeschwindigkeit gemessen hatten! 1676 bemerkte der dänische Astronom Ole Rømer, dass aufeinanderfolgende Verfinsterungen des Jupitermonds Io durch Jupiter rascher aufeinanderfolgten, wenn sich die Erde Jupiter näherte, aber größere Zeitabstände aufwiesen, wenn die Erde sich von Jupiter entfernte. Der Blick auf diese den Jupiter umkreisenden Satelliten war wie der Blick auf ein riesiges Zifferblatt. Wenn wir uns Jupiter nähern, beobachten wir, dass die Uhr rascher geht, doch wenn wir uns von ihm entfernen, können wir sehen, dass die Uhr langsamer geht. Zu Recht schrieb Rømer diesen Umstand der Endlichkeit der Lichtgeschwindigkeit zu. Wenn wir uns Jupiter nähern, schrumpft die Entfernung zu dem Planeten, sodass das Licht, das uns die aufeinanderfolgenden Verfinsterungen anzeigt, immer weniger Abstand überwinden muss, um zu uns zu gelangen – Ihre Ankunft beschleunigt sich. Dieser Effekt ähnelt einer Dopplerverschiebung, bei der die »Signale« aufeinanderfolgender Verfinsterungen enger zusammengeschoben werden. Er gelangte zu dem Schluss, dass das Licht ungefähr elf Minuten brauche, um den halben Durchmesser der Erdbahn zu durchqueren. Tatsächlich sind es rund acht Minuten, also lag Rømer bereits einigermaßen richtig. Wenn die Erde Jupiter am nächsten steht, dann geht die Jupiter-Uhr etwa acht Minuten vor, und wenn wir den größten Abstand erreicht haben, geht die Uhr rund acht Minuten nach. Wie in Kapitel 8 erörtert, hat Giovanni Cassini 1672 den Abstand zum Mars mithilfe des Parallaxeffekts gemessen. Aus diesem Abstand lässt sich der Radius der Erdbahn errechnen. Mithilfe von Rømers Daten und einer Schätzung für den Radius der Erdbahn war Christiaan Huygens in der Lage, die Lichtgeschwindigkeit zu schätzen: Er kam auf 220.000 km/s (und lag damit nur um 27 Prozent zu niedrig, gemessen an dem tatsächlichen Wert von 299.792 km/s).

1728 verwendete James Bradley, ein weiterer Astronom, eine andere Methode zur Messung der Lichtgeschwindigkeit. Stellen Sie sich einen Stern vor, der direkt über Ihnen steht. Wie Regen fällt sein Licht senkrecht auf Sie herab. Wenn Sie im Regen Auto fahren, trifft der Regen allerdings schräg von vorne auf Ihre Fenster auf, weil Sie sich bewegen. Die Erde bewegt sich mit 30 km/s auf ihrer Bahn um die Sonne. Das ist, als führen Sie Auto. Wenn Sie Ihr Teleskop senkrecht nach oben richten, wird das Licht im Herabfallen auf die Seitenwand Ihres Teleskops treffen und nicht in das Okular am Ende Ihres Teleskops – weil Sie sich bewegen. Um den Stern zu sehen, müssen Sie ihr Teleskop ein wenig neigen, um der Schräge des Regeneinfalls Rechnung zu tragen, den sie aus Ihrem bewegten Fahrzeug, der Erde, sehen. Wie viel? Die Neigung muss rund 20 Bogensekunden betragen. Wenn Sie denselben Stern sechs Monate später beobachten, wird er sich um 20 Bogensekunden in die andere Richtung verschoben haben. Bradley konnte diesen Effekt, die sogenannte *stellare Aberration*, messen. Der Wert dieser Neigung im Bogenmaß entspricht v_{Erde}/v_{Licht}, wofür sich nach Bradleys Berechnung rund ein Zehntausendstel ergab. So konnte er ableiten, dass die Lichtgeschwindigkeit rund 10.000-mal höher sein musste als die Bahngeschwindigkeit der Erde von 30 km/s – also 300.000 km/s. Als Maxwell nun 1865 vorhersagte, seine elektromagnetischen Wellen würden sich mit einer Geschwindigkeit von rund 310.740 km/s durch den leeren Raum bewegen, erkannte er, dass diese Geschwindigkeit der Lichtgeschwindigkeit entsprach, die die Astronomen bereits gemessen hatten (300.000 km/s). Berücksichtigt man die Fehlerbalken seiner Vorhersage (infolge von Ungenauigkeiten seiner Messungen der elektrischen und magnetischen Kraft) und der astronomischen Beobachtungen, dann stimmten die beiden Zahlen überein. Licht ist eine elektromagnetische Welle. Maxwell erkannte auch, dass elektromagnetische Wellen sehr viel kürzere oder längere Wellenlängen haben konnten als das sichtbare Licht. Heute bezeichnen wir die kürzeren als ultraviolette Strahlen, Röntgenstrahlen und Gammastrahlen, während es sich bei den längeren um Infrarot, Mikrowellen und Radiowellen handelt. 1886 bewies Heinrich Hertz die Existenz von elektromagnetischen Wellen, als er Radiowellen quer durch ein Zimmer sandte und sie am anderen Ende empfing. Maxwells Theorie war seinerzeit die aufregendste Theorie der Physik, und diese Aufregung übertrug sich auf Einstein.

1896 führte der 17-jährige Einstein das folgende Gedankenexperiment durch: Er stellte sich vor, er entfernte sich mit Lichtgeschwindigkeit von der Rathausuhr. Wenn er nun zurückblickte, musste sie aussehen, als wäre sie um 12 Uhr mittags stehen geblieben, weil das Licht, das sie um 12 Uhr mittags zeigte, mit ihm reiste. Bliebe die Zeit irgendwie stehen, wenn man mit Lichtgeschwindigkeit unterwegs wäre? Er stellte sich vor, er schaute auf einen Lichtstrahl, der neben ihm herjagte. Er erblickte ruhende Wellen eines elektrischen Felds, die wie Ackerfurchen aussahen. Relativ zu ihm bewegten sie sich nicht. Er reiste mit der gleichen Geschwindigkeit wie die Welle, daher erschienen sie ihm in Ruhe. Doch eine solche *ruhende* wellenartige Konfiguration elektrischer und magnetischer Felder im leeren Raum ließen Maxwells Feldgleichungen nicht zu. Was er aus dem Fenster seines imaginären Raumschiffs sah, erschien ihm unmöglich. Einstein erkannte hier ein Paradox – etwas musste falsch sein. Neun Jahre brauchte er, um es zu lösen.

Was Einstein dann tat, war durchaus originell. 1905 stellte er zwei Postulate auf:

1. Bewegung ist relativ. Die Auswirkungen der physikalischen Gesetze müssen für jeden Beobachter in *gleichförmiger Bewegung* (eine Bewegung mit gleichbleibender Geschwindigkeit, ohne Richtungswechsel) gleich aussehen.
2. Die Lichtgeschwindigkeit im Vakuum ist konstant. Für die Geschwindigkeit *c*, mit der sich Licht durch den leeren Raum bewegt, misst jeder Beobachter in gleichförmiger Bewegung denselben Wert.

Auf diesen beiden Postulaten gründet Einsteins *Spezielle Relativitätstheorie*. Die Theorie heißt Relativitätstheorie, weil »Bewegung relativ ist« (das erste Postulat) und *speziell*, weil es dabei speziell um gleichförmige Bewegungen geht. Das erste Postulat haben Sie schon selbst überprüft. Sind Sie schon einmal in einem Flugzeug mit 800 Stundenkilometern (in gerader Linie, ohne Richtungswechsel) geflogen, die Rouleaus heruntergezogen, damit Sie einen schlechten Film sehen konnten? Es kommt einem vor, als säße man irgendwo still auf der Erde. In dem schnell bewegten Flugzeug haben Sie den Eindruck, in Ruhe zu sein. In diesem Augenblick umkreisen wir die Sonne mit 30 km/s, und doch meinen wir, in Ruhe zu sein. Das erste Postulat ist das Relativitätsprinzip: Nur relative Bewegungen sind von Bedeutung, ein absoluter Ruhepunkt lässt sich nicht bestimmen. Newtons Gravitationsgesetz erfüllt dieses Postulat. Es besagt, dass die Beschleunigung (die Änderungsrate der Geschwindigkeit) zweier Teilchen von ihrem wechselseitigen Abstand abhängt und nichts mit ihren Geschwindigkeiten zu tun hat. Mit anderen Worten, egal ob die Sonne, von ihren Planeten umkreist, in Ruhe wäre oder ob die ganze Chose mit 100.000 km/s dahinraste, die Abläufe des Sonnensystems wären die gleichen. Für Newton hätte das keine Rolle gespielt. Sie können durch kein wie auch immer geartetes Experiment innerhalb des Sonnensystems entscheiden, ob sich das System bewegt oder nicht. Tatsächlich bewegt es sich, es umkreist das Zentrum der Milchstraße mit rund 220 km/s. Newtons Theorie gehorchte dem ersten Postulat, und Einstein war der Meinung, auch Maxwells Gleichungen müssten dem Postulat genügen. Alle Gesetze der Physik müssten es.

Das zweite Postulat ist seltsam. Es bedeutet: Wenn ich einen Lichtstrahl vorbeistreichen sehe, muss ich seine Geschwindigkeit mit rund 300.000 km/s messen. Doch kommt dann jemand anders mit 100.000 km/s an mir vorbeigelaufen und betrachtet denselben Lichtstrahl, darf er für die Lichtgeschwindigkeit *nicht* 200.000 km/s als Messwert annehmen, wie Sie vielleicht meinen. Sein Ergebnis muss, genau wie meines, 300.000 km/s lauten. Es ist verrückt!

Der gesunde Menschenverstand sträubt sich. Geschwindigkeiten müssen sich addieren. Tatsächlich kann das nur einen Sinn ergeben, wenn die Uhren des anderen Beobachters anders ticken und wenn auch seine Entfernungsmessungen von den meinen verschieden sind. Bemerkenswerterweise entschloss sich Einstein dazu, diese beiden Postulate zu glauben und auf den gesunden Menschenverstand zu pfeifen! Wenn es sich um ein Schachspiel handelte, würden wir das einen »genialen Zug« nennen (mit der Kennzeichnung: !!), einer dieser Züge, die ein Schachmatt nach 17 Zügen erzwingen. Einstein ging von der Annahme aus, die beiden Postulate seien richtig, leitete aus ihnen Gedankenexperimente ab, bewies Theoreme, die auf diesen Gedankenexperimenten beruhten, und schaute, was dabei herauskam. Wenn sich bei einer Überprüfung dann herausstellte, dass sich die Vorhersagen der Theorie als richtig erwiesen, dann war dies ein deutlicher Hinweis darauf, dass die Postulate stimmten. Das war unglaublich. So etwas hatte noch niemand zuvor getan. Einsteins Postulate waren falsifizierbar.[11] Wenn Einsteins Theoreme Antworten geliefert hätten, die von Beobachtungen widerlegt würden, dann hätte sich seine Theorie als falsch erwiesen. Wenn die Theoreme mit den Beobachtungen übereinstimmten, genügte das zwar nicht, um die Postulate endgültig zu beweisen, war aber sicherlich ein Beleg, der für ihre Richtigkeit sprach.

Warum glaubte Einstein an das zweite Postulat? Es lag daran, dass die Lichtgeschwindigkeit in Maxwells Gleichungen eine Konstante ist und auf einem Verhältnis zwischen magnetischer und elektrischer Kraft beruht, das sich im Labor messen ließ. Maxwell errechnete, dass Lichtwellen sich mit rund 300.000 km/s durch den leeren Raum bewegen. Wenn Sie einen Lichtstrahl mit irgendeiner anderen Geschwindigkeit an sich vorbeistreichen sähen (sagen wir mit 200.000 km/s), wären Sie in der Lage, daraus zu schließen, dass Sie sich mit 100.000 km/s bewegen. Sie könnten daraus schließen, dass Sie sich bewegen. Das verstieße jedoch gegen das erste Postulat. 1887 versuchten Albert Michelson und Edward Morley in einem berühmten Experiment, die Geschwindigkeit der Erde auf ihrer Bahn um die Sonne zu messen, indem sie Lichtstrahlen von Spiegeln in ihrem Labor abprallen ließen. Tatsächlich versuchten sie bei Lichtstrahlen, die parallel und senkrecht zur Erdgeschwindigkeit unterwegs waren, relativ zu ihrem Labor Unterschiede in der Lichtgeschwindigkeit zu messen. Ihre Messungen waren so genau, dass sie einen Geschwindigkeitsunterschied vom Betrag der Geschwindigkeit der Erde auf ihrer Bahn um die Sonne, 30 km/s, deutlich hätten nachweisen müssen. Überraschenderweise erhielten sie aber ein Ergebnis von null für die Erdgeschwindigkeit, als wäre die Erde in Ruhe, während die Lichtstrahlen sich in alle Richtungen mit der gleichen Geschwindigkeit relativ zu ihrem Labor bewegten. Aber wir wissen, dass die Erde sich bewegt – wir sehen die stellare Aberration. Es war ziemlich verwirrend. Doch ihr Ergebnis entsprach genau dem, was Einsteins zweites Postulat vorhergesagt hätte. Wir messen immer den gleichen Wert für die Lichtgeschwindigkeit, egal, ob die Erde sich bewegt oder nicht. Wenn Sie also an das zweite Postulat geglaubt hätten, dann hätten Sie vorhergesagt, dass Michelson und Morley ein Ergebnis von null erhalten würden.

Einstein glaubt also an seine beiden Postulate und beweist Theoreme, die auf ihnen beruhen. Hier ist eines seiner Ergebnisse: Sie können kein Raumschiff bauen, das schneller als das Licht fliegt. Warum? Nehmen Sie an, ich richte einen Laserstrahl auf eine Wand in meinem Wohnzimmer; er trifft auf die Wand. Ich darf davon ausgehen, dass ich mich in Ruhe befinde. Doch würden Sie eine Rakete bauen, die schneller als das Licht fliegt, und dasselbe Experiment an Bord der Rakete ausführen, bekämen Sie ein anderes Resultat. Säßen Sie in der Mitte Ihres Raumschiffs und richteten Sie Ihren Laserstrahl auf das Vorderende Ihres Schiffs, käme er dort nie an. Jeder Sportler wird Ihnen sagen, dass sie keinen Läufer einholen können, der schneller als Sie ist und einen Vorsprung hat. Der Lichtstrahl des Lasers kann das Vorderende der Rakete nicht erreichen, weil sich dieses Vorderende schneller bewegt (schneller als Licht) und weil es einen Vorsprung hat. Würden Sie dieses Experiment im Raumschiff durchführen, würden Sie wissen, dass Sie sich bewegen (nämlich schneller als das Licht). Doch halt – das ist nach dem ersten Postulat nicht erlaubt. Da Sie sich mit gleichförmiger Geschwindigkeit ohne Richtungswechsel bewegen, dürften Sie nicht beweisen können, dass Sie sich bewegen. Sie müssten zu den gleichen Ergebnissen kommen wie ich in meinem Wohnzimmer. Daraus folgt, dass Sie nicht in der Lage sein dürfen, ein Raumschiff zu bauen, das schneller als mit Lichtgeschwindigkeit fliegen kann. Ein seltsames Ergebnis, doch wenn Sie an die beiden Postulate glauben, müssen Sie auch dieses Ergebnis akzeptieren. Wenn Sie langsamer als mit Lichtgeschwindigkeit fliegen, wird der Laserstrahl irgendwann das Vorderende der Rakete erreichen. Das mag sehr lange dauern, aber auch wenn Ihre Uhren sehr langsam gehen, wird es am Ende geschehen. Langsamer als mit Lichtgeschwindigkeit zu fliegen, ist okay, aber Sie können keine Rakete bauen, die schneller als das Licht fliegt. Wir haben das in unseren Teilchenbeschleunigern überprüft, in denen wir Teilchen wie Elektronen und Protonen zu immer höheren Geschwindigkeiten antreiben. Diese Teilchen kommen der Lichtgeschwindigkeit näher und näher, aber werden sie nie ganz erreichen.

Hier ist ein anderes Ergebnis. Stellen Sie sich eine »Lichtuhr« vor, in der ein Lichtstrahl senkrecht zwischen zwei Spiegeln auf- und abläuft, sagen wir, zwischen einem Spiegel an der Decke und einem am Fußboden; jede Ankunft an einem der Spiegel soll einem »Tick« der Uhr entsprechen. Das Licht bewegt sich mit 300.000 km/s, entsprechend 30 Zentimetern pro Nanosekunde. Diese 30 Zentimeter entsprechen im angloamerikanischen Maßsystem ziemlich genau der Längeneinheit »foot«, Fuß. Verwenden wir diese Einheit also im Folgenden. Eine Nanosekunde ist ein Milliardstel einer Sekunde. Wenn wir die beiden Spiegel um 3 Fuß senkrecht auseinanderrücken, wird die Uhr alle drei Nanosekunden einmal »Tick« machen (Abb. 17.1).

Es ist eine sehr schnelle Uhr; sie sieht aus wie eine Standuhr, nur dass sie viel schneller geht. Der Lichtstrahl läuft zwischen den beiden Spiegeln auf und ab, auf und ab. Alle drei Nanosekunden trifft er auf einen Spiegel. Das ist meine Lichtuhr. Stellen Sie sich jetzt eine Astronautin vor, die von links nach rechts mit 80 Prozent der Lichtgeschwindigkeit an mir vorbeifliegt und eine ähnliche Lichtuhr hält. Sie bewegt sich langsamer als mit Lichtgeschwindigkeit, daher ist das möglich. Aus Sicht der Astronautin tickt ihre eigene Lichtuhr vollkommen normal – der Lichtstrahl läuft auf und ab und tickt aus ihrer Perspektive alle drei Nanosekunden einmal. Doch wenn ich durch das Fenster ihres Raumschiffs sehe, erblicke ich von außen ihre Uhr, die sich mit 80 Prozent der Lichtgeschwindigkeit bewegt, und erkenne, dass ihr Lichtstrahl einen diagonalen Weg zurücklegt. Der Lichtstrahl beginnt unten, doch zu dem Zeitpunkt, da er 3 Fuß nach oben gelaufen ist, hat sich der obere Spiegel um 4 Fuß von links nach rechts bewegt. Der Lichtstrahl muss also auf einem diagonalen Weg laufen, und der ist 5 Fuß lang. Wir haben es mit einem rechtwinkligen Dreieck zu tun, dessen Seiten im

Verhältnis 3 zu 4 zu 5 stehen: 3 Fuß senkrecht, 4 Fuß von links nach rechts und 5 Fuß entlang der Hypotenuse. Das erfüllt den Satz des Pythagoras: $3^2 + 4^2 = 5^2$. In der gleichen Zeit, in welcher der Lichtstrahl relativ zu mir 5 Fuß diagonal von links unten nach rechts oben zurücklegt, bewegt sich die Astronautin 4 Fuß von links nach rechts. Folglich fliegt sie relativ zu mir mit 4/5 oder 80 Prozent der Lichtgeschwindigkeit.

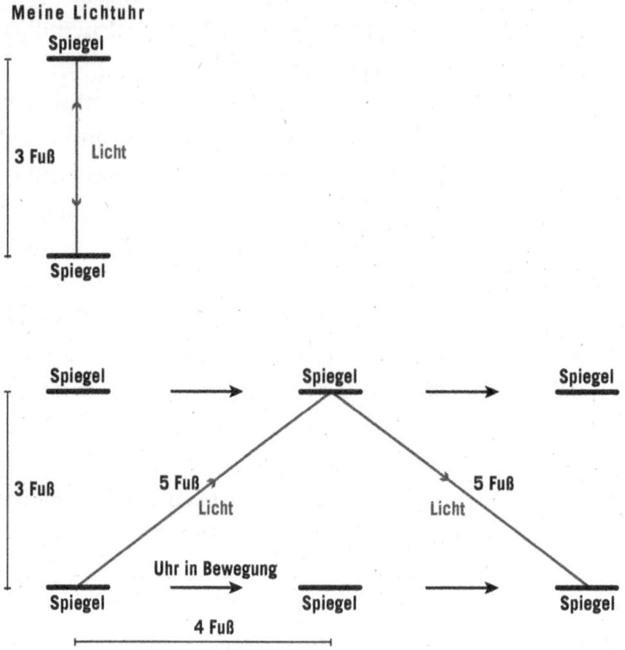

Abbildung 17.1: Lichtuhren. Das Licht trifft alle drei Nanosekunden auf einen der Spiegel. Eine ähnliche Lichtuhr führt eine Astronautin mit sich, die relativ zu mir mit 80 Prozent der Lichtgeschwindigkeit unterwegs ist. Das Licht bewegt sich mit einer konstanten Geschwindigkeit von einem Fuß (rund 30 Zentimetern) pro Nanosekunde. Die Lichtstrahlen in der Uhr der Astronautin sehe ich auf einer langen diagonalen Bahn von 5 Fuß Länge entlanglaufen, daher tickt die Uhr der Astronautin nach meiner Beobachtung nur alle fünf Nanosekunden einmal. *Credit:* Leicht verändert übernommen von J. Richard Gott (*Zeitreisen in Einsteins Universum*, Reinbek 2002)

Da das Licht für mich einen Fuß pro Nanosekunde zurücklegt (nach dem zweiten Postulat), stelle ich fest, dass es fünf Nanosekunden braucht, um auf dem diagonalen Weg von 5 Fuß von unten links nach oben rechts zu gelangen. Außerdem stelle ich fest, dass das Licht weitere fünf Nanosekunden benötigt, um die nach unten führende Diagonale zurückzulegen, wo es dann insgesamt 8 Fuß rechts von seinem Ausgangspunkt entfernt wieder auf den unteren Spiegel trifft. Ich stelle also fest, dass die Uhr der Astronautin nur einmal alle fünf Nanosekunden tickt, statt alle drei Nanosekunden einmal. Mit anderen Worten: Ich stelle fest, dass ihre Uhr langsamer tickt (nämlich nur 3/5 so schnell wie meine).

Nun zum interessanten Teil. Ich muss nämlich außerdem beobachten, dass auch das Herz der Astronautin langsamer tickt (ebenfalls nur 3/5 so schnell wie meines), denn sonst würde sie bemerken, dass ihre Lichtuhr relativ zu ihrem Herzschlag langsamer tickt, woraus sie schließen könnte, dass sie sich bewegt, was nach dem ersten Postulat nicht erlaubt ist. Jede Uhr, die sie an Bord hat, muss ebenfalls langsamer ticken, nur 3/5 so schnell, sonst könnte die Astronautin feststellen, dass sie sich bewegt. Wenn die Astronautin ein zerfallendes *Myon* besitzt (ein instabiles Elementarteilchen, das schwerer als das Elektron ist) muss es langsamer zerfallen. Sie muss langsamer altern. Sie isst langsamer. Und ... sie ... spricht ... viel ... langsamer. Jeder Prozess in dem Raumschiff vollzieht sich langsamer.

Wie viel langsamer, hängt von der Geschwindigkeit v der Astronautin ab: Wenn ich um zehn Jahre altere, zeigt eine ähnliche Berechnung, wie wir sie für die Lichtuhr angestellt haben,[12] dass die Astronautin um zehn Jahre mal $\sqrt{[1 - (v^2/c^2)]}$ altert. Bei Geschwindigkeiten, die im Vergleich zur Lichtgeschwindigkeit klein sind, wie sie in unserem Alltag normal sind, ist dieser relative Altersfaktor annähernd gleich 1. Wenn v/c relativ zu 1 klein ist, dann ist (v^2/c^2) wirklich winzig im Verhältnis zu 1; etwas wirklich Winziges von 1 abgezogen, ergibt ein Wert, der immer noch ungefähr gleich 1 ist, und die Quadratwurzel aus 1 ist 1 – was alles in allem bedeutet, dass dieser Faktor den Alterungsprozess der Astronautin nicht merklich verändert. Das heißt, die Astronautin würde ebenfalls um zehn Jahre altern, und ich würde keinen Unterschied zwischen ihrem und meinem Alterungsprozess bemerken. Das ist auch der Grund, warum uns gewöhnlich nicht auffällt, dass bewegte Uhren langsamer ticken. Doch wenn sich die Astronautin mit einer Geschwindigkeit nahe der des Lichts bewegt – sagen wir, mit 99,995 Prozent der Lichtgeschwindigkeit – dann ist $v/c = 0{,}99995$, und $\sqrt{[1 - (v^2/c^2)]}$ beträgt rund 0,01. Das können Sie auf einem Taschenrechner überprüfen. Während ich um zehn Jahre altere, beobachte ich also, dass die Astronautin nur um 1/10 Jahr altert. Bei Geschwindigkeiten nahe der des Lichts kann die Verlangsamung der Zeit im Raumschiff extrem sein.

Wir halten diese Formel für richtig, weil wir sie experimentell überprüft haben. Physiker nahmen Atomuhren auf Flüge rund um den Globus mit, wobei sie nach Osten flogen, damit zur Geschwindigkeit des Flugzeugs noch die Rotationsgeschwindigkeit der Erde hinzukam, und sie stellten fest, dass diese Atomuhren gegenüber Uhren, die auf dem Rollfeld zurückgeblieben waren, (um rund 59 Nanosekunden) nachgingen - genauso, wie Einstein es vorhergesagt hätte. Myonen im Labor zerfallen mit einer Halbwertzeit von 2,2 Mikrosekunden – das heißt, jeweils rund die Hälfte der vorhandenen Myonen zerfällt in 2,2 Mikrosekunden. Doch Myonen, die fast mit Lichtgeschwindigkeit auf die Erde stürzen (als kosmische Strahlung), zerfallen sehr viel langsamer – in Einklang mit Einsteins Formel. Wir halten diese Formel für richtig, weil wir sie sehr oft getestet haben. Es ist ein komisches Universum, das sich überraschend verhält, aber es scheint nun mal das Universum zu sein, in dem wir leben. Einsteins beide Postulate sind offensichtlich wahr. Wir werden im nächsten Kapitel sehen, dass diese Postulate auch zu der Schlussfolgerung führen, dass $E = mc^2$ ist; die Atombombe hat das verifiziert. Es sind wahrhaft bemerkenswerte Resultate. Die Resultate sind bemerkenswert, weil die Postulate bemerkenswert sind. Je mehr sich alle diese Theoreme bewähren, desto größer wird unser Vertrauen in die Postulate.

18

BEDEUTUNG DER SPEZIELLEN RELATIVITÄTSTHEORIE

J. RICHARD GOTT

Einsteins Spezielle Relativitätstheorie revolutionierte unsere Begriffe von Raum und Zeit. Aus ihr folgte, dass man die Zeit als vierte Dimension betrachten konnte – neben den drei Dimensionen des Raums. Interessanterweise war es Einsteins Lehrer, Hermann Minkowski, der, auf Einsteins Spezielle Relativitätstheorie gestützt, das geometrische Bild von Raum und Zeit entwickelte und seine Resultate 1907 veröffentlichte. Einstein übernahm diese Sichtweise sofort. Wir leben in einem vierdimensionalen Universum. Was meine ich damit? Wir bezeichnen die Oberfläche der Erde als zweidimensional. Um einen Punkt auf der Erdoberfläche zu bestimmen, brauchen wir nämlich zwei Koordinaten – geografische Länge und Breite. Wenn Sie Ihren Breiten- und Längengrad kennen, wissen Sie, an welchem Ort auf der Erdoberfläche Sie sich befinden. Aber das Universum ist vierdimensional, woraus folgt, dass Sie vier Koordinaten brauchen, um zu bestimmen, wo Sie sind. Wenn Sie zu einer Party kommen wollen, muss ich Ihnen sagen, welchen Breiten- und Längengrad Sie auf der Erdoberfläche aufsuchen müssen. Außerdem muss ich Ihnen die Höhe über dem Erdboden angeben. Denn sicherlich möchten Sie nicht im dritten Stock auftauchen, wenn die Party im elften Stock stattfindet! Schließlich muss ich Ihnen noch mitteilen, um welche Zeit Sie kommen sollen. Wenn Sie zur falschen Zeit eintreffen, werden Sie die Party genauso sicher verpassen, wie wenn Sie ins falsche Stockwerk gehen. Jedes Ereignis wie zum Beispiel die Silvesterparty im 53. Stock, 5th Avenue und 34th Street, verlangt vier Koordinaten, um es zu lokalisieren: zwei Koordinaten, um den Ort auf der Erdoberfläche zu bestimmen, die Höhe und die Zeit des Ereignisses. Wir wissen, dass wir in einem vierdimensionalen Universum leben, weil wir vier Koordinaten brauchen.

Mithilfe dieses Konzepts können wir Raumzeitdiagramme zeichnen. Sicherlich haben Sie schon einmal in einem Buch ein Bild von der Erde gesehen, die die Sonne umkreist. Die Sonne ist ein großer weißer Fleck in der Mitte, und die Erdbahn ist als gestrichelter Kreis dargestellt, mit der Sonne im Mittelpunkt (weil die elliptische Erdbahn fast kreisförmig ist). Die Erde kann als kleiner blauer Fleck auf, sagen wir, 12 Uhr des Kreises gezeigt werden, als Position, die sie am 1. Januar einnimmt. Wenn wir die Erde bei der Umkreisung der Sonne zeigen wollten, könnten wir eine Bildfolge wählen, in der die Erde ihren Kreis entgegen des Uhrzeigersinns abarbeitet. Am 1. Februar wird sie etwa auf 11 Uhr auf dem Kreis stehen, am 1. März auf 10 Uhr und so weiter. Sie könnten einen Film daraus machen, in dem dann jede Position auf einem Einzelbild des Films zu sehen wäre. Wenn der Film abgespielt würde, würden Sie die Erde um die Sonne kreisen sehen.

Stellen Sie sich nun vor, Sie nähmen diesen Film und zerschnitten ihn in die Einzelbilder, die sie dann übereinander zu einem Stapel aufschichteten. Jedes Einzelbild wäre ein Augenblick der Zeit, wobei Einzelbilder, die weiter oben auf dem Stapel lägen, späteren Zeitpunkten entsprechen. Auf diese Weise könnten Sie ein Raumzeitbild der Erde bei ihrer Umkreisung der Sonne anfertigen. Die Zeit ist die senkrechte Dimension des Stapels – die Zukunft ist oben im Stapel, die Vergangenheit unten. Die beiden horizontalen Richtungen stellen die Raumdimensionen dar (wie Sie sie auf einem zweidimensionalen Bild der Erdbahn um die Sonne sähen). Die Sonne bewegt sich nicht – sie ist immer in der Mitte, daher bilden alle diese Bilder der Sonne zusammen einen weißen Stab, der senkrecht nach oben zeigt. Doch in jedem Einzelbild ist die Erde in eine neue Position gewandert, da sie sich ja entgegen des Uhrzeigersinns in ihrer Bahn um die Sonne bewegt, was bewirkt, dass die Erde in dem Stapel als blaue Spirale erscheint, die sich um den weißen Stab windet. Der Radius dieser blauen Spirale beträgt acht Lichtminuten – der Radius der Erdbahn. Im Laufe eines Jahres windet sich die Spirale einmal um die Sonne. Die blaue Spirale, die sich um den senkrechten Stab rankt, stellt ein Raumzeitdiagramm dar. Wir können die Umlaufbahnen von Merkur, Venus und Mars in das Diagramm einfügen, indem wir die Spiralen für sie ebenfalls um den senkrechten, die Sonne repräsentierenden Stab winden. Dieses Diagramm ist dreidimensional; ich habe eine der räumlichen Dimensionen fortgelassen, damit Sie sich das Diagramm bildlich vorstellen können. Sie wären nicht in der Lage, es zu visualisieren, wenn es vierdimensional wäre – Sie können nur drei Dimensionen sehen. Im vorliegenden Buch zeigen wir das Diagramm in 3-D, indem wir ein Stereobildpaar verwenden (Abb. 18.1, siehe Bildteil). Sie können es entweder als zwei Fotografien einer dreidimensionalen Vorlage genießen, die aus etwas verschiedenen Blickwinkeln aufgenommen wurden, oder der Anleitung folgen (die neben dem Text der Abbildung 4.2 abgedruckt ist), um es mithilfe beider Augen in seiner ganzen dreidimensionalen Pracht zu sehen.

Der senkrechte weiße Stab heißt die *Weltlinie* der Sonne – ihr Weg durch Raum und Zeit. Er ist weiß, weil die Sonne, wie wir in Kapitel 4 erfahren haben, weiß (und nicht gelb) ist. Die blaue Spirale ist die Weltlinie der Erde – ihr Weg durch die Raumzeit. Beachten Sie, dass die blaue Spirale die senkrechte Weltlinie der Sonne mal davor und mal dahinter passiert. Die orangefarbene Spirale, die sich eng um die Sonne windet, ist die Weltlinie von Merkur. Er braucht für eine Umkreisung der Sonne 88 Tage. Die graue Spirale ist Venus und die rote Mars. Je weiter draußen der Planet ist, desto größer ist die Ganghöhe der Spirale, die sich um die Sonne rankt. Wenn Sie vierdimensional denken, sollten Sie sich die Erde nicht als Kugel vorstellen, sondern als ein langes Stück Spaghetti, das spiralförmig um die Sonne gewunden ist. Die Erde hat eine Ausdehnung in der Zeit.

Auch Sie haben eine Weltlinie. Sie beginnt bei Ihrer Geburt, schlängelt sich durch alle Ereignisse Ihres Lebens und endet mit Ihrem Tod. Ihre Weltlinie misst ungefähr 30 Zentimeter von vorne nach hinten, ist rund 60 Zentimeter breit, 1 Meter und 80 Zentimeter hoch und besitzt, wenn sie Glück haben, eine Dauer von vielleicht 80 Jahren. Das also sind Raumzeitdiagramme, in denen sich bewegungslose Weltlinien mit einer statischen vierdimensionalen Raumzeitskulptur verflechten.

Wir können von einigen der Gedankenexperimente, die Einstein zum Begriff der Gleichzeitigkeit vorgeschlagen hat, ebenfalls Raumzeitdiagramme zeichnen. Nehmen Sie an, ich sitze im Mittelpunkt meines Labors, und es ist 30 Fuß, also rund 9 Meter breit. Ich bin ein Erdling. Mein Labor ist relativ zur Erde in Ruhe, und ich befinde mich in der Mitte meines Labors ebenfalls in Ruhe. Im Raumzeitdiagramm stellt die waagerechte Koordinate den Raum und die vertikale Koordinate die Zeit dar. Da ich mich in der Zeit bewege, aber nicht im Raum (nicht von links nach rechts oder von rechts nach links), geht meine Weltlinie senkrecht nach oben. Die Vorderwand meines Labors bewegt sich nicht; sie hat ebenfalls eine senkrechte Weltlinie, genauso wie die hintere Wand meines Labors. Die Weltlinie meiner Laborhinterwand, meine eigene (als Erdling) und die der Laborvorderwand sind drei parallele senkrechte Linien. Die Zukunft liegt oben, die Vergangenheit unten. Die Vorderwand meines Labors entspricht der senkrechten Linie rechts im Diagramm, die Hinterwand meines Labors der senkrechten Linie links. Für die waagerechten und senkrechten Skalen verwende ich die Einheiten Meter und Nanosekunden. Licht bewegt sich durch den leeren Raum mit einer Geschwindigkeit von 30 Zentimetern, einem Fuß, pro Nanosekunde. In dem Diagramm (Abb. 18.2) sind die Weltlinien der Lichtstrahlen gegenüber der Senkrechten um 45 Grad geneigt.

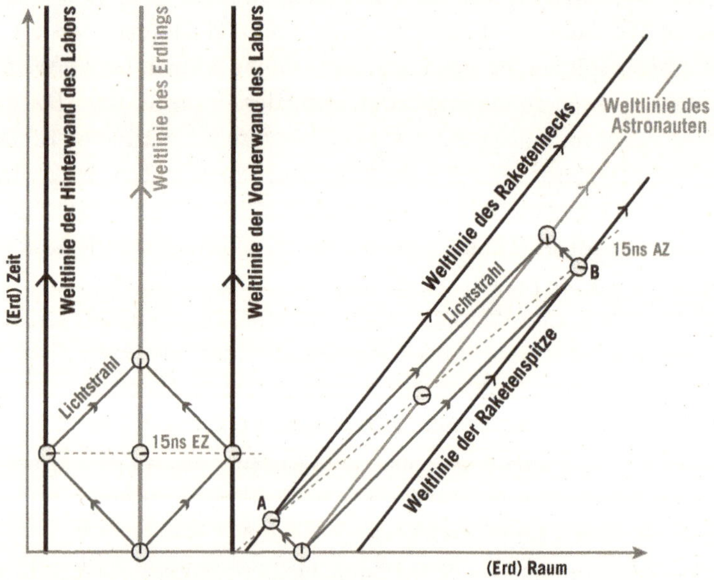

Abbildung 18.2: Raumzeitdiagramm meines Labors sowie der Rakete einer Astronautin. *Credit:* Leicht verändert übernommen von J. Richard Gott (*Zeitreisen in Einsteins Universum*, Reinbek 2002)

Sagen wir, zur Zeit t = 0 (Erdzeit, EZ; angezeigt in den kleinen Uhren auf meiner Weltlinie, mit einem Zeiger, der waagerecht steht) sende ich zwei Laserstrahlen aus, nach rechts und nach links, die auf Spiegel an der Vorder- beziehungsweise Hinterwand meines Labors treffen. Die Weltlinien dieser beiden Lichtstrahlen sind diagonale Linien, die um 45 Grad gekippt sind. Die Strahlen erreichen die Vorder- und Hinterwand des Labors gleichzeitig (wobei jeder eine Entfernung von 15 Fuß, 4,5 Metern, zurückgelegt hat) zur Zeit 15 Nanosekunden (EZ). Zwei kleine 60-Nanosekunden-Uhren, die beide 15 Nanosekunden (EZ) anzeigen, sind an den Punkten abgebildet, an denen die beiden Lichtstrahlen die Vorder- und Hinterwand des Labors schneiden. Des Erdlings (meine) Weltlinie weist ebenfalls eine kleine Uhr auf, die 15 Nanosekunden (EZ) anzeigt. Eine waagerechte gestrichelte Linie verbindet diese drei kleinen Uhren, die alle 15 Nanosekunden anzeigen. Die horizontale Linie verbindet Ereignisse, die für mich gleichzeitig sind. Nachdem die Laserstrahlen von den Spiegeln an der Vorder- und Hinterwand meines Labors zurückgeworfen worden sind, kehren sie zu mir zurück. Beide treffen sie zur gleichen Zeit bei mir ein, 30 Nanosekunden nach dem Start. Als die Laserstrahlen mich erreichen, zeigt meine Uhr 30 Nanosekunden an, weil die Laserstrahlen, die mit Lichtgeschwindigkeit unterwegs sind, auf dem Hinweg 15 Fuß (4,5 Meter) und auf dem Rückweg noch einmal 15 Fuß zurückgelegt haben, sodass sie eine Gesamtstrecke von 30 Fuß in 30 Nanosekunden durchmessen haben, ein Fuß pro Nanosekunde. So weit, so gut.

Doch jetzt wollen wir, Einsteins Argument folgend, einen Astronauten betrachten, der mit 80 Prozent der Lichtgeschwindigkeit in einem Raumschiff (von links nach rechts) fliegt. Daher muss die Weltlinie des Astronauten in unserem Raumzeitdiagramm geneigt sein. Immer wenn er sich 4 Fuß nach rechts bewegt, kletterte er 5 Nanosekunden in der Zeit nach oben. Er ist mit 4/5 (oder 80 Prozent) der Lichtgeschwindigkeit unterwegs. Die Spitze seiner Rakete bewegt sich mit derselben Geschwindigkeit und damit der gleichen Weltlinien-Neigung, und das Heck seiner Rakete ebenfalls. Die Weltlinie des Raketenhecks, die Weltlinie des Astronauten und die Weltlinie der Raketenspitze verlaufen in unserem Diagramm also alle parallel. Sie bewegen sich nicht relativ zueinander. Jetzt schickt dieser Astronaut, der in der Mitte seiner Rakete sitzt, Laserstrahlen zur Spitze und zum Heck seiner Rakete, so, wie ich es in meinem Labor mache. Ich messe die Länge seiner Rakete und komme auf 18 Fuß. Dazu später mehr. Der Lichtstrahl, den er nach links sendet, trifft auf das Heck seiner Rakete, 9 Fuß entfernt (die Hälfte von 18 Fuß). Ich beobachte dieses Experiment von außen durch ein Fenster der Rakete. Dabei sehe ich, wie sich das Heck der Rakete in 5 Nanosekunden 4 Fuß nach rechts bewegt, während der Laserstrahl in diesen selben 5 Nanosekunden 5 Fuß nach links läuft. 4 Fuß plus 5 Fuß sind 9 Fuß, der Laser des Astronauten braucht also 5 Nanosekunden, um das Heck der Rakete zu erreichen, das heißt, um das ursprüngliche 9 Fuß entfernte Raketenheck zu treffen. Für mich erreicht der Laserstrahl des Astronauten das Heck der Rakete demnach nach 5 Nanosekunden Erdzeit (EZ). Für mich, von meinem Standpunkt aus, kommen sich der Laserstrahl, der nach links läuft, und die Rakete, die nach rechts fliegt, rasch näher und kollidieren kurz darauf.

Der Laserstrahl, den der Astronaut nach rechts sendet, muss die Spitze der Rakete einholen, die sich von ihm fortbewegt, und braucht daher aus meiner Sicht länger, um sie zu erreichen. Während der Laserstrahl 45 Fuß in 45 Nanosekunden zurücklegt (EZ; nach Einsteins zweitem Postulat bewegt sich das Licht mit einer gleichförmigen Geschwindigkeit von einem Fuß pro Nanosekunde), bringt es die Raketenspitze nur auf 36 Fuß (oder 4/5 von 45 Fuß). In 45 Nanosekunden durchmisst der Lichtstrahl 45 Fuß, während die Rakete es nur auf 36 Fuß bringt, also 9 Fuß weniger, aber die Raketenspitze hatte ursprünglich ja auch genau einen Vorsprung von 9 Fuß. Mit anderen Worten, der Laserstrahl des Astronauten trifft die Spitze seiner Rakete 45 Nanosekunden (EZ) später. Daraus folgt, dass ich beobachte, wie der nach hinten gerichtete Laserstrahl auf das Heck trifft, *bevor* der nach vorne gerichtete Laserstrahl die Spitze erreicht. Für mich sind die Ereignisse, in deren Verlauf die Laserstrahlen auf die Spitze und auf das Heck treffen, nicht gleichzeitig.

Was sieht der Astronaut? Er reist mit gleichbleibender Geschwindigkeit in eine gleichbleibende Richtung; kraft Einsteins erstem Postulat ist der Astronaut berechtigt, sich selbst in Ruhe zu wähnen. Er denkt, er ist in Ruhe. Er sitzt in der Mitte seiner Rakete, die sich ebenfalls relativ zu ihm in Ruhe befindet, und schickt Laserstrahlen zur Spitze und zum Heck seiner Rakete. Da er mitten in seiner Rakete sitzt, und da seine Rakete sich nicht bewegt, muss er zu dem Schluss kommen, dass die beiden Laserstrahlen, die sich mit Lichtgeschwindigkeit fortbewegen, gleich lange Zeitintervalle brauchen, um an die Spitze beziehungsweise zum Heck zu gelangen. Aus seiner Perspektive muss er die beiden Ereignisse, in deren Verlauf ein Laserstrahl auf das Heck der Rakete und ein anderer auf die Spitze der Rakete trifft, als gleichzeitige Ereignisse wahrnehmen. Ich (der Erdling) komme nicht zu dem Schluss, dass es gleichzeitige Ereignisse sind: Ich stelle fest, dass die Laserstrahlen ihre Ziele nacheinander erreichen – zuerst wird das Heck der Rakete getroffen, dann die Spitze. Der Astronaut und ich sind uns also nicht einig, welche Ereignisse gleichzeitig sind. Das erscheint widersinnig, aber es ergibt sich unmittelbar aus den Postulaten der Speziellen Relativitätstheorie.

Interessanterweise entschied sich Einstein, als er dieses Gedankenexperiment formulierte, nicht für eine Rakete mit Spiegeln vorne und hinten, sondern für einen Mann, der seine Spiegel in einem Zug an der Spitze und am Ende angebracht hatte. 1905 waren die schnellsten Verkehrsmittel Züge – mit rund 200 Stundenkilometern!

Ich schneide die Raumzeit anders in Scheiben als der Astronaut. Stellen Sie sich die vierdimensionale Raumzeit als einen Brotlaib vor, ein Mischbrot zum Beispiel. Ich schneide den Laib in Scheiben und stelle ihn senkrecht hin, sodass die Scheiben waagerecht sind. Diese waagerechten Scheiben stellen einzelne Augenblicke der Erdzeit (EZ) dar, und jede Scheibe Brot enthält Ereignisse, die für mich gleichzeitig sind. Der Astronaut schneidet seine Raumzeit anders. Nennen wir ihn Jacques (er ist Franzose). Er schneidet seinen Raumzeitlaib in schräge Stücke, wie eine Baguette. Seine schrägen Scheiben messen Augenblicke der *Astronautenzeit* (AZ). Jacques und ich können uns in Bezug auf gleichzeitige Ereignisse nicht einigen, das heißt, in der Frage, welche Ereignisse in welcher Scheibe sind. Wir schneiden den Laib unterschiedlich, aber wir sehen den gleichen Laib. Nach Einstein sind diejenigen Dinge real, die beobachterunabhängig sind. Raum und Zeit als separate Gegebenheiten sind nicht real. Ich sage, die Gegenwart sei eine waagerechte Mischbrotscheibe, während Jacques meint, die Gegenwart sei eine schräge Baguettescheibe. Wenn er sich relativ zu mir bewegt, können wir uns nicht darauf einigen, was die Gegenwart ist. Daher kommen wir zu unterschiedlichen Schlüssen, welche Ereignisse sich in der Vergangenheit und welche sich in der Zukunft befinden. Aber wir können uns auf den Raumzeitlaib einigen. Die vierdimensionale Raumzeit als Ganzes ist das, was real ist.

Kehren wir nun zu meiner Sicht auf Jacques' Rakete zurück. Nachdem Jacques' Laserstrahl von dem Spiegel an der Raketenspitze reflektiert worden ist, braucht er aus meiner Sicht lediglich 5 Nanosekunden, um zu Jacques zurückzukehren. Ich sehe, wie der Lichtstrahl und der Astronaut zusammenkommen. Auch wenn die Entfernung am Anfang 9 Fuß betrug, braucht der Lichtstrahl in den 5 Nanosekunden nur 5 Fuß zurückzulaufen, da sich die Rakete ja in derselben Zeit 4 Fuß auf ihn zubewegt hat. Aus meiner Perspektive braucht der nach vorn gerichtete Laserstrahl also insgesamt 45 Nanosekunden + 5 Nanosekunden = 50 Nanosekunden für den Hin- und Rückweg zusammen. Auch der Laserstrahl, der auf den hinteren Spiegel trifft, braucht anschließend 45 Nanosekunden, um den Astronauten wieder einzuholen, für Hin- und Rückweg also 5 + 45 = 50 Nanosekunden Erdzeit (EZ) aus meiner Sicht. Ich sehe beide Laserstrahlen gleichzeitig zum Astronauten zurückkehren. Er muss sie ebenfalls gleichzeitig zurückkehren sehen, weil sie zur selben Zeit am selben Ort eintreffen.

Aus meiner Sicht sind 50 Nanosekunden zwischen dem Aussenden der Laserstrahlen und ihrer Rückkehr verstrichen. Ich sehe, dass er sich mit 80 Prozent der Lichtgeschwindigkeit bewegt ($v/c = 0{,}8$), daher müssen seine Uhren mit 60 Prozent (oder $\sqrt{[1 - (v^2/c^2)]}$) der Geschwindigkeit meiner Uhren ticken. Wenn ich 50 Nanosekunden verstreichen sehe, muss ich sehen, dass der Astronaut in dieser Zeit nur um 30 Nanosekunden altert. Wenn der Astronaut seine Laserstrahlen zurückkehren sieht, muss er sagen, dass das Ereignis bei 30 Nanosekunden Astronautenzeit (AZ) stattfindet, weil er 30 Nanosekunden älter ist, als sie zurückkommen. Die Laserstrahlen müssen Spitze und Heck der Rakete gleichzeitig bei 15 Nanosekunden AZ getroffen haben. Beachten Sie die schräge Baguettescheibe mit der Bezeichnung »15 ns AZ«. Die verbindet gleichzeitige Ereignisse aus der Sicht des Astronauten. Der Astronaut denkt, er sei in Ruhe, und die Situation sieht für ihn genau aus wie das, was ich im Labor auf der Erde sehe. Da die Laserstrahlen aus seiner Sicht in 30 Nanosekunden ausgesandt werden und zurückkehren, muss er zu dem Schluss kommen, dass seine Rakete 30 Fuß lang ist.

Die Ereignisse, in deren Verlauf die beiden Laserstrahlen des Astronauten die Spitze und das Heck der Rakete treffen, sind Ereignisse, die für mich im Raum durch 50 Fuß und in der Zeit durch 40 Nanosekunden getrennt sind. Wenn ich die Lichtgeschwindigkeit (ein Fuß pro Nanosekunde) verwende, um Entfernungen im Raum mit Entfernungen in der Zeit zu vergleichen, sehe ich diese beiden Ereignisse durch größere Entfernungen im Raum als in der Zeit getrennt. Zwei Ereignisse, die durch größere Entfernung im Raum als in der Zeit getrennt sind, haben einen sogenannten *raumartigen Abstand.*

Es gibt immer einen Astronauten, der sich mit hoher Geschwindigkeit (aber weniger als der Lichtgeschwindigkeit) bewegt, der diese beiden Ereignisse als gleichzeitig wahrnimmt. Aus seiner Sicht werden diese Ereignisse räumlich voneinander getrennt sein, aber nicht in der Zeit. Einstein zeigte, dass sich die beiden Beobachter auf das Quadrat der Trennung der beiden Ereignisse im Raum minus dem Quadrat der Trennung der beiden Ereignisse in der Zeit einigen können; diese Größe bezeichnen wir als ds^2. Besonders einfach wird die Rechnung, wenn wir Einheiten verwenden, in denen die Lichtgeschwindigkeit 1 ist, wie bei Fuß und Nanosekunden. In diesen Einheiten sind die beiden Ereignisse im Raum durch 50 getrennt und in der Zeit durch 40, also berechne ich ds^2: $50^2 - 40^2 = 2500 - 1600 = 900$. Für den Astronauten Jacques ist die Zeitdifferenz zwischen den beiden Ereignissen 0 und die räumliche Trennung zwischen ihnen gleich 30 (Sie erinnern sich: für ihn ist seine Rakete 30 Fuß lang); doch wenn er ds^2 ausrechnet, erhält er $30^2 - 0^2$ gleich 900, genau wie ich. Wir mögen uns über Entfernungen und Zeiten nicht einigen können, aber überraschenderweise stimmen wir immer noch über einige wichtige Dinge überein.

Betrachten wir jetzt die Trennung zwischen der Aussendung des Lichtsignals und seiner Ankunft am Raketenheck. Die Trennung im Raum, die ich zwischen diesen beiden Ereignissen messe, beträgt 5 Fuß, und die Zeit, die ich zwischen den beiden Ereignissen messe, 5 Nanosekunden. Daher rechne ich $ds^2 = (\text{Trennung im Raum})^2 - (\text{Trennung in der Zeit})^2$, das ergibt $5^2 - 5^2 = 0$. Der Astronaut misst eine Trennung im Raum zwischen den beiden Ereignissen von 15 Fuß und eine Trennung in der Zeit von 15 Nanosekunden, seine Rechnung: $ds^2 = 15^2 - 15^2 = 0$, das gleiche Ergebnis wie in meiner Rechnung. Ereignisse, die durch einen Lichtstrahl verbunden sind (einen sogenannten *lichtartigen Abstand* voneinander haben), bedeuten für jeden Beobachter $ds^2 = 0$. Einsteins zweites Postulat besagt, dass sich in unseren Einheiten (1 Fuß per Nanosekunde) ein Lichtstrahl für alle Beobachter mit einer Geschwindigkeit von 1 bewegen muss; daher muss der Abstand im Raum gleich dem Abstand in der Zeit und ds^2 gleich null sein.

Tatsächlich soll in der ds^2-Formel das Minuszeichen vor der Zeitdifferenz dafür sorgen, dass das zweite Postulat immer erfüllt ist.

Wenn in einer Ebene mit einem kartesischen Koordinatensystem (x, y) zwei Punkte durch die Entfernung *dx* und *dy* getrennt sind, dann ist nach dem Satz des Pythagoras ihr (Abstand im Raum)^2 = $dx^2 + dy^2$. Das Quadrat über der Hypotenuse eines rechtwinkligen Dreiecks ist gleich der Summe der Quadrate über den beiden anderen Seiten. Im dreidimensionalen Raum mit den kartesischen Koordinaten *x*, y und *z* wird der Satz des Pythagoras verallgemeinert zu (Abstand im Raum)^2 = $dx^2 + dy^2 + dz^2$. Das ist euklidische Geometrie, Stoff der Sekundarstufe. Aber Einstein sagt, dass ds^2 = (Abstand im Raum)^2 – (Abstand in der Zeit)^2 ist. Durch Einsetzen erhalten wir $ds^2 = dx^2 + dy^2 + dz^2$ – (Abstand in der Zeit)^2. Der Abstand in der Zeit ist einfach *dt*. Durch erneutes Einsetzen ergibt sich: $ds^2 = dx^2 + dy^2 + dz^2 - dt^2$. Das ist der Unterschied zwischen der Zeitdimension *t* und irgendeiner der drei Dimensionen des Raums (x oder *y* oder *z*): Vor dt^2 steht ein Minuszeichen. Dieses kleine Minuszeichen ist von höchster Bedeutung. Es unterscheidet die Zeit, die wir kennen, von einer gewöhnlichen Dimension des Raums – und all das nur, um die Lichtgeschwindigkeit zu einer Konstanten zu machen.

Wow! Eine Menge Arithmetik – aber sie bringt uns zu einem wichtigen Punkt, dem Unterschied zwischen der Zeit und den Raumdimensionen.

Wie Sie sich vielleicht erinnern, begann ich mit der Feststellung, dass die Rakete des Astronauten nach meiner Messung 18 Fuß lang ist. Damit behaupte ich, dass die Rakete kürzer ist, als der Astronaut denkt (er geht von 30 Fuß aus). Ich komme zu dem Schluss, dass die Länge seiner Rakete $\sqrt{[1 - (v^2/c^2)]}$ des von ihm selbst angegebenen Maßes beträgt. Unsere Uhren und Messlatten stimmen nicht überein – obwohl wir beide nach wie vor die Lichtgeschwindigkeit immer als 1 (Lichtnanosekunde pro Nanosekunde) wahrnehmen. Wie können wir verschiedener Meinung über die Breite der Weltlinie seiner Rakete sein? Es liegt daran, dass wir unterschiedliche »Querschnitte« dieser Weltlinie bilden. Ich messe ihre Breite in einem bestimmten Augenblick der Erdzeit (EZ), und er misst ihre Breite in einem bestimmten Augenblick der Astronautenzeit (AZ). Ich lege einen waagerechten Landbrotschnitt durch die Weltlinie seiner Rakete, und er säbelt sich ein schräges Baguettestück heraus. Oder nehmen wir eine andere Metapher: Es ist, als würde ich einen Baumstamm waagerecht durchsägen und dann sagen: »Der Stamm ist 15 Zentimeter dick.« Wenn ihn dann jemand anders schräg durchsägt, kommt er vielleicht zu dem Schluss, dass der Stamm 25 Zentimeter dick sei. Wir haben einfach unterschiedliche Schnitte vorgenommen. Der Astronaut und ich haben lediglich unterschiedliche Schnitte durch die Weltlinie der Rakete gelegt.

Warum ist das wichtig? Nehmen wir einen extremen Fall: Ein Astronaut fliegt auf der Erde mit 99,995 Prozent der Lichtgeschwindigkeit an mir vorbei: Der magische Faktor $\sqrt{[1 - (v^2/c^2)]}$ beträgt dann 1/100. Ich sehe, wie der Astronaut zu dem Stern Beteigeuze aufbricht, 500 Lichtjahre entfernt. Ich werde sehen, dass er 500 Jahre braucht, um dorthin zu gelangen. Schließlich fliegt er fast mit Lichtgeschwindigkeit, und Beteigeuze ist 500 Lichtjahre entfernt – daher sollte er rund 500 Jahre (EZ) brauchen, um dorthin zu gelangen. Ich beobachte aber, dass er auf seiner Reise nur um 1/100 × 500 Jahre – also: fünf Jahre – altert. Ich sehe seine Uhren sehr langsam gehen, weil er sich so schnell bewegt. Alles, was er tut, erscheint mir verlangsamt – ich sehe, dass er 100 Stunden braucht, um sein Frühstück zu beenden! Als er Beteigeuze erreicht, ist er tatsächlich nur um fünf Jahre gealtert.

Wie sieht die Reise für ihn aus? Er denkt, er sei in Ruhe, und er sieht Erde und Beteigeuze mit 99,995 Prozent der Lichtgeschwindigkeit an sich vorbeifliegen. Zuerst sieht er die Erde vorbeizischen – *Wusch*, und dann, fünf Jahre später, rauscht Beteigeuze vorüber – *Wusch*. Erde und Beteigeuze sind relativ zueinander weitgehend in Ruhe, sie befinden sich auf parallelen Weltlinien. Das System Erde + Beteigeuze sieht für ihn wie eine lange Rakete aus, deren Spitze die Erde und deren Heck Beteigeuze ist. Da diese Rakete sich fast mit Lichtgeschwindigkeit an ihm vorbeibewegt und dafür fünf Jahre braucht, muss er daraus schließen, dass die Rakete Erde + Beteigeuze fünf Lichtjahre lang ist. So kommt er zu dem Ergebnis, dass die Entfernung zwischen Erde und Beteigeuze nur fünf Lichtjahre beträgt. Nach seinem Urteil beträgt der Abstand zwischen Erde und Beteigeuze also 1/100 des Abstandes, den ich beobachte. Er sieht meine Längen verkürzt: Für ihn sind sie 1/100 so lang wie für mich. Der Faktor für die Kontraktion jener Längen, die ich wahrnehme – $\sqrt{[1 - (v^2/c^2)]}$ – muss gleich dem Faktor sein, um den ich ihn langsamer altern sehe. Das ist sicherlich eines der bemerkenswertesten Ergebnisse der Speziellen Relativitätstheorie – schön in seiner Symmetrie und logisch zwingend.

Der Umstand, dass verschiedene Beobachter verschiedene Vorstellungen von Gleichzeitigkeit haben, erklärt ein Paradox. Nehmen wir an,

Jacques, der ursprünglich ein Astronaut war und mit 80 Prozent der Lichtgeschwindigkeit an mir vorbeiflog, ist jetzt ein Stabhochspringer und trägt einen 30 Fuß langen Stab, der in die Richtung zeigt, in die er geht. Aus meiner Sicht wird der Stab nur 18 Fuß lang sein, wenn er an mir vorbeigetragen wird. Nehmen wir an, ich hätte eine Scheune, die 30 Fuß lang ist. Ihr vorderes Tor ist offen, das hintere geschlossen. Jacques kommt durch das offene Vordertor herein; als er sich in der Mitte meiner Scheune befindet, kann ich das Vordertor schließen, und sein 18 Fuß langer Stab wird in meiner 30 Fuß langen Scheune gefangen sein. Dann öffne ich das Hintertor und lasse ihn dort hinaus. Doch wie sieht das für Jacques aus? Er betrachtet sich als in Ruhe und trägt einen 30 Fuß langen Stab. Er sieht meine Scheune mit 80 Prozent der Lichtgeschwindigkeit auf sich zukommen und muss denken, sie sei nur 18 Fuß lang. Wenn er sich in der Mitte meiner Scheune befindet, muss sein 30-Fuß-Stab demnach von ihm aus beurteilt mit dem Vorder- und Hinterende aus meiner 18 Fuß langen Scheune hinausragen. Die beiden Tore können nicht gleichzeitig geschlossen sein, um ihn im Inneren der Scheune einzuschließen. Es sieht wie ein Paradox aus. Aber hier ist die Antwort: Ich schließe beide Tore aus meiner Sicht gleichzeitig vor und hinter dem Stab. Aber diese Ereignisse sind für Jacques nicht gleichzeitig. Er schneidet die Raumzeit anders – schräg wie ein Baguette. Er sieht, dass ich die beiden Scheunentore zu verschiedenen Zeiten schließe – eines nach dem anderen, aus seiner Sicht. Da er nie beobachtet, dass beide Scheunentore gleichzeitig geschlossen sind, kann er sehen, dass sein Stab mit beiden Enden zu den Toren hinausragt, als er die Scheune durchquert.

Bewundernswert, dass Einstein seine Gedankenexperimente so korrekt zu Ende bringen konnte. Niemand hatte jemals versucht, Gedankenexperimente so auf der Grundlage von Postulaten durchzuführen, wie Einstein es tat. Es war ein ganz eigener Vorzug seines Werks.

Jetzt kommen wir zu einem anderen scheinbaren Paradoxon, dem berühmten *Zwillingsparadoxon*. Dabei bleibt die erste Zwillingsschwester – wir werden sie Eartha nennen— zu Hause auf der Erde, während die andere Zwillingsschwester Astra mit 80 Prozent der Lichtgeschwindigkeit zu dem vier Lichtjahre entfernten Stern Alpha Centauri fliegt, dann umkehrt und wiederum mit 80 Prozent der Lichtgeschwindigkeit zurückkommt. Eartha sieht, dass Astra sich mit 4/5 der Lichtgeschwindigkeit bewegt, daher beobachtet sie, dass Astra fünf Erdjahre braucht, um zu Alpha Centauri zu gelangen, und fünf Erdjahre, um zurückzukommen. Als Astra wieder zu Hause ankommt, ist Eartha zehn Jahre älter. Da Eartha sieht, dass Astra sich mit 80 Prozent der Lichtgeschwindigkeit bewegt, muss Eartha gemäß unserer Zeitdehnungs-Formel $\sqrt{[1 -(v^2/c^2)]}$ beobachten, dass Astra langsam altert, nur mit 60 Prozent der Alterungsrate von Eartha. So weit so gut. Aber was sieht Astra? Da Bewegung relativ ist, müssen wir uns fragen, warum Astra nicht denkt, Eartha habe sich zunächst von ihr entfernt und käme anschließend mit 80 Prozent der Lichtgeschwindigkeit zurück, und vor allem, warum Astra deswegen nicht erwartet, dass Eartha bei ihrer Rückkehr die Jüngere ist? Die Antwort lautet, dass Astra während ihrer Reise beschleunigte. Bei Alpha Centauri ist sie auf die Bremsen gegangen und hat gewendet. Die ganze Ladung ist gegen die Frontscheibe ihres Raumschiffs geknallt. Sie hat ihre Geschwindigkeit verändert und einen Richtungswechsel vorgenommen. Sie erfüllt nicht mehr die Bedingung des ersten Postulats, nach der ein Beobachter *sich in gleichförmiger Bewegung ohne Richtungswechsel befinden muss* (Abb. 18.3).

Während der ersten Hälfte ihrer Tour reist Astra von der Erde fort und schneidet die Astrazeit (AZ) schräg wie eine Baguette auf. Als sie bei Alpha Centauri eintrifft, zeigt ihre Uhr drei Jahre (AZ) und sagt ihr damit, um wie viel sie gealtert ist. Aber die Linie simultaner Ereignisse »3 AZ« ist geneigt, daher schneidet sie die Erde erst 1,8 Jahre nach dem Start. Als sie bei Alpha Centauri eintrifft, lebt für Astra gleichzeitig eine Eartha auf der Erde, für die seit dem Start erst 1,8 Jahre vergangen sind. Astra sagt, sie selbst sei in der Zeit, in der Eartha nur um 1,8 Jahre gealtert sei, drei Jahre älter geworden. Dabei sind 1,8 Jahre 60 Prozent von drei Jahren. Daher beobachtet Astra in der Tat, dass Eartha langsamer altert, da Astra sich selbst als in Ruhe betrachtet und Eartha mit 80 Prozent der Lichtgeschwindigkeit entschwinden gesehen hat.

An diesem Punkt denkt Astra, Eartha sei weniger gealtert. Doch halt! Jetzt tritt Astra auf die Bremsen, hält und geht auf Gegenkurs. Astras Weltlinie macht an dieser Stelle einen Knick. Sie hat die Geschwindigkeit gewechselt, und damit verändert sich auch ihr Gleichzeitigkeitsbegriff. Unmittelbar nachdem sie Alpha Centauri verlassen hat, gibt ihre Uhr immer noch »drei Jahre AZ« an, aber da sie sich jetzt in entgegengesetzte Richtung bewegt, ist die Scheibe »drei Jahre AT« jetzt in die Gegenrichtung geneigt und schneidet die Weltlinie der Erde nunmehr 8,2 Jahre *nach* dem Start. Sobald sie sich auf dem Rückweg befindet, geschieht Astras Aufbruch von Alpha Centauri ihrem Gleichzeitigkeitsbegriff nach gleichzeitig mit jenem Augenblick auf der Erde, in dem für Eartha seit dem Start 8,2 Jahre vergangen sind.

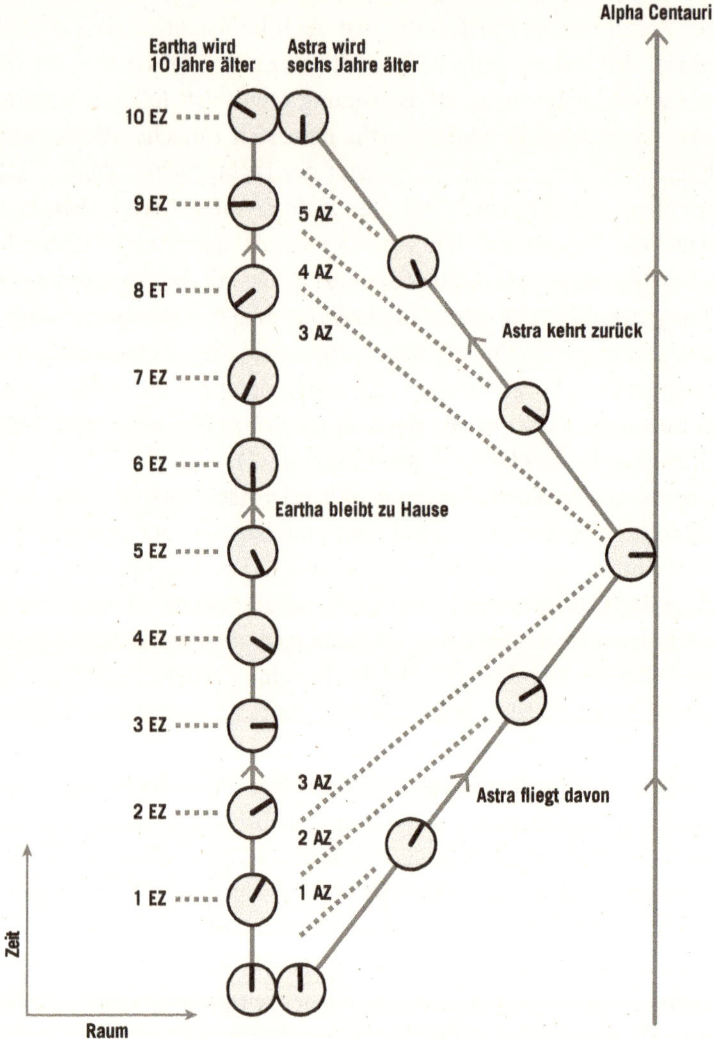

Abbildung 18.3: Das Raumzeitdiagramm des Zwillingsparadoxons für die Zwillingsschwestern Eartha und Astra. Eartha bleibt zu Hause. Ihre Weltlinie ist gerade. Astra fliegt zu Alpha Centauri und kehrt zurück – ihre Weltlinie macht einen Knick. Astra altert weniger als Eartha. Die Uhren zeigen die Zeit in Jahren, die für jede der beiden verstrichen sind. Die gestrichelten Linien geben Eartha-Zeit (EZ) und Astra-Zeit (AZ) an. *Credit:* J. Richard Gott

Während ihres Rückflugs sieht Astra, dass Eartha weitere 1,8 Jahre altert, während sie selbst, Astra, noch einmal drei Jahre älter wird. Danach ist Eartha insgesamt 8,2 + 1,8 = 10 Jahre älter als zu Beginn, während Astra 3 + 3 = 6 Jahre älter als beim Start ist. Daher bleibt Astra nichts anderes übrig, als sich mit Eartha einig darüber zu sein, dass Astra bei ihrem Wiedertreffen jünger als Eartha ist. Eartha ist auf einer geraden Weltlinie gereist, während Astras Weltlinie einen Knick hat. Das ist die Lösung des Zwillingsparadoxons. Der Gleichzeitigkeitsbegriff spielt die entscheidende Rolle.

Das Zwillingsparadoxon ermöglicht Ihnen, in die Zukunft zu reisen. Wenn Sie der Erde tausend Jahre in der Zukunft einen Besuch abstatten wollen, müssen Sie lediglich mit 99,995 Prozent der Lichtgeschwindigkeit zum Stern Beteigeuze reisen, der 500 Lichtjahre von uns entfernt ist. Ihre Uhr tickt während dieser Reise nur 1/100 so schnell wie eine Uhr auf der Erde. Sie werden laut den Uhren auf der Erde 500 Jahre brauchen, um zu Beteigeuze zu gelangen. Aber Sie werden nur um fünf Jahre altern. Kehren Sie anschließend mit 99,995 Prozent der Lichtgeschwindigkeit zurück, und Sie werden auf dem Rückweg noch einmal fünf Jahre altern. Doch wenn sie zurück sind, werden Sie eine Erde vorfinden, die 1000 Jahre älter ist als bei ihrem Start. Damit haben Sie eine Zeitreise in die Zukunft gemacht. Eine solche Reise würde das gegenwärtige NASA-Budget erheblich übersteigen (!), und natürlich sind die technischen Voraussetzungen für den Bau eines solchen Raumschiffs noch nicht gegeben, aber wir wissen, dass sie nach den Gesetzen der Physik möglich ist. Wir bringen Protonen in unseren Teilchenbeschleunigern auf noch höhere Geschwindigkeiten, daher wissen wir, dass die Möglichkeit solcher Zukunftszeitreisen besteht. Es ist nur eine Frage des Geldes und der Ingenieurskunst – NASA, ich hoffe, ihr schreibt mit?

Sie mögen befürchten, dass die hohe Beschleunigung am Wendepunkt Sie umbringen wird. Aber es zeigt sich, dass Sie Ihre Reise so organisieren können, dass Sie jeweils nur eine angenehme Beschleunigung von 1 g empfinden würden, also nicht größer als jene, die sie auf der Erdoberfläche erfahren. Ihre Füße würden von der Beschleunigung auf den Boden gepresst, aber nicht stärker, als Ihre Füße jetzt durch die Gravitation auf den Boden gedrückt werden. Ihre Reise würde dadurch etwas länger dauern, aber sie wäre auch bequemer. Im All würden Sie auf sechs Jahre und drei Wochen Raumschiffzeit beschleunigen und eine Spitze von 99,9992 Prozent der Lichtgeschwindigkeit erreichen. An diesem Punkt wären Sie auf halbem Weg nach Beteigeuze. Ab dort würden sie für weitere sechs Jahre und drei Wochen in die Gegenrichtung beschleunigen, mit anderen Worten: Ihren Flug abbremsen, bis Sie bei Beteigeuze zum Halten kommen. Auf der Rückreise zur Erde würden Sie wiederum sechs Jahre und drei Wochen beschleunigen und schließlich noch weitere sechs Jahre und drei Wochen abbremsen, um am Ende auf der Erde zum Halt zu kommen. Während dieser Reise werden sie um 24 Jahre und zwölf Wochen altern, aber bei Ihrer Rückkehr wird die Erde 1000 Jahre älter sein. Sie müssen nur ein wenig mehr von Ihrer Zeit (24 Jahre statt zehn Jahre) investieren, um es auf der Reise bequem zu haben. Marco Polo brauchte 24 Jahre für seine berühmte Reise nach China und die Rückkehr nach Europa. Sie müssten lediglich genauso viel von Ihrer Zeit in Ihre Reise investieren wie Marco Polo in die seine, und Sie könnten in die Zukunft reisen. Sie könnten die Erde besuchen, wie sie in 1000 Jahren sein wird.

Der russische Astronaut Gennadi Padalka ist der größte Zeitreisende der Gegenwart. Während er bei Besuchen der russischen Raumstation Mir und der internationalen Raumstation die Erde zusammengenommen 879 Tage mit hoher Geschwindigkeit umkreiste, alterte er 1/44 Sekunde weniger, als es wenn er zu Hause geblieben wäre. (Diese Berechnung berücksichtigt auch einige kleinere Effekte der Allgemeinen Relativitätstheorie, die auf seinen großen Abstand zur Erde zurückzuführen waren.) Bei seiner Rückkehr traf er die Erde 1/44 Sekunde weiter in der Zukunft an, als er es erwartet hatte. Ich weiß, Sie werden lachen. Es ist keine große Reise, aber es ist eine Reise in die Zukunft. Ich wurde einmal im National Public Radio interviewt, und man fragte mich, warum es so leicht sei, im Raum zu reisen, und so schwer, in der Zeit zu reisen. Ich erwiderte, tatsächlich seien wir auch im Raum nicht sehr weit gelangt! Einstein hat uns gezeigt, dass wir, wenn wir Entfernungen im Raum mit Entfernungen in der Zeit vergleichen, die Lichtgeschwindigkeit verwenden müssen. Astronomen sagen in der Regel, dass Alpha Centauri vier Lichtjahre entfernt sei, weil es vier Lichtjahre dauere, bis uns das Licht des Mondes erreicht. Unsere Astronauten haben es noch nicht weiter als bis zum Mond geschafft. Der Mond ist nur 1,3 Lichtsekunden entfernt. Mit anderen Worten, die Menschen sind bislang 1,3 Lichtsekunden in den Raum vorgedrungen und 1/44 Sekunde in die Zukunft gereist. Entfernungen, deren Größenordnungen nicht allzu weit auseinanderliegen.

Interessanterweise haben wir gegenwärtig ein eineiiges Zwillingspaar im NASA-Astronautenteam, an dem sich das Zwillingsparadoxon illustrieren lässt. Mark Kelly hat 54 Tage im Low-Earth-Orbit (einer erdnahen Umlaufbahn) verbracht, während sich sein eineiiger Zwillingsbruder Scott Kelly 519 Tage im Low-Earth-Orbit aufgehalten hat. Da Scott längere Zeit mit hoher Geschwindigkeit im Orbit war, ist er nun rund 1/87 Sekunde jünger als sein Zwillingsbruder Mark.

Ich habe einmal darauf hingewiesen, dass eine Astronautin, die auf den Planeten Merkur geschickt und dort 30 Jahre lang leben würde, bei ihrer Rückkehr auf die Erde 22 Sekunden jünger wäre, als wenn sie zu Hause geblieben wäre. Uhren auf Merkur ticken langsamer als Uhren auf der Erde, zum einen weil Merkur die Sonne schneller umkreist als die Erde (ein Effekt der Speziellen Relativitätstheorie) und zum anderen, weil Merkur sich tiefer im Gravitationsfeld der Sonne befindet (ein Effekt der Allgemeinen Relativitätstheorie).[13]

1905 wies Einstein nach, dass Zeitreisen in die Zukunft möglich sind. Das war knapp zehn Jahre, nachdem H. G. Wells diese Idee 1895 in seinem Buch *Die Zeitmaschine* vorgeschlagen hatte. Nach Newtons physikalischen Gesetzen wäre daran nicht zu denken gewesen – bei Newton hatten alle die gleiche Vorstellung von der Zeit, alle waren sich darin einig, was »jetzt« war, und Zeitreisen in die Zukunft waren unmöglich. Doch Einstein wies nach, dass sich Beobachter nicht immer darüber einig sind, was »jetzt« ist; die Zeit ist flexibel – bewegte Uhren ticken langsamer. Einstein vermittelte uns ein vollkommen neues Bild vom Universum, einem Universum mit drei Dimensionen des Raums und einer Zeitdimension.

Jetzt werde ich Einsteins berühmte Gleichung $E = mc^2$ herleiten. Nehmen Sie an, Sie hätten ein Laboratorium mit einem Teilchen, das sich darin langsam von links nach rechts mit einer Geschwindigkeit v bewegt, die deutlich geringer ist als die Lichtgeschwindigkeit c (d. h. $v \ll c$). Die Newtonschen Gesetze sind in solch einer Situation eine gute Näherung, und wenn das Teilchen eine Masse m hat, wird es nach Newton auch einen nach rechts weisenden Impuls $P = mv$ besitzen. Das Teilchen gibt in entgegengesetzte Richtungen zwei Photonen ab, jedes mit der Energie $E = h\nu_0$: eines nach rechts und eines nach links. Wir verwenden Einsteins berühmte Gleichung für die Energie von Photonen, wobei h die Planck-Konstante und ν_0 (der griechische Buchstabe Ny mit einem Index 0) die Frequenz des Photons ist, gemessen aus Sicht unseres Teilchens mit Masse *m*. Das Teilchen verliert eine Energiemenge $\Delta E = 2h\nu_0$, nämlich diejenige Energie, die ihm durch Abgabe der beiden Photonen entzogen wird. Einstein zeigte, dass Photonen nicht nur Energie, sondern auch einen Impuls tragen. Der Impuls eines Photons ist gleich seiner Energie geteilt durch die Lichtgeschwindigkeit *c*. Es gibt also gleich große Impulsüberträge von dem Teilchen auf das eine und auf das andere Photon, aber in entgegengesetzte Richtungen, wodurch der Gesamtimpuls, der von den beiden Photonen fortgetragen wird, aus Sicht des Teilchens gleich null wird. Das Teilchen »denkt«, es sei in Ruhe (nach dem ersten Postulat), und gibt zwei gleiche Photonen in entgegengesetzte Richtungen ab. Dank der Symmetrie bleibt ein Teilchen, das zwei Photonen gleicher Frequenz in entgegengesetzte Richtung abgibt, auch nach der Photonenaussendung in Ruhe. Die Wirkungen der Rückstöße der beiden Photonen auf das Teilchen heben sich auf. Die Weltlinie des Teilchens bleibt gerade: Es ändert seine Geschwindigkeit nicht (Abb. 18.4).

Schauen wir uns nun an, was diesen beiden Photonen zustößt. Das eine, das nach rechts fliegt, wird am Ende auf die rechte Wand des Laboratoriums auftreffen. Es trifft die Wand, und die Wand wird ein wenig nach rechts gedrückt. Einstein hatte wie gesagt gezeigt, dass ein Photon einen Impuls trägt, der gleich seiner Energie geteilt durch die Lichtgeschwindigkeit *c* ist. Das ist die Wirkung des Strahlendrucks: Die Wand absorbiert den Impuls des Photons, und dadurch wird die Wand etwas nach rechts gedrückt. Ein Beobachter, der an der rechten Wand sitzt, wird das nach rechts fliegende Photon sehen, wie es die rechte Wand mit einer Frequenz trifft, die etwas höher als die Emissionsfrequenz ist, weil das Teilchen sich der rechten Wand nähert. Das ist ein Beispiel für den Dopplereffekt, an den Sie sich aus den vorangehenden Kapiteln erinnern werden. Im Gegensatz dazu wird ein Beobachter, der an der linken Wand des Labors sitzt, ein rotverschobenes Photon sehen, dass die linke Wand mit einer Frequenz trifft, die niedriger als die Emissionsfrequenz ist, da sich das Teilchen von ihm entfernt. Ein höherfrequentes (blaueres) Photon trägt einen größeren Impuls als ein (röteres) Photon mit niedrigerer Frequenz. Daher erhält die rechte Wand einen etwas stärkeren Stoß (nach rechts) als die linke Wand (nach links). Die beiden Stöße heben sich nicht auf, und das Labor bekommt insgesamt einen Stoß nach rechts. Das Labor hat damit einen Impuls ungleich null erhalten. Andererseits muss der Gesamtimpuls erhalten bleiben, wie bereits Newton angenommen hat (sonst könnte man alle möglichen unphysikalischen Levitationsgeräte konstruieren!). Daher muss der Impuls des Labors irgendwo herkommen. Der einzige Ort, von dem er stammen kann, ist das Teilchen selbst.

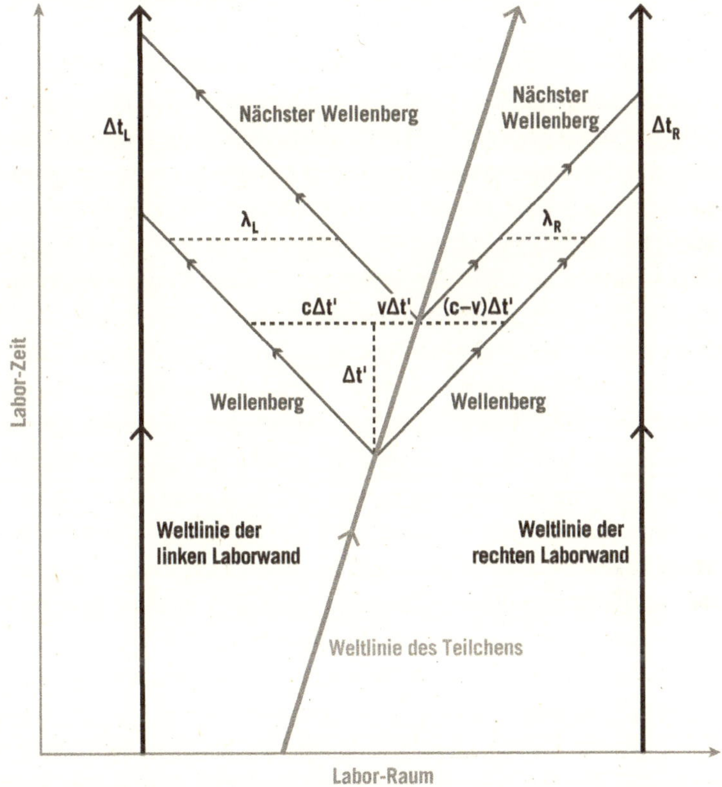

Abbildung 18.4: Raumzeitdiagramm zu dem Gedankenexperiment zu $E = mc^2$. Die in Ruhe befindlichen Wände des Labors haben senkrechte Weltlinien. Das Teilchen bewegt sich von links nach rechts mit der Geschwindigkeit v, seine Weltlinie ist geneigt. Es emittiert ein Photon nach links (dessen Wellenberge sich in einem Winkel von 45° nach oben links bewegen). Außerdem emittiert es ein Photon gleicher Energie nach rechts (dessen Wellenberge sich in einem Winkel von 45° nach oben rechts bewegen). Die Laborzeit zwischen der Emission der beiden Gruppen von Wellenbergen durch das Teilchen ist $\Delta t'$, dargestellt durch die senkrechte gestrichelte Linie. Wie abgebildet, durchmisst der erste, nach links gerichtete Wellenberg in dieser Zeit eine Entfernung $c\Delta t'$ nach links, während das Teilchen eine Entfernung $v\,\Delta t'$ nach links zurücklegt. Die Wellenlänge des nach links fliegenden Photons ist $\lambda_L = (c + v)\Delta t'$. Die Wellenlänge des nach rechts fliegenden Photons ist infolge der Dopplerverschiebung kürzer, nämlich $\lambda_R = (c - v)\Delta t'$.
Credit: J. Richard Gott

Nun zur Geschwindigkeit des Teilchens, sie beträgt $v \ll c$, daher sollte sich der Impuls des Teilchens aus Newtons Formel mv ergeben. Da das Labor einen zusätzlichen Impuls erhalten hat, muss das Teilchen die entsprechende Menge an Impuls verloren haben. Aber die Weltlinie des Teilchens ist nicht verbogen oder geknickt – sie bleibt gerade (vgl. Raumzeitdiagramm in Abb.18.4). Seine Geschwindigkeit hat sich nicht verändert. Wenn der Impuls mv des Teilchens abnimmt, während seine Geschwindigkeit v gleich geblieben ist, muss demnach seine Masse m abgenommen haben. Es hat etwas Energie (in Form von zwei Photonen) und etwas Masse verloren. Ein Teil seiner Masse hat sich in Energie verwandelt! Wow! Das ist eine bemerkenswert kühne Schlussfolgerung. Welche Beziehung besteht zwischen der abgegebenen Energiemenge und der verlorenen Menge an Masse? Die Suche nach der Antwort auf diese Frage zwingt Sie, die Dopplerverschiebungen der beiden Photonen zu berechnen. Der nach rechts gerichtete Netto-Impulsübertrag, den die Wände des Labors erhalten haben, beträgt $2h\nu_0(v/c^2)$. Ich führe die entsprechende Rechnung in Anhang 1 vor. Die Energie, die von dem Teilchen in Form der beiden Photonen abgegeben wurde, beträgt $\Delta E = 2h\nu_0$, daher ist der nach rechts gerichtete Netto-Impulsübertrag auf die Wände gerade $\Delta E(v/c^2)$. Der Faktor v/c^2 kommt von einem Faktor v/c infolge der Dopplerverschiebungen und einem Faktor $1/c$ infolge des Verhältnisses des Impulses zu der Energie, die von den Photonen davongetragen werden. Der nach rechts gerichtete Netto-Impulsübertrag, den die Wände erhalten, $\Delta E(v/c^2)$, muss seinerseits gleich dem Impuls sein, den das Teilchen verloren hat, also gleich (Δm) v. Wir erhalten demnach $\Delta E(v/c^2) = (\Delta m)v$. Nun teilen wir beide Seiten der Gleichung durch v (die Geschwindigkeit des Teilchens kürzt sich weg!). Das ergibt $\Delta E/c^2 = \Delta m$. Jetzt multiplizieren wir beide Seiten der Gleichung mit c^2. Damit haben wir $\Delta E = \Delta mc^2$. Wir entledigen uns der Δ-Zeichen. Das Ergebnis ist $E = mc^2$.

In dem Gedankenexperiment verliert das Teilchen etwas Energie, indem es zwei Photonen emittiert, und es verliert etwas Masse. Ein Teilchen, das Masse verliert, emittiert Energie. Die Energie steht in Beziehung zu der Masse, die verloren geht, über die Formel $E = mc^2$. Das ist so einfach wie bedeutsam. Das c^2 erscheint in der Gleichung, weil bei den Berechnungen der Dopplerverschiebung und des Impulses das Licht eine Rolle spielt, und weil c dessen Geschwindigkeit ist.

Wie Sie wissen, ist c eine sehr große Zahl (300.000 km/s in den üblichen Einheiten), was zur Folge hat, dass eine winzige Masse in eine riesige Energiemenge umgewandelt werden kann. Die Newtonschen Gesetze zeigen uns, dass die kinetische Energie eines Lastwagens $1/2\ mv^2$ beträgt, wobei m die Masse des Lastwagens und v seine Geschwindigkeit ist. Zumindest ist das der richtige Ausdruck, solange $v \ll c$ ist. Ein Lastwagen, der mit 160 Stundenkilometern fährt, hat eine Geschwindigkeit von 0,045 km/s (das entspricht nur 0,00000015 c). Wenn zwei Lastwagen mit jeweils 160 Stundenkilometern frontal zusammenstoßen, wird diese ganze kinetische Energie, zweimal ($\frac{1}{2}\ mv^2$), in einer gigantischen Explosion freigesetzt. Überall werden Trümmer der Lastwagen umherfliegen. Doch nun stellen Sie sich vor, einer der Lastwagen bestünde aus Materie und der andere Lastwagen aus Antimaterie. Diese beiden Lastwagen würden sich bei einer Kollision gegenseitig vernichten und dabei ihre ganze Masse in Energie umwandeln – ein wahrhaft extremer Fall.

Das würde eine Explosion verursachen, deren Energie $2 \times (mc^2)$ entspräche, was erheblich gewaltiger wäre als das mv^2 für normale Lastwagen. Wie viel gewaltiger? Um einen Faktor $2/(0{,}00000015)^2 = 89$ Billionen! Diese Explosion zwischen Materie und Antimaterie wäre 89 Billionen mal energiereicher als die Explosion, die durch den Frontalzusammenstoß zweier Lastwagen bei 160 Kilometern pro Stunde freigesetzt wird. In der Masse gewöhnlicher Materie ist eine ungeheure Energiemenge eingeschlossen.

Das ist das Geheimnis der Atombombe. Uran- oder Plutoniumatome können sich spalten und Zerfallsprodukte erzeugen, die nur etwas weniger wiegen als die ursprünglichen Atome und dabei doch eine enorme Energiemenge freisetzen. In der Sonne verschmelzen vier Wasserstoffkerne zu einem etwas leichteren Heliumkern und setzen dabei Energie frei. Das hat die Sonne über die letzten 4,6 Milliarden Jahre hinweg mit Energie versorgt. Chemiker haben bei verschiedenen Elementen die exakten Massen gemessen und dabei festgestellt, dass es in verschiedenen Elementen kleine Unterschiede der Masse pro Nukleon gibt. Infolgedessen kann man berechnen, wieviel Kernenergie durch die Fusion leichter Elemente oder durch die Spaltung schwerer Elemente erzeugt werden kann. Eisen hat die niedrigste Masse pro Nukleon – wie in Kapitel 7 erörtert, lässt sich beim besten Willen keine Kernenergie aus ihm gewinnen.

Einstein erkannte, wie andere Physiker auch, welche weitreichenden Konsequenzen seine Gleichung hatte: Durch Spaltung von Atomen ließen sich Atombomben bauen. Daraufhin schrieb er am 2. August 1939 jenen folgenreichen Brief an Präsident Franklin D. Roosevelt, in dem er ihn dringend aufforderte, eine Atombombe zu entwickeln, bevor Hitler es tat. Damit war das Manhattan-Projekt geboren – Amerikaner und europäische Emigranten entwickelten gemeinsam eine einsatzfähige Atombombe. Später erfuhren die Amerikaner, das Deutschland tatsächlich ein Atombombenprogramm hatte, wie Einstein befürchtet hatte, aber es war ineffizient und scheiterte letztlich. Deutschland hatte bereits kapituliert, als die erste US-amerikanische Atombombe in New Mexico getestet wurde. Schließlich wurden zwei Atombomben über Japan abgeworfen. Japan ergab sich kurze Zeit später und beendete damit den Zweiten Weltkrieg. Die Verwüstung war verheerend: Annähernd 200.000 Menschen wurden von den Bomben und ihren Nachwirkungen, einschließlich der Strahlenbelastung, getötet. Robert Oppenheimer, der das Manhattan-Projekt geleitet hatte, sagte später, der erste Test der Atombombe habe ihn an eine Zeile aus der Bhagavad Gita erinnert: »Jetzt wurde ich zum Tod, dem Zerstörer der Welten.« Präsident Truman übernahm die volle Verantwortung für die Entscheidung, die Bombe abzuwerfen. Er hielt ihren Einsatz für notwendig, um den Zweiten Weltkrieg so rasch wie möglich zu beenden. Aber Truman sagte auch: »Ich bin mir über die tragische Bedeutung der Atombombe im Klaren.« Jahre später hat man in Trumans Privatbibliothek ein Buch über die Atombombe gefunden, in dem er die letzten Worte des Horatio im *Hamlet* unterstrichen hatte: »Mich lasset dem Uneingeweihten melden, Wie alles dies geschah, so werd't Ihr hören: Von Taten sinnlich, blutig, unnatürlich, Wie Zufall Richter ward, und Blut vergoß, Von wohlerwognem, listentstammten Tod, Und schließlich noch, wie fehlgeschlagne Absicht Das Haupt des Täters traf.« Nach dem Krieg setzte sich Einstein leidenschaftlich für die nukleare Abrüstung ein.

Durch das Nachdenken über Reisen nahe der Lichtgeschwindigkeit, was zu Einsteins Lebzeiten wenig praktischen Wert hatte, entdeckte er ein Prinzip, das den Lauf der Geschichte verändern sollte. Einsteins Arbeiten in seinem Wunderjahr 1905 katapultierten ihn in die erste Reihe der Naturwissenschaftler, gleichbedeutend mit Marie Curie und Max Planck, doch sein größtes Werk sollte erst kommen.

19

EINSTEINS ALLGEMEINE RELATIVITÄTSTHEORIE

J. RICHARD GOTT

Einsteins größte wissenschaftliche Leistung war die Allgemeine Relativitätstheorie, seine Theorie der gekrümmten Raumzeit zur Erklärung der Gravitation, die Newtons Gravitationstheorie ersetzt hat.

Einstein betrachtete das folgende Problem: Man lasse eine schwere und eine leichte Kugel gleichzeitig fallen – sie erreichen den Fußboden zur selben Zeit. Galilei wusste das. Was sagte Newton dazu? Er sagte, die Gravitationskraft zwischen der Kugel und der Erde sei $F = \mathrm{G}_{m\mathrm{Kugel}}\ M_{\mathrm{Erde}}/\mathrm{r}_{\mathrm{Erde}}^{2}$. Weiterhin sagte er, dass $\mathrm{F} = m_{\mathrm{Kugel}}a_{\mathrm{Kugel}}$ sei. Daraus folgt, dass die Beschleunigung a_{Kugel} der Kugel die auf die Kugel einwirkende Kraft geteilt durch ihre Masse ist. Wenn wir diese Gleichungen ineinander einsetzen, erhalten wir $a_{\mathrm{kugel}} = Gm_{\mathrm{Erde}}/r_{\mathrm{Erde}}^{2}$. Die Masse der Kugel kürzt sich weg. Die Beschleunigung der Kugel ist unabhängig von ihrer Masse, woraus folgt, dass schwere und leichte Kugeln gleich schnell fallen müssen. Newton sagte, auf die schwere Kugel wirke eine größere Gravitationskraft ein, die sie zur Erde ziehe. Aber er sagte auch, dass die schwere Kugel nicht so leicht zu beschleunigen sei, weil $F = ma$ sei, und dieser Umstand gleiche die größere Kraft gerade aus, daher sei für beide Kugeln die Beschleunigung exakt gleich. Das ist ein ziemlich beachtliches Zusammentreffen und besagt im Grunde, dass die Masse, die wir in der Gravitationsformel verwenden (die *schwere* Masse), und die Masse, die wir in der Formel $F = ma$ verwenden (die *träge* Masse), identisch sind.

Einstein sah das Problem anders. Er überlegte, was geschähe, wenn man sich in einem beschleunigenden Raumschiff im interstellaren Raum befände, fern von größeren Gravitationsquellen. (Etwa in dem beschleunigenden, mit Materie und Antimaterie betriebenen interstellaren Raumschiff, das Neil in Kapitel 10 erörtert hat.) Wenn Sie die beiden Kugeln fallen lassen, schweben sie schwerelos nebeneinander. Aber da die Raketenmotoren des Raumschiffs laufen und das Raumschiff daher aufwärts beschleunigt, beschleunigt auch der Boden des Raumschiffs aufwärts und stößt schließlich mit den beiden dort schwebenden Kugeln zusammen. Ganz automatisch treffen die Kugeln in dieser Situation gleichzeitig auf dem Boden auf. Sie schweben einfach an Ort und Stelle, der Boden kommt hoch und trifft sie beide. Simpel. In dieser Situation ist es nun aber gerade kein Zufall, dass die beiden Kugeln gleichzeitig mit dem Boden zusammenstoßen. Malen Sie sich noch einmal aus, dass Sie die beiden Kugeln auf die Erde fallen lassen. Versuchen Sie sich diesmal vorzustellen, dass die Kugeln einfach an Ort und Stelle schweben und der Fußboden nach oben kommt und die beiden anstößt. Man wusste damals, dass man in einem geeignet beschleunigenden Raumschiff das Gefühl haben würde, wieder auf der Erde zu sein. Aber Einstein sagte, wenn das Experiment in einem beschleunigenden Raumschiff wie Gravitation aussehe, dann müsse es auch Gravitation sein. Das nannte er sein *Äquivalenzprinzip* und bezeichnete es als den glücklichsten Einfall seines Lebens. Er hatte diesen Einfall im Jahr 1907. Wenn zwei verschiedene Phänomene genau gleich aussehen, müssen sie auch gleich sein. Das war durchaus kühn.

Einstein hatte diese Argumentation bereits vorher einmal verwendet: Eine Ladung, die sich an einem Magneten vorbeibewegt, wird von einem Magnetfeld beschleunigt, aber eine Ladung in Ruhe erfährt die gleiche Beschleunigung, wenn ein Magnet an ihr vorbeigeführt wird. Im zweiten Fall wird die Beschleunigung nach Maxwells Gleichungen durch ein elektrisches Feld bewirkt, das von einem veränderlichen Magnetfeld erzeugt wurde. Einstein gelangte zu dem Schluss, dass die beiden Phänomene identisch sein müssten und dass nur die relative Bewegung wichtig sei. Mit anderen Worten, die Begriffe des elektrischen und des magnetischen Feldes als separate Entitäten mussten durch einen einzigen Begriff ersetzt werden - das *elektromagnetische Feld.* Entsprechend gelangte Einstein zu der Erkenntnis, dass unsere Vorstellung von Raum und Zeit als separate

Gegebenheiten durch das Konzept einer vierdimensionalen Raumzeit ersetzt werden müsse. Häufig kommt es zu einem großen Durchbruch in der Wissenschaft, wenn jemand bemerkt, dass zwei verschiedene Dinge in Wahrheit ein und dasselbe sind. Newton erkannte, dass dieselbe Kraft, die den Apfel fallen lässt, auch den Mond in seiner Umlaufbahn hält. Aristoteles wusste, dass die Schwerkraft für den Fall des Apfels verantwortlich ist, nahm aber an, dass etwas anderes, etwas Himmlisches, den Mond in seiner Bahn halte. Newton begriff, dass die beiden Phänomene dasselbe sind.

Einstein hatte großes Vertrauen in sein Äquivalenzprinzip. Wenn Sie eine schwere und eine leichte Kugel fallen lassen, schweben sie zusammen im freien Fall, während die Erdoberfläche aufwärts beschleunigt und gleichzeitig auf die Kugeln trifft. Ärgerlich war nur, dass das keinen Sinn zu ergeben schien. Wie könnte die Erdoberfläche überall nach oben beschleunigen, ohne größer zu werden? Würde sie sich aufblähen wie ein Ballon, dann könnte sie allen Kugeln entgegenkommen, die wir fallen lassen, aber die Erde wird kein bisschen größer, daher schien die Idee absurd zu sein. Sinnvoll konnte sie nur sein, wenn es eine gekrümmte Raumzeit gab, in der die Gesetze der euklidischen Geometrie nicht gelten.

Lassen Sie uns diese Krümmung genauer betrachten. Abbildung 19.1 zeigt einen Erdglobus. Seine Oberfläche ist gekrümmt, daher lassen sich die Gesetze der ebenen euklidischen Geometrie nicht auf seine Oberfläche anwenden. Euklid sagt uns, dass in einer Ebene die Winkelsumme in jedem Dreieck 180 Grad beträgt. Die geradestmögliche Linie, die Sie auf dem Globus ziehen können, ist ein *Großkreis* – er definiert die kürzeste Entfernung zwischen zwei Punkten. Ein Großkreis ist ein Kreis auf einer Kugel, dessen Mittelpunkt mit dem Kugelmittelpunkt zusammenfällt. Der Äquator ist ein Großkreis der Erdkugel. Jeder Meridian ist Teil eines Großkreises. Die kürzeste Entfernung von New York City zum Nordpol folgt dem Meridian, der New York City mit dem Nordpol verbindet. Auf dem Globus können wir ein Dreieck markieren, indem wir den Nordpol mit zwei Punkten auf dem Äquator verbinden, die 90 Längengrade auseinanderliegen, und erhalten so ein (aus Großkreisen gebildetes) Dreieck, das drei 90-Grad-Winkel besitzt und damit auf eine Winkelsumme von 270 Grad kommt.

Wenn Sie vom Nordpol aus südwärts gehen, müssen Sie sich, sobald Sie den ersten Punkt auf dem Äquator erreicht haben, um 90 Grad drehen und auf dem Äquator nach Westen gehen bis Sie zum zweiten Punkt auf dem

Äquator kommen. Dort müssen Sie sich wieder um 90 Grad drehen und nach Norden gehen, um zum Nordpol zurückzukehren. Bei Ihrer Ankunft können Sie sehen, dass die beiden Seiten des Dreiecks, die sich am Pol treffen, einen weiteren 90-Grad-Winkel bilden, weil es sich um zwei durch 90 Grad getrennte Längenkreise handelt. Sie haben ein Dreieck mit drei rechten Winkeln gezeichnet, was in der euklidischen Geometrie der Ebene unmöglich wäre. Die Kugelfläche ist gekrümmt und verhält sich nicht wie eine flache, euklidische Ebene.

Abbildung 19.1: Dreieck mit drei rechten Winkeln auf einer Kugelfläche. *Credit:* J. Richard Gott

Stellen Sie sich vor, Sie zeichnen einen Kreis auf den Globus, dessen Mittelpunkt der Nordpol ist. Wählen Sie für den Radius des Kreises – auf der Oberfläche des Globus gemessen – eine Länge, die gleich dem Abstand vom Pol zum Äquator ist (also 1/4 des Erdumfangs entspricht). Der Umfang Ihres Kreises (mit dem Nordpol als Mittelpunkt) wird der Äquator sein. Die Länge des Äquators ist gleich dem Umfang der Erde, daher beträgt der Radius des Kreises, den Sie gezogen haben, 1/4 der Länge des

Kreisumfangs. Also ist in diesem Fall der Umfang Ihres Kreises viermal so lang wie der Radius und damit kürzer als 2π-mal der Radius, wie Sie es in der euklidischen Geometrie erwarten würden. Abermals stellen wir fest, dass die gekrümmte Oberfläche einer Kugel nicht den Gesetzen der ebenen euklidischen Geometrie gehorcht.

Einstein stellte sich eine rotierende Schallplatte vor. Stünde eine Ameise auf der Schallplatte, müsste sie sich festklammern, um auf der Platte zu bleiben. Sie würde eine Zentripetalbeschleunigung erzeugen (indem sie sich festklammerte), um sich auf der Platte zu halten, und würde dabei eine »Gravitationskraft« fühlen, die sie nach außen zöge. Einige Fahrgeschäfte auf dem Jahrmarkt vermitteln Ihnen dieses Empfinden; Sie kommen sich vor, als befänden Sie sich in einer rotierenden Blechdose, eine g-Kraft presst Sie gegen die zylindrische Wand. Sie können sogar die Füße vom Boden nehmen. In beiden Fällen, der rotierenden Schallplatte und dem rotierenden Fahrgeschäft, ahmt eine beschleunigte Kreisbewegung die Gravitation nach, genauso wie es in einem beschleunigenden Raumschiff geschieht. Wir erwarten, dass die Schallplatte flach ist. Aber Einstein wusste es besser: Da sich der äußere Rand der Schallplatte schnell bewegt, hätten Messlatten, die auf der Schallplatte lägen, eine andere Länge, wenn sie von einem Beobachter gemessen würden, der auf dem Rand der rotierenden Platte säße, als wenn ihre Länge von jemandem bestimmt würde, der sich ruhend im Zentrum befände. Der Umfang der Schallplatte wiche, würde er von Beobachtern auf der rotierenden Platte gemessen, von 2π-mal dem Radius ab – dem Wert, den wir von der ebenen euklidischen Geometrie erwarten würden. Einstein schloss daraus, dass die Geometrie einer rotierenden Schallplatte nichteuklidisch (gekrümmt) wäre, weil sie rotierte und eine Gravitationswirkung simulierte. Wenn eine solche simulierte Gravitation tatsächlich Gravitation ist (nach Einsteins Äquivalenzprinzip), dann kann eine Krümmung der Raumzeit selbst Gravitation erzeugen.

Ich bin in New York City und möchte nach Tokio, dabei sollte meine Route auf einem Großkreis liegen, der kürzestmöglichen Verbindung. Ich kann auf dem Globus eine Schnur zwischen den beiden Städten spannen. Der Großkreis führt über das nördliche Alaska (Abb. 19.2). Probieren Sie es selbst auf einem Globus aus. Das ist die Route, der ein Flugzeug folgen würde. Es ist auch der geradestmögliche Weg, der zwischen den beiden Städten möglich ist. Sie können das mit einem kleinen Spielzeugauto demonstrieren, indem Sie auf dem Globus von der einen Stadt zur anderen fahren. Die Räder des Spielzeugautos sind so ausgerichtet, dass das Auto immer geradeaus fährt. Es kann auf dem Großkreis einfach geradeaus in Richtung Tokio abfahren, durchquert dann Nordalaska und kommt an seinem Zielort an. Wir nennen solche geradestmöglichen Wege *Geodäten*. Starten Sie Ihr Auto irgendwo auf dem Äquator, fahren Sie unbeirrt geradeaus gen Westen, und Sie werden den ganzen Äquator befahren. Sie können Ihre Fahrt auch in einer beliebigen Richtung beginnen. Wenn Sie dann geradeaus fahren und zu keiner Zeit an Ihrem Lenkrad drehen, werden Sie einer geodätischen Route folgen. Auf einer flachen Erdkarte in Mercator-Projektion sieht die geodätische Großkreisroute zwischen New York und Tokio gekrümmt aus. Da beide Städte ungefähr auf dem 40. Breitengrad liegen, könnte es auf der Mercatorkarte so aussehen, als käme man am besten nach Tokio, indem man auf einem Breitengrad nach Westen ginge. Doch auf dem Globus ist dieser Weg länger. Außerdem ist er nicht gerade. Ein Breitenkreis ist ein Kleinkreis auf dem Globus; sein Umfang ist kleiner als der des Äquators, und sein Mittelpunkt (im Inneren der Erde) liegt nördlich oder südlich des Erdmittelpunktes. Ein Kleinkreis ist kein Großkreis. Die Grenze zwischen USA und Kanada weit im Westen (jenseits der Großen Seen) ist ein Abschnitt eines solchen Kleinkreises. Wenn Sie mit Ihrem Auto entlang dieser Grenze nach Osten führen, müssten Sie das Lenkrad etwas nach links drehen, um auf der Grenze zu bleiben. Auf einer flachen Erdkarte kann eine gerade geodätische Linie, je nach dem zugrunde liegenden Koordinatensystem, durchaus gekrümmt aussehen.

Werfen Sie einen Basketball in einen Korb, und er wird in hohem Bogen steigen und dann sinken, bevor er in den Korb fällt. Offenbar folgt er einer gekrümmten Bahn – einer Parabel. Unter Umständen erscheint seine Bahn um 1,2 Meter verbogen. Sie ist genauso verbogen wie die geodätische Route von New York nach Tokio auf einer Mercatorkarte. Einstein meinte, dass sich Objekte, die sich wie der Basketball im freien Fall befinden, entlang Geodäten der gekrümmten Raumzeit bewegen und dabei die geradestmöglichen Bahnen einschlagen, die zur Verfügung stehen (solange nicht andere Kräfte wie die elektromagnetische Kraft auf sie einwirken).

Abbildung 19.2: Großkreisroute auf einem Globus, die New York City und Tokio miteinander verbindet. *Credit:* J. Richard Gott

Der Marschbefehl für ein Teilchen ist einfach – immer geradeaus. Die Teilchen summieren nicht eine Vielzahl von Kräften verschiedener Massen auf, die alle in unterschiedliche Richtungen weisen, wie Newton gemeint hatte. Sie fliegen einfach geradeaus. Die Raumzeit ist gekrümmt, diese Krümmung erzeugt Gravitation. Denken Sie an das Raumzeitdiagramm in Abbildung 18.1, in dem die Weltlinie der Sonne ein senkrechter Stab ist, um den sich die Weltlinie der Erde als Spirale windet. Tatsächlich ist sie eine ziemlich große Spirale. Sie hat einen Radius von acht Lichtminuten, und jeder Bahnpunkt ist ein Lichtjahr entfernt von seinen Gegenstücken beim nachfolgenden und beim vorangehenden Umlauf. Nach Einstein krümmt die Sonne die Raumzeit in ihrer Umgebung ein wenig, sodass die spiralförmige Weltlinie der Erde in Wahrheit dem geradestmöglichen Weg durch diese gekrümmte Raumzeit folgt, so wie das Auto geradeaus nach Tokio fährt. Die Weltlinie der Erde mag im Koordinatensystem der Abbildung 18.1 gekrümmt aussehen, ist aber tatsächlich der geradestmögliche, geodätische Weg in der gekrümmten Raumzeit. Wenn Sie wissen, wie diese Krümmung aussieht, können Sie den geodätischen Weg der Erde um die Sonne berechnen.

So erklärt Einstein die Gravitation. Newton würde sagen, wenn man zwei Massen nähme und sie in den interstellaren Raum setzte, würden sie sich, obwohl anfangs in Ruhe, infolge ihrer Gravitationsanziehung beschleunigt aufeinander zubewegen und schließlich zusammenstoßen. Newton würde sagen, dass sie aus der Ferne Kräfte aufeinander ausübten und dass diese Kräfte sie zusammenzögen. Einstein sagt, die beiden Massen krümmten die Raumzeit in ihrer Umgebung. In dieser gekrümmten Geometrie bewegen sich die beiden Teilchen auf dem geradestmöglichen Bahnen, und diese Bahnen führen sie zusammen.

Nehmen Sie an, Sie hätten zwei Autos etwas entfernt voneinander auf dem Äquator in Position gebracht, die dann beide in Richtung Norden fahren (Abb. 19.3 unten). Diese Autos beginnen ihre Bewegung auf parallelen Bahnen, das heißt, der Abstand zwischen ihnen wird weder kleiner noch größer, doch ihre Bahnen bleiben nicht parallel, weil die Erdoberfläche gekrümmt ist. Lassen Sie beide Autos auf benachbarten Meridianen (die schließlich Teile von Geodäten sind) direkt nach Norden fahren. Zunächst bewegen sie sich parallel zueinander, doch je näher sie auf ihren separaten Längengraden nach Norden kommen, desto stärker driften sie aufeinander zu. Schließlich werden sie am Nordpol zusammenstoßen.

Einstein sagt, die Massen der Teilchen bewirkten eine Krümmung der Raumzeit, die der Krümmung der Erde gleiche. Die Nordrichtung entspricht in diesem Falle der Richtung der Zeit in die Zukunft. Die Meridiane, auf denen sie fahren, stellen die Weltlinien der beiden Teilchen dar. Diese geradestmöglichen Weltlinien der beiden Teilchen laufen aufgrund der Krümmung der Raumzeit aufeinander zu. Beachten Sie, dass die beiden Autos, wenn Sie sie auf einer flachen Schreibtischplatte auf parallelen Bahnen fahren ließen, parallel blieben und ihre Geodäten den gleichen Abstand voneinander beibehielten. In Einsteins Theorie wird die Gravitationsanziehung durch eine Krümmung der Raumzeit verursacht.

Masse und Energie veranlassen die Raumzeit, sich zu krümmen – aber wie? Einstein begann intensiv an seiner Idee zu arbeiten. Er fragte einen seiner mathematischen Freunde: »Muss ich etwas über den Riemannschen Krümmungstensor lernen?« Der Freund sagte: »Ich fürchte ja.« Bernhard

Riemann hatte die Theorie der Krümmung in beliebig vielen Dimensionen ausgearbeitet. Riemann hatte zuvor bei Carl Friedrich Gauß promoviert. Gauß war ein großer Mathematiker, der die Theorie der Krümmung (Gaußsche Krümmung) für zweidimensionale Oberflächen ausgearbeitet hatte, etwa für die Erdoberfläche. Gauß forderte Riemann auf, für seinen Habilitationsvortrag drei Themen vorzuschlagen. An dritter Stelle nannte Riemann die Krümmung in höheren Dimensionen. Gauß sagte: »Machen Sie das.« Riemann tat es, und es wurde ein gewaltiger Kraftakt. Riemann wies nach, dass zum Verständnis der Krümmung in beliebig vielen Dimensionen der, wie er heute heißt, *Riemannsche Krümmungstensor* erforderlich war: $R^{\alpha}{}_{\beta\gamma\delta}$. In vier Dimensionen umfasst dieses mathematische Monster 256 Komponenten.[14] Glücklicherweise waren viele der Komponenten identisch, sodass sich ihre Zahl praktisch auf 20 unabhängige Komponenten reduzierte – immer noch eine Menge.

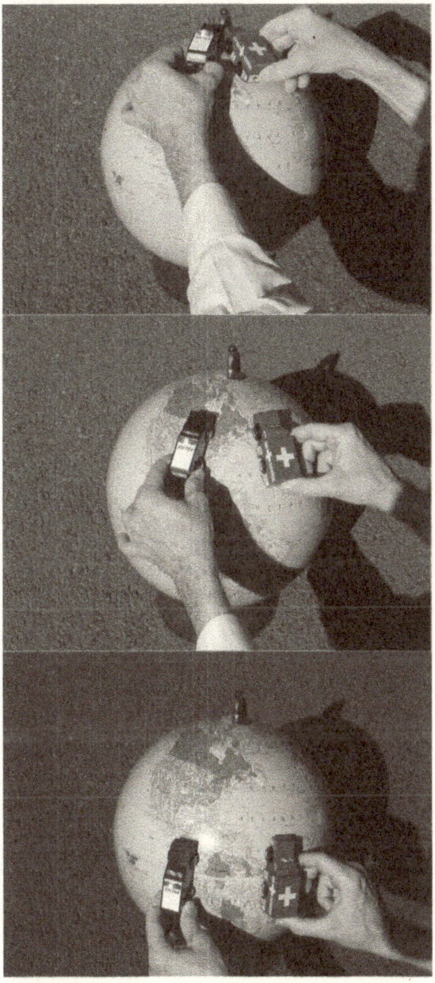

Abbildung 19.3: Autos fahren nach Norden, driften durch die Krümmung des Globus aufeinander zu, stoßen am Nordpol zusammen. *Credit:* J. Richard Gott

Dieses mathematische Ungeheuer musste Einstein zähmen. Einstein wollte Feldgleichungen für das Gravitationsfeld entwickeln, die Maxwells Feldgleichungen für elektrische und magnetische Felder vollkommen entsprachen. Wie krümmen Energie und Masse die Raumzeit? Welche Geometrien sind möglich? Seine Theorie sollte diese grundlegenden Fragen beantworten, musste dabei aber für den Grenzfall langsamer Geschwindigkeiten und geringer Krümmungen dieselben Voraussagen machen wie die Newtonsche Gravitationstheorie, weil sich Newtons Theorie unter diesen Bedingungen ausgezeichnet bewährt hatte.

An diesem Problem arbeitete Einstein von 1907 bis 1915. Das ging nicht ohne sehr fortgeschrittene mathematische Konzepte. Mehr als einmal befand er sich auf dem Holzweg. Aber er gab nicht auf. Ende 1915 fand er endlich die richtigen Feldgleichungen. Hier sind sie (in passenden Einheiten, in denen die Gravitationskonstante G und die Lichtgeschwindigkeit c jeweils den Wert 1 haben), nur damit Sie einen Eindruck bekommen, wie sie aussehen: $R_{\mu\nu} - 1/2\, g_{\mu\nu}R = 8\pi T_{\mu\nu}$. Die rechte Seite der Gleichung steht für die »Inhaltsstoffe« (Masse, Strahlung etc.) an einem Ort in der Raumzeit, und die linke Seite der Gleichung zeigt, wie die Raumzeit an diesem Ort gekrümmt ist.[15] Die Inhaltsstoffe im Universum sagen der Raumzeit, wie sie sich zu krümmen hat. Einstein hatte sich von Newtons mysteriöser »Fernwirkung« befreit. Die Inhaltsstoffe des Universums (Materie, Strahlung) an einem Ort veranlassen die Raumzeit, sich in bestimmter Weise *an diesem Ort* zu krümmen. Teilchen und Planeten bekommen ihre Marschbefehle ebenfalls lokal – sie bewegen sich in der gekrümmten Raumzeit einfach geradeaus. Die Herleitung dieser Gleichung war sehr mühsam. Zunächst glaubte Einstein, die richtigen Gleichungen seien $R_{\mu\nu} = 8\pi T_{\mu\nu}$. Ihm fehlte also ein Term. Interessanterweise stimmen diese Gleichungen für den leeren Raum. Leerer Raum enthält nun einmal gar keine Inhaltsstoffe, daher ist dort $T_{\mu\nu} = 0$, wie Einstein argumentierte. So gelangte er zu dem Schluss, im leeren Raum müsse auch $R_{\mu\nu} = 0$ gelten. Aber wenn im leeren Raum $R_{\mu\nu} = 0$ gilt, dann ist der Faktor R (der aus den Komponenten von $R_{\mu\nu}$ errechnet wird) ebenfalls gleich null, und die korrekte Feldgleichung von 1915 mit dem zusätzlichen Term $-1/2 g_{\mu\nu}R$ ist ebenfalls erfüllt, weil jener zusätzliche Term im leeren Raum eben auch null ist. Obwohl Einstein also zunächst die falschen Feldgleichungen am Wickel hatte, waren sie glücklicherweise für den leeren Raum korrekt. Eine Woche später erkannte er, dass er den zusätzlichen Term $-1/2\, g_{\mu\nu}R$ einfügen musste, um die lokale Energieerhaltung zu sichern. Die lokale Energieerhaltung verlangt, dass die gesamte Masse/Energie in einem Zimmer nur zunehmen kann, wenn etwas zur Tür hereinkommt. Das ist eine sehr ansprechende Eigenschaft dieser Gleichungen. Genauso war es, als Maxwell herausfand, dass er seine Gleichungen durch einen Term ergänzen musste, der für die Ladungserhaltung sorgte, ein zusätzlicher Term, der Maxwell unmittelbar zu dem bekannten Ergebnis führte, das Licht eine elektromagnetische Welle ist.

Einstein führte mit seinen Feldgleichungen einige Rechnungen durch. Er untersuchte, welche Krümmung für die leere Raumzeit in der Umgebung der Sonne zu erwarten war. Daraus ermittelte er die spiralförmige Geodäte, die der Weltlinie eines umlaufenden Planeten entspricht. Dabei stellte er fest, dass Planeten in der gekrümmten Raumzeit meist keinen einfachen elliptischen Bahnen folgen, wie Kepler gemeint hatte, sondern dass die Bahnen *präzedieren* (d.h. dass ihre Bahn als Ganzes langsam rotiert). Solche Planeten beschreiben nicht immer und immer wieder die gleiche Ellipse, sondern die Ellipse für jeden Planeten dreht sich langsam. Für die meisten Planeten, die der Sonne ja vergleichsweise fern sind, ist der Effekt winzig, aber bei Merkur, dem sonnennächsten Planeten, ist die Krümmung am größten, der Effekt messbar. Einstein errechnete, dass Merkurs elliptische Umlaufbahn um 43 Bogensekunden pro Jahrhundert präzedieren oder rotieren müsse. Heureka! Das deckte sich mit einer bis dahin unerklärten Präzession in der Bahn des Merkur, einem Phänomen, das Astronomen gemessen hatten, das Einstein kannte, aber das Newton nicht erklären konnte.

Einstein war bei diesen Berechnungen so aufgeregt, dass er, wie er einem Kollegen später berichtete, heftiges Herzklopfen bekam. Seine Gleichungen lieferten ihm die richtige Antwort – 43 Bogensekunden pro Jahrhundert – und die Natur hatte gesprochen. Er nahm diese Rechnung am 18. November 1915 vor. Zu diesem Zeitpunkt benutzte er noch die falschen Feldgleichungen $R_{\mu\nu} = 8\pi T_{\mu\nu}$, doch zum Glück war sie in dem speziellen Fall, um den es hier ging, nämlich in der leeren Raumzeit in der Umgebung der Sonne, vollkommen ausreichend.

Am gleichen Tag bestimmte Einstein die Ablenkung der Lichtstrahlen, die in der Nähe der Sonne vorbeistreichen. Er berechnete die Geodäten, die das Licht in der leeren Raumzeit nahe der Sonne nehmen müsste. Das Resultat, das er erhielt, besagte, dass ein Lichtstrahl von einem fernen Stern, der auf seinem Weg zur Erde in der Nähe des Sonnenrandes vorbeistreicht, um 1,75 Bogensekunden abgelenkt wird. Das war doppelt so viel, wie Newton errechnet hätte, wenn er sich vorgestellt hätte, Licht bestehe aus kleinen massebehafteten Kügelchen und bewege sich mit 300.000 km/s. Newton wäre auf eine Ablenkung von 0,875 Bogensekunden gekommen. Aber vielleicht besteht Licht ja gar nicht aus massebehafteten Teilchen! Dann war nach Newtons Theorie auch möglich, dass Licht überhaupt nicht abgelenkt würde. Einstein dagegen hatte keine Wahl: Licht musste sich auf Geodäten bewegen und deswegen in Sonnennähe um 1,75 Bogensekunden abgelenkt werden. Diese Ablenkung ließ sich beobachten. Wie konnten Sterne dicht am Sonnenrand beobachtet werden? Man musste auf eine Sonnenfinsternis warten, wenn der Mond das helle Licht der Sonnenoberfläche abschirmte. Dann hielt man die Position der Sterne während der Finsternis auf einer Fotoplatte fest und überprüfte diese Positionen sechs Monate später ebenfalls fotografisch, wenn sich die Erde auf der anderen Seite der Sonne und die Sonne damit weit entfernt von jenen Sternen befand. Anhand der Fotografien untersuchte man dann, ob es Unterschiede der Sternpositionen gab. In der Nähe des Sonnenrandes sollten sich die Sterne nach Einsteins Gleichungen um 1,75 Bogensekunden nach außen verschieben. Einstein schlug vor, diesen Test während einer entsprechenden Sonnenfinsternis vorzunehmen.

In dieser Hinsicht hat Einstein Glück gehabt. Bevor er über seine Feldgleichungen verfügte, hatte er sich auf ein qualitatives Argument gestützt, indem er unter Verweis auf sein Äquivalenzprinzip das Beispiel des beschleunigenden Raumschiffs herangezogen hatte: Danach würde ein gerader, waagerechter Lichtstrahl in den Weiten des Alls von einem beschleunigten Raumschiff aus gekrümmt aussehen, weil ein solcher Lichtstrahl schließlich irgendwann auf den ihm entgegen beschleunigten Boden des Raumschiffs träfe. Entsprechend müsse das Licht auch von der Gravitation gekrümmt werden. Dieses Argument berücksichtigte zwar die Krümmung der Zeit, ließ aber die Krümmung des Raums außen vor, die von den vollständigen Feldgleichungen verlangt wird. Daher fand Einstein auf diese Weise nur die Hälfte der richtigen Antwort, nämlich eine Ablenkung von 0,875 Bogensekunden, genau wie Newton sie errechnet hätte. Einstein veröffentlichte diese Überlegung und schlug vor, man solle seine Vorhersage während der Sonnenfinsternis von 1914 überprüfen. Doch dann brach der Erste Weltkrieg aus, keine Expedition konnte die entsprechenden Beobachtungen vornehmen. Zum Glück für Einstein. Denn 1915 errechnete er die richtige Antwort von 1,75 Bogensekunden für die gekrümmte Raumzeit, und damit unterschied sich sein Wert von dem, den Newton vorhergesagt hätte. Würde eine Ablenkung von 1,75 Bogensekunden gemessen, dann hätte Einstein recht, und Newton wäre widerlegt. Würde dagegen eine Ablenkung von 0,875 Bogensekunden beobachtet, trüge Newton den Sieg davon, und Einstein verlöre. Würde gar keine Ablenkung beobachtet, wäre Einstein widerlegt, aber Newton könnte noch immer recht behalten, indem er darauf verwiese, dass Masse zwar Masse anziehe, aber nicht notwendigerweise Licht. Auch in diesem Fall bliebe Newton im Geschäft. Es war also ein entscheidender Test. Einsteins Berechnung der Präzession von Merkur war lediglich eine Erklärung im Nachhinein: Sie erklärte ein bereits bekanntes experimentelles Ergebnis, für das Newton keine Erklärung liefern konnte. Doch im Falle der Lichtablenkung am Sonnenrand traf Einstein eine echte Vorhersage – das war sehr viel spektakulärer.

Zwei britische Expeditionen wurden auf den Weg geschickt, um am 29. Mai 1919 eine Sonnenfinsternis zu beobachten. Die eine Gruppe bezog ihren Beobachtungsposten in Sobral, Brasilien und die andere auf der Insel Príncipe vor der afrikanischen Küste. Am 6. November 1919 gab Arthur Eddington auf einer gemeinsamen Sitzung der Royal Society und der Royal Astronomical Society in London die Ergebnisse bekannt. In Sobral war eine Ablenkung von 1,98 ± 0,30 Bogensekunden beobachtet worden, auf Príncipe eine Ablenkung von 1,61 ± 0,30 Bogensekunden. Beide Ergebnisse stimmten innerhalb der Beobachtungsfehler von ±0,30 Bogensekunden mit Einsteins Wert von 1,75 Bogensekunden überein, und beide widerlegten Newton. Der Nobelpreisträger J. J. Thompson, der Entdecker des Elektrons, leitete die Sitzung und verkündete: »Dies ist das bedeutendste Ergebnis, dass seit Newtons Zeiten in Hinblick auf die Gravitationstheorie erzielt wurde ... Das Ergebnis [ist] eine der größten Leistungen des menschlichen Denkens.«

Am nächsten Tag war Einstein unter der Schlagzeile »Revolution in Science« in der *London Times*. Einige Tage später auch in der *New York Times*. Das war der Augenblick, in dem Einstein von dem Status des größten Wissenschaftlers seiner Zeit in den jener weltbekannten Persönlichkeit überwechselte, die Ihnen allen vertraut ist. Das war der Augenblick, indem er zu Isaac Newton aufschloss.

Schon bald wurden Eddingtons Ergebnisse zur Lichtbeugung unabhängig und mit höherer Genauigkeit von W. W. Campbell und R. Trumpler bestätigt, die 1922 eine Sonnenfinsternis in Australien beobachteten. Sie fanden eine Ablenkung von 1,82 ± 0,20 Bogensekunden, auch dieses Resultat war im Einklang mit Einsteins Vorhersage von 1,75 Bogensekunden.

Von der Mühsal, die Einstein empfand, als er in den Jahren von 1907 bis 1915 um die endgültige Form seiner Theorie rang, sagte er später: »Aber das ahnungsvolle, Jahre währende Suchen im Dunkeln mit seiner gespannten Sehnsucht, seiner Abwechslung von Zuversicht und Ermattung und seinem endlichen Durchbrechen zur Wahrheit, das kennt nur, wer es selber erlebt hat.«[16]

20

SCHWARZE LÖCHER

J. RICHARD GOTT

In diesem Kapitel geht es um die geheimnisvollsten Objekte im Universum, die Schwarzen Löcher. Eine der ersten exakten Lösungen, die wir für Einsteins Gleichungen der Allgemeinen Relativitätstheorie erhielten, beschreibt ein Schwarzes Loch. Eine exakte Lösung für Einsteins Gleichungen ist eine Raumzeit, deren Geometrie an jedem Punkt genau diejenige Krümmung aufweist, welche die Gleichungen an jenem Punkt erfüllt. Von besonderem Interesse ist die Lösung für die Geometrie des leeren Raums in der Umgebung einer Punktmasse. Diese Lösung gehört zu dem, was wir heute Lösungen der Vakuum-Feldgleichungen nennen, weil es um Geometrie des leeren Raumes geht. Es geht dabei um genau jene Gleichungen, die Einstein zu lösen versuchte, als er die Merkurbahn und die Lichtablenkung im leeren Raum nahe der Sonne berechnete. Aber diese Lösungen waren schwer zu finden, weil vorab völlig unklar war, wie die Geometrie der Lösung aussehen würde. Daher begnügte sich Einstein mit einer Näherungslösung. Die von ihm betrachtete Raumzeit war näherungsweise flach wie in der Speziellen Relativitätstheorie, aber mit kleinen *Störungen* (also kleinen Abweichungen von der Flachheit). Die Gleichungen für die kleinen Störungen waren leichter zu lösen, weil man in dieser Situation ja bereits weiß, dass man mit einer flachen Geometrie beginnt. Da die Geschwindigkeiten von Objekten, die die Sonne umkreisen, sämtlich klein sind im Verhältnis zur Lichtgeschwindigkeit, ist die Geometrie in der Umgebung der Sonne nur leicht gekrümmt. Daher ist Einsteins Näherungslösung ziemlich genau, ebenso wie seine Vorhersagen für die Merkurbahn und für die Lichtablenkung in der Nähe der Sonne. Einstein dürfte die exakte Lösung der Gleichung für zu schwierig gehalten haben und gab sich mit der Näherungslösung zufrieden.

Der Erste, der Einsteins Feldgleichungen für den leeren Raum um eine Punktmasse löste, war der deutsche Astronom Karl Schwarzschild. Sein Ergebnis erwies sich als die Lösung für ein Schwarzes Loch, das heißt eine punktförmige Massenquelle im ansonsten leeren Raum. Karl Schwarzschild dürfte zu jenem Zeitpunkt einer der wenigen Menschen gewesen sein, die Einsteins Theorie überhaupt verstanden. Im Jahr 1900, also noch vor Veröffentlichung selbst der Speziellen Relativitätstheorie, hatte er eine Arbeit über die mögliche Krümmung des Raums verfasst. Er hatte darin dargelegt, dass der Raum möglicherweise positiv gekrümmt sei wie eine Kugelfläche oder eine negative Krümmung aufweise wie die Oberfläche eines Westernsattels. Ihn interessierte, wie groß der Krümmungsradius sein musste, wenn man die neuesten astronomischen Beobachtungen zugrunde legte. Schwarzschild war also schon damals bereit, über Raumkrümmung nachzudenken. Als Einsteins Artikel erschien, nahm Schwarzschild ihn begeistert auf: Er verstand ihn und war, was mindestens genauso wichtig war, in der Lage, mit der schwierigen Mathematik der Riemannschen Krümmungstensoren umzugehen. Er verfügte so über alle Werkzeuge, die erforderlich waren, um mit Einsteins Theorie etwas Neues und Eigenständiges anzufangen. Schwarzschild konnte das Problem lösen, weil er ein raffiniertes Koordinatensystem entwickelte, in dem sich die komplexen Gleichungen lösen ließen. Dabei nutzte Schwarzschild die Tatsache, dass die Situation, die er beschreiben wollte, eine Kugelsymmetrie aufwies und keinerlei zeitliche Veränderungen beinhaltete. Seine exakte Lösung der Einsteinschen Vakuum-Feldgleichungen für den leeren Raum in der Umgebung einer Punktmasse erwies sich im Nachhinein als die Beschreibung des Außenraums rund um ein Schwarzes Loch.

Die eigentliche Rechenarbeit führte er 1916 als Soldat im Ersten Weltkrieg an der Front durch. Er schickte Einstein die Lösung zu und schrieb dazu, der Krieg habe es freundlich mit ihm gemeint, da er ihm, »diesen Spaziergang in [Einsteins] Ideenlande erlaubte«. Einstein äußerte sein Erstaunen darüber, dass es Schwarzschild überhaupt gelungen war, solch eine Lösung zu finden: Er »hätte nicht gedacht, dass die strenge Behandlung des Punktproblems so einfach wäre«, schrieb er an den jüngeren Kollegen. Einige Monate später starb Schwarzschild an einer seltenen Hautkrankheit, die er sich an der Front zugezogen hatte und die sich letztlich als tödlich erwies.

Die Suche nach dieser exakten globalen Lösung für die Vakuum-Feldgleichungen hatte große Ähnlichkeit mit der Anfertigung eines Patchworkmantels. An jedem Punkt der Raumzeit näht man Stücke mit lokal verschiedenen Krümmungstermen zusammen, die sich zu null addieren. Die Gleichungen geben Ihnen die Regeln vor, nach denen Sie die Stücke zusammenheften können. Sie sind fortwährend gezwungen zu nähen und kleine Teile anzufügen. Am Ende aber müssen Sie eine globale Lösung präsentieren – den fertigen Patchworkmantel –, der die Regeln an jedem Punkt erfüllt. Das ist ziemlich schwierig. Karl Schwarzschild gelang es als Erstem, dies für den gekrümmten Raum in der Umgebung einer Punktmasse zu leisten.

Karl Schwarzschilds Sohn Martin Schwarzschild war unser langjähriger Kollege in Princeton (vgl. Abb. 8.3). Auch er war ein Astronom, dem wir viele wichtige Beiträge verdanken. Insbesondere fand Martin heraus, dass ein Stern wie die Sonne am Ende ein Roter Riese wird. Er trat zweifellos in die Fußstapfen seines Vaters. Martin hatte aber leider keine Gelegenheit, seinen Vater wirklich kennenzulernen, denn dieser starb, als Martin erst vier Jahre alt war. Interessanterweise kämpfte Karl im Ersten Weltkrieg auf deutscher Seite, während sein Sohn Martin aus Deutschland floh, als Hitler an die Macht kam. So kam es, dass Martin im Zweiten Weltkrieg auf amerikanischer Seite gegen Deutschland kämpfte.

Um Schwarze Löcher zu verstehen, wollen wir uns zunächst noch einmal mit der Newtonschen Gravitation beschäftigen. Was geschieht, wenn ich einen Ball nehme und nach oben werfe? Er wird nach oben fliegen und dann herunterfallen. Im Englischen gibt es sogar eine Redensart, die besagt: »Was aufsteigt, muss wieder runterkommen.« Die Redensart hat nur einen kleinen Schönheitsfehler: Sie ist falsch. Wenn wir den Luftwiderstand vernachlässigen, dann wird ein Ball, den Sie so kräftig werfen, dass er die Fluchtgeschwindigkeit der Erde von rund 40.000 Stundenkilometern überschreitet, dem Gravitationsfeld der Erde entkommen und nie zurückkehren. Die Apollo-Astronauten mussten dieser Geschwindigkeit sehr nahekommen, um zum Mond zu gelangen. Die Newtonsche Theorie hat eine Formel für die Fluchtgeschwindigkeit: $v_F^2 = 2GM/r$, wobei G die Newtonsche Gravitationskonstante, M die Masse der Erde und r der

Erdradius ist. Nun stellen Sie sich vor, ich hätte einen riesigen Müllkompaktor und könnte die Erde auf eine deutlich kleinere Größe zusammenpressen, sie zusammenknüllen wie Papier und so ihren Durchmesser radikal verringern. Was würde mit der Fluchtgeschwindigkeit passieren? Die Masse der Erde bliebe gleich, aber ihr Radius würde kleiner, und dadurch wiederum wüchse die Fluchtgeschwindigkeit für einen Start von der Erdoberfläche an. Könnte ich die Erde weit genug zusammenquetschen, dann würde die Fluchtgeschwindigkeit schließlich genauso groß wie die Lichtgeschwindigkeit *c*. Wie klein ist das? Ich kann einfach $v_{es}^2 = c^2 = 2GM/r$ setzen und nach r auflösen. Dann erhalte ich $r = 2GM/c^2$. Diesen Radius nennen wir *Schwarzschild-Radius*, Karl zu Ehren. Für die Erdmasse beträgt der Schwarzschild-Radius 8,88 Millimeter. Das ist etwa die Größe einer Murmel. Pressen wir die Erde soweit zusammen, dass sie diesen Radius unterschreitet, wäre die Fluchtgeschwindigkeit größer als die Lichtgeschwindigkeit, und nichts mehr, noch nicht einmal das Licht, könnte der Erde dann noch entkommen. Einstein hat gezeigt, dass nichts schneller als das Licht sein kann – wenn Sie die Erde auf einen Radius zusammenquetschen, der innerhalb ihres Schwarzschild-Radius liegt, wird sie sich nie wieder davon erholen: Sie wird zu einem *Schwarzen Loch*. Als »Schwarzes Loch« bezeichnen wir ein solches Objekt, weil Licht, das einmal in sein Inneres gelangt ist, nie wieder hinauskann. Die Masse wird weiterhin zu immer kleineren Ausmaßen in sich zusammenstürzen, mit dem Ergebnis, dass die Gravitation sie noch stärker zusammenzieht und sich ihre Fluchtgeschwindigkeit noch weiter erhöht. Innerhalb des Schwarzschild-Radius setzt sich die Gravitation gegenüber allen anderen Kräften durch, und die Masse kollabiert zu einem Punkt, einer *Singularität* mit einer unendlichen Krümmung im Mittelpunkt. Nach der Allgemeinen Relativitätstheorie hätte dieser Punkte die Größe null, aber wir können vermuten, dass Quanteneffekte ihn zu einer Größe von vielleicht $1{,}6 \times 10^{-33}$ Zentimeter verschmieren; das ist die sogenannte *Planck-Länge* (in Kapitel 24 werden wir sehen, woher diese Zahl kommt). Sie ist viel kleiner als ein Atomkern. Damit haben wir eine Punktmasse im Zentrum, deren Größe praktisch null ist und die von einer leeren, gekrümmten Raumzeit umgeben ist.

Könnten Sie, wenn Sie sich ins Innere der durch den Schwarzschild-Radius definierten Kugel begäben, jemals wieder herausgelangen? Nein.

Dazu müssten Sie sich schneller als das Licht bewegen können, und seit Einstein wissen wir, dass das nicht möglich ist.

Der Schwarzschild-Radius eines Schwarzen Lochs ist proportional zu seiner Masse: Je größer die Masse, desto größer auch der Schwarzschild-Radius. In Wirklichkeit wäre es natürlich äußerst schwierig, die Erde innerhalb ihres Schwarzschild-Radius zu pressen. Doch wenn massereiche Sterne ihren Kernbrennstoff verbraucht haben, sind ihre Kernregionen so dicht, dass sie tatsächlich Gefahr laufen, ihren Schwarzschild-Radius zu unterschreiten. Wenn die Sonne stirbt, wird sie ein Roter Riese und wirft ihre Hülle ab, sodass nur ihre Kernregionen als Weißer Zwerg übrig bleiben, also als ein Sternenrest, der in etwa die Größe der Erde besitzt. Ist die Kernregion eines sterbenden Sterns dagegen massereicher als 1,4 Sonnenmassen, aber umfasst weniger als zwei Sonnenmassen, wird der Weiße Zwerg zu einem Neutronenstern mit einem Radius von ungefähr 12 Kilometern zusammenstürzen. Ein Neutronenstern ist nur um einen Faktor von 2 bis 3 größer als sein Schwarzschild-Radius und bewegt sich daher am Rande des Abgrunds. Wenn Sie versuchten, einen Neutronenstern mit einer Masse größer als zwei Sonnenmassen herzustellen, wäre er instabil und würde sich zusammenziehen, bis er kleiner als sein Schwarzschild-Radius ist. Dann kann sich die Gravitation vollkommen durchsetzen und sorgt dafür, dass ein Schwarzes Loch entsteht. Ein Schwarzes Loch mit zehn Sonnenmassen, wie es vielfach anzutreffen ist, wenn ein sehr massereicher Stern am Ende seines Lebens kollabiert, weist einen Schwarzschild-Radius von 30 Kilometern auf. Bei einem supermassereichen Schwarzen Loch mit 4 Millionen Sonnenmassen, wie es eines im Zentrum unserer Milchstraße gibt, misst der Schwarzschild-Radius 12 Millionen Kilometer (etwas weniger als 1/10 einer astronomischen Einheit). Eines der größten Schwarzen Löcher, die wir jemals entdeckt haben, liegt im Zentrum der riesigen elliptischen Galaxie M87. Es hat eine Masse von 3 Milliarden Sonnenmassen und damit einen Radius von 9 Milliarden Kilometern. Damit ist es doppelt so groß wie der Radius unseres gesamten Sonnensystems bis zur Bahn von Neptun.

Stellen wir uns vor, wir unternähmen eine Reise ins Innere eines Schwarzen Lochs vom Schwarzschild-Typ, das 3 Milliarden Sonnenmassen besitzt. Beteiligt sind ein Professor und ein Doktorand; der Professor möchte wissen, was im Inneren eines Schwarzen Lochs geschieht, daher schickt er den Doktoranden los, um die Sache zu untersuchen. Der Professor bleibt außerhalb des Schwarzen Lochs und zündet seine Rakete so, dass er sich in gleichbleibender Entfernung befindet, sagen wir bei 1,25 Schwarzschild-Radien. Der Professor spürt fortwährend eine Beschleunigung. Die kommt von den Raketenmotoren, die ihn in sicherem Abstand halten, damit er nicht ins Schwarze Loch fällt. Solange der Professor außerhalb des Schwarzen Lochs bleibt, stößt ihm kein Ungemach zu. Doch um das Schwarze Loch zu untersuchen, befindet sich der tapfere Doktorand gerade im freien Fall ins Loch hinein. AHHHHHH! Während seines Sturzes schickt der Doktorand Funksignale nach draußen zum Professor, um diesem mitzuteilen, wie es läuft. Der erste Teil seiner Nachricht lautet: »ES.« Das Funksignal bewegt sich mit Lichtgeschwindigkeit nach draußen.

Der Doktorand fällt weiter hinein, und das Funksignal erreicht den Professor. Dieser empfängt das erste Wort der Nachricht: »ES.« Derweilen fällt der Doktorand noch weiter. Er sendet das zweite Wort seiner Nachricht: »LÄUFT.« Das Wort ist unmittelbar außerhalb des Schwarzschild-Radius ausgesandt worden. Es bewegt sich zwar mit Lichtgeschwindigkeit hinaus, braucht aber ziemlich lange, um sich hinauszukämpfen und den Professor zu erreichen. Der Professor muss sein Raketentriebwerk laufen lassen, um in konstantem Abstand vom Schwarzen Loch zu bleiben und nicht hineinzufallen, insofern beschleunigt er in Wirklichkeit vom Horizont fort, und daher braucht das Signal »LÄUFT« so lange, um ihn einzuholen.

Währenddessen überquert der Doktorand den Schwarzschild-Radius. Ist das gut? Nein. Wird der Doktorand jemals wieder herauskommen und den Professor wiedersehen? Nein, leider nicht. Aber als er den letztmöglichen Umkehrpunkt hinter sich lässt, ist jener ungünstigerweise durch keinerlei Warnschild gekennzeichnet. Dem Doktoranden stößt hier nichts Außergewöhnliches zu. Er weiß nicht, dass etwas Schlimmes geschehen ist. Für ihn sieht alles normal aus. Tatsächlich könnten Sie sich jetzt gerade innerhalb des Schwarzschild-Radius eines gigantischen Schwarzen Lochs bewegen, und Sie würden in dem Zimmer, in dem Sie diese Zeilen lesen, nicht das Geringste merken. Lokal sieht ein winziges Stück der Raumzeit immer annähernd flach aus, und daher können Sie aus einer lokalen Messung nie Rückschlüsse darauf ziehen, wie die Lösung global, also im Großen und Ganzen aussieht. In dem Augenblick, als der Doktorand den Schwarzschild-Radius überquert, sendet er das dritte Wort seiner Nachricht: »GANZ.« Das zweite Wort der Nachricht »LÄUFT« ist derweil noch unterwegs zum Professor. Der hat bislang nur »ES« erhalten. Jetzt fällt der Doktorand in die Region innerhalb des Schwarzschild-Radius. Das Signal, welches das Wort »GANZ« überträgt, bewegt sich mit Lichtgeschwindigkeit nach außen. Aber es ist wie ein Kind, das auf einer Rolltreppe, die nach unten führt, nach oben läuft – es kommt nicht voran. Am Schwarzschild-Radius ist die Fluchtgeschwindigkeit die Lichtgeschwindigkeit; das Funksignal, das sich mit Lichtgeschwindigkeit nach draußen bewegt, verharrt auf dem Schwarzschild-Radius, ohne weiterzukommen. Das Signal »LÄUFT« dagegen setzt seinen Weg nach draußen fort.

Während der Doktorand weiter ins Innere des Schwarzschild-Radius fällt, passiert etwas. Der Doktorand stürzt mit den Füßen voran. Seine Füße sind dem Mittelpunkt näher als sein Kopf. Da Gravitation eine $(1/r^2)$-Kraft ist, zieht die Masse im Zentrum stärker an seinen Füßen als an seinem Kopf, während die Kraft, die auf seinen Leib einwirkt, dazwischenliegt. Kopf und Füße werden ihm von dieser Gezeitenkraft auseinandergezogen. Es ist, als läge er auf einer Streckbank. Außerdem wird die linke Schulter des Doktoranden radial nach innen, in Richtung des Zentrums, gezogen; auch seine rechte Schulter wird radial auf das Zentrum zu gezogen. Seine Schultern werden zusammengedrückt, während sie auf Linien, die radial ins Zentrum des Schwarzen Lochs laufen, diesem unerträglichen Zug ausgesetzt sind. Ihm ist, als wäre er auf eine Folterbank gespannt. In dieser Situation schickt er das letzte Wort seiner Nachricht ab: »SCHLECHT.« – »ES LÄUFT GANZ SCHLECHT.«

Je näher er dem Zentrum kommt, desto größer werden die Kräfte. Seitwärts gequetscht, vom Kopf bis zu den Füßen gestreckt – so wird er in Spaghetti verwandelt. Das ist die sogenannte *Spaghettifizierung*. Das ist tatsächlich ein Fachwort, das Astronomen für diesen Prozess verwenden! Schließlich wird der Doktorand auseinandergerissen, zerquetscht und dem Mittelpunkt einverleibt. Die Masse des Schwarzen Lochs beträgt jetzt 3 Milliarden Sonnenmassen plus ein bisschen! Der Schwarzschild-Radius verschiebt sich damit ein wenig nach außen. Das Signal »LÄUFT« müht sich noch immer auf dem Weg zum Professor ab. Das Signal »GANZ« tritt am Schwarzschild-Radius noch immer auf der Stelle. Das Signal »SCHLECHT« strebt mit Lichtgeschwindigkeit nach draußen, ist aber wie ein Kind, das auf einer nach unten führenden Rolltreppe aufwärtsläuft, wobei die Rolltreppe schneller ist, als das Kind laufen kann. Obwohl es sich nach Kräften nach oben bewegt, wird das Kind nach unten transportiert. Das Signal »SCHLECHT« wird, obwohl es nach außen läuft, zurück ins Zentrum gezogen, wo es zermalmt und ebenfalls der Singularität einverleibt wird.

Schließlich empfängt der Professor nach langer Zeit das Signal »LÄUFT«. Damit hat er jetzt die Nachricht: »ES ... L...Ä...U...F...T.« Den Rest der Botschaft »GANZ SCHLECHT« erhält er nie. »GANZ« hängt im Schwarzschild-Radius fest, und »SCHLECHT« ist zusammen mit dem Doktoranden in der Singularität in der Mitte des Schwarzen Lochs verschluckt worden. »SCHLECHT« ist die Nachricht von einem Ereignis, das sich im Inneren des Schwarzschild-Radius ereignet. Dieses Signal wird den Professor niemals erreichen, sodass dieser nie herausfinden wird, was innerhalb des Radius passiert. Der Professor sieht nie irgendwelche Ereignisse, die innerhalb des Schwarzschild-Radius geschehen; das ist der Grund, warum die durch den Schwarzschild-Radius definierte Fläche *Ereignishorizont* heißt. Er ist die Grenze der Region, die alle für den Professor sichtbaren Ereignisse enthält. Der Professor kann beim besten Willen nicht hinter den Ereignishorizont sehen. Genauso verhält es sich auf der Erde: Sie können nicht hinter den Horizont sehen, wenn Sie Ausschau halten. Der Horizont ist die Grenze dessen, was Sie sehen können. Jeder Beobachter, der sich außerhalb des Ereignishorizontes eines Schwarzen Lochs befindet, kann niemals irgendwelche Ereignisse sehen, die innerhalb des Ereignishorizontes passieren.

Sollte sich der Professor jemals fragen, was dem armen Doktoranden zugestoßen ist, kann er seinen Raketenmotor abstellen, dank dem er außerhalb des Schwarzen Lochs schweben konnte, und sich selbst dem freien Fall überlassen. Wenn er den Ereignishorizont überquert, wird er das Signal »GANZ« sehen, das dort noch immer festhängt. Während er auf der »Rolltreppe« hinunterfährt, wird er beobachten, wie das Signal »GANZ« mit Lichtgeschwindigkeit an ihm vorbeiläuft. Das Licht wird stets mit 300.000 km/s an ihm vorbeistreichen. Doch dann wird der Professor selbst ins Zentrum des Schwarzen Lochs fallen und ebenfalls getötet werden.

Bei einem Schwarzen Loch vom Schwarzschild-Typus mit 3 Milliarden Sonnenmassen hätte der Doktorand 5,5 Stunden – auf seiner Armbanduhr gemessen – freien Fall vor sich, bevor er zum Zentrum gelangte und getötet würde. Zum Glück für ihn nimmt der Prozess der Spaghettifizierung von dem Augenblick an, da die Gezeitenkräfte beginnen, ihm Qualen zuzufügen, bis zu dem Moment, da er auseinandergerissen und getötet wird, nur die letzten 0,09 Sekunden seiner Reise in Anspruch. So ist ihm wenigstens ein rasches Ende vergönnt.

Vielleicht ist es ja auch ganz interessant, wie die gekrümmte Geometrie außerhalb des Schwarzen Lochs aussieht. Man hat mich einmal zur Nachrichtensendung *McNeil/Lehrer Newshour* eingeladen, weil gerade mit dem Hubble-Weltraumteleskop Beweise für die Existenz eines Schwarzen Lochs in M87 entdeckt worden waren. Kip Thorne und ich wurden aufgefordert, den Zuschauern diese Entdeckung zu erklären. Dafür hatte ich eine kleine Demonstration vorbereitet. Wenn Sie durch das Zentrum des Schwarzen Lochs eine Schnittebene legen, erwarten Sie möglicherweise, dass die Ebene eine flache, zweidimensionale Fläche ist, wie ein Basketballfeld mit dem Kreis des Schwarzschild-Radius als Freiwurflinie. Die Singularität wäre ein Punkt in ihrem Zentrum. Doch das wäre falsch. Dieser zweidimensionale Schnitt durch das Schwarze Loch ist in Wirklichkeit gekrümmt. Er sieht aus wie der nach oben gerichtete Schalltrichter einer Trompete (Abb. 20.1). Die dritte Dimension soll uns hier nur ermöglichen, Ihnen die Krümmung der zweidimensionalen Trichterfläche zu zeigen. In dieser Darstellung ist die dritte Dimension nicht real. Vergessen Sie den Raum über und unter dem Trichter, einzig real ist die Trichterform selbst. Bei großen Abständen flacht die Trompete ab und fängt an, wie ein Basketballfeld auszusehen. Weit vom Loch entfernt wird die Krümmung schwach. Der ausgedehnte Schalltrichter der Trompete fällt immer steiler ab, je näher Sie dem Loch kommen. Am Schwarzschild-Radius wird das Gefälle senkrecht. Der Schwarzschild-Radius entspricht dem Umfang der Trompete an ihrem schmalsten Punkt. Deshalb sprechen wir von einem Schwarzen *Loch* – es handelt sich in diesem Sinne wirklich um ein Loch. Tatsächlich wird in dem Koordinatensystem, das Karl Schwarzschild erfunden hat, die Koordinate r als *Umfangsradius* bezeichnet, weil $2\pi r$ der Umfang bei diesem Radiuswert ist. Dieser Umfang wird innerhalb der Fläche des Trichters gemessen. Sie können sich den Trichter als eine Folge immer kleinerer Kreise vorstellen, die ganz unten ihren kleinsten Kreis erreicht (wo der Umfang gleich 2π mal dem Schwarzschild-Radius ist). Der Schwarzschild-Radius ist der Radius des Lochs am unteren Ende des Trichters. (Vergessen Sie die Standfläche ganz unten in Abb. 20.1 – sie dient nur der Stabilität des Trichtermodells.)

Abbildung 20.1: Trichtermodell eines Schwarzen Lochs. Die Geometrie in der Umgebung eines Schwarzen Lochs ist nicht flach wie ein Basketballfeld, sondern gekrümmt wie ein Trichter. Am Schwarzschild-Radius wird der Trichter senkrecht, gekennzeichnet durch den roten Streifen, der den Umfang angibt: 2π mal den Schwarzschild-Radius. Ein Astronaut kann direkt hineinfallen. Wenn er den Schwarzschild-Radius (roter Streifen) passiert, gibt es kein Zurück mehr für ihn. Die Standfläche unten am Trichter brauchen Sie nicht zu beachten, sie sorgt nur dafür, dass der Trichter aufrecht steht. Lassen Sie auch außer Acht, was sich innerhalb oder außerhalb des Trichters befindet; nur der Trichter selbst zählt. *Credit:* J. Richard Gott

Für meine Fernsehdemonstration verwendete ich ein Gebilde, das wie der Schalltrichter einer Trompete geformt war. Ich stellte es so auf, dass der weite Rand nach oben und der kleinste Umfang nach unten zeigte (vgl. Abb. 20.1). Astronomen hatten entdeckt, dass Gas das Schwarze Loch in M87 mit hoher Geschwindigkeit umkreist. Ich illustrierte das, indem ich Murmeln seitwärts in den Trichter warf, sodass sie spiralförmig kreisten, bevor sie in dem Loch im Boden verschwanden. Ganz ähnlich umkreist Gas das Schwarze Loch, wobei das Gas weiter drinnen schneller unterwegs ist. Dadurch kommen sich die unterschiedlichen Gaswolken in die Quere und reiben sich aneinander. Die Reibung erhitzt das Gas und bringt es zum Glühen. Wir können die entsprechende Strahlung sehen, weil sie außerhalb des Ereignishorizontes emittiert wird. Mit der Zeit entzieht dieser Vorgang den inneren Gaswolken Energie und veranlasst sie, spiralförmig in das Loch hineinzufallen. Das ist die Kraftquelle der Quasare: Gas wirbelt in ein supermassereiches Schwarzes Loch. Wir erblicken das Gas, während es in den Ereignishorizont stürzt, aber wir sehen es nicht mehr, sobald es den Horizont passiert hat. Alle diese Dinge zeigte meine Demonstration. Ich hielt sie für ziemlich gut und war bereit, sie für den Nachrichtenbeitrag filmen zu lassen. Dann zeigte ich sie meiner Tochter, die damals sieben Jahre alt war, und sie fragte mich, warum ich keinen Astronauten hineinfallen ließe. Sie ging in ihr Zimmer und kam mit einem niedlichen kleinen knapp 3 Zentimeter hohen Apollo-Astronauten zurück, der seinen Raumanzug trug und eine winzige amerikanische Flagge hielt – ein Spielzeug, von dem ich gar nicht wusste, dass sie es besaß. Wenn Sie in ein Schwarzes Loch stürzen, können Sie wie die Murmeln spiralförmig und langsam nach unten kreiseln oder direkt hineinfallen wie der Doktorand. Ich setzte den Astronauten auf den oberen Rand des Trichters und ließ ihn geradewegs hineinschlittern – er verschwand im Loch am Boden. Perfekt. Ein Schwarzes Loch ist ein Hotel, in dem man eincheckt, aber nicht mehr auscheckt. Der Weg des Astronauten, der direkt hineinfällt, ist eine gekrümmte radiale Linie, die geradewegs in den Trichter hinunterführt (er führt entlang einer Geodäte). Wenn ich den Astronauten loslasse, folgt er in meinem Modell beim Fallen genau solch einer Linie, daher war er sehr geeignet für die Demonstration. Wenn ein Fernsehteam kommt, um einen zu filmen, braucht es gewöhnlich Stunden und unzählige Aufnahmen, die für die landesweiten Fernsehnachrichten anschließend zu einem kurzen Clip zusammengeschnitten werden. Nachdem das Team alle meine komplizierten Demonstrationen mit spiralförmig kreiselnden Murmeln aufgenommen hatte, was, glauben Sie, wurde am Ende gesendet? Natürlich nur der kleine Astronaut, der direkt hineinfiel! Jetzt wissen Sie, wie die äußere Geometrie eines Schwarzen Lochs aussieht: wie ein Trichter mit einem Loch im Boden.

Die Schwarzschild-Lösung, die Karl Schwarzschild 1916 gefunden hatte, zeigte uns, welche Form dieser Trichter hat. Doch so klug ersonnen Schwarzschilds Koordinatensystem auch war, direkt am Schwarzschild-Radius versagte es. Seine Lösung zeigte die Geometrie außerhalb des Schwarzschild-Radius, nicht aber das, was im Inneren geschah. Es war, als habe man eine Weltkarte, die die nördliche Hemisphäre zeigte – aber nichts, was südlich des Äquators lag. Die Forscher dachten damals, die äußere Lösung sei alles, was es gab. Mitte der 1960-er Jahre fanden Martin Kruskal, mein Kollege vom Fachbereich für angewandte Mathematik der University Princeton, und George Szekeres von der University of New South Wales unabhängig voneinander eine Möglichkeit, die Koordinaten so auszuweiten, dass sie auch das gesamte Innere der Schwarzschild-Lösung erfasste. Wir können ein Raumzeitdiagramm der Lösung betrachten, das heute *Kruskal-Diagramm* heißt (Abb. 20.2).

Dieses zweidimensionale Diagramm zeigt eine Raumdimension waagerecht und die Zeit senkrecht – die Zukunft befindet sich oben. Eine wichtige Eigenschaft des Diagramms ist der Umstand, dass alle Lichtstrahlen um 45 Grad geneigten geraden Linien entsprechen. Die Lichtgeschwindigkeit ist konstant, das belegt die konstante Neigung um 45 Grad. Erläutern wir die Koordinaten, indem wir zu dem Professor und seinem unseligen Doktoranden zurückkehren. Fangen wir damit an, dass wir die Weltlinie von Professor als schwarze Kurve einzeichnen (vgl. die Abb. 20.2). Diese Weltlinie ist nicht gerade, weil der Professor beschleunigt, schließlich lässt er seinen Raketenmotor laufen, um einen konstanten Abstand von 1,25 Schwarzschild-Radien zum Schwarzen Loch zu bewahren. Der Professor bleibt außerhalb des Schwarzen Lochs. In der Mitte ist seine Weltlinie senkrecht, oberhalb davon biegt sie nach rechts ab. In der flachen Raumzeit wäre das die Weltlinie eines Teilchens, das in der Mitte in Ruhe war und dann nach rechts beschleunigte und dabei fortwährend an Geschwindigkeit gewann. Im Ganzen ist die Weltlinie des Professors eine Hyperbel. Sie wird immer flacher, sodass sie sich in der fernen Zukunft, wenn sie sich der Lichtgeschwindigkeit annähert, in einem Winkel von fast genau 45 Grad schräg nach oben führt. Denken Sie an das Äquivalenzprinzip, nach dem ein beschleunigender Beobachter in der flachen Raumzeit äquivalent zu einem stationären Beobachter (wie dem Professor) in einem Gravitationsfeld ist.

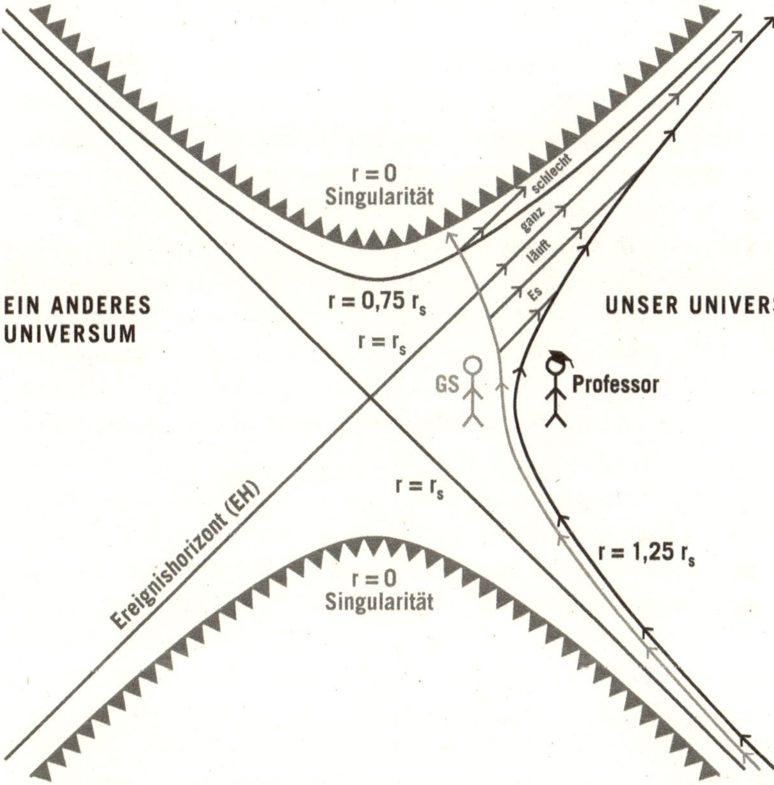

Abbildung 20.2: Kruskal-Diagramm: ein Raumzeitdiagramm, das die Geometrie sowohl außerhalb wie innerhalb des (nichtrotierenden) Schwarzen Lochs vom Schwarzschild-Typus zeigt. Die Zukunft ist oben. Das Diagramm stellt den gekrümmten leeren Raum in der Umgebung einer schon immer vorhandenen Punktmasse dar. Unser Universum liegt rechts. Die Weltlinien eines Professors und eines Doktoranden (D) sind abgebildet. Der Professor bleibt in sicherem Abstand außerhalb des Schwarzen Lochs bei 1,25 Schwarzschild-Radien (1,25 r_S). Der Doktorand fällt in das Schwarze Loch hinein und trifft auf die Singularität bei $r = 0$. Der Ereignishorizont (EH) verläuft entlang einer Linie, deren Radiuswert gleich dem Schwarzschild-Radius ist ($r = r_S$).

Credit: J. Richard Gott

Stellen Sie sich jetzt eine waagerechte Linie vor, die sich vom Mittelpunkt des X, in dem sich die beiden 45-Grad-Linien schneiden, nach rechts erstreckt. Sie würde die Momentaufnahme einer in radialer Richtung verlaufenden Linie darstellen, die sich von dem Loch unten im Trichter geradeaus in die Ferne erstreckt. (Die andere Dimension des Trichters, entlang derer wir seinen Umfang messen, ist nicht Teil dieses Diagramms.)

Die Weltlinie des Doktoranden (als »D« bezeichnet) ist grün. Früher reiste er mit dem Professor zusammen, weit unten im Diagramm, wo beide Weltlinien Seite an Seite verlaufen, bis der Doktorand den Professor verlässt, im Diagramm gerade an demjenigen Punkt, wo die Weltlinie des Professors senkrecht verläuft. Der Doktorand befindet sich anschließend im freien Fall; seine Weltlinie stürzt ins Schwarze Loch, während der Professor nach rechts beschleunigt. Der Ereignishorizont (als »EH« bezeichnet und bei $r = r_s$, das heißt einem Radiuswert gleich dem Schwarzschild-Radius) ist eine um 45 Grad geneigte Linie, die sich in der fernen Zukunft asymptotisch der Weltlinie des Professors annähert. Aber es kommt nie dazu, dass sie die Weltlinie des Professors berührt. Sie ist um 45 Grad geneigt, sodass sich der Lichtstrahl (in diesem Fall ein Radiostrahl) mit dem Signal »GANZ« an ihr entlangbewegen kann. Die Weltlinie des Doktoranden kreuzt die diagonale Linie des Ereignishorizontes genau in dem Augenblick, da er das Photonensignal »GANZ« aussendet. Der Professor wird das Signal nie erhalten. Dessen Weltlinie markiert die Punkte im Diagramm, in denen r gleich 1,25 Schwarzschild-Radien ist. Die Licht-(Radio-)Signale »ES« und »LÄUFT« sind zwei um 45 Grad geneigte Linien, die emittiert wurden, bevor der Student den Ereignishorizont überquerte; diese beiden Signale schneiden an einem bestimmten Punkt die Weltlinie des Professors. Diese beiden Signale empfängt der Professor also durchaus. Am Verlauf der Linien können Sie auch sehen, warum das Signal »LÄUFT« so lange brauchte, um den Professor zu erreichen.

Wo sind die Punkte, die bei 0,75-mal dem Schwarzschild-Radius liegen? Sie bilden eine Hyperbel, die aussieht wie ein Lächeln, das über der diagonalen Linie des Ereignishorizontes schwebt. Ganz rechts nähert sie sich von oben der diagonalen Linie des Ereignishorizontes [EH], ohne den Horizont jedoch zu berühren. Auch die *Singularität* bei $r = 0$ ist ein hyperbolisches Lächeln über $r =$ 0,75-mal dem Schwarzschild-Radius. Die Weltlinie des Doktoranden trifft dieses waagerechte Lächeln. Wir haben das Grinsen mit

Zähnen ausgestattet, weil es sich ja letztlich um gierige Kiefer handelt, die den Doktoranden fressen werden. Die Raumzeit ist so gekrümmt, dass die Singularität, von der Sie vielleicht angenommen hatten, sie sei eine senkrechte Weltlinie, weit links im Diagramm, tatsächlich so verbogen ist, dass sie jetzt in der Zukunft liegt. Sobald der Doktorand die Linie des Ereignishorizontes überquert hat, erstreckt sich die Hyperbel über die gesamte mögliche Zukunft des Doktoranden. Er kann diese Hyperbel ebenso wenig vermeiden wie Sie den nächsten Dienstag. Egal, wie er seine Rakete zündet, er kann sich nicht schneller bewegen als das Licht und muss deswegen in einem Winkel von mehr als 45 Grad nach oben jagen. Sobald er den Ereignishorizont überquert hat, ragt die Hyperbel, die die Singularität darstellt, vor ihm auf und breitet sich über mehr als ±45 Grad aus, sodass seine Weltlinie zwangsläufig darauf treffen muss. Es gibt kein Entrinnen. Entsprechend wird das Lichtsignal »SCHLECHT«, das er mit einer Neigung von 45 Grad nach rechts aussandte, als er den Ereignishorizont überquerte, ebenfalls bei $r = 0$ in den Zähnen der Singularität landen.

Wir können das Kruskal-Diagramm vervollständigen, um die komplette Lösung für die Punktmasse zu erhalten. Hier ist eine Punktmasse dargestellt, die in der unendlichen Vergangenheit anfing und bis in die unendliche Zukunft fortdauert, wobei sie sich in einem ansonsten leeren Universum befindet. Zu der diagonalen Linie des Ereignishorizontes EH gesellt sich eine diagonale Linie, die in eine andere Richtung führt. Gemeinsam bilden die beiden Linien ein riesiges X in der Mitte des Diagramms. Dieses X unterteilt die Raumzeit in vier Regionen. Das Äußere des Schwarzen Lochs, die Region, in der sich der Professor befindet, liegt rechts vom X. Das ist unser Universum. Über dem X ist das Innere des Schwarzen Lochs, dort wartet oben, in der Zukunft, die Singularität. Unter dem X befindet sich eine weitere, initiale Singularität mit der Bezeichnung $r = 0$, die wie eine Grimasse mit herabgezogenen Mundwinkeln in der Vergangenheit lauert. Links ist ein anderes Universum ähnlich wie das unsere. Es ist mit unserem Universum in der Mitte durch ein *Wurmloch* verbunden. Würden wir durch diese Raumzeit in der Mitte einen waagerechten Schnitt legen, erhielten wir eine Scheibe mit einem gegebenen Augenblick der Zeit. Ihre Geometrie entspricht zwei Trichtern, die an ihrer engsten Stelle verbunden sind. Ganz rechts hat der Trichter einen großen Umfang, entsprechend einem großen Radiuswert weit vom Loch entfernt. Wenn wir uns nach links bewegen, wird der Trichter immer enger und enger, bis er am Ereignishorizont im Mittelpunkt des X einen Umfang von $2\pi r_S$ hat. Nach diesem Minimum gelangen wir weiter links wieder zu größeren Radien, die uns auf der linken Seite des X ein ganzes weiteres Universum eröffnen. Die beiden verbundenen Trichter entsprechen einem Wurmloch. In weiter Ferne von dem Loch glätten sich die Trichter, bis sie aussehen wie Basketballfelder, und erstrecken sich ins Unendliche. Stellen Sie sich im zweiten Stock eines Gebäudes ein Basketballfeld mit einem gekrümmten Trichter vor, der mitten auf dem Feld (wie ein Loch auf einem Golfgrün) in die Tiefe führt. Dieser Trichter beginnt, sich wieder zu öffnen und auszufächern, um eine ziemlich glatte Decke in dem Stockwerk unter der Etage mit dem Basketballfeld zu bilden. Das Basketballfeld stellt unser großes Universum dar, und die Decke im Stockwerk darunter steht für ein anderes großes Universum. Es ist mit unserem Universum durch das kleine Loch verbunden, welches für eine stetige Verbindung zwischen der Oberfläche des Basketballfeldes und der Decke darunter sorgt. Die beiden großen Universen sind durch ein Wurmloch in jenem Augenblick miteinander verbunden, der durch die waagerechte Linie durch das Diagramm dargestellt ist. Aber Sie können dieses Wurmloch nicht benutzen, um von einem Universum in das andere zu gelangen. Das liegt an der exakten 45-Grad-Neigung des X. Um aus der Region rechts vom X (unserem Universum) in die Region auf der linken Seite des X (ein anderes Universum) zu kommen, müssten Sie eine Weltlinie haben, die mit einem Winkel von mehr als 45 Grad zur Senkrechten geneigt wäre. Das würde bedeuten, dass Sie mit Überlichtgeschwindigkeit unterwegs wären, und das ist nicht möglich. Doch im Prinzip könnten Sie einen Außerirdischen aus dem anderen Universum im oberen (die Zukunft repräsentierenden) Quadranten des Schwarzen Lochs begegnen. Sie könnten einander sogar die Hände schütteln und sagen: »Mann, was sitzen wir in der Tinte«, bevor Sie beide beim Kontakt mit der lächelnden Singularität in der Zukunft stürben. Es würde nur endlich lange dauern, bis Sie auf die Singularität stoßen.

Die Singularität in der Vergangenheit (unten) ähnelt der Urknall-Singularität zu Anfang unseres Universums. Dieser Teil der Lösung heißt *Weißes Loch*. Es handelt sich um eine zeitverkehrte Version eines Schwarzen Lochs – ähnlich dem Film eines Schwarzen Lochs, der rückwärts gezeigt wird. In der Singularität des Weißen Lochs unten kann ein Teilchen erzeugt werden und eine Weltlinie besitzen, die hinaus in unser Universum führt. Während ein Teilchen in ein Schwarzes Loch hineinfallen, aber niemals wieder daraus entkommen kann, können Teilchen aus einem Weißen Loch hervorkommen, aber niemals in ein Weißes Loch hineinfliegen.

Die Schwarzen Löcher, die wir heute vorfinden, gibt es allerdings nicht bereits seit einer Ewigkeit. In Wirklichkeit würde ein Schwarzes Loch beispielsweise durch den Kollaps seines Sterns erst entstanden sein. In dem Kruskal-Raum-Zeitdiagramm müssen Sie sich vorstellen, dass die Oberfläche des kollabierenden Sterns dann unmittelbar unter den Füßen des Doktoranden liegt: direkt unter den Füßen des Doktoranden, während er beim Professor ist, und direkt unter seinen Füßen, als er hineinstürzt. Das entspricht der Situation, in der die Oberfläche des Sterns lange Zeit bei 1,25 Schwarzschild-Radien verharrt und dann im freien Fall nach innen stürzt, direkt unter den Füßen des Doktoranden, während dieser im freien Fall hinterherstürzt. Die Weltlinie der Oberfläche des Sterns verläuft also parallel zu der des Doktoranden und unmittelbar links von dieser. Unter dem frei fallenden Doktoranden ist das Innere des Sterns, und zwar unterhalb der Oberfläche, ab der die Materiedichte größer als null ist und die Vakuumlösung des Kruskal-Diagramms daher *nicht* gilt. Vergessen Sie den Teil des Diagramms links von der Weltlinie des Doktoranden – kein Wurmloch, kein anderes Universum, keine Singularität eines Weißen Lochs im unteren Teil. Diese Elemente werden nicht gebildet, wenn ein Stern zu einem Schwarzen Loch zusammenstürzt. Aber der Teil des Diagramms rechts von der Weltlinie des Doktoranden liegt nach wie vor in der Vakuumregion und beschreibt die Verhältnisse in der Umgebung des Sterns. Der Doktorand selbst wird zerquetscht, wenn seine Weltlinie bei $r = 0$ auf die Singularität trifft.

Wenn Sie im Inneren eines Sterns lebten (in einem hübschen kleinen Raum mit Klimaanlage), würden Sie zusammengequetscht, wenn das Volumen des Sterns auf null schrumpfte und seine Dichte unendlich würde. Auch für Sie liegt eine Krümmungssingularität in der Zukunft: Ihre Weltlinie gelangt zu $r = 0$, wenn Ihr Stern auf die Größe null zusammenstürzt.

Ein guter Rat: Bleiben Sie einfach außerhalb des Schwarzschild-Radius, und Ihnen wird nichts passieren. Entspannt und glücklich können Sie den Ereignishorizont des Schwarzen Lochs umkreisen. Würde die Sonne kollabieren und ein Schwarzes Loch bilden, bliebe die Erde unbeschadet auf ihrer heutigen Bahn. Sie könnten das Schwarze Loch sehen, das als schwarze Scheibe am Himmel erschiene und als Gravitationslinse wirkte, die die Bilder der dahinter befindlichen Sterne verzerrte.

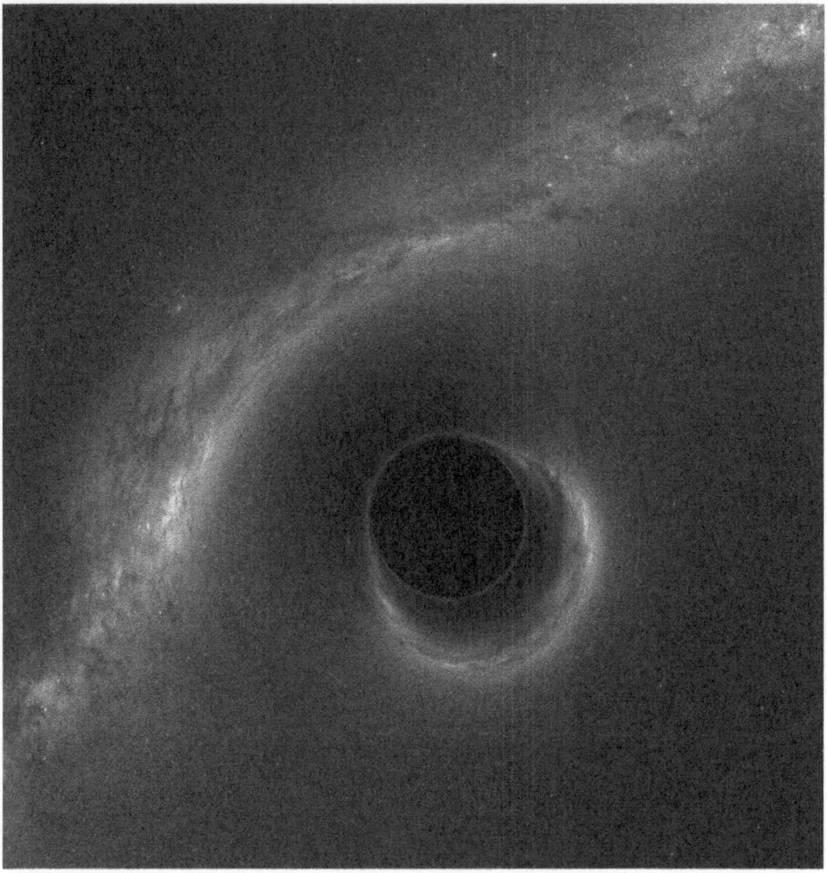

Abbildung 20.3: Simulierte Ansicht eines Schwarzen Lochs vom Schwarzschild-Typus. Es sieht wie eine schwarze Scheibe am Himmel aus und ist von einem Muster umgeben, das entsteht, weil das Schwarze Loch auf die Hintergrundsterne als Gravitationslinse wirkt. Insbesondere können Sie zwei Bilder der galaktischen Ebene sehen, deren Licht auf dem Weg in Ihr Auge an zwei gegenüberliegenden Seiten am Schwarzen Loch vorbeigelaufen ist. *Credit:* Andrew Hamilton (unter Verwendung eines Milchstraßen-Hintergrundbildes von Axel Mellinger)

1963 entdeckte Roy Kerr eine exakte Lösung der Einsteinschen Feldgleichungen für ein rotierendes Schwarzes Loch (ein Loch mit Drehimpuls ungleich null). Es hat eine kompliziertere Geometrie im Inneren seines Ereignishorizontes, die wir in Kapitel 21 erörtern werden. Doch auch sein Ereignishorizont markiert einen Punkt ohne Wiederkehr, genauso wie jener des Schwarzschild-Lochs. Kerrs Lösung wurde am 14. September 2015 glänzend bestätigt, als Astronomen vom Laser Interferometer Gravitational-Wave Observatory (LIGO) beobachteten, wie aus der Kollision eines Schwarzen Lochs von 29 Sonnenmassen mit einem Schwarzen Loch von 36 Sonnenmassen ein rotierendes Kerr-Loch (Schwarzes Loch vom Kerr-Typ) entstand. Die beiden ursprünglichen Schwarzen Löcher hatten ein enges Doppelsystem gebildet, waren spiralförmig nach innen gewandert und hatten durch die Abstrahlung von Gravitationswellen Energie verloren. Durch die Untersuchung dieser Gravitationswellen in der Geometrie der Raumzeit konnten die Forscher die Massen der beteiligten Schwarzen Löcher errechnen. Da die beiden Schwarzen Löcher jeweils einen Bahndrehimpuls hatten, weil sie einander schließlich umkreisten, war es nicht überraschend, dass sich am Ende ein rotierendes Schwarzes Loch bildete. Die Oszillationen dieses resultierenden Schwarzen Lochs, die mit der Verschmelzung einsetzten und dann rasch verschwanden, waren genau das, was man vom Abklingen der Störungen eines Kerr-Lochs erwartet hatte. Die Astronomen konnten sogar angeben, dass das Kerr-Loch ungefähr 67 Prozent des maximalen Drehimpulses besaß, der für ein Schwarzes Loch dieser Masse erlaubt ist. Die ganze Kollision, einschließlich der Abstrahlung der Gravitationswellen, ließ sich auf einem Supercomputer simulieren, der die Einstein-Gleichungen löste, um daraus die Geometrie der Raumzeit zu berechnen. Die Übereinstimmung zwischen der Computersimulation und den beobachteten Gravitationswellen zeigt, dass Einsteins Gleichungen auch dann gelten, wenn die Raumzeit extrem gekrümmt ist – ein sehr wichtiges Ergebnis.

1974 machte Stephen Hawking die ebenso überraschende wie berühmte Entdeckung, dass ein Schwarzes Loch thermische Strahlung abgibt: Energie kann aus einem Schwarzen Loch entweichen – und tut es tatsächlich. Wie kam es zu dieser Entdeckung? Der Ausgangspunkt war ein Gespräch des Doktoranden Jacob Bekenstein von der Princeton University mit seinem Doktorvater John Archibald Wheeler. Von Wheeler stammte die Bezeichnung »Schwarzes Loch«. Das war ein guter Name! Schwarze Löcher sind Löcher, und sie sind schwarz – sie strahlen kein Licht ab. Wie Neil gesagt hat, Astronomen haben eine Schwäche für einfache Bezeichnungen – »Es ist schwarz, und es ist ein Loch, also warum nennen wir es nicht ein ›Schwarzes Loch‹?« Wheeler war der Gott der Schwarz-Loch-Forschung und gehörte zu denen, die in den 1960er-Jahren die Beschäftigung mit der Allgemeinen Relativitätstheorie wiederbelebten. Er wusste Forscher für das Thema zu interessieren und schrieb zusammen mit Charles W. Misner und Kip Thorne ein einflussreiches Lehrbuch darüber, dessen Druckfahnen ich als Doktorand las. Als Kruskal sein Diagramm entwickelte, schickte er es Wheeler und bat um dessen Einschätzung, dann fuhr er in Urlaub. Wheeler las den Aufsatz und hielt ihn für so bedeutend, dass er ihn ausarbeitete und umgehend bei der *Physical Review* einschickte, wobei er nur Kruskal als Verfasser nannte! Als Kruskal aus dem Urlaub zurückkam, stellte er fest, dass sein Aufsatz bereits bei der Zeitschrift eingereicht war.

Wheeler lud seinen Studenten Bekenstein zu einer Besprechung ein. Er goss sich eine Tasse heißen Tee ein und gab etwas kaltes Wasser hinzu. Daraufhin sagte er: »Ich habe soeben ein Verbrechen begangen, denn ich habe die Entropie (Unordnung) im Universum vergrößert, und ich vermag das nicht wieder gutzumachen, weil ich den Tee und das Wasser nicht mehr entmischen kann.« Bekenstein wusste, dass die Entropie im Universum immer zunimmt. Es kommt nicht häufig vor, dass wir sehen, wie Scherben hochfliegen und sich zu einer Vase zusammensetzen. Wenn Sie in einem Film, der rückwärts abgespielt wird, beobachten, wie genau das passiert, lachen Sie, weil Sie wissen, dass es sich um einen höchst unwahrscheinlichen Vorgang handelt. Es gibt eine gewisse Wahrscheinlichkeit, dass etwas dergleichen passiert, aber sie ist überaus gering. Statistisch erwarten wir, dass die Unordnung im Universum mit der Zeit zunimmt – dieses Prinzip nennen wir den *Zweiten Hauptsatz der Thermodynamik*. Der Mensch liebt die Ordnung; es ist eine Schande, eine schöne Vase zu zerbrechen. Dieser Logik folgend, müsste man jede Erhöhung der Entropie, etwa indem man Tee und Wasser mischt, als Verbrechen betrachten. Wheeler fuhr fort: »Doch jetzt kann ich den Beweis für mein Verbrechen verschleiern, indem ich die lauwarme Mischung aus Tee und Wasser in ein Schwarzes Loch gieße. Es wird die Masse des Schwarzen Lochs erhöhen: Das hat jetzt seine vorherige Masse plus derjenigen des Tees und des Wassers, aber insgesamt nicht mehr, als hätte ich den Tee und das Wasser separat in das Schwarze Loch gegossen. Ich habe das Ergebnis erhalten, zu dem ich auch gelangt wäre, wenn ich den Tee und das Wasser nicht zuerst gemischt hätte, und das scheint doch dem Zweiten Hauptsatz der Thermodynamik zu widersprechen. Denk darüber nach!«

Bekenstein nahm Wheelers Idee ernst und dachte darüber nach. Der Fachartikel, der schließlich daraus entstand, erschien mir außerordentlich brillant. Bekenstein legte dar, dass Hawking ein Theorem bewiesen habe, den sogenannten Flächensatz, nach dem sich die Gesamtfläche aller Ereignishorizonte im Universum mit der Zeit stets erhöhe, wenn die Massendichte nirgendwo negativ sei, was eine vernünftige Annahme darstellt. Wird dem Schwarzen Loch etwas hinzugefügt, dann nimmt die Masse des Schwarzen Lochs zu, und sein Schwarzschild-Radius wird größer. Auch der Flächeninhalt des Ereignishorizontes, der gleich $4\pi r_S^2$ ist, wächst an. Wenn zwei Schwarze Löcher zusammenstoßen, wie es bei dem von LIGO beobachteten Ereignis der Fall war, bilden sie ein Schwarzes Loch, dessen Ereignishorizont eine größere Gesamtfläche hat als die Ereignishorizonte der beiden ursprünglichen Schwarzen Löcher zusammen. Im LIGO-Fall zeigen die Berechnungen beispielsweise, dass die Fläche des Ereignishorizontes des resultierenden Kerr-Lochs, das rotiert und 62 Sonnenmassen umfasst, mindestens um einen Faktor 1,5 größer ist als die Summe der Ereignishorizonte der ursprünglichen Schwarzen Löcher mit 29 beziehungsweise 36 Sonnenmassen. Für Bekenstein hörte sich die Tatsache, dass die Gesamtfläche der Ereignishorizonte mit der Zeit stets größer wurde, nach Entropie an, die ja bekanntlich ebenfalls mit der Zeit anwächst.

Bekenstein führte ein Gedankenexperiment durch: Er ließ ein Teilchen an einer Schnur so vorsichtig wie möglich (fast umkehrbar) in ein Schwarzschild-Loch hinab und berechnete, um wie viel die Fläche des Schwarzen Lochs anwuchs. Er stellte fest, dass dies dem Verlust von einem Bit an Information entsprach, nämlich der Information darüber, ob das Teilchen existierte oder nicht. Da ein Informationsverlust in seinem Gedankenexperiment gleichbedeutend mit einer bestimmten Entropiezunahme war, konnte er die Beziehung zwischen der Bitzahl an Informationsverlust und der Zunahme der Fläche des Ereignishorizontes berechnen. Dabei stellte er fest, dass der Verlust von einem Informationsbit einer winzigen Flächenzunahme entsprach – ungefähr $(1{,}6 \times 10^{-33}\,\mathrm{cm})^2 = hG/2\pi c^3$ (wobei wir hier alten Freunden wiederbegegnen: dem Planckschen Wirkungsquantum h, Newtons Gravitationskonstante G und der Lichtgeschwindigkeit c). Auf diesen Abstand von $1{,}6 \times 10^{-33}$ cm, die sogenannte Planck-Länge, werden wir in Kapitel 24 noch zurückkommen. Das ist die Größenskala, auf der die Raumzeitgeometrie infolge des Heisenbergschen Unbestimmtheitsprinzips in der Quantenmechanik ungewiss wird. Als Wheeler seine Tasse mit dem lauwarmen Gemisch aus Tee und Wasser in das Schwarze Loch goss, vergrößerte er den Flächeninhalt des Horizonts und außerdem die Entropie des Schwarzen Lochs. Die Entropie im Universum nahm entsprechend zu, weil das Schwarze Loch eine Entropie hatte, die größer wurde, als das gemischte Getränk hineinfiel. Daraus schloss Bekenstein, dass Schwarze Löcher eine große, aber endliche Entropie besitzen.

Interessanterweise setzt Bekensteins Arbeit der Informationsmenge, die Ihre 15-cm-Festplatte speichern kann, eine Obergrenze – 10^{68} Bit = $1{,}16 \times 10^{58}$ Gigabyte. Wenn Sie versuchen, mehr Information innerhalb dieses Durchmessers zu packen, muss das Ergebnis eine derart große Masse besitzen, dass es kollabiert und zu einem Schwarzen Loch wird. (Zu den Einzelheiten dieses Arguments vergleiche Anhang 2.) In seiner Arbeit begrenzt Bekenstein außerdem die Zahl der Bits an Information, die man in den endlichen Radius des beobachtbaren Universums quetschen kann, und damit auch die überhaupt mögliche Zahl der verschiedenen sichtbaren Universen von der Größe und Energie des unseren – nämlich

$$10^{10^{124}}$$

die Riesenzahl, die Neil Ihnen in Kapitel 1 nannte. Bekensteins Arbeit bietet eine Vielzahl von Anwendungsmöglichkeiten.

Aber Hawking meinte im Gegensatz zu mir, Bekensteins Arbeit sei falsch. Fügt man eine endliche Energiemenge zu einem Schwarzen Loch hinzu und erhöht auf diese Weise die Entropie um einen endlichen Betrag, dann folgt nach Bekenstein daraus, aufgrund einer einfachen thermodynamischen Überlegung, dass das Schwarze Loch eine endliche Temperatur (eine Temperatur ungleich null) haben müsse. Hawking hielt diesen Schluss für falsch. Er meinte, Schwarze Löcher glühen nicht so, wie ein Objekt von endlicher Temperatur glühen müsste. Schwarze Löcher sind schwarz – ihre Temperatur ist null.

Roger Penrose hatte für den Spezialfall eines rotierenden Schwarzen Lochs gezeigt, dass ein Teilchen in einer Region unmittelbar außerhalb des

Ereignishorizontes eines Schwarzen Lochs in zwei Teile zerfallen könnte, wobei ein Teilchen gegenläufig rotierend ins Innere des Ereignishorizontes fiele und dadurch den Drehimpuls des Schwarzen Lochs verringerte, während das zweite Zerfallsteilchen mit größerer Energie, als sie das ursprüngliche Teilchen vor dem Zerfall besaß, davonfliegt. In einem rotierenden Schwarzen Loch ist ein Teil seiner Masse in seiner Rotationsenergie enthalten, und am Ende rotiert das Schwarze Loch langsamer als vorher, sodass auch seine Gesamtmasse kleiner ist als vorher. Die energiereiche Flucht des zweiten Zerfallsteilchens wird aus der Rotationsenergie des Schwarzen Lochs gespeist. Dabei wächst die Fläche des Ereignishorizontes ein wenig an. Demetrios Christodoulou, noch ein Student von Wheeler, untersuchte diese Fragen und entdeckte, dass dem rotierenden Schwarzen Loch nur eine begrenzte Energiemenge entzogen werden konnte. In der Sowjetunion hatte Jakow Seldowitsch dieselbe Idee auf elektromagnetische Wellen angewandt. Er brachte ein heuristisches Argument vor, das besagte, dass eine elektromagnetische Welle in der Nähe eines rotierenden Schwarzen Lochs verstärkt werden und mehr Energie gewinnen könnte, genauso wie im Falle des entweichenden Teilchens von Penrose. Das sah nach stimulierter Emission aus, dem Laser-Effekt, den Einstein entdeckt hatte. Dieser Analogie nach sollten bei einem rotierenden Schwarzen Loch dann allerdings auch spontane Emissionen auftreten, und das Loch sollte durch die Abstrahlung elektromagnetischer Wellen langsam Rotationsenergie verlieren. Alexei Starobinsky berechnete diesen Effekt für Wellen in der Nähe eines rotierenden Kerr-Lochs.

Wie Don Page, einer seiner Studenten, berichtet, wollte Hawking diese Ideen auf eine festere Grundlage stellen. Also begann er, die Quantenmechanik auf die gekrümmte Raumzeit anzuwenden; dazu berechnete er die Erzeugung und Vernichtung von Teilchen in der gekrümmten Schwarzschild-Raumzeit, um herauszufinden, ob das nicht rotierende Schwarze Loch tatsächlich irgendeine Strahlung emittiert. Sehr zu seiner Überraschung stellte Hawking fest, dass tatsächlich Teilchen erzeugt wurden – das Schwarze Loch emittierte thermische Strahlung. Also hatte das Schwarze Loch doch eine endliche Temperatur! Dabei bediente sich Hawking der Tatsache, dass im Vakuum des leeren Raums ständig Teilchenpaare entstehen, und wieder zurückfallen und sich wieder vernichten. Das sind sogenannte *virtuelle Teilchen.* Sie tauchen auf und verschwinden. Heisenbergs Unbestimmtheitsrelation der Quantenmechanik besagt, dass die Energie eines Systems über einen hinreichend kurzen Zeitraum hinweg, über einen großen Wertebereich hinweg unbestimmt sein kann. Deswegen lässt sich die Energie, die erforderlich ist, um ein Elektron und ein Positron zu erzeugen (man braucht beides; die elektrische Gesamtladung muss auch hier erhalten bleiben), kurzzeitig vom Vakuum »ausborgen«. Ein Elektron und ein Positron können also dicht beieinander aus dem Vakuum entstehen und nach sehr kurzer Zeit (etwa 3×10^{-22} Sekunden) zurückfallen und sich wieder vernichten. Doch in der Nähe eines Schwarzen Lochs ist es möglich, dass das Elektron ein wenig innerhalb des Ereignishorizonts und das Positron ein wenig außerhalb davon erzeugt wird. Das im Inneren entstandene Elektron kann nicht nach draußen gelangen, um sich dort wieder mit dem Positron zu vereinen. Das Elektron fällt in das Schwarze Loch, und das Positron entkommt. Das im Inneren erzeugte Elektron besitzt eine potenzielle Gravitationsenergie, die negativ ist und größer ist als die restliche Massenenergie aus $E = mc^2$. Damit ist seine Gesamtenergie kleiner als null; wenn es also hineinfällt, entzieht es dem Schwarzen Loch etwas Energie und damit etwas Masse. Das entspricht der Masse und Energie des emittierten Positrons. Es gibt einen Zustand des Quantenvakuums (heute als *Hartle-Hawking-Zustand* bezeichnet) in der Umgebung des Schwarzen Lochs, der sich durch eine geringe negative Energiedichte auszeichnet. Diese negative Energiedichte widerspricht einer der Annahmen, nämlich der Annahme positiver Energiedichte, auf der Hawkings Beweis seines Flächensatzes basierte. In diesem Fall nimmt die Fläche des Ereignishorizonts mit der Flucht des Positrons geringfügig ab. Alternativ kann auch ein Elektron entkommen und ein Positron ins Schwarze Loch fallen. Der gleiche Effekt können auch Photonenpaare erzeugen, bei denen ein Photon, das gerade noch im Horizont erzeugt wurde, hineinfällt, und das andere, das ganz knapp außerhalb des Horizonts erzeugt wurde, entkommt. So fand Hawking heraus, dass Schwarze Löcher thermische Strahlung abgeben (*Hawking-Strahlung*, wie wir heute sagen). Auf diese Weise können Schwarze Löcher schrumpfen und schließlich sogar verdunsten. Die Wärmestrahlung hat eine charakteristische Wellenlänge (λ_{max}), die rund 2,5-mal so groß wie der Schwarzschild-Radius des Schwarzen Lochs ist. Für ein Schwarzes Loch von zehn Sonnenmassen folgt daraus, dass es 75 Kilometer lange Radiowellen abgibt – viel zu schwach, als dass wir sie nachweisen könnten;

die Temperatur dieser Wärmestrahlung ist sehr niedrig, 6×10^{-9} K (wobei in der Mischung nur sehr wenige Positronen und Elektronen enthalten sind). Das ist der Grund, warum Stephen Hawking keinen Nobelpreis erhielt. Wäre die Strahlung zu seinen Lebzeiten stark genug gewesen, um sie zu entdecken, hätte man ihn wahrscheinlich nach Stockholm gebeten. Ich denke, niemand zweifelt daran, dass es die Strahlung gibt; aber laut Vorhersage ist sie außerordentlich schwach. Schwarze Löcher mit der Masse eines Sterns oder noch größerer Masse absorbieren im Übrigen mehr Strahlung aus der kosmischen Hintergrundstrahlung (CMB), als sie selbst aussenden. Erst in ferner Zukunft wird die kosmische Hintergrundstrahlung rotverschoben und kühl genug sein, um den Verdunstungsprozess zu ermöglichen.

Schwarze Löcher brauchen lange, um zu verdunsten. Ein Schwarzes Loch mit 3×10^9 Sonnenmassen – ähnlich dem Loch in M87 – müsste Wärmestrahlung mit einer Temperatur von rund 2×10^{-17} K emittieren – überwiegend in Form von Photonen und Gravitonen. Nach den Berechnungen von Don Page braucht ein solches Schwarzes Loch mit 3×10^9 Sonnenmassen ganze 3×10^{95} Jahre, um zu verdunsten. Gegenwärtig sammelt es mehr Strahlung aus der kosmischen Hintergrundstrahlung auf, als es in Form von thermischer Strahlung abgibt. Es wird erst dann damit anfangen, Masse zu verlieren, wenn die Temperatur der CMB unter 2×10^{-17} K gefallen ist. Das wird in rund 700 Milliarden Jahren der Fall sein. Am Ende sollte es infolge der Verdunstung auf eine Größe von etwa 10^{-33} Zentimeter schrumpfen und dann in einem Lichtblitz von extrem energiereichen Gammastrahlen verschwinden. Man nimmt an, dass die Information, die verloren ging, als sich das Schwarze Loch bildete, während des Verdunstungsprozesses über die Hawking-Strahlung wieder hinaussickert, wenn auch in stark durchmischter (ungeordneter) Form und damit alles andere als einfach erkennbar.

Die Frage, wie diese Verdunstung sich im Einzelnen auf das Innere des Schwarzen Lochs auswirkt, ist immer noch Gegenstand heißer Debatten. Einige Physiker vertreten die Ansicht, dass die Antiteilchen (oder Teilchen) direkt hinter dem Ereignishorizont zusammen mit den Hawking-Teilchen (oder Antiteilchen) außerhalb des Horizonts eine *Feuerwand (Firewall)* bilden, eine Wand heißer Photonen, die jedem Astronauten zum Verhängnis würde, der hineinfiele. Möglicherweise spielt dieser Effekt aber erst eine Rolle, nachdem das Schwarze Loch mehr als die Hälfte seiner Masse verdunstet hätte, etwas, das erst in ferner Zukunft zu erwarten ist. Die Details hängen von den Eigenschaften des Quantenvakuum-Zustands in der Umgebung des Schwarzen Lochs ab.

James Hartle und Hawking fanden einen Quantenvakuum-Zustand, der nicht am Ereignishorizont außer Kontrolle geriet und bei dem ein hineinfallender Astronaut auf seinem Weg ins Innere nicht verbrannt würde. Wenn ein Teilchen und ein Antiteilchen (etwa ein Positron und ein Elektron) aus dem Vakuum erzeugt werden, sind ihre Quantenzustände verschränkt. Die beiden Teilchen haben entgegengesetzte Drehimpulse und Spins. Wenn Sie den Spin eines Teilchens relativ zu einer bestimmten Richtung messen, wissen Sie sofort, dass der Spin des anderen Teilchens relativ zu derselben Richtung genau den entgegengesetzten Wert haben muss. Das bleibt wahr, selbst wenn die Teilchen durch große Abstände getrennt sind. Dieser Effekt befremdete Einstein, er sprach von »spukhafter Fernwirkung«. Das war einer der Aspekte, die ihn an der Quantenmechanik störten. In einem kürzlich erschienenen Artikel vertreten Juan Maldacena und Leonard Susskind, zwei führende Experten auf dem Gebiet, die Ansicht, dass die Quantenverschränkung zwischen den emittierten Teilchen und ihren Partnern im Inneren des Horizonts dafür sorgen könnte, dass der Astronaut sich nicht aufheizt, genauso wie es Hartle und Hawking meinten. Danach sind das Teilchen und sein Antiteilchen durch ein winziges Wurmloch verbunden. Durch das Wurmloch berühren sie sich praktisch, während sie im regulären Raum durch eine große Entfernung getrennt sind. Das Wurmloch ist wie ein Loch in der Platte eines Esstischs, das es einer Ameise ermöglicht, von der Oberfläche der Tischplatte zur Unterseite zu gelangen. Entlang der Tischplatte selbst sind die Wurmlochöffnungen, oder Mündungen, dagegen durch einen Riesenabstand getrennt, den sie auf dem längeren Weg außen herum über die großen Flächen des Tisches erst einmal überwinden müssten. Eine Ameise müsste eine lange Reise zurücklegen, um auf diese Weise von der oberen Mündung des Wurmlochs zur unteren Mündung zu gelangen. Zuerst wäre sie gezwungen, oben auf der Tischplatte entlangzukrabbeln, bis sie den seitlichen Rand erreicht hätte, dann müsste sie zur Unterseite der Tischplatte hinunterklettern und dort ihre Wanderung bis zur unteren Wurmlochmündung fortsetzen. Diese wanderlustige Ameise würde sagen, die obere und die untere Mündung des Wurmlochs lägen weit auseinander, während eine Ameise, die rasch durch das Wurmloch wieselte, erkennen würde, wie nahe sie beieinander liegen. Das könnte das Problem lösen, das Einstein mit der »spukhaften Fernwirkung« hatte. Durch das Wurmloch sind sich Teilchen und Antiteilchen ständig nahe. Interessanterweise hatte Wheeler bereits früher vorgeschlagen, elektrische Feldlinien, die in einem Wurmloch zusammenliefen, könnten (an der Unterseite der Tischplatte) wie ein Elektron aussehen, aber am anderen Ende des Wurmloches, wenn sie sich oben auf der Tischplatte auffächerten, wie ein Positron erscheinen. Daher könnten Teilchen und Antiteilchen durch ein Wurmloch von der Art verbunden sein, wie sie in einem Schwarzen Loch auftritt und wie sie uns im Kruskal-Diagramm begegnet ist, wo das Wurmloch zwei Universen miteinander verband (und in jenem Fall Einstein-Rosen-Brücke heißt). Co-Autoren von Einsteins Artikel waren Nathan Rosen und Boris Podolsky. Daher, so meinten Maldacena und Susskind, könne das Paradox der gespenstischen Fernwirkung von Einstein, Rosen und Podolsky mithilfe einer Einstein-Rosen-Brücke gelöst werden! Überraschenderweise haben Einstein und Rosen (und alle anderen) diese Verbindung übersehen! Falls dieses Bild richtig ist, brauchen wir um den Doktoranden keine Angst zu haben, wenn er den Ereignishorizont durchquert, wie Hawking ursprünglich angenommen hatte. Dieses Beispiel verdeutlicht einige der tieferen Zusammenhänge, die Hawkings Arbeit sichtbar gemacht hat.

Ich erinnere mich noch gut an die Aufregung, die herrschte, als Hawking zu uns ans Caltech kam, um von seiner Entdeckung zu berichten, dass Schwarze Löcher verdunsten. Kip Thorne, einer der weltweit führenden Experten auf dem Gebiet der Schwarzen Löcher, kündigte ihn an. Der Nobelpreisträger Murray Gell-Mann saß unter den Zuhörern. Thorne hielt uns allen nachdrücklich die revolutionäre Bedeutung dieses Forschungsergebnisses vor Augen. Ich stimme ihm zu – es ist das wichtigste Resultat in der Allgemeinen Relativitätstheorie seit Einstein. Sie haben alle von Stephen Hawking gehört – mit diesem Ergebnis wurde er weltberühmt. Einige dieser aufregenden Ereignisse werden in dem Film *Die Entdeckung der Unendlichkeit* aus dem Jahr 2014 erzählt, in dem Eddie Redmayne einen faszinierend lebensechten Hawking darstellte und dafür einen Oskar erhielt.

21

KOSMISCHE STRINGS, WURMLÖCHER UND ZEITREISEN

J. RICHARD GOTT

Seit ich über Zeitreisen in der Allgemeinen Relativitätstheorie arbeite, denken die Nachbarskinder, ich hätte eine Zeitmaschine in der Garage. Einmal besuchte ich eine Kosmologiekonferenz in Kalifornien und trug zufälligerweise eine türkisfarbene Sportjacke. Robert Kirshner, ein Kollege von mir, damals Dekan des astronomischen Fachbereichs in Harvard, kam zu mir und sagte: »Rich, du musst dieses Ding in der Zukunft gekauft haben, weil sie diese Farbe noch nicht erfunden haben!« Seither heißt dieses harmlose Kleidungsstück nur noch die »Zukunftsjacke«, und ich trage sie jedes Mal, wenn ich Vorträge über Zeitreisen halte.

Zu Beginn meines Vortrags über Zeitreisen trage ich gewöhnlich diese türkisfarbene Jacke und einen braunen Aktenkoffer. Ich verstecke den braunen Aktenkoffer in einem Schrank und verschwinde rasch von der Bühne. Dann kehre ich in einem T-Shirt zurück, erkläre den Zuhörern, dass ich eine andere Konferenz besuchen müsse, aber für einen Gastredner gesorgt hätte, und gehe wieder hinaus. Ich komme ein zweites Mal zurück, trage die türkisfarbene Sportjacke und erkläre aller Welt, dass es sich um die »Zukunftsjacke« handle. Leider könne ich den Vortrag nicht halten, erkläre ich, weil ich zur selben Zeit eine andere Konferenz besuchen müsse, aber da ich eine Zeitmaschine hätte, könnte ich mich einfach in die Zukunft begeben, die Jacke kaufen und rechtzeitig zurückkehren, um einen Vortrag als mein älteres Selbst zu halten!

An diesem Punkt bemerke ich, dass ich meine Notizen für den Vortrag über Zeitreisen vergessen habe. Was ist zu tun? Da ich eine Zeitmaschine habe, wird mir klar, dass ich sie am nächsten Tag (nach meinem Vortrag) holen und rechtzeitig zurückkehren kann, um meinen Aktenkoffer mit den Notizen vorher irgendwo im Hörsaal zu deponieren. Ich blicke mich um und sehe sie nicht. Folglich muss ich sie versteckt haben. Gibt es hier irgendwo ein Versteck? Vielleicht im Schrank. Ich schaue hinein, erblicke den Aktenkoffer und öffne ihn. Ja! Meine Zeitreisenotizen sind drin.

Sehen wir uns an, was hier vor sich geht, indem wir die Weltlinien in einem Raumzeitdiagramm einzeichnen. Der Raum ist waagerecht dargestellt, die Zeit senkrecht, wobei die Zukunft oben liegt. Der Hörsaal, in dem ich den Vortrag halte, ist ein senkrechter Streifen in der Mitte. Betrachten wir meine Weltlinie (vgl. Abb. 21.1).

Im Raumzeitdiagramm bin ich außerhalb des Saals und trage ein weißes T-Shirt. Ich komme kurz in den Saal und erwähne, dass ich eigentlich nicht in der Lage bin, den Vortrag zu halten, weil ich zu einer Konferenz muss. Danach verlasse ich den Saal, um die Konferenz aufzusuchen und anschließend in die Zukunft aufzubrechen, wo ich das Zukunftsjackett kaufen werde. Jetzt wird meine Weltlinie türkisfarben. Ich kehre in der Zeit zurück und begebe mich wieder in den Saal, in dem ich anschließend den Vortrag halten werde. Danach muss ich wieder in die Zeit reisen, um gerade noch rechtzeitig vor dem Vortrag die Zeitreisenotizen in den Saal zu bringen. Ich werde den Saal betreten und ihn rasch wieder verlassen, bevor mein jüngeres, T-Shirt tragendes Selbst hereinkommt. Den Rest meines Lebens werde ich in der Zukunft verbringen. Ich habe eine komplizierte Weltlinie.

Doch was ist mit der Weltlinie des Aktenkoffers? Seit ich ihn im Schrank gefunden habe, befindet er sich in meinem Besitz. Wenn ich ihn festhalte, kann ich mit ihm die Zeitschleife rückwärts absolvieren und ihn zu einem früheren Zeitpunkt in den Saal bringen, wo er bleibt, bis ich ihn im Schrank finde. Die Weltlinie des Aktenkoffers ist eine geschlossene Schleife (orangefarben). Sie ist seltsam, weil sie keinen Anfang und kein Ende hat. Meine Weltlinie beginnt mit meiner Geburt und endet mit meinem Tod, doch die Weltlinie des Aktenkoffers ist geschlossen. Der Aktenkoffer ist das, was wir ein Geisterteilchen nennen. Diese Bezeichnung ist von der Familie der Geister oder Dschinns abgeleitet, die unvermittelt aus dem Nichts auftauchen.

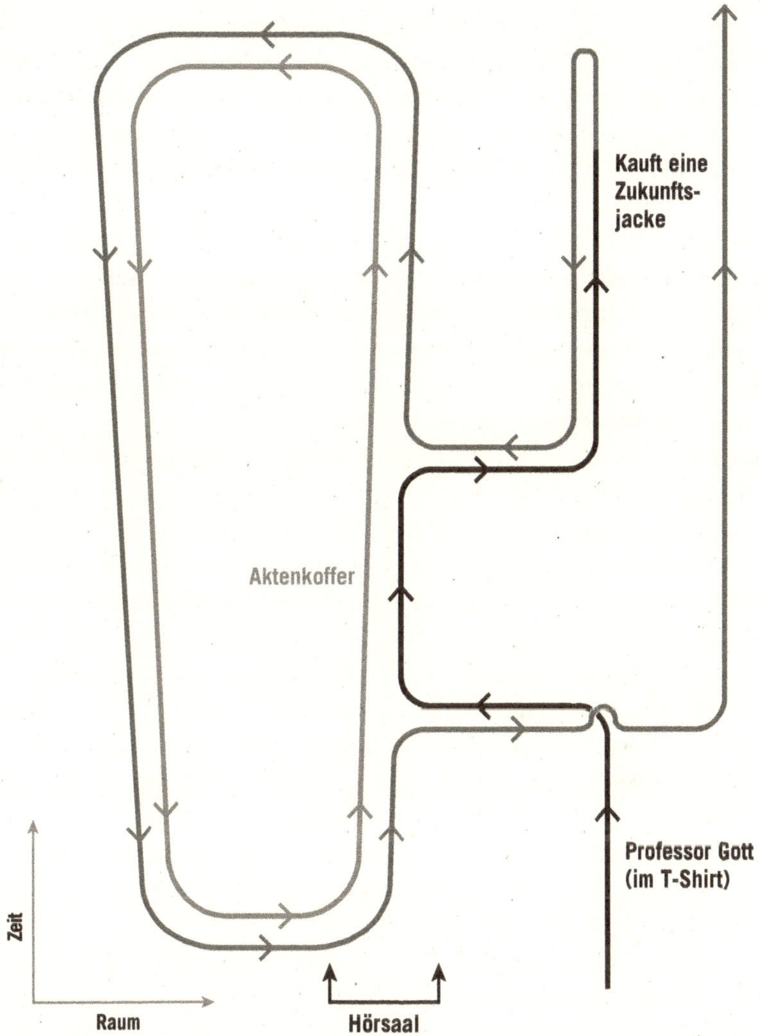

Abbildung 21.1: Raumzeitdiagramm von Professor Gotts Vortrag über Zeitreisen. *Credit:* J. Richard Gott

Der Aktenkoffer weicht mir nicht von der Seite. Nie hat er eine Aktenkofferfabrik von innen gesehen. Physiker, die über Zeitreisen in die Vergangenheit arbeiten, müssen sich mit Geisterteilchen befassen, sobald Quanteneffekte auftreten. Was ist, wenn mein Aktenkoffer Schrammen bekommt, während ich ihn nach dem Vortrag mit mir herumtrage? Igor Nowikow hat darauf hingewiesen, dass solche Gebrauchsspuren bei einem Geistteilchen irgendwann im Zuge der Rückreise repariert werden müssten, um es wieder in seinen ursprünglichen Zustand zu versetzen – mein Aktenkoffer ist da keine Ausnahme. Dadurch werden die Gesetze der Entropie nicht verletzt, weil der Aktenkoffer kein isoliertes System ist; er wird mit von außen kommender Energie wieder instand gesetzt.

Auch Information kann Geistercharakter haben. Stellen Sie sich vor, ich begebe mich zeitreisend ins Jahr 1915 zurück und lasse Einstein die richtigen Feldgleichungen der Allgemeinen Relativitätstheorie zukommen. Er schriebe sie auf und veröffentlichte sie. Woher kam die Information? Ich habe sie erfahren, indem ich seinen Artikel las, und er hat sie von mir erfahren – eine in sich geschlossene Weltlinie.

Nach den Gesetzen der Physik sind derartige Geisterteilchen möglich – wenn auch unwahrscheinlich –, und je massereicher und komplexer sie sind, desto unwahrscheinlicher werden sie. Das gleiche Szenario hätten wir, wenn ich eine Büroklammer auf dem Korridor des Hörsaals fände und diese anstelle des Aktenkoffers auf die Reise in die Vergangenheit mitnähme, um sie genau dorthin zu legen, wo ich sie gefunden hatte. Dann ist die Büroklammer ein Geisterteilchen, und es wäre einfacher und masseärmer als der Aktenkoffer. Noch einfacher, ich könnte einfach ein Elektron gefunden haben, es auf den Trip zurück in der Zeit mitgenommen und in den Vorlesungssaal gelegt haben. Es ist lediglich unwahrscheinlicher, ein so großes und komplexes Objekt wie einen Aktenkoffer zu finden, und ein ganz besonderer Glücksfall, wenn er genau die Notizen enthält, die ich für meinen Vortrag brauche. Ich denke, dass solche komplizierten Geisterphänomene möglich, aber extrem unwahrscheinlich sind.

Zeitreisen in die Vergangenheit finden statt, wenn Sie eine geschlossene Weltlinie haben, die eine Schleife zurück in die Vergangenheit beschreibt. Die übliche Sachlage ist in Abbildung 18.1 wiedergegeben: Die Weltlinien der Erde und anderer Planeten umranken die Weltlinie der Sonne als Spiralen. Nichts bewegt sich schneller als das Licht, und alle Weltlinien erstrecken sich in die Zukunft. Abbildung 21.2 zeigt die Situation, die entsteht, wenn Sie Zeitreisen in die Vergangenheit unternehmen. Die Weltlinie des Reisenden bildet eine Schleife rückwärts in der Zeit, sodass er ein Ereignis in der eigenen Vergangenheit besucht.

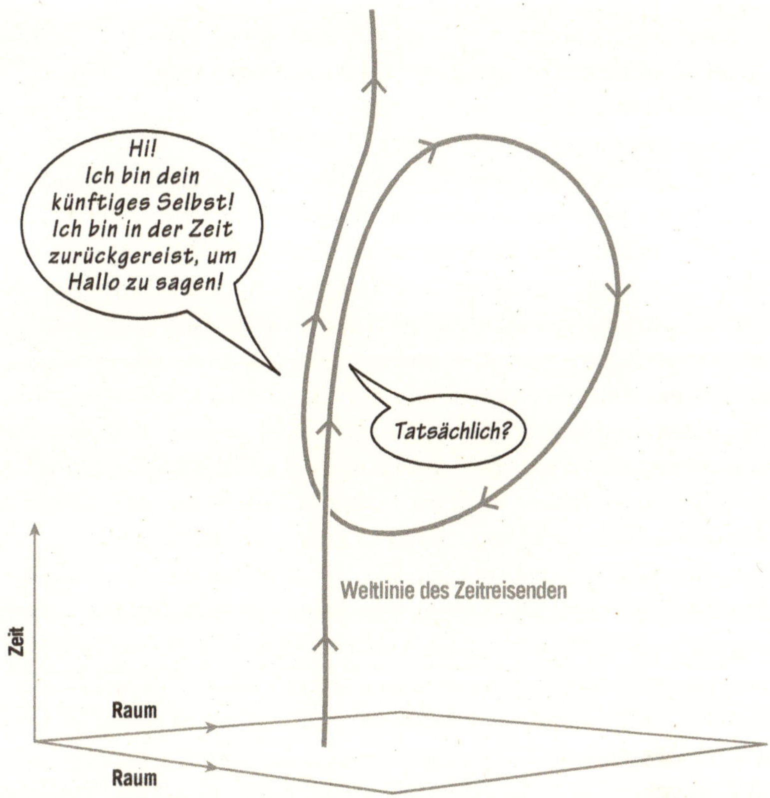

Abbildung 21.2: Raumzeitdiagramm der Weltlinie eines Zeitreisenden. *Credit:* Leicht verändert übernommen von J. Richard Gott (*Zeitreisen in Einsteins Universum*, Reinbek 2002)

Der Zeitreisende beginnt unten in der Vergangenheit und kommt nach oben, bis er auf eine Weltlinie seines älteren Selbst stößt, das sagt: »Hi! Ich bin dein künftiges Selbst! Ich bin in der Zeit zurückgereist, um Hallo zu sagen!« Er erwidert: »Tatsächlich?« und setzt seine Reise in die Vergangenheit fort, wo er seinem jüngeren Selbst begegnet und sagt: »Hi! Ich bin dein künftiges Selbst! Ich bin in der Zeit zurückgereist, um Hallo zu sagen!« Sein jüngeres Selbst erwidert: »Tatsächlich?« Der Zeitreisende erlebt diese Szene zweimal, einmal mit seinem jüngeren Selbst und einmal mit seinem älteren, tatsächlich aber ereignet sich diese Szene nur einmal. Sie können sich das als vierdimensionale Skulptur aus Weltlinien vorstellen. Die Skulptur verändert sich nicht: So und nicht anders sieht das Bild aus.

Wenn Sie wissen möchten, wie man sich fühlt, wenn man es erlebt, folgen sie einer Weltlinie und schauen, mit welchen anderen Weltlinien sie in Kontakt kommen würde.

Das bringt uns zu einer der beiden Möglichkeiten, das berühmte *Großmutter-Paradoxon* anzugehen: Was wäre, wenn ich in der Zeit zurückreiste und dabei aus Versehen meine Großmutter tötete, bevor sie meine Mutter zur Welt brächte? Dann hätte sie meine Mutter nicht geboren und meine Mutter nicht mich, was bedeuten würde, dass ich nicht existierte; daher kann ich nicht in der Zeit zurückgehen, um meine Großmutter zu töten, woraus folgt, dass sie gesund ist und meiner Mutter das Leben schenkt, die daraufhin mich zur Welt bringt. Es ist ein Paradoxon. Die konservative Lösung des Großmutter-Paradoxons besagt, dass Zeitreisende die Vergangenheit nicht verändern können. Sie können in der Zeit zurückreisen und mit ihrer Großmutter, als sie noch ein junges Mädchen war, Tee trinken und Kekse essen, aber Sie können sie nicht töten, weil sie Ihre Mutter auf die Welt brachte, die Sie geboren hat. Die Lösung muss selbstkonsistent – in sich schlüssig – sein. Kip Thorne, Igor Nowikow und ihre Kollegen entwickelten eine Reihe von Gedankenexperimenten, in denen es um Zeitreisen und zusammenprallende Billardkugeln ging, um zu zeigen, dass es offenbar immer möglich ist, selbstkonsistente Lösungen zu finden, die frei von Paradoxa sind.

Sie müssen nicht befürchten, Sie könnten die Geschichte verändern: Und wenn Sie sich noch so viel Mühe geben, Sie werden nichts verändern. Gingen Sie zurück auf die *Titanic* und warnten den Kapitän vor dem Eisberg, schlüge er Ihre Warnung in den Wind, wie er alle anderen Eisbergwarnungen ignoriert hatte, denn wir wissen, dass das Schiff untergegangen ist. Sie werden feststellen, dass es unmöglich ist, den Gang der Ereignisse zu verändern. Die Zeitreise in dem Film *Bill und Teds verrückte Reise durch die Zeit* basiert auf diesem Prinzip der Selbstkonsistenz.

Die alternative Lösung des Großmutter-Paradoxons ist Everetts quantenmechanische *Viele-Welten-Theorie*. Physiker sind in dieser Frage sehr unterschiedlicher Meinung, aber schauen wir zunächst, was es mit dieser Theorie auf sich hat. In der Viele-Welten-Theorie können viele parallele Welten nebeneinander existieren, wie Gleise in einem Verschiebebahnhof. Wir sehen eine Geschichte – als führen wir auf einem dieser Bahngleise. Die Ereignisse, die wir sehen, sind wie Bahnhöfe, die wir passieren: Hier ist der

Zweite Weltkrieg ... hier die Mondlandung und so fort. Aber es gibt viele Parallelwelten. Beispielsweise gibt es Welten, in denen der Zweite Weltkrieg nie stattgefunden hat. Das beruht auf Richard Feynmans quantenmechanischem Viele-Geschichten-Ansatz: Danach müssen wir, um die Wahrscheinlichkeit eines Ergebnisses in einem beliebigen künftigen Experiment zu bestimmen, alle denkbaren Geschichten berücksichtigen, die zu jenem Ergebnis geführt haben könnten. Manche Leute denken, das sei einfach eine weitere der verrückten Regeln, denen quantenmechanische Berechnungen unterliegen, aber die Vertreter des Viele-Welten-Modells gehen davon aus, dass alle diese Geschichten real sind und miteinander wechselwirken. David Deutsch hat die Auffassung vertreten, dass ein Zeitreisender in die Vergangenheit reisen und seine Großmutter töten könnte, als sie noch ein junges Mädchen war. Das würde zur Abzweigung eines neuen Gleises führen. In dieser abzweigenden Geschichte gäbe es einen Zeitreisenden und eine tote Großmutter. Das Gleis, auf dem der Zeitreisende geboren wird und seine Großmutter lebt, ist ein separates Gleis, das es immer noch gibt. Er erinnert sich auch noch an den Teil seiner Geschichte, der vor der Abzweigung des neuen Gleises liegt. Beide Gleise existieren.

Damit haben wir zwei Lösungen für das Großmutter-Paradox, die funktionieren: auf der einen Seite die konservative Lösung, eine kompakte, selbstkonsistente, vierdimensionale Skulptur, die sich nicht verändert, und auf der anderen Seite die radikalere Viele-Welten-Theorie der Quantenmechanik. Beide Lösungen sind in sich schlüssig.

Wenn wir nun zu unserem Bild von der Weltlinie des Zeitreisenden zurückkehren, deren Schleife in die Vergangenheit hineinreicht, erkennen wir, dass ein Aspekt davon nicht stimmen kann. In diesem Diagramm bewegt sich das Licht mit einer Neigung von 45 Grad. Dort, wo die Schleife des Zeitreisenden ihren höchsten Punkt erreicht und beginnt, wieder nach unten zu wandern, in die Vergangenheit, muss es irgendwo eine Stelle geben, an der die Neigung dieser Weltlinie relativ zur Zeitachse größer als 45 Grad wird. Das heißt, dass die Weltlinie an dieser Stelle die Lichtgeschwindigkeit überschreitet. Am höchsten Punkt der Schleife muss sie sich sogar mit unendlicher Geschwindigkeit bewegen. Der Erkenntnis, dass wir, könnten wir uns schneller als das Licht bewegen, tatsächlich in der Lage wären, in der Zeit zurückzureisen, trägt A. H. R. Buller in seinem Limerick Rechnung:

There was a young lady called Bright
Who could travel far faster than light;
She set off one day,
In a relative way,
And returned home the previous night.[17]

Wie Einstein zeigte, liegt die Schwierigkeit darin, dass wir gemäß seiner Speziellen Relativitätstheorie keine Rakete bauen können, die schneller als das Licht ist. Wenn Sie immer unterhalb der Lichtgeschwindigkeit bleiben, neigt sich Ihre Weltlinie nie weiter als 45 Grad gegenüber der Zeitachse, sodass sie keine Schleife in die Vergangenheit beschreiben kann. Doch nach Einsteins Allgemeiner Relativitätstheorie, in der die Raumzeit gekrümmt ist, können Sie einen Lichtstrahl mithilfe einer Abkürzung überholen, entweder indem Sie ein Wurmloch durchqueren oder (wie wir gleich sehen werden) indem Sie einen kosmischen String umkreisen. Wenn Sie schneller als der Lichtstrahl sind, können Sie – wie Miss Bright – in der Zeit zurückreisen.

Nehmen Sie an, Sie hätten ein Stück Papier, dessen eine Dimension (waagerecht) den Raum und dessen andere Dimension (senkrecht) die Zeit darstellen soll (Abb. 21.3). Dann ist Ihre Weltlinie eine senkrechte grüne Linie auf diesem Stück Papier. Sie sind faul und bleiben einfach zu Hause, daher verläuft Ihre Weltlinie ganz gerade vom unteren Rand des Papiers zum oberen. Doch in einer gekrümmten Raumzeit verändern sich die Regeln. Rollen wir das Papier zu einem waagerechten Zylinder zusammen, indem wir den unteren mit dem oberen Rand verkleben. Jetzt ist Ihre Weltlinie ein Kreis, der zurück in die Vergangenheit führt.

Sie gehen immer weiter vorwärts in die Zukunft, Ihr Kreis führt Sie jedoch zurück in die Vergangenheit. Genauso erging es der Mannschaft von Magellan. Sie fuhren unbeirrt nach Westen, immer nach Westen über die gekrümmte Erdoberfläche und kamen trotzdem zurück nach Europa. Das wäre nie geschehen, wäre die Erdoberfläche flach gewesen. Ebenso geht der Zeitreisende immer der Zukunft entgegen, aber die Raumzeit ist hinreichend gekrümmt, sodass sie zu einem Ereignis in ihrer eigenen Vergangenheit zurückkehren kann.

Es gibt verschiedene Lösungen der Allgemeinen Relativitätstheorie, die so etwas zulassen. Bevor wir uns näher mit ihnen befassen, lassen Sie mich die *kosmischen Strings* beschreiben. 1985 fand ich eine exakte Lösung der Einsteinschen Feldgleichungen für die Geometrie in der Umgebung eines kosmischen Strings. Alex Vilenkin von der Tufts University hatte eine Näherungslösung gefunden, ich stieß auf eine exakte Lösung. Unabhängig von mir fand William Hiscock von der Montana State University die gleiche exakte Lösung, so teilen wir uns das Verdienst dieser Entdeckung. Die Lösung zeigt uns, wie die Geometrie in der Umgebung eines kosmischen Strings beschaffen ist.

Aber was ist ein kosmischer String? Er ist ein dünner (noch nicht einmal die Dicke eines Atomkerns erreichender) Faden aus Quantenvakuum-Energiedichte, der unter innerer Spannung steht und aus der Zeit kurz nach dem Urknall übrig geblieben sein könnte. Solche Strings werden durch eine Reihe von Theorien der Teilchenphysik vorhergesagt. Bislang haben wir sie noch nicht gefunden, aber wir suchen intensiv nach ihnen.

Wir wissen, dass ein Vakuum (also leerer Raum – frei von Teilchen und Photonen) aus einem den Raum durchdringenden Feld Energie aufnehmen kann. Dieses Konzept spielt beispielsweise eine Rolle bei dem unlängst entdeckten Higgs-Feld und seinem assoziierten Teilchen, dem Higgs-Boson. Nach der Entdeckung des Higgs-Bosons am Large Hadron Collider erhielten François Englert und Peter Higgs 2013 den Nobelpreis für Physik, weil sie in ihrer theoretischen Arbeit die Existenz dieses Teilchens vorhergesagt hatten. Wie ich in Kapitel 23 ausführen werde, denken wir heute, dass das sehr frühe Universum eine hohe Vakuumenergie gehabt haben muss. Als diese Vakuumenergie zu normalen Teilchen zerfiel, könnte ein Rest davon in dünnen Fäden von hoher Vakuumenergie eingeschlossen worden sein, den kosmischen Strings. Stellen Sie sich eine schmelzende Schneefläche vor, auf der zum Schluss noch ein paar Schneemänner stehen geblieben sind. Entsprechend bestehen kosmische Strings aus Vakuumenergie, die vom frühen Universum übrig geblieben ist.

Kosmische Strings haben keine Enden: Entweder sind sie unendlich lang, falls das Universum unendlich ausgedehnt ist, oder sie sind in sich geschlossene Schleifen. Vergegenwärtigen Sie sich (unendlich lange) Spaghettifäden oder SpaghettiOs, kreisförmige Spaghetti. Wir gehen davon aus, dass es beides gibt, Fäden und Schleifen. Das Gros der Masse im Netzwerk der kosmischen Strings ist in den unendlich langen Fäden enthalten.

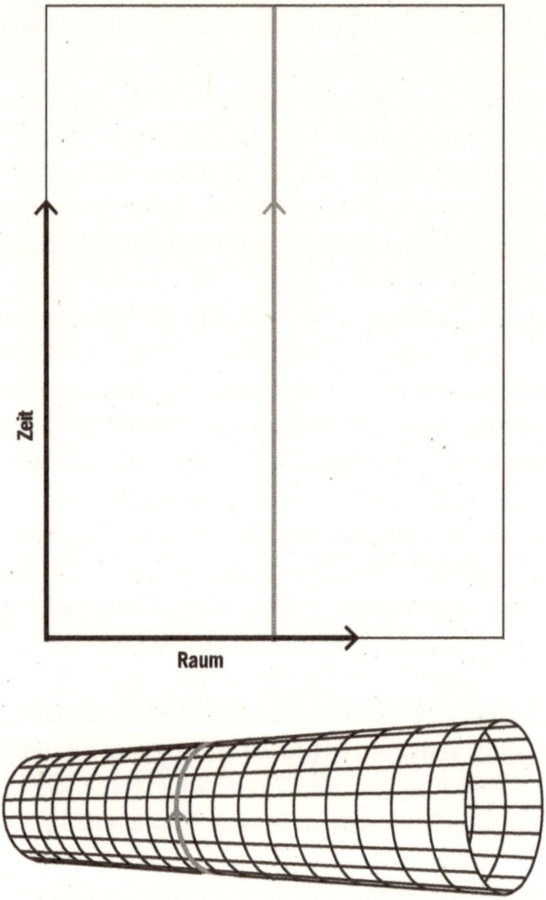

Abbildung 21.3: Die gekrümmte Raumzeit ermöglicht es einer Weltlinie, sich kreisförmig in die Vergangenheit zurückzubewegen. *Credit:* Leicht verändert übernommen von J. Richard Gott (*Zeitreisen in Einsteins Universum*, Reinbek 2002)

Zur Geometrie des Raums in der Umgebung des kosmischen Strings sollten wir uns fragen: Wie würde ein Querschnitt durch eine senkrechte Ebene zum String aussehen? Man könnte erwarten, dass er wie ein Stück Papier mit einem Punkt in der Mitte aussieht, aber ein kosmischer String dürfte nach unseren Abschätzungen sehr massereich sein – ungefähr 1 Billiarde (10^{15}) Tonnen pro Zentimeter –, sodass er die Raumzeit erheblich krümmt. Statt wie ein Stück Papier mit einem Punkt in der Mitte ähnelt der Querschnitt eher einer Pizza, der ein Stück fehlt (Abb. 21.4).

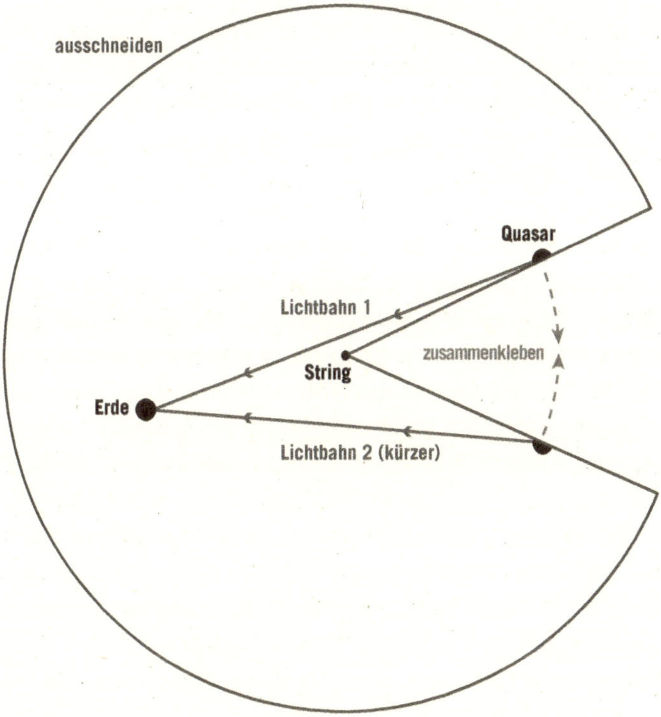

Abbildung 21.4: Geometrie rund um einen kosmischen String. *Credit:* Leicht verändert übernommen von J. Richard Gott (*Zeitreisen in Einsteins Universum*, Reinbek 2002)

Sie beginnen mit einer Pizza und entfernen einfach ein Stück. Essen Sie es. Werden Sie es los. Es ist weg. Nehmen Sie den Rest der Pizza, fassen Sie die beiden Ränder, an denen das fehlende Stück vorher saß, und ziehen Sie sie so zusammen, dass die Pizza einen Kegel bildet. Das ist ein Querschnitt durch die Geometrie in der Umgebung des Strings. Sie ist kegelförmig. Der String selbst passt durch die Mitte der Pizza. An der konischen Geometrie ist zu erkennen, dass der Umfang nicht gleich 2π mal dem Radius der Pizza ist. Das liegt daran, dass ein Stück fehlt – der Umfang ist kleiner, als er wäre, wenn die Pizza noch alle ihre Stücke hätte. Wie Sie sehen, gehorcht sie nicht den Gesetzen der euklidischen Geometrie für eine flache Ebene.

Der Winkel an der Spitze des fehlenden Stücks ist proportional zur Masse pro Längeneinheit des Strings. Für einigermaßen realistische kosmische Strings, die im frühen Universum erzeugt wurden (große vereinheitlichte Modelle der Teilchenphysik sagen vorher, dass sie in einer Epoche entstanden sind, in der die Einheitlichkeit der schwachen, starken und elektromagnetischen Kraft zu zerfallen begann), ist dieser Winkel ziemlich klein – vielleicht eine halbe Bogensekunde oder weniger. Das ist sehr klein, aber trotzdem nachweisbar.

In Abbildung 21.4 ist der String in der Mitte, und Sie können sehen, wo das Stück fehlt und die beiden Ränder zusammengeklebt sind. Stellen Sie sich vor, ich säße auf der Erde und beobachtete einen Quasar hinter dem String. Das Licht kann mich auf einer der beiden geradlinigen Bahnen (Lichtbahn 1 oder Lichtbahn 2) erreichen, die zu beiden Seiten an dem String vorbeistreichen. Wenn Sie die Seiten des fehlenden Stücks so zusammenkleben, dass das Papier einen Kegel bildet, werden die beiden Lichtbahnen an jeder Seite des Strings abgelenkt. Das liegt am Gravitationslinseneffekt. Es ist der gleiche Effekt, der das Licht in der Nähe der Sonne ablenkt, wie wir in Kapitel 19 erörtert haben. Trotzdem sind die Bahnen so gerade wie möglich. Ich habe sie mit dem Lineal gezogen. Wenn die Papierpizza zu einem Kegel zusammengeklebt wird, kann man kleine Spielzeugautos entlang Lichtbahn 1 oder Lichtbahn 2 ganz gerade vom Quasar zur Erde fahren lassen. Beide Bahnen sind Geodäten. Da zwei Lichtstrahlen auf geraden Linien vom Quasar zur Erde laufen können, sehen wir ein Zwillingsbild: je ein Bild des Quasars links und rechts von dem kosmischen String. Wir können nach kosmischen Strings suchen, indem wir am Himmel nach Doppelbildern von Quasaren zu beiden Seiten von kosmischen Strings suchen, die wie Knopfpaare an einem Zweireiher aussehen. Bislang haben wir noch keine gefunden, die von einem kosmischen String entsprechend gelinst wurden, aber wir suchen weiter.

Eine bemerkenswerte Eigenschaft dieses Bildes ist der Umstand, dass die beiden Lichtbahnen unterschiedlich lang sein können. Beispielsweise ist in Abbildung 21.4 Bahn 2 ein wenig kürzer als Bahn 1. Wenn ich also in meinem Raumschiff von dem Quasar auf Bahn 2 mit 99,9999999999 Prozent der Lichtgeschwindigkeit zur Erde flöge, könnte ich schneller als der Lichtstrahl auf Bahn 1 sein, weil dieser eine größere Entfernung zu überwinden hätte. Ich könnte einen Lichtstrahl hinter mir lassen, indem ich eine Abkürzung nähme!

Zwar haben wir bislang noch keinen kosmischen String gesehen, aber Gravitationslinseneffekte dieser Art haben wir bereits beobachtet: wenn eine Galaxie zwischen uns und einem Quasar liegt. Wir sehen zwei Bilder des fernen Quasars QSO 0957+561 auf gegenüberliegenden Seiten der als Gravitationslinse wirkenden Galaxie. Die durch die Galaxie verursachte Verzerrung der Raumzeit lenkt das Licht in der gleichen Weise ab, wie es von einem kosmischen String zu erwarten wäre. In diesem Fall verändert der Hintergrundquasar seine Helligkeit; ein Team von Astronomen unter Leitung von Ed Turner, Tomislav Kundić und Wes Colley, an dem auch ich beteiligt war, konnte denselben Ausbruch des Quasars in beiden Bildern messen und stellte fest, dass zwischen beiden Messungen ein Zeitunterschied von 417 Tagen vorlag. Das ist ein winziger Bruchteil der Gesamtzeit von 8,9 Milliarden Jahren, die das Licht für seine lange Reise braucht. Wenn Sie wissen möchten, ob Sie sich schneller als das Licht bewegen können, lautet die Antwort in diesem Fall: Ja, das können Sie! Ein Lichtstrahl hat den anderen in einem Wettrennen mit einem Vorsprung von 417 Tagen besiegt, aber nur, weil er eine Abkürzung genommen hat.

Die Suche nach Doppelbildern von Quasaren ist also eine Möglichkeit, nach kosmischen Strings zu suchen. Bislang scheinen sich alle bekannten Fälle durch Galaxien als Gravitationslinsen erklären zu lassen, aber da wir davon ausgehen, dass durch kosmische Strings gelinste Quasare deutlich seltener vorkommen, ist das keine Überraschung. Wir suchen weiter.

Kosmische String stehen unter Spannung und peitschen in der Regel mit halber Lichtgeschwindigkeit umher. So wie sich Lichtstrahlen durch die Ablenkung an entgegensetzten Seiten eines kosmischen Strings näherkommen, können zwei Raumschiffe, die sich relativ zueinander in Ruhe befinden, näher aufeinander zu gezogen werden, nachdem sich ein kosmischer String rasch zwischen ihnen hindurchbewegt hat. Unter dem Einfluss des Strings führen die beiden Raumschiffe jetzt relativ zueinander eine Bewegung aus. Nun sei ein Raumschiff die Erde und das andere die kosmische Hintergrundstrahlung. Wenn ein String vorbeikommt, verursacht er in einiger Entfernung hinter sich eine geringfügige Dopplerverschiebung in der kosmischen Hintergrundstrahlung. Wenn der String von links nach rechts zwischen der CMB und uns hindurchläuft, erscheint die CMB dadurch auf der einen (der linken) Seite des Strings etwas wärmer als auf der anderen. Nach solchen Effekten suchen wir. Stringschleifen, die wie Gummibänder schwingen, können Gravitationswellen hervorrufen. Auch nach denen werden wir in Zukunft Ausschau halten und dazu weltraumgestützte Instrumente nach dem Vorbild von LIGO verwenden. Wir haben also eine Reihe vielversprechender Möglichkeiten, nach kosmischen Strings zu suchen.

Wie könnte man den Abkürzungseffekt eines einzelnen Strings nutzen? 1991 fand ich eine exakte Lösung der Feldgleichungen von Einsteins Allgemeiner Relativitätstheorie für zwei relativ zueinander bewegte kosmische Strings. In dieser Lösung bewegen sich zwei parallele kosmische Strings aneinander vorbei, wie die Masten von zwei Segelschiffen, die sich in der Nacht passieren. String 1, der senkrecht steht, bewegt sich von links nach rechts, und String 2, der ebenfalls senkrecht steht, bewegt sich von rechts nach links. Wie sieht die Geometrie in der Umgebung der beiden Strings aus?

Wie eigentlich zu erwarten, fehlen dieses Mal zwei Stücke. Ein Querschnitt senkrecht zu den beiden kosmischen Strings sieht aus wie ein Stück Papier, dem Tortenstücke fehlen. Sie können es zu einem kleinen Papierschiff falten (Abb. 21.5). Flach ausgebreitet sehen wir die beiden fehlenden Stücke, das eine beginnt bei String 1 und erstreckt sich nach oben auf der Seite, und eines entspringt bei String 2 und erstreckt sich nach unten auf der Seite. (Die beiden Strings kommen Ihnen entgegen, senkrecht zur Buchseite.) Jetzt gibt es zwei Abkürzungen. Wenn Sie auf Planet A in der Abbildung Ihre Reise antreten, können Sie sich auf einer geradlinigen Bahn zwischen den beiden kosmischen Strings bewegen – Bahn 2. Aber Sie können noch auf einer kürzeren geradlinigen Bahn – Bahn 1 – zu Planet B gelangen, und zwar schneller. Dazu fliegen Sie um String 1 herum. In ähnlicher Weise wird Sie eine andere Abkürzung, die geradlinige Bahn 3, von Planet B schneller zurück zu Planet A bringen, als wenn Sie mit 99,9999999 Prozent der Lichtgeschwindigkeit auf Bahn 1 zum Planeten B unterwegs sind, können Sie schneller als ein Lichtstrahl sein, der sich auf Bahn 2 direkt zu Planet B begibt. Bahn 1 ist kürzer als Bahn 2, weil ein »Pizzastück« fehlt. Mit anderen Worten, Sie können von Planet A aufbrechen, nachdem sich der Lichtstrahl vom selben Planeten auf Bahn 2 bereits auf die Reise gemacht hat, und trotzdem noch vor dem Lichtstrahl auf Planet B ankommen. Folglich sind Ihr Abflug von Planet A und Ihre Ankunft auf Planet B zwei Ereignisse, die entlang Bahn 2 einen *raumartigen Abstand* voneinander haben: Sie sind durch mehr Lichtjahre im Raum als durch Jahre in der Zeit getrennt. Indem Sie eine Abkürzung nehmen, lassen Sie den Lichtstrahl hinter sich und sind daher am Ende schneller als das Licht. Ein

Beobachter, der sich hinreichend rasch nach links bewegt – nennen wir ihn Cosmo – wird diese beiden Ereignisse deswegen als gleichzeitig beurteilen. Infolge seiner Geschwindigkeit (geringer als die Lichtgeschwindigkeit), schneidet er die Raumzeit schräg, wie ein Baguette, und kommt dadurch zu dem Ergebnis, dass Ihr Aufbruch von Planet A gleichzeitig mit Ihrer Ankunft auf Planet B erfolgt.

Bewegen Sie jetzt die obere Hälfte der Lösung rasch nach rechts, und nehmen Sie dabei String 1 und Cosmo mit. Jetzt ist String 1 nicht in Ruhe, sondern bewegt sich rasch nach rechts. Da Bewegung relativ ist, bewegt sich Cosmo nicht mehr nach links, sondern steht bewegungslos in der Mitte. Cosmo sieht Sie um 12 Uhr mittags Cosmo-Zeit vom Planeten A aufbrechen und um 12 Uhr mittags Cosmo-Zeit auf Planet B eintreffen. Wenn Ihnen dieser Trick einmal gelingt, schaffen Sie ihn auch ein zweites Mal. Schieben Sie die untere Hälfte der Lösung rasch nach links, und nehmen Sie dabei String 2 mit, dabei sollte die Geschwindigkeit genauso hoch (aber langsamer als das Licht) sein wie vorher. Sie können Planet B verlassen und die Abkürzung Bahn 3 nehmen, damit sind Sie wiederum schneller als ein Lichtstrahl, der sich, der Bahn 2 folgend, zum Planeten A bewegt. Ihr Aufbruch von Planet B und Ihre Ankunft auf Planet A werden wiederum durch mehr Lichtjahre im Raum als durch Jahre in der Zeit getrennt sein. Wenn die untere Hälfte der Lösung schnell genug bewegt wird (aber natürlich immer noch langsamer als mit Lichtgeschwindigkeit), dann erreicht String 2 aus Sicht von Cosmo fast Lichtgeschwindigkeit, sodass Cosmo Ihren Aufbruch von Planet B und Ihre Ankunft auf Planet A gleichzeitig beobachtet. Wenn er also Ihren Aufbruch von Planet B um 12 Uhr Cosmo-Zeit mittags sieht, sieht er auch Ihre Ankunft auf Planet A um 12 Uhr mittags Cosmo-Zeit. Aber Sie haben Planet A ursprünglich ja überhaupt erst um 12 Uhr mittags Cosmo-Zeit verlassen! Ihr Aufbruch von Planet A und Ihre Rückkehr zu Planet A finden zur selben Zeit am selben Ort statt. Sie können rechtzeitig zurück sein, um sich selbst zu verabschieden und Ihrem jüngeren Selbst die Hand zu schütteln! Sie sind in der Zeit zu einem Ereignis in Ihrer eigenen Vergangenheit zurückgereist. Das ist eine echte Zeitreise in die Vergangenheit.

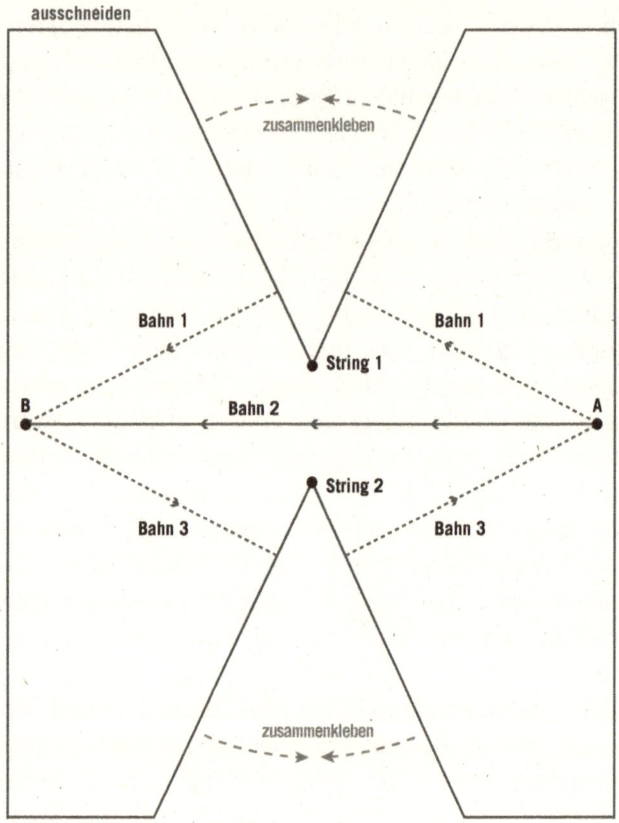

Abbildung 21.5: Geometrie in der Umgebung zweier kosmischer Strings. *Credit:* Leicht verändert übernommen von J. Richard Gott (*Zeitreisen in Einsteins Universum*, Reinbek 2002)

Und wie sieht es für Sie aus? Sie treffen auf dem Raumfahrtbahnhof von Planet A ein. Eine ältere Version Ihrer selbst kommt an und sagt: »Hallo, ich bin einmal um die Strings rum!« Sie werden antworten: »Tatsächlich?« Dann brechen Sie zu Ihrer Weltraumreise zu String 1 auf und kommen, Bahn 1 folgend, auf Planet B an. Augenblicklich verlassen Sie Planet B wieder, umkreisen String 2 und treffen rechtzeitig auf Planet A ein, um Ihr jüngeres Selbst zu treffen. Sie sagen: »Hallo, ich bin einmal um die Strings rum.« Und Sie hören Ihr jüngeres Selbst antworten: »Tatsächlich?«

Verletzt die Begegnung mit Ihrem jüngeren Selbst in irgendeiner Form die Energieerhaltung? Schließlich war ursprünglich nur einer von Ihnen da, und nun treffen sich zwei von Ihnen. Nein, weil die Allgemeine Relativitätstheorie nur eine lokale Energieerhaltung kennt. Das heißt, es gibt in einem Zimmer nur eine einzige Möglichkeit für die Erhöhung der Masse-Energie: Es muss jemand hereinkommen. Doch als Zeitreisender sind Sie wie jeder andere, der ein Zimmer betritt. Masse und Energie in dem Zimmer werden mehr, weil Sie hereinkommen. Daher ist die lokale Energieerhaltung in diesen Lösungen gegeben.

Wichtig ist dabei, dass die beiden Strings in entgegengesetzten Richtungen aneinander vorbeilaufen. Dann brauchen Sie nur noch ein Raumschiff, um die Strings zu umkreisen, und Sie können pünktlich zu der Zeit und dem Ort Ihres Aufbruchs zurückkehren. Michael Lemonick schrieb einen Artikel über meine Zeitmaschine für das *Time Magazine*; dort brachte er ein Bild von mir: Ich halte zwei Strings, zwischen denen sich ein kleines Raumschiffmodell befindet, in die Kamera.

Curt Cutler vom Caltech entdeckte eine sehr interessante Eigenschaft meiner Zwei-String-Lösung. Es gab einmal eine Epoche, in der keine Zeitreisen in die Vergangenheit stattfanden. Wenn die Strings in der fernen Vergangenheit sehr weit voneinander entfernt sind, dauert es lange, sie zu umkreisen, und dann kommen Sie immer erst zum Planeten A zurück, nachdem Sie aufgebrochen sind. Doch sobald die Strings sich hinreichend nahegekommen sind, insbesondere wenn Sie gerade eben aneinander vorbeifliegen, können Sie die Strings umkreisen und rechtzeitig zurückkommen, um ein Ereignis in Ihrer eigenen Vergangenheit zu besuchen. Eine solches Ereignis befindet sich in der Zeitreise-Region. Abbildung 21.6 ist eine dreidimensionales Raumzeitdiagramm dieser Zusammenhänge.

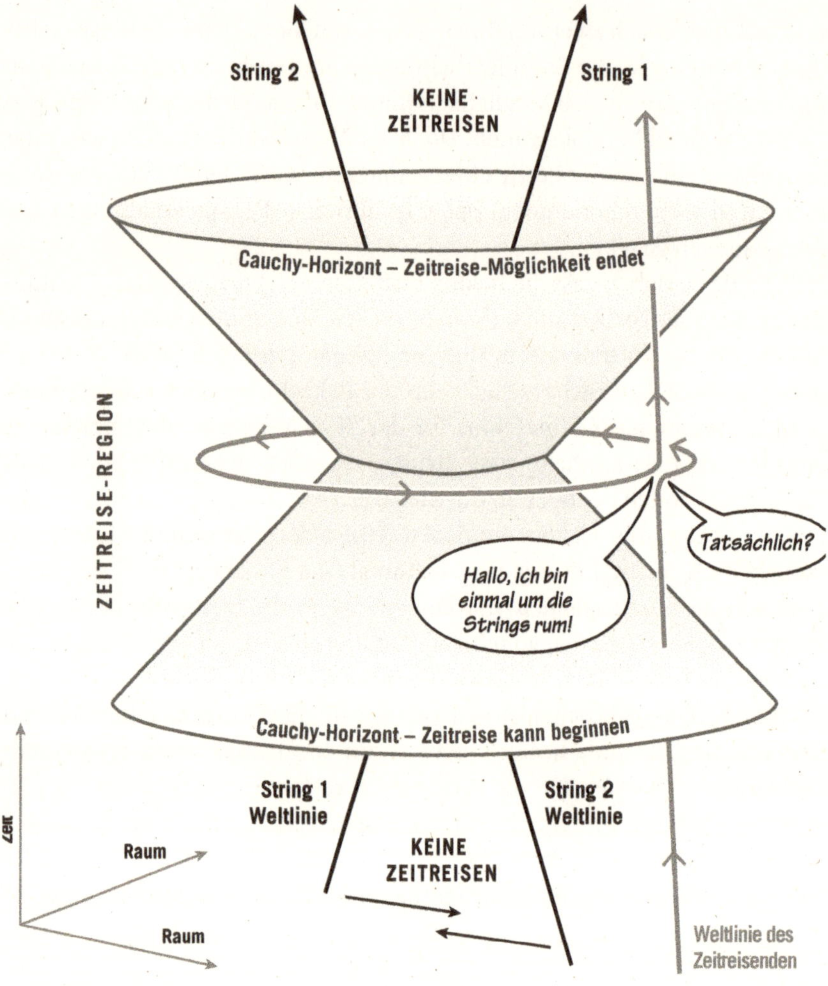

Abbildung 21.6: Raumzeitdiagramm einer Zwei-String-Zeitmaschine. *Credit:* Leicht verändert übernommen von J. Richard Gott (*Zeitreisen in Einsteins Universum*, Reinbek 2002)

Die Zeit verläuft hier wiederum senkrecht, während zwei der Dimensionen des Raums perspektivisch in der Waagerechten abgebildet sind. Da sich String 1 nach rechts bewegt, ist seine Weltlinie gerade und nach rechts geneigt. String 2 bewegt sich nach links, seine Weltlinie ist ebenfalls gerade, aber nach links geneigt. Auch die Weltlinie der Zeitreisenden wird gezeigt. Sie bewegt sich langsam, daher ist ihre Weltlinie fast senkrecht, bis sie auf Planet A eintrifft. Sie können sehen, dass sie um 12 Uhr mittags aufbricht, die beiden Strings umkreist und um 12 Uhr mittags zurück ist. Sie begrüßt ihr jüngeres Selbst. Für den Rest ihres Lebens ist ihre Weltlinie dann wieder so gut wie senkrecht. Cutler stellte fest, dass die Zeitreise-Region durch eine Fläche begrenzt ist, die ein sogenannter *Cauchy-Horizont* ist. Er sieht aus wie zwei Lampenschirme, die man umgekehrt aufeinandergestellt hat. Beachten Sie, dass der Zeitreisende, der sich Planet A nähert, zu einer weit zurückliegenden Zeit in einer Region aufgebrochen ist, in der Zeitreisen in die Vergangenheit nicht möglich sind. Dann überquert er einen Cauchy-Horizont, und die Zeitreise kann beginnen. Ab diesem Punkt kann er Zeitreisende aus der Zukunft kommen sehen. Eine Zeit lang sind Zeitreisen möglich, doch schließlich überquert er den zweiten Cauchy-Horizont, und von da an hören die Zeitreisen in die Vergangenheit auf. Von nun an werden ihm auch keine Zeitreisenden aus der Zukunft mehr begegnen. Inzwischen sind die beiden kosmischen Strings so weit voneinander entfernt, dass keine weiteren Zeitreisenden die Strings noch umkreisen und zur Zeit ihres Aufbruchs zurückkommen können.

Das beantwortet Stephen Hawkings berühmte Frage: »Wo sind denn all die Zeitreisenden?« Wenn Zeitreisen möglich sind, warum sind dann berühmte historische Ereignisse nicht von Zeitreisetouristen aus der Zukunft überlaufen? Warum sehen wir keine Zeitreisenden aus der fernen Zukunft mit ihren Videokameras und silberglänzenden Raumanzügen in den Filmaufnahmen vom Kennedy-Attentat? Die Antwort lautet, wenn Sie eine Zeitmaschine in der Zukunft bauen, indem Sie die Raumzeit verzerren, wird ein Cauchy-Horizont erzeugt, und nur von diesem Punkt an können Sie Zeitreisende aus der Zukunft sehen. Aber diese Zeitreisenden können nicht zu einem Zeitpunkt vor der Fertigstellung der Zeitmaschine zurückreisen. Wenn Sie eine Zeitmaschine im Jahr 3000 fertigstellen, können Sie sie im Prinzip nutzen, um vom Jahr 3002 in das Jahr 3001 zurückzureisen, weil die Maschine zu dieser Zeit bereits existiert. Wir haben solche Zeitreisenden also noch nicht gesehen, weil wir noch keine Zeitmaschinen gebaut haben! Das gilt genauso für Zeitmaschinen, die aus Wurmlöchern oder Warp-Antrieben konstruiert werden, wir kommen gleich dazu. Aber das heißt, selbst wenn wir die Vergangenheit inspizieren und keine Zeitreisenden aus der Zukunft finden, ist es für uns noch immer möglich, zu irgendeinem späteren Zeitpunkt einen Cauchy-Horizont zu durchqueren und plötzlich Zeitreisende aus der Zukunft auftauchen zu sehen.

Wir gehen davon aus, dass es kosmische Strings sowohl in der unendlichen Form (die wir hier erörtert haben) wie auch als endliche Schleifen gibt. Und da sie unter Spannung stehen, erwarten wir weiter, dass sie mit etwa der halben Lichtgeschwindigkeit umherpeitschen. Doch praktisch können wir kaum erwarten, dass wir tatsächlich auf zwei unendlich lange kosmische Strings stoßen, die mit der erforderlichen Geschwindigkeit aneinander vorbeistreichen und uns damit ermöglichen, eine Zeitmaschine zu bauen. Große vereinheitlicht kosmische Strings müssten sich mit Geschwindigkeiten von mindestens 99,99999999996 Prozent der Lichtgeschwindigkeit bewegen (ein wenig langsamer als das Licht, aber immer noch sehr schnell), um für den Bau einer Zeitmaschine infrage zu kommen. Aber Sie könnten immer eine Stringschleife finden und mithilfe eines massereichen Raumschiffs so auf sie einwirken, dass sie infolge ihrer Spannung weitgehend kollabiert. Eine Stringschleife ist wie ein Gummiband. Wenn Sie mit sehr massereichen Raumschiffen sehr nahe an ihr vorbeifliegen, können Sie bewirken, dass die Schleife nach innen schnellt, mit dem Erfolg, dass zwei sehr lange, gerade Abschnitte des Strings mit einer Geschwindigkeit aneinander vorbeigleiten, die ausreicht, um eine Zeitmaschine herzustellen. 1991 konnte ich in einem Artikel (in *Physical Review Letters*) zeigen, dass die Stringschleife in diesem Fall im Begriff ist, in ein Schwarzes Loch zu stürzen, das sich um sie herum bildet. Und das ist ganz und gar nicht gut!

In der erwähnten Arbeit wies ich nach, dass in diesem Fall die Zeitreise-Region im Schwarzen Loch eingeschlossen werden dürfte. Li-Xin Li und ich fanden später heraus, dass die Extra-Masse Ihrer Rakete, welche die Strings in der Zeitmaschine umkreist, wahrscheinlich auch dazu beitragen würde, die Bildung eines Sie umschließenden Schwarzen Lochs auszulösen.

Die Stringschleife hätte zwei lange, gerade Stringsegmente, die mit hohen Geschwindigkeiten in entgegengesetzten Richtungen aneinander vorbeiglitten, daher hätte die Schleife einen gewissen Drehimpuls, und das in der Entstehung begriffene Schwarze Loch wäre ein rotierendes Schwarzes Loch.

Reden wir also über rotierende Schwarze Löcher. Wie in Kapitel 20 erwähnt, hat Roy Kerr 1963 eine exakte Lösung der Einsteinschen Feldgleichungen für ein rotierendes Schwarzes Loch (mit einem Drehimpuls ungleich null) gefunden. Was im Inneren der Lösung für ein rotierendes Schwarzes Loch (innerhalb des Ereignishorizontes) geschieht, wurde von Brandon Carter ausgearbeitet. Die Kerr-Lösung hat zwei entscheidende Radiuswerte: r_+, der zum Ereignishorizont gehört, und r_-, der kleiner ist und dem inneren Horizont oder Cauchy-Horizont zugeordnet ist.

Im Zentrum des Kerr-Lochs finden wir keine punktförmige Singularität, sondern eine *Ringsingularität:* einen Ring, an dem die Krümmung unendlich groß ist (genauer gesagt fast unendlich, weil Quanteneffekte das Ganze ein wenig verwischen). Träfen Sie auf diesen Ring, würden die *Gezeitenkräfte* (diese in Kapitel 20 beschriebene Mischung aus Eiserner Jungfrau und Streckbank) Sie umbringen. Aber interessanterweise kann der Doktorand, der in ein rotierendes Schwarzes Loch gefallen ist, die Ringsingularität vermeiden. Sie versperrt ihm nicht den Weg in die Zukunft. Zunächst gelangt der Doktorand ins Innere von r_+ (dem Ereignishorizont) und dann ins Innere von r_- (dem Cauchy-Horizont). Die Ringsingularität liegt im Inneren des Cauchy-Horizonts, und der Doktorand kann sie in dem Augenblick sehen, da er den Cauchy-Horizont überschreitet. Wenn der Doktorand durch den Ring springt, als handle es sich um einen Hula-Hoop-Reifen, wird er in ein vollkommen neues, großes Universum (Universum 1) gelangen. Carter hat gezeigt, dass der Doktorand, wenn er sich durch den Ring in Universum 1 begibt und, auf der anderen Seite angelangt, den Ring dessen Umfang folgend auf bestimmte Weise umkreist, tatsächlich durch den Ring auf unsere Seite zurückgelangen kann zu einem Zeitpunkt, bevor er in das Universum 1 geflogen war. Der Doktorand kann eine kleine Zeitschleife in die Vergangenheit beschreiben und sein jüngeres Selbst begrüßen, kurz bevor es durch den Ring springt. Natürlich könnte niemand außerhalb des Schwarzen Lochs irgendetwas davon sehen, weil alles innerhalb des Ereignishorizontes geschähe. Sobald der Doktorand den Cauchy-Horizont überquert hätte, würde er in eine Region gelangen, in der Zeitreisen in der Vergangenheit möglich sind – genau wie in Abbildung 21.6. Dieser Cauchy-Horizont markiert den Beginn einer Zeitreise-Epoche – einer Epoche, die vollständig in den Ereignishorizont des Schwarzen Lochs eingeschlossen ist. Der Doktorand wird nie in der Lage sein, in unser Universum zurückzukehren und vor seinen Freunden mit seinen Reiseabenteuern anzugeben.

Er kann anschließend weiter in die Zukunft reisen. In dem dazugehörigen *Raumzeitdiagramm* liegt die Ringsingularität seitlich an einem der Ränder und versperrt dem Doktoranden den Weg in die Zukunft *nicht.* Er verlässt die Zeitreise-Region, indem er einen zweiten Cauchy-Horizont überquert (abermals genau wie in Abb. 21.6) und kann dann in wieder ein anderes großes Universum wie das unsere gelangen (Universum 2). Er kommt aus einem sogenannten *rotierenden Weißen Loch* in Universum 2 heraus. Dort kann er sein Leben zubringen oder zurück in ein rotierendes Schwarzes Loch springen und in weitere Universen in der Zukunft reisen. Es ist, als beträte man einen Fahrstuhl in einem mehrstöckigen Gebäude. Überlegen Sie, was Ihnen der Fahrstuhl im Erdgeschoss präsentiert: unser Universum. Die Tür schließt sich, und Sie fahren aufwärts – es gibt keine Möglichkeit, jemals wieder in das Erdgeschoss-Universum zu gelangen. Sie haben es in Ihrer Vergangenheit zurückgelassen. Die Tür öffnet sich erneut, und Sie sehen ein neues Universum (Universum 1). Sie können den Fahrstuhl verlassen, indem Sie durch die Ringsingularität springen, und Sie können Universum 1 besuchen. Aber Sie können auch bis zu Ihrem Tod in Universum 1 bleiben, oder Sie können in den Fahrstuhl zurückspringen, indem Sie sich noch einmal durch den Ring stürzen. In diesem Fall werden Sie aufwärtsfahren, und die Tür wird sich zum nächsten Universum öffnen (Universum 2). Dort können Sie aussteigen und verweilen oder einfach im Fahrstuhl bleiben und die Fahrt in die Zukunft fortsetzen, wobei Sie einfach bis durch die sich öffnenden und schließenden Fahrstuhltüren auf die endlose Folge neuer Universen blicken. Allerdings werden Sie nie zum Erdgeschoss-Universum (unserem Universum) zurückkehren. Die Kerr-Lösung lässt darauf schließen, dass all dies auch auf ein rotierendes Schwarzes Loch zutrifft, dass sich in realistischer Weise vor endlicher Zeit in unserem Universum gebildet hat.

Aber es gilt, einige Vorbehalte zu beachten.

Wie in Kapitel 20 bleibt der Professor in sicherem Abstand vom Schwarzen Loch. Wenn Photonen, die vom Professor ausgesandt werden, ins Schwarze Loch fallen, können diese vom Doktoranden noch empfangen werden, nachdem er den Ereignishorizont überschritten hat. Der Professor könnte dem Doktoranden Nachrichten senden wie »Gute Arbeit!« – »Machen Sie so weiter, und es wird eine großartige Dissertation«. Der Doktorand wird sie alle bekommen. Zwischen seiner Überquerung des Ereignishorizonts und der des Cauchy-Horizonts, zwei Ereignissen, die der Doktorand nacheinander, mit etwas zeitlichem Abstand wahrnimmt – in der Größenordnung von ein paar Stunden bei einem Schwarzen Loch mit mehreren Milliarden Sonnenmassen – wird der Doktorand die unendliche zukünftige Geschichte unseres Universums in ihrer Gänze erblicken, alles was außerhalb des Schwarzen Lochs geschieht. Immer rascher und rascher werden die Schlagzeilen und Eilmeldungen auf den Doktoranden einstürmen. Im Prinzip wird der Doktorand nach der Kerr-Lösung in einem endlichen Zeitraum unendlich viele Nachrichtensendungen von außen empfangen, bevor er den Cauchy-Horizont überschreitet.

Das wäre eine Freude für Historiker. Wäre der Doktorand an der Zukunft unseres Universums interessiert, könnte er in endlicher Zeit die unendliche zukünftige Geschichte unseres Universums in ihrer Gänze erkennen. Aber das wäre gefährlich! Diese ungeheuer beschleunigten Nachrichtensendungen kämen in so rascher Folge, weil sie von sehr blauverschobenen Photonen transportiert würden. Blauverschoben sind diese Photonen, weil sie in das Schwarze Loch gefallen sind und dabei an Energie gewonnen haben. Dabei sind sie um den gleichen Faktor blauverschoben, wie die Nachrichtensendungen beschleunigt sind. Solche energiereichen Photonen sind Gammastrahlen, die den Doktoranden töten können. Die Blauverschiebung der Photonen würde beliebig groß werden (gegen unendlich gehen), sobald der Doktorand den Cauchy-Horizont überschritten hätte, und ihm den Weg zur Zeitreise-Region und zu anderen Universen in der Zukunft versperren.

Doch diese Singularität entlang des Cauchy-Horizonts könnte durchaus schwach sein. Berechnungen von Amos Ori lassen darauf schließen, dass die Gezeitenkräfte dort unter Umständen nicht ausreichen würden, um Ihren Körper zu zerreißen. Zwar könnten sich die Gezeitenkräfte ins Unendliche steigern, würden aber in diesem Zustand nur einen infinitesimalen Zeitraum verharren. Es wäre so, als führe man über eine Bremsschwelle. Der Doktorand würde fürchterlich durchgerüttelt werden, könnte aber überleben. Möglicherweise würde der Doktorand feststellen, dass sein Körper nicht unendlich gestreckt (spaghettifiziert), sondern nur 2 oder 3 Zentimeter in die Länge gezogen wäre, wie nach einem Besuch beim Chiropraktiker. Problematisch ist weiterhin die Instabilität des Cauchy-Horizonts: Fluktuationen am Cauchy-Horizont könnten wachsen und den entsprechenden Teil der Lösung in neue, unvorhersehbare Richtung schicken. Zugunsten des Doktoranden spricht an dieser Stelle allerdings, dass wir die Gesetze der Quantengravitation nicht kennen – das heißt, nicht wissen, wie sich Gravitation auf mikroskopischen Größenskalen verhält. Die Kerr-Lösung der Einstein-Gleichungen der Allgemeinen Relativitätstheorie berücksichtigt keine Quanteneffekte. Wir erwarten aber, dass Quanteneffekte auf mikroskopischen Skalen wichtig werden und Singularitäten sozusagen verschmieren. Das könnte den Doktoranden retten. Aber da wir die Gesetze der Quantengravitation nicht kennen, können wir nicht mit Sicherheit sagen, was geschehen wird. Wenn wir eines Tages über eine große vereinheitlichte Theorie der Teilchenphysik verfügen, werden wir vielleicht in der Lage sein, diese Frage zu beantworten. Bis dahin bewahren die rotierenden Schwarzen Löcher noch einige Geheimnisse. Eine Möglichkeit, sie zu lüften, wäre der Sprung hinein!

Kehren wir jetzt zu den Stringschleifen zurück, die gerade in ein rotierendes Schwarzes Loch fielen und eine Zeitmaschine erzeugten. Der von Cutler entdeckte Cauchy-Horizont für Zeitreisen, die Strings umkreisen, fiele zusammen mit dem Cauchy-Horizont in dem sich gerade bildenden rotierenden Kerr-Loch. Sobald Sie den Cauchy-Horizont überschreiten, befinden Sie sich in der Zeitreise-Region. Wir haben keine exakten Lösungen für den Fall der kollabierenden Stringschleife, an die wir uns halten könnten, aber interessanterweise haben Sören Holst und Hans-Jürgen Matschull 1999 eine exakte Lösung für einen niederdimensionalen Fall (im Flächenland) entdeckt. Dort passieren zwei Teilchen (mit konischen äußeren Geometrien – genau wie kosmische Strings) einander mit hohen Geschwindigkeiten in einer gekrümmten Raumzeit und erzeugen eine Zeitmaschine, die in ein rotierendes Schwarzes Loch eingeschlossen ist!

Für den Fall der Stringschleife müssen wir für das, was geschehen könnte, mehrere Möglichkeiten in Betracht ziehen. Sie könnten in der Lage sein, die kosmische Stringschleife zu umkreisen und zurückzukommen, um Ihrem jüngeren Selbst die Hand zu schütteln, aber Sie befänden sich in einem Schwarzen Loch und wären daher niemals fähig, wieder hinauszugelangen und von Ihren Abenteuern zu erzählen. Außerdem könnten Sie ums Leben kommen, wenn Sie auf eine Singularität stießen. Wenn Sie großes Glück hätten, gelänge es Ihnen vielleicht, in ein anderes Universum zu entwischen, aber Sie könnten niemals zurückkommen, um Ihre Freunde wiederzusehen. Noch schlimmer, Sie könnten bei der Kollision mit einer Singularität umkommen, bevor Sie noch in der Lage wären, überhaupt eine Zeitreise anzutreten! Wir wissen nicht, welche dieser Möglichkeiten eintreten würde.

Wenn ein Cauchy-Zeitreise-Horizont in einer endlichen Region entsteht und die Materiedichte niemals negativ wird, dann sollte sich, wie Stephen Hawking bewiesen hat, irgendwo auf dem Cauchy-Horizont eine Singularität bilden. Im Grunde besagt dieses Theorem, dass es schwierig ist, in Ihrer Garage eine Zeitmaschine aus normalem Material herzustellen, indem Sie die Raumzeit ein bisschen krümmen (ohne jemals irgendwo eine Singularität zu erzeugen). Im Falle der beiden unendlichen Strings, die aneinander vorbeigleiten, ist die Energiedichte immer und überall nicht negativ, aber da die Strings unendlich sind, erstreckt sich der Cauchy-Horizont ins Unendliche, und Hawkings Theorem lässt sich nicht anwenden. Doch bei der Lösung für eine endliche kosmische Stringschleife, die tatsächlich die Herstellung einer Zeitmaschine in den Bereich des Möglichen rückt, würden Sie vielleicht einwenden, dass sich eine Singularität auf dem Cauchy-Horizont im Schwarzen Loch bilden könnte. Die würde Ihnen nicht notwendig den Weg versperren, aber Sie würden sie zumindest in der Ferne sehen, sobald Sie den Cauchy-Horizont durchqueren. Doch wenn der Cauchy-Horizont im Inneren eines Schwarzen Lochs eingeschlossen ist (wie ich vermute) und das Schwarze Loch mittels der Hawking-Strahlung verdunstet (was es muss), dann hat der Quantenzustand des Vakuums außerhalb des Schwarzen Lochs eine leicht negative Energiedichte (was den Ereignishorizont schrumpfen lässt). Auch in diesem Fall lässt sich das Hawking-Theorem nicht anwenden. Daher verstieße es nicht unbedingt gegen irgendwelche Theoreme, wenn es Ihnen gelänge, eine in einem rotierenden Schwarzen Loch eingeschlossene Zeitmaschine zu bauen und zu vermeiden, von einer Singularität getötet zu werden, bevor Sie den Cauchy-Horizont überquerten.

Der Umstand, dass das Schwarze Loch in endlicher Zeit verdunstet, bedeutet, dass Sie, wenn Sie den Cauchy-Horizont erreichen, nicht die ganze Zukunft unseres Universums erblicken, bevor Sie ihn überqueren (sondern nur das, was noch geschieht, bevor der Horizont des Schwarzen Lochs durch Verdunstung auf Größe null schrumpft). Daher werden Sie auch nicht zur Zielscheibe beliebig weit blauverschobener, von außen kommender Photonen, während Sie in das Loch stürzen. Auch das ist hilfreich.

Der Cauchy-Horizont ist instabil, aber wir haben Kampfflugzeuge, die instabil konstruiert sind, damit sie für den Piloten besser manövrierbar werden; stellen Sie sich das etwa so vor, als balancierten Sie die Spitze eines langen Bleistifts auf Ihrem Finger, indem Sie den Finger rasch hin und her bewegen, um dem Bestreben des Stiftes zu fallen entgegenzuwirken. Jongleure praktizieren das ständig mit langen Stangen. Im Prinzip könnte eine Superzivilisation den Cauchy-Horizont durch gezielte Störungen stabilisieren.

Wenn Sie ein Jahr in der Zeit zurückreisen wollten, indem Sie die kollabierende Stringschleife einmal (innerhalb des Schwarzen Lochs) umkreisten, wären Sie gezwungen, eine Stringschleife mit einer Masse zu finden, die etwa der halben Milchstraße entspräche. Das ist ein Projekt, an dem sich nur eine Superzivilisation versuchen könnte.

Würden Sie getötet werden, bevor Sie die Zeitreise antreten könnten? Würden Sie überleben und per Zeitreise ein Ereignis in Ihrer eigenen Vergangenheit aufsuchen, und das alles in einem rotierenden Schwarzen Loch? Um diese Fragen zu beantworten, werden wir letztlich die Gesetze der *Quantengravitation* verstehen müssen – die Frage, wie sich die Gravitation auf mikroskopischen Größenskalen verhält. Das ist einer der Gründe, warum das Problem so interessant ist.

Bewegte kosmische Strings sind nicht die einzigen Zeitreise-Lösungen der Einstein-Gleichungen der Allgemeinen Relativitätstheorie. Die erste Lösung schlug 1949 der berühmte Mathematiker Kurt Gödel vor: ein nicht expandierendes, aber rotierendes Universum. Obwohl unser Universum expandiert, aber nicht rotiert, zeigte Gödels Lösung, dass in der Allgemeinen Relativitätstheorie Zeitreisen in die Vergangenheit prinzipiell zulässig sind. Wenn eine solche Lösung existiert, könnte es auch andere geben. 1974 zeigte Frank Tipler, dass ein unendlich großer, rotierender Zylinder Zeitreisen in die Vergangenheit erlauben würde. 1988 schlugen Kip Thorne und seine Mitarbeiter Mike Morris und Ulvi Yurtsever eine Zeitmaschine vor, die sich eines durchquerbaren Wurmlochs bediente. In der Allgemeinen Relativitätstheorie ist ein Wurmloch ein kurzer Tunnel, der zwei weit voneinander entfernte Punkte einer gekrümmten Raumzeit miteinander verbindet. Als *durchquerbar* bezeichnen wir ein Wurmloch, das lange genug offen bleibt, sodass Sie tatsächlich hindurchfliegen können (im Gegensatz zu dem Wurmloch im Kruskal-Diagramm in Kapitel 20). Nach unserer Kenntnis der Allgemeinen Relativitätstheorie könnte es solche Tunnel geben, obwohl sie noch nicht entdeckt wurden. Ein Ende des Tunnels könnte sich in der Nähe der Erde befinden, währen das andere Ende sich bei Alpha Centauri befindet, vier Lichtjahre entfernt. Der Tunnel selbst könnte aber zum Beispiel nur 10 Meter lang sein (Abb. 21.7).

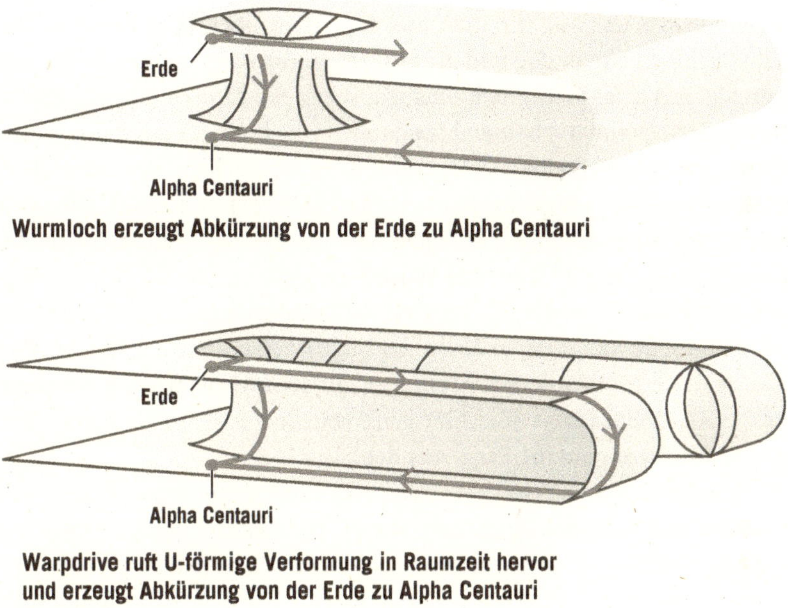

Abbildung 21.7: Wurmloch und Warpantrieb. *Credit:* Leicht verändert übernommen von J. Richard Gott (*Zeitreisen in Einsteins Universum*, Reinbek 2002)

Wenn Sie einen Lichtstrahl von der Erde zu Alpha Centauri senden würden, brauchte er vier Jahre, um dorthin zu gelangen. Aber springen Sie durch das Wurmloch, und Sie könnten nur wenige Sekunden später bei Alpha Centauri sein. So wäre es Ihnen möglich, einen Lichtstrahl auf dem Weg zu Alpha Centauri weit hinter sich zu lassen, indem Sie eine Abkürzung durch das Wurmloch nehmen. Wie sieht die Öffnung, die Mündung, des Wurmlochs aus? In dem Diagramm ist sie als Kreis abgebildet, weil das Diagramm nur zwei räumliche Dimensionen zeigt. In Wirklichkeit sieht die Wurmlochmündung wie eine Kugel aus. Sie ähnelt einer dieser leuchtenden, spiegelnden Kugeln, die man manchmal in einem Garten sieht. In dem Film

Interstellar, an dem Kip Thorne als physikalischer Berater mitwirkte, ist diese Form korrekt nachgebildet. Aber erwarten Sie nicht, das Spiegelbild Ihres irdischen Gartens darin zu sehen. Stattdessen sehen Sie einen Garten auf einem Planeten, der um Alpha Centauri kreist. Springen Sie in diese Kugel auf der Erde, und Sie kommen in jenem anderen Garten irgendwo in der Nähe von Alpha Centauri heraus.

Schauen wir uns an, wie man aus dem Wurmloch eine Zeitmaschine macht. Nehmen wir an, Sie finden am 1. Januar 3000 ein solches Wurmloch. Wenn Sie durch das Wurmloch schauen, sehen Sie Alpha Centauri, aber zu welcher Zeit? Wenn die beiden Mündungen (die beiden Enden der Wurmlochtunnel) synchronisiert sind, werden Sie feststellen, dass die Uhren auf Alpha Centauri ebenfalls den 1. Januar 3000 zeigen. Keine Zeitreise in diesem Fall. Doch stellen Sie sich jetzt vor, Sie bestiegen ein massereiches Raumschiff und zögen diejenige Wurmlochöffnung, die sich in der Nähe der Erde befindet, vermittels der Gravitationsanziehung mit 99,5 Prozent der Lichtgeschwindigkeit an einen 2,5 Lichtjahre entfernten Ort draußen im All und wieder zurück. Die Menschen auf der Erde würden beobachten, dass die Rundreise etwas über fünf Jahre gedauert und am 10. Januar 3005 mit Ihrer Rückkehr auf die Erde geendet hätte.

Nehmen wir an, ein Astronaut säße in der Mitte des Wurmlochtunnels. Sie sähen ihn zehnmal langsamer altern, weil er mit 99,5 Prozent der Lichtgeschwindigkeit unterwegs wäre. Während der Reise betrüge sein Alterungsprozess nur fünf Jahre geteilt durch 10, also gerade einmal sechs Monate. Bei seiner Rückkehr zeigt seine Uhr den 1. Juli 3000 an. Doch der Wurmlochtunnel ist nach wie vor nur 10 Meter lang. Seine Länge verändert sich nicht während der Reise, weil seine Geometrie durch die Materie innerhalb des Wurmlochtunnels bestimmt wird, und an der hat sich nichts geändert. Außerdem befindet sich der Astronaut relativ zur Alpha-Centauri-Mündung in Ruhe, und diese wiederum befindet sich in Ruhe relativ zu Alpha Centauri, weil sich an jenem Ende nichts bewegt. Daher muss die Uhr des Astronauten mit Alpha Centauri synchronisiert bleiben. Wenn Sie bei der Rückkehr des Wurmlochs durch die Mündung hineinschauen und sehen die Uhr des Astronauten auf dem 1. Juli 3000 stehen, müssen bei einem Blick über die Schulter des Astronauten die Uhren hinter ihm auf Alpha Centauri ebenfalls den 1. Juli 3000 anzeigen. Bei der Rückkehr des Wurmlochs auf die Erde am 10. Januar 3005 erkennen Sie, wenn Sie durch das Wurmloch blicken, dass die Alpha-Centauri-Uhren auf dem 1. Juli 3000 stehen. Ihnen bleibt Ihre Chance nicht verborgen: Sie springen durch das Wurmloch und befinden sich am 1. Juli 3000 auf Alpha Centauri. Nun steigen Sie in ein Raumschiff und reisen mit 99,5 Prozent der Lichtgeschwindigkeit zurück. Die Reise durch den gewöhnlichen Raum wird ein bisschen länger als vier Jahre dauern. Sie werden am 8. Juli 3004 auf die Erde zurückkommen. Aber Sie haben Ihre Reise am 10. Januar 3005 begonnen, daher sind Sie zurück, bevor Sie aufgebrochen sind. Mit einem Wort, Sie sind in der Zeit zurückgereist. Sie können ein Ereignis in Ihrer eigenen Vergangenheit besuchen. Am 8. Juli 3004, bevor Sie die Reise angetreten haben, können Sie Ihrem jüngeren Selbst die Hand schütteln. Dabei gilt es zu beachten, dass Sie mithilfe des Wurmlochs nicht in einen Zeitabschnitt zurückreisen können, der vor der Herstellung der Zeitmaschine liegt, also vor dem Zeitpunkt, als die Wurmlochmündung mit auf die Reise genommen wurde. Sie können nicht hinter das Jahr 3000 zurück, weil die Wurmlochmündungen damals ja noch nicht desynchronisiert waren.

Angeregt wurde diese Forschungsrichtung von Carl Sagan. Er schrieb den Science-Fiction-Roman *Contact*. Von dem dazugehörigen Film hat Ihnen Neil in Kapitel 10 berichtet. In seiner Geschichte wollte Sagan seine Heldin – im Film von Jodie Foster dargestellt – in ein Wurmloch springen und 25 Lichtjahre entfernt in der Nähe des Sterns Wega wiederauftauchen lassen. Um sicher zu gehen, dass die physikalischen Bedingungen stimmten, rief er seinen Freund Kip Thorne an. Als Thorne und seine Kollegen die Physik der Wurmlöcher untersuchten, stellten sie fest, dass Wurmlöcher von irgendeinem Stoff mit negativer Energie offengehalten werden müssen – einem Stoff, dessen Energie kleiner als null ist und der deswegen gravitativ abstoßend wirkt. Das Licht konvergiert an einem Wurmloch, durchquert den Wurmlochtunnel und fächert sich an der anderen Seite wieder auf. Daran erkennt man die abstoßenden Effekte von einem Stoff mit negativer Energie. Sie erinnern sich, dass im Kruskal-Diagramm ein Wurmloch mit dem Schwarzen Loch verbunden war, aber Sie konnten nicht zur anderen Seite hindurchgelangen, nicht das andere Universum erreichen, weil Sie vorher unweigerlich auf eine Singularität stießen und in tausend Stücke gerissen wurden. Doch Materie mit negativer Energie könnte das Wurmloch offenhalten und einem Astronauten ermöglichen, es zu durchqueren. Doch wo finden wir Stoff mit negativer Energie?

Seltsamerweise erzeugt ein Quanteneffekt, der sogenannte *Casimir-Effekt*, eine Region mit negativer Energie. Wenn Sie zwei leitende Metallplatten parallel und in geringem Abstand zueinander platzieren, besitzt der Quantenzustand des Vakuums zwischen den beiden Platten eine negative Energie. Die mit dem Casimir-Effekt einhergehenden Druckverhältnisse sind im Labor von M. J. Sparnaay und S. K. Lamoreaux bestätigt worden. Auch der Hartle–Hawking-Quantenzustand des Vakuums in der Umgebung eines Schwarzen Lochs weist eine leicht negative Energiedichte auf, die dem Schwarzen Loch ermöglicht, im Laufe der Zeit zu verdunsten und die Fläche seines Ereignishorizontes zu verkleinern. Diese beiden Beispiele zeigen, dass man im Prinzip Materie mit negativer Energie herstellen kann. Wenn man zwei Metallkugeln mit einem Abstand von lediglich 10^{-10} Zentimetern so aufstellen würde, dass jede davon eine Öffnung des Tunnels versperrt, könnte der Casimir-Effekt zwischen ihnen das Wurmloch offenhalten, wie die Berechnungen von Thorne und seinen Kollegen zeigen. Um hindurch zu gelangen, müssten Sie Falltüren in den Platten öffnen. (Da diese Lösungen Materie mit negativer Energie einbeziehen, können Wurmloch-Lösungen eine Zeitmaschine in einer endlichen, singularitätenfreien Region erzeugen, weil das oben erörtere Theorem von Hawking, das diesen Aspekt betrifft, unter diesen Bedingungen nicht anwendbar ist.)

Bei einer Zeitmaschine, wie sie Thorne und seine Kollegen vorgeschlagen haben, wöge jede Wurmlochmündung 100 Millionen Sonnenmassen und hätte einen Radius von einer astronomischen Einheit. Die Konstruktion eines solchen Wurmlochs wäre ein sehr aufwendiges Projekt, das wohl wiederum nur von einer Superzivilisation geleistet werden könnte. Die einzige Möglichkeit bestünde darin, im Quantenschaum, dessen Existenz wir auf mikroskopischen Größenskalen vermuten, irgendwelche winzigen Wurmlochmündungen zu suchen, $1{,}6 \times 10^{-33}$ Zentimeter voneinander entfernt und $1{,}6 \times 10^{-33}$ Zentimeter im Durchmesser. Dann müssten wir sie auseinanderbewegen und jede davon langsam auf 100 Millionen Sonnenmassen vergrößern. Das ist nichts, was Sie einfach so in Ihrer Garage zusammenbasteln können! Doch die neueren Arbeiten von Maldacena und Susskind lassen darauf schließen, dass mikroskopische Wurmlöcher, die quantenverschränkte Teilchen verbinden, zumindest einen Ausgangspunkt darstellen könnten.

Die andere bekannte Zeitmaschine ist der Warp-Antrieb aus *Star Trek*. Es handelt sich um eine u-förmige Raumverwerfung, die ebenfalls eine Abkürzung durch Raum erzeugt, etwa nach Alpha Centauri. Es gibt in diesem Falle kein Loch, nur diese u-förmige Verwerfung (vgl. Abb. 21.7). Der Physiker Miguel Alcubierre hat das Prinzip aus Sicht der Allgemeinen Relativitätstheorie geprüft und ist zu dem Ergebnis gekommen, dass man für einen funktionsfähigen Warp-Antrieb Materie mit positiver Energie und Materie mit negativer Energie braucht, aber theoretisch ist ein Warp-Antrieb möglich.

Unlängst hat Amos Ori eine toroidale (donutförmige) Zeitmaschine vorgeschlagen. Gegenwärtig werden ständig neue kreative Lösungen der Allgemeinen Relativitätstheorie für Zeitreisen entdeckt.

Stephen Hawking glaubte, dass möglicherweise irgendwelche noch nicht entdeckten Quanteneffekte Zeitreisen verhinderten, obwohl die Allgemeine Relativitätstheorie sie zulasse. Deshalb stellte er seine Chronologie-Schutz-Vermutung auf, nach der die Gesetze der Physik auf eine nicht näher beschriebene Weise Zeitreisen in die Vergangenheit verhindern. Natürlich war das nur eine Vermutung. Er stützte sich auf einige Hinweise, dass der Quantenzustand des Vakuums aus dem Ruder laufen (unendlich) würde, wenn man sich dem Cauchy-Horizont und der Zeitreise-Region näherte. Li-Xin Li und ich fanden ein Gegenbeispiel, das einen anderen Quantenzustand hatte und bei Annäherung an den Cauchy-Horizont nicht aus dem Ruder lief. Hawkings Student Michael J. Cassidy stieß durch eine andere Herleitung auf das gleiche Beispiel. Daher hat es in einigen Situationen den Anschein, als seien Zeitreisen möglich. Aber noch einmal: Gesicherte Aussagen dazu können wir erst dann treffen, wenn wir die Gesetze der Quantengravitation bestimmt haben.

Als H. G. Wells 1895 seinen Roman *Die Zeitmaschine* veröffentlichte, gab es nach den damals bekannten Gesetzen der Physik, Newtons Gesetzen, eine universelle Zeit, auf die sich alle einigten, und damit waren Zeitreisen in die Zukunft oder die Vergangenheit verboten. Doch nur zehn Jahre später, 1905, bewies Einstein, dass Zeitreisen in die Zukunft möglich sind. Der Kosmonaut Gennady Padalka ist bereits eine 1/44 Sekunde in die Zukunft gereist (vgl. Kapitel 18). 1915 ermöglichte Einsteins Gravitationstheorie dank ihrer gekrümmten Raumzeit Abkürzungen, mit deren Hilfe ein Zeitreisender schneller als ein Lichtstrahl sein könnte, was ihm erlauben würde, in die Vergangenheit zu reisen. Heute kennen wir mehrere Lösungen für Einsteins Gleichungen, die im Prinzip Zeitreisen in die Vergangenheit ermöglichen. Unsere gegenwärtige Situation ist ganz anders als diejenige, in der sich H. G. Wells befand, als er sein berühmtes Buch schrieb. Einsteins Allgemeine Relativitätstheorie, die bislang jeden Test bestanden hat, dem wir sie unterzogen haben, ist unsere beste Gravitationstheorie, und sie erlaubt Lösungen, die im Prinzip Zeitreisen in die Vergangenheit zulassen, selbst wenn die erforderlichen Mittel sicherlich nur einer Superzivilisation zur Verfügung ständen. Wir wissen, wie sich die Gravitation auf makroskopischen Skalen verhält, aber wir wissen auch, dass auf mikroskopischen Skalen Quanteneffekte zwangsläufig an Bedeutung gewinnen, daher brauchen wir eben eine Theorie der Quantengravitation. Wir müssen die Allgemeine Relativitätstheorie und die Quantenmechanik zu einer brauchbaren Theorie vereinigen, um zu entscheiden, ob wir tatsächlich eine Zeitmaschine konstruieren können, mit der sich die Vergangenheit aufsuchen lässt. Nach unserem gegenwärtigen Verständnis scheinen die Gesetze der Physik tatsächlich Zeitreisen in die Vergangenheit zuzulassen, doch es bleibt die Frage, ob wir in Zukunft noch physikalische Gesetze entdecken werden, die solche Zeitreisen verhindern.

In meinem Buch *Zeitreisen in Einsteins Universum*, (Reinbek 2002), habe ich untersucht, wie sich die Möglichkeiten von Zeitreisen aus Sicht der Speziellen und Allgemeinen Relativitätstheorie darstellen. Wenn wir uns in unserer Forschung über die Allgemeine Relativitätstheorie mit Zeitreisen beschäftigen, dann nicht, um in absehbarer Zeit eine Zeitmaschine herstellen zu können, sondern um Hinweise auf die grundlegenden Prozesse des Universums zu finden. Zeitreise-Lösungen testen die Gesetze der Physik unter extremen Bedingungen. In Kapitel 23 komme ich noch einmal auf Zeitreisen zurück, wenn ich die extremen Bedingungen am Anfang des Universums betrachte.

22

FORM DES UNIVERSUMS UND URKNALL

J. RICHARD GOTT

Bevor wir über die Form des Universums reden, wollen wir uns noch einmal mit der Frage beschäftigen, wie viele Dimensionen das Universum eigentlich hat. Wie gesagt, wir leben in einem vierdimensionalen Universum. Sie brauchen vier Koordinaten, um ein Ereignis zu lokalisieren: drei Dimensionen des Raums und eine der Zeit. In der Speziellen Relativitätstheorie wies Einstein nach, dass die Abstände zwischen Ereignissen (zumindest in der flachen Raumzeit) durch $ds^2 = -dt^2 + dx^2 + dy^2 + dz^2$ gegeben sind. Das Minuszeichen vor dem Term dt2 unterscheidet die Dimension der Zeit von den Raumdimensionen und sorgt dafür, dass sich alle Beobachter in einem Punkt einig sind: Die Lichtgeschwindigkeit ist konstant.

Wir können uns ein Universum vorstellen, in dem es eine andere Anzahl von Raum- und Zeitdimensionen gibt. In einem Universum mit zwei Dimensionen des Raums und einer der Zeit müssten wir die Abstandsformel $ds^2 = -dt^2 + dx^2 + dy^2$ verwenden. Die Menschen, die in diesem Universum lebten, würden nicht wissen, was es mit der z-Koordinate auf sich hat – »oben« und »unten« würde ihnen nichts sagen. Diese Menschen würden in Flächenland leben. Ein Bild von Flächenland (Abb. 22.1) zeigt einen Flächenländer, der in seinem Haus steht.

Er hat einen Vordereingang und kann sich in seinem Hinterhof sogar einen Swimmingpool anlegen. Doch wenn er schwimmen gehen möchte, muss er zum Eingang hinausgehen, über das Dach klettern und vom Dach in den Pool hechten. Er besitzt ein Auge, das vorne eine Linse und hinten eine Netzhaut hat. Vielleicht ist Ihnen aufgefallen, dass wir seinen gesamten Querschnitt sehen. Wir können das Innere seines Körpers komplett überblicken. Daher sind wir in der Lage, ihm eine umfassende und vollständige Diagnose seines Gesundheitszustands zu liefern. Er hat einen Mund, eine Speiseröhre und einen Magen, aber keinen Verdauungskanal, der durch seinen ganzen Körper führt. Wäre das der Fall, zerfiele er in zwei Stücke! Seine Nahrung muss er im Magen verdauen und die Überreste wieder hinauswürgen. Wir sehen, dass er eine Zeitung hält. Unsere Zeitungen sind zweidimensional – sie sind Papierblätter; doch diese Zeitung ist eindimensional wie eine Linie. Sein Zeitungspapier besteht aus Punkten und Strichen – Morsezeichen. Wenn er zu Bett gehen möchte, braucht er nur einen Salto rückwärts ins Bett zu machen. Wie würde sein Gehirn arbeiten? Sie können im Flächenland keine Neuronen (oder Leitungen) konstruieren, die sich kreuzen, daher müssen Sie Neuronen durch elektromagnetische Wellen ersetzen, um Signale von einer Zelle zur anderen zu schicken.[18] Im Prinzip könnte ein Flächenländer ein Gehirn besitzen, aber es wäre schwieriger zu konfigurieren.

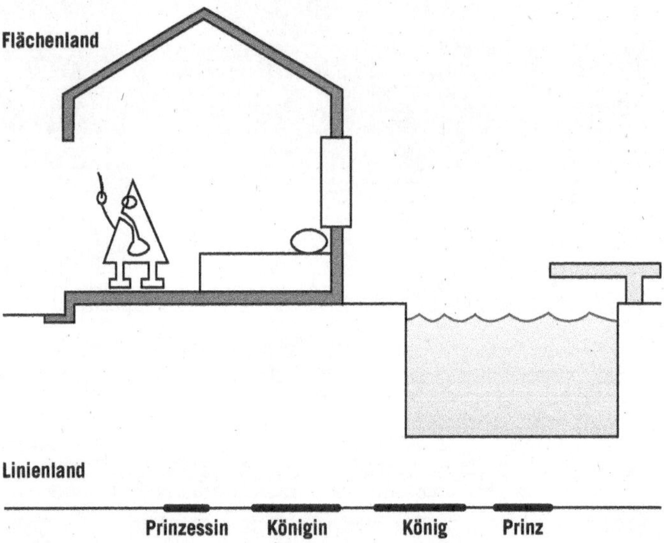

Abbildung 22.1: Flächenland und Linienland. *Credit:* Leicht verändert übernommen von J. Richard Gott (*Zeitreisen in Einsteins Universum*, Reinbek 2002)

1880 schrieb Edwin Abbott *Flächenland*, ein wunderbares Buch über Geschöpfe, die in einer Welt mit nur zwei räumlichen Dimensionen lebten. Der Erzähler war ein Quadrat.[19]

Was würde geschehen, wenn es nur eine Dimension des Raums und eine der Zeit gäbe? Das wäre Linienland (ebenfalls in Abb. 22.1 gezeigt). Alles befände sich auf einer einzigen Linie. Dann hätten wir $ds^2 = -dt^2 + dx^2$. Die Menschen wären Abschnitte auf der Linie. Sie könnten einen König und eine Königin und einen Prinzen und eine Prinzessin haben, aber wenn Sie in Linienland lebten, könnten Sie nur die Leute unmittelbar links und rechts von sich sehen. Für Sie würden sie wie Punkte aussehen. Sie sollten sie besser mögen, denn Sie werden nie jemand anders sehen. Intelligentes Leben dürfte sich in Flächenland schwerlich entwickeln und in Linienland auf keinen Fall.

Wir können uns auch Raumzeiten vorstellen, die mehr räumliche Dimensionen besitzen, als wir sehen. Nehmen wir an, wir fügen noch eine zusätzliche Dimension des Raums hinzu. Dann hätten wir $ds^2 = -dt^2 + dx^2 + dy^2 + dz^2 + dw^2$. Das ist eine Raumzeit mit vier Dimensionen des Raums und einer der Zeit. Sie hat eine zusätzliche räumliche Dimension (w). 1919 schlug Theodor Kaluza vor, dass eine solche Extradimension existiere. Warum? Nun, er machte eine bemerkenswerte Entdeckung. Wenn Sie in Einsteins Gleichungen der Allgemeinen Relativitätstheorie Vertrauen hätten, sie in einer solchen fünfdimensionalen Raumzeit anwendeten und wenn diese Lösung gleichförmig in w-Richtung wäre, dann erhielten Sie etwas, was zu Einsteins Gleichungen der Allgemeinen Relativitätstheorie in vier Dimensionen (normale Gravitation) plus Maxwells Gleichungen (in der von Einstein durch die Spezielle Relativitätstheorie aktualisierten Form) äquivalent wäre! Ein Wunder! Der Elektromagnetismus wäre danach der Wirkung der Gravitation in einer Extradimension äquivalent. Das würde Gravitation und Elektromagnetismus vereinheitlichen. Der Umstand, dass Einsteins Allgemeine Relativitätstheorie mit einer Extradimension automatisch Maxwells Gleichungen reproduziert, lässt sich kaum als bloßer Zufall abtun.

So attraktiv dieses Ergebnis auch war, seine Theorie hatte ein großes Problem: Sie schien überhaupt keinen Sinn zu ergeben. Warum sehen wir diese Extradimension nicht? 1926 fand Oskar Klein eine Antwort. Er hatte den Einfall, die Extradimension könnte wie ein Trinkstrohhalm aufgerollt sein. Ein Trinkhalm ist ein Zylinder, eine zweidimensionale Fläche. Schließlich können Sie sich ein solches Röhrchen beispielsweise auch aus einem zweidimensionalen Papierstück zusammenrollen. Wenn Lebewesen die Oberfläche eines Strohhalms bewohnten, wären sie zweidimensionale Geschöpfe, mit anderen Worten, Flächenländer. Sie benötigen nur zwei Koordinaten, um Ihren Ort auf der Oberfläche eines Strohhalms anzugeben: Eine senkrechte Koordinate, um zu bestimmen, in welcher Höhe des Halms Sie sich befinden, und eine Winkelkoordinate, die Ihren Aufenthaltsort auf dem Umfang des Halms angibt. Doch wenn der Umfang winzig ist und Sie den Strohhalm aus der Ferne sehen, sieht er eindimensional aus, wie Linienland. Wir nehmen dann nur die makroskopische Dimension des Halms wahr – die Dimension seiner Länge. Wäre der Umfang des Halms kleiner als ein Atom, würden wir diesen Umfang überhaupt nicht sehen.

Auf dieser Basis erklärt die Kaluza-Klein-Theorie den Elektromagnetismus: Positiv geladene Teilchen umkreisen den Trinkstrohhalm entgegen dem Uhrzeigersinn, während negativ geladene Teilchen den Halm im Uhrzeigersinn umrunden; neutrale Teilchen wie das Neutron kreisen gar nicht. Ist der Trinkhalm wie ein Bogen gekrümmt, können sich die Geodäten im und gegen den Uhrzeigersinn in verschiedene makroskopische Richtungen biegen, weil sie in der kleinen Extradimension unterschiedliche Ausgangsgeschwindigkeiten haben. Das würde erklären, wie positiv geladene Teilchen in einem elektrischen Feld in entgegengesetzter makroskopischer Richtung zu den negativ geladenen Teilchen beschleunigen können. Da sich ihre Geschwindigkeiten in der kleinen Umfangsrichtung unterscheiden, bewegen sie sich auf unterschiedlichen Geodäten. Dieses Bild erklärt auch, warum Ladung gequantelt ist. Der Wellencharakter von Teilchen hat zur Folge, dass der Umfang des Trinkhalms ein ganzzahliges Vielfaches (1, 2, 3 ...) der Wellenlänge sein muss. Daraus folgt, dass der Impuls der Teilchen in w-Richtung (der von ihren Wellenlängen abhängt und gleich ihrer Ladung ist) ein ganzzahliges Vielfaches der Ladung des Protons oder Elektrons sein muss. Aus der beobachteten Größe der elektrischen Ladung des Protons und Elektrons können wir den Umfang des Trinkhalms berechnen: Er beträgt 8×10^{-31} Zentimeter. Das ist kleiner als ein Atomkern und erklärt, warum wir die Extradimension nicht sehen.

Nachdem Einstein die Allgemeine Relativitätstheorie entwickelt hatte, träumte er davon, dass er eine große vereinheitlichte Theorie der Physik finden würde, die alle Kräfte der Natur vereinigen würde. Man darf durchaus behaupten, dass Kaluza und Klein diesem Ziel ein Stück näherkamen: Sie vereinheitlichten Elektromagnetismus und Gravitation. Elektromagnetismus war Gravitation, die in einer aufgewickelten Extradimension wirkte. Doch die Kaluza-Klein-Theorie hatte noch einen weiteren interessanten Aspekt: Der Umfang dieses Trinkhalms konnte in der Zeit und von Ort zu Ort variieren. Das war äquivalent zu einem ortsabhängigen Skalarfeld in der Raumzeit. Ein *Skalarfeld* hat an jedem Ort einen Zahlenwert, aber zeigt in keine bestimmte Richtung. Die Temperatur ist ein Skalarfeld, die Windgeschwindigkeit dagegen ein *Vektorfeld*, weil der Wind überall ein bestimmtes Tempo hat, aber jeweils in eine ganz bestimmte Richtung (nach Norden beispielsweise). In diesem Fall wäre das Skalarfeld die Größe des Umfangs der Extradimension an dem entsprechenden Punkt, und damit die Größe der elektrischen Ladung eines Elektrons an diesem Ort. Wenn es einem nur um die Allgemeine Relativitätstheorie und Maxwells Gleichungen ginge, müsste dieser Umfang unverändert bleiben, weil Elektronen nach allen unseren Beobachtungen, gleich, wo wir auf sie stoßen, immer die gleiche elektrische Ladung aufweisen. Würde der Umfang sich verändern, müsste sich auch die Ladung eines Elektrons verändern, was sich nicht mit unseren Beobachtungen deckt. Es war nicht klar, was den Trinkhalm dazu bringen konnte, unverändert zu bleiben. Wenn er unveränderlich war, was man wohl gern gesehen hätte, lieferte ihre Theorie keine neuen Vorhersagen, sondern nur die gleichen wie die Standardversion der Allgemeinen Relativitätstheorie und Maxwells Gleichungen. Einstein hatte Glück – seine Theorie führte (im Hinblick auf die Merkurbahn und die Lichtablenkung) zu anderen Vorhersagen als Newtons Theorie, und diese Vorhersagen ließen sich überprüfen. Doch Kaluza und Klein hatten keine neuen Vorhersagen zu bieten, daher konnte ihre Theorie nicht getestet werden, und sie bekamen keinen Nobelpreis.

Heute kennen wir vier Kräfte: starke und schwache Kernkraft, Elektromagnetismus und Gravitation. Die starke Kernkraft hält den Atomkern zusammen, während die schwache Kernkraft bei bestimmten Formen des radioaktiven Zerfalls eine Rolle spielt. Steven Weinberg, Abdus Salam und Sheldon Glashow erhielten 1979 den Nobelpreis für Physik, weil sie die schwache Kraft mit dem Elektromagnetismus vereinigt hatten. Die Vorhersage ihrer Theorie lautete: So wie das Photon der Träger der elektromagnetischen Kraft sei, müssten Vettern des Photons, die schweren W^+-, W^-- und Z^0-Teilchen, Träger der schwachen Kraft sein. Diese Teilchen wurden im Large Hadron Collider (LHC) am CERN (bei Genf) entdeckt; Carlo Rubbia und Simon van der Meer teilten sich 1984 den Nobelpreis für diese Arbeit. Die starke und schwache Kernkraft sowie der Elektromagnetismus werden im *Standardmodell der Teilchenphysik* beschrieben. Unlängst entdeckten Forscher am LHC das Higgs-Boson, das von der Theorie vorhergesagt wird. Das Higgs-Boson ist mit dem Higgs-Feld assoziiert, einem Skalarfeld, das den Raum durchdringt und den W^+-, W^-- und Z^0-Teilchen ihre Masse verleiht. Das Standardmodell der Teilchenphysik war überaus erfolgreich, liefert aber gegenwärtig keine Erklärung für Dunkle Materie oder dafür, dass die Masse der Neutrinos etwas von Null abweicht. Außerdem sind die starke, die schwache und die elektromagnetische Kraft noch nicht mit der Gravitation vereinheitlicht.

Derzeit ist unser aussichtsreichster Kandidat für eine Große Vereinheitlichte Theorie, die alle vier Kräfte zusammenführt, die *Superstringtheorie*. Ihr liegt der Gedanke zugrunde, dass Elementarteilchen nicht punktartig sind, sondern winzige Stringabschnitte von ungefähr 10^{-33} Zentimeter Länge. Diese Strings ähneln den oben erörterten kosmischen Strings insofern, als dass sie eine positive Masse haben und entlang ihrer Länge eine innere Spannung aufweisen. Doch statt mikroskopisch zu sein, ist die Dicke der Superstrings gleich null. Unterschiedliche Schwingungszustände im String entsprechen unterschiedliche Elementarteilchen – Quarks, Elektronen und so fort. Ed Witten hat gezeigt, dass die fünf verschiedenen Versionen der Superstringtheorie in Verbindung mit einer anderen Theorie, der sogenannten Supergravitation, in Wirklichkeit Grenzfälle einer übergeordneten Theorie sind, die er *M-Theorie* genannt hat. In der M-Theorie ist die Raumzeit elfdimensional – zehn Dimensionen des Raums und eine der Zeit. Sie postuliert neben den drei makroskopischen räumlichen Dimensionen, die wir kennen, noch sieben winzige, aufgerollte Dimensionen des Raums. Wenn ich versuche, einem Flächenländer zu erklären, wie ein Trinkhalm aussieht, würde ich sagen, wie eine Linie, nur dass jeder Punkt auf der Linie kein Punkt, sondern ein winziger Kreis ist. Wenn wir zwei Extradimensionen des Raums hätten, wäre das eine winzige zweidimensionale Fläche: kein Kreis, sondern vielleicht die Oberfläche eines winzigen Donuts. In der M-Theorie bilden die sieben aufgerollten Dimensionen eine ganz bestimmte winzige Brezelform, welche die starke, die schwache und die elektromagnetische Kraft erklären soll. Überall, wo Sie meinen, einen Punkt im Raum zu sehen, befindet sich in Wahrheit eine winzige siebendimensionale Form, eine aufgerollte Brezelform. Im Prinzip sind viele solcher Formen möglich. Entscheidend ist, die richtige zu finden, die Form, die in der Lage ist, die von uns beobachtete Physik zu erklären.

Das hat große Ähnlichkeit mit dem Rätsel, dem sich Watson und Crick gegenübersahen, als sie nach der Struktur des DNA-Moleküls suchten. Viele Konfigurationen schienen möglich, aber welche war die richtige? Als sie das Problem schließlich lösten, konnte die resultierende Struktur erklären, wie sich Chromosomen teilen und identische Kopien hervorbringen. Die Antwort war die geometrische Struktur der DNA-Doppelhelix, die fähig ist, ihre Stränge zu trennen und komplementäre Basenpaare anzuziehen, um so am Ende zwei identische Helices zu bilden. Entsprechend hoffen wir in der Physik, die mikroskopische Geometrie der räumlichen Extradimensionen zu finden, die die uns bekannte Physik erklären kann. Damit beschäftigen sich heute viele Forscher, wobei sie dem Weg folgen, den Kaluza und Klein vorgegeben haben. Lisa Randall und ihr Kollege Raman Sundrum haben untersucht, ob eine stark gekrümmte Extradimension erklären könnte, warum die Gravitation im Vergleich zu anderen Kräften so schwach ist. Wenn jemand eine Version der M-Theorie mit überprüfbaren Vorhersagen findet, die sich mit den Beobachtungen decken, dann hat diese Person Einsteins Traum von der vereinheitlichten Theorie der Teilchenphysik wahr werden lassen, und sie wird einen Platz finden zwischen Newton und Einstein. Was für eine Aussicht!

Nachdem wir das mikroskopische Universum untersucht haben, können wir uns jetzt dem makroskopischen Universum zuwenden. Gern würden wir eine einzige Karte anlegen, die das gesamte Universum erfasste und uns seine ganze Faszination offenbarte – vom Hubble-Weltraumteleskop im erdnahen Orbit, weiter zu den Sternen, den fernen Quasaren und der kosmischen Hintergrundstrahlung (CMB), die weiter entfernt ist als alles, was wir sonst sehen können. Das Problem liegt darin, dass unsere Galaxis im Vergleich zum sichtbaren Universum winzig ist, und das Sonnensystem im Vergleich zur Milchstraße ein mikroskopischer Fleck. Daher ist es extrem schwierig, das Universum auf eine alles umfassende Karte zu bekommen, die alles zeigt, was uns interessiert.

Abbildung 22.2 ist eine Querschnittskarte des gesamten sichtbaren Universums, die all jene Regionen zeigt, die direkt über dem Erdäquator stehen. Die Erde befindet im Mittelpunkt der Karte. Wir bilden das Zentrum des sichtbaren Universums, nicht weil wir eine besondere Stellung innehätten, sondern weil wir uns – wie könnte es anders sein? – im Mittelpunkt jener Region befinden, die wir überblicken können. Wenn Sie zur Spitze des Empire State Buildings hinaufsteigen, sehen Sie eine kreisförmige, durch den Horizont begrenzte Region, in deren Zentrum das Empire State Building aufragt. Von der höchsten Beobachtungsplattform des Eiffelturms aus sehen Sie eine kreisförmige Region, in deren Mittelpunkt das Pariser Wahrzeichen steht. In dieser Karte des sichtbaren Universums ist die fernste Struktur, die wir sehen können – entlang des Umfangs abgebildet – die kosmische Hintergrundstrahlung (die CMB, aufgezeichnet vom WMAP-Satelliten). Im Inneren dieses Kreises befinden sich, als Punkte wiedergegeben, 126.594 Galaxien und Quasare des Sloan Digital Sky Survey. Die beiden fächerförmigen, mit Punkten übersäten Gebiete zeigen einen Querschnitt durch die von Durchmusterung erfassten Regionen. Die leeren Abschnitte entsprechen Himmelsregionen, die von der Durchmusterung nicht erfasst wurden. Auf dem Bild können Sie die Sloan Great Wall erkennen (vgl. Kapitel 15). Quasare können wir in größeren Entfernungen wahrnehmen als Galaxien. Wie Sie wissen, schauen wir in der Zeit zurück, wenn wir ins All hinaussehen. Die Abbildung zeigt den Blick zurück in eine Zeit, die Jahrmilliarden zurückliegt. Unsere Milchstraße ist nur ein Fleck im Mittelpunkt dieses Bildes – und die Positionen naher Sterne und der Planeten in unserem Sonnensystem bleiben sämtlich unsichtbar, da sie im Maßstab dieses Bildes mikroskopisch klein sind.

Die Karte, die wir uns eigentlich wünschen, ähnelt »The View of the World from 9th Avenue«, Saul Steinbergs berühmtem Titelbild für den *New Yorker*. Es zeigt, wie ein New Yorker die Welt sieht. Riesenhaft ragen die Gebäude Manhattans im Vordergrund empor. Der Hudson River ist schon bescheidener und »Jersey« nur noch ein Streifen am anderen Ufer. Der Mittlere Westen wird auf die Breite des Hudson reduziert, der Pazifik ist ebenso schmal und Asien nicht mehr als ein Saum an der jenseitigen Küste. Die Dinge, die dem New Yorker wichtig sind, werden überzeichnet, während ferne Gebiete nur noch in winzigem Maßstab berücksichtigt werden. Genauso sollte unsere Karte des gesamten sichtbaren Universums aussehen. Die Objekte im Sonnensystem, die uns wichtig sind, möchten wir groß darstellen, fernere Objekte dagegen verkleinert wiedergeben.

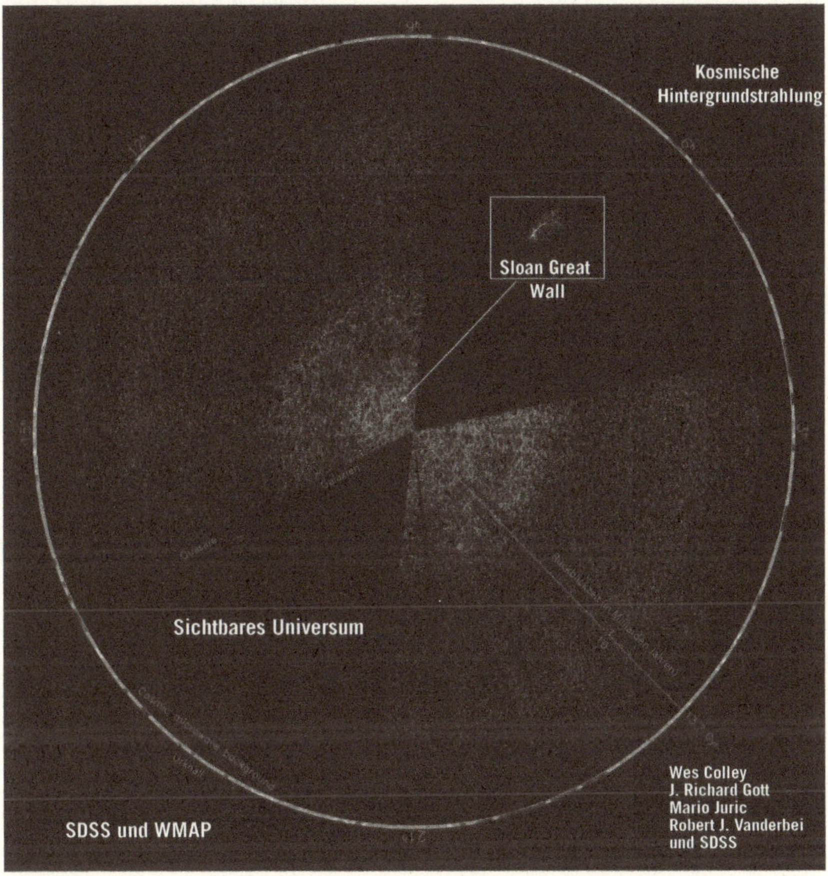

Abbildung 22.2: Querschnitt entlang der Äquatorebene durch das sichtbare Universum. Wir befinden uns im Zentrum der Region, die wir sehen können. Jeder Punkt steht für eine Galaxie (grün) oder einen Quasar (orangefarben) mit einer vom Sloan Digital Sky Survey gemessenen Rotverschiebung. (Der innere Teil dieses Diagramms wurde bereits in Abbildung 15.4 wiedergegeben). Die kosmische Hintergrundstrahlung begrenzt das Bild. *Credit:* Richard Gott, Robert J. Vanderbei, »Sizing Up the Universe«, *National Geographic*, 2011

Als Doktorand entwickelte ich in den 1970er-Jahren eine Kartenprojektion, die genau das leistete. Im Laufe der Jahre habe ich verschiedene Versionen von ihr angefertigt. In den 1990er-Jahren entwarf ich eine Taschenversion. Es handelt sich dabei um eine konforme Abbildung des Universums. *Kon-*

form heißt, dass die Abbildung die geometrischen Formen lokal naturgetreu wiedergibt, so wie in der Mercatorkarte der Erde. Dort hat Island seine korrekte Form ebenso wie Kuba. Die Formen lokaler Regionen sind naturgetreu dargestellt, in keine Richtung gequetscht oder gestreckt. Deshalb verwendet Google Maps die Mercatorprojektion. Wenn Sie darauf eine kleine Region vergrößern, um sie genauer zu betrachten, sehen sie die korrekte Form. Aber die Größenverhältnisse sind falsch; auf einer Mercatorkarte hat Grönland ungefähr die gleiche Größe wie Südamerika, doch auf dem Globus ist seine wahre Fläche nur etwa 1/8 so groß. Meine Karte ist ähnlich, da Objekte, die weiter von der Erde entfernt sind, in kleinerem Maßstab, aber in der richtigen Form abgebildet sind.

2003 fertigten Mario Jurić und ich eine professionelle Version dieser Karte an, die im *New Scientist* und der *New York Times* erschien und insgesamt 1,5 Millionen Mal abgedruckt wurde. 2005 wurde sie im *Astrophysical Journal* veröffentlicht. Die *Los Angeles Times* verglich sie mit der Mercatorkarte und babylonischen Karten und nannte sie die »wohl inspirierendste Karte unserer Zeit«. Bob Vanderbei und ich entwickelten eine farbige, großskalige Version der Karte (die in Abb. 22.3 siehe Bildteil um 90 Grad gedreht wiedergegeben ist). Drehen Sie das Buch gegen den Uhrzeigersinn um 90 Grad und klappen sie die Seiten aus, und Sie werden das untere, mittlere und obere Drittel der Karte sehen.

Vom Erdäquator aus gesehen bietet sich von links nach rechts ein 360-Grad-Panorama. Die waagerechte Koordinate ist die Rektaszension, ein auf die Himmelskugel projiziertes Pendant der geografischen Länge. Die senkrechte Koordinate gibt die Entfernung von der Erde an, und jede längere Randmarkierung zeigt eine Vergrößerung der Entfernung vom Mittelpunkt der Erde um einen Faktor 10 an. Objekte, die zehnmal so weit entfernt sind, sind auch zehnmal kleiner dargestellt und so fort. Je weiter ein Objekt entfernt ist, desto kleiner der Maßstab, in dem es abgebildet ist. Wir können die Erdoberfläche am Äquator als gerade Linie erkennen. Wir erblicken Mond, Sonne und die Planeten. Viel weiter entfernt sind die Sterne, beginnend mit Proxima Centauri, Alpha Centauri und Sirius. Noch weiter oben erkennen wir das Gros der Milchstraße. Dahinter sind die Galaxien M31 und M81. Dann die Galaxie M87. Die von Margaret J. Geller und John Huchra entdeckte Große Mauer ist ein Filament – eine Kette – von Galaxien. Jenseits der Großen Mauer, als Linie am oberen Rand der Karte, befindet sich die kosmische Hintergrundstrahlung, die fernste von uns wahrnehmbare Erscheinung, und zwar eine, die uns vollständig umgibt, auf der Karte also einen Winkel von 360 Grad umfasst.

Diese Karte ist eine Momentaufnahme des sichtbaren Universums vom 12. August 2003, 4:48 Greenwich-Zeit, in einem 4 Grad breiten Ausschnitt ober- und unterhalb der Äquatorebene der Erde (obwohl wir auch einige bekannte Objekte außerhalb dieser Grenzen zeigen). Die Satelliten und Planeten sind in den Positionen abgebildet, die sie zu jenem Zeitpunkt innehatten, und die Galaxien werden in denjenigen Entfernungen gezeigt, die sie zu diesem Zeitpunkt erreicht hätten – das heißt, sie werden in ihren *mitbewegten Entfernungen* gezeigt. Alle damals bekannten Kuipergürtel-Objekte sind abgebildet. Außerdem zeigen wir alle Asteroiden innerhalb von 2 Grad oberhalb und unterhalb der Äquatorialebene. Unterhalb der Erdoberfläche kämen noch Mantel und Kern unseres Planeten. Die Atmosphäre geben wir als dünne blaue Linie über der Erdoberfläche wieder, die sich bis in die Ionosphäre erstreckt. Alle 8240 künstlichen Satelliten, die die Erde umkreisen, sind berücksichtigt. Sie können die Internationale Raumstation (ISS) und das Hubble-Weltraumteleskop erkennen. Zu jenem Zeitpunkt war Vollmond, und der Mond ist entsprechend 180 Grad von der Sonne entfernt. Den Mars sehen wir zum Zeitpunkt seiner größten Annäherung an die Erde. Auch die Planeten Merkur, Venus, Jupiter, Saturn, Uranus und Neptun sind abgebildet, ebenso wie Ceres, der größte Asteroid (mit einem Durchmesser von 945 Kilometern). Weiter sind Quaoar, ein Kuipergürtel-Objekt, das lange nach Pluto entdeckt wurde, und Pluto selbst vertreten. Dazu einige Sterne mit Planeten, wie etwa HD 209458, der von einem jupitergroßen Planeten in geringem Abstand umkreist wird. Zu sehen sind außerdem das Schwarze Loch Cygnus X-1 mit sieben Sonnenmassen und die Galaxie M87, die in ihrem Zentrum ein Schwarzes Loch mit 3 Milliarden Sonnenmassen beherbergt. Der Hulse-Taylor-Pulsar, von dem in Kapitel 11 die Rede war, ist ein Doppelsystem aus zwei sich eng umkreisenden Neutronensternen. Auf spiralförmigen Bahnen nähern sie sich einander langsam an, weil das System, wie von Einstein vorhergesagt, Gravitationswellen aussendet. Für diese Entdeckung erhielten Hulse und Taylor 1993 den Nobelpreis für Physik. Weit oben auf der Karte befinden sich die 126.594 Galaxien und Quasare des Sloan Digital Sky Survey. Sie bilden zwei senkrechte Streifen und sind durch leere Regionen getrennt, die von der Durchmusterung nicht erfasst wurden. Das sind die fächerförmigen Regionen aus Abbildung 22.2, die hier entsprechend der anderen Projektionsmethode der Karte etwas anders aussehen.

Auf der Karte erkennen wir auch die Galaxien der Sloan Great Wall, die nach der Messung, die Mario Jurić und ich 2003 vornahmen, 1,37 Milliarden Lichtjahre lang ist und damit die größte damals bekannte Struktur im Universum war. Sie ist rund doppelt so lang wie die Große Mauer von Geller und Huchra. Doch da sie dreimal so weit entfernt ist, ist sie hier nur ein Drittel so groß dargestellt. Daher sieht sie auf der Karte aus, als brächte sie es in der Größe nur auf zwei Drittel der Großen Mauer von Geller und Huchra, obwohl sie in Wirklichkeit doppelt so groß ist. 2006 wurde die Sloan Great Wall im *Guinness-Buch der Rekorde* als die größte Struktur im Universum aufgeführt. Ich habe nie gehofft, mich eines Tages im *Guinness-Buch* wiederzufinden – und ich musste dafür noch nicht einmal 68 Hotdogs in zehn Minuten essen oder das größte Schnurknäuel aufwickeln! Bis 2015 hielt die Sloan Great Wall diesen Rekord, dann musste sie ihn an eine längere Mauer aus einer tieferen Durchmusterung abtreten.

Die Karte zeigt 3C 273, den ersten Quasar, dessen Entfernung gemessen wurde (vgl. Kap. 16). Wir haben außerdem die Subaru-Galaxie aufgenommen, die fernste Galaxie, die damals bekannt war, und GRB 090423, einen Gammablitz, als das am weitesten entfernte Objekt überhaupt, das bis dahin entdeckt worden war (aller Wahrscheinlichkeit eine besonders explosive Supernova). Ganz oben auf der Karte befindet sich die kosmische Hintergrundstrahlung, die CMB, das fernste Phänomen, das wir überhaupt sehen können. Ich begann, mich mit acht Jahren für Astronomie zu interessieren. Damals kannte man (außer Pluto) noch keine Kuipergürtel-Objekte, und man kannte auch keine Exoplaneten, keine Pulsare, keine Schwarzen Löcher, keine Quasare, keine Gammastrahlenblitze und keine Belege für die kosmische Hintergrundstrahlung. Diese Karte beweist, welche Fortschritte wir in nur einer Generation von Astronomen gemacht haben.

Betrachten wir nun die großräumige Geometrie des Universums. Als Einstein seine Gleichungen der Allgemeinen Relativitätstheorie vollendet hatte, wollte er sie auf die Kosmologie anwenden. Aus seinen Gleichungen ging hervor, wie Energiedichte und Druck die Raumzeit veranlassten, sich zu krümmen. Eine der Lösungen für seine Gleichungen war die flache, leere Raumzeit, aber er suchte nach einer kosmologischen Lösung (das heißt, einer Lösung, die sich auf das Universum als Ganzes anwenden ließ). Das Problem bestand darin, dass seine Gleichungen ihm keine statische Lösung lieferten. Newton war von einem statischen Universum ausgegangen, dessen Sterne mit einer mehr oder minder konstanten Dichte im unendlichen Raum angeordnet waren. Jeder Stern erfuhr eine Gravitationskraft von jedem der anderen Sterne, aber da diese Kräfte ihn mit gleicher Stärke in alle Richtungen zogen, hoben sie einander auf, und so blieb jeder Stern dort, wo er war. Das führte zu einem statischen Modell, das man für eine zutreffende Beschreibung des Universums hielt. Zu Newtons Zeit wusste man noch nichts von Galaxien. Dieses Konzept von Kräften, die in verschiedene Richtungen wirkten, aber einander aufhoben, mochte genügen, wenn man, wie Newton, von der Idee eines absoluten Raums ausging. Doch nach Einsteins Theorie führte der Versuch, ein Modell zu entwickeln, das ursprünglich statisch war, zu der Erkenntnis, dass die Anziehung, die alle Galaxien aufeinander ausübten, einen allmählichen Kollaps des Universums auslösen würde. Nun war Einstein aber ebenfalls der Überzeugung, das Universum sei statisch (schließlich war das kurz nach der Entwicklung der Allgemeinen Relativitätstheorie im Jahr 1915; Hubbles Arbeit über die Beschaffenheit der Galaxien und die Expansion des Universums sollte noch mindestens ein Jahrzehnt auf sich warten lassen). Einstein wusste nur von Sternen (in der Milchstraße), und die hatten Geschwindigkeiten relativ zu unserer Sonne, die im Vergleich zur Lichtgeschwindigkeit sehr gering waren – im Wesentlichen also alles statisch, wie er meinte. Um sein Problem aus der Welt zu schaffen, tat Einstein etwas sehr Ungewöhnliches: Er fügte einen Extraterm in seine Gleichungen ein! Dieser Term heißt *kosmologische Konstante* und wirkt dem Bestreben des Universums entgegen, sich unter dem Einfluss der Gravitation zusammenzuziehen.

Heute würden Physiker sagen, dass Einstein damit letztlich vorgeschlagen habe, dass das Vakuum, also der leere Raum, bereits eine kleine positive Energiedichte hätte. (Georges Lemaître hat 1934 als Erster auf diese Entsprechung hingewiesen.) Was will ich damit sagen? Wenn Sie alle Materie aus Ihrem Zimmer räumen – Menschen, Stühle, die Atome der Luft, die den Raum füllen – und auch noch die Photonen und anderen Teilchen, behielten Sie leeren Raum, ein Vakuum zurück. Unter diesen Umständen würden wir eine Energiedichte von null erwarten. Doch nehmen wir an, das Vakuum hätte stattdessen eine positive Energiedichte.

Damit Astronauten in Raumschiffen mit verschiedenen Geschwindigkeiten alle die gleiche Energiedichte messen – das muss so sein, denn es gibt kein privilegiertes ruhendes Bezugssystem –, muss das Vakuum außerdem noch einen negativen Druck besitzen, der in alle Richtungen des Raums die gleiche Stärke entfaltet. Dieser Vakuumdruck muss ein negatives Vorzeichen haben (dem der Energiedichte entgegengesetzt). Wir erinnern uns, dass in der Gleichung $ds^2 = - dt^2 + dx^2 + dy^2 + dz^2$ der Term, der der Zeitrichtung entspricht, ($- dt^2$), ein entgegengesetztes Vorzeichen hat wie die Terme der drei räumlichen Dimensionen. Diese Gleichung nimmt bei einem bewegten Astronauten die gleiche Form an. Es gibt keinen bevorzugten Ruhestandard. Das gilt ganz analog für ein Vakuum mit positiver Energiedichte (in Einsteins Theorie mit der Zeitdimension assoziiert) und einem negativen Druck gleicher Größe, der in die x-, y- und z-Richtung wirkt. Wenn wir etwas von diesem Vakuum in eine Schachtel füllen könnten, würde der negative Druck die Seiten der Schachtel zusammenziehen und auf den Kollaps der Schachtel hinwirken. Doch wenn das Vakuum gleichmäßig verteilt ist und den gesamten Raum ausfüllt, würde man diese Wirkung nicht bemerken. Beim Wetter sind es schließlich auch die Druckunterschiede, die Kräfte entfesseln; sie ermöglichen dem Sturm, Unheil anzurichten. Doch wenn der Druck überall gleich ist, bemerken Sie ihn nicht. In Ihrem Zimmer beträgt der Luftdruck ungefähr 1 Kilogramm pro Quadratzentimeter, aber Sie bemerken das nicht. Da der Druck überall derselbe ist, schubst er Sie nicht herum. Entsprechend gilt: Da der Druck des Vakuums überall im Raum denselben Wert hat, erzeugt er keine hydrodynamischen Kräfte. Allerdings hat er gravitativen Einfluss.

Energiedichte ist attraktiv. Sie zieht Dinge zusammen. In den Einstein-Gleichungen ist der Druck ebenso eine Gravitationsquelle wie die Energiedichte. Das konnte Newton nicht berücksichtigen, aber in Einsteins Gleichungen ist der Energie-Impuls-Tensor $T\mu\nu$ für die Krümmung der Raumzeit verantwortlich, und der hat sowohl einen Energiedichte-Term als auch Druck-Terme. Folglich hat in Einsteins Theorie auch der Druck eine Gravitationswirkung. Positiver Druck übt eine Gravitationsanziehung aus, negativer Druck gravitative Abstoßung. Da der Druck im Vakuum in alle drei Richtungen wirkt, sind die gravitativen Abstoßungseffekte des negativen Drucks insgesamt dreimal stärker als die gravitative Anziehung der positiven Energiedichte. Daher ist der gravitative Gesamteffekt des Vakuums abstoßend. Heute bezeichnen wir diese Vakuumenergiedichte ungleich null (mit dem dazugehörigen negativen Druck) als *Dunkle Energie*. Sie heißt *Dunkel*, weil wir sie nicht sehen können, und *Energie*, weil das Vakuum in diesem Szenario positive Energie besitzt. Neil hatte schon darauf hingewiesen, dass Astronomen einfache Namen mögen.

Um sein kosmologisches Modell von 1917 zu entwickeln, nahm Einstein an, die Sterne seien gleichförmig im Raum verteilt; dass sie sich vermittels ihrer Gravitation anzogen, glich er mit der gravitativen Abstoßung der kosmologischen Konstante aus. Heraus kam ein statisches Modell - ein Modell mit einer ganz besonderen Geometrie. Das Raumzeitdiagramm von Einsteins statischem Universum sieht wie die Oberfläche eines Zylinders aus (Abb. 22.4).

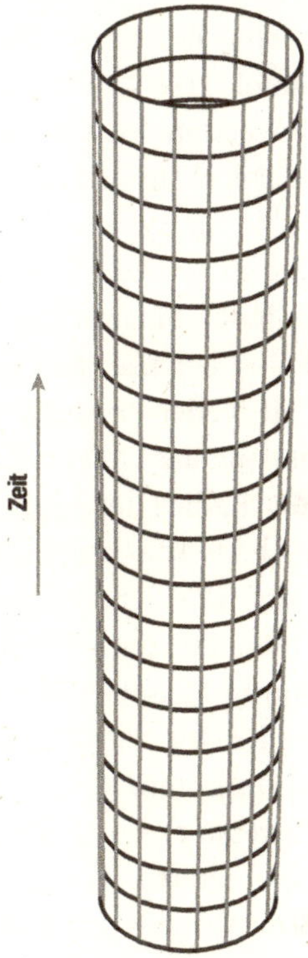

Abbildung 22.4: Raumzeitdiagramm für Einsteins statisches Universum. Die Zeit ist die senkrechte Dimension, wobei die Zukunft oben ist. Wir zeigen nur eine Dimension des Raums (entlang des Zylinderumfangs) und eine Dimension der Zeit (die senkrechte Richtung). In diesem Modell sind die Weltlinien der Sterne (oder Galaxien) die geraden grünen Linien (Geodäten), die am Zylinder direkt nach oben führen. Der Umfang des Zylinders verändert sich nicht mit der Zeit — das Modell ist statisch. Das einzig Reale in dieser Abbildung ist der Zylinder selbst. Innen- und Außenraum sind ohne Bedeutung. *Credit:* Leicht verändert übernommen von J. Richard Gott (*Zeitreisen in Einsteins Universum*, Reinbek 2002)

In diesem Diagramm zeigen wir nur die Dimension der Zeit und eine Dimension des Raums. Aus Gründen der Anschaulichkeit lassen wir für den Augenblick die beiden anderen Dimensionen beiseite. Die Zeit ist die senkrechte Koordinate, und der Zylinder ist senkrecht. Zu jedem beliebigen Zeitpunkt hat er einen kreisförmigen Querschnitt. Der Kreis stellt eine räumliche Dimension dar: ein Kreisland. Ein Linienländer muss nicht unbedingt auf einer unendlichen Linie leben, sondern könnte auch auf dem Umfang eines Kreises wohnen: Kreisland. Woher würde der Linienländer wissen, dass er in Kreisland lebt? Nun, wenn er eine Entfernung von $2\pi r$ in eine Richtung zurückgelegt hätte, käme er wieder an seinen Ausgangspunkt. Das ist ein geschlossenes kosmologisches Modell, in dem sich das Universum wieder mit sich selbst zusammenschließt und einen Kreis bildet. Die Weltlinien der Sterne (oder Galaxien) sind gerade Linien, die senkrecht am Zylinder hinauflaufen. Es handelt sich um geodätische Bahnen, die so gerade wie möglich sind. Sie können mit ihrem Spielzeugauto am Zylinder hinauffahren, ohne das Lenkrad bewegen zu müssen. Die Weltlinien der Galaxien verlaufen parallel. Die Galaxien nähern sich mit der Zeit weder einander an noch entfernen sie sich voneinander. Auch der Umfang des Universums verändert sich nicht. Das ist ein Kreisland, in dem der Radius des Kreises ein für alle Mal unverändert bleibt. Alle diese Eigenschaften bestätigen, dass es sich um ein statisches Modell handelt. Die Gravitationsanziehung der Galaxien wird durch die gravitativ abstoßenden Gesamteffekte der kosmologischen Konstante exakt ausgeglichen (die wir von nun an »Dunkle Energie« nennen wollen).

Wenden wir uns den beiden anderen räumlichen Dimensionen zu, die wir im Diagramm außer Acht gelassen haben. Tatsächlich ist die Geometrie des Universums kein Kreis und keine Kugelfläche, sondern das, was wir eine *3-Sphäre* nennen. Was ist eine 3-Sphäre? Ein Kreis ist eine Punktmenge mit dem Abstand r von einem Mittelpunkt auf einer euklidischen Ebene. Eine Kugelfläche ist die Menge der Punkte mit einem Abstand r von einem Mittelpunkt in einem dreidimensionalen euklidischen Raum. Die Kugelfläche selbst ist eine zweidimensionale Fläche. Ein Flächenländer könnte auf solch einer Kugeloberfläche leben. Ginge er so gerade wie möglich in irgendeine Richtung, würde er feststellen, dass er nach einem Weg von $2\pi r$ wieder zu seinem Ausgangspunkt zurückgekehrt wäre. Die Tatsache, dass er Bewohner von Sphärenland ist, könnte er verifizieren, indem er ein Dreieck mit drei rechten Winkeln zeichnete, wobei er den Nordpol der Sphäre mit zwei 90 Grad voneinander entfernten Punkten auf seinem Äquator verbände (vgl. Abb. 19.1). Das ist keine ebene euklidische Geometrie. Jeder Querschnitt einer Kugelfläche ist ein Kreis. (Interessanterweise haben Mark Alpert und ich bewiesen, dass Einstein, hätte er in Flächenland gelebt, wo Punktmassen keine Gravitationsanziehung aufeinander ausüben, ein statisches kugelflächenländisches Universum hätte konzipieren können, ohne eine kosmologische Konstante einführen zu müssen. Doch Einstein lebte nicht im Flächenland – er musste eine Raumdimension mehr einplanen!) Der Kreis und die Kugelfläche, wie wir sie normalerweise kennen, kann man auch als 1-Sphäre beziehungsweise 2-Sphäre bezeichnen. Die 3-Sphäre ist einfach eine um eine Dimension erhöhte Version einer Sphäre: Sie ist die Menge der Punkte in einer Entfernung r von einem Mittelpunkt in einem vierdimensionalen euklidischen Raum. Entfernungen zwischen Punkten in diesem vierdimensionalen euklidischen Raum sind gegeben durch $ds^2 = dx^2 + dy^2 + dz2 + dw^2$. (Hier gibt es keine Dimension der Zeit.) Wir haben einen Term für w hinzugefügt, eine zusätzliche raumartige Dimension. Die 3-Sphäre ist die Menge der Punkte, für die gilt: $r^2 = x^2 + y^2 + z^2 + w^2$.

So wie ein Kreis eine gekrümmte eindimensionale Linie und eine Kugelfläche eine gekrümmte zweidimensionale Fläche ist, so ist die 3-Sphäre ein gekrümmtes dreidimensionales Volumen. Ein Kreis hat eine endliche Umfangslänge ($2\pi r$), die Sphäre eine endliche Oberfläche ($4\pi r^2$) und die 3-Sphäre ein endliches Volumen ($2\pi^2 r^3$). Wenn Sie in einem 3-Sphären-Universum lebten und brächen in Richtung Norden auf, wobei Sie immer geradeaus flögen, kämen Sie nach einer Strecke der Länge $2\pi r$ wieder an Ihrem Ausgangspunkt an. Sie träfen von Süden ein, nachdem Sie das Universum einmal umkreist hätten. Würden Sie sich nach Osten wenden und immer geradeaus fliegen, kehrten Sie von Westen her auf Ihren Heimatplaneten zurück, nachdem Sie wiederum eine Entfernung von $2\pi r$ durchmessen und das Universum einmal umflogen hätten. Doch auch wenn Sie bei Ihrem Aufbruch geradewegs nach oben flögen, kämen Sie nach einer Reise von 2πr von unten her zu Ihrem Ausgangspunkt zurück. Es handelt sich schließlich um ein dreidimensionales Universum, das, wie das unsere, drei Richtungspaare besitzt – nord/süd, ost/west und aufwärts/abwärts. Aber egal, von wo aus Sie starten, Sie werden immer an ihren Ausgangspunkt zurückkehren. Ein kühner Entdeckungsreisender in Einsteins 3-Sphären-Universum könnte ferne Galaxien erkunden und sich sicher sein, dass er in seine Heimatgalaxie zurückkehrt, solange er in beliebiger Richtung entlang ein und derselben geodätischen Route fliegt. Stets käme er wie ein Bumerang nach Hause zurück. Der Weltraum ist begrenzt, hat aber keine Ränder oder Grenzen, die seine Reise beenden könnten.

Mit einem endlichen Volumen und einer endlichen Zahl von Galaxien ist ein 3-Sphären-Universum in sich geschlossen. Wenn Galaxien beispielsweise einen mittleren Abstand von 24 Millionen Lichtjahren hätten, betrüge das mittlere Volumen pro Galaxie (24 Millionen Lichtjahre)^3. Wäre der Krümmungsradius des statischen 3-Sphären-Universums 2400 Lichtjahre, betrüge das Volumen dieses Universums $2\pi 2$(2400 Millionen Lichtjahre)^3. Nun ist (2400 Millionen)^3 / (24 Millionen)^3 gleich 100^3 oder 1 Million. Mit anderen Worten, dieses Universum hätte $2\pi^2$ Millionen Galaxien, also rund 20 Millionen Galaxien. Lebten Sie in einem statischen Einsteinschen Universum, würden Sie feststellen, dass sich Galaxien nicht auseinanderbewegen und dass ihre Zahl endlich ist. In einem solchen Universum könnten die Astronomen alle Galaxien identifizieren und zählen.

In einem 3-Sphären-Universum gäbe es keine ausgezeichneten Beobachter; der Standort jeder Galaxie gleicht dem jeder anderen, so wie es auch keine ausgezeichneten Punkte auf einer Kugeloberfläche gibt. Auf der Erde können alle Beobachter denken, dass sie sich im Mittelpunkt befinden (das heißt, oben auf der Sphäre sitzen). Für uns Erdenbewohner hat es den Anschein, als stünden wir in diesem Augenblick auf dem höchsten Punkt der Erde. Wir ragen geradewegs nach oben, daher müssen alle anderen an den Seiten hängen! Entsprechend baumeln die Menschen in Australien nach unten! Doch jeder kann denken, er befinde sich im Mittelpunkt. In Peking gibt es eine kreisförmige Plattform, die vermeintlich der Mittelpunkt der Welt ist. Die Engländer ließen die Nulllinie – den »ersten Meridian« – direkt durch Greenwich laufen, einen Vorort Londons, in dem sie eine Sternwarte hatten. Wir alle können uns im Mittelpunkt wähnen, weil alle Punkte äquivalent sind. Wichtig auch: Wenn Sie in einem 3-Sphären-Universum lebten und Galaxien zählten, würden Sie in allen Richtungen auf die gleiche Zahl kommen. Die Zählungen wären *isotrop*, das heißt, unabhängig von der Richtung – genauso wie Hubble es festgestellt hatte.

Einstein veröffentlichte seine statische Kosmologie 1917. Der Term, den er in seine Gleichung einfügte – die kosmologische Konstante –, versah den leeren Raum mit einer zusätzlichen Krümmung, aber die war sehr klein und wirkte sich nicht auf die das Sonnensystem betreffenden Tests der Allgemeinen Relativitätstheorie aus. Außerdem änderte die Einführung dieses Terms nichts daran, dass die Gleichungen die Bedingung der lokalen Energieerhaltung erfüllten! Wahrscheinlich war Einstein unter allen seinen Zeitgenossen als einziger intelligent genug, um sich einen Kniff einfallen zu lassen, der für ein statisches Universum sorgen konnte.

Inzwischen hatte Alexander Friedmann 1922 in Russland eine kosmologische Lösung für Einsteins ursprüngliche Feldgleichungen (ohne die kosmologische Konstante) gefunden. Friedmann ging von gewöhnlichen Sternen (oder Galaxien) aus. Es handelte sich um eine dynamische Lösung (keine statische), deswegen hatte Friedmann etwas mehr Aufwand treiben müssen, um sie zu finden. In seinem Modell war die Geometrie des Universums eine 3-Sphäre, wie Einstein es vorgeschlagen hatte, aber deren Radius konnte sich mit der Zeit verändern. Friedmann fand eine Lösung (vgl. Abb. 22.5), deren Raumzeitdiagramm wie ein senkrechter amerikanischer Football aussieht (auf die Spitze gestellt, fertig zum Kick-off).

Die Zeit verläuft senkrecht in diesem Diagramm, die Zukunft liegt oben. Wir zeigen eine Dimension der Zeit und eine des Raums. Die räumliche Dimension ist als kreisförmiger Querschnitt dargestellt (Kreisland), dessen Radius sich mit der Zeit verändert. Das 3-Sphären-Universum beginnt mit Urknall und dem Radius null (unten). Mit der Zeit expandiert es zu immer größeren Umfängen, bis es in der Mitte des Footballs seinen maximalen Umfang erreicht und zu schrumpfen anfängt, um schließlich im Zuge eines »Big Crunch« (großes Knirschen) auf den Radius null zusammenzustürzen. Die Weltlinien der Galaxien sind die grünen geodätischen Linien, die den Nähten des Footballs folgen, mit dem Urknall beginnend und dem Big Crunch endend. Diese Weltlinien verlaufen so gerade wie möglich. Sie könnten mit einem kleinen Auto auf ihm entlangfahren und brauchten Ihr Steuerrad nicht zu bewegen. Hier entfalten die Einstein-Gleichungen ihre ganze Wirkung. Die Masse der Galaxien bewirkt die Krümmung der Raumzeit, und die Krümmung der Raumzeit veranlasst die Weltlinien der Galaxien – die Nähte –, sich zu beugen. Unten laufen die Nähte auseinander, aber die Krümmung der Balloberfläche zieht sie im Big Crunch wieder zusammen. Beim Urknall fliegen die Galaxien zunächst alle auseinander. Aber die Gravitationsanziehung (Krümmung) verlangsamt ihre Expansion zu einem vorübergehenden Innehalten in der Mitte, dem Äquator des Footballs, um die Galaxien in der oberen Hälfte des Footballs zu veranlassen, sich wieder einander anzunähern. In dem Maße, wie der Umfang des Universums schrumpft, nehmen die Entfernungen zwischen den Galaxien ab. Im Big Crunch krachen sie alle zusammen. Das möchten Sie sicherlich nicht miterleben! Wenn das Volumen des Universums auf null schrumpft, werden Sie zerquetscht. Sie werden auf eine Big-Crunch-Singularität treffen, in

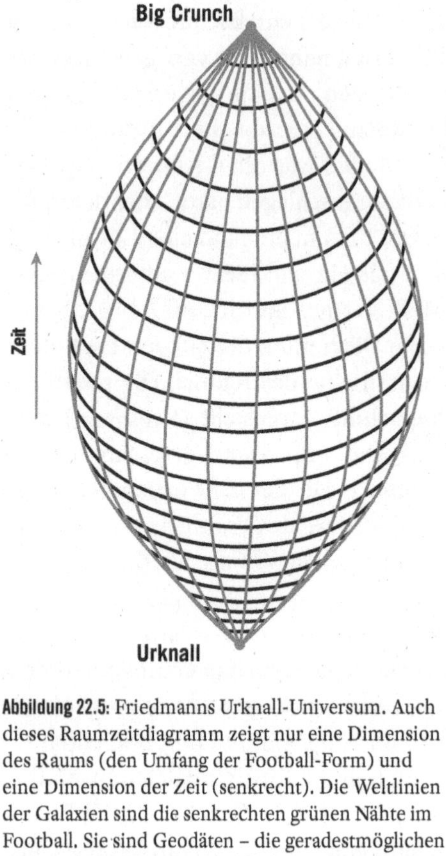

Abbildung 22.5: Friedmanns Urknall-Universum. Auch dieses Raumzeitdiagramm zeigt nur eine Dimension des Raums (den Umfang der Football-Form) und eine Dimension der Zeit (senkrecht). Die Weltlinien der Galaxien sind die senkrechten grünen Nähte im Football. Sie sind Geodäten – die geradestmöglichen Linien, die Sie auf eine Oberfläche zeichnen können. Die Masse der Galaxien bewirkt die gekrümmte Form, und die Weltlinien folgen Geodäten in der gekrümmten Oberfläche. Das Universum ist dynamisch und beginnt mit einem Urknall. Während der Umfang des Universums mit der Zeit größer wird, bewegen sich die Galaxien zunächst auseinander. Das ist ein expandierendes Universum. Aber schließlich bringt die Gravitationsanziehung der Galaxien das Universum dazu, sich wieder zusammenzuziehen, bis es schließlich in einem Big Crunch endet. Real an diesem Bild ist nur das »Lederei« selbst – Innen- und Außenraum des Footballs sind ohne Bedeutung. *Credit:* Leicht verändert übernommen von J. Richard Gott (*Zeitreisen in Einsteins Universum*, Reinbek 2002)

der die Krümmung unendlich wird – wie in der Singularität eines Schwarzen Lochs.

Ich sollte darauf hinweisen, dass hier nur das »Lederei« selbst real ist. Weder der Außenraum noch der Innenraum sind real. Wir stellen den Football in einem höherdimensionalen Raum dar, damit wir uns eine bildliche Vorstellung von ihm machen können.

Die Zeit beginnt mit dem Urknall – mit einer Singularität von unendlich großer Krümmung. Die Erörterung des Urknalls haben wir in Kapitel 14 begonnen. Was geschah vor dem Urknall? Diese Frage ergibt keinen Sinn im Kontext der Allgemeinen Relativitätstheorie, weil Zeit und Raum erst mit dem Urknall erzeugt wurden. Es ist so, als fragten Sie, was südlich vom Südpol liegt. Wenn Sie immer weiter nach Süden gehen, werden Sie schließlich zum Südpol kommen. Aber weiter nach Süden als bis zum Südpol können Sie nicht gelangen. Genauso ist es, wenn Sie immer weiter in der Zeit zurückgehen: Sie werden irgendwann zum Urknall kommen. Das ist der Moment, in dem Zeit und Raum entstanden; daher können sie keinen früheren Zeitpunkt erreichen. Aristoteles hatte eine Vorliebe für ein Universum, das unendlich alt war, weil man dann nicht fragen musste, wie es angefangen hatte; hätte es einen Anfang, eine erste Ursache, dann, so befürchtete er, müsste man erklären, was die erste Ursache verursacht habe. Auch Einstein und Newton hatten eine Vorliebe für unendlich alte Universen. Aber Friedmanns Universum begann mit einem Urknall vor endlicher Zeit in der Vergangenheit; das war der Moment, in dem Raum und Zeit erschaffen wurden.

Obwohl Friedmann diese Lösungen 1922 veröffentlichte, schenkte ihnen niemand Beachtung. Einstein hielt sie für eine interessante mathematische Lösung seiner Feldgleichungen, aber er glaubte, sein statisches Modell werde dem Universum gerecht. Doch wie in Kapitel 14 berichtet, entdeckte Hubble 1929 die Expansion des Universums. Friedmanns Modell hatte vorhergesagt, dass das Universum entweder expandieren oder kontrahieren müsse. Jetzt hatte Hubble herausgefunden, dass die Weltlinien der Galaxien sich tatsächlich auseinander bewegten. Wo landeten wir dann in Friedmanns Modell? In der unteren Hälfte des senkrechten Footballs, in der Expansionsphase, in der die Weltlinien der Galaxien auseinanderstrebten. Anhand weiterer Daten fanden Hubble und Humason heraus, dass ferne Galaxien mit bis zu 20.000 km/s davondrifteten, wodurch endgültig bestätigt wurde, dass das Universum expandierte.

Nachdem Einstein 1931 von Hubbles Ergebnissen gehört hatte, sagte er zu George Gamow, die kosmologische Konstante sei die größte Eselei seines Lebens gewesen. Warum? Niemand hatte Friedmanns Arbeit beachtet. Aber nehmen wir an, Einstein wäre nicht auf die kosmologische Konstante verfallen; er hätte das statische Modell aufgeben müssen und möglicherweise Friedmanns Modell selbst entdeckt. Hätte Einstein das gleiche Modell wie Friedmann veröffentlicht, hätte es die ganze Welt zur Kenntnis genommen. Einstein hätte dann vorhergesagt, dass das Universum als Ganzes nicht statisch sein könne, sondern entweder expandieren oder kontrahieren müsse. Die spätere Entdeckung der Expansion des Universums durch Hubble wäre dann eine weitere glanzvolle Bestätigung für Einsteins Allgemeine Relativitätstheorie gewesen. Es hätte Einsteins größter Triumph sein können. Bedenken Sie, dass zuvor noch niemand im Entferntesten an ein expandierendes Universum gedacht hatte. Die Menschen hätten gefragt: Expandieren? In *was*? Doch in Einsteins Theorie kann der gekrümmte Raum selbst expandieren. Er expandiert nicht in irgendwas hinein (kein Innen oder Außen – nur der Football selbst); er streckt sich einfach. Nur der Raum, der alle Galaxien miteinander verbindet, wird größer. Erstaunlich. In Kenntnis all dieser Dinge erklärte Einstein, dass die kosmologische Konstante seine größte Eselei gewesen sei. In Kapitel 23 werden wir sehen, dass Einstein, würde er noch leben, wohl Grund hätte, dieses Urteil zu revidieren.

Friedmanns Modell war nicht das einzige, das nur normale Materie einbezog, die wir uns vorstellen können (das heißt, dass ohne negativen Druck, Dunkle Energie etc. auskam). Was ist das allgemeinste Modell dieser Art, das sich konstruieren lässt? Für uns sieht das Universum isotrop aus (gleich in alle Richtungen). Hubble kam in allen Richtungen zu gleichen Zählungen der Galaxien, und seine Beobachtungen zeigten, dass sie sich in allen Richtungen auch gleichmäßig von uns entfernten. Nun könnten, Sie, wie Michael in Kapitel 14 meinte, zu der Auffassung gelangen, wir befänden uns im Zentrum einer gewaltigen Explosion. Ein Stück abseits des Mittelpunktes würden Sie dann vermutlich erwarten, mehr Galaxien in Richtung des Zentrums zu entdecken als in der entgegengesetzten Richtung. Direkt im Mittelpunkt würden Sie damit rechnen, in verschiedenen Richtungen gleiche Anzahlen von Galaxien zu sehen. Doch nach Kopernikus erwarten wir nichts dergleichen. Nein, wir können nicht die eine, besondere Galaxie im Zentrum sein, während alle anderen abseits dieser Mitte liegen. Wenn Sie das kopernikanische Prinzip zugrunde legen, dass unsere Position im Universum wahrscheinlich keine Besonderheit darstellt, dann muss das Universum für einen Beobachter auf jeder beliebigen Galaxie isotrop aussehen (sonst hätten wir doch eine Sonderstellung inne). Von einer Galaxie irgendwo dort draußen aus müsste das Universum genauso isotrop aussehen. Wenn aber alle Beobachter ein Universum erblicken, das in allen Richtungen gleich aussieht, muss das Universum homogen sein.

Wäre die Galaxiendichte in einer Region größer als in einer anderen, dann sähe ein Beobachter in der Nähe dieser Region in Richtung der Dichtezunahme mehr Galaxien als in der entgegengesetzten Richtung, und seine Resultate wären nicht isotrop. Natürlich beobachten wir auf kleinen Größenskalen Galaxienhaufen, doch großräumig sehen wir in jeder Richtung im Mittel gleiche Zahlen von Galaxien. Offenbar ist das Universum nur auf großen Skalen isotrop und homogen. In der Allgemeinen Relativitätstheorie sind lediglich diejenigen Modelle isotrop, die eine *gleichmäßige Krümmung* haben. Wäre während einer bestimmten Epoche die Krümmung in einer Region größer als in einer anderen, sähen die betreffenden Universen nicht für alle Beobachter in alle Richtungen gleich aus. In einem isotropen Modell gibt es keine ausgezeichnete Richtung für die Krümmung, daher muss die Krümmung in allen Richtungen gleich und von konstantem Wert sein. Friedmanns 3-Sphären-Universum ist eine solche Lösung; sie hat eine gleichmäßig positive Krümmung. Wie eine Sphäre (eine 2-Sphäre) hat sie eine positive Krümmung, und das 3-Sphären-Universum besitzt infolgedessen ebenfalls keine besonderen Punkte oder besonderen Richtungen.

Carl Friedrich Gauß definierte die Krümmung einer zweidimensionalen Oberfläche als $1/(r_1r_2)$, wobei r_1 und r_2 die Hauptradien der Krümmung sind. Eine Sphäre hat eine Gaußsche Krümmung von $1/r_0^2$, wobei r_0 der Radius der Sphäre ist. Beide Krümmungsradien haben das gleiche Vorzeichen, weil sich, wenn Sie oben auf der Sphäre sitzen, sowohl die Geodäten, die von links nach rechts führen, als auch jene, die von hinten nach vorn führen, sämtlich abwärts krümmen. Zwei negative (abwärts gebogene) Krümmungsradien ergeben, miteinander malgenommen, ein positives Resultat. Ihr Produkt r_1r_2 ist positiv, und $1/(r_1r_2)$ ist ebenfalls positiv. Daher ist die Krümmung einer sphärischen Oberfläche immer positiv.

Aber es gibt noch zwei weitere Möglichkeiten (gar keine Krümmung – Krümmung Null – und negative Krümmung). Erstens, das Universum könnte eine Geometrie haben, die zu einer bestimmten Zeit die Krümmung Null hatte, analog zu einer unendlich ausgedehnten flachen Ebene. (Wenn wir ein solches Universum als »flach« bezeichnen, meinen wir, dass es keine Krümmung besitzt, nicht, dass es zweidimensional wäre wie Flächenland. Wir haben es mit einem unendlich großen, dreidimensionalen Universum zu tun, das den Gesetzen der euklidischen Raumgeometrie gehorcht.) Dieses Universum ist unendlich in seiner Ausdehnung und enthält eine unendlich große Anzahl von Galaxien (hat aber keinen Mittelpunkt, wie wir in Kapitel 14 erörtert haben).

Im dritten Fall ist die Krümmung *negativ*. Die Raumgeometrie zu jeder gegebenen Zeit ist negativ gekrümmt wie ein unendlich großer Westernsattel. Von rechts nach links krümmt sich ein solcher Sattel abwärts, um sich Ihren Beinen anzupassen, aber von vorn nach hinten aufwärts, um dem Nacken und Rücken des Pferdes gerecht zu werden. Damit ist die Krümmung in den beiden Richtungen entgegengesetzt, und da positiv mal negativ negativ ergibt, ist die Krümmung $1/(r_1r_2)$ negativ. Zeichnet man auf einen Westernsattel einen Kreis, ist dessen Umfang größer als $2\pi r$, im Gegensatz zu einer Sphäre, bei welcher der Umfang, wie oben dargelegt, kleiner als $2\pi r$ wäre. Wenn Sie auf einem Westernsattel von Ihrem Standort aus eine Entfernung r zurücklegen, müssen Sie auf- und abgehen, während sie den Umfang abschreiten, daher ist der Umfang größer als der Wert von $2\pi r$, den Sie von der Ebene her erwarten.

Eine negativ gekrümmte Fläche entspricht einem unendlichen Universum, das eine unendliche Zahl von Galaxien enthält. Der negativ gekrümmte Fall ist ein *hyperbolisches Universum* – die in Abbildung 22.6 dargestellte schüsselförmige Fläche, die sich in der gewöhnlichen, flachen Raumzeit der Allgemeinen Relativitätstheorie befindet. In der Abbildung ist die Zeit die senkrechte Richtung, wobei der Pfeil in die Zukunft zeigt. Außerdem zeigen wir zwei räumliche Dimensionen, die durch die waagerechten roten Pfeile angezeigt sind.

Wenn Sie von der Bodenmitte der Schüssel aus mit einem Bandmaß den Abstand bis zum Umfang am oberen Rand mäßen, würden Sie feststellen, dass die Länge des auf die Fläche gezeichneten Radius relativ zum Umfang unerwartet kurz ist. Der Grund ist, dass sich Ihr Maßband, an die Fläche der Schüssel geschmiegt, nicht nur im Raum hinaus, sondern auch in der Zeit hinaufbewegt. Der gemessene Abstand verkürzt sich infolge dieses (dt^2)-Terms, der den Wert von ds^2 verringert, während Sie messen. Wenn der Radius eines Kreises, den Sie auf die Schüssel zeichnen, zu kurz im Verhältnis zu seinem Umfang ist, so folgt daraus, dass der Umfang groß im Verhältnis zum Radius ist – ein Erkennungszeichen von negativer Krümmung. (Der Westernsattel ist eine Analogie, die das große Verhältnis von Umfang zu Radius zum Ausdruck bringt, aber spezielle Richtungen hat, von vorne nach hinten, von links nach rechts – solche Richtungen mit unterschiedlichen Eigenschaften kennt das hyperbolische Universum nicht. In ihm sind alle Richtungen gleichberechtigt.)

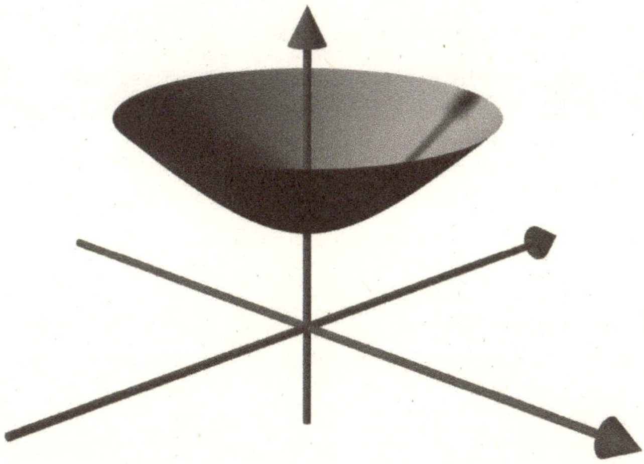

Abbildung 22.6: Hyperbolisch negativ gekrümmter Raum (blau) in der gewöhnlichen Raumzeit. Die Zeit ist senkrecht, und der senkrechte Pfeil zeigt in die Zukunft. Wir zeigen auch zwei raumartige Achsen – die horizontalen Achsen. *Credit:* Leicht verändert übernommen von Lars H. Rohwedder

Diese hyperbolische Fläche erstreckt sich ins Unendliche, hat ein unendliches Volumen und enthält eine unendliche Zahl von Galaxien. Friedmann untersuchte diesen Modelltyp 1924; er stellte fest, dass solch ein Universum mit einem Urknall begann und ewig expandiert. Später analysierte Howard Robertson den flachen Fall (Krümmung Null) und stellte fest, dass das entsprechende Universum ebenfalls mit einem Urknall begann und ewig expandiert.

Fassen wir diese Ergebnisse zusammen (Tabelle 22.1). In einem positiv gekrümmten Universum beträgt die Winkelsumme in einem Dreieck, das in einer bestimmten Epoche gezeichnet wird, mehr als 180 Grad, genau wie auf einer Kugelfläche. In einem flachen Universum, also einem mit Krümmung Null, ist die Winkelsumme in einem Dreieck zu einer gegebenen Epoche gleich 180 Grad. In einem negativ gekrümmten Universum beträgt die Winkelsumme im Dreieck zu einer gegebenen Epoche weniger als 180 Grad. Das positiv gekrümmte Friedmann-Universum ist endlich im Raum und endlich in der Zeit. Es krümmt sich im Raum und in der Zeit in sich selbst zurück – mit einem Big Crunch am Ende. Das flache und das negativ gekrümmte Friedmann-Universum sind sowohl unendlich im Raum – mit einer unendlichen Zahl von Galaxien – als auch in der Zeit – mit einer unbegrenzten Expansion in der Zukunft.

Tabelle 22.1: Charakteristika der Urknallmodelle vom Friedmann-Typ

Modell	3-Sphäre	Flach	Hyperbolisch
Krümmung	positiv	null	negativ
Umfang des Kreises	$< 2\pi r$	$= 2\pi r$	$> 2\pi r$
Winkelsumme im Dreieck	> 180°	= 180°	< 180°
Galaxienzahl	endlich	unendlich	unendlich
beginnt mit	Urknall	Urknall	Urknall
Zukunft	endlich	unendlich	unendlich
Expansionsgeschichte	expandiert, kollabiert, endet im Big Crunch	expandiert ewig	expandiert ewig

Nachdem Penzias und Wilson 1965 die kosmische Hintergrundstrahlung entdeckt hatten, begann man, sich mit der Frage zu beschäftigen, welches dieser Modelle unser Universum am besten beschreibt. Aktuelle Daten vom WMAP- und dem Planck-Satelliten sprechen innerhalb von Fehlergrenzen von weniger als 1 Prozent für ein flaches Universum mit Krümmung Null. Doch wir haben herausgefunden, dass die Dynamik des Universums komplizierter ist, als Friedmann vermutete. Nachdem Hubbles Beobachtungen die von Friedmanns Modellen vorhergesagte Expansion des Universums bestätigt hatten, blieben noch einige Rätsel. War da wirklich nichts vor dem Urknall? Und wie wurde die kosmische Hintergrundstrahlung so gleichförmig, wie wir sie beobachten? Um diese Frage zu beantworten, musste man die sehr frühe Geschichte des Universums noch einmal untersuchen.

23

INFLATION UND NEUE ENTWICKLUNGEN IN DER KOSMOLOGIE

J. RICHARD GOTT

Dieses Kapitel beschäftigt sich mit dem sehr frühen Universum – es geht bis zum Urknall zurück und sogar noch weiter. Wie berichtet, fragte sich George Gamow 1948, wie das Universum wohl in seinen frühesten Augenblicken war. Gamow gelangte zu dem Schluss, es sei in der Nähe des Urknalls komprimiert, sehr heiß und mit heißer Wärmestrahlung gefüllt gewesen. Diese Strahlung kühlt ab, während das Universum expandiert.

Das können wir erklären, indem wir uns die 3-Sphäre des Friedmann-Universums vergegenwärtigen. In jeder Epoche hat es einen endlichen Umfang, und wenn dieses 3-Sphären-Universum expandiert, nimmt sein Umfang zu. Stellen Sie sich Photonen vor, die auf diesem Umfang kreisen, wie Rennwagen, die auf einem kreisförmigen Kurs fahren. Der Umfang der Rennstrecke wird allmählich größer, während die Autos unbeirrt hintereinander herjagen. Nehmen wir an, zwölf Photonen wären gleichmäßig über die kreisförmige Rennstrecke verteilt wie die zwölf Zahlen auf einem Zifferblatt. Während die Rennstrecke expandiert, fahren die Boliden immer mit der gleichen Geschwindigkeit, der Lichtgeschwindigkeit. Wenn sie zu Beginn gleichmäßig über die Strecke verteilt sind, sodass jeder Wagen durch 1/12 der Rennstrecke von dem Wagen vor ihm getrennt ist, bleibt diese gleichmäßige Verteilung auch während der Expansion erhalten. Alle Autos sind gleich schnell, sodass keines den Abstand zu dem Auto vor ihm verkürzt und keines an Boden gegenüber dem nachfolgenden Wagen verliert. Wenn also die Autos auf der Rennstrecke gleichmäßig verteilt bleiben und der Umfang der Rennstrecke zunimmt, wird der Abstand zwischen den Wagen anwachsen. Verdoppelt sich die Länge der Rennstrecke, verdoppeln sich auch die Abstände zwischen den Autos. Nun stellen Sie sich vor, eine elektromagnetische Welle kreist im Uhrzeigersinn auf dem Umfang. Jedes der zwölf Photonen könnte auf einen Wellenberg gesetzt werden. Photonen wie Wellenberge kreisen mit Lichtgeschwindigkeit, daher bleiben die Photonen genau auf den Wellenbergen, während die Wellen sich ausbreiten. Mit der Expansion des Umfangs expandieren die Abstände zwischen den Wellenbergen um denselben Faktor. Verdoppelt sich der Umfang des Universums, dann verdoppelt sich auch die Wellenlänge (die Entfernung zwischen den Wellenbergen).

Das erklärt, warum das Licht rotverschoben ist, während das Universum expandiert: Es liegt an der Streckung des Raums. Diese Rotverschiebung bedeutet, dass die heiße thermische Strahlung im frühen Universum abkühlt (langwelliger wird), während das Universum expandiert. Indem Gamows Studenten Robert Herman und Ralph Alpher berechneten, welche Kernreaktionen in den ersten drei Minuten stattfanden, und sie mit der Häufigkeit von Deuterium im heutigen Universum verglichen, konnten sie die Temperatur bestimmen, die die Strahlung heute haben müsste, indem sie schätzten, in welchem Maße das Universum seit jener Frühzeit expandiert sein müsste. Sie kamen auf eine gegenwärtige Temperatur von 5 K. Wie wir in Kapitel 15 erfahren haben, gelangte Robert Dicke von der Princeton University in den 1960er-Jahren infolge des gleichen Gedankengangs zu ähnlichen Schlussfolgerungen und beschloss, nach der Strahlung zu suchen. Penzias und Wilson kamen Dickes Team zuvor.

Als der Satellit Cosmic Background Explorer (COBE) 1989 in seine Umlaufbahn gebracht wurde, um die kosmische Hintergrundstrahlung (CMB) genauer zu vermessen, zeigte sich, dass das Spektrum der Strahlung fast exakt der Planck-Kurve eines Schwarzen Körpers entsprach (genau, wie Gamow es vorhergesagt hätte), und zwar für eine Temperatur von 2,725 Grad. 2006 erhielten George Smoot und John Mather den Nobelpreis in Physik für ihre Forschungen mit COBE.

Die Tatsache, dass Gamow und Alpher die Existenz der CMB voraussagten und dass Alpher und Herman ihre Temperatur auf 5 K schätzten, ist eine der bemerkenswertesten im Nachhinein verifizierten Vorhersagen in der Geschichte der Naturwissenschaften. Es war so, als hätte jemand vorausgesagt, eine fliegende Untertasse von 15 Meter Durchmesser werde auf dem Rasen des Weißen Hauses landen, und später wäre dann tatsächlich eine mit einem Durchmesser von 10 Metern aufgetaucht! Außerdem war es eine wichtige Bestätigung des kopernikanischen Prinzips, demzufolge wir keine Sonderstellung im Universum einnehmen; wenn wir Hubbles Beobachtung der Isotropie hinnehmen, führt uns das kopernikanische Prinzip direkt zu Friedmanns homogenen, isotropen Urknalllösungen der Einsteinschen Feldgleichungen, mit deren Hilfe Gamow und seine Kollegen die kosmische Hintergrundstrahlung vorhersagten.

Das resultierende Urknallmodell von Friedmann war unglaublich erfolgreich, doch einige wichtige Fragen bleiben. Dieses Universum hat einen Anfang, einen Urknall, aber was ist vor dem Urknall geschehen? Die Standardantwort (die wir in Kapitel 22 gaben) lautete, dass die Zeit ebenso wie der Raum im Urknall entstanden seien und dass es daher noch keine Zeit vor dem Urknall gegeben habe. Trotzdem fragten sich die Wissenschaftler, warum der Urknall so gleichförmig war. Wenn wir in verschiedene Richtungen blicken, ist die Temperatur der CMB bis auf ein Hunderttausendstel genau dieselbe. Woher »wissen« diese verschiedenen Regionen, welche einheitliche Temperatur sie aufweisen sollten? Wenn wir in eine bestimmte Richtung blicken, sehen wir 13,8 Milliarden Lichtjahre in die Ferne. Aber wir schauen zurück in eine Epoche, als das Universum erst 380.000 Lichtjahre alt war. Nach dem Standardmodell des Urknalls konnte diese Region nur von Materie beeinflusst werden, die nicht weiter als 380.000 Lichtjahre entfernt war. Aber wenn wir 13,8 Milliarden Lichtjahre in die entgegengesetzte Himmelsrichtung blicken, sehen wir eine andere Region, die im Wesentlichen die gleiche Temperatur aufweist. Damals, 380.000 Jahre nach dem Urknall (also zu demjenigen Zeitpunkt, zu dem wir sie sehen), waren diese beiden Regionen dem Standardmodell des Urknalls nach durch einen Abstand von 86 Millionen Lichtjahren getrennt. Entsprechend hatten sie in den spärlichen 380.000 Jahren seit ihrer Geburt gar nicht genügend Zeit, um miteinander zu kommunizieren. Wenn wir zwei Regionen sehen, die dieselbe Temperatur haben, liegt es gewöhnlich daran, dass sie genügend Zeit hatten, miteinander zu kommunizieren und ein thermisches Gleichgewicht herzustellen. Doch im Standardmodell des Urknalls hatten weit voneinander entfernte Teile der Hintergrundstrahlung, die wir am Himmel beobachten, keine Zeit, um sich gegenseitig zu beeinflussen. Nach dem Friedmannmodell müssten verschiedene Regionen auf wundersame Weise mit einer homogenen Expansion begonnen haben, während überall dieselbe Temperatur herrschte. Wie konnte das Universum so gleichförmig sein?

Aber COBE hat in verschiedenen Himmelsregionen auch kleine Fluktuationen in der Größenordnung von einigen Hunderttausendsteln entdeckt. Wäre das Universum vollkommen gleichmäßig, hätte es keine Verdichtungen gegeben, die später zu Galaxien und Galaxienhaufen hätten anwachsen können. Unsere Existenz hängt davon ab, dass das Universum ursprünglich kleine Fluktuationen aufwies, die sich schließlich durch die Wirkung der Gravitation zu denjenigen Galaxien entwickelt haben, die wir heute beobachten. Das Universum musste fast vollkommen – aber durfte nicht ganz – gleichförmig sein. Ein Rätsel. Das erinnert mich an eine Redensart aus der Zeit der Großen Depression während der Wirtschaftskrise der 1920er-Jahre: »Wenn wir etwas Schinken hätten, könnten wir Schinken und Eier zum Frühstück essen, zumindest wenn wir ein paar Eier hätten!« Zuerst mussten wir die allgemeine Gleichförmigkeit erklären und dann die kleinen Fluktuationen.

1981 schlug Alan Guth eine Lösung für dieses Problem vor. Sein Modell begann mit einer kurzen Phase beschleunigter Expansion, die er *Inflation* nannte. In einem Raumzeitdiagramm ähnelt sie dem Schallstück einer kleinen Trompete, das wie ein Golf-Tee (also wie der kleine Untersatz, von dem aus man Golfbälle abschlägt) nach oben gerichtet ist und den Raumzeit-Football von Friedmann trägt. Sie beginnt mit einem endlichen Umfang in der Nähe des Mundstücks der Trompete, vergrößert sich aber extrem, je näher wir der Öffnung des Schallstücks kommen. Die untere Spitze des Friedmann-Footballs wird durch ein kleines Trompetenmundstück ersetzt, das ganz unten einen endlichen Umfang besitzt, vielleicht nicht größer als 3×10^{-27} Zentimeter (Abb. 23.1). Die Trompeten-Epoche dauert ein wenig länger als die Footballspitze des Urknalls allein, und diese Extrazeit gewährt den verschiedenen Regionen, die wir heute sehen, genügend Zeit, in kausalen Kontakt miteinander zu kommen. Am Anfang ist der Umfang so klein, dass die verschiedenen Regionen die kurze Spanne Extrazeit nutzen, um kausalen Kontakt zueinander aufzunehmen, während die beschleunigte

Expansion der Trompeten-Epoche sie anschließend weit voneinander entfernt; es sieht nur so aus, als hätten sie nicht genügend Zeit gehabt, um miteinander zu kommunizieren.

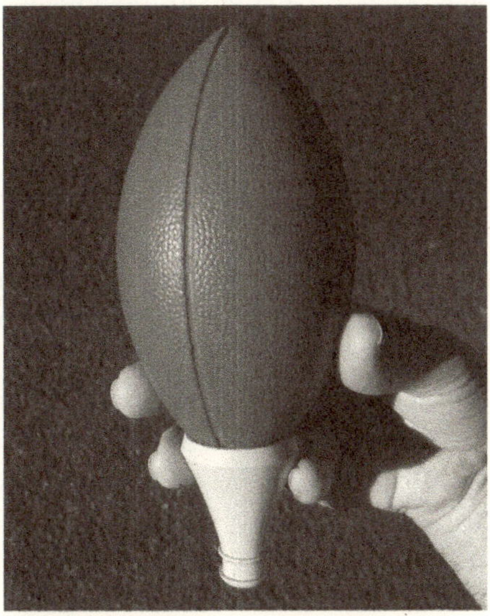

Abbildung 23.1: Inflationärer Beginn (Trompete) eines Urknalluniversums nach Friedmann (Football). *Credit:* J. Richard Gott

Was für eine Grundlage hatte Guth für sein Modell? Er dachte, im frühen Universum habe es möglicherweise einen Vakuumzustand mit hoher Energiedichte – und daher hohem negativem Druck – gegeben, der genau dieselbe Krümmung des leeren Raums verursachte, wie sie auch durch Einsteins berühmte kosmologische Konstante hervorgerufen wurde. Doch Guth verlangte einen sehr hohen Wert für seine kosmologische Konstante. Wir dachten früher, der leere Raum müsse eine Dichte von null haben. Schließlich ist der leere Raum das, was übrig bleibt, wenn wir alle Teilchen und alle Strahlung aus einer Region entfernen. Doch infolge von Feldern wie dem Higgs-Feld, die das Universum komplett ausfüllen, könnte das Vakuum des leeren Raums eine bestimmte Energiedichte ungleich null haben. Wie viel Vakuumenergie zugegen ist, hängt von den physikalischen Gesetzen ab. Guth meinte, im frühen Universum wären die schwache, die starke und die elektromagnetische Kraft zu einer einzigen Superkraft vereinigt gewesen, sodass die Vakuumenergie damals (als dementsprechend andere physikalische Gesetze geherrscht hätten) möglicherweise viel stärker gewesen sei als der winzige Wert, den wir heute beobachten. Daher war die kosmologische Konstante nicht wirklich eine Konstante (wie Einstein vermutet hatte), sondern konnte sich mit der Zeit ändern. Die hohe Energiedichte war von einem starken negativen Druck begleitet, der dafür sorgte, dass die Vakuumenergie entsprechend den Gesetzen der Speziellen Relativitätstheorie auch für Beobachter, die mit unterschiedlichen Geschwindigkeiten im Raum unterwegs waren, vollkommen gleich war. Wie oben erörtert, übt die Vakuumenergiedichte eine Anziehungskraft aus, aber der in drei Richtungen wirkende Druck erzeugt eine Gravitationsabstoßung, die dreimal so hoch ist. Das hätte nach Einsteins Gleichungen das Universum in jenen Zustand beschleunigter Expansion versetzt, den Guth sich wünschte. Durch diese Expansionsabstoßung wurde die ursprüngliche Expansion hervorgerufen, die wir als »Urknall« bezeichnen.

Tatsächlich wurde diese trompetenartige Lösung der Einsteinschen Feldgleichungen bereits 1917 von Willem de Sitter entdeckt. Er löste Einsteins Gleichungen für den Fall eines leeren Raums mit einer nicht verschwindenden kosmologischen Konstanten. Ohne gewöhnliche Materie als Ausgleich für die Abstoßungseffekte der kosmologischen Konstante ergab sich daraus ein Universum mit beschleunigter Expansion. Die ganze Lösung nennen wir heute *De-Sitter-Raum*. Diese Raumzeit ist dabei ein 3-Sphären-Universum, das mit einem unendlichen Radius in der unendlichen Vergangenheit beginnt. Es zieht sich fast mit Lichtgeschwindigkeit zusammen. Aber die Abstoßungseffekte der kosmologischen Konstanten verlangsamen die Kontraktion, bis sie bei einem Minimalradius zum Stillstand kommt – einer Taille mit minimalem Radius – und dann beginnt das Universum zu expandieren. Es expandiert immer schneller, da die Abstoßungseffekte der kosmologischen Konstanten immer stärker werden. Schließlich expandiert es mit einer Rate, die sich der Lichtgeschwindigkeit annähert, und erreicht in der unendlichen fernen Zukunft unendliche Größe. Das Raumzeitdiagramm der De-Sitter-Raumzeit sieht wie ein Korsett mit Wespentaille aus (Abb. 23.2). Das Diagramm zeigt eine

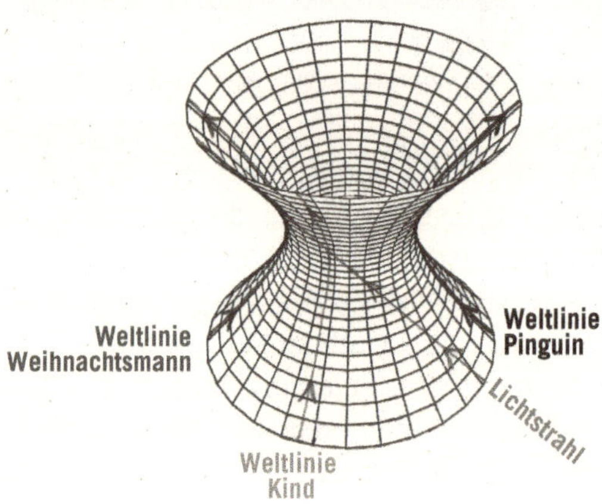

Abbildung 23.2: Das Raumzeitdiagramm der De-Sitter-Raumzeit. Wie Abbildungen 22.4 und 22.5 zeigt diese Abbildung eine Raum- und eine Zeitdimension. *Credit:* J. Richard Gott

räumliche Dimension, die dem waagerechten Umfang entspricht, und die senkrechte Dimension der Zeit. Die Zukunft entwickelt sich nach oben. Der untere Teil der Abbildung – der Rock – entspricht der Kontraktionsphase, und die Taille in der Mitte stellt den Minimalradius des Universums dar. Dann wird es nach oben hin größer wie der Schalltrichter eines Horns.

Wie beim Raumzeitmodell von Friedmann gilt unsere Aufmerksamkeit auch hier nur der korsettförmigen Oberfläche selbst. Vergessen Sie den Innen- und Außenraum. Real ist nur die gezeigte Oberfläche. Wenn wir zu individuellen Zeiten waagerechte Querschnitte der korsettförmigen Raumzeit betrachten, zeigen sie jeweils den Umfang des 3-Sphären-Universums zu bestimmten Augenblicken der kosmischen Zeit. Unten sind die Kreise weit, erreichen ein Minimum in der Taille und werden nach oben hin wieder größer und größer, was zeigt, dass das 3-Sphären-Universum sich erst zusammenzieht und dann wieder expandiert. Die senkrechten »Korsettstangen« stellen mögliche Weltlinien von Teilchen dar. Es handelt sich um geodätische Linien, denen Spielzeugautos folgten, wenn sie auf der Oberfläche des Korsetts geradeaus führen. In der unteren Hälfte laufen die Korsettstangen zusammen und weisen bei der Taille einen minimalen Abstand auf, bevor sie in der oberen Hälfte wieder auseinanderlaufen. In der oberen Hälfte veranlasst die Krümmung der Raumzeit diese Teilchen dazu, sich beschleunigt voneinander zu entfernen. Während die Teilchen auseinanderfliegen, beginnen sich ihre Uhren exponentiell zu verlangsamen, da sie sich der Lichtgeschwindigkeit nähern. Ihre Uhren werden l a n g s a m e r. Zwischen späteren Ticks dieser Uhr expandiert der Umfang gewaltig. Obwohl das Diagramm zeigt, dass der Raum in späteren Zeiten annähernd mit Lichtgeschwindigkeit fast linear expandiert (ein Kegel, der sich nahezu mit 45 Grad öffnet), scheint sich der Umfang – misst man die Zeit mit den exponentiell langsamer werdenden Uhren der Teilchen – bei jedem der aufeinanderfolgenden Zeitintervalle zu verdoppeln: 1, 2, 4, 8, 16, 32, 64, 128, 256, 512, 1024 ..., was zu einer exponentiell beschleunigten Expansion führt. Es ist wie bei einer monetären Inflation, weshalb Guth das Modell auch *Inflation* nannte.

Schauen wir uns die Taille an. Sie ist jener Kreis, der das 3-Sphären-Universum am Punkt seiner maximalen Kontraktion zeigt. Vergegenwärtigen Sie sich, dass dieser Kreis in Wirklichkeit eine 3-Sphäre darstellt. Wir können den Punkt ganz links auf diesem Kreis als »Nordpol« des Universums bezeichnen. Dort lebt der Weihnachtsmann. Beachten Sie die Korsettstange ganz links: Das ist die Weltlinie des Weihnachtsmanns, der am Nordpol des 3-Sphären-Universums sitzt. Die Korsettstange ganz rechts, 180 Grad entfernt, ist die schwarze Weltlinie eines Pinguins am Südpol. Der Weihnachtsmann, dessen Weltlinie sich am Nordpol befindet, wird den Pinguin, der am Südpol lebt, nie sehen. Ein Lichtstrahl, der in der unendlichen Vergangenheit vom Pinguin ausgeht, wird sich mit 45 Grad aufwärts und nach links bewegen. In seiner Aufwärtsbewegung wird er das Vorderteil des Korsetts wie eine diagonale Schärpe überqueren, aber trotzdem die Weltlinie des Weihnachtsmannes zur Linken nie ganz erreichen. Es gibt in diesem Universum offenbar Ereignishorizonte: Der Weihnachtsmann sieht nie irgendetwas von dem, was dem Pinguin zustößt – er sieht nie irgendetwas, das oberhalb und rechts von dieser Schärpe passiert. Betrachten wir ein in der Nähe des Weihnachtsmanns lebendes Kind, dessen Weltlinie in der Abbildung 23.2 ebenfalls eingezeichnet ist. Lichtstrahlen von diesem Kind können den Weihnachtsmann erreichen. Später wird der Weihnachtsmann das Kind sehen, wie es sich beschleunigt von ihm entfernt. Das von dem Kind ausgehende Licht wird dabei eine zunehmende Rotverschiebung zeigen. Wenn das Kind dem Weihnachtsmann eine Nachricht schickt, die besagt: »ALLES LÄUFT SEHR GUT«, empfängt der Weihnachtsmann die Wörter: »ALLES L Ä U F T.« Aber die Wörter »SEHR GUT« wird der Weihnachtsmann nicht mehr zu Gesicht bekommen. Das Signal »SEHR« läuft an der 45 Grad schrägen Schärpe entlang, ohne jemals anzukommen. Für den Weihnachtsmann sieht es aus, als fiele das Kind in ein Schwarzes Loch. Nachdem die Weltlinie des Kindes dieses 45 Grad schräge Ding überquert hat, das den Ereignishorizont des Weihnachtsmanns darstellt, kommen die Signale des Kindes nicht mehr an. Der Raum zwischen Weihnachtsmann und Kind dehnt sich so rasch aus, dass das Signal »GUT« – auf der anderen Seite des Horizonts emittiert – den ständig sich verbreiternden Abstand zwischen dem Weihnachtsmann und dem Kind nicht mehr überwinden kann. Das ist kein Verstoß gegen die Spezielle Relativitätstheorie. Die besagt nur, dass niemand Sie mit einem Raumschiff überholen kann, das sich schneller als das Licht bewegt. Aber die Allgemeine Relativitätstheorie lässt durchaus zu, dass sich der Raum zwischen zwei Teilchen so schnell ausdehnen kann, dass das Licht die ständig wachsende Entfernung zwischen ihnen nicht mehr überwinden kann. Nach der De-Sitter-Raumzeit können zwei Teilchen in der Nähe der Taille miteinander kommunizieren, miteinander ins thermische Gleichgewicht kommen und anschließend weit auseinandergetrieben werden.

Guth schlug letztlich vor, das De-Sitter-Universum an der Taille beginnen zu lassen, mit einem kleinen Umfang, den wir heute auf annähernd 3×10^{-27} Zentimeter schätzen. Damit beseitigte er die unendliche Kontraktionsphase (die untere Hälfte der vollständigen Raumzeit). Er brauchte nur zu Beginn eine kleine Raumregion mit einem extrem dichten Vakuumzustand. Die Abstoßungseffekte des hohen negativen Drucks sorgten dann dafür, dass die Raumzeit mit der Expansion begann, die sich dann immer mehr beschleunigte, während sich die Größe des Universums alle 10-38 Sekunden verdoppelte. Auf diese Weise wurde das Universum sehr groß. Während es expandierte, blieb die Energiedichte des Vakuumzustands gleich. Auch die kosmologische Konstante veränderte sich nicht. Eine kleine Region mit hoher Energiedichte expandierte und wurde eine große Region mit der gleichen hohen Energiedichte.

Seltsamerweise verstieß das nicht gegen die lokale Energieerhaltung. Wenn ich eine Schachtel mit einer Flüssigkeit hätte, die über extreme Dichte und negativen Druck verfügte, müsste ich erhebliche Arbeit leisten, um die Wände der Schachtel nach außen zu ziehen, während sich der negative Druck gegen diese Expansion wehrt. Die Arbeit, die ich leiste, um die Wände gegen den negativen Druck (oder die Saugkraft) auseinanderzudrücken, führte der Flüssigkeit Energie zu – gerade genug, dass sie ihre Energiedichte trotz der Expansion des Schachtelvolumens auf dem ursprünglichen hohen Niveau halten kann. Also ist die Energie lokal erhalten geblieben. Doch was zog in dem Universum an den Wänden meiner Schachtel? Einfach der negative Druck von den anderen, ähnlichen Raumzeitschachteln neben der meinen. Solange der Druck überall im Universum gleich ist, leistet die Expansion selbst die nötige Arbeit.

In der Kosmologie der Allgemeinen Relativitätstheorie gibt es keine globale Energieerhaltung, weil es nirgendwo flach genug ist (weil sich die Raumzeiteigenschaften nirgendwo hinreichend denen der Raumzeit der Speziellen Relativitätstheorie annähern), um einen verbindlichen Energiestandard festzulegen. Daher kann der gesamte Energieinhalt des Universums mit der Zeit wachsen, wenn negativer Druck herrscht. Auf diese Weise war Guth in der Lage, sein Inflationsmodell mit einem Stück hochenergetischem Vakuum in Gang zu setzen und es dann von allein zu einem großen Universum mit einem Vakuumzustand von gleicher Dichte anwachsen zu lassen. So gesehen, war der Vakuumzustand »selbstreproduzierend«, indem er aus winzigen Anfängen exponentiell zu ungeheurer Größe anwuchs. Aus diesem Grund sagte Guth, das Universum sei »the ultimate free lunch« – also »vollkommen umsonst«. Schließlich zerfiel der Vakuumzustand, als sich die starke, die schwache und die elektromagnetische Kraft entkoppelten. Während die Energiedichte im Vakuum auf einen niedrigen Wert fiel, wurde die Vakuumenergie in Form von Elementarteilchen freigesetzt. Das Universum füllte sich mit einer thermischen Verteilung von Elementarteilchen.

Das ist der Punkt, an dem sich die inflationäre Trompete zu Beginn des Universums mit dem Boden des Football-förmigen Urknallmodells von Friedmann verbindet. Wie im Football-Modell beginnt sich die Expansion des Universums in dieser Phase zu verlangsamen. Der Druck ist jetzt nur noch der normale thermische Druck der Teilchen, der positiv ist. Weltlinien, die einander während der beschleunigten Trompeten-Inflation Lebewohl gesagt haben (so wie die des Weihnachtsmannes und des Kindes), können sich nach Beginn der Friedmannschen Verlangsamungsphase »Hello again« zurufen. Das Inflationsmodell zeigte, wie die Anfänge des Friedmannschen Urknallmodells unter natürlichen Bedingungen ausgesehen haben könnten. Die auf dem negativen Druck beruhenden gravitativen Abstoßungseffekte des ursprünglichen Vakuumzustands begannen mit dem Urknall! Der Urknall muss nicht aus einer Singularität hervorgegangen sein, stattdessen hätte alles auch mit einer kleinen, extrem dichten Vakuumregion beginnen können. Die Inflation würde erklären, warum das Universum so groß und so gleichförmig ist. Jede kleine Falte wäre geglättet worden, als sich das Universum zu seiner enormen Größe ausweitete. Das würde auch die kleinen Fluktuationen von nur ein paar Hunderttausendstel erklären, die wir beobachten. Das sind kleine, zufällige Quantenfluktuationen, wie sie sich aus dem Heisenbergschen Unbestimmtheitsprinzip ergeben. Am Anfang verdoppelte das Universum seine Größe alle 10^{-38} Sekunden; auf dieser kurzen Zeitskala sorgt das Unbestimmtheitsprinzip in der Energie eines jeden Feldes für Zufallsfluktuationen. Das schwammartige Muster der Galaxienhaufen, die wir im heutigen Universum erblicken – das *kosmische Netz* sowie das Muster der warmen und kalten Flecken in der kosmischen Hintergrundstrahlung – lässt darauf schließen, dass die Anfangsbedingungen sich genau durch jene Art von Zufall auszeichneten, wie wir sie aufgrund der von der Inflationstheorie vorhergesagten Fluktuationen erwarten würden (vgl. mein Buch *The Cosmic Web*, 2016).

Ein Problem warf die Inflationstheorie allerdings auf, wie Guth selber wusste. Es war nicht zu erwarten, dass der extrem dichte Vakuumzustand am Anfang auf einen Schlag in Elementarteilchen zerfallen würde. Dieser superdichte, inflationäre Ozean würde stattdessen in Vakuumblasen niedrigerer Dichte zerfallen, ein Phänomen, das Sidney Coleman untersucht hat. Es ähnelt kochendem Wasser in einem Topf. Das Wasser verwandelt sich ja auch nicht auf einen Schlag in Dampf, sondern zunächst bilden sich im Wasser Dampfblasen. Doch durch diese Blasenbildung ergab sich nicht die erhoffte gleichförmige Verteilung. Daher erwähnte Guth das als Problem. 1982 schlug ich vor, dass die Inflation Blasen-Universen erzeugen würde – wobei jede Blase zu einem separaten Universum wie dem unseren expandieren würde (Abb. 23.3).

Nach meinem theoretischen Modell leben wir im Inneren einer jener Blasen mit niedriger Dichte: Nachdem die Blase sich gebildet hat, dauert es eine Weile, bis die Vakuumenergie zerfällt. Das geschieht auf einer hyperbolischen Fläche, sodass ein gleichförmiges, negativ gekrümmtes, hyperbolisches Friedmann-Universum entsteht (denken Sie an Abb. 22.6). Wir schauen aus dem Inneren der Blase hinaus in den Raum und zurück in die Zeit, daher sehen wir nur unser eigenes Blasen-Universum und den gleichförmigen inflationären Ozean, aus dem es entstanden ist. Für uns sieht alles gleichförmig aus – was Guths Nichtgleichförmigkeits-Problem löst. Die Blase expandiert nahezu mit Lichtgeschwindigkeit. Aber der inflationäre Ozean selbst dehnt sich so schnell aus, dass es den Blasen nie gelingt, den ganzen Raum zu füllen. Ständig bilden sich neue Blasen-Universen, und zwischen ihnen expandiert der inflationäre Ozean und schafft so Raum für die Entstehung neuer Blasen-Universen. Vor meinem geistigen Auge erblickte ich eine unendliche Zahl von Blasen-Universen, die sich in einem endlos expandierenden Ozean bildeten – eine Konstellation, die wir heute *Multiversum* nennen.[20] Diese Blasen-Universen hatten innen jeweils eine negative Krümmung und expandierten ewig – sie waren hyperbolische Friedmann-Universen. Die Flächen konstanter kosmischer Zeit waren ineinander verschachtelte Hyperbeln im Inneren der expandierenden Blase. Eine Fläche konstanter kosmischer Zeit ist dabei dadurch definiert, dass die mitgeführten Wecker der Teilchen im Universum alle gleichzeitig läuten und dieselbe Zeit seit der Blasenbildung anzeigen. Die Form dieser Flächen ist hyperbolisch, weil Teilchen, die sich schneller bewegen, Uhren haben, die langsamer gehen, daher wird der Zeitpunkt, zu dem sie läuten, verzögert (vgl. Abb. 22.6). Das erzeugt eine hyperbolische Form, die von unendlicher Ausdehnung ist, wenn sie sich innerhalb der expandierenden Blasenwand aufwärts krümmt. Dehnt sich die Blase in der unendlich fernen Zukunft zu unendlich großem Volumen aus, kann darin eine unendliche Zahl von Galaxien erzeugt werden. So könnte eine unendliche Zahl von unendlichen Blasenuniversen aus einem ursprünglich sehr kleinen, extrem dichten De-Sitter-Raum hervorgebracht werden.

Das scheint merkwürdig zu sein. Wie kann man eine unendliche Zahl von letztlich unendlich großen Universen aus einer endlichen großen Anfangsregion erhalten? Die De-Sitter-Raumzeit sieht wie eine Trompete mit einem nach oben geöffneten Schallstück aus. Ein waagerechter Schnitt durch die Taille des De-Sitter-Raums am Mundstück der Trompete ist ein Kreis. Das ist ein kleines 3-Sphären-Universum von endlicher Größe, wie Einstein es sich vorstellte. Aber der obere Teil der Trompete ähnelt einem Kegel, und den kann man so schneiden, dass ein Kreis, eine Parabel oder eben eine Hyperbel dabei herauskommt, je nachdem, wie man den Schnitt legt. Schneidet man den De-Sitter-Raum waagerecht auf, erhält man einen Kreis – das ist ein 3-Sphären-Universum. Legt man den Schnitt mit einer Neigung von 45 Grad, ergibt das eine Parabel und ein unendlich großes flaches Universum. Liegt der Schnitt in einer senkrechten Ebene, erhält man eine Hyperbel – und damit ein unendliches großes negativ gekrümmtes Universum. Es ist wie in der alten Fabel von den blinden Männern und dem Elefanten. Einer fühlt den Rüssel und sagt, der Elefant habe die Gestalt einer Schlange. Ein anderer ertastet das Bein und meint, der Elefant sei wie ein Baumstamm geformt. Wieder ein anderer fährt mit den Händen über die Seite des Elefanten und hält ihn für eine Wand. Genauso ist es mit dem De-Sitter-Raum: Seine Form hängt davon ab, wie Sie den Schnitt legen.

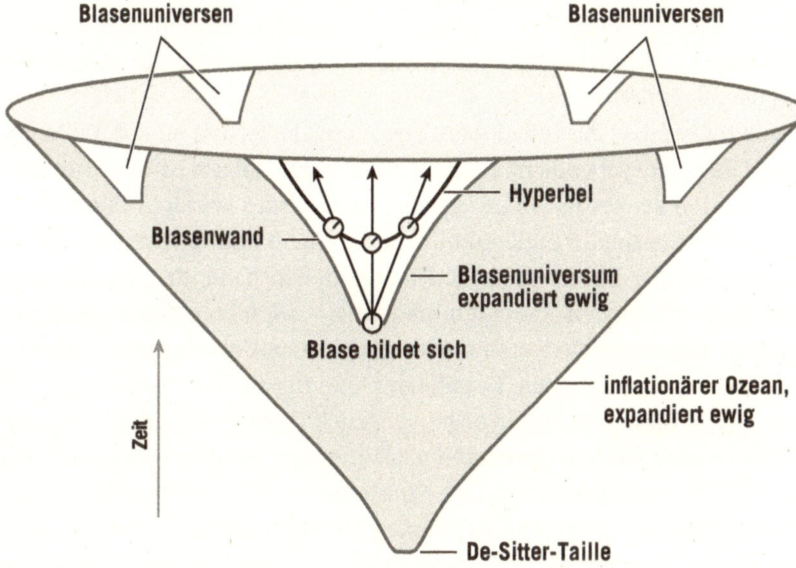

Abbildung 22.6: Blasen-Universum, das sich in einem inflationären Ozean bildet – ein Multiversum. *Credit:* Leicht verändert übernommen von J. Richard Gott (*Zeitreisen in Einsteins Universum*, Reinbek 2002)

Bei einem hyperbolischen Schnitt im Inneren eines Blasen-Universums, das sich ins Unendliche erstreckt, haben Sie eine Scheibe Raum, die unendlich ist und die Epoche markiert, in der das inflationäre De-Sitter-Vakuum endet und seine Energie in Form von Teilchen abwirft; dort beginnt das Friedmann-Modell. Wie bei dem Brotlaib, der in Mischbrot- oder Baguettescheiben geschnitten werden kann, ist die einzige Realität der Laib selbst. Wenn wir uns die Raumzeitgeometrie des De-Sitter-Raums für das inflationäre Modell ansehen, können wir sehen, dass es als endliches 3-Sphären-Universum an der Taille beginnt, ewig expandiert und unendlich groß wird. Diese bemerkenswerte Raumzeitgeometrie, in der die Inflation ewig anhält und der Raum unendlich groß wird, ermöglicht die Erzeugung einer unendlichen Zahl von unendlichen Blasen-Universen in einem ewig inflationär expandierenden Ozean.

Verschiedene Blasen-Universen könnten verschiedenen physikalischen Gesetzen gehorchen, wenn einige Blasen dem Tunneleffekt unterliegen und in verschiedene Täler der Landschaft rollen, in denen die Werte mancher Felder anders sein könnten. Die physikalischen Gesetze, die wir in unserem Universum beobachten, sind unter Umständen keine universellen Gesetze, sondern eher regionale Richtlinien, wie Andrei Linde und Martin Rees dargelegt haben.

Wichtig ist, dass das inflationäre De-Sitter-Universum an der Taille beginnt. Die vorausgehende unendliche Kontraktionsphase ist unerwünscht. Borde und Wilenkin haben gezeigt, warum: Blasen würden sich auch in der Kontraktionsphase bilden und dann in einem kontrahierenden Raum expandieren; die Blasen geringer Dichte stießen dann aber miteinander zusammen, füllten den Raum komplett aus, verdrängten damit den inflationären Ozean und hinderten ihn so daran, jemals die Taille und die Expansionsphase zu erreichen. Es gäbe nur eine Big-Crunch-Singularität; im Inneren der Blasen wäre der negative Druck nicht groß genug, um eine Umkehr an der Taille zu bewirken. Daher kamen Borde und Wilenkin zu dem Schluss, dass das inflationäre Multiversum als endliches Stück eines inflationären Ozeans beginnt. Es könnte klein sein, nicht größer als 3×10^{-27} Zentimeter. Das ist nicht nichts, aber vielleicht dem Nichts so nahe, wie man ihm kommen kann.

Die Vakuumenergiedichte können wir uns als die Höhe einer Landschaft denken. Die Höhe stellt die Energiedichte des Vakuums dar, die Energiedichte des leeren Raums. Verschiedene Orte in der Landschaft entsprechen verschiedenen Werten der Felder (etwa des Higgs-Feldes), die die Vakuumenergie erzeugen. Verschiedene Orte (verschiedene Werte der Felder) liegen unterschiedlich hoch (haben unterschiedliche Werte für die Vakuumenergiedichte). Heute haben wir eine sehr niedrige Vakuumenergiedichte – wir befinden uns fast auf Höhe des Meeresspiegels. Doch im frühen Universum war diese Energiedichte extrem, als wären wir in einem hohen Gebirgstal eingeschlossen gewesen (Abb. 23.4).

Eine in einem hohen Gebirgstal eingeschlossene Kugel ist letztlich instabil: Sie kann zu einem niedrigeren Energiezustand übergehen – auf Meereshöhe. Aber wenn sie auf allen Seiten von Bergen umgeben ist, kann sie eingeschlossen werden. In Newtons Universum hätte sie dann keine Möglichkeit hinunterzurollen, aber der quantenmechanische Prozess des *Tunnelns* ermöglicht ihr, durch einen der aufragenden Berge zu tunneln und danach bis zur Meereshöhe hinabzurollen.[21]

Das Quantentunneln ist ein Prozess, der von George Gamow entdeckt wurde. Er erklärte den radioaktiven Zerfall des Urans. Urankerne zerfallen, indem sie ein Alphateilchen aussenden (einen Heliumkern mit zwei Protonen und zwei Neutronen). Das Alphateilchen ist im Kern durch die starke Kernkraft eingeschlossen, die es zu anderen Protonen und Neutronen hinzieht. Diese starke Kraft hat die gleiche Wirkung wie die Bergkette, die das Tal umgibt – sie schließt das Alphateilchen im Kern ein.

Aber die starke Kernkraft hat nur eine kurze Reichweite; könnte das Alphateilchen irgendwie aus dem Kern, aus dem Einflussbereich der starken Kraft, hinausgelangen, dann könnte es entkommen. Das Alphateilchen ist positiv geladen und wird vom positiv geladenen Atomkern abgestoßen. Es rollt den Hügel hinab, fort vom Kern, und die kinetische Energie, die es aufnimmt, stammt aus der elektrostatischen Abstoßung. Als man beim Uranzerfall die von einem Alphateilchen emittierte Energie maß, konnte man ausrechnen, auf welcher Höhe des Hügels sich das Teilchen anfangs befand. Wie sich herausstellte, begann es seine Reise *außerhalb* des Atomkerns! Wie kam es dorthin?

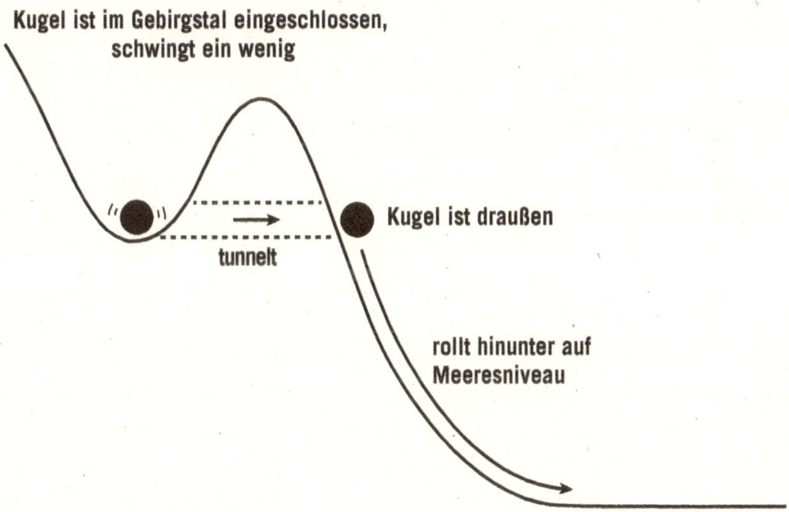

Abbildung 23.4: Quantentunneln. *Credit:* Leicht verändert übernommen von J. Richard Gott (*Zeitreisen in Einsteins Universum*, Reinbek 2002)

Die Quantenmechanik sagt uns, dass alle Objekte, die wir gewöhnlich als »Teilchen« bezeichnen, wie die Alphateilchen, genauso wie das Licht Wellen- und Teilchencharakter haben. Aus dem Wellencharakter eines Teilchens folgt, dass es sich nicht genau verorten lässt. In gewissem Sinne ist es im Heisenbergschen Unbestimmtheitsprinzip gefangen. Wie Gamow zeigte, bestand eine geringe Wahrscheinlichkeit, dass das Alphateilchen durch den Berg »tunneln« konnte, der es im Innern des Atomkerns festhielt, und sich anschließend plötzlich weit außerhalb des Kerns befand, von wo es infolge der elektrostatischen Abstoßung vom Kern fort den Hügel hinunterrollen konnte. Es erinnert mich an das Zen-Koan *Wie kommt die Ente aus der Flasche* (deren Hals zu eng ist, um der Ente die Flucht zu ermöglichen)? Antwort: *Die Ente ist draußen!* Mittels des quantenmechanischen Tunneleffektes gelangt das Teilchen also durch den Berg, und »das Alphateilchen ist draußen«. Das ist eine weitere Erkenntnis, für die Gamow den Nobelpreis verdient gehabt hätte.

Im Fall des Blasen-Universums steht das Bergtal für das ursprüngliche inflationäre Universum (an der Taille des De-Sitter-Raums) mit seiner hohen Vakuumenergiedichte. Gern würde es ewig in diesem extrem dichten, ewig expandierenden Zustand verharren, aber nach geraumer Zeit besteht eine gewisse Wahrscheinlichkeit, dass es durch den Berg tunnelt, wo es auf Meeresniveau hinabrollt, die Energie des Vakuums in Bewegungsenergie und in die Erzeugung gewöhnlicher Elementarteilchen umwandelt. Dieses Tunneln entspricht der augenblicklichen Bildung einer kleinen Blase mit einer Vakuumenergiedichte, die etwas niedriger ist als die Vakuumenergiedichte außerhalb der Blase. Daher ist der negative Druck außerhalb der Blase stärker als der negative Druck im Inneren der Blase. Durch diesen Unterschied wird die Blasenwand nach außen gezogen. Sie expandiert schneller und schneller, bis sie fast Lichtgeschwindigkeit erreicht. Inzwischen rollt im Inneren die Vakuumenergiedichte langsam den Hügel hinab auf Meeresniveau. Im Inneren der Blase setzt sich die Inflation noch eine Weile fort, während die Blase den Hügel hinabrollt. Wenn sie Meeresniveau erreicht und ihre Vakuumenergie in Form von Teilchen abgeladen hat, kommt die Inflation zum Stillstand, und die Friedmann-Phase beginnt. Nachdem mein Artikel erschienen war, veröffentlichten Andrei Linde sowie Andreas Albrecht und Paul Steinhardt unabhängig voneinander ähnliche Szenarien. Außerhalb der Blase bleibt der Vakuumzustand oben im Bergtal, und ein endloser, inflationärer Ozean setzt seine beschleunigte Expansion fort. Ich hatte die Geometrie und die Aspekte der Allgemeinen Relativitätstheorie untersucht, die an der Bildung von Blasen-

Universen beteiligt sind und zur Entstehung von »Multiversen« führen, wie wir heute sagen, während Linde sowie Albrecht und Steinhardt unabhängig voneinander detaillierte teilchenphysikalische Szenarien entwarfen, die die Bildung von Blasen-Universen möglich erscheinen ließen. In meinem Entwurf musste die Inflation noch eine Zeit lang im Inneren der Blase fortdauern, damit das Universum entstehen konnte, in dem wir heute leben. In den Entwürfen von Linde sowie Albrecht und Steinhardt geschah das von selbst, während die Vakuumenergiedichte in der Blase langsam den Hügel hinab auf Meeresniveau rollte. Später im Jahr 1982 veröffentlichte Stephen Hawking dann ein Papier, in dem er das Konzept des Blasen-Universums aufgriff und zeigte, dass anfängliche Quantenfluktuationen durch Inflation auseinandergezogen wurden, bis sie kosmologische Ausmaße erreicht und genau die Form hatten, die erforderlich war, um für die Entstehung von Galaxien und Galaxienhaufen im Universum zu sorgen.[22] Die Struktur, die anschließend in der kosmischen Hintergrundstrahlung und in der Galaxienverteilung beobachtet wurde (vgl. Kapitel 15), befindet sich in vollkommener Übereinstimmung mit diesen Vorhersagen der Inflationstheorie.

Obwohl die Möglichkeit besteht, dass ein benachbartes Blasen-Universum in der fernen Zukunft mit dem unseren kollidiert (vielleicht in 10^{1800} Jahren, und dabei einen plötzlichen Hot Spot erzeugte, dessen Strahlung wahrscheinlich alles dann noch vorhandene Leben töten würde), sind doch die meisten dieser anderen Universen im Multiversum durch einen Ereignishorizont für immer unseren Blicken entzogen. Sie sind so weit entfernt, dass ihr Licht die fortwährend inflationär expandierende Region zwischen uns und ihnen niemals überwinden kann. Heute scheint festzustehen, dass eine einmal in Gang gekommene Inflation nur schwer zum Stillstand zu bringen ist. Sie wird ewig weiter expandieren und ein Multiversum mit einer unendlichen Zahl von Universen wie dem unseren erschaffen. 1983 schlug Linde die *chaotische Inflation* vor, die ebenfalls ein Multiversum mit Taschen-Universen geringer Dichte in einem ewig expandierenden, inflationären Ozean hervorbringen würde. Lindes Modell der chaotischen Inflation setzte darauf, dass Quantenfluktuationen uns nach dem Zufallsprinzip durch die Landschaft treiben. Es besteht dann eine bestimmte Wahrscheinlichkeit, dass eine Quantenfluktuation uns in die Hügel oder Berge befördert, wo die Vakuumenergiedichte hoch ist.

Je größer die Höhe, desto stärker die Energiedichte und desto kürzer die Verdoppelungszeit der Expansion. In großen Höhen wird mehr Raum mit großer Vakuumenergiedichte in raschem Tempo durch die hohe Inflationsrate erzeugt. Daher reproduzieren Regionen sich in großer Höhe rascher. Es ist, als hätten die Menschen umso mehr Kinder, je höher sie wohnten. Nach einigen Generationen würden fast alle im Gebirge leben. Das ganze Multiversum wäre von einer extremen Inflation erfasst. Dann könnten einzelne Region ins Tal rollen und dort Miniatur-Universen wie das unsere bilden. Der größte Teil des Raumvolumens befände sich in rasch expandierenden Gebirgsregionen, aber immer wieder würden unten auf Meeresniveau solche Flecken (Miniatur-Universen) entstehen. Daher müssen wir nicht unbedingt in Bergtälern beginnen. In einer durchschnittlichen Landschaft können wir immer erwarten, dass sich Universen geringer Dichte wie das unsere in einem ewig expandierenden Multiversum bilden.

Obwohl wir diese anderen Universen im Multiversum nicht sehen können, haben wir gute Gründe für die Annahme, dass sie existieren, weil sie eine unausweichliche Vorhersage der Inflationstheorie zu sein scheinen, und weil diese Theorie eine Vielzahl von Beobachtungsdaten erklärt.

Die Inflationstheorie erhielt enormen Aufschwung, als die Satelliten WMAP und Planck ihre Ergebnisse lieferten. Die Stärke der auf verschiedenen Winkelskalen beobachteten Temperaturfluktuationen in der kosmischen Hintergrundstrahlung entspricht exakt dem Muster, das man aufgrund der Inflationstheorie erwartet (vgl. Abb. 15.3). Außerdem zeigten diese Beobachtungen auch, dass das Universum insgesamt eine Krümmung von annähernd null aufweist. In einem positiv gekrümmten Universum würden wir weniger Flecken in der Karte der kosmischen Hintergrundstrahlung entdecken, weil der Umfang eines Großkreises kleiner als der nach der euklidischen Geometrie erwartete Wert von $2\pi r$ wäre. Wäre das Universum negativ gekrümmt, wäre der Umfang größer als $2\pi r$; es gäbe mehr Flecken, und sie hätten eine geringere Winkelgröße, als nach der euklidischen Geometrie zu erwarten. Die Beobachtungen zeigen Temperaturfluktuationen, die bis etwa ein Winkelgrad groß sind. Das stimmt mit der Vorhersage für ein Universum mit der Krümmung null überein.

Das bedeutet insbesondere, dass wir das Vorzeichen der Krümmung nicht kennen. Die Krümmung des Universums ist so gering, dass wir sie nicht messen können. Unsere gegenwärtigen Daten zeigen mit einer Genauigkeit von knapp 1 Prozent, dass das sichtbare Universum flach ist. Ähnlich verhält es sich bei einem Basketballfeld, auch das sieht flach aus, obwohl es der Krümmung der Erde folgt. Der Radius der Erde ist einfach so viel größer als das Basketballfeld, dass dessen Krümmung nicht bemerkbar ist. Wir wissen, dass die Menschen die Erde früher für flach hielten, weil der winzige Teil der Erde, den sie überblicken konnten, in der Tat annähernd flach ist. Wir wissen lediglich, dass der Krümmungsradius des Universums viel größer ist als der Radius von 13,8 Milliarden Lichtjahren, bis zu dem wir sehen können – bis zur CMB. Guth hat mit Nachdruck darauf hingewiesen, dass das Universum, egal, wie seine Form ursprünglich war (ob positiv oder negativ gekrümmt), durch die Inflation auch bei Zugrundelegung der einfachsten Modelle hinreichend stark expandierte, um dabei viel größer zu werden als der Teil, den wir sehen können. Guth sagte vorher, wir würden ein annähernd flaches Universum entdecken, und er hatte recht. Wenn unser Universum ein Blasen-Universum ist, so heißt das einfach, das es seine Inflation noch lange Zeit innerhalb der Blase fortsetzt, während der Vakuumzustand nach dem Tunneln den Hügel hinabrollt. Eine »lange« Inflationsperiode von, sagen wir, 1000 Größenverdopplungen, könnte in nur 10^{-35} Sekunden vorüber sein, wenn die Verdopplungszeit 10^{-38} Sekunden beträgt. Dann wäre der Krümmungsradius des Universums 10^{274}-mal größer als der Ausschnitt, den wir überblicken können. Mit Sicherheit hätten wir den Eindruck, dass es flach wäre.

Heute werden kosmologische Modelle durch zwei Parameter definiert: Ω_m und Ω_Λ. Die Werte dieser Parameter bestimmen die Expansionsgeschichte des Universums und entscheiden, ob es endlich (wie eine 3-Sphäre) oder unendlich in seiner Ausdehnung ist. Der erste Parameter beschreibt die Materiedichte und ist durch $\Omega_m = 8\pi G\rho_m/3H_0^2$ gegeben, wobei G Newtons Gravitationskonstante ist, ρ_m die durchschnittliche Materiedichte im heutigen Universum (was sowohl die gewöhnliche als auch die Dunkle Materie einschließt), und H_0 die heutige Hubble-Konstante, die quantifiziert, wie rasch das Universum expandiert. Der Zähler ($8\pi G\rho_m$) beschreibt die Dichte des Universums (die Stärke der Gravitationsanziehung), während der Nenner des Bruchs ($3H_0^2$) die kinetische Energie der Expansion angibt. In einfachen Friedmann-Modellen, in denen nur Materie eine Rolle spielt, verrät uns Ω_m, ob das Universum ewig expandieren wird oder nicht: Bei $\Omega_m > 1$ überwindet die Gravitationsanziehung die kinetische Expansionsenergie, und das Universum wird letztlich kollabieren: Das ist die 3-Sphären-Football-Raumzeit von Friedmann, die in Abbildung 22.5 dargestellt ist. Wenn $\Omega_m < 1$, überwindet die kinetische Expansionsenergie die Gravitationsanziehung, und wir erhalten das negativ gekrümmte Friedmann-Universum, das ewig expandiert. Wenn $\Omega_m = 1$ ist, dann wiegt die kinetische Energie die Gravitationsanziehung genau auf, und das Modell ist flach; mit abnehmender Dichte expandiert es immer langsamer und langsamer, und die kinetische Energie der Expansion wird im Laufe der Zeit schwächer. Bei allen diesen Friedmann-Modellen ist $\Omega_\Lambda = 0$. Dort gibt es im leeren Raum keine Vakuumenergiedichte – alle diese Universen liegen am unteren Rand von Abbildung 23.5.

Wenn es heute aber eine Vakuumenergiedichte ungleich null gibt, müssen wir auch den Wert des zweiten Parameters einbeziehen, der die Vakuumenergiedichte beschreibt und gegeben ist durch $\Omega_\Lambda = 8\pi G\rho_{vak}/3H_0^2$, wobei ρ_{vak} die Vakuumenergiedichte (die Energiedichte der Dunklen Energie) im heutigen Universum ist. Das tiefgestellte Λ verwenden wir, um uns daran zu erinnern, dass sich die Dunkle Energie verhält wie Einsteins kosmologische Konstante Λ. Wir können die Gesamtheit der kosmologischen Modelle mit allen möglichen Kombinationen der Parameterwerte in einer Ebene darstellen. Die waagerechte Koordinate gibt den Wert von Ω_m (Materiedichte) an, während in senkrechter Richtung Ω_Λ (Vakuumenergiedichte) aufgetragen ist. In Abbildung 23.5 wird ein bestimmtes kosmologisches Modell durch einen Punkt mit waagerechten und senkrechten Koordinaten (Ω_m, Ω_Λ) wiedergegeben. Jeder solche Punkt steht für eine bestimmte Kombination der heutigen Parameterwerte für Materiedichte und Dunkle Energiedichte.

Wenn Ω_Λ ungleich null ist, erhalten wir Modelle, die die Diagrammfläche ausfüllen. Die rote Diagonale gibt die Menge aller Modelle an, für die $\Omega_0 = \Omega_m + \Omega_\Lambda = 1$ gilt, was bedeutet, dass sie flach sind, wie die Inflationstheorie es vorhersagt. Modelle links von der roten Linie sind sattelförmig und von unendlicher Ausdehnung, Modelle rechts von der roten Linie sind 3-Sphären-Universen. Die schwarzgepunktete, schlipsförmige Region zeigt Modelle, die mit den CMB-Daten aus dem Boomerang-Balloon-Projekt in der Antarktis übereinstimmen, einem sehr wichtigen frühen Experiment zu den Temperaturfluktuationen der Hintergrundstrahlung. Diese Region verläuft direkt an der roten Linie, woraus hervorgeht, dass die CMB-Daten für ein flaches Modell sprechen. Wir können die Möglichkeiten für ein kosmologisches Modell weiter einschränken, indem wir die Expansionsgeschichte des Universums direkt messen:

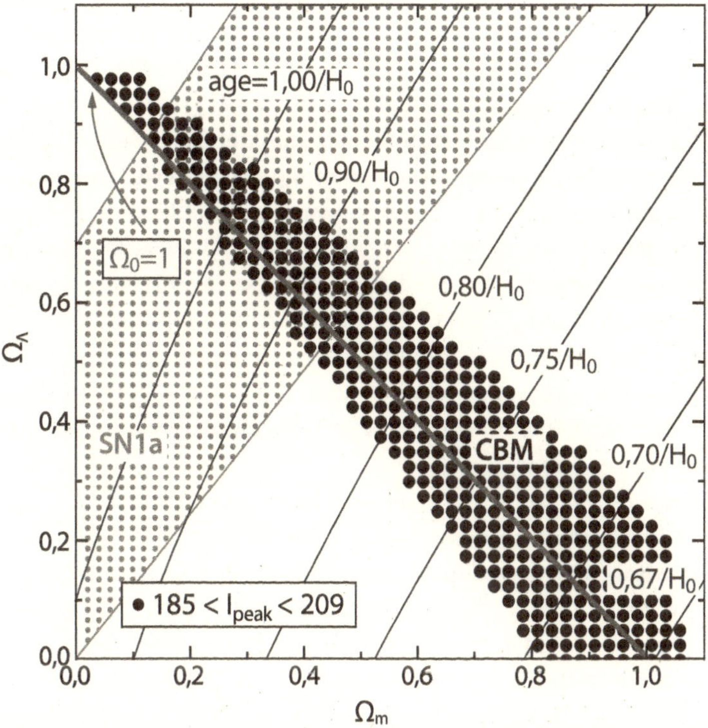

Abbildung 23.5: Kosmologische Modelle (Ω_m, Ω_Λ). Jeder Punkt in diesem Diagramm steht für ein eigenes kosmologisches Modell mit einem speziellen Wert für die Materiedichte (entsprechend dem horizontalen Koordinatenwert Ω_m) und für die Dunkle Energiedichte (entsprechend dem senkrechten Koordinatenwert Ω_Λ). Der grüngepunktete Bereich enthält all jene Modelle, die nach den Beobachtungen der Supernova vom Typ Ia (SN1a) zulässig sind und zeigt an, dass die Expansion sich beschleunigt. Der schwarzgepunktete Bereich enthält Modelle, die nach den Beobachtungen der kosmischen Hintergrundstrahlung durch das Boomerang-Ballon-Projekt im Jahr 2000 erlaubt sind. Eine der ersten Veröffentlichungen, die sowohl CMB als auch Supernovae-Beobachtungen berücksichtigte, lässt auf ein flaches Universum schließen ($\Omega_0 = \Omega_m + \Omega_\Lambda = 1$), wobei $\Omega_m \approx 0{,}3$ und $\Omega_\Lambda \approx 0{,}7$ ist. Dunkle Energie macht 70 Prozent des Universums aus. Nachfolgende Beobachtungen durch die Satelliten WMAP und Planck haben diese Schlussfolgerung nachdrücklich bestätigt. *Credit:* Manuela Amode, in Anlehnung an Abbildung MacMillan Publishers Ltd: *Nature*, 404, P. de Bernardis et al. 27. April 2000

Wir ermitteln die Beziehung zwischen Rotverschiebung und Abstand ferner Objekte. Dazu verwenden wir sogenannte Typ-Ia-Supernovae, die gute Standardkerzen sind; die Teilfläche in der (Ω_m, Ω_Λ)-Ebene, die mit den Ia-Supernovae-Beobachtungen vereinbar ist, haben wir hellgrün eingezeichnet. Aus diesen Daten geht hervor, dass die Expansion des Universums beschleunigt verläuft. Für diese Entdeckung teilten sich Saul Perlmutter, Brian Schmidt und Adam Riess 2011 den Nobelpreis für Physik. Die Expansion von Modellen mit $\Omega_\Lambda > \Omega_m/2$ beschleunigt heute noch, da die Gravitationsabstoßung der Dunklen Energie in solchen Fällen größer ist als die Gravitationsanziehung der Materie. Die Parameterwerte im grünen Bereich der Supernova-Daten erfüllen diese Ungleichheit und lassen darauf schließen, dass unser Universum gegenwärtig beschleunigt expandiert. (Modelle mit $\Omega_\Lambda < \Omega_m /2$ würden ihre Expansion heute verlangsamen.) Die schwarze Schlips-Region überlagert die grüne Region, sodass rund um die Werte Ω_m, $\approx 0{,}30$ und $\Omega_\Lambda \approx 0{,}70$ eine kleine Schnittmengen-Fläche entsteht. Die darin befindlichen Parameterwerte sind sowohl mit den CMB-Daten als auch mit den Supernova-Daten vereinbar.

Interessanterweise stimmt diese Schnittregion mit dem Wert von $\Omega_m \approx 0{,}30$ überein, zu dem man aufgrund dynamischer Rückschlüsse aus der Masse der Galaxienhaufen, individuellen Galaxienbewegungen und dem Strukturwachstum im Universum gelangt ist. Dazu gehören sowohl gewöhnliche Materie (Baryonen – Protonen und Neutronen) und Dunkle Materie. Da wir wissen, dass die Hubble-Konstante annähernd 67 (km/s)/Mpc beträgt, können wir Ω_m und Ω_{Baryon} auch direkt bestimmen, nämlich indem wir die relativen Höhen der geraden und ungeraden Maxima in Abbildung 15.3 messen. Die Antwort lautet: $\Omega_{Baryon} \approx 0{,}05$ und $\Omega_m \approx 0{,}30$.

Dieses Ergebnis der CMB-Beobachtung deckt sich mit dem Resultat $\Omega_{Baryon} \approx 0{,}05$ aus den an Gamow angelehnten Nukleosynthese-Argumenten, die wir in Kapitel 15 erörtert hatten und die uns zeigten, dass der größte Teil der Materie im Universum in Form von Dunkler Materie vorliegt ($\Omega_{Dunkle\text{-}Materie} \approx 0.25$), die nicht aus gewöhnlicher Materie (Baryonen) bestehen kann. Wie Michael berichtet hat, wird derzeit intensiv daran geforscht herauszufinden, was es mit der Dunklen Materie im Einzelnen auf sich hat.

Die blauen Linien in Abbildung 23.5 geben das Alter des Universums in Vielfachen von $1/H_0$ an. Das favorisierte kosmologische Modell befindet sich nahe der Linie mit der Kennzeichnung »Alter = $1/H_0$«.

Seit den Boomerang-Ergebnissen aus dem Jahr 2000 hat der WMAP-Satellit die kosmische Hintergrundstrahlung äußerst genau vermessen und die Boomerang-Abschätzungen erheblich verfeinert. Auf dieser Grundlage hat man ein kosmologisches Modell entwickelt, das alle Beobachtungen erklärt. Der Planck-Satellit hat diese Schätzungen noch weiter verbessert – $H_0 = 67$ (km/s)/Mpc; Alter des Universums = 13,8 Milliarden Jahre; und ein Wert von $\Omega_m + \Omega_\Lambda = 1$ innerhalb der Beobachtungsfehler, mit einer Genauigkeit von weniger als 1 Prozent und daher gut vereinbar mit einem flachen Modell.

Als man die WMAP-Ergebnisse mit den Supernova-Beobachtungen und anderen Daten kombinierte, war man sogar in der Lage, die Expansionsgeschichte des Universums nachzuzeichnen und durch Anwendung der Einsteinschen Gleichungen den *Quotienten aus Druck und Energiedichte* der Dunklen Energie zu bestimmen, ein Schlüssel-Parameter, der mit dem Buchstaben w bezeichnet wird. Der Wert, den WMAP ermittelte, war $w_0 = 1{,}073 \pm 0{,}09$, was innerhalb der Fehlergrenzen gut zu dem Wert von 1 passt, den Einsteins Modell mit der kosmologischen Konstante vorhergesagt hatte. Der Planck-Satellit kam zu einer ähnlichen Schätzung. Unlängst hat der Sloan Digital Sky Survey den aktuellen Wert von w ermittelt: $w_0 = -0{,}95 \pm 0{,}07$, indem er Daten über die Haufenbildung bei Galaxien und eine geeignete Formel verwendete, die von Zack Slepian und mir entwickelt worden war. Mithilfe derselben Daten und derselben Formel, aber unter Hinzunahme der Auswirkungen des Gravitationslinseneffekts von Vordergrund- auf Hintergrundgalaxien kam das Team des Planck-Satelliten zu dem Wert $w_0 = -1{,}008 \pm 0{,}068$. Alle diese Schätzungen passen innerhalb der Beobachtungsfehler zu dem Wert $w = 1$, den wir für die Vakuumenergie (Dunklen Energie) erwarten. Wir wissen, dass die Energiedichte der Dunklen Energie positiv ist, weil positive Energiedichte zusätzlich zur Energiedichte von gewöhnlicher und Dunkler Materie erforderlich ist, um das flache Universum zu erzeugen, das wir beobachten. Wir wissen auch, dass der Druck der Dunklen Energie negativ ist, denn da die Energiedichte der Dunklen Energie positiv sein muss, kann nur ein negativer Druck der Dunklen Energie die Gravitationsabstoßung hervorrufen, die erforderlich ist, um die beschleunigte Expansion des Universums zu bewirken, die wir beobachten. Wir können sogar die Größe dieses negativen Drucks bestimmen; sie beträgt im Rahmen der Messgenauigkeit –1-mal der Energiedichte der Dunklen Energie. Einstein wäre glücklich! Seine kosmologische Konstante war am Ende doch keine Eselei!

Manchmal heißt es, Dunkle Energie sei eine rätselhafte Kraft, die die beschleunigte Expansion des heutigen Universums bewirke, oder auch, wir wüssten gar nichts über Dunkle Energie. Das stimmt so nicht. Die Kraft, die die beschleunigte Expansion des Universums verursacht, ist einfach die Gravitation. Und sie wirkt abstoßend wegen des negativen Druckes, der mit der Dunklen Energie assoziiert ist. Wir sind uns ziemlich sicher, dass die Dunkle Energie auf der rechten Seite von Einsteins Gleichungen erscheint, zusammen mit dem Stoff, aus dem das Universum ist, und nicht auf der linken Seite der Gleichungen als Teil des Gravitationsgesetzes, weil wir annehmen, dass im frühen Universum eine andere (höhere) Menge an Dunkler Energie vorhanden war und die Inflation bewirkt hat. Nach dieser Auffassung ist Dunkle Energie eine Form der Vakuumenergie, die durch ein Feld oder Felder hervorgerufen wird, aber wir wissen nicht, durch welche. Wir wissen, dass die Menge an Dunkler Energie im Laufe der Zeit ungefähr gleich bleibt, aber wir haben keine Ahnung, ob sie langsam fällt (den Hügel hinabrollt) oder steigt (den Hügel hinaufrollt). All diese Fragen sind Gegenstand gegenwärtiger Forschung.

Das Team des Sloan Digital Sky Survey konnte eine genaue Schätzung der Hubble-Konstante liefern, wobei es eine charakteristische Skala ausnutzte, die man aus der Haufenbildung von Galaxien ablesen kann – analog zu den Oszillationen in den Fluktuationen der kosmischen Hintergrundstrahlung in Abbildung 15.3. Auf diese Weise konnte man die durch die Cepheiden etablierte Abstandsskala vermeiden, während man die Veränderungen der Hubble-Konstante mit der Zeit durch Supernova-Daten detailliert erfasste. Heraus kam ein Wert von $H_0 = 67{,}3 \pm 1{,}1$ (km/s)/Mpc. Das bedeutet, dass die Dichte der Dunklen Energie ungefähr $6{,}9 \times 10^{-30}$ Gramm pro Kubikzentimeter beträgt. Würden wir eine Kugel mit uns als Mittelpunkt und einem Radius gleich dem der Mondbahn zeichnen, betrüge die Masse, die der in dieser Kugel enthaltenen Dunklen Energie äquivalent wäre, 1,6 Kilogramm – vernachlässigbar klein im Vergleich mit der Masse der Erde. Diese Masse ist so klein, dass wir ihren geringfügigen gravitativen Effekt und den minimalen gravitativen Abstoßungseffekt ihres negativen Drucks auf die Bahn des Mondes nicht bemerken. Auf kosmologischen Größenskalen dagegen, wo die durchschnittliche Dichte der Materie nur bei 3×10^{-30} Gramm pro Kubikzentimeter liegt, hat die Dunkle Energie entscheidende Auswirkungen.

Das kosmologische Modell mit so hoher Messgenauigkeit zu bestimmen ist eine bemerkenswerte Leistung. Die Satelliten WMAP und Planck haben exakt gemessen, welche Wirkung die Fluktuationen abhängig von der Winkelskala in der kosmischen Hintergrundstrahlung haben, und dabei eine außergewöhnlich detaillierte Übereinstimmung mit den Vorhersagen der Inflationstheorie erzielt (wie die Abb. 15.3 zeigt). Das ist eine spektakuläre experimentelle Bestätigung der Inflationstheorie. Und die Dunkle Energie, die wir heute sehen, besitzt genau die Form – wenn auch bei sehr viel geringerer Dichte –, die für eine Inflation im frühen Universum erforderlich war.

Unlängst hat man einen neuen, unabhängigen Test der Inflationstheorie vorgeschlagen. Wenn die Inflation das Universum veranlasst, seine Größe annähernd einmal in 10^{-38} Sekunden zu verdoppeln, konnte man damals nur 10^{-38} Lichtsekunden oder 3×10^{-28} Zentimeter weit sehen. Diese Entfernung ist winzig. Nach dem Heisenbergschen Unbestimmtheitsprinzip geht dieser Umstand zwingend mit Fluktuationen in der Geometrie der Raumzeit einher, die sich gemäß Einsteins Gleichungen mit Lichtgeschwindigkeit ausbreiten – als Gravitationswellen. Diese würden ein charakteristisches Wirbelmuster in der Polarisation der kosmischen Hintergrundstrahlung hinterlassen, das man im Prinzip messen können müsste. Bislang konnten diese Wellen allerdings noch nicht nachgewiesen werden. Die besten Obergrenzen des Planck-Satelliten plus der erdgestützten Experimente Keck und BICEP2 liegen etwas unterhalb der Vorhersage des einfachsten chaotischen Inflationsmodells von Linde. Die Amplitude der erzeugten Gravitationswellen hängt von der genauen Form des Hügels ab, den man hinunterrollt (vgl. Abb. 23.4). Das Inflationsmodell, das nach Einschätzung des Planck-Teams den Daten am besten entspricht, stammt von Alexei Starobinsky; dort beträgt die Verdopplungszeit am Ende der Inflationsepoche 3×10^{-38} Sekunden, im Vergleich dazu liegt die Verdopplungszeit im einfachsten Linde-Modell bei 5×10^{-39} Sekunden. Diese sechsmal weniger heftige Expansion riefe Gravitationswellen von sechsmal geringerer Amplitude hervor, weit unterhalb der gegenwärtigen Nachweisgrenzen. Gegenwärtig laufen eine Anzahl von Beobachtungsprojekten, darunter Experimente mit Forschungsballons in großen Höhen sowie mit einem erdgestützten Teleskop in der Antarktis, die die Beobachtungsfehler verringern und genauere Tests der Inflationsmodelle ermöglichen sollen. Gespannt warten die Astronomen auf die Ergebnisse, um zu sehen, ob diese Beobachtungen ein neues Fenster zum frühen Universum aufstoßen können.

In Hinblick auf das gegenwärtige Universum kam unter all den Astronomen, die früh im 20. Jahrhundert arbeiteten, Georges Lemaître der Wahrheit am nächsten. 1931 schlug er ein Modell vor, in dem das Universum mit einem Urknall begann und dann wie ein Friedmann-Modell expandierte, bis es in eine Ruhephase eintrat, während der die kosmologische Konstante die Materiedichte fast genau ausglich und damit eine Zeit lang näherungsweise Einsteins statischem Modell glich, bis es seine Expansion wieder aufnahm. In dieser Phase begann die kosmologische Konstante die Überhand über die ausgedünnte Materie zu gewinnen. Das Raumzeitdiagramm dieses Modells sieht wie der Beginn der unteren Hälfte eines Footballs aus (Friedmann-Phase), dann folgt ein Zylinder (die statische Einstein-Phase), und schließlich der Trichter einer Trompete (De-Sitter-Raum-Phase). Von der Ruhephase in der Mitte abgesehen, hatte Lemaître alles richtig vorhergesehen. Er hat als Erster eine Expansionsrate für das Universum errechnet, indem er die von Hubble bestimmten Entfernungen der Galaxien mit Sliphers Rotverschiebungen kombinierte. Von ihm stammt auch die These, dass Einsteins kosmologische Konstante als ein Vakuumzustand mit positiver Energiedichte und negativem Druck betrachtet werden könne. Nicht schlecht für ein einziges Forscherleben!

Mit bemerkenswertem Erfolg hat die Inflationstheorie die Struktur des Universums, das wir sehen, erklärt. Wir wissen nicht wirklich, wie die Inflation begann, weil die Inflation ihre Anfangsbedingungen »vergisst«, wenn das Universum exponentiell expandiert und dabei alle ursprünglichen Inhaltsstoffe ausdünnt. Aber es gibt verschiedene Spekulationen über mögliche Anfänge der Inflation.

Der Inflation genügt für den Beginn ihrer Expansion ein Universum, das lediglich aus der winzigen »Taille« einer De-Sitter-3-Sphäre mit einem Umfang von vielleicht 3×10^{-27} Zentimeter besteht. Aber woher kommt *das*? Alex Wilenkin dachte, es könnte durch Quantentunneln entstehen, einen Prozess, der dem bei der Bildung eines Blasen-Universums gleicht. Dabei entspricht der in einem Bergtal ruhenden Kugel ein 3-Sphären-Universum von der Größe null. Die Kugel tunnelt durch den Berg und befindet sich plötzlich draußen auf dem Abhang. Das ist nach Wilenkin einem 3-Sphären-Universum von endlicher Größe vergleichbar – der De-Sitter-Taille. Wenn die Kugel anschließend den Hügel hinabrollt, entspricht diese Phase dem De-Sitter-Trichter. Wie würde das Raumzeitdiagramm dieses Universums aussehen?

Wilenkin zeigte, dass es eher wie ein Federball aussähe (vgl. Abb. 23.6). Der Fleck unten ist das punktartige Universum der Größe null am Anfang. Das befiederte, trichterförmige Oberteil des Federballs ist die De-Sitter-Expansion am Ende. Die Verbindung zwischen dem Fleck unten dem auffälligen Trichter oben ist eine schwarze Halbkugel. Sie entspricht der Geometrie beim Durchtunneln des Bergs. Der Aufenthalt im »Untergrund« während des Tunnelns bewirkt die Umkehrung des Vorzeichens vor der Zeitdimension: Die Zeit wird dabei zu noch einer weiteren raumartigen Dimension. Die Halbkugel ist eine halbe 4-Sphäre mit vier Dimensionen des Raums und keiner Zeitdimension. In dieser Region ticken keine Uhren: Das Tunneln geschieht in einem einzigen Augenblick. Eben lag sie noch im Bergtal, und plötzlich ist sie draußen. James Hartle und Stephen Hawking entwarfen ein ganz ähnliches Modell, gingen aber von der Idee aus, der Punkt ganz am unteren Ende des halbkugeligen Anfangs – also der Südpol – unterscheide sich nicht von anderen Punkten auf der Oberfläche. Er gleiche allen diesen Punkten der Oberfläche aufs Haar. Es verhält sich mit ihm wie mit dem Südpol auf der Erde, der auch keinen grundlegenden Unterschied zu den anderen Punkten auf der Erdoberfläche aufweist. Das Universum hat dort unten keinen Rand – Hawking nannte es die *Kein-Rand-Bedingung*. Er erklärte, diese frühe Region habe eine *imaginäre* Zeit gehabt. Die imaginäre Zahl i ist die Quadratwurzel aus -1. Normalerweise lautet die Formel $ds^2 = -dt^2 + dx^2 + dy^2 + dz^2$, aber wenn wir eine imaginäre Zeit it betrachten und $i^2 = 1$ berücksichtigen, dann wird $d(it)^2$ zu $+dt^2$, sodass die Formel jetzt lautet $ds^2 = dt^2 + dx^2 + dy^2 + dz^2$. Imaginäre Zeit hört sich gespenstisch an, aber sie verwandelt die Zeit einfach in eine weitere gewöhnliche Dimension des Raums. Dann haben wir vier Dimensionen des Raums in dieser Region anstelle von drei Dimensionen des Raums und einer Zeit.

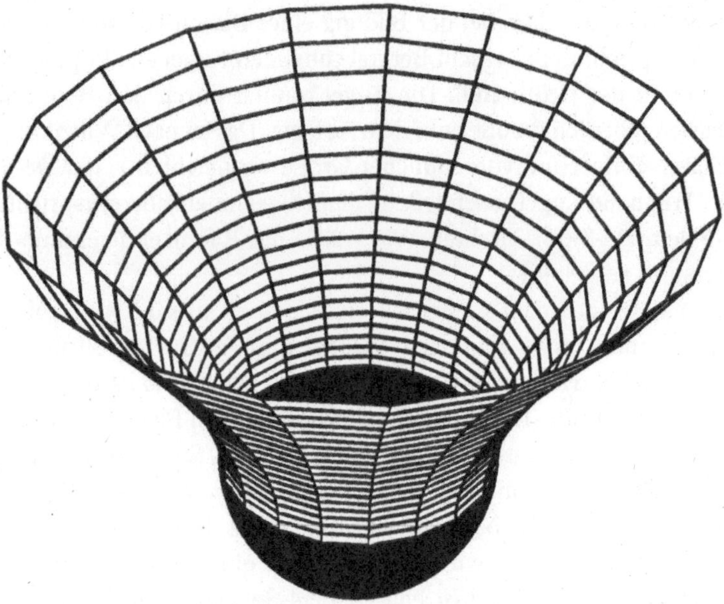

Abbildung 23.6: Das Raumzeitdiagramm eines Universums, das aus dem Nichts getunnelt ist. *Credit:* Leicht verändert übernommen von J. Richard Gott (*Zeitreisen in Einsteins Universum*, Reinbek 2002)

Quantentunneln ist zweifellos äußerst seltsam. Aber wir suchen auch nach seltsamen Ereignissen am Anfang des Universums, weil das, was dann passierte, wahrhaft bemerkenswert war. Vielleicht ist es ja der Tunneleffekt gewesen. Aber wir fangen nicht wirklich mit nichts an. Wir beginnen mit einem Quantenzustand, der einem Universum von der Größe null entspricht, der bereits alles über die Gesetze der Physik und der Quantenmechanik weiß. Wie kann Nichts etwas über die Gesetze der Physik wissen? Die physikalischen Gesetze sind einfach die Regeln, nach denen sich aller Stoff bewegt; wenn überhaupt kein Stoff vorhanden ist, was bedeuten dann die Gesetze der Physik? Das ist eines der Probleme, vor denen wir stehen, wenn wir versuchen, ein Universum aus dem Nichts zu erschaffen.

Inzwischen hatte Andrei Linde herausgefunden, dass ein inflationäres Universum mittels Quantenfluktuation ein weiteres inflationäres Universum hervorbringen kann. Ein inflationärer De-Sitter-Trompetentrichter könnte einen anderen inflationären Trichter erzeugen, der wie ein Spross aus ihm herauswüchse – wie ein Ast aus einem Baum. Tatsächlich bläht sich dieser Zweig inflationär auf und entwickelt sich zu einem weiteren Stamm, der selber Äste ausbilden kann. Unablässig bilden Zweige andere Zweige aus und erzeugen auf diese Weise einen unendlichen fraktalen Baum aus Universen, die sich alle von dem Urstamm herleiten. Jeder einzelne Ast ist ein Trichter, der Blasen-Universen hervorbringen kann (vgl. Abb. 23.3). Danach würden wir in einem der Äste eines Blasen-Universums leben, aber trotzdem könnten Sie natürlich fragen: Woher kommt der ursprüngliche Stamm?

Li-Xin Li und ich haben versucht, diese Frage zu beantworten. Unser Vorschlag lautete, dass einer der Äste sich in der Zeit zurückkrümmte und daraus dann der ursprüngliche Stamm wuchs. Eine bildliche Darstellung unseres Modells finden Sie in Abbildung 23.7. Im oberen Bereich sehen wir vier trichterförmige inflationäre De-Sitter-Universen, die von links nach rechts die Bezeichnung 1, 2, 3 und 4 tragen. Universum 2 erzeugt Universum 1. Universum 2 erzeugt Universum 3. Universum 3 erzeugt Universum 4. Universum 4 ist das Enkeluniversum von Universum 2. Diese Zweige werden weiter expandieren und unendlich viele weitere Zweige hervorbringen. Dabei treffen sie einander nicht – stellen Sie sich vor, sie verfehlten einander in irgendeinem höherdimensionalen Raum. In diesem Raumzeitdiagramm ist wie in früheren Diagrammen nur die gezeigte Oberfläche real.

Kommen wir jetzt zu dem überraschendsten Merkmal des Modells: Universum 2 bildet einen weiteren Zweig aus, der sich in der Zeit zurückkringelt und zum Stamm des ganzen Ensembles heranwächst. Es bringt am Anfang eine kleine Zeitschleife hervor, die wie die Schleife in der Zahl »6« aussieht. Universum 2 ist seine eigene Mutter! Wie bereits dargelegt, erlaubt die Allgemeine Relativitätstheorie Schleifen in der Raumzeit. In diesem Modell gibt es keine Krümmungssingularitäten. Wir konnten für dieses Universum einen Quanten-Vakuumzustand finden, der selbstkonsistent und stabil ist. Die Zeitschleife hat einen Cauchy-Horizont, der die Grenze festlegt, ab der keine Zeitreisen mehr möglich sind. In einem Winkel von 45 Grad schneidet er den Stamm unmittelbar über der Stelle, an welcher der Zweig den Baum verlässt. Sie können in der Schleife des unteren Teils der »6« so lange kreisen, wie Sie wollen, aber wenn Sie sich über die Abzweigung hinaus in den oberen Bereich der »6« begeben, gibt es kein Zurück mehr. Solange Sie sich vor dem Cauchy-Horizont befinden, können

Sie aus dem Zweig hinaus und in der Zeit zurückgehen, um die Schleife ein weiteres Mal zu durchlaufen, sodass Sie in der Lage sind, sich selbst in der Vergangenheit zu begegnen, doch sobald Sie den Cauchy-Horizont überquert haben, bewegen Sie sich unaufhaltsam aufwärts in einen der oberen Trichter hinein. Dieses Universum hat am Anfang eine kleine Zeitmaschine, die ihre Funktion rasch einstellt. Merkwürdigerweise ist die Inbetriebnahme einer solchen Zeitmaschine stabil, was ihren Bau zu Anfang des Universums erleichtert.

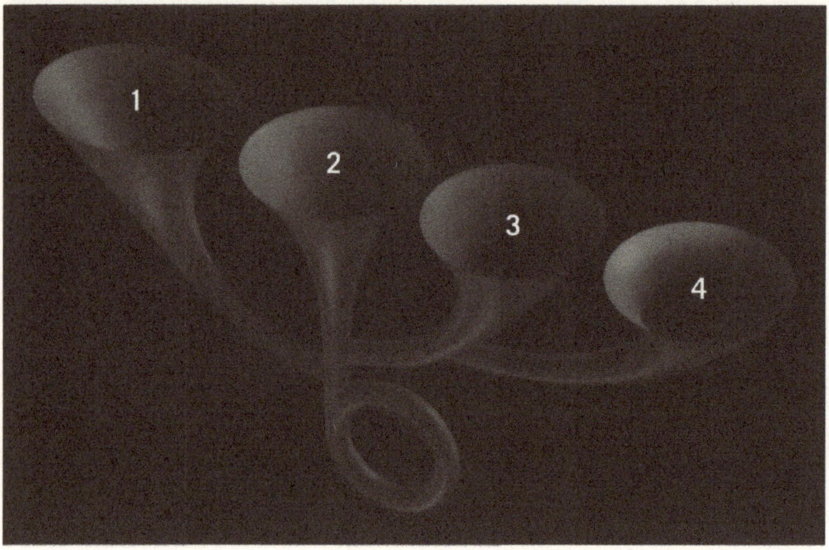

Abbildung 23.7: Das sich selbst erschaffende Universum nach Gott und Li. Die Schleife unten stellt eine Zeitmaschine dar; das Universum gebiert sich selbst. *Credit:* Richard Gott, Robert J. Vanderbei, »Sizing Up the Universe«, *National Geographic*, 2011

Das ist interessant, weil der Anfang des Universums genau der Punkt ist, wo sich die Zeitmaschine befinden sollte, wenn wir das Problem der Ersten Ursache lösen möchten. Jedes Ereignis in diesem Universum hat Ereignisse, die ihm vorausgegangen sind. Wenn Sie sich an einem beliebigen Punkt der Zeitschleife befinden, gibt es immer Ereignisse, die gegen den Uhrzeigersinn gesehen vor Ihnen auf der Schleife liegen und die Sie auf die übliche kausale Weise hervorgebracht haben. Dieses Multiversum hat eine endliche Vergangenheit, aber kein frühestes Ereignis. Das kann in einer gekrümmten Raumzeit der Allgemeinen Relativitätstheorie schon mal passieren.

Dieses theoretische Modell würde wohl auch gut in die Superstringtheorie passen. Die Superstringtheorie oder M-Theorie geht von einer elfdimensionalen Raumzeit aus, die aus einer makroskopischen Dimension der Zeit, drei makroskopischen Dimensionen des Raums und sieben zusätzlichen räumlichen Dimensionen besteht, die – ganz im Sinne von Kaluza und Klein – aufgerollt und mikroskopisch sind. Die komplexe mikroskopische Form legt die physikalischen Gesetze fest. Interessanterweise lässt die Inflationstheorie darauf schließen, dass die drei makroskopischen Dimensionen des Raums, die wir heute sehen, ursprünglich fast genauso klein waren wie die mikroskopischen Kaluza-Klein-Dimensionen: eine De-Sitter-Taille von vielleicht 3×10^{-27} Zentimetern. Dieser mikroskopische De-Sitter-Umfang hat sich mit der Expansion des Universums gewaltig aufgebläht. Ursprünglich gab es zehn aufgewickelte, mikroskopisch kleine Dimensionen des Raums; sieben blieben aufgewickelt und winzig, während drei sich von Anfang an aufgebläht haben. Wir (Gott und Li) gehen in unserem Modell von der Annahme aus, dass auch die Zeit ursprünglich in einer mikroskopischen Zeitschleife aufgewickelt war. Die Zeitschleife mag einen Umfang in der Zeit (im Uhrzeigersinn um die Schleife herum) von nicht mehr als vielleicht 5×10^{-44} bis 10^{-37} Sekunden gehabt haben, wenn ihr der von uns vorgeschlagene selbstkonsistente Quanten-Vakuumzustand zugrunde liegt. In der Zeitschleife sind alle zehn räumlichen und die zeitliche Dimension aufgewickelt und winzig.

Einer der großen Vorzüge der Inflationstheorie ist der Umstand, dass ein kleines Stück inflationären Vakuumzustands zu einem großen Volumen expandiert, in dem jedes kleine Stück dann wieder genauso aussieht wie dasjenige, mit dem alles begann. Wenn eines dieser kleinen Stücke dasjenige *ist*, mit dem alles begann, haben wir es mit einer Zeitschleife zu tun. Daher ist nach unserer Theorie das Universum nicht aus Nichts entstanden, sondern aus Etwas, nämlich aus einem kleinen Stück seiner selbst. Auf diese Weise kann das Universum seine eigene Mutter sein. Die Zeitreise ist etwas Ungewöhnliches, das aber von der Allgemeinen Relativitätstheorie offenbar erlaubt wird; vielleicht ist es gerade das, was wir brauchen, um zu erklären, wie das Universum begann.

Heute würde ich sagen, die Inflationstheorie befinde sich in einem sehr guten Zustand. Sie erklärt auf das Genaueste die Fluktuationen, die wir in der kosmischen Hintergrundstrahlung sehen (vgl. Abb. 15.3). Wenn

Sie daran zweifeln, dass eine solche Inflation stattgefunden hat, denken Sie daran, dass wir heute auch eine – wenn auch weit schwächere – Inflation erleben. Die Expansion des Universums beschleunigt sich, höchstwahrscheinlich infolge eines Vakuumzustands niedriger Dichte (Dunkle Energie) mit einer Dichte von 6,9 × 10^{-30} Gramm pro Kubikzentimeter. Die Inflation verfügt im frühen Universum über eine große Menge an Dunkler Energie. Die Inflation scheint zwangsläufig auf die Produktion eines Multiversums hinauszulaufen. Doch wie sicher sind sich die Forscher dieses Aspekts? Einmal wurde Sir Martin Rees (der britische Hofastronom) auf einer Konferenz gefragt, wie sicher er sich sei, in einem Multiversum zu leben. Er antwortete, zwar sei er nicht bereit, sein Leben darauf zu verwetten, aber das seines Hundes schon. Linde stand auf und sagte, da er sich Jahrzehnte seines Lebens mit der Multiversum-Theorie beschäftigt und sie bewiesen habe, würde er sein Leben darauf verwetten. Darauf der Nobelpreisträger Steven Weinberg: Er sei bereit, Lindes Leben und das des Hundes von Martin Rees darauf zu verwetten!

Wie hat die Inflation angefangen? Das wissen wir nicht. Ist sie durch Quantentunneln aus dem Nichts entstanden (vielleicht das meistpropagierte Modell), oder noch seltsamer, gab es eine kleine Zeitschleife zu Beginn? Nach einer Spekulation von Pedro González-Díaz würden sich die beiden Modelle möglicherweise als identisch erweisen, sobald wir eine echte Theorie der Quantengravitation hätten. Spekulativ ist auch die Vermutung von Paul Steinhardt und Neil Turok, dass es zum Urknall kommt, wenn zwei in einer elfdimensionalen Raumzeit schwebende Universen kollidieren und sich dadurch plötzlich stark erwärmen. Das könnte sogar zu wiederholten Urknallen führen. (Das wäre so, als schlügen zwei Bögen Papier – die Flachländer-Universen darstellen – wiederholt im dreidimensionalen Raum zusammen. Im Prinzip könnte so etwas in der M-Theorie passieren.) Lee Smolin wiederum denkt, unser Universum könnte in einem früheren Universum im Inneren eines Schwarzen Lochs entstanden sein. Als ein Stern zu einem großen Schwarzen Loch zusammenstürzte, wuchs seine innere Dichte unaufhörlich an, bis ein extrem dichter Vakuumzustand erreicht war, dessen Gravitationsabstoßung ihn veranlasste, eine De-Sitter-Taille auszubilden und anschließend in einen inflationär expandierenden Zustand überzugehen, der, wie Claude Barrabes und Valeri Frolov darlegten, ein Multiversum erzeugen könnte. All das würde sich im Inneren des entstehenden Schwarzen Lochs abspielen. Die lächelnde Singularität im Kruskal-Diagramm würde durch den Beginn einer expandierenden De-Sitter-Phase ersetzt.

Das sind einige der spekulativen Ideen, die Physiker erforschen, um eine Antwort auf die letzte Frage zu finden: Wie hat das Universum begonnen? Unter diesen Alternativen wird augenblicklich wohl das Tunneln aus dem Nichts bevorzugt, aber im Grunde genommen wissen wir nicht, welcher dieser Entwürfe richtig ist. Vielleicht erschließt sich uns die Antwort, wenn wir eine »Theorie von Allem« finden, die die Allgemeine Relativitätstheorie und die Quantenmechanik sowie die starke, schwache und elektromagnetische Kraft vereinigt und auf diese Weise alle Gesetze der Physik beinhaltet. Wenn wir die Gleichungen der »Theorie von Allem« kennen, werden wir sehen, zu welchen kosmologischen Lösungen sie führen. Das ist der Grund, warum wir Grundlagenforschung in der Physik betreiben. Wir suchen nach Anhaltspunkten, die uns sagen, wie das Universum funktioniert, und vielleicht auch, wie es begonnen hat.

24

UNSERE ZUKUNFT IM UNIVERSUM

J. RICHARD GOTT

In diesem Kapitel geht es um die Zukunft des Universums. Ich werde herausragende Ereignisse in der Geschichte des Universums – vergangene ebenso wie zukünftige – auf einem Zeitstrahl eintragen. Dabei wird es um gewaltige Zeiträume in der Zukunft ebenso gehen wie um extrem kurze Zeitintervalle im frühen Universum. Was ist der früheste Zeitpunkt im frühen Universum, über den wir sinnvollerweise sprechen können?

Um diese Frage zu beantworten, müssen wir uns zunächst mit zwei verwandten Fragen auseinandersetzen: Wie groß ist der kürzeste Zeitraum, den wir messen können? Welches ist die schnellstmögliche Uhr, die ich mir vorstellen kann? In jeder Uhr, selbst einer Quarzuhr, muss sich etwas hin- und herbewegen wie das Pendel in einer Standuhr. Wenn ich die schnellstmögliche Uhr haben möchte, brauche ich die Sache, die am schnellsten hin- und herzubewegen ist. Was könnte ich verwenden? Licht! Licht ist das schnellste Etwas, das ich hin- und herschicken kann. Tatsächlich brauche ich lediglich die Lichtuhr aus Abbildung 17.1, mit zwei Spiegeln und einem Lichtstrahl, der zwischen ihnen hin- und hergeworfen wird. Was kann ich tun, wenn ich möchte, dass sie schneller tickt? Die beiden Spiegel näher zusammenschieben. Je näher sich die beiden Spiegel kommen, desto schneller tickt die Uhr. In meiner Uhr wird es genau ein Photon geben, das zwischen den Spiegeln hin- und herprallt.

Was geschieht, wenn ich meine Uhr sehr klein mache? Dann habe ich ein Problem. Zumindest eine Wellenlänge λ meines Photons muss noch in die Uhr passen. Wenn der Abstand zwischen den Spiegeln meiner Uhr L ist, darf ich meine Uhr nicht kleiner machen als $L = \lambda$. Die Beziehung zwischen der Wellenlänge und der Frequenz des Photons ist gegeben durch $\lambda = c/\nu$. Je kleiner die Wellenlänge ist, desto höher muss die Frequenz sein. Wenn ich die Größe meiner Uhr L verringere, muss ich die Wellenlänge des Photons reduzieren, damit sie hineinpasst, daher muss ich die Frequenz meines Photons erhöhen. Erhöhung seiner Frequenz heißt Erhöhung seiner Energie, weil ein Photon die Energie $E = h\nu$ hat. Auch Einsteins Gleichung $E = mc^2$ dürfen wir nicht vergessen. Die Energie des Photons entspricht einer bestimmten Masse. Wenn ich also meine Uhr kleiner mache, steigt die Energie des Photons, und die Masse der Uhr nimmt zu. Schließlich wächst die Masse der Uhr soweit an, dass ihre Größe L ihren eigenen Schwarzschild-Radius unterschreitet und die Uhr zu einem Schwarzen Loch wird! Wenn ich mich zu sehr bemühe, eine Uhr herzustellen, die besonders schnell tickt, wird sie auf diese Weise zu einem Schwarzen Loch kollabieren, sobald ihre Länge ungefähr $L = 1{,}6 \times 10^{-33}$ Zentimeter beträgt und sie einmal in $5{,}4 \times 10^{-44}$ Sekunden tickt. Diese Zeit nennen wir die Planck-Zeit. Das ist der kürzeste Zeitraum, den man messen kann. Von der Länge $L = 1{,}6 \times 10^{-33}$ Zentimeter haben Sie bereits gehört. Ich habe gesagt, dass die Größe der Singularität im Zentrum des Schwarzschild-Lochs nicht genau gleich null ist – in Wahrheit liegt sie bei einem Durchmesser von rund $1{,}6 \times 10^{-33}$ Zentimeter, da sie von Quanteneffekten etwas verschmiert wird. Diese Länge heißt Planck-Länge, und sie ist die kürzeste Strecke, die man überhaupt messen kann. Als ich erklärte, dass der Umfang der räumlichen Zusatzdimensionen, die in der Stringtheorie eine Rolle spielen, in der Größenordnung von 10^{-33} Zentimetern liegen dürfte, handelte es sich ebenfalls um die Planck-Länge.

Man kann keine Zeit messen, die kürzer als die Planck-Zeit ist. Die Länge der kleinen Zeitschleife zu Beginn des Universums, mit der Li-Xin Li und ich uns beschäftigten, könnte ebenfalls diese Größe haben (vgl. Kapitel 23). Wenn Sie gewöhnliche Raumzeit auf Größenskalen von $1{,}6 \times 10^{-33}$ Zentimeter und Zeiträume der Größenordnung 5×10^{-44} Sekunden ins Auge fassen, dürfte die Geometrie der Raumzeit dem Unbestimmtheitsprinzip folgend unscharf werden. Auf dieser winzigen Größenskala betrachtet, sollte die Raumzeit schwammartig und vielfältig zusammenhängend erscheinen. Wir können den Wert der *Planck-Länge* direkt aus den grundlegenden Naturkonstanten berechnen: $L_{\text{Planck}} = (Gh/2\pi c^3)^{1/2} = 1{,}6 \times 10^{-33}$ Zentimeter. Hier feiern wir Wiedersehen mit all unseren alten Freunden: Newtons Gravitationskonstante *G*, die dazu dient, den Schwarzschild-Radius eines Schwarzen Lochs zu berechnen; dem Planckschen Wirkungsquantum *h*, mit dessen Hilfe wir die Energie eines Photons bestimmen ($E = h\nu$); und *c*, die Lichtgeschwindigkeit, die uns ermöglicht, das Massenäquivalent der Energie des Photons zu ermitteln ($E = mc^2$). Die *Planck-Zeit* $T_{\text{Planck}} = L_{\text{Planck}}/c$ entspricht der Zeit, die ein Lichtstrahl braucht, um die Planck-Länge zurückzulegen. Lassen wir Faktoren der Größenordnung 2 und π beiseite, ist dies die Minimalgröße der schnellsten überhaupt möglichen Uhr, die gerade noch nicht zu einem Schwarzen Loch zusammenstürzt. Die Masse dieser kleinen, schnellsten Uhr ist die *Planck-Masse* oder $2{,}2 \times 10^{-5}$ Gramm, und ihre Dichte entspricht der *Planck-Dichte* oder 5×10^{93} Gramm pro Kubikzentimeter. Das ist die Art von Dichte, mit der Sie es bei der Singularität eines großen Schwarzen Lochs zu tun haben könnten, bevor die Quantenmechanik anfängt, die Dinge zu verschmieren. Die Planck-Skalen zeigen an, ab welchen Größenordnungen die Quantenmechanik in der Allgemeinen Relativitätstheorie eine Rolle zu spielen beginnt, doch leider haben wir, wie schon erwähnt, noch kein vereinheitlichtes Modell für die Quantengravitation. Folglich stellt die Planck-Skala (der Länge oder der Zeit) eine Grenze dar, über die wir mit unserem gegenwärtigen Wissensstand nicht hinausgelangen können.

Die Planck-Zeit, 5×10^{-44} Sekunden, die kürzeste Zeit, die man messen kann, ist der früheste Augenblick, ab dem wir im Universum von Zeit sprechen können. Wie dargelegt, könnte unser Universum einfach eine Blase (oder eine Teilregion) in einem inflationären Trichter sein, nur ein Ast in einem unendlichen fraktalen Baum von Universen, der möglicherweise unvorstellbar alt ist. Ich messe die Zeit jetzt ab dem Moment, in dem sich unser kleines Blasen-Universum gebildet hat. Tabelle 24.1 zeigt, was in jeder der verschiedenen Epochen geschieht.

Wenn die Inflation nach ungefähr 10^{-35} Sekunden endet, zerfällt der Vakuumzustand, der das frühe Universum mit extrem dichter Energie füllte, in thermische Strahlung. Diese Strahlung ist sehr heiß und umfasst nicht nur Photonen (die Träger der elektromagnetischen Kraft), sondern auch Quarks, Antiquarks, Elektronen, Positronen, Myonen, Antimyonen, Tauonen (ein schwereres Pendant des Myons), Antitauonen, Neutrinos,

Antineutrinos, Gluonen (die Träger der starken Kernkraft), X-Bosonen (hypothetische Teilchen, die von einigen Theorien vorhergesagt werden und deren asymmetrischer Zerfall für das Übergewicht der Materie gegenüber der Antimaterie im heutigen Universum verantwortlich ist), W- und Z-Teilchen (Träger der schwachen Kraft), Higgs-Bosonen (mit dem Higgs-Feld assoziierte Teilchen, die den Teilchen ihre Masse verleihen) und Gravitonen (Träger des Gravitationsfeldes, so wie das Photon der Träger des elektromagnetischen Feldes ist). Und wenn die Theorie der Supersymmetrie stimmt, dann gibt es für jedes der oben aufgeführten Teilchen auch noch supersymmetrische Partner.

Noch ein Wort zu den Gravitonen: Einstein fand heraus, dass Gravitationswellen, Verzerrungsmuster in der Geometrie der Raumzeit, die sich mit Lichtgeschwindigkeit durch den leeren Raum bewegen, eine weitere Lösung seiner Feldgleichungen der Allgemeinen Relativitätstheorie darstellen. Auf ähnliche Weise hatte Maxwell zuvor festgestellt, dass *elektromagnetische Wellen*, die sich mit Lichtgeschwindigkeit durch den leeren Raum bewegen, eine Lösung seiner Feldgleichungen des Elektromagnetismus darstellen. Indirekte Anhaltspunkte für Gravitationswellen (die aus Gravitonen bestehen sollten) lieferte das von Taylor und Hulse entdeckte Doppelsternsystem aus Neutronensternen, die sich im Laufe der Zeit immer ein wenig enger und enger umkreisen – genauso wie Einstein es für solche Massen vorhergesagt hatte: Während sie sich umkreisen, senden sie Gravitationswellen aus. Am 14. September 2015 gelang es den LIGO-Detektoren erstmals, Gravitationswellen direkt nachzuweisen. Ein Laser-Inferometer maß dazu mit extremer Genauigkeit (1/1000 des Durchmessers eines Protons) den Abstand zwischen zwei Spiegeln und registrierte die winzigen Schwankungen dieser Entfernung, als die Wellen eintrafen. Wie passend, dass die von Einstein vorhergesagten Gravitationswellen schließlich mit Lasertechnik nachgewiesen wurden, war es doch auch Einstein, der das Grundprinzip hinter dem Laser entdeckt hat! Quelle dieser Gravitationswellen waren zwei Schwarze Löcher, eines mit 29 und das andere mit 36 Sonnenmassen, die sich in einem Doppelsystem auf engen Bahnen spiralförmig aufeinander zubewegten und schließlich zu einem einzigen Schwarzen Loch mit 62 Sonnenmassen verschmolzen. Die Gravitationswellen sind also nachgewiesen, und die Resultate dieses Experiments sind konsistent mit der Annahme, dass es Gravitonen gibt, die mit Lichtgeschwindigkeit unterwegs sind. Da die Gravitation eine schwache Kraft ist, haben wir noch keine einzelnen Gravitonen entdeckt, aber wir erwarten, dass es sie gibt, da wir Gravitationswellen nachgewiesen haben. Auch bei den Gravitonen gehen wir vom Welle-Teilchen-Dualismus aus, genauso wie wir ihn von elektromagnetischen Wellen und Photonen kennen.

Tabelle 24.1: Epochen im Universum

Zeitraum seit Beginn	Was geschieht
5×10^{-44} Sekunden	Inflation endet; zufällige Quantenfluktuationen, welche die Anfangsbedingungen für spätere Galaxienbildung liefern, bereits vorhanden; Materie entsteht; Quarksuppe
10^{-35} Sekunden	Inflation endet; zufällige Quantenfluktuationen, welche die Anfangsbedingungen für spätere Galaxienbildung liefern, bereits vorhanden; Materie entsteht; Quarksuppe
10^{-6} Sekunden	Quarks kondensieren zu Protonen und Neutronen
3 Minuten	Heliumsynthese; leichte Elemente entstehen
380.000 Jahre	Rekombination; Elektronen verbinden sich mit Protonen zu Wasserstoffatomen; kosmische Hintergrundstrahlung
1 Milliarde Jahre	Galaxien entstehen
10 Milliarden Jahre	Leben entsteht auf der Erde
13,8 Milliarden Jahre	Jetzt-Zeit
22 Milliarden Jahre	Die Sonne beendet ihr Leben als Hauptreihenstern und endet schließlich als Weißer Zwerg
850 Milliarden Jahre	Universum kühlt auf die Gibbons-Hawking-Temperatur ab
10^{14} Jahre	Die Sterne verblassen, die letzten Roten Zwerge sterben
10^{17} Jahre	Vorbeiflüge von Sternen reißen Planeten von ihren Heimatsternen fort, zerstören die Planetensysteme von Weißen Zwergen und Neutronensternen
10^{21} Jahre	Schwarze Löcher mit der Masse ganzer Galaxien bilden sich
10^{64} Jahre	Protonen müssten bis zu diesem Zeitpunkt zerfallen sein; übrig sind nur noch Schwarze Löcher, Elektronen, Positronen, Photonen, Neutrinos und Gravitonen
10^{100} Jahre	Die Schwarzen Löcher mit der Masse ganzer Galaxien verdunsten

Wir nennen die Epoche, in der alle diese Elementarteilchen wild herumfliegen, *Quarksuppe*. Die Quarks können sich noch frei bewegen und sind nicht in festen Dreierkonfigurationen gebunden. Infolge des Unbestimmtheitsprinzips zerfällt der Quantenzustand des Vakuums in einigen Regionen etwas später als in anderen. Das ruft zufällige Dichtefluktuation in der thermischen Strahlung hervor, die entsteht, wenn der Quantenzustand des Vakuums zerfällt.

Diese Dichtefluktuationen haben 10^{-35} Sekunden Zeit, sich zu bilden, dann endet die Inflation. Aus diesen Fluktuationen entstehen unter dem 13,8 Milliarden Jahren währenden Einfluss der Gravitation die Galaxien und die großen Galaxienhaufen, die wir heute sehen. Das schwammartige Muster der Galaxien, das wir beobachten (Abb. 15.4), in dem die großen Galaxienhaufen durch filamentartige Aneinanderreihungen von Galaxien verbunden sind, bezeichnen wir als *kosmisches Netz*. Es stellt die (enorm expandierten) fossilen Überreste dieser frühen Fluktuationen dar, die entstanden, als das Universum gerade einmal 10^{-35} Sekunden alt war.[23]

Während das Universum expandiert, kühlt die heiße Suppe ab, und massereiche Teilchen zerfallen in leichtere. Ursprünglich enthielt das Universum gleiche Mengen an Materie und Antimaterie, aber wir nehmen an, dass asymmetrische Zerfälle von schweren X-Bosonen, die die Materie gegenüber der Antimaterie bevorzugen, zu einem leichten Übergewicht von Materie unter den Zerfallsprodukten führten. In dem Maße, wie gleiche Mengen von Materie- und von Antimaterieteilchen miteinander zusammenstoßen, sich gegenseitig vernichten und dabei Photonen erzeugen, nimmt die Vorherrschaft der Materie zu. Die Galaxien, die wir heute sehen, bestehen aus Materie. Gegenwärtig sind Antimaterieteilchen im Universum selten und laufen ständig Gefahr, mit einem der vielen Materieteilchen zu kollidieren und damit der Vernichtung anheimzufallen. Antimaterieteilchen befinden sich heute gegenüber den Materieteilchen hoffnungslos in der Unterzahl.

Nach 10^{-6} Sekunden ist die Strahlung so weit abgekühlt, dass sich die Quarks mit anderen Quarks zu Protonen und Neutronen verbinden. Quarks kommen in sechs verschiedenen Flavors (»Geschmacksrichtungen«) vor: up, down, strange, charm, top und bottom. Die leichtesten Quarks sind die Up- und die Down-Quarks. Ein Proton besteht aus zwei Up-Quarks und einem Down-Quark; für ihren Zusammenhalt sorgen Gluonen, die sie untereinander austauschen. Ein Neutron wird durch zwei Down-Quarks und ein Up-Quark gebildet und ebenfalls von drei Gluonen zusammengehalten. (Als Gedächtnisstütze kann der Umstand dienen, dass das Proton mehr Up-Quarks besitzt und dass in »up« ein »p« für Protonen steht, während das Neutron mehr Down-Quarks hat und das »n« in »down« für das Neutron steht.) Das Up-Quark hat eine elektrische Ladung von +2/3, während das Down-Quark eine elektrische Ladung von 1/3 besitzt. Insgesamt weist das Proton also eine Ladung von +1 auf, während das Neutron mit einer Ladung von 0 elektrisch neutral ist.

Wie in Kapitel 15 erörtert, findet bei ungefähr drei Minuten die Heliumsynthese statt. Das Universum hat sich dann soweit abgekühlt, dass Protonen und Neutronen zu leichten Elementen verschmelzen können. Das häufigste Element ist Wasserstoff (ein Proton), zusätzlich gibt es aber auch einiges an Helium sowie deutlich geringere Vorkommen an Deuterium und Lithium. Das ist die Epoche, auf die sich Gamow und seine Studenten bezogen, als sie die Existenz der kosmischen Hintergrundstrahlung vorhersagten.

Nach 380.000 Jahren ist das Universum auf rund 3000 K abgekühlt. An diesem Punkt können Elektronen sich an Protonen binden, um Wasserstoffatome zu bilden. Wie erwähnt, nennen wir diesen Prozess *Rekombination*. Das Universum verwandelt sich aus einem elektrisch geladenen Plasma überwiegend elektrisch geladener Protonen (+) und Elektronen (–) in ein elektrisch neutrales Gas, das mehrheitlich aus Wasserstoff besteht – je ein Proton hat ein Elektron eingefangen, um mit ihm zusammen ein elektrisch neutrales Wasserstoffatom zu bilden. Vorher wurden Photonen ständig von elektrisch geladenen Protonen oder Elektronen abgelenkt, sodass sie sich nur in einer zickzackartigen Zufallsbewegung vorwärts bewegen konnten. Unter diesen Umständen kamen die Photonen nicht sehr weit. Nach der Rekombinationsepoche dagegen können sich Photonen über lange Strecken geradlinig bewegen. Dank dieses Umstands sind wir fähig, direkt bis zu dieser Epoche zurückzublicken, wenn wir die kosmische Hintergrundstrahlung beobachten.

Nach rund einer Milliarde Jahren setzt die Hauptphase der Galaxienentstehung ein. Die in Kapitel 16 erwähnten Quasare stammen aus frühen Galaxien, die kurz vor dieser Epoche entstanden sind.

Heute ist das Universum 13,8 Milliarden Jahre alt.

Nach 22 Milliarden Jahren wird die Sonne ihr Dasein als Hauptreihenstern beendet haben und zu einem Weißen Zwerg geworden sein. Die Andromedagalaxie wird dann schon längst in die Milchstraße gekracht sein.

Nach rund 850 Milliarden Jahren wird das Universum infolge eines von Gibbons und Hawking beschriebenen Prozesses auf eine konstante Temperatur abgekühlt sein. Wie in Kapitel 23 dargelegt, lassen die Beobachtungsdaten darauf schließen, dass das Universum mit Dunkler Energie angefüllt ist, deren Druck vom Betrag her ihrer Energiedichte entspricht, aber *negativ* ist (und damit dynamisch äquivalent zu Einsteins kosmologischer Konstante). Da sich die Materie des Universums infolge der Expansion ausdünnt, während die Dunkle Energie ihre Dichte beibehält, wird das Universum in ferner Zukunft immer stärker von der Dunklen Energie beherrscht werden. Daher sollte die Geometrie des Universums künftig mehr und mehr jener des De-Sitter-Raums ähneln, einem Raumzeit-Trichter. Zwei Galaxien, die heute noch miteinander kommunizieren können, werden sich immer schneller voneinander entfernen. Schließlich wird der Raum zwischen den beiden Galaxien so rasch expandieren, dass das Licht den ständig wachsenden Abstand zwischen ihnen nicht mehr überbrücken kann. Ereignishorizonte bilden sich. Für uns wird es aussehen, als fiele die ferne Galaxie gerade in ein Schwarzes Loch. Sie wird röter und röter werden. Wenn Außerirdische in dieser Galaxie ein Signal mit dem Wortlaut »Alles läuft sehr gut« senden würden, hätten wir den Eindruck, es hieße: Alles l............äu.........f........t.« Das Ende des Signals »sehr gut« würden wir nie empfangen. Die Ereignisse, die sich danach in der fernen Galaxie zutrügen, befänden sich jenseits unseres Ereignishorizontes – wir würden sie nie sehen (vgl. Abb. 23.2).

Hawking zeigte, dass der Ereignishorizont Hawking-Strahlung erzeugt. Gibbons und Hawking errechneten, dass in späteren Zeiten ein Beobachter, der dann noch zugegen wäre, eine entsprechende thermische Strahlung sähe, ein Phänomen, das zu Recht *Gibbons-Hawking-Effekt* heißt. Diese thermische Strahlung, die in unserem Universum in ferner Zukunft zu sehen sein dürfte, wird eine charakteristische Wellenlänge (λ_{max}) von rund 22 Milliarden Lichtjahren haben. Die Wellenlänge der kosmischen Hintergrundstrahlung wird weiter zunehmen, während das Universum exponentiell anwächst und seine Größe dabei alle 12,2 Milliarden Jahre verdoppelt. Nach 850 Milliarden Jahren wird die kosmische Hintergrundstrahlung eine charakteristische Wellenlänge besitzen, die größer als 22 Milliarden Lichtjahre ist und damit unbedeutend wird im Vergleich zu der Gibbons-Hawking-Strahlung, die von den Ereignishorizonten abgegeben wird. Zu diesem

Zeitpunkt sollte die Temperatur nicht mehr weiter fallen und sich konstant bei einer Gibbons-Hawking-Temperatur von rund 7×10^{-31} K einpendeln. Das ist sehr kalt, aber immer noch wärmer als 0 K, der absolute Nullpunkt.

Diese Vorhersagen sind durchaus überprüfbar. Gibbons-Hawking-Strahlung wird auch im frühen Universum produziert, in der Inflationsphase. Dazu gehört elektromagnetische Strahlung ebenso wie Gravitationswellen. Wenn es gelänge, diese Gravitationswellen des frühen Universums anhand der Spuren zu erkennen, die sie in der Polarisation der kosmischen Hintergrundstrahlung hinterlassen haben (vgl. Kapitel 23), wäre das meiner Einschätzung nach eine wichtige experimentelle Bestätigung des Mechanismus der Hawking-Strahlung. Diese Gravitationswellen würden nicht durch die Bewegung von Massen erzeugt, wie die von LIGO direkt nachgewiesenen Gravitationswellen, sondern hätten einen anderen Ursprung – den Hawking-Mechanismus – einen Quantenprozess. Das wäre etwas Neues und Aufregendes.

Letztlich ist die Gibbons-Hawking-Strahlung, die wir in der fernen Zukunft sehen, schlecht für intelligentes Leben. Freeman Dyson hat einmal nachgewiesen, dass intelligentes Leben selbst mit einem endlichen Energievorrat unendlich lange überleben könnte, wenn es ihm gelänge, seine Abwärme an ein unablässig weiter abkühlendes Wärmebad abzugeben. Wenn ich einen Film in einem Kino bei einer Temperatur von 300 K mithilfe sichtbarer Photonen zeige, muss ich eine gewisse Energiemenge aufbringen, um den Film zu zeigen. Nun stellen Sie sich jedoch vor, wir würden alles in diesem Kino verlangsamen. Nehmen wir an, der Film würde mit infraroten Photonen gezeigt, die die doppelte Wellenlänge der sichtbaren Photonen hätten; ich könnte denselben Film mit dem halben Energieaufwand zeigen (jedes Photon beanspruchte nur die halbe Energie), aber der Film würde doppelt so lange dauern (weil die Photonen die doppelte Wellenlänge hätten). Die Wellenlängen der Photonen in der Wärmestrahlung des Kinos wären ebenfalls doppelt so lang, daher betrüge die Temperatur im Kino 150 K anstelle der üblichen 300 K. So könnte intelligentes Leben Energie sparen, aber Denken und Kommunikation würden immer l...a...n...g...s...a...m...e...r. Man könnte sogar eine unendliche Zahl von Gedanken mit einer endlichen Energiemenge produzieren, indem man sein Denken fortwährend verlangsamte. Dazu müsste man seine Abwärme (die von allen biologischen Prozessen erzeugt wird, auch von

Denkprozessen) an die stetig weiter abkühlende kosmische Hintergrundstrahlung abgeben, von Zeit zu Zeit Winterschlaf halten und im Laufe der Zeit auf einem immer niedrigeren Temperaturniveau operieren. Solange die kosmische Hintergrundstrahlung in Richtung des absoluten Nullpunktes abkühlte, würde das klappen. Doch nach 850 Milliarden Jahren wird das Universum eine Gleichgewichtstemperatur erreichen, die der Gibbons-Hawking-Temperatur entspricht, und ab dann wird seine Temperatur gleich bleiben. Dann kann sich niemand mehr auf niedrigere Temperaturen einstellen, um Energie zu sparen. Dazu würde künstliche Kühlung benötigt, was die restliche Energie wiederum rasch aufbrauchen würde. Außerdem wären die anderen Galaxien längst hinter dem Ereignishorizont verschwunden, sodass nur noch eine endliche Energiereserve zur Verfügung stünde; das intelligente Leben bekäme ernsthafte Energieprobleme und stürbe schließlich aus.

Noch ein anderes Problem. Nach 10^{14} Jahren werden die Sterne verlöschen, weil den letzten Sternen mit niedriger Masse der Wasserstoff ausgeht und sie sterben. Das Universum wird dunkler. Nur die Sternüberreste bleiben — Weiße Zwerge, Neutronensterne und Schwarze Löcher. Vielleicht werden noch ein paar Planeten um sie kreisen. Doch nach 10^{17} Jahren dürften genügend viele nahe Vorbeiflüge anderer Sterne stattgefunden haben, um die Planeten aus ihren Bahnen zu reißen und in den interstellaren Raum zu schleudern.

Nach 10^{21} Jahren bilden sich Schwarze Löcher mit den Massen ganzer Galaxien. Gravitations-Wechselwirkungen zwischen je zwei Körpern schleudern einige Sterne aus ihren Galaxien, während der Rest in das zentrale Schwarze Loch stürzt. Infolge ihrer Gravitationswellenabstrahlung beginnen sich Sterne unweit des Schwarzen Lochs auf spiralförmigen Bahnen noch stärker an das Loch anzunähern, um schließlich ganz darin zu verschwinden.

Nach 10^{64} Jahren (wenn nicht schon früher) würden Protonen laut Hawking durch einen sehr seltenen Prozess zerfallen: Dabei stürzt ein Proton (infolge des Unbestimmtheitsprinzips) vorübergehend in ein Schwarzes Loch von Planck-Größe, das anschließend durch die Hawking-Strahlung rasch zerfällt. Im Schwarzen Loch bleibt die Baryoneneigenschaft (vereinfacht: ob es sich um Protonen oder Neutronen handelt) nicht erhalten – das Schwarze Loch weiß nicht mehr, ob es aus einem Proton oder Positron entstanden ist, aber es erinnert sich noch an seine elektrische Ladung. Aus diesem Grund kann ein Positron (das leichter als das Proton ist) als eines der Zerfallsprodukte des Schwarzen Lochs emittiert werden, in dem das Proton verschwunden ist. Wenn die Protonen in dieser Weise zerfallen sind, bleiben Elektronen und Positronen als massereichste Teilchen übrig. Möglicherweise zerfallen Protonen sogar viel früher; vielleicht nach ungefähr 10^{34} Jahren, aber auf jeden Fall dürften sie nach 10^{64} Jahren alle zerfallen sein.

Nach 10^{100} Jahren sind auch diejenigen Schwarzen Löcher, die die Massen ganzer Galaxien in sich vereinigen, durch die Hawking-Strahlung zerstrahlt.

Was geschieht danach? Nach Meinung der meisten Physiker stellt die Dunkle Energie, die heute eine exponentielle Expansion des Universums bewirkt, einen Vakuumzustand mit konstanter positiver Energiedichte (und negativem Druck) dar. Steven Weinberg vergleicht unsere gegenwärtige Situation mit dem Leben in einem nur knapp über Meeresniveau liegenden Tal — wobei die Höhe auf die Menge der Dunklen Energie im Vakuum schließen lässt. Wir sind auf den Grund dieses Tals gerollt und liegen nun dort. Der Wert der Vakuum-Energiedichte - die Dunkle Energie - verändert sich nicht mehr im Laufe der Zeit. Daher wird sich die Größe des Universums auf unbestimmte Zeit hin alle 12,2 Milliarden Jahre verdoppeln.

Wenn genügend Zeit vorhanden ist, dürfte der Vakuumzustand, der für die Dunkle Energie verantwortlich ist, irgendwann mittels Quantentunneln (durch die Talwände hindurch) in einen noch niedrigeren Energiezustand gelangen (ein Gelände noch geringerer Höhe über dem Meeresspiegel, jenseits unseres Tals). Irgendwo im für uns sichtbaren Universum entsteht dann eine Blase mit einem Vakuumzustand von geringerer Dichte. Der negative Druck außerhalb der Blase ist negativer als der Druck im Inneren, daher wird die Blasenwand nach außen gezogen. Nach kurzer Zeit bewegt sich die Blasenwand fast mit Lichtgeschwindigkeit nach außen. Sie wird ewig expandieren. Im Inneren der Blase werden die physikalischen Gesetze anders sein, als wir sie kennen, und Sie würden getötet werden, wenn die Blasenwand Sie träfe.

Man kann berechnen, wie wahrscheinlich es pro Zeiteinheit ist, aus dem Tal nach draußen in eine Region von noch geringerer Höhe zu tunneln. Möglicherweise würden sich »schon« nach rund 10^{138} Jahren aufgrund einer den Physikern bereits bekannten Instabilität des Higgs-Vakuums Blasen mit einem Vakuum geringerer Dichte bilden. Doch zahlreiche Physiker meinen, das Higgs-Vakuum könnte durch Effekte, die nur bei höheren Energien auftreten, stabilisiert werden. In diesem Fall sollten sich nach spekulativen Berechnungen von Andrei Linde Blasen mit einem Vakuum von geringerer Dichte erst nach rund

$$10^{10^{34}}$$

Jahren bilden! Diese Blasen würden zwar entstehen, aber es würde ihnen, wie den Blasenuniversen in Abbildung 23.3, nie gelingen, den ganzen Raum auszufüllen. Der ewig expandierende Vakuumzustand würde sich weiterhin alle 12,2 Milliarden Jahre verdoppeln – ein endlos anwachsendes Volumen, ein inflationär expandierender Ozean, in dem sich hie und da Blasen bildeten. In der Spätphase gliche unser Universum ewig perlendem Champagner.

Auf eine noch seltenere Möglichkeit haben Linde und Wilenkin verwiesen. Eine Quantenfluktuation könnte das gesamte sichtbare Universum veranlassen, auf ein Vakuum höherer Energiedichte zu springen und so ein neues, inflationär expandierendes Universum von hoher Energiedichte hervorbringen. Dieser Vorgang gliche der energiereichen Inflationsphase, die am Anfang unseres Universums stattfand, und würde zum Ursprung eines neuen Multiversums. Allerdings könnten

$$10^{10^{120}}$$

vergehen, bevor das geschieht!

Möglich wäre aber auch, dass wir gar nicht in einem Tal leben, sondern auf einem Abhang, und dass wir langsam zum Meeresniveau hinabrollen. Das bezeichnet man als Slow-Roll-Phase, als »Phase des langsamen Rollens«. Wie Bharat Ratra, Jim Peebles, Zack Slepian und ich neben viele anderen Forschern herausgefunden haben, würde sich dabei die Dunkle Energie im Laufe von Jahrmilliarden langsam verflüchtigen und am Ende in einen Vakuumzustand mit Energiedichte null übergehen. Zu einer solchen Slow-Roll-Phase kam es schon einmal am Anfang unseres Universums, während der Inflation – dort rollte ein Zustand mit großer Dichte der Dunklen Energie zu jenem Vakuumzustand geringer Dichte hinab, den wir heute sehen. So etwas könnte wieder geschehen, dann würden wir ganz auf das Meeresniveau – zu einer Vakuumenergie von null – hinunterrollen. Solche Szenarien lassen sich erforschen, indem man die Expansionsgeschichte des Universums bis zum heutigen Tag eingehend untersucht. Aus entsprechenden Beobachtungen könnten wir unter Zuhilfenahme der Einsteinschen Gleichungen den Quotienten aus Druck und Energiedichte der Dunklen Energie ableiten – einen Quotienten, den wir mit *w* bezeichnen. Wenn *w* exakt gleich 1 wäre, dynamisch äquivalent zu Einsteins kosmologischer Konstanten, spräche das für das Szenario, bei dem wir »in einem Tal gefangen« sind. Die Dunkle Energie würde dann ihren heutigen Wert auf immer behalten, und die Größe des Universums würde sich auf ewig alle 12,2 Milliarden Jahre verdoppeln. Wenn *w* jedoch etwas weniger negativ ist als 1, werden wir langsam auf Meeresniveau hinabrollen, und die beschleunigte Expansion wird allmählich von einer annähernd linearen Expansionsrate abgelöst. Das Universum wird zwar auch in diesem Falle ewig expandieren, aber linear. In diesem Fall entwickelt sich die Expansion des Universums mit der Zeit nach dem Muster 1, 2, 3, 4, 5, 6 ...

Nach einer radikalen Hypothese von Robert Caldwell, Mark Kamionkowski und Nevin Weinberg könnte *w* auch noch negativer als 1 sein. Das bezeichnen wir als *Phantomenergie*. Das Ergebnis wäre Vakuumenergie, die während der Expansion des Universums immer stärker und damit zu einer unkontrollierten Expansion führen würde. Dadurch entstünde in der Zukunft eine Singularität (genannt der Big Rip, der »große Riss«), die in vielleicht noch nicht einmal 1 Billion Jahren Galaxien, Sterne und Planeten auseinanderreißen würde. Diese Phantomenergie würde voraussetzen, dass die kinetische Energie der Rollbewegung des die Dunkle Energie kontrollierenden Feldes negativ ist – ein Entwurf, der mir aus physikalischen Gründen wenig wahrscheinlich erscheint. Nach diesem Szenario hätte die Dunkle Energie, die wir heute sehen, nichts mit der Dunklen Energie zu tun, die in der Frühzeit des Universums während der Inflation vorlag. Obwohl das eine Möglichkeit bleibt, finde ich sie weniger wahrscheinlich als die beiden anderen Szenarien. Eine Reihe von Physikern nimmt die »Phantomenergie« allerdings durchaus ernst.[24]

Wie in Kapitel 23 erläutert, ist die beste Schätzung des aktuellen Wertes von *w* (durch das Team des Planck-Satelliten auf der Basis aller vorliegenden

Daten, auch denen des Sloan Digital Sky Survey) w_0 = -1,008 ± 0,068. Bemerkenswerterweise entspricht das innerhalb der Fehlergrenzen gerade dem einfachen Wert von 1 (also näherungsweise der kosmologischen Konstante von Einstein) und damit dem Modell, in dem wir uns am Grunde eines Tals befinden. Das spricht nachdrücklich für die allgemeine Annahme, dass die Dunkle Energie einen Vakuumzustand mit positiver Energie und negativem Druck darstellt, aber die Messungen können noch nicht zwischen Modellen unterscheiden, in denen wir uns unbeweglich am Grund eines Tals befinden, und Modellen, in denen wir langsam einen Hügel hinab (oder hinauf) rollen. In den beiden letzteren Fällen wäre w_0 fast, aber nicht genau gleich -1. Wenn künftigere genauere Messungen von w zeigen, dass dieser Parameter unzweideutig verschieden von 1 ist, würden wir erfahren, ob unsere Situation eher dem Slow-Roll-Bild oder dem Szenario der Phantomenergie entspricht. Doch wenn sich bei weiteren Verbesserungen der Messungen herausstellt, dass das Ergebnis weiterhin w_0 = -1 lautet, dürfen wir wohl davon ausgehen, dass das Modell »am Grunde des Tals« den Sieg davongetragen hat. Es gibt eine Reihe von Forschungsprogrammen – die entweder bereits laufen oder für die Zukunft geplant sind –, die in der Lage sein könnten, die Beobachtungsfehler um eine Größenordnung zu verringern; wir hoffen, auf diese Weise das endgültige Schicksal des Universums erhellen zu können.

Jetzt kennen Sie unsere besten Vorhersagen über die Zukunft unseres Universums. Aber wie steht es um unsere eigene Zukunft im Universum? Was wird aller Wahrscheinlichkeit nach mit uns geschehen? Was erwartet die Spezies *Homo sapiens* in der fernen Zukunft? Das ist eine Frage, die wir allzu gern beantworten würden.

Zunächst möchte ich darauf hinweisen, dass wir in einer sehr lebensfreundlichen Epoche leben. Das Universum ist hinreichend abgekühlt, um habitabel zu sein, Kohlenstoff und andere lebenswichtige Elemente hatten hinreichend viel Zeit, sich zu bilden, und die Sterne versorgen ihre Umgebungen brav mit Wärme und Energie. Es handelt sich um eine Epoche, in der wir erwarten können, intelligente Beobachter vorzufinden. Nachdem die Sterne erloschen sind, wird es intelligentes Leben sehr viel schwerer haben. Die Tabelle 24.1 zeigt uns, dass wir selbst in einer habitablen Epoche leben. Das *Schwache Anthropische Prinzip*, ein Konzept, das von Robert Dicke vorgeschlagen wurde und später seinen Namen und seine exakte Form von Brandon Carter erhielt, besagt, dass intelligente Beobachter selbstverständlich erwarten müssen, sich an habitablen Orten zu befinden – in einer habitablen Epoche des Universums. (Logisch, denn wie könnten sie in einer *inhabitablen Epoche* am Leben sein und solche Fragen stellen?) Tatsächlich befinden wir uns in der Mitte dessen, was wie die habitabelste Epoche im Universum aussieht.

Doch als die einzigen intelligenten Beobachter, denen wir bislang im Universum begegnet sind, würden wir gerne wissen, wie groß unsere Lebenserwartung als Spezies einzuschätzen ist. Wie lässt sich über diese Frage sinnvoll nachdenken?

1969 besuchte ich die Berliner Mauer, die die beiden Sektoren der Stadt trennte, die zur DDR beziehungsweise der Bundesrepublik gehörten. Damals fragten sich die Menschen, wie lange die Berliner Mauer wohl noch stehen würde. Einige glaubten, sie sei eine vorübergehende Verirrung und werde rasch wieder fallen. Andere waren der Meinung, sie werde als ein bleibendes Merkmal des modernen Europas bleiben.

Abbildung 24.1 zeigt mich, wie ich 1969 an der Mauer stehe. Um die Lebenserwartung der Mauer zu schätzen, beschloss ich, das kopernikanische Prinzip anzuwenden.

Abbildung 24.1: Rich Gott 1969 an der Berliner Mauer. Mein rechter Fuß in Ostberlin, mein linker in Westberlin und die Berliner Mauer senkrecht hinter mir. *Credit:* Sammlung J. Richard Gott

Mein Gedankengang war der Folgende: Ich bin nichts Besonderes. Mein Besuch ist nichts Besonderes. Ich komme einfach nach Europa, weil ich mit dem College fertig bin – damals war das Motto »Europa für 5 Dollar am Tag«. Ich sehe mir die Berliner Mauer an, einfach weil ich in Berlin bin und weil die Mauer zufällig dort ist.

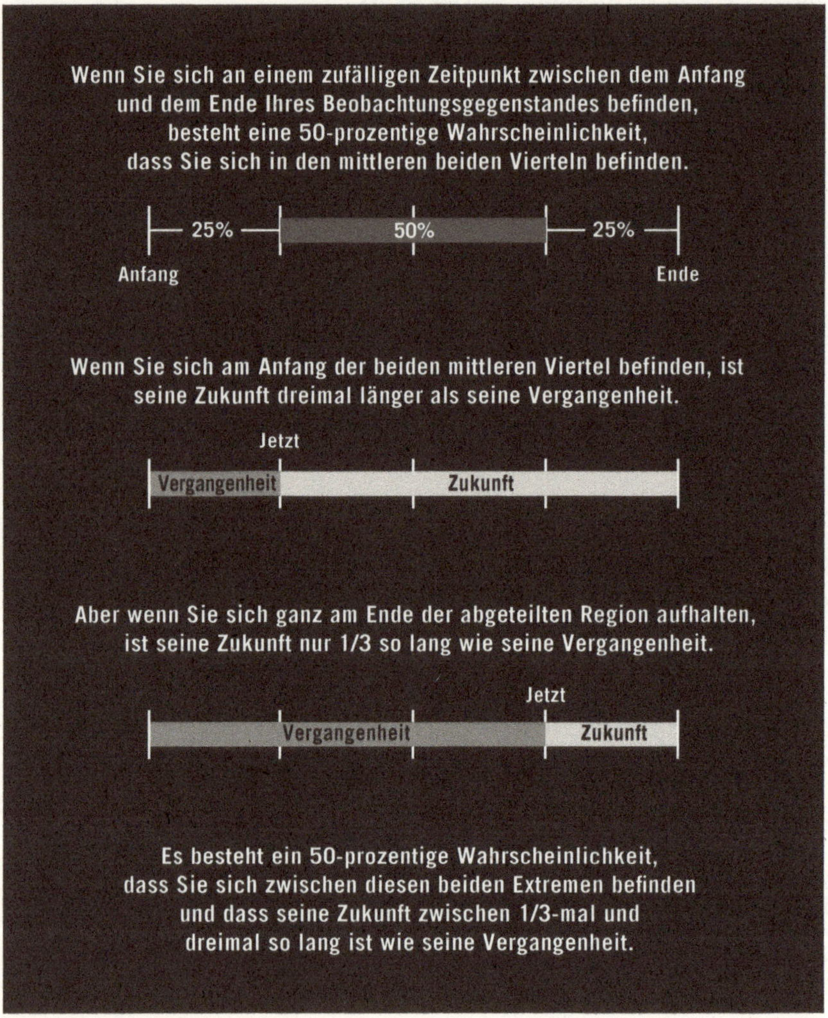

Abbildung 24.2: Die kopernikanische Formel (50-Prozent-Konfidenzintervall). *Credit:* J. Richard Gott

Ich hätte sie an irgendeinem anderen Tag in ihrer Geschichte besuchen können. Aber mein Besuch ist nichts Besonderes, er muss also an irgendeinem zufälligen Punkt zwischen dem zeitlichen Anfang der Mauer und ihrem Ende angesiedelt sein. (Das Ende kommt entweder, wenn die Mauer fällt, oder wenn niemand mehr da ist, um sie zu besuchen, egal, was zuerst kommt.) Es besteht eine 50-prozentige Wahrscheinlichkeit, dass ich mich irgendwo in der mittleren Hälfte ihrer Existenz befinde – in den beiden mittleren Vierteln. Wenn mein Besuch direkt zu Anfang dieser mittleren 50 Prozent stattfände, hätte die Mauer bei meinem Besuch 1/4 ihrer Geschichte hinter sich, und 3/4 ihrer Geschichte lägen noch in der Zukunft. In diesem Fall wäre die Lebenserwartung der Mauer gleich dreimal ihrer bisherigen Lebensdauer. Befände ich mich dagegen am Ende der mittleren 50 Prozent, wären schon 3/4 ihrer Geschichte vergangen, sodass nur 1/4 ihrer Zukunft nachbliebe. Damit wäre ihre Zukunft 1/3 so lang wie ihre Vergangenheit.

So gelangte ich zu dem Schluss, dass eine 50-prozentige Wahrscheinlichkeit bestand, dass ich mich zwischen diesen beiden Grenzen befände und dass die Lebenserwartung der Mauer zwischen 1/3 und dreimal ihrer bisherigen Lebensdauer läge (Abb. 24.2). Zur Zeit meines Besuchs war die Mauer acht Jahre alt. Während wir an der Mauer standen, sagte ich zu meinem Freund Chuck Allen, die Lebenserwartung der Mauer liege zwischen 2,66 und 24 Jahren.

20 Jahre später sitze ich vor dem Fernseher und rufe meinen Freund an: »Chuck, erinnerst du dich an die Vorhersage, die ich über die Berliner Mauer gemacht habe? Schalt deinen Fernseher ein, NBC-Anchorman Tom Brokaw steht gerade an der Mauer. Sie fällt heute!« Chuck erinnerte sich an die Vorhersage. Die Berliner Mauer hatte sich 20 Jahre nach meiner Vorhersage geöffnet, und dieses Datum lag innerhalb der von mir vorhergesagten Spanne von 2,66 und 24 Jahren. Mein Besuch fand inmitten des Kalten Krieges statt, also hätte eine Atombombe sie (und mich) in der nächsten Millisekunde auslöschen können. Im Gegensatz dazu haben einige berühmte Mauern wie die Chinesische Mauer mehr als tausend Jahre gestanden. Die von mir vorhergesagte Zeitspanne war vergleichsweise kurz, aber sie lieferte mir trotzdem die richtige Antwort.

In der Regel sind Naturwissenschaftler bestrebt, Vorhersagen zu treffen, für die eine höhere Wahrscheinlichkeit spricht als 50 Prozent. Sie bemühen sich um Vorhersagen mit einer 95-prozentigen Wahrscheinlichkeit. Das ist das übliche Konfidenzintervall, das wissenschaftlichen Arbeiten zugrunde liegt.

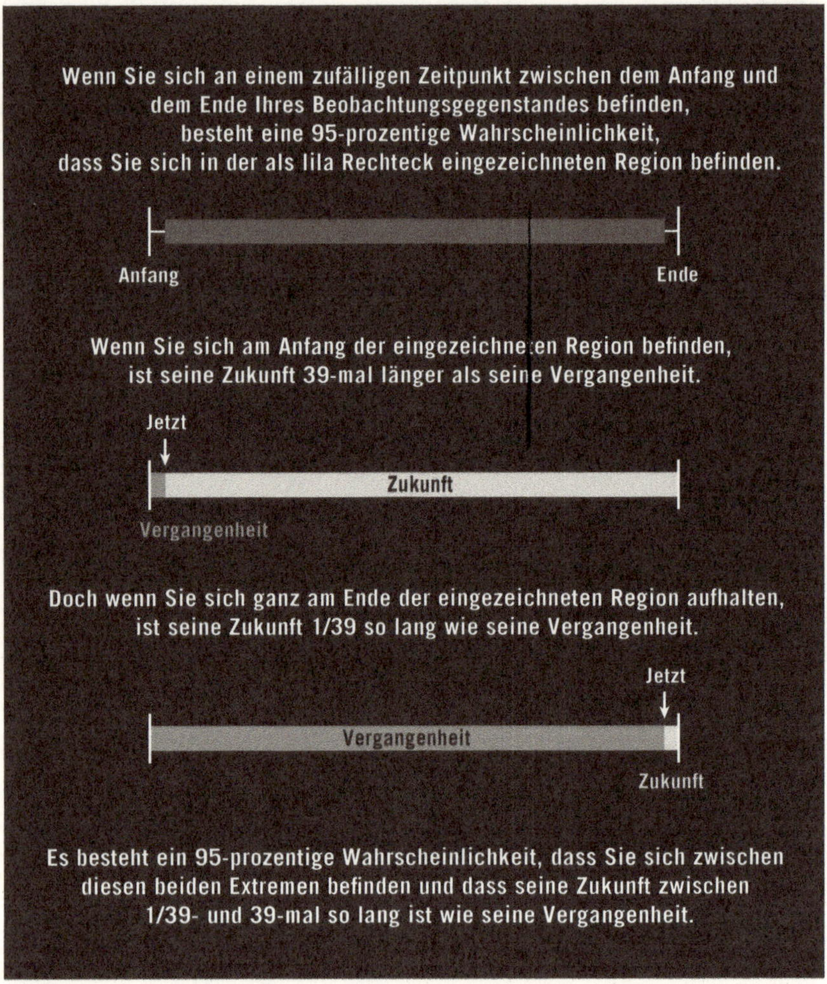

Abbildung 24.3: Die kopernikanische Formel (95-Prozent-Konfidenzintervall). *Credit:* J. Richard Gott

Wie wirkt sich das auf mein Argument aus? Wenn Sie das kopernikanische Prinzip anwenden, müssen Sie sich darüber klar sein, dass Ihre Verortung in der Zeit nichts Besonderes ist. Sie befinden sich mit einer 95-prozentigen Wahrscheinlichkeit irgendwo in den mittleren 95 Prozent der für die Beobachtung verfügbaren Epoche dessen, was Sie beobachten – das heißt weder in den ersten 2,5 Prozent noch in den letzten 2,5 Prozent (Abb. 24.3).

Als Bruch ausgedrückt sind 2,5 Prozent gleich 1/40. Wenn Ihre Beobachtung am Anfang dieser 95 Prozent liegt – nur 2,5 Prozent vom Beginn entfernt –, dann ist nur 1/40 der Geschichte dessen, was Sie beobachten, Vergangenheit, während 39/40 der Geschichte erst noch passieren müssen. In diesem Fall ist die Zukunft 39-mal so lang wie die Vergangenheit. Sind Sie dagegen nur 2,5 Prozent vom Ende entfernt, dann sind bereits 39/40 der Geschichte Vergangenheit, und es verbleiben nur noch 1/40. Die Zukunft ist 1/39 so lang wie die Vergangenheit. Wenn Sie in den mittleren 95 Prozent angesiedelt sind, zwischen diesen beiden Extremen (und die Wahrscheinlichkeit dafür beträgt 95 Prozent!), dann ist die Zukunft Ihres Beobachtungsgegenstands zwischen 1/39 und 39-mal so lang wie seine Vergangenheit. Also:

Die Lebenserwartung dessen, was Sie beobachten – gleich was es ist – wird (mit 95-prozentiger Gewissheit) zwischen 1/39 seiner vergangenen Lebensdauer und 39-mal seiner vergangenen Lebensdauer liegen.

Ich fand, ich sollte diese Methode auf etwas Wichtigeres anwenden, auf die Zukunft der menschlichen Spezies, *Homo sapiens*. Unsere Art ist ungefähr 200.000 Jahre alt. Sie reicht zurück zur mitochondrialen Eva in Afrika, von der wir alle abstammen. Mit einem Konfidenzniveau von 95 Prozent besagt die Formel, dass die Lebenserwartung unserer Art *Homo sapiens* – vorausgesetzt, unsere Verortung auf der Zeitleiste der Geschichte unserer Art ist keine Besonderheit – mindestens 5100 weitere Jahre (200.000/39) betragen sollte, jedoch weniger als 7,8 Millionen weitere Jahre (200.000 × 39).[25] Wir haben keine versicherungsmathematischen Daten über andere intelligente Arten (sprich: über Arten, die solche Fragen stellen könnten), daher dürfte diese Methode die beste sein, die uns zur Verfügung steht. Die Spanne der vorhergesagten Lebenserwartung ist so groß, weil wir eine 95-prozentige Gewissheit haben möchten, korrekte Ergebnisse zu liefern. Allerdings bewegen sich die Vorhersagen vieler Experten, die eigene Schätzungen vorlegen, außerhalb dieses Bereichs.

So gibt es apokalyptische Vorhersagen, die prophezeien, dass wir wahrscheinlich in weniger als 100 Jahren ausgestorben sein werden. Doch wenn das wahr wäre, hätten wir ungewöhnliches Pech, ausgerechnet am Ende der Menschheitsgeschichte zu leben. Einige Optimisten glauben, wir würden die Galaxis kolonisieren und noch Billionen Jahre fortdauern. Doch wenn das stimmen würde, hätten wir ungewöhnliches Glück, ganz am Anfang der Menschheitsgeschichte angesiedelt zu sein. Also selbst bei dieser sehr breiten Spanne ist die auf dem kopernikanischen Prinzip basierende Form noch immer sehr informativ und schränkt die Möglichkeiten auf einen Bereich ein, der viel enger ist als das, was eine Reihe anderer Experten in Betracht ziehen.

Ganz zweifellos sagen uns alle unsere astronomischen Erkenntnisse, dass wir das kopernikanische Prinzip (nach dem unsere Stellung im Kosmos keine Besonderheit ist) ernst nehmen sollten. Lange Zeit dachten wir, wir hätten eine Sonderstellung im Mittelpunkt des Universums. Doch dann erkannten wir, dass unser Planet nur einer unter anderen war, die die Sonne umkreisten. Später fanden wir heraus, dass die Sonne nur ein gewöhnlicher Stern ist und nicht das Zentrum der Milchstraße. An einer zufälligen Position auf halbem Weg nach draußen zieht sie ihre Kreise. Selbst die Milchstraße erwies sich als Mitglied einer gewöhnlichen Galaxiengruppe in einem alltäglichen Superhaufen von Galaxien. Je mehr wir entdeckten, desto gründlicher verlor unsere Stellung im Kosmos ihre Besonderheit.

Das kopernikanische Prinzip ist eine der erfolgreichsten wissenschaftlichen Hypothesen aller Zeiten, wieder und wieder und in den verschiedensten Kontexten hat es sich bewährt. Christiaan Huygens bediente sich seiner, um die Entfernungen der Sterne vorherzusagen. Er fragte, warum die Sonne das hellste Licht im Universum sein sollte. Die Sterne, so überlegte er, seien einfach andere Sonnen wie die unsere. Wenn die anderen Sterne intrinsisch genauso hell waren wie die Sonne (vorausgesetzt, die Sonne fiel nicht aus dem Rahmen), dann war aus dem Umstand, dass die Sterne viel lichtschwächer erschienen als die Sonne, zu schließen, dass die Sterne viel weiter entfernt waren. So gelangte er zu dem Schluss, dass der hellste Stern am Himmel – Sirius – der uns nächste sei. Er bestimmte die Helligkeit des Sirius relativ zur Sonne und errechnete, dass Sirius 27.664-mal so weit entfernt sein müsse wie die Sonne. Tatsächlich verschätzte er sich damit nur um einen Faktor 20, eine bemerkenswerte Leistung angesichts der vielen Unwägbarkeiten, mit denen er zu tun hatte. Vollkommen zutreffend gelangte Huygens zu der Erkenntnis, dass die Entfernungen zwischen den Sternen riesig waren im Vergleich zu der Größe unseres Sonnensystems.

Als Hubble sah, wie sich andere Galaxien gleichmäßig in alle Richtungen von uns entfernten, hätte er zu dem Schluss kommen können, wir nähmen eine Sonderstellung im Mittelpunkt einer massiven Explosion ein. Aber nach Kopernikus laufen wir nicht mehr Gefahr, diesem Irrglauben zu verfallen. Angesichts so vieler Galaxien wäre es ein allzu unwahrscheinlicher Glücksfall, befänden wir uns ausgerechnet auf der *einen*, die den Mittelpunkt bildet. Wenn es für uns so aussieht, dass sich alle Galaxien entfernen, dann müssen auch Beobachter in allen anderen Galaxien zu einem entsprechenden Schluss gelangen – sonst hätten wir eine Sonderstellung. Das führte zu den homogenen, isotropen Urknallmodellen der Allgemeinen Relativitätstheorie. Auf diese Modelle gestützt, sagten Gamow, Herman und Alpher die Existenz der kosmischen Hintergrundstrahlung 17 Jahre vor ihrer Entdeckung durch Penzias und Wilson voraus. In der Geschichte der Naturwissenschaften war das eine der bedeutendsten Vorhersagen, die tatsächlich verifiziert werden konnten. Dieser Erfolg wurde nicht zuletzt dadurch erzielt, dass man das kopernikanische Prinzip ernst nahm und dann die Folgerungen, die sich daraus ergaben, konsequent zu Ende dachte.

Interessanterweise stimmt die von der kopernikanischen Formel vorhergesagte Gesamtlebensdauer unserer Art in bemerkenswerter Weise mit der tatsächlichen Lebensdauer anderer Spezies überein. Mein 95-Prozen-Konfidenzbereich für die Gesamtlebensdauer von *Homo sapiens* lag zwischen 205.100 und 8 Millionen Jahren. (Das sind die 200.100 Jahre, die hinter uns liegen, plus zusätzliche 5100 bis 7,8 Millionen Jahre, die die Zukunft für uns bereithält). *Homo erectus*, unsere Mutterart, überdauerte 1,6 Millionen Jahre und die Neandertaler rund 300.000 Jahre. Säugetierarten haben eine durchschnittliche Lebensdauer von 2 Millionen Jahren, während andere Artengruppen auf der Erde durchschnittlich zwischen 1 und 10 Millionen Jahren überleben. Selbst der schreckliche *Tyrannosaurus rex* starb schon nach 2,5 Millionen Jahren aus. Vor 65 Millionen Jahren wurde er von einem Meteoriteneinschlag ausgelöscht.

Vergessen Sie nicht, dass meine kopernikanische Vorhersage nur auf unserer vergangenen Lebensdauer als intelligenter Art basiert – einer Art, die über Ichbewusstsein und die Fähigkeit verfügt, algebraische Gleichungen zu lösen, wie Neil sagen würde. Hätten wir noch eine weitere Billion Jahre vor uns, hätten wir großes Glück, in einer so frühen Phase der Menschheitsgeschichte zu leben, gerade einmal 200.000 Jahre nach den Anfängen, und obendrein ausgerechnet in der Epoche, in der unsere vergangene Lebensdauer die Vorhersage einer Gesamtlebensdauer ermöglicht, die der typischen Lebensdauer anderer Spezies entspricht. Wenn wir zu einem beliebigen Zeitpunkt unserer billionenjährigen Geschichte, sagen wir in 400 Millionen Jahren, Bilanz zögen, wüssten wir bereits, dass unserer Art eine längere Lebensdauer beschieden war als jeder anderen Art, und würden infolgedessen auch eine lange künftige Lebensdauer für uns vorhersagen. Ich wäre weit optimistischer, was unsere Zukunft angeht, wenn die Menschheit bereits 400 Millionen Jahre alt wäre und nicht nur 200.000 Jahre.

Im Prinzip könnte *Homo sapiens* eine weit größere Lebensdauer haben als andere Tierarten, einfach weil wir eine intelligente Spezies sind. Aber wir sind immer noch Säugetiere und haben eine kopernikanisch vorhergesagte Lebensdauer entsprechend der Lebensdauer anderer Säugetiere. Obwohl Säugetiere sehr viel intelligenter sind als der Durchschnitt anderer Arten, ist ihre Lebensdauer nicht merklich länger, und Hominiden (wie *Homo erectus* und die Neandertaler) existierten als Spezies nicht viel länger als die meisten anderen Säugerarten. Offenbar gibt es keinen Zusammenhang zwischen Intelligenz und Lebensdauer. Das sollte uns zu denken geben.

Wenn wir unsere künftige Lebensdauer als Art einfach auf der Basis versicherungsmathematischer Daten berechnen, kommen wir auf 50.600 bis 7,4 Millionen Jahre (bei einem Konfidenzniveau von 95 Prozent). Dieser Wert liegt innerhalb der vom kopernikanischen Prinzip vorgegebenen Grenzen, die nur auf unserer bisherigen Lebensdauer als intelligenter Spezies beruhen. Solange wir auf der Erde bleiben, sind wir denselben Gefahren ausgesetzt, die den Untergang anderer Arten verursacht haben, und der Umstand, dass wir erst 200.000 Jahre existieren, sollte uns warnend darauf hinweisen, dass unsere Intelligenz uns nicht zwangsläufig ein günstigeres Schicksal beschert als anderen Arten. Einstein war sehr intelligent, aber ihm war keine längere Lebensdauer beschieden als uns anderen. Möglicherweise trägt Intelligenz überhaupt nicht zur Lebensdauer von Arten bei.

Nun denken Sie vielleicht, macht nichts. Gewiss, *Homo sapiens* wird aussterben, aber das ist in Ordnung, weil wir in der Zukunft eine noch intelligentere Art hervorbringen werden, die uns ersetzt. In diesem Zusammenhang merkte Darwin an, dass die meisten Arten keine von ihnen abstammenden Arten hinterlassen. Sie breiten sich aus, bringen aber in der Regel keine verwandten Arten hervor, die ihnen nachfolgen. Alle anderen Arten in unserer Hominidenfamilie (unter anderem die Neandertaler, *Homo heidelbergensis*, *Homo erectus*, *Homo habilis* und *Australopithecus*) sind ausgestorben. Im Vergleich dazu hat die Nagerfamilie heute 1600 lebende Arten. Sie kommen gut zurecht und haben beste Aussichten zu überleben. In seinem wunderbaren Buch *After Man* [dt.: *Geschöpfe der Zukunft*, Königswinter 1999] malt sich Dougal Dixon aus, wie die Erde nach weiteren 50 Millionen Jahren Evolution aussehen könnte, und gelangt zu einem Ergebnis, das uns nicht gefallen kann. Uns Menschen wird es in 1 Million Jahren nicht mehr geben. In 50 Millionen Jahren werden die Kaninchen noch vorherrschen, zur Größe von Hirschen angewachsen, aber von Rudeln rattenartiger Geschöpfe gejagt, die von heutigen Nagetieren abstammen. Dieses Buch und die künftige Welt, die es entwirft, sind so erschreckend, weil sie logisch und vernünftig erscheinen, aber ganz und gar nicht das sind, was wir gerne hören würden. Keines der Tiere, die dann noch die Erde bevölkern werden, sind intelligente Beobachter, die fragen könnten: »Wie lange wird meine Spezies überleben?« Natürlich ist die Wahrscheinlichkeit gering, dass tatsächlich die Tierarten, die er vorhersagt, das Rennen machen werden, weil der genaue Verlauf der Evolution unberechenbar ist, aber Dixon legt ziemlich schlüssig dar, dass in den meisten der wahrscheinlichen Verläufe keine intelligenten Beobachter in der fernen Zukunft vorkommen. Etwas ganz Ähnliches meinte Stephen Jay Gould als er uns »nur eine Weihnachtskugel« am Christbaum der Evolution nannte.

Das kopernikanische Argument lässt sich auf unsere ganze intelligente Abstammungslinie anwenden: unsere Art plus jede intelligente Art, die in Zukunft von uns abstammen könnte. Wir sind die erste intelligente Art in unserer Abstammungslinie (als erste fähig, Fragen wie diese zu stellen), daher beträgt das gegenwärtige Alter unserer gesamten intelligenten Abstammungslinie nur 200.000 Jahre (also nur 1/65.000 des Alters des Universums), und daher wird unsere ganze intelligente Abstammungslinie wahrscheinlich nicht ewig existieren.[26] Ihre Lebenserwartung sollte den gleichen Einschränkungen unterworfen sein, die wir für uns als Art gefunden haben. Es könnte gut sein, dass wir die einzige intelligente Art in unserer Abstammungslinie sind – angesichts der Beobachtung, dass wir die Ersten sind. Das deckt sich mit Darwins Feststellung, dass die meisten Arten keine von ihnen abstammenden Arten hinterlassen, wenn sie aussterben.

Es gibt Anlässe, bei denen Sie diese Formel nicht anwenden sollten. Benutzen Sie sie nicht eine Minute nach dem »Ja, ich will!« einer Hochzeit, um auszurechnen, dass die Ehe nur noch 39 Minuten Bestand haben wird! Sie sind zu einer besonderen Zeit eingeladen worden, um Zeuge des Beginns der Ehe zu werden. Doch in den meisten Fällen können Sie die kopernikanische Formel anwenden. Seit ich sie eingeführt habe, ist die Formel oft erprobt worden und hat die Lebensdauer aller möglicher Phänomene vorhergesagt – von Broadway-Stücken über Regierungen bis zur Amtszeit von Staatschefs.[27] Eine andere Ausnahme: Verwenden Sie sie nicht, um die Lebenserwartung des Universums als Ganzes zu schätzen. Es ist denkbar, dass Sie in einer besonderen (habitablen) Region leben, denn Sie sind ein intelligenter Beobachter. (Intelligente Beobachter waren im heißen, frühen Universum noch nicht zugegen und könnten aussterben, sobald die Hauptreihensterne ausgebrannt sind.) Doch unter intelligenten Beobachtern sollte ihr Aufenthaltsort in der Raumzeit keinen besonderen Ort darstellen. Im Allgemeinen ist die kopernikanische Formel anwendbar, weil es unter allen Orten, an denen intelligente Beobachter sein können, definitionsgemäß nur einige wenige besondere Orte gibt und viele nicht besondere. Die Wahrscheinlichkeit spricht dafür, dass Sie sich an einem der nicht besonderen Orte befinden. Folglich ist Ihre gegenwärtige Beobachtung wahrscheinlich ebenfalls keine Besonderheit, gemessen an der Menge aller von intelligenten Beobachtern gemachten Beobachtungen.

Wir haben keine versicherungsmathematischen Daten über die Lebensdauer intelligenter Arten im Universum, keine Daten, wie lange sie existieren könnten. Aber wir kennen unsere bisherige Lebensdauer als intelligente Art – ein aussagefähiges Faktum, das wir nicht vernachlässigen sollten. Die kopernikanische Formel sagt uns, wie wir dank dieser Information den

95-Prozent-Konfidenzbereich für unsere künftige Lebensdauer abschätzen können.

Wenn Sie kein Sonderfall sind, sollten Sie erwarten, dass sich Ihre Geburt irgendwo zufällig auf der chronologisch geordneten Liste aller Menschen befindet. Rund 70 Milliarden Menschen sind in den vergangenen 200.000 Jahren geboren worden. Die kopernikanische Formel liefert eine 95-prozentige Wahrscheinlichkeit dafür, dass die Zahl der künftig geborenen Menschen irgendwo zwischen 1,8 Milliarden und 2,7 Billionen liegt. Wie ich vom Gutachter meines *Nature*-Artikels Brandon Carter erfuhr, der sich mit dem anthropischen Prinzip einen Namen gemacht hat, hatte er zusammen mit John Leslie und Holgar Nielson ebenfalls herausgefunden, dass Ihre Geburt wahrscheinlich nicht in den ersten winzigen Bruchteil aller jemals geborenen Menschen fällt. Carter (und später Leslie in Fortführung der Forschung von Carter) gelangte mit der Bayesschen Statistik zu dieser Schlussfolgerung, während Nielson ganz unabhängig zu dem Ergebnis gelangte, indem er von der Überlegung ausging, dass ein Beobachter eine zufällige Position in der Liste aller Menschen einnehmen müsse – ein Ansatz, der meiner Argumentation ähnelte. Ich hatte gleichgesinnte Kollegen gefunden.

Wahrscheinlich kommen Sie aus einem Land mit einer Bevölkerung, die höher als der Median ist. Die Hälfte der 190 Staaten der Welt haben Bevölkerungen unter 7 Millionen Einwohnern. Doch da mehr Menschen in den bevölkerungsreicheren Ländern leben, kommen 97 Prozent der Erdbewohner aus Ländern, deren Bevölkerungen über dem Median liegen. Wurden Sie in einem Land mit einer Bevölkerung von mehr als 7 Millionen Einwohnern geboren? So groß wie die Wahrscheinlichkeit, dass Sie in einem Land mit einer Bevölkerungszahl über dem Median leben, ist auch die Wahrscheinlichkeit, dass Sie sich in dem Jahrhundert mit der bislang höchsten Bevölkerungsdichte befinden. Sie erwarten, nach einem Ereignis (wie der Entdeckung der Landwirtschaft) zu leben, das einen Bevölkerungsaufschwung bewirkt hat, aber vor einem Ereignis, das zu einem Bevölkerungseinbruch führt. Sie erwarten, während eines Bevölkerungsgipfels zu leben, in einer Phase besonderen Bevölkerungsreichtums, der größer ist als in einem Jahrhundert mit einer Bevölkerungsgröße nahe dem Median. Dieser Gipfel kann an einem beliebigen Punkt der Menschheitsgeschichte auftreten. Wenn Sie wissen möchten, wie viele Menschen nach

Ihnen leben werden, dann fragen Sie, wie viele vor Ihnen gelebt haben. Wenn Sie wissen möchten, wie lange die Menschheit noch weiterexistieren wird, dann fragen Sie, wie lange sie bereits existiert hat.

Wahrscheinlich leben Sie in einer intelligenten Zivilisation, deren Bevölkerung über dem Median der Bevölkerungsgröße intelligenter Arten im Universum liegt – aus demselben Grund, der es wahrscheinlich macht, dass Sie in einem bevölkerungsreichen Land leben. Die meisten intelligenten Beobachter leben in Zivilisationen, die über dem Median liegen, und Sie sind mit großer Wahrscheinlichkeit einer von diesen vielen Beobachtern, statt einer der wenigen Beobachter aus Zivilisation mit Bevölkerungen unter dem Median zu sein. Das heißt, unsere gegenwärtige Erdbevölkerung dürfte über der medianen Bevölkerung von intelligenten Arten im Universum liegen. Das ist nicht die übliche Situation, die wir aus Science-Fiction-Geschichten kennen, in denen eine große galaktische Zivilisation von Außerirdischen über unsere winzige Erde herfällt. Obwohl dramaturgisch äußerst wirksam – wir sind David, der einem außerirdischen Goliath die Stirn bietet – passt das Bild nicht recht zu den Wahrscheinlichkeiten. Wir selbst sind wahrscheinlich in Hinblick auf die Bevölkerungsentwicklung eine der erfolgreichsten Zivilisationen! Die Wahrscheinlichkeit spricht dafür, dass Hightech-Zivilisationen sehr bevölkerungsreich sind, daher können wir erwarten, zu ihnen zu gehören.

2015 wies Fergus Simpson von der Universität Barcelona auf eine interessante logische Konsequenz hin: Da wir wahrscheinlich von einem Planeten mit einer Bevölkerung kommen, die größer als der Median ist, dürften die meisten Planeten, die von intelligenten Beobachtern bewohnt sind, kleiner als die Erde sein. Daher sollte sich die Suche nach intelligentem Leben, oder irgendwelchem Leben überhaupt, stärker auf Planeten konzentrieren, die kleiner als die Erde sind – denn in dieser Gruppe dürfte die Suche am erfolgreichsten sein.

Wir können also innerhalb eines 95-Prozent-Konfidenzbereichs eine kopernikanische Obergrenze für die mittlere Lebensdauer von Radiowellen aussendenden Zivilisationen in der Galaxis aufstellen, ein Wert, der sich in die Drake-Gleichung (vgl. Kapitel 10) einsetzen lässt. Grundlage ist die Annahme, dass Sie wahrscheinlich keine Sonderstellung unter den intelligenten Beobachtern einnehmen, die in Radiowellen aussendenden Zivilisationen leben. Wahrscheinlich leben Sie in einer der länger existierenden

Zivilisationen, weil diese im Laufe der Zeit mehr intelligente Beobachter beherbergen. Außerdem ist es unwahrscheinlich, dass Sie gerade am Anfang jener Epoche leben, in der wir Radiowellen aussenden. Trotzdem können natürlich einige solche Zivilisationen langlebiger sein als unsere, und die tragen ebenfalls zum Durchschnittswert bei. Stellen Sie sich vor, Sie arrangieren die Zivilisationen entlang einer Zeitleiste, die genauso lang ist wie die Summe der Lebensspannen aller dieser Zivilisationen. Ordnen Sie die Radiowellen aussendenden Zivilisationen nach ihrer Lebensdauer, sodass sich die langlebigsten Zivilisationen am Ende der langen Zeitleiste befinden. Wenn Sie keine Besonderheit sind, sollten Sie einen zufälligen Platz in dieser langen Zeitleiste und im Zeitsegment von *Homo sapiens* einnehmen (das die gesamte Lebensdauer unserer Radiowellen emittierenden Zivilisation umfasst). Mithilfe dieser Überlegung und etwas Algebra konnte ich den 95-Prozent-Konfidenzbereich und damit wiederum eine Obergrenze für die mittlere Lebensdauer von Radiowellen übermittelnden Zivilisationen bestimmen: 12.000 Jahre. Wäre die mittlere Lebensdauer länger als dieser Wert, wäre mein Artikel 1993 entweder ungewöhnlich früh in unserer Zivilisation oder ungewöhnlich früh auf der Zeitleiste aller Radiowellen aussendenden Zivilisationen erschienen. Das ergibt eine kopernikanische Schätzung, die man in die Drake-Gleichung einsetzen kann: L_C < 12.000 Jahre (ermittelt über den 95-Prozent-Konfidenzbereich). Neil hat diese Schätzung in Kapitel 10 verwendet.

Wenn Sie glauben, dass intelligente Arten sich in der Regel zu intelligenten Maschinenarten oder gentechnisch veränderten Arten weiterentwickeln, dann müssen Sie sich fragen: Warum bin ich keine intelligente Maschine? Warum bin ich nicht gentechnisch verändert?

Wenn Sie glauben, dass intelligente Arten typischerweise ihre ganze Galaxie kolonisieren, dann fragen Sie sich: Warum bin ich kein Weltraumkolonist? 1950 stellte Enrico Fermi eine berühmte Frage zu Außerirdischen: Wo sind sie? Warum haben sie die Erde nicht schon vor langer Zeit kolonisiert? Das kopernikanische Prinzip liefert eine Antwort auf Fermis Frage: Ein signifikanter Bruchteil aller intelligenten Beobachter muss noch immer auf den Heimatplaneten sitzen (sonst wären Sie etwas Besonderes). Die Kolonisierung kann nicht so häufig sein. Daraus folgt – ein wichtiger Aspekt –, dass wir die Drake-Gleichung überhaupt verwenden dürfen: Sie liefert einen Schätzwert für die Zahl intelligenter Zivilisationen, die unabhängig voneinander auf ihren Heimatplaneten entstehen. Wenn die Kolonisierung anderer Planeten vergleichsweise selten ist, dürfte dieser Wert näherungsweise gleich der Gesamtzahl von extraterrestrischen Zivilisationen sein, die wir finden werden.

Nehmen wir an, Sie hätten anfangs gedacht, jede der folgenden Hypothesen sei gleich wahrscheinlich:

> H1 Die Menschen bleiben auf der Erde, bis sie ausgestorben sind.
> H2 Die Menschen werden in der Zukunft 1,8 Milliarden bewohnbare Planeten kolonisieren.

Nach der Bayesschen Statistik müssen wir unsere A-priori-Wahrscheinlichkeiten für die Hypothesen H1 und H2 mit der Wahrscheinlichkeit dessen, was wir beobachten – entweder H1 oder H2 –, multiplizieren. Unter der H1-Hypothese, nach der wir auf der Erde blieben, bestünde eine 100-prozentige Wahrscheinlichkeit, dass wir als Menschen beobachteten, dass wir uns auf der Erde befänden. Doch wenn die Menschen 1,8 Milliarden Planenten kolonisierten (das heißt, wenn H2 wahr wäre), hätten wir als Menschen nur eine Wahrscheinlichkeit von 1 zu 1,8 Milliarden, dass wir ausgerechnet auf dem ersten Planeten von 1,8 Milliarden Planeten lebten, der von Menschen bewohnt würde. Also auch wenn Sie ursprünglich die Chance als eins zu eins einschätzten, dass wir die Galaxis kolonisieren würden, statt auf der Erde zu bleiben, wären Sie angesichts der Tatsache, dass Sie auf der Erde leben, nach der Bayesschen Statistik gezwungen, unsere Chancen neu zu bewerten: 1,8 Milliarden zu 1, dass wir die Galaxis nicht kolonisieren. Mein kopernikanisches Argument besagt lediglich, dass Sie, wenn Sie nicht besonders sind, nur eine Chance von 1 zu 1,8 Milliarden haben, dass Sie sich nicht in dem ersten Bruchteil von 1/(1,8 Milliarden) aller von Menschen bewohnten Planeten befinden, und deshalb – da Sie sich auf dem ersten Planeten befinden – auch nur eine Chance von 1 zu 1,8 Milliarden haben, 1,8 Milliarden Planeten zu kolonisieren. Allerdings wäre die Wahrscheinlichkeit, dass wir in Zukunft *einige* Planeten kolonisieren, wobei sich der Mars als Erster anböte, lange nicht so gering, und es könnte unsere Überlebenschancen erhöhen. Wir sollten möglichst rasch damit beginnen, solange wir noch ein Weltraumprogramm haben.

Das menschliche Weltraumprogramm sollte das Ziel haben, unsere Überlebenschancen durch Kolonisierung des Weltraums zu erhöhen. Das ließe sich in einem vernünftigen Kostenrahmen erreichen. Beispielsweise könnte man damit beginnen, acht Astronauten, Männer und Frauen, auf den Mars zu entsenden, dort könnten sie sich unter Verwendung einheimischer Materialien vermehren. Man müsste nur eine Handvoll Astronauten finden, die bereit wären, sich auf einen One-Way-Flug zum Mars einzulassen und dort Kinder und Enkelkinder zu bekommen – Menschen, die es vorzögen, Gründer einer Marszivilisation zu werden, statt als Promis auf die Erde zurückzukehren. Solche wagemutigen Menschen sind leicht zu finden. Story Musgrave, der Astronaut, den ich am besten kenne, hat mir einmal erzählt, er würde gerne auf den Mars fliegen, um dort zu bleiben. Die Mars One Group hat 100 ernsthafte Kandidaten gefunden, die gerne Marskolonisten wären. Durch mitgeführte tiefgefrorene Ei- und Samenzellen ließe sich mühelos für genetische Vielfalt sorgen. (Obwohl man nur eine Handvoll von Astronauten auf die Reise schicken würde, könnten auf diese Weise viele auf der Erde geborene Menschen Nachkommen auf dem Mars haben.) Mars besitzt eine ausreichende Schwerkraft (1/3 der irdischen), eine Atmosphäre, Wasser und alle lebensnotwendigen Stoffe – im Gegensatz zum Mond. Die Atmosphäre besteht aus CO_2, aus dem sich Sauerstoff zum Atmen gewinnen lässt, und Wasser gibt es reichlich im Permafrost der Polkappen. Die Strahlenbelastung wäre erträglich, wenn die Kolonie 10 Meter unter die Oberfläche des Planeten verlegt würde und die Kolonisten sich auf kurze Ausflüge an die Oberfläche beschränkten. Unsere Vorfahren lebten in Höhlen – also könnten die Marskolonisten das auch. Unsere Raumsonden haben sogar einige vielversprechende Höhlenöffnungen auf dem Mars entdeckt.

Ich habe nachgewiesen, dass wir, um eine solche Kolonie auf dem Mars zu gründen, in der Zukunft nur so viel Masse in eine Umlaufbahn bringen müssten, wie wir es in der Vergangenheit bereits getan haben – was ja wohl nicht zu viel verlangt wäre. Um acht Astronauten auf den Mars zu befördern und sie mit (hoffentlich überflüssigen) Rückkehrfahrzeugen für den Notfall auszustatten, müsste man laut Robert Zubrin 500 Tonnen Ausrüstung in eine erdnahe Umlaufbahn bringen. Von dort aus könnten sie auf eine Bahn zum Mars geschossen werden und würden dann von der Atmosphäre des Planeten soweit abgebremst, dass sie landen könnten. Gerard O'Neill meint, zur Gründung einer Weltraumkolonie müsse man nicht mehr als 50 Tonnen pro Person rechnen, um eine Biosphäre zu schaffen, die »Leben in einem geschlossenen System« ermöglicht. Um diese 400 Tonnen auf die Marsoberfläche zu schaffen, müsste man 2000 Tonnen in einen erdnahen Orbit bringen. Für eine autarke Marskolonie mit acht Kolonisten wäre es also erforderlich, 2500 Tonnen Ausrüstung in einen erdnahen Orbit zu schießen. Zum Vergleich: Die *Saturn-V-Raketen* des Apollo-Programms und die US-Raumfähren haben mehr als 10.000 Tonnen in erdnahe Umlaufbahnen gebracht, nimmt man die russischen und chinesischen Raumfahrtprogramme hinzu, war es sogar noch mehr. Gegenwärtig erwägt die NASA, einen Schwertransporter zu bauen, der 130 Tonnen in einen erdnahen Orbit befördern kann (also ein Raumfahrzeug der *Saturn-V*-Klasse). 20 Raketenstarts wären ausreichend, um die Kolonie zu gründen (im Vergleich dazu wurden für das Apollo-Programm 18 *Saturn-V*-Raketen gebaut). In der senkrechten Montagehalle des Kennedy Space Flight Center könnten vier Raketen gleichzeitig zusammengesetzt werden. Wenn wir zehn Jahre für die Entwicklung einer solchen Rakete rechnen und wenn jeweils vier in einem 26 Monate dauernden Startzyklus gebaut würden, wäre die Marskolonie möglicherweise in weiteren neun Jahren fertig. Wenn wir heute begännen, könnte die Kolonie in lediglich 19 Jahren auf dem Mars stehen. Während ich dies schreibe, ist das bemannte Raumfahrtprogramm 55 Jahre alt; nach dem kopernikanischen Prinzip hat die Finanzierung des bemannten Raumfahrtprogramms eine 50-prozentige Chance noch mindestens weitere 55 Jahre fortgeführt zu werden – lange genug, um eine Marskolonie zu gründen. Eine solche Kolonie zu fordern, ist keineswegs utopisch. Elon Musk, der Chef von Space X, interessiert sich für privat finanzierte Projekte zur Kolonisierung des Mars. Vor einiger Zeit habe ich mit ihm zusammen an einer von Robert Zubrin veranstalteten Podiumsdiskussion zum Thema Mars teilgenommen. Ich erklärte, warum ich der Auffassung bin, dass wir den Mars möglichst bald kolonisieren sollten, und Elon berichtete dann, wie er das anfangen wollte! In seinem Buch *Space Chronicles* hat sich Neil nachdrücklich für Marsmissionen eingesetzt. Durch die Gründung einer Kolonie auf dem Mars würden wir den Verlauf der Weltgeschichte verändern. Tatsächlich bekäme der Begriff »Weltgeschichte« eine ganz neue Bedeutung, bezog er sich doch bisher immer nur auf unseren Planeten! Kurz vor seinem Tod hat sich auch Stephen Hawking zu dem Thema geäußert. In einem Interview mit bigthink.com sagte er: »Ich glaube, dass die Zukunft der Menschheit auf lange Sicht im Weltraum liegen muss. Es wird schwer genug sein, in den nächsten hundert Jahren eine Katastrophe auf dem Planeten Erde zu vermeiden, von den nächsten tausend oder der nächsten Million Jahren ganz zu schweigen. Die Menschheit sollte nicht nur auf einen Planeten setzen, sollte nicht alle Eier in einen Korb legen. Hoffen wir, dass wir den Korb nicht fallen lassen, bevor wir seinen Inhalt weiter verteilt haben.«

Wenn die Paare auf dem Mars im Durchschnitt vier Kinder haben, könnte sich die Bevölkerung auf dem Mars alle 30 Jahre verdoppeln und es in 600 Jahren auf 8 Millionen Bewohner bringen. (Kleine Populationen können wachsen – man geht davon aus, dass die gesamte indigene Bevölkerung Australiens von nicht mehr als 30 Individuen abstammt, die dort vor 50.000 Jahren, aus Indonesien kommend, mit Flößen landeten. Als die europäische Besiedelung begann, war diese Bevölkerung auf 300.000 bis 1 Million Menschen angewachsen.) Wenn Sie sich Sorgen machen, dass die Mittel für das Raumfahrtprogramm gestrichen werden könnten, sollte Ihnen an der Gründung einer autarken Kolonie gelegen sein. Schicken Sie keine Astronauten auf den Mars, um sie dann alle wieder zur Erde zurückzubringen. Lassen Sie sie stattdessen dort, wo sie zu unseren Überlebensmöglichkeiten beitragen können. Mit einer Marskolonie hätte unsere Spezies zwei Chancen statt einer und könnte ihre langfristigen Überlebenschancen verdoppeln. Wir hätten eine Lebensversicherung gegen fatale Ereignisse, die uns auf der Erde heimsuchen könnten – von Klimakatastrophen über Asteroideneinschläge bis hin zu plötzlichen Epidemien. Es könnte auch unsere Chancen verdoppeln, jemals zu Alpha Centauri zu gelangen. Kolonien können weitere Kolonien gründen. Die ersten Worte, die auf dem Mond gesprochen wurden, waren englische Worte, nicht weil England Astronauten zum Mond geschickt hat, sondern weil es eine Kolonie in Nordamerika gegründet hatte, die es tat.

Wenn wir uns umschauen, dann können wir selbst sehen, dass das Universum uns zeigt, was wir zu tun haben. Wir leben auf einem winzigen Körnchen in einem riesigen Universum. Das Universum sagt uns: Breitet euch aus und vergrößert euren Lebensraum, damit sich eure Überlebenschancen erhöhen. Wir leben auf einem Planeten, der mit den Knochen ausgestorbener Arten übersät ist, und das Alter unserer Art ist verschwindend gering im Vergleich zu dem des Universums als Ganzen. Wir sollten uns ausbreiten, bevor wir aussterben. Wir haben ein ungefähr 50 Jahre altes Raumfahrtprogramm, das in der Lage ist, uns auf andere Planeten zu schicken. Wir sollten einen möglichst vernünftigen Gebrauch von ihm machen, bevor es abgeschafft worden ist. Werden wir uns hinauswagen oder dem Universum den Rücken kehren? Wie die Tatsache, dass wir diese Diskussion auf der Erde haben, beweist, besteht die nicht zu unterschätzende Gefahr, dass wir eines Tages auf der Erde gefangen sind.

Im Sommer 1969 habe ich nicht nur die Berliner Mauer besucht, sondern auch Stonehenge. Damals war Stonehenge ungefähr 3870 Jahre alt. Es steht noch immer! Ich reiste auch nach Florida, um den Start der *Saturn-V*-Rakete mitzuerleben, die Neil Armstrong, Buzz Aldrin und Michael Collins im Rahmen der *Apollo-11*-Mission zum Mond bringen sollte. Zu diesem Zeitpunkt starteten *Saturn-V*-Raketen seit sieben Monaten zum Mond. 3,5 Jahre später sollten solche *Saturn-V*-Starts der Vergangenheit angehören. Der Anblick des Starts war spektakulär (schauen Sie sich mein Foto an, Abb. 24.4). Als die Rakete immer höher und höher stieg, sah sie aus wie ein magisches Schwert mit einem Feuerschweif, der länger war als sie selbst. Noch nie hatte ich etwas Vergleichbares gesehen. 1 Million Menschen hatten sich eingefunden, um das Ereignis zu sehen. Sie beobachteten den Start in atemloser Stille, doch nachdem die Rakete in einer Schicht von Zirruswolken verschwunden war, brach die Menge in grenzenlosen Jubel aus. Wir sollten den Weltraum unbedingt kolonisieren.

Abbildung 24.4: Die *Apollo 11* hebt ab. *Credit:* J. Richard Gott

Unsere Intelligenz verleiht uns großes Potenzial, das Potenzial, die Galaxis zu kolonisieren und eine Superzivilisation zu werden, aber den meisten intelligenten Lebewesen dürfte das noch nicht gelungen sein – oder Sie wären insofern etwas Besonderes, als dass Sie einer seltenen Ein-Planeten-

Spezies angehören. Wir kontrollieren Energiequellen, die weit schwächer sind als die unserer eigenen Sonne. Unsere Macht ist sehr begrenzt, und es gibt uns noch nicht sehr lang. Aber wir sind intelligente Lebewesen, und wir wissen eine Menge über das Universum und die Gesetze, die es regieren – wann es begann, wie seine Galaxien und Planeten entstanden sind. Die Geschichte dieser wirklich erstaunlichen Leistung haben wir hier erzählt.

DANKSAGUNG

Dieses Buch – und der Kurs, der uns dazu angeregt hat – kam dank der aufopfernden Arbeit vieler Menschen zustande. Zunächst haben wir unseren Kollegen an der Princeton University zu danken, von denen wir im Laufe der Jahre so viel gelernt haben und die für die produktive und förderliche Arbeitsatmosphäre sorgten. Unser besonderer Dank gilt Professor Neta Bahcall, die die zündende Idee hatte, die uns drei zusammenbrachte.

Wir danken unseren Studenten, unter anderem Cullen Blake, Wes Colley, Julie Comerford, Daniel Grin, Yeong Shang Loh, Justin Schafer, Joshua Schroeder, Zack Slepian, Iskra Strateva und Michael Vogeley. Wir danken Ramin Ashraf, Sorat Tungkasiri, Paula Brett, Sofia Kirhakos Strauss (Michaels Frau) und Kathy Gryzeski für die Hilfe, die sie uns im Laufe des Projekts gewährten, sowie Lucy Pollard-Gott (Richs Frau), die das ganze Buch lektoriert hat. Wir danken Robert J. Vanderbei dafür, dass er uns einige seiner Astrofotografien überlassen hat. Außerdem danken wir Adam Burrows, Chris Chyba, Matias Zaldarriaga, Robert J. Vanderbei und Don Page für hilfreiche Diskussionen.

Bei Princeton University Press danken wir unserem Hersteller Mark Bellis, unserem Korrektor Cyd Westmoreland und unserer Lektorin Ingrid Gerlich für ihr Vertrauen und ihre Weitsicht.

ANHANG 1

ABLEITUNG VON E = MC²

Nehmen Sie an, Sie hätten ein Laboratorium mit einem Teilchen, das sich langsam von links nach rechts mit einer Geschwindigkeit v bewegt, die deutlich geringer ist als die Lichtgeschwindigkeit c (also $v \ll c$). Die Newtonschen Gesetze sind in solch einer Situation in guter Näherung anwendbar, und wenn das Teilchen die Masse m hat, wird es nach Newton auch einen nach rechts weisenden Impuls $P = mv$ besitzen. Das Teilchen soll nun in entgegengesetzte Richtungen zwei Photonen abgeben, jedes davon mit der Energie $E = h\nu_0$: eines nach rechts und eines nach links. Das Teilchen verliert dadurch eine Energiemenge $\Delta E = 2h\nu_0$, nämlich diejenige Energie, welche die beiden Photonen davongetragen haben. Einstein zeigte, dass der Impuls eines Photons gleich seiner Energie geteilt durch die Lichtgeschwindigkeit c ist. Es gibt also gleich große Impulsüberträge von dem Teilchen auf das eine und auf das andere Photon, aber in entgegengesetzte Richtungen, sodass der Gesamtimpuls, der von den beiden Photonen fortgetragen wird, aus Sicht des Teilchens gleich null ist. Das Teilchen »denkt«, es sei in Ruhe (nach Einsteins erstem Postulat), und gibt zwei gleiche Photonen in entgegengesetzte Richtungen ab. Aufgrund der Symmetrie bleibt ein Teilchen, das zwei Photonen gleicher Frequenz in entgegengesetzte Richtung abgibt, auch nach der Photonenaussendung in Ruhe. Die Wirkungen der Rückstöße der beiden Photonen auf das Teilchen heben sich auf. Die Weltlinie des Teilchens bleibt gerade: Es ändert seine Geschwindigkeit nicht (siehe Abb. 18.4).

Das Photon, das nach rechts unterwegs ist, wird am Ende auf die rechte Wand des Laboratoriums treffen. Es trifft die Wand, und die Wand wird ein klein wenig nach rechts gedrückt. Das ist die Wirkung des Strahlendrucks: Die Wand absorbiert den Impuls des Photons, und dadurch erhält die Wand einen kleinen Schubs nach rechts. Ein Beobachter, der an der rechten Wand sitzt, wird das nach rechts fliegende Photon sehen, wie es die rechte Wand mit einer Frequenz trifft, die etwas höher als die Emissionsfrequenz ist, weil das Teilchen ja auf die rechte Wand zufliegt. Das ist ein Beispiel für den Dopplereffekt. Im Gegensatz dazu wird ein Beobachter, der an der linken Wand des Labors sitzt, ein rotverschobenes Photon sehen, das die linke Wand mit einer Frequenz trifft, die etwas niedriger als die Emissionsfrequenz ist, da sich das aussendende Teilchen ja von ihm entfernt. Ein höherfrequentes (blaueres) Photon trägt einen größeren Impuls als ein (röteres) Photon mit niedrigerer Frequenz. Daher erhält die rechte Wand einen härteren Stoß (nach rechts) als die linke Wand (nach links). Die beiden Stöße heben sich nicht auf, und das Labor bekommt insgesamt einen Stoß nach rechts. Das Labor hat damit einen Impuls ungleich null erhalten. Lassen Sie uns ausrechnen, wie groß dieser Impulsübertrag ist.

Betrachten wir die Photonen als Lichtwellen, und nehmen wir an, dass zwei aufeinanderfolgende Wellenberge aus Sicht des Teilchens im zeitlichen Abstand Δt_0 abgegeben werden. Das Zeitintervall Δt_0 ist dabei der Kehrwert der Frequenz v_0 der Welle, gemessen von dem Teilchen aus. Wenn das Licht beispielsweise eine Frequenz von 100 Schwingungen pro Sekunde hat, dann bedeutet das ja gerade, dass zwischen der Aussendung eines Wellenbergs und des nächsten 1/100 Sekunde liegt. Es gilt also $\Delta t_0 = 1/v_0$. Bezeichnen wir jetzt die Geschwindigkeit des Teilchens relativ zum Labor mit v. Wie wir bereits besprochen haben, wird die Uhr des Teilchens dann aus Sicht des Labor-Bezugssystems nur $\sqrt{[1 - (v^2/c^2)]}$ so schnell ticken wie die Laboruhren. Aber in dieser Rechnung hier nehmen wir $v \ll c$ an, und deswegen vernachlässigen wir alle Terme der Ordnung (v^2/c^2) und berücksichtigen nur Terme der Form (v/c). (Wenn zum Beispiel $v/c = 10^{-4}$ ist, wie bei der Umlaufgeschwindigkeit 30 km/s der Erde um die Sonne, dann ist $v^2/c^2 = 10^{-8}$ und dieser zweite Term so klein, dass wir ihn gegenüber dem ersten getrost vernachlässigen können.) Da wir $v \ll c$ annehmen, ist die Ganggeschwindigkeit der Laboruhren im Wesentlichen dieselbe wie die der mitbewegten Uhr des Teilchens. Weil das Teilchen sich so langsam bewegt, sind das vom Teilchen aus gemessene Zeitintervall zwischen zwei Ticks (Δt_0) und das vom Laboratorium aus gemessene ($\Delta t'$) praktisch gleich.

Ein Beobachter, der relativ zu dem Labor ruht, misst daher zwischen der Aussendung eines und des nächsten Wellenberges ein Zeitintervall $\Delta t' = \Delta t_0 = 1/\nu_0$. (Schauen Sie sich dazu Abb. 18.4 noch einmal an. Das Zeitintervall $\Delta t'$ ist dort als senkrechte gestrichelte Linie eingezeichnet.) Betrachten wir jetzt die nach rechts abgestrahlte Welle. In dem Moment, wo der nächste Wellenberg ausgesandt wird, hat sich der erste bereits um die Strecke $d = (c-v)\,\Delta t'$ weiter nach rechts bewegt. Das entspricht der Strecke, die das Licht im Zeitintervall $\Delta t'$ zurückgelegt hat (die ist nämlich gegeben durch $c\Delta t'$), abzüglich der Strecke, die das Teilchen im selben Zeitintervall zurückgelegt hat ($v\Delta t'$). Da die beiden Wellenberge mit derselben Geschwindigkeit c nach rechts weiterlaufen (nach Einsteins zweitem Postulat), sind ihre Weltlinien parallel, und der Abstand zwischen ihnen bleibt während der Reise unverändert gleich $d = (c-v)\,\Delta t'$. Dieser Abstand zwischen den Wellenbergen entspricht der Wellenlänge λ_R, die ein Beobachter an der rechten Laborwand für das entsprechende Photon feststellt. Das Raumzeitdiagramm in Abbildung 18.4 illustriert das Gedankenexperiment. Der Abstand λ_R wird dabei bei konstanter Laborzeit bestimmt (entsprechend einer waagerechten Linie in dem Raumzeitdiagramm).

Das Zeitintervall, in dem die zwei Wellenberge an der rechten Laborwand eintreffen, ist demnach $\Delta t_R = \lambda_R/c = (c-v)\,\Delta t'/c$, und für die Frequenz des Photons misst ein Beobachter im Labor dementsprechend $\nu_R = 1/\Delta t_R = c/[(c-v)\,\Delta t'] = \nu_0\, c/(c-v)$. Für $v \ll c$ ist nun aber $c/(c-v)$ ungefähr gleich $1 + v/c$, wenn wir wiederum alle Beiträge der Ordnung $(v/c)^2$ oder noch höher vernachlässigen. (Wenn wir beispielsweise $v/c = 0{,}00001$ haben, dann gilt ziemlich genau $c/(c-v) = 1/0.99999 = 1.00001$. Versuchen Sie das ruhig selbst auf Ihrem Taschenrechner!) Ein Beobachter an der rechten Laborwand misst die Frequenz des Photons entsprechend als $\nu_R = \nu_0\,[1 + v/c]$. Das ist um den Faktor $[1 + v/c]$ größer, und dieser Faktor entspricht genau dem Dopplereffekt für ein Teilchen mit der Geschwindigkeit v. Das ist die übliche Dopplerformel für blauverschobenes Licht an der rechten Laborwand, ausgesandt von einem Teilchen, dass sich mit niedriger Geschwindigkeit v auf die Wand zubewegt.

Wenn das nach rechts fliegende Photon auf die rechte Wand auftrifft, dann überträgt es auf die Wand entsprechend einen Impuls $h\nu_R/c = h\nu_0\,[1 + v/c]/c$.

Außerdem sendet das Teilchen ein Photon nach links aus, das nach einer bestimmten Zeit auf die linke Wand des Labors trifft. Ein Beobachter, der relativ zu dieser Wand ruht, wird für das nach links fliegende Photon mit einer ganz analogen Argumentation die Frequenz $\nu_L = \nu_0 [1 - v/c]$ messen. Die Geschwindigkeit v hat darin gerade das umgekehrte Vorzeichen, weil das Teilchen von diesem Beobachter mit der Geschwindigkeit v wegfliegt. Aufgrund des Dopplereffekts ist die entsprechende Frequenz niedriger als die Aussendungsfrequenz. Der Netto-Impulsübertrag auf die Wand ist daher der Beitrag des rechten Photons, $h\nu_0 [1 + v/c]/c$, minus dem Beitrag des in die Gegenrichtung fliegenden linken Photons, $h\nu_0 [1 - v/c]/c$. Das ergibt zusammengenommen $2 h\nu_0(v/c^2)$ für den gesamten Impulsübertrag auf das Labor. Zu diesem Netto-Impulsübertrag kommt es, weil das höherfrequente (blauere) Photon, das nach rechts fliegt, dabei mit größerem Schwung an die Laborwand stößt als das niederfrequente (rötere) Photon, das nach links fliegt. Die Energie, die von dem Teilchen in Form der beiden Photonen abgegeben wurde, beträgt $\Delta E = 2h\nu_0$, daher ist der nach rechts gerichtete Netto-Impulsübertrag auf die Wände gerade $\Delta E(v/c^2)$. Der Faktor v/c^2 kommt von einem Faktor v/c infolge der Dopplerverschiebungen und einem Faktor $1/c$ infolge des Verhältnisses des Impulses und der Energie, die von einem Photon davongetragen werden. Der nach rechts gerichtete Netto-Impulsübertrag, den die Wände erhalten, $\Delta E(v/c^2)$, muss aufgrund der Impulserhaltung seinerseits gleich dem Impuls sein, den das Teilchen verloren hat. Wir hatten $v \ll c$ vorausgesetzt, sodass der Impuls des Teilchens mit großer Genauigkeit durch Newtons Formel gegeben ist und mv beträgt. Da die Geschwindigkeit des Teilchens dieselbe geblieben ist, gibt es nur eine Möglichkeit, wie sich sein Impuls mv verändert haben kann: Seine Masse muss abgenommen haben. Die Impulsdifferenz für seine Bewegung nach rechts muss $v\,\Delta m$ betragen, wobei Δm für die Verminderung der Masse des Teilchens steht.

Wir erhalten also $\Delta E(v/c^2) = (\Delta m)v$, oder $\Delta E/c^2 = \Delta m$. Die geringe Geschwindigkeit v des Teilchens kürzt sich dabei weg! Solange $v \ll c$ gilt, hängt unsere Antwort nicht von v ab. Jetzt multiplizieren wir beide Seiten der Gleichung mit c^2. Damit haben wir $\Delta E = \Delta m\, c^2$. Das Teilchen hat an Masse verloren, und sein Massenverlust Δm, malgenommen mit dem Faktor c^2, entspricht gerade der Energie ΔE, die das Teilchen in Form der beiden Photonen abgegeben hat. Wir entledigen uns der Δ-Zeichen, und das Ergebnis ist $E = mc^2$. Die Energie, die das Teilchen in Form der beiden Photonen abgegeben hat, ist gleich seinem Massenverlust, malgenommen mit c^2. Wenn ein Teilchen Masse verliert, gibt es dabei eine entsprechende Energiemenge ab, die $E = mc^2$ beträgt. Viele Bücher erklären die Bedeutung dieser Gleichung und wie sie funktioniert, aber sie sagen Ihnen nicht, wie man sie ableitet. Jetzt wissen Sie's.

ANHANG 2

BEKENSTEIN, ENTROPIE, SCHWARZE LÖCHER UND INFORMATION

Heutige Festplatten mit 6 Zoll (ca. 15 Zentimeter) Durchmesser speichern ungefähr 5 Terabyte oder 4×10^{13} Bits an Information. Wie viele Bits könnte man bestenfalls auf einer Festplatte mit 15 Zentimeter Durchmesser unterbringen? Zunächst einmal bringen wir, da es sich um ein Gedankenexperiment handelt, die Festplatte in Kugelform, um innerhalb dieses Durchmessers ein möglichst großes Volumen zu bekommen – sie ist dann ungefähr so groß wie eine Grapefruit mit einem Radius von 7,5 Zentimetern. Bekenstein wies nach, dass ein Schwarzes Loch eine endliche Entropie hat, die proportional zur Fläche seines Ereignishorizontes ist. Letztlich erwies sich, dass die Entropie des Horizonts eines Schwarzen Lochs genau 1/4 der Fläche des Ereignishorizontes beträgt, wenn diese in der Einheit Planck-Länge-zum-Quadrat gemessen wird (den exakten Wert hat Hawking dann errechnet). In Planck-Einheiten gemessen beträgt die Oberfläche eines Schwarzen Lochs mit dem Radius 7,5 Zentimeter $4\pi\,(7{,}5\,\text{cm}/1{,}6 \times 10^{-33}\,\text{cm})^2 = 2{,}76 \times 10^{68}$. Ein Viertel davon ergibt eine Entropie von $S = 6{,}9 \times 10^{67}$. Eine bestimmte Menge an Entropie (Zunahme an Unordnung) entspricht einer bestimmten Menge an zerstörter Information. Die Zahl der Bits, die einer gegebenen Entropie S entsprechen, ist $S/\ln 2$. Der natürliche Logarithmus von 2 (in der Formel als »ln 2« bezeichnet) beträgt 0,69. Die 2 kommt ins Spiel, weil ein Bit an Information die Antwort auf eine Ja-oder-Nein-Frage ist, also zwei Möglichkeiten beschreibt. (In einem Spiel mit 20 Ja- und Nein-Fragen erhalten Sie 20 Bit an Information. Wenn Sie wüssten, dass ich an eine Zahl zwischen 1 und 220 – etwa 1 Million – denke, sollte Ihre erste Frage lauten: »Liegt die gesuchte Zahl in der oberen Hälfte?« Wenn Sie die infrage kommende Region in dieser Weise jeweils auf die Hälfte einschränken, kennen Sie nach 20 Fragen die zu erratende Zahl.) Die Entstehung eines Schwarzen Lochs vom Radius 7,5 Zentimeter entspricht also einer Zunahme der Unordnung des Universums, die gleich der Zerstörung von 10^{68} Informationsbit ist.

Es gibt

$$2^{10^{68}}$$

verschiedene Möglichkeiten, ein solches Schwarzes Loch zu erzeugen, und die Information, die in Form der Materie gespeichert war, aus der das Schwarze Loch entstanden ist, geht verloren, wenn das Loch sich bildet. Wenn die Festplatte mit dem Radius 7,5 Zentimeter mehr als 10^{68} Informationsbit enthielte, gingen auch mehr als 10^{68} Informationsbit verloren, wenn Sie sie zum Kollaps brächten (das heißt, sie zu immer kleineren Ausmaßen zusammenpressten, bis ein Schwarzes Loch mit einem Radius von weniger als 7,5 Zentimetern entstünde). Aber das ist nicht erlaubt, denn wenn bei der Entstehung eines Schwarzen Lochs mehr als 10^{68} Informationsbit verloren gingen, müsste dieses Schwarze Loch einen Radius von mehr als 7,5 Zentimeter aufweisen. Das ist ein Widerspruch. Bei dem Versuch, immer mehr Information auf Ihre Festplatte mit einem unveränderlichen Radius von 7,5 Zentimeter zu packen, würde deren Masse, sobald sie 10^{68} Bit an Information enthielte, auf das 6,4-Fache der Erdmasse angewachsen sein, woraufhin sie kollabierte und zum Schwarzen Loch würde. Daher bilden 10^{68} Bit an Information ($1{,}16 \times 10^{58}$ Gigabyte) die Obergrenze der Menge an Information, die eine Festplatte mit 15 Zentimetern Durchmesser speichern kann.

ANMERKUNGEN

1 Genau genommen umfasst ein Megabyte 2^{20} = 1.048.576 Byte und ein Gigabyte 2^{30} = 1.073.741.824 Byte. Aber umgangssprachlich werden sie auf 1 glatte Million und 1 Milliarde abgerundet.

2 Vgl. https://www.leifiphysik.de/mechanik/gravitationsgesetz-und-feld/newtons-herleitung-des-gravitationsgesetzes. Abgerufen am 14.02.2019

3 Was im Folgenden als Helligkeit bezeichnet wird, heißt in der Fachsprache der Astronomen (bolometrischer) Strahlungsstrom. Was in der Astronomie scheinbare Helligkeit heißt, ergibt sich aus jenem Strahlungsstrom durch eine logarithmische Skala, die in der Regel nur Energie innerhalb eines begrenzten Wellenlängenbereichs erfasst. [Anm. d. Fachberaters]

4 Beispielsweise wurde der Komet Hale-Bopp, dessen Kern einen Durchmesser von 35 Kilometern hat, nur zwei Jahre vor seiner größten Annäherung an die Sonne entdeckt. Wäre er auf Kollisionskurs gewesen, hätte er die Erde mit der Explosivkraft von 4 Milliarden Megatonnen TNT getroffen, mehr als dem 60-Millionen-Fachen der stärksten jemals zur Explosion gebrachten H-Bombe.

5 Das deutsche Pendant lautet: »Mein Vater erklärt mir jeden Sonntag unsere neun Planeten.«

6 Ein in angelsächsischen Ländern sehr verbreitetes Märchen um ein kleines Mädchen mit goldenen Locken (Goldilocks) und drei Bären, in dem es um das richtige Maß geht – unter anderem um drei Schüsselchen Brei, von denen die eine zu heiß, die andere zu kalt und nur eine »genau richtig« ist. [Anm. d. Übersetzers]

7 Vielleicht lässt sich der Drehbuchautor entlasten. Am Anfang sagt Jodie, es gebe allein in unserer Galaxis, in der Milchstraße, 400 Milliarden Sterne, doch am Ende erklärt sie, es gebe Millionen von Zivilisationen dort draußen. Heißt das, dort draußen in der Galaxis, wie wohl jeder angenommen hat, oder soll es bedeuten, dort draußen im Universum? Versuchen wir es. Es gibt 130 Milliarden Galaxien im sichtbaren Universum (Jodie sucht nach Außerirdischen, folglich kann sie nur im sichtbaren Universum Ausschau halten). In diesem Fall müssten wir 0,0000004 Zivilisationen mit 130 Milliarden malnehmen, das ergibt 52.000 Zivilisationen im sichtbaren Universum, nicht Millionen. Also funktioniert selbst das nicht.

8 Diese historische Grenze ist inzwischen durch die Raumsonde Gaia der Europäischen Weltraumorganisation, der wir gegenwärtig die besten Sternparallaxen verdanken, weiter hinausgeschoben worden. Die Mission hat gerade die Abstände von Sternen bis hinaus zu Zehntausenden von Lichtjahren veröffentlicht und revolutioniert unser Verständnis der Standardkerzen.

9 Doppeldeutig: »Gravitation saugt« und »Gravitation ist ätzend« [Anm. d. Übersetzers]

10 Dieser Marmor erinnere an den einsamen Geist/der ewig segelt durch fremde Gedankenmeere.

11 Nach den Kriterien, die der Philosoph Karl Popper aufgestellt hat, ist es wichtig, dass wissenschaftliche Hypothesen falsifizierbar sind.

12 Ich beobachte, wie in Abbildung 17.1 dargestellt, die Lichtuhr einer Astronautin. Im allgemeinen Fall fliegt die Astronautin mit einer Geschwindigkeit von v an mir vorbei. Dabei beobachte ich die Lichtuhr der Astronautin, wie sie sich von links nach rechts an mir vorbeibewegt. Während das Licht 1 Fuß entlang der Diagonalen absolviert, legt die Rakete v/c Fuß von links nach rechts zurück. Während dieser Zeit legt das Licht in senkrechter Richtung die Strecke $\sqrt{}[1 -(v^2/c^2)]$ zurück. Der Grund ist, dass ein rechtwinkliges Dreieck mit einer diagonalen Hypotenuse der Länge 1, einer waagerechten Seite der Länge v/c und einer senkrechten Seite mit der Länge $\sqrt{}[1 -(v^2/c^2)]$ den Satz des Pythagoras für rechtwinklige Dreiecke erfüllt. Das Quadrat von $\sqrt{}[1 -(v^2/c^2)]$ ist einfach $[1 -(v^2/c^2)]$, und das plus (v^2/c^2) ist gleich 12. Pythagoras ist glücklich. Während der Zeit, in der der Lichtstrahl meiner Uhr 1 Fuß nach oben läuft, sehe ich, dass ihr Lichtstrahl nur um $\sqrt{}[1 -(v^2/c^2)]$ Fuß nach oben klettert. Wenn ich um zehn Jahre altere, wird die Astronautin daher um zehn Jahre mal $\sqrt{}[1 -(v^2/c^2)]$ älter.

13 J. Richard Gott, »Will We Travel Back (or Forward) in Time?«, *Time Magazine*, 10. April 2000, S. 68–70.

14 Der Riemannsche Krümmungstensor $R^{\alpha}{}_{\beta\gamma\delta}$ in vier Dimensionen hat 256 Komponenten. Jeder seiner Indizes α, β, γ und δ kann (hochgestellt oder tiefgestellt) einen von vier Werten annehmen, für jede der vier Raumzeitdimensionen (t, x, y, und z) einen. Das ergibt 4 × 4 × 4 × 4 = 256 Komponenten.

15 $T_{\mu\nu}$ ist der *Energie-Impuls-Tensor*, der den Stoff an einem bestimmten Ort in der Raumzeit beschreibt: Masse-Energie-Dichte, Druck, innere Spannung, Energiefluss und Impulsfluss. Die Metrik $g_{\mu\nu}$ (der wir schon begegnet sind: in der flachen Raumzeit ist sie gegeben durch $ds^2 = -dt^2 + dx^2 + dy^2 + dz^2$) sagt uns, wie Entfernungen in der Raumzeit gemessen werden. $R_{\mu\nu}$ und R lassen sich aus den Komponenten des Riemannschen Krümmungstensors errechnen. Die Tensoren in Einsteins Gleichungen haben zwei Indizes, die jeweils einen von vier Werten annehmen können und daher 4 × 4 = 16 Gleichungen repräsentieren. Nur zehn dieser Gleichungen sind voneinander unabhängig.

16 Albert Einstein, *Mein Weltbild*, hg. v. Carl Seelig, Frankfurt am Main 1993, S. 138.

17 Es war mal 'ne junge Lady namens Bright / Die konnte schneller reisen als das Licht / Eines Tages ging sie fort /auf relativistische Weise / Und kehrte heim in der Nacht zuvor.

18 Mark Alpert und ich untersuchten, welche Konsequenzen die Allgemeine Relativitätstheorie für Flächenland hätte. Dabei stellten wir fest, dass die Geometrie in der Umgebung einer Punktmasse eine konische Form hätte und dass sich ferne Objekte im Flächenland nicht anzögen, weil der leere Raum lokal flach wäre (ein Kegel lässt sich schließlich aus einem flachen Stück Papier herstellen, indem man ein flaches Tortenstück daraus ausschneidet und die Ränder zusammenklebt). Diese Beschäftigung mit Flächenland regte mich letztlich zu meiner Arbeit über kosmische Strings an. Um eine exakte Lösung für einen kosmischen String zu bekommen, musste ich nur eine senkrechte Koordinate zu unserer exakten Flachländer-Lösung für eine Punktmasse hinzufügen. In diesem Fall führte unsere Erforschung einer Fantasiewelt zu einigen interessanten Lösungen in der realen Welt. Die Tatsache, dass Punktmassen in Flächenland keine Gravitationsanziehung aufeinander ausüben, würde es im Flächenland sehr erschweren, dass Massen sich gegenseitig anziehen und beispielsweise Planeten bilden.

19 Dieses Konzept wurde 1984 von A. K. Dewdney in seinem Buch *Planiverse* aktualisiert. 2007 wirkten Martin Sheen und Kristen Bell in einem Animationsfilm mit, der nach *Flächenland* gedreht war. Sie liehen ihre Stimmen den Protagonisten Arthur Square, dem Quadrat, und seiner Enkelin Hex, dem Hexagon oder Sechseck. Thomas Banchoff, einer meiner

Mentoren aus meiner Studienzeit an der Harvard University, ergänzte die DVD-Ausgabe des Films durch einen mathematisch erläuternden Kommentar.

20 In meinem *Nature*-Artikel von 1982 sagte ich: »Unser Universum ist eine der normalen Vakuum-Blasen.«

21 In demselben Artikel bezeichnete ich in Anlehnung an Sidney Colemans Arbeit über Blasenbildung das Quantentunneln als den Prozess, der für die Erzeugung der Blasenuniversen verantwortlich sei: »Daher können wir die Bildung unseres Universums als ein Ereignis betrachten, das durch den quantenmechanischen Tunneleffekt bewirkt wurde.«

22 Hawkings Arbeit aus dem Jahr 1982 hatte den Titel »The Development of Irregularities in a Single Bubble Inflationary Universe« und enthielt unter anderem Verweise auf die Arbeiten von Linde, Albrecht und Steinhardt sowie auf meine eigenen Artikel. Eine Schilderung der Ereignisse dieses Jahres finden sich in *Physics News in 1982*, veröffentlicht vom American Institute of Physics, das eines der zentralen Diagramme aus meinem Artikel auf der Titelseite abdruckte.

23 Das habe ich alles detailliert beschrieben in meinem Buch: *The Cosmic Web* (2016).

24 Diese drei Szenarien, $w > -1$, $w = -1$, and $w < -1$, und ihre Bedeutung habe ich eingehender in *The Cosmic Web* behandelt.

25 Diese Überlegungen veröffentlichte ich in der Fachzeitschrift *Nature* vom 27. Mai 1993 in einem Artikel mit dem Titel »Implications of the Copernican Principle for our Future Prospects«.

26 Ist es wahrscheinlich, dass unsere intelligente Abstammungslinie (*Homo sapiens* und seine intelligenten Nachkommen) ewig existieren wird? Unsere intelligente Abstammungslinie gibt es seit rund 200.000 Jahren. Im Vergleich zum Alter des Universums ist das sehr kurz, ein Bruchteil von nur rund 1/65.000. In dem Maße, wie unsere intelligente Abstammungslinie älter wird, muss sich der Quotient aus ihrem Alter und dem des Universums der Zahl 1 annähern; wenn unsere intelligente Linie ewig existiert, werden die meisten Beobachter feststellen, dass das Alter der Abstammungslinie die gleiche Größenordnung hat wie das des Universums selbst. Wir beobachten das in unserem Falle nicht, es würde uns also zu einer Besonderheit machen. Diese Überlegung können wir quantifizieren. Stellen Sie sich vor, wir zeichnen ein zweidimensionales Diagramm, in dem die senkrechte Koordinate y das Alter des Universums zu jenem Zeitpunkt darstellt, als unsere intelligente Abstammungslinie ihren Anfang nahm, und die waagerechte Koordinate x das Alter des Universums zu demjenigen Zeitpunkt, zu dem Sie Ihre Beobachtung anstellen. Jeder Punkt in dieser Ebene steht also für eine mögliche Beobachtung von Ihnen. Doch es gibt Einschränkungen. Beide Alter, x und y, sind positiv (was Ihre Beobachtung auf den oberen rechten Quadranten der Ebene einschränkt). Da Ihre Beobachtung erst nach Beginn der intelligenten Abstammungslinie stattfinden kann, muss gelten $x > y$. Das grenzt unsere Beobachtung auf die Hälfte des Quadranten oder 1/8 der Gesamtfläche ein, nämlich auf denjenigen Oktanten, der von der Ostrichtung und der Nordostrichtung begrenzt wird. Sie können sich das als eine Region mit einem Öffnungswinkel von 45 Grad vorstellen, die sich vom Ursprung ins Unendliche auffächert – da wir von der Annahme ausgehen, dass unsere intelligente Abstammungslinie ewig existiert. Ihr Standpunkt (mit den von Ihnen beobachteten Werten x und y) könnte im Prinzip *irgendein* Punkt in diesem 45 Grad breiten Fächer sein. Wenn Ihre Beobachtung keine Besonderheit ist, besteht lediglich eine Wahrscheinlichkeit von 1/45, dass Ihr Beobachtungspunkt innerhalb des 1 Grad breiten Keils rund um die diagonale Grenzlinie $x = y$ liegt. Tatsächlich befinden Sie sich aber noch näher an dieser Diagonalen. Sie beobachten $x = (1 + [1/65{,}000])y$. Dieser (x, y)-Punkt liegt, gemessen vom Ursprung, nur 0,00044 Grad vom oberen Rand also (der Linie $x = y$) entfernt. Die Wahrscheinlichkeit, dass Sie sich – wenn Ihre Beobachtung keine Besonderheit ist – zufällig so nahe am oberen Rand befinden,

beträgt $P = 0{,}00044°/45° = 10^{-5}$. Wenn also unserer intelligenten Abstammungslinie ewige Dauer beschieden sein sollte und Ihre Beobachtung keine Besonderheit ist, wäre es höchst unwahrscheinlich (eine Wahrscheinlichkeit von lediglich 10^{-5}), dass Sie dabei eine Abstammungslinie vorfänden, die nur 1/65.000 so alt wie das Universum oder noch jünger wäre. Das kopernikanische Prinzip besagt, dass es extrem unwahrscheinlich wäre, dass Sie sich in einer Situation befänden, in der Ihre Position zu einer besonderen Teilmenge gehört, die nur 1/100.000 der Möglichkeiten umfasst (in diesem Fall in einer ewig existierenden, intelligenten Abstammungslinie). Mit anderen Worten, nach dem kopernikanischen Prinzip – wie nach dem gesunden Menschenverstand – ist es extrem unwahrscheinlich ($P = 10^{-5}$), dass unsere intelligente Abstammungslinie ewig existieren wird. Wenn sie ein Ende hat, dann sagt die kopernikanische Formel (innerhalb eines 95-Prozent-Konfidenzbereichs) voraus, wann dieses Ende sein wird.

27 Die kopernikanische Formel lässt sich überprüfen. Als mein Artikel veröffentlicht wurde, liefen beispielsweise 44 Stücke und Musicals am Broadway. Diejenigen, die erst vor kurzer Zeit eröffnet hatten, wurden in der Regel nach kurzer Zeit abgesetzt: So wurde *Marisol,* das erst seit sieben Tagen gespielt wurde, nach weiteren zehn Tagen abgesetzt. Das ist innerhalb eines Faktors 39, in Übereinstimmung mit meiner Vorhersage. Auch bei Stücken, die länger liefen, bewährte sich meine Formel. Das berühmte Musical *The Fantastics* war seit 12.077 Tagen auf dem Spielplan und wurde nach weiteren 3153 Tagen abgesetzt, wiederum innerhalb eines Faktors 39. Bei den Stücken und Musicals, die sich auf meiner ursprünglichen Liste befanden, lag ich bei 42 von 42 richtig, wobei die endgültige Entscheidung bei zweien davon noch aussteht. Selbst wenn ich mich bei diesen beiden geirrt haben sollte, läge ich noch bei mindestens 95 Prozent richtig.

Zur selben Zeit waren weltweit 313 Politiker als Staats- oder Regierungschefs unabhängiger Staaten im Amt. Die meisten amtieren noch heute; wenn keiner von ihnen über das Alter von 100 Jahren hinaus im Amt bleibt, wird die Formel hier eine Erfolgsrate von 94 Prozent haben (außerordentlich nahe an den erwarteten 95 Prozent). In Übereinstimmung mit den kopernikanischen Erwartungen gelangten Henry Bienen und Nicholas van de Walle in ihrem Buch *Of Time and Power* (nach einer detaillierten statistischen Analyse von 2256 führenden Politikern in aller Welt) zu dem Schluss: »Die Dauer, die ein führender Politiker bereits im Amt ist, kann als sehr guter Indikator für die Dauer dienen, die er noch im Amt sein wird. Unter allen untersuchten Variablen ist sie der zuverlässigste Vorhersagefaktor.«

Am 30. September 1993 sagten P. T. Landsberg, J. N. Dewynne und C. P. Please in der Zeitschrift *Nature* mit meiner Formel vorher, wie lange die konservative Regierung noch an der Macht bleiben würde. Mit einem Konfidenzniveau von 95 Prozent schätzten Sie, dass die Regierung, da sie seit 14 Jahren an der Macht war, mindestens noch weitere 4,3 Monate und höchsten noch 546 weitere Jahre regieren würde. In Übereinstimmung mit der Vorhersage verlor sie 3,6 Jahre später die Macht.

Wenn jeder Erdbewohner 1993 mit meiner Formel seine künftige Lebensdauer bestimmt hätte, hätte sich, wie ich anhand der UN-Sterbetafeln errechnet habe, die Formel bei 96 Prozent dieser Menschen als richtig erwiesen.

Die Philosophen Bradley Montond und Brian Kierland verteidigten meine Kernthese 2006 in einem Artikel im *Philosophical Monthly.* Sie vertraten die Ansicht, meine Formel lasse sich in Fällen ohne ausgezeichnete Zeitskala und in Fällen, in denen die Zeitskalen nicht empirisch bestimmt werden können, dazu verwenden, Lebenserwartungen vorherzusagen. Die Bayessche Statistik ermöglicht es Ihnen zu erklären, wie Sie Ihre früheren Erkenntnisse revidieren können, wenn neue Daten verfügbar werden. Meine kopernikanische Formel entspricht einer bestimmten Art von *Jeffreys-Prior.* Unter Berücksichtigung der beobachteten vergangenen Lebensdauer revidieren Sie Ihre A-priori-Annahmen. Diese Form der Erkenntnis ist agnostisch, weil sie jede Größenordnung der Gesamtlebensdauer gleich gewichtet. Wenn Sie keine Sterbedaten über intelligente Arten haben (das heißt, Arten, die Fragen wie diese stellen können), ist das vermutlich das Beste, was Sie tun können, und Sie erhalten genau die Ergebnisse meiner kopernikanischen Formel. Jeder Beobachter kann sie anwenden, und unter solchen intelligenten Beobachtern sollten Sie nicht besonders sein.

WEITERFÜHRENDE LEKTÜRE

Abbott, E. A.: *Flatland.* New York 1992. (dt.: *Flächenland.* Stuttgart 1982)

Bienen, H. S. und N. van de Walle: *Of Time and Power.* Stanford 1991

Brown, M.: *How I Killed Pluto and Why It Had It Coming.* New York 2010. (dt.: *Wie ich Pluto zur Strecke brachte und warum er es nicht anders verdient hat.* Berlin 2012)

Ferris, T.: *The Whole Shebang.* New York 1997. (dt.: *Chaos und Notwendigkeit. Report zur Lage des Universums.* München 2000)

Feynman, R.: *The Character of Physical Law.* Cambridge, MA, 1994. (dt.: *Vom Wesen physikalischer Gesetze.* München 1990)

Gamow, G.: *One, Two, Three ... Infinity.* New York 1947. (dt.: *Eins, zwei, drei ... Unendlichkeit. Grenzfragen der modernen Wissenschaft verständlich gemacht.* Hannover 1956)

Goldberg, D.: *The Universe in the Rearview Mirror.* Boston 2013

Goldberg, D. und J. Blomquist: *A User's Guide to the Universe.* Hoboken 2010

Gott, J. Richard: *Time Travel in Einstein's Universe.* Boston 2001. (*Zeitreisen in Einsteins Universum,* Reinbek 2002)

Gott, J. Richard: *The Cosmic Web.* Princeton 2016

Gott, J. Richard und R. J. Vanderbei: *Sizing Up the Universe.* Washington 2010

Gould, S. J.: *Wonderful Life.* New York 1989. (dt: *Zufall Mensch. Das Wunder des Lebens als Spiel der Natur.* München 1984)

Greene, B.: *The Elegant Universe.* New York 1999. (dt.: *Das elegante Universum. Superstrings, verborgene Dimensionen und die Suche nach der Weltformel.* Berlin 2000)

Hawking, S. W.: *A Brief History of Time.* New York: Bantam Books, 1988. (dt.: *Eine kurze Geschichte der Zeit.* Rowohlt 1995)

Kaku, M: *Hyperspace.* New York 1994. (dt.: *Hyperspace. Eine Reise durch den Hyperraum und die zehnte Dim*ension, Berlin 1995)

Lemonick, M. D.: *The Light at the Edge of the Universe*. New York 1993

Lemonick, M. D.: *The Georgian Star*. New York 2009

Lemonick, M. D.: *Mirror Earth*. New York 2012

Leslie, J.: *The End of the World*. London 1996.

Misner, C. W., Thorne, K. S. und J. A. Wheeler: *Gravitation*. San Francisco 1973

Novikov, I. D.: *The River of Time*. Cambridge 1998

Ostriker, J. P. und S. Mitton: *Heart of Darkness*. Princeton 2013

Peebles, P. J. E., Page, L. A. Jr. und R. B. Partridge: *Finding the Big Bang*. Cambridge 2009

Pickover, C. A.: *Time: A Traveler's Guide*. New York 1998

Rees, M.: *Our Cosmic Habitat*. Princeton 2001. (dt.: *Das Rätsel unseres Universums. Hatte Gott eine Wahl?* München 2006)

Rees, M.: (Hg.). *Universe*. Revised edition. New York 2012. (dt.: *Das Universum*. München 2006)

Sagan, C.: *Cosmos*. New York 1980. (dt.: *Unser Kosmos*. München 1982)

Shu, F.: *The Physical Universe*. Sausalito, CA. 1982

Taylor, E. F. und Wheeler, J. A.: *Spacetime Physics*. San Francisco 1992. (dt.: *Physik der Raumzeit: eine Einführung in die spezielle Relativitätstheorie*. Heidelberg 1994)

Thorne, K. S.: *Black Holes and Time Warps*. New York 1994. (dt.: *Gekrümmter Raum und verbogene Zeit. Einsteins Vermächtnis*. München 1994)

Tyson, N. deG.: *Death by Black Hole*. New York 2007

Tyson, N. deG.: *The Pluto Files*, New York 2009

Tyson, N. deG.: *Space Chronicles*. New York 2012

Tyson, N. deG. und D. Goldsmith: *Origins*. New York 2004

Tyson, N. deG., C. T.-C. Liu und R. Irion: *One Universe*. New York 2000

Vilenkin, A.: *Many Worlds in One*. New York 2006. (dt.: *Kosmische Doppelgänger. Wie es zum Urknall kam, wie unzählige Universen entstehen*, Heidelberg 2010)

Wells, H. G.: *The Time Machine* (1895), reprinted in *The Complete Science Fiction Treasury of H. G. Wells*. New York 1978. (dt.: *Die Zeitmaschine: utopischer Roman*, Reinbek 1964)

Zubrin, R. M.: *The Case for Mars*. New York 1996. (dt.: *Unternehmen Mars. Das »Mars-Direct«-Projekt; der Plan den roten Planeten zu besiedeln*. München 1997)

REGISTER